Éléments de mathématiques pour le XXIe siècle, volume 1

Du même auteur

- Déjà paru :

— Éléments de mathématiques pour le XXIe siècle, volume 2 : Fondements des mathématiques 2 (théorie des ensembles, mathématiques discrètes, structures algébriques de base)

- À paraître :

— Éléments de mathématiques pour le XXIe siècle, volume 3 : Fondements des mathématiques 3

— Éléments de mathématiques pour le XXIe siècle, volume 4 : Fondements des mathématiques 4

Étienne Bonheur

Éléments de mathématiques pour le XXIe siècle, volume 1

Fondements des mathématiques 1
(logique des propositions et des prédicats, systèmes déductifs formels, arithmétique de Peano, structures algébriques de base)

Paysages Mathématiques

`https://www.paysmaths.net`

ISBN : 978-2-9569666-0-9
Dépôt légal : Juillet 2019

Table des matières

Introduction

Ce livre est le premier volume d'une série qui doit, à terme, couvrir l'ensemble des notions du premier cycle universitaire en mathématiques, tout en débordant largement sur le deuxième cycle. Il sera donc utile aux étudiants en licence ou en classes préparatoires scientifiques, ainsi qu'aux étudiants en master, y compris ceux préparant le CAPES ou l'agrégation (dont les programmes sont également très largement couverts par cette série d'ouvrages) [1]. Les enseignants y trouveront aussi de nombreux éléments leur permettant de préparer leurs cours, ou de compléter leurs connaissances dans des domaines qui ne leur sont pas familiers.

De manière plus générale, cette série d'ouvrages pourra être utile à toute personne s'intéressant aux mathématiques actuelles (les *mathématiques du XXIe siècle* auxquelles fait référence le titre [2]). Elle devrait, *en théorie*, être accessible même sans connaissance préalable. En effet, les mathématiques sont prises à leur début et les différents concepts progressivement construits, chaque définition, théorème et démonstration ne faisant appel qu'à ce qui a été défini précédemment. Ce principe général aura cependant quelques exceptions : je pourrai, pour des raisons didactiques (notamment dans les remarques et exemples), ou par volonté de synthèse, être parfois amené à faire référence à des notions postérieures. À noter aussi que je suivrai un ordre me permettant d'enchaîner logiquement les différentes notions, mais qui n'est pas nécessairement l'ordre que l'on pourrait trouver dans un cursus universitaire, c'est-à-dire, par exemple, que certains éléments apparaissant dans les premiers volumes peuvent être enseignés traditionnellement dans des classes de troisième année de licence, voire au-delà. Néanmoins les chapitres peuvent être largement indépendants, et la compréhension d'un chapitre donné n'est pas toujours nécessaire à la compréhension de ceux qui suivent. Par ailleurs, lorsque cela peut être utile, les prérequis principaux seront indiqués au début d'une section [3].

Chaque ouvrage se veut à la fois

- didactique, avec des preuves très détaillées, des explications informelles, et de nombreux exemples et contre-exemples ;
- complet, voire encyclopédique, avec un exposé de nombreuses notions, des théorèmes tous démontrés, et de nombreux détails historiques (notamment sur l'origine des notations et du vocabulaire mathématique) ;
- synthétique, avec en particulier la volonté de multiplier les points de vue ; par exemple, les sujets pourront être abordés de façon à la fois formelle et informelle, et il pourra arriver que je donne plusieurs définitions équivalentes d'un même concept, ou plusieurs preuves d'un même théorème.

J'ai décidé de ne pas inclure de bibliographie, qui ne serait qu'une très longue liste de documents, et dont l'intérêt serait limité, sachant que dans cet ouvrage, tous les termes sont définis, tous les théorèmes sont prouvés, et le lecteur peut ainsi vérifier par lui-même tous les résultats. Les affirmations non justifiées (par exemple les remarques historiques) et certaines démonstrations sont directement sourcées dans les notes de bas de page. Cependant, pour les remarques portant sur l'origine du vocabulaire et des notations, je n'indiquerai pas à chaque fois mes sources principales, qui sont

1. Ou des cursus équivalents, pour les lecteurs francophones non français.
2. Le début du titre faisant par ailleurs référence aux *Éléments* d'Euclide, et aux *Éléments de Mathématique* de Bourbaki, deux œuvres partageant avec la présente série la volonté d'exposition des savoirs selon un ordre logique précis, à partir d'axiomes donnés.
3. Les différents prérequis indiqués ne correspondent ni à un minimum, ni à un maximum à connaître pour comprendre la section en cours, mais doivent être pris comme une aide pour identifier, parmi les notions abordées précédemment, celles pouvant être utiles.

- Jeff MILLER. *Earliest Known Uses of Some of the Words of Mathematics*. URL : http://jeff560.tripod.com/mathword.html.
- Jeff MILLER. *Earliest use of various mathematical symbols*. URL : http://jeff560.tripod.com/mathsym.html.
- Florian CAJORI. *A history of mathematical notations*. The Open Court Publishing Co., 1928-1929.

Je précise que les sources indiquées ne sont pas nécessairement exhaustives (je peux par exemple donner uniquement une source simple d'accès, ce qui est le cas des précédentes), et que dans la mesure du possible, je vérifie et recoupe toutes les informations, y compris les références données par ces différentes sources. Par ailleurs, les citations issues de textes non francophones feront automatiquement l'objet d'une traduction personnelle, sans que je le signale non plus à chaque fois.

Je précise aussi que les remarques historiques sont nécessairement succinctes, et ne rendent pas forcément compte de la complexité de l'évolution des concepts étudiés. Il en est de même pour la présentation de ces concepts, sous la forme de définitions, axiomes ou théorèmes. Celle-ci peut parfois donner l'impression que les notions s'articulent entre elles de façon naturelle, mais encore une fois cela cache les multiples variantes et points de vue, les contributions des différents mathématiciens, ainsi que leurs interrogations et tâtonnements, qui ont permis de façonner les mathématiques contemporaines.

On notera enfin qu'aucun paragraphe ne commence par « exercice », ce qui ne veut pas dire que le lecteur ne dispose d'aucun matériel pour s'exercer : les exemples ainsi que les nombreux théorèmes peuvent être considérés comme autant d'exercices corrigés (beaucoup d'énoncés que l'on trouve fréquemment dans la littérature mathématique sous l'intitulé *exercice* se trouvent ici sous l'intitulé *théorème*). Ainsi, chaque théorème étant suivi d'une preuve complète, il n'y aura pas dans cette série d'ouvrages d'expressions comme « la preuve est laissée en exercice », « le lecteur prouvera lui-même que ... », et autres « on démontre facilement que ... ».

Les quatre premiers volumes traitent des fondements modernes des mathématiques. Je prends cette expression dans un sens un peu général : au-delà de son acception la plus usuelle (comprenant, pour faire simple, la logique[4] mathématique et la théorie des ensembles), j'inclus d'autres sujets comme la construction des ensembles classiques de nombres (ensemble $\mathbb{N}$ des entiers naturels, ensemble $\mathbb{R}$ des nombres réels, ...) ou l'étude de certaines structures algébriques de base (comme les groupes ou les anneaux).

Ce premier volume est essentiellement consacré à la notion de logique mathématique. On étudiera en particulier les sujets suivants :

- la logique des propositions (ou calcul des propositions) ;
- le calcul booléen (ou algèbre de Boole) ;
- la logique des prédicats (ou calcul des prédicats, ou logique du premier ordre) ;
- des systèmes formels utilisés dans la théorie de la démonstration : seront notamment détaillés un système déductif à la Hilbert et la déduction naturelle (pour la logique des propositions et la logique des prédicats) ;
- quelques exemples d'autres logiques formelles (logique du second ordre, logique intuitionniste ...).

On trouvera aussi divers sujets un peu moins liés aux mathématiques formelles :

- des éléments de logique traditionnelle (syllogismes et diagrammes logiques) ;
- des exemples de paralogismes[5] classiques.

Enfin, la présentation de la logique des prédicats sera aussi l'occasion d'aborder d'autres notions :

- une première approche de quelques structures algébriques de base (groupes, anneaux, ...) ;
- la théorie axiomatique de l'arithmétique de Peano, qui formalise les propriétés des nombres entiers et des opérations associées (addition, multiplication).

4. Logique : du grec *logikê*, dérivé de *logos*, signifiant à la fois raison, langage, et raisonnement.

5. Un paralogisme est un raisonnement incorrect qui peut sembler correct, l'erreur pouvant être commise de bonne foi ou dans l'intention de tromper (dans ce cas on utilise plutôt le terme *sophisme*).

Le deuxième volume sera principalement consacré à l'exposé de la théorie des ensembles de Zermelo-Fraenkel (qui est le fondement formel des mathématiques le plus classique) et à quelques applications immédiates : reprise et généralisation des structures algébriques de base vues dans le volume 1, introduction du concept de *morphisme* entre structures et de celui de *cardinal* (qui généralise le principe permettant de *dénombrer* un ensemble fini, c'est-à-dire de compter ses éléments) ; construction de l'ensemble $\mathbb{N}$ des entiers naturels et de l'ensemble $\mathbb{Z}$ des entiers relatifs ; présentation d'applications diverses dans le domaine de ce qu'on appelle les *mathématiques discrètes* : éléments de théorie des nombres (l'étude des propriétés des nombres entiers), et introduction à l'analyse combinatoire (l'étude du dénombrement d'ensembles finis).

Les troisième et quatrième volumes seront consacrés

- à des compléments de théorie des ensembles : étude du concept d'*ordinal*, qui généralise le principe permettant d'*ordonner* un ensemble fini (en numérotant ses éléments), et compléments sur les cardinaux ;
- à des exemples de théories alternatives des ensembles : théorie des classes de von Neumann-Bernays-Gödel (NBG) et de Morse-Kelley (MK), théorie NFU (*New Foundations with Urelements*) ;
- à l'*introduction* de différentes théories mathématiques plus avancées en rapport avec la logique et les fondements des mathématiques : théorie des modèles, théorie de la calculabilité, théorie des catégories et des topos (et théorie élémentaire de la catégorie des ensembles, autre théorie alternative des ensembles), théorie homotopique des types (permettant aussi un autre fondement formel alternatif des mathématiques) ;
- à l'étude d'autres éléments de mathématiques discrètes (compléments de théorie des nombres et d'analyse combinatoire, introduction à la théorie des graphes) ;
- à des compléments sur les différentes structures mathématiques, et à la construction des autres ensembles classiques de nombres (ensemble $\mathbb{Q}$ des rationnels, ensemble $\mathbb{R}$ des réels, ...).

Vocabulaire et notations

On distingue traditionnellement, dans les ouvrages mathématiques, les *théorèmes*, les *propositions* ou *assertions* (théorèmes de moindre importance), les *lemmes* (résultats qui constituent une étape dans la démonstration d'un théorème), et les *corollaires* (conséquences immédiates d'un théorème). Ces distinctions étant purement subjectives, je ne les utiliserai pas comme intitulé : je garderai le sens habituel de *proposition* en logique (affirmation qui peut-être vraie, ou fausse) et je n'emploierai que le mot *théorème* ; c'est-à-dire qu'aucun paragraphe ne commencera par *lemme* ou *corollaire* (mais je pourrai toujours indiquer qu'un certain théorème est un lemme, ou un corollaire, d'un autre).

Je pourrai par contre employer le terme (tout aussi subjectif) *trivial*, que l'on rencontre en mathématiques, et qui peut désigner soit un énoncé dont la vérité est évidente, soit un objet mathématique dont l'existence va de soi et dont l'étude n'a pas grand intérêt (par exemple : en théorie des groupes, le *groupe trivial* formé du seul élément neutre, ou encore : la fonction nulle est une *solution triviale* de l'équation différentielle $y' = y$). Le terme *trivial* vient du latin *tri* (trois) et *via* (la voie, la route). *Trivia* est, pour les romains, un carrefour où se rejoignent trois voies. *Trivial* désigne jusqu'au XIXe siècle une chose commune, banale, puis prend son sens moderne de grossier, vulgaire, qui existait déjà en latin. Le mot est aussi passé dans la langue anglaise avec le sens « insignifiant, banal ». On le trouve dans son acception mathématique, proche du sens anglais, dans un article du mathématicien britannique Arthur Cayley (1821-1895)[6].

Un autre élément de jargon mathématique que je pourrai employer est le terme *respectivement*, comme raccourci pour condenser plusieurs phrases en une : une expression comme

... $[A]$ (respectivement $[A']$) ... $[B]$ (respectivement $[B']$) ...

est un raccourci pour les deux phrases :

... $[A]$ ... $[B]$ ...
... $[A']$ ... $[B']$ ...

Par exemple : un triangle (respectivement carré) est une figure à trois (respectivement quatre) côtés.

En ce qui concerne l'égalité, qui a en mathématiques un sens parfois subtil, je ferai la distinction entre *égalité*, *égalité par définition*, et *affectation* :

- égalité :

$$A = B$$

(« A est égal à B »)

signifie : les objets A et B sont identiques.

- égalité par définition :

$$A \overset{\text{def}}{\equiv} B$$

(« A est égal, par définition, à B »)

signifie : on donne par définition, à l'objet B, le nom A.

6. Arthur CAYLEY. « Deuxième mémoire sur les fonctions doublement périodiques ». Dans : *Journal de Mathématiques Pures et Appliquées* 19 (1854), p. 193-208.

- affectation :

$$A :\equiv B$$

(« A prend la valeur B »)

signifie : la variable A prend la valeur B. Il s'agit en quelque sorte d'une affectation, dans le sens informatique du terme.

Les sens de $A \overset{\text{def}}{\equiv} B$ et de $A :\equiv B$ sont proches, l'affectation pouvant être considérée comme une définition, mais je réserverai en général le symbole $\overset{\text{def}}{\equiv}$ à des définitions de portée générale, et le symbole $:\equiv$ à des définitions de portée plus locale. Bien entendu, si $A \overset{\text{def}}{\equiv} B$, ou si $A :\equiv B$, on peut en déduire que $A = B$, mais les symboles $\overset{\text{def}}{\equiv}$ et $:\equiv$ apportent une information supplémentaire.

Les notations précédentes sont des variantes de symboles classiques : pour indiquer une définition, on trouve couramment $=_{\text{def}}$, notation introduite en 1894 par le mathématicien italien Cesare Burali-Forti (1861-1931) dans *Logica matematica*, ou sa variante $\overset{\text{def}}{=}$, ou encore l'un des symboles

$$\triangleq \qquad \equiv \qquad :=$$

Le signe d'égalité (=) a été utilisé pour la première fois en 1557 par le mathématicien et médecin anglais Robert Recorde (v. 1510-1558) dans *The Whetstone of Witte* [7], dans une version où les deux barres sont plus allongées que dans la version moderne. Il écrit :

> « Pour éviter la répétition fastidieuse de ces mots, *est égal à*, j'utiliserai (comme je le fais souvent dans mon travail) une paire de parallèles, ou lignes jumelles, de même longueur, comme ceci : ═══ , parce que deux choses ne peuvent pas être plus égales. »

Il faudra attendre 1618 pour que le symbole d'égalité apparaisse à nouveau dans un ouvrage imprimé, dans une annexe anonyme de la traduction par Edward Wright de *Descriptio* du mathématicien, physicien et astronome John Napier (ou Neper) (1550-1617), annexe probablement rédigée par le mathématicien et théologien anglais William Oughtred (1574-1660). Même s'il est largement répandu en Angleterre au XVIIe siècle, ce n'est qu'au XVIIIe siècle que le symbole de Recorde s'impose partout, car il était, surtout en Europe, en compétition avec ∞, le symbole d'égalité qu'utilise en 1637 le mathématicien, physicien et philosophe français René Descartes (1596-1650) dans *La Géométrie*, son ouvrage mathématique majeur.

Je précise enfin que j'énonce souvent les définitions en faisant appel au terme « lorsque », comme par exemple

On dit que [A] *lorsque* [B].

signifiant qu'on donne par définition à B le nom A. Cette formulation permet d'éviter les classiques « si » ou « si et seulement si » que l'on trouve aussi dans cette situation, mais qui induisent une regrettable confusion entre une définition et un théorème exprimant une implication ou une équivalence entre deux propositions. Ici, « lorsque » est l'équivalent du symbole $\overset{\text{def}}{\equiv}$, et la phrase précédente doit se comprendre comme

$$A \overset{\text{def}}{\equiv} B$$

7. Un mathématicien inconnu de Bologne (Italie) a aussi utilisé à la même période, apparemment de façon indépendante, le symbole = dans ses manuscrits.

Chapitre 1

Fondements des mathématiques

1.1 Paradoxes de l'infini et des ensembles

Notre point de départ sera deux concepts qui peuvent sembler sans rapport mais qui sont pourtant liés : celui d'*ensemble* et celui d'*infini*. La notion d'*ensemble* est importante en mathématiques,

- parce qu'elle apparaît de façon naturelle pour classer différents objets (ensembles de nombres, ensembles de solutions d'une équation, ensembles de points du plan, ensembles de fonctions ...) ;
- parce que de nombreuses notions s'appuient sur elle (comme les structures de *groupe* et d'*espace vectoriel*, qui ont de multiples applications) ;
- parce qu'étudier en toute généralité les propriétés des ensembles, indépendamment de celles de leurs éléments (ce qui est l'objet de la théorie des ensembles), permet de bénéficier de méthodes communes pouvant s'appliquer à différents domaines, que l'on s'intéresse par exemple à l'ensemble $\mathbb{N}$ des entiers naturels, à l'ensemble $\mathbb{R}$ des nombres réels, à l'ensemble des points du plan, à l'ensemble des fonctions de $\mathbb{R}$ dans $\mathbb{R}$, ... ;
- mais aussi parce que, comme nous le verrons, tous les concepts mathématiques usuels (les différents types de nombres, les structures algébriques, les fonctions, les structures géométriques, ...) peuvent même être *représentés* par des ensembles [1], ce qui fait de *la* [2] théorie des ensembles une candidate raisonnable aux fondements formels des autres branches des mathématiques. Je reviendrai sur ce sujet dans la section 1.3.

Les bases de la théorie des ensembles ont été posées à la fin du XIXe siècle par le mathématicien allemand Georg Cantor (1845-1918), en collaboration avec un autre mathématicien allemand, Richard Dedekind (1831-1916). Cantor était motivé en particulier par le concept d'infini, sur lequel s'interrogent les mathématiciens depuis l'époque des philosophes grecs [3], et qui amène de nombreux paradoxes, dont voici quelques exemples classiques :

---

1. Ce qui ne signifie pas que ces différents objets mathématiques *sont* (intrinsèquement) des ensembles, mais juste qu'ils peuvent être *codés* par des ensembles, de la même façon qu'en informatique, différentes données peuvent être codées par une série de 0 et de 1.

2. Je fais un abus de langage courant en employant le singulier, car il y a plusieurs théories des ensembles, mais celle que je détaillerai dans le volume 2, la *théorie des ensembles de Zermelo-Fraenkel*, est la plus classique.

3. Sans entrer dans le détail de la genèse de la théorie, je précise que les interrogations de Cantor n'étaient pas d'ordre philosophique, mais en rapport avec les mathématiques. Il a été amené à s'interroger sur l'existence de différents types d'infini, et à développer une arithmétique sur les ensembles infinis, à partir de ses travaux sur les séries trigonométriques, qui l'ont conduit à construire des ensembles de nombres réels, par une sorte de *récurrence* pouvant se prolonger au-delà de l'ensemble infini des entiers naturels.

Exemple 1.1.1 (Paradoxes de Zénon)

Les paradoxes de Zénon sont une série de paradoxes attribués au philosophe grec Zénon d'Élée (v. 490 AEC-v. 430 AEC[4]). Il aurait créé une quarantaine de paradoxes, dont seuls une dizaine nous sont parvenus, de façon indirecte, en particulier dans la *Physique* du philosophe grec Aristote (384 AEC-322 AEC), et dans les écrits du philosophe grec Simplicius (fin Vᵉ siècle-milieu VIᵉ siècle), commentateur d'Aristote. Zénon d'Élée était un disciple du philosophe grec Parménide (VIᵉ siècle AEC-Vᵉ siècle AEC), qui rejetait la réalité du pluralisme et du changement. Pour lui, la réalité était une et indivisible, le changement n'existait pas, et les apparences du contraire n'étaient que des illusions. Les différents commentateurs historiques ne sont pas toujours d'accord sur les objectifs poursuivis par Zénon en présentant ses paradoxes, mais l'une des interprétations classiques est qu'il a voulu soutenir Parménide en montrant que le sens commun concernant la réalité de la pluralité et du changement conduisait à des paradoxes, et donc était absurde. Les quatre paradoxes les plus classiques et commentés sont des paradoxes du mouvement ; ce sont

- le paradoxe de la flèche ;
- le paradoxe du stade ;
- le paradoxe d'Achille et de la tortue ;
- le paradoxe de la dichotomie.

Selon les cas, Zénon suppose que les différentes grandeurs physiques (longueur, temps...) sont soit discrètes, soit continues. Des quantités sont *discrètes* quand elles sont formées d'assemblages de plusieurs choses séparées les unes des autres, et qu'un saut est nécessaire pour passer de l'une à l'autre (par exemple les cinq doigts de la main), et *continues* dans le cas contraire, quand il y a toujours un élément entre deux autres, et quand on peut diviser à l'infini. Les deux premiers paradoxes (le paradoxe de la flèche et le paradoxe du stade) s'adressent à ceux qui pensent que l'espace et le temps sont discrets, et les deux suivants (le paradoxe d'Achille et de la tortue, et le paradoxe de la dichotomie) s'adressent à ceux qui pensent que le temps et l'espace sont continus. Et dans tous les cas Zénon propose un raisonnement illustrant, selon lui, l'impossibilité du mouvement :

Le **paradoxe de la flèche** : on imagine une flèche qui se déplace. Si le temps est une succession d'instants, la flèche se trouve à chaque instant à une position donnée, mais pendant cet instant elle n'a pas le temps de bouger et reste immobile. Il en est de même pour chaque instant donc la flèche est toujours immobile, et le mouvement n'existe pas.

Le **paradoxe du stade** : dans un stade, des personnes sont alignées par rangs de trois : une rangée notée $A_1A_2A_3$, une rangée $B_1B_2B_3$, une rangée $C_1C_2C_3$. Dans chaque rangée, chaque personne se situe à la même distance de ses voisins immédiats. La rangée des A est immobile, celle des B se déplace vers la droite, celle des C se déplace vers la gauche, tout le monde à la même vitesse. On obtient la situation suivante entre deux instants :

Avant				
	A_1	A_2	A_3	
B_1	B_2	B_3	$\rightarrow$	
	$\leftarrow$	C_1	C_2	C_3

Après		
A_1	A_2	A_3
B_1	B_2	B_3
C_1	C_2	C_3

Entre ces deux moments, C_1 est passé devant deux B, mais uniquement devant un A, ce qui, pour Zénon, est paradoxal, le temps mis pour passer devant deux B devant être le double de celui mis

4. J'utilise l'abréviation AEC (avant l'ère commune), au lieu du plus classique av. J.-C. (avant Jésus-Christ), pour noter les dates correspondant aux années d'avant notre ère. Outre l'intérêt d'être culturellement neutre, et sans référence à une quelconque mythologie, cette notation est plus simple et plus esthétique.

pour passer devant un A puisque la longueur est double. Une autre interprétation du paradoxe est la suivante : en supposant l'espace et le temps discrets, on suppose que les différents objets A, B, et C sont, sur chaque ligne, séparés par la plus petite unité de longueur d, et qu'ils se déplacent pendant la plus petite unité de temps t. Alors C_1 et B_2 devraient se croiser à un moment qui n'existe pas, puisque cela devrait se produire après un temps $\frac{t}{2}$, ce qui est paradoxal puisque t est la plus petite unité de temps.

Le **paradoxe d'Achille et de la tortue** : le héros grec légendaire Achille dispute une course avec une tortue qui démarre avant lui. À tout moment, pour rattraper la tortue, il doit d'abord courir jusqu'au point où elle se trouve à ce moment-là. Mais le temps qu'il arrive à ce point, la tortue aura avancé jusqu'à un nouveau point. Et ainsi de suite, à chaque fois qu'Achille atteint l'ancienne position de la tortue, celle-ci aura avancé jusqu'à une nouvelle position. La conclusion de Zénon est qu'Achille ne peut jamais rattraper la tortue.

Le **paradoxe de la dichotomie** : un coureur se trouvant à une certaine distance de la ligne d'arrivée doit d'abord parcourir la moitié de la distance qui lui reste, puis à nouveau la moitié de la nouvelle distance qui lui reste (le quart de la distance précédente), et ainsi de suite. Quelle que soit la distance à laquelle se trouve le coureur, il aura toujours la moitié de la distance restante à parcourir, et il ne pourra donc jamais atteindre l'arrivée. Dans une autre version de ce paradoxe, on raisonne à l'envers pour conclure qu'il ne peut même pas démarrer : pour parcourir la distance qui le sépare de l'arrivée, le coureur doit avoir parcouru la moitié de cette distance, mais pour parcourir cette moitié il doit avoir parcouru la moitié de la moitié (le quart de la distance totale), et pour cela il doit avoir parcouru la moitié de ce quart, et ainsi de suite.

Je reprends les différents paradoxes, en donnant quelques résolutions classiques. On notera que celles-ci sont essentiellement mathématiques : nous n'aborderons pas le problème de l'adéquation du modèle mathématique à la réalité physique (par exemple, le fait de diviser indéfiniment une longueur a-t-il vraiment un sens ?), ni l'approche purement philosophique (certains peuvent penser que la solution mathématique ne répond pas au problème *philosophique* posé par Zénon ...).

Le paradoxe de la flèche : le mouvement d'un objet à un instant t n'est pas une caractéristique de l'objet à cet instant. Un objet est en mouvement s'il occupe des positions différentes à des instants différents. Le mouvement et la vitesse d'un objet sont définis à partir des différentes positions qu'il occupe, donc il n'y a pas vraiment de paradoxe.

Le paradoxe du stade : dans la première interprétation, il y a une simple confusion entre vitesse et vitesse relative. Si d est la distance entre deux personnes, et si la vitesse de C (ou de B), par rapport à A qui est immobile, est v, alors la vitesse de C par rapport à B est $2v$, et le temps mis pour parcourir la distance $2d$ à la vitesse $2v$ est bien le même que celui mis pour parcourir la distance d à la vitesse v. La deuxième interprétation est plus subtile. Dans le cas d'un espace et d'un temps discrets, la question de savoir où se croisent B_2 et C_1 n'a pas de sens. B_2 passe d'une position à la suivante, de même pour C_1, et il n'y a pas vraiment de croisement (qui supposerait un chemin continu entre deux points, et pas un chemin discret).

Pour les deux paradoxes suivants, les longueurs et les temps sont continus, ce qui peut se modéliser mathématiquement par l'analyse réelle moderne, basée sur l'ensemble des nombres réels $\mathbb{R}$.

Le paradoxe d'Achille et de la tortue : dans ce paradoxe, on considère implicitement que le temps et l'espace sont continus, car dans le cas contraire, si on considère que le temps ou l'espace est discret, il n'y a plus de paradoxe, puisqu'on ne peut plus faire de découpage à l'infini (entre deux points donnés, il est possible qu'il n'existe aucun autre point). Supposons pour simplifier que les vitesses d'Achille et de la tortue soient constantes, par exemple Achille se déplace à la vitesse de 10 m/s, et la tortue à 0, 2 m/s, avec 100 m d'avance. Alors la distance d_A (en mètres) à laquelle se situe Achille par rapport à son point de départ, en fonction du temps t (en secondes) écoulé depuis le début, est :

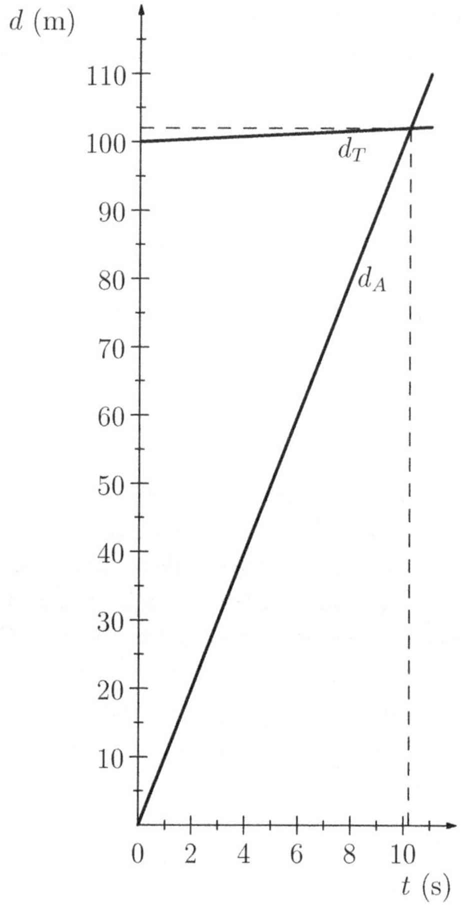

$$d_A = 10t$$

De même, la distance d_T (en mètres) à laquelle se situe la tortue par rapport au point de départ d'Achille, en fonction du temps t (en secondes) écoulé depuis le début, est

$$d_T = 100 + 0,2t$$

On peut représenter ces deux distances (voir ci-contre), et calculer le moment où Achille rattrape la tortue :

$$d_A = d_T \iff 10t = 100 + 0,2t$$

On résout cette équation :

$$9,8t = 100$$

$$t = \frac{100}{9,8} = \frac{1\,000}{98} = \frac{500}{49} \approx 10,2$$

Et alors

$$d = d_A = d_T = \frac{5\,000}{49} \approx 102$$

Achille parcourt une distance qui varie dans le segment $[0, d]$ formé d'une infinité de points (il est passé par une infinité de lieux), pendant un temps qui varie dans le segment $[0, t]$ formé aussi d'une infinité de points (il y a eu une infinité d'instants), mais la distance totale parcourue d et le temps total écoulé t sont bien des nombres (finis). On peut aussi calculer de la manière suivante : à chaque fois qu'Achille se situe à une distance d de la tortue, pendant qu'Achille se déplace de d, la tortue se déplace d'une distance 50 fois plus petite, puisqu'elle va 50 fois moins vite. Achille parcourt donc ensuite une distance 50 fois plus petite $\left(\frac{d}{50}\right)$ pendant un temps 50 fois plus court, et ainsi de suite. Le temps total écoulé quand Achille rattrape la tortue est donc

$$t = 10 + \frac{10}{50} + \frac{10}{50^2} + \cdots = \sum_{k=0}^{+\infty} \frac{10}{50^k}$$

C'est une série géométrique de raison $\frac{1}{50}$ et de terme initial 10. On sait que cette série converge, et sa limite est $\dfrac{10}{1-\frac{1}{50}} = \dfrac{500}{49}$. On retrouve bien $t = \dfrac{500}{49}$. De même, la distance que doit parcourir Achille avant de rattraper la tortue est

$$d = 100 + \frac{100}{50} + \frac{100}{50^2} + \cdots = \sum_{k=0}^{+\infty} \frac{100}{50^k} = \frac{100}{1-\frac{1}{50}} = \frac{5\,000}{49}$$

Le paradoxe de la dichotomie : c'est un peu le même principe que pour le paradoxe d'Achille et de la tortue. Si la distance à parcourir est d, il faut pour l'atteindre parcourir la distance correspondant à la somme

$$\frac{d}{2} + \frac{d}{4} + \frac{d}{8} + \cdots = \sum_{k=1}^{+\infty} \frac{d}{2^k} = \frac{d}{2} \cdot \frac{1}{1-\frac{1}{2}} = d$$

Pour la deuxième version du paradoxe, on peut rependre la somme précédente en se la représentant d'une certaine manière comme

$$\cdots + \frac{d}{8} + \frac{d}{4} + \frac{d}{2}$$

ou en renversant le sens du temps (le coureur a terminé en parcourant la distance $\frac{d}{2}$, et avant ça il a parcouru la distance $\frac{d}{4}$, ...).

Exemple 1.1.2 (Paradoxe de Galilée, ou paradoxe des ensembles infinis [5])

On appelle bijection entre un ensemble A et un ensemble B toute correspondance entre les éléments de A et les éléments de B telle qu'à tout élément de A correspond un unique élément de B, et réciproquement. Quand il existe une *bijection* entre A et B, on dit que les ensembles sont *en bijection* (ou équipotents). Dans ce cas, il semble que l'on puisse considérer, intuitivement, qu'ils ont autant d'éléments. Par exemple, les ensembles $\{0, 1, 2\}$ (qui contient les nombres 0, 1, 2) et $\{3, 4, 5\}$ (qui contient les nombres 3, 4, 5) ont le même nombre d'éléments, et ils sont en bijection, par exemple par la bijection

$$\begin{array}{ccc} 0 & 1 & 2 \\ \updownarrow & \updownarrow & \updownarrow \\ 3 & 4 & 5 \end{array}$$

Alors que les ensembles $\{0, 1, 2\}$ et $\{3, 4, 5, 6\}$ ne le sont pas : si, à chacun des nombres 0, 1, et 2, on associe un élément de $\{3, 4, 5, 6\}$, il restera toujours un élément de $\{3, 4, 5, 6\}$ qui ne correspondra à rien.

Par contre, dès que les ensembles sont infinis, ce principe du même nombre d'éléments amène des résultats qui sont contre-intuitifs. Par exemple, l'ensemble des entiers, et l'ensemble des entiers pairs sont en bijection : la fonction qui à tout entier n associe $2n$ est une bijection entre les entiers et les entiers pairs :

5. Il n'y a pas de nom standard pour ce paradoxe ; la raison pour laquelle on lui associe parfois le nom de Galilée (plutôt dans la littérature anglophone) apparaît à la fin de l'exemple.

$$\begin{array}{ccccc} 0 & 1 & 2 & 3 & \dots \\ \updownarrow & \updownarrow & \updownarrow & \updownarrow & \\ 0 & 2 & 4 & 6 & \dots \end{array}$$

En effet, à tout entier on associe son double, et réciproquement à tout entier pair on associe sa moitié. On peut donc dire, d'une certaine manière, qu'il y a autant d'entiers pairs que d'entiers, ce qui semble paradoxal (dans le sens « contraire au sens commun ») puisque l'ensemble des entiers pairs est strictement inclus dans l'ensemble des entiers. De même, l'ensemble des entiers, et l'ensemble des entiers impairs sont en bijection : la fonction qui à tout entier n associe $2n+1$ est une bijection entre les entiers et les entiers impairs :

$$\begin{array}{ccccc} 0 & 1 & 2 & 3 & \dots \\ \updownarrow & \updownarrow & \updownarrow & \updownarrow & \\ 1 & 3 & 5 & 7 & \dots \end{array}$$

En effet, à tout entier on associe le successeur de son double, et réciproquement à tout entier impair on associe la moitié de son prédécesseur. Il y a donc autant de nombres entiers que de nombres entiers pairs, ou de nombres entiers impairs, alors que l'ensemble des entiers est formé de la réunion des entiers pairs et impairs.

De même, l'ensemble des carrés parfaits (les entiers qui sont le carré d'un autre entier) est en bijection avec l'ensemble de tous les entiers :

$$\begin{array}{ccccc} 0 & 1 & 2 & 3 & \dots \\ \updownarrow & \updownarrow & \updownarrow & \updownarrow & \\ 0 & 1 & 4 & 9 & \dots \end{array}$$

Ce dernier exemple a été commenté en 1638 par le mathématicien, physicien et astronome italien Galilée (1564-1642) dans son *Discorsi e Dimostrazioni Matematiche Intorno a Due Nuove Scienze* [Discours et démonstrations mathématiques concernant deux sciences nouvelles]. Il en conclut que « les attributs *égal*, *supérieur* et *inférieur* ne sont pas applicables à l'infini, mais seulement à des quantités finies ».

On retrouve aussi cette idée dans l'histoire suivante :

Exemple 1.1.3 (Hôtel de Hilbert, ou hôtel infini de Hilbert)

Si un hôtel a un nombre fini de chambres, et qu'elles sont toutes occupées, il lui est impossible d'accueillir un nouveau client. Mais imaginons un hôtel ayant une infinité de chambres, numérotées 1, 2, 3, 4, 5, ... toutes occupées. Pour accueillir un nouveau client, il suffit au patron de l'hôtel de déplacer tous les anciens clients dans la chambre suivante (le client de la chambre 1 va dans la 2, celui de la 2 va dans la 3, ...). Ainsi la chambre 1 est libérée pour le nouveau client. On peut de la même manière faire de la place pour n'importe quel nombre fini de nouveaux clients (si l'hôtel reçoit n personnes, les anciens clients décalent leur chambre de n). Il est même possible de faire de la place pour un nombre infini de nouveaux clients (plus exactement, pour un nombre dit infini dénombrable, c'est-à-dire un ensemble de nouveaux clients que l'on peut par exemple numéroter de la même façon que les chambres : 1, 2, 3 ...) : il suffit de demander aux anciens clients d'aller dans la chambre dont le numéro est le double de celle qu'ils occupent (le client de la chambre 1 va dans la 2, celui de la 2 va dans la 4, ..., celui de la n va dans la $2n$, ...). Ainsi une infinité de chambres, aux numéros impairs, sont libérées pour les nouveaux clients, et le nouveau client k peut aller dans la chambre $2k-1$ (le nouveau client 1 va dans la 1, le nouveau client 2 va dans la 3, le nouveau client 3 va dans la 5, ...).

Cette histoire est imprimée pour la première fois en 1947 dans *One, Two, Three... Infinity : Facts and Speculations of Science*, du physicien, astronome, et vulgarisateur scientifique americano-russe George Gamow (1904-1968), qui l'attribue au mathématicien allemand David Hilbert (1862-1943). Cette paternité a longtemps été incertaine, car l'histoire n'apparaît dans aucun des travaux publiés par Hilbert. Mais la publication en 2013 du troisième volume d'un recueil de conférences [6] [7] montre que l'allégorie de l'hôtel infini a été effectivement donnée par Hilbert dans une conférence à Göttingen en janvier 1925 [8].

Les deux exemples précédents illustrent la propriété caractéristique des ensembles infinis de pouvoir être en bijection avec un de leurs sous-ensembles stricts. Une autre série de paradoxes provient de la définition même d'un ensemble. Dans la conception originelle de la théorie des ensembles, dite *naïve*, parce qu'elle n'emploie pas une axiomatique précise, le point de départ est la notion intuitive d'ensemble et d'appartenance. Un ensemble est une collection d'éléments, et peut être défini de deux façons : en *extension*, quand on fait la liste de ses éléments, et en *compréhension*, quand on donne une propriété caractéristique de ses éléments. On note aussi $x \in E$ pour signifier que x appartient à E (autrement dit que x est un élément de E), et $x \notin E$ pour signifier que x n'appartient pas à E.

Exemple 1.1.4 (Exemples de définitions en extension et en compréhension)

1. L'ensemble des nombres entiers pairs inférieurs à 5 (définition en compréhension) correspond à la définition en extension suivante : $\{0, 2, 4\}$. La définition en compréhension n'est pas unique, puisque d'autres propriétés peuvent caractériser cet ensemble. C'est par exemple aussi l'ensemble de toutes les solutions de l'équation

$$x(x-2)(x-4) = 0$$

2. Considérons l'ensemble de tous les nombres entiers qui ont exactement deux diviseurs. C'est une définition en compréhension de l'ensemble des nombres premiers. On ne peut pas donner une définition en extension de cet ensemble puisqu'il est infini.

Mais en acceptant que n'importe quelle propriété définisse un ensemble en compréhension, plusieurs paradoxes surgissent.

Exemple 1.1.5 (Paradoxe de Richard)

Ce paradoxe a été décrit en 1905 par le mathématicien français Jules Richard (1862-1956), dans une lettre publiée dans la *Revue générale des Sciences Pures et Appliquées* [9]. Le principe général est le suivant : si on numérote tous les nombres réels définissables en un nombre fini de mots, on peut

6. David HILBERT. *David Hilbert's Lectures on the Foundations of Arithmetic and Logic 1917-1933*. Sous la dir. de William EWALD et Wilfried SIEG. Springer, 2013.

7. Six volumes publiés par l'éditeur Springer, à partir de 2004, les trois derniers volumes étant prévus pour 2020.

8. Source : Helge KRAGH. *The true (?) story of Hilbert's infinite hotel*. 2014. URL : `http://arxiv.org/ftp/arxiv/papers/1403/1403.0059.pdf`.

9. Jules RICHARD. « Les principes des Mathématiques et le problème des ensembles ». Dans : *Revue générale des Sciences Pures et Appliquées* 12 (juin 1905), p. 541.

construire, en utilisant l'argument dit de la diagonale de Cantor, un nombre réel hors de cette liste ; et pourtant ce nombre a été défini en un nombre fini de mots. Plus précisément :

- On commence par former un tableau contenant tous les nombres que l'on peut définir avec un nombre fini de mots, de la façon suivante : on écrit tous les arrangements deux à deux des 26 lettres de l'alphabet (classés par ordre alphabétique), puis tous les arrangements trois à trois, puis quatre à quatre, etc.

  aa
  ab
  ...
  zz
  aaa
  aab
  ...
  zzz
  ...

  Pour tout entier k, tout arrangement de k lettres se trouve dans le tableau, et comme tout ce qui peut s'écrire avec un nombre fini de mots est un arrangement de lettres, tout ce qui peut s'écrire se trouve dans le tableau. Parmi ces arrangements de lettres se trouvent des définitions de nombres, ce qui permet de construire l'ensemble E de tous les nombres que l'on peut définir avec un nombre fini de mots. Notons par exemple u_1 le premier nombre dont la définition apparaît dans le tableau, u_2 le deuxième, etc.

  ...
  première définition possible d'un nombre (nombre u_1)
  ...
  deuxième définition possible d'un nombre (nombre u_2)
  ...

  Ainsi pour tout entier non nul n, le nombre u_n est le n-ième nombre de l'ensemble E. Notons p_n sa n-ième décimale.

- On construit ensuite un nombre réel x ne pouvant pas appartenir à cet ensemble E de la manière suivante : sa partie entière est 0, et il admet pour n-ième décimale, soit $p_n + 1$ si p_n n'est égal ni à 8 ni à 9, soit 1 dans le cas contraire. Ainsi, la n-ième décimale de x est automatiquement différente de la n-ième décimale de u_n, ce qui fait que x ne peut être aucun des nombres u_n (le fait qu'il n'y a pas unicité du développement décimal d'un nombre réel n'est pas un problème puisque les chiffres 0 et 9 n'apparaissent pas dans les décimales de x), autrement dit x n'appartient pas à l'ensemble E.

- Or ce nombre x peut être défini en un nombre fini de mots, et par conséquent devrait appartenir à E, ce qui est paradoxal.

Une variante du paradoxe de Richard, utilisant les nombres entiers à la place des nombres réels, est la suivante : on considère les propriétés que peuvent posséder les nombres entiers, par exemple « être pair », « être un nombre premier », etc. On classe ces propriétés comme dans le paradoxe original. On a donc une propriété 1, une propriété 2, etc. Si le nombre n vérifie la propriété n, on dit que le nombre est richardien. Par exemple, supposons que la propriété 10 soit « être pair », alors 10 est richardien (car 10 est pair). Si la propriété 10 est « être un nombre premier », 10 n'est pas richardien (car 10 n'est pas premier). Les propriétés « être richardien » et « ne pas être richardien » sont des propriétés des nombres entiers. Supposons que la propriété « ne pas être richardien » soit la propriété p, ce nombre p est-il richardien ou pas ? Si p est richardien, alors par définition p n'est pas richardien, et si p n'est pas richardien, il vérifie la propriété donc il est richardien. Il y a contradiction.

On pourrait penser que le paradoxe précédent provient de la construction d'un nombre qui utilise l'infini, mais une variante permet de définir un nombre paradoxal sans faire appel à l'infini :

Exemple 1.1.6 (Paradoxe de Berry)

Ce paradoxe a été publié en 1906 dans l'article « Les paradoxes de la logique » [10], par le mathématicien, logicien et philosophe britannique Bertrand Russell (1872-1970), qui l'attribue à G.G. Berry (1867-1928), bibliothécaire britannique. On considère le nombre dont la définition est la suivante : c'est le

« plus petit entier non nommable en moins de dix-huit syllabes »

Comme il y a un nombre fini de mots en français, le nombre d'entiers pouvant être nommés en moins de dix-huit syllabes est fini, donc il y a des entiers ne pouvant pas être nommés en moins de dix-huit syllabes, et l'ensemble de ces entiers, comme tout sous-ensemble non vide de l'ensemble des entiers naturels, admet un plus petit élément. Mais ce plus petit élément est un nombre qui vient d'être décrit par une expression de dix-sept syllabes (donc en moins de dix-huit), et il y a contradiction.

L'article de Russell a été publié en français, mais comme le signale le traducteur, la définition est relative à la langue employée, et comporte dans sa version originale (en anglais) le nombre dix-neuf (« *The least integer not nameable in fewer than nineteen syllables* »). Ce paradoxe sera repris en 1908 par Bertrand Russell dans son article « Mathematical logic as based on the theory of types » dans *American Journal of Mathematics* [11].

Il existe d'autres variantes de ce paradoxe, les plus courantes utilisant des mots, plutôt que des syllabes, par exemple :

« Le plus petit entier naturel non descriptible par une expression de quinze mots ou moins. »

Ou encore, en utilisant des caractères à la place des mots, et de façon plus formelle, on considère la propriété

« n est un entier définissable par une phrase française d'au plus cent caractères. »

L'ensemble des entiers vérifiant cette propriété est fini (en considérant par exemple les 26 lettres de l'alphabet plus l'espace et l'apostrophe, il y a au maximum 28^{100} phrases françaises d'au plus cent caractères [12]), donc le complémentaire de cet ensemble (l'ensemble des entiers ne vérifiant pas cette propriété) admet un plus petit élément n qui peut être décrit par « n est le plus petit entier non définissable par une phrase française d'au plus cent caractères », ce qui permet de le décrire en 94 caractères ; et il y a contradiction.

10. Bertrand RUSSELL. « Les paradoxes de la logique ». Dans : *Revue de métaphysique et de morale* (1906), p. 645.

11. Bertrand RUSSELL. « Mathematical logic as based on the theory of types ». Dans : *American Journal of Mathematics* 30.3 (1908), p. 225.

12. Bien évidemment, la plupart des « phrases » formées de 100 caractères quelconques n'ont pas de sens, mais le nombre 28^{100} donne une majoration du nombre total des entiers vérifiant la propriété, qui est donc un ensemble fini.

Une idée pour se débarrasser de ces paradoxes, proposée par le mathématicien, logicien et philosophe allemand Gottlob Frege (1848-1925), pourrait être de limiter la création d'un ensemble en n'autorisant que la définition de collections d'objets possédant une propriété qui s'exprime par une formule dans un langage logique (voir le chapitre 4 pour une présentation détaillée de ce type de langage), différent du langage employé pour le définir (qu'on appelle un *métalangage*). Le principe de définition en compréhension se traduit alors ainsi : pour toute formule P, on peut définir l'ensemble de tous les objets x vérifiant P, qui s'écrit

$$\{x \mid P(x)\}$$

Par exemple, l'ensemble des nombres entiers inférieurs ou égaux à 5 peut s'écrire

$$\{x \mid x \in \mathbb{N} \text{ et } x \leqslant 5\}$$

Mais cela ne suffit pas à éliminer les paradoxes :

Exemple 1.1.7 (Paradoxe de Cantor)

Il y a plusieurs variantes de ce paradoxe, faisant souvent appel au concept de cardinal (voir le volume 2), mais que l'on peut aussi exprimer en termes d'injection et de surjection. Si f est une fonction de A dans B, on dit que f est injective lorsque deux éléments distincts de A ont des images distinctes, on dit que f est surjective lorsque pour tout $y \in B$, il existe $x \in A$ tel que $y = f(x)$, et on dit que f est bijective lorsqu'elle est injective et surjective, ce qui revient à dire que pour tout $y \in B$, il existe un unique $x \in A$ tel que $y = f(x)$ (l'existence est due à la surjectivité et l'unicité à l'injectivité). [13]

C'est Bertrand Russell qui nomme le paradoxe de Cantor ainsi, dans *The Principles of Mathematics* [14]. Il s'appuie sur le théorème de Cantor (voir l'exemple 5.5.75, p. 255), qui dit qu'il ne peut pas exister de surjection (ni de bijection donc) d'un ensemble E dans l'ensemble $\mathscr{P}(E)$ de tous ses sous-ensembles.

Ce paradoxe peut par exemple s'exprimer dans une théorie pour laquelle on restreint les objets x sur lesquels s'appliquent les propriétés P, à l'univers de tous les ensembles. Il est alors possible de définir en compréhension l'ensemble E de tous les ensembles, comme la collection de tous les objets x vérifiant une propriété toujours vraie, par exemple $x = x$, ce qui s'écrit

$$E :\equiv \{x \mid x = x\}$$

Tout élément de $\mathscr{P}(E)$ étant un ensemble, il appartient par définition à E, ce qui permet de définir l'injection de $\mathscr{P}(E)$ dans E, qui à tout X associe lui même. On peut alors justifier que cela contredit le théorème de Cantor, par exemple par l'un des deux raisonnements suivants :

1. Le premier argument utilise le théorème de Cantor-Bernstein (voir le volume 2), qui dit que s'il existe une injection de A dans B et une de B dans A, alors A et B sont en bijection. Comme il existe une injection de $\mathscr{P}(E)$ dans E, et qu'il existe aussi une injection de E dans $\mathscr{P}(E)$, par exemple la fonction qui à tout X associe $\{X\}$ (l'ensemble dont le seul élément est X), on déduit alors de ce théorème qu'il existe une bijection entre E et $\mathscr{P}(E)$, en contradiction avec le théorème de Cantor.
2. Le deuxième argument utilise la propriété suivante : s'il existe une injection f d'un ensemble A non vide, dans un ensemble B, alors il existe une surjection de B dans A. On peut en effet construire une telle surjection ainsi : à tout élément de B image d'un élément $x \in A$ par f, on associe cet

13. Je rappelle que, pour illustrer mon propos, je peux faire appel dans les exemples à des concepts qui n'ont pas encore été vus. Je présente ici brièvement quelques notions classiques, mais toutes seront étudiées en détail dans le volume 2.

14. Bertrand Russell. *The Principles of Mathematics*. 1903, p. 358.

unique élément x (il est unique car f est injective), et à tout élément de B qui n'est pas l'image d'un élément par f, on associe un élément quelconque de A. On déduit alors de cette propriété, puisqu'il existe une injection de $\mathscr{P}(E)$ dans E, et que $\mathscr{P}(E)$ n'est pas vide (car $\varnothing \in \mathscr{P}(E)$), qu'il existe une surjection de E dans $\mathscr{P}(E)$, en contradiction avec le théorème de Cantor.

Exemple 1.1.8 (Paradoxe de Russell et paradoxe du barbier)

Le paradoxe de Russell peut se formuler ainsi :

« L'ensemble des ensembles n'appartenant pas à eux-mêmes appartient-il à lui-même ? »

En notant E cet ensemble, si $E \in E$, alors $E \notin E$ (puisque E appartient alors à l'ensemble des ensembles qui n'appartiennent pas à eux-mêmes), et si $E \notin E$, alors $E \in E$ (puisque si E n'appartient pas à lui-même, il appartient à l'ensemble de tous les ensembles ayant cette propriété, c'est-à-dire E). Il y a donc un paradoxe. En résumé :

$$E :\equiv \{x \mid x \notin x\} \quad \text{donc} \quad E \in E \iff E \notin E$$

Russell a découvert ce paradoxe en 1901, en examinant la démonstration du théorème de Cantor. En 1902, il le décrit dans une lettre adressée à Gottlob Frege, où il montre que l'une des règles introduites dans le premier volume de son *Grundgesetze der Arithmetik* [Lois fondamentales de l'arithmétique] [15] rendait la théorie de Frege contradictoire. C'était très peu de temps avant que ne paraisse le deuxième volume de son ouvrage [16]. Dans ce dernier, Frege inséra une note commençant par

> « Un écrivain scientifique peut difficilement rencontrer quelque chose de plus indésirable que de voir l'une des fondations de son œuvre s'effondrer après l'achèvement de son travail. C'est dans cette position que m'a mis une lettre de M. Bertrand Russell, alors que l'impression de ce volume arrivait à son terme. »

Dans *The Philosophy of Logical Atomism*, une série de conférences données au cours de l'hiver 1917/1918 (publiées pour la première fois dans *The Monist* en 1918), Russell a aussi illustré ce paradoxe sous la forme, qui lui aurait été suggérée, du **paradoxe du barbier** :

> « Dans un village, un barbier doit raser tous les habitants qui ne se rasent pas eux-mêmes, et uniquement ceux-là. Le barbier doit-il se raser lui-même ? »

Il ne peut pas se raser lui-même, puisqu'il ne doit raser que ceux qui ne se rasent pas eux-mêmes, et s'il ne se rase pas il doit se raser, puisqu'il rase tous ceux qui ne se rasent pas eux-mêmes.

Le mot *paradoxe*, du grec *paradoxos* (contraire à l'opinion commune), peut avoir plusieurs sens. Le philosophe et logicien américain Willard Van Orman Quine (1908-2000) distingue dans *The Ways of Paradox* (1962) trois classes de paradoxes :

- Les paradoxes « falsidiques » [17] présentent un résultat faux (par un raisonnement incorrect). C'est par exemple le cas des paradoxes de Zenon (il est faux de conclure qu'Achille ne rattrape pas la tortue, que la flèche est immobile ...). On trouvera d'autres exemples dans le chapitre 6 consacré aux erreurs de rai-

15. Gottlob FREGE. *Grundgesetze der Arithmetik* [Lois fondamentales de l'arithmétique]. T. 1. 1893. Traduit en 1969 par Claude Imbert sous le titre : *Les Fondements de l'arithmétique*.

16. Gottlob FREGE. *Grundgesetze der Arithmetik* [Lois fondamentales de l'arithmétique]. T. 2. 1903.

17. Quine utilise le mot *falsidical*. Il n'emploie pas à dessein le terme *fallacy* (fallacieux), car un raisonnement peut être fallacieux mais avoir une conclusion vraie, ce qui n'est pas le cas d'un paradoxe « falsidique ».

sonnement, comme la « preuve » classique de l'égalité $1 = 2$, que je donne aussi ici : on considère deux nombres réels non nuls égaux a et b, à partir desquels on effectue les déductions suivantes :

$$\begin{aligned} a &= b \\ ab &= b^2 && \text{multiplication par } b \\ ab - a^2 &= b^2 - a^2 && \text{soustraction de } a^2 \\ a(b-a) &= (b-a)(b+a) && \text{factorisation} \end{aligned}$$

On divise par $b - a$:

$$a = b + a$$

Puisque $a = b$, on peut remplacer b par a :

$$\begin{aligned} a = a + a &= 2a \\ 1 \times a &= 2 \times a \end{aligned}$$

On divise par a :

$$1 = 2$$

On obtient ici un résultat paradoxal, et qui est faux, à cause d'une erreur dans le raisonnement (on a divisé par $b - a$, qui est égal à 0).

- Les paradoxes véridiques présentent un résultat qui semble absurde, mais qui est vrai et que l'on peut justifier. Les paradoxes des ensembles infinis sont de ce type ; par exemple, l'existence d'une bijection entre l'ensemble des nombres pairs et l'ensemble de tous les nombres entiers. Il semble paradoxal (dans le sens : contraire à l'opinion commune) qu'il y ait « autant » de nombres pairs que d'entiers, mais c'est bien le cas.
- Les antinomies présentent, en appliquant des raisonnements considérés comme valables, un résultat contradictoire. On pourrait par exemple classer les paradoxes de Richard, Berry, Cantor et Russell dans cette catégorie.

Mais ces trois classes ne sont pas parfaitement délimitées et sont sujettes à interprétation. Quine dit que « l'antinomie d'un homme peut être le paradoxe véridique d'un autre homme ». Il classe par exemple le paradoxe du barbier dans la classe des paradoxes véridiques avec l'argument suivant : ce paradoxe est juste une preuve qu'il ne peut exister un tel barbier. Dans une théorie comme celle de Frege, dans laquelle un ensemble peut être défini par

$$\{x \mid x \notin x\}$$

le paradoxe de Russell est une antinomie, et la théorie est contradictoire. Mais dans une théorie pour laquelle la formule ci-dessus ne désigne pas nécessairement un ensemble (comme la théorie des ensembles de Zermelo-Fraenkel que nous étudierons dans le volume 2), le paradoxe de Russell est juste la preuve qu'il ne peut pas exister d'ensemble dont les éléments sont tous les ensembles qui n'appartiennent pas à eux-mêmes. De même, le paradoxe de Cantor prouve qu'il ne peut pas exister d'ensemble de tous les ensembles.

1.2 Crise des fondements

La découverte des paradoxes des ensembles, ainsi que le questionnement autour de l'idée d'infini, ont conduit au début du XXe siècle certains mathématiciens à tenter de reconstruire la totalité des notions mathématiques sur des bases solides. C'est ce que l'on appelle la *crise des fondements*. À la frontière entre mathématiques, logique, et philosophie, plusieurs idées s'affrontent. On peut distinguer plusieurs écoles de pensée :

1. Le **constructivisme** : un mathématicien constructiviste ne peut affirmer l'existence d'un objet mathématique que s'il propose une construction effective de celui-ci. Par exemple, la démonstration de l'existence d'un objet à l'aide d'une démonstration par l'absurde (c'est-à-dire que sa non-existence amène une contradiction) n'est pas une preuve acceptable, puisque dans ce cas aucun procédé mathématique n'est indiqué pour construire l'objet en question.
2. L'**intuitionnisme** est une position philosophique vis à vis des mathématiques, proposée par le mathématicien néerlandais Luitzen Egbertus Jan Brouwer (1881-1966), qui considère que les mathématiques viennent de l'intuition du mathématicien et que faire des mathématiques est essentiellement une activité subjective. L'intuitionnisme a été formalisé, sous le nom de **logique intuitionniste**, par deux de ses élèves, l'Ukrainien Valery Glivenko (1897 [18]-1940), et le Néerlandais Arend Heyting (1898-1980). Il rejette essentiellement deux principes classiques :
   - L'existentiel non constructif, c'est-à-dire que l'intuitionnisme adopte la position constructiviste : le mathématicien ne peut affirmer l'existence d'un objet que s'il propose une construction effective de cet objet.
   - Le tiers exclu, qui affirme qu'une proposition doit être soit vraie soit fausse (voir le théorème 3, p. 89) : pour un intuitionniste, on ne peut pas affirmer

     $$P \text{ ou non } P$$

     dans le cas général, pour n'importe quelle proposition P, mais uniquement si on peut prouver P ou si on peut prouver non P.

   L'intuitionnisme est ainsi une forme de constructivisme, et ces deux termes sont parfois pris comme synonymes. En effet, en dehors de l'aspect philosophique de la pensée de Brouwer, les principes de la *logique intuitionniste* sont essentiellement une variante de ceux de la logique classique tenant compte des principes constructivistes.
3. Le **logicisme** est l'idée selon laquelle les mathématiques sont une extension de la logique, et donc que tous les concepts et théories mathématiques sont réductibles à la logique. Ce principe a été soutenu en particulier par les mathématiciens allemands Richard Dedekind (1831-1916) et Gottlob Frege (1848-1925), et les mathématiciens britanniques Alfred North Whitehead (1861-1947) et Bertrand Russell (1872-1970).
4. Le **formalisme**, dont le principal défenseur est le mathématicien allemand David Hilbert (1862-1943). Les formalistes considèrent que les objets mathématiques ne sont pas des *réalités en soi*, et pensent les mathématiques comme un jeu avec des séquences de symboles, et des preuves qui sont les règles du jeu permettant de manipuler ces séquences. La non-contradiction de ces règles est alors un critère suffisant d'existence d'un objet mathématique (contrairement au constructivisme qui nécessite un procédé de construction effectif). Selon le principe formaliste, une théorie mathématique doit être fondée sur des axiomes, et des règles de déduction, permettant d'obtenir des théorèmes uniquement à partir de ces éléments. C'est ce que fait Hilbert en 1899 dans *Grundlagen der Geometrie* [Les fondements de la géométrie], où il remplace les 5 axiomes usuels de la géométrie euclidienne par 20 axiomes [19] qui permettent une fondation rigoureuse de la géométrie d'Euclide. Les objets de base (points, droites, plans) sont définis sous forme d'axiomes, les raisonnements s'appuient sur ces axiomes et ne font plus appel aux notions intuitives associées à ces objets. Dans une citation célèbre, qui lui est attribuée par son élève le mathématicien allemand Otto Blumenthal (1876-1944), il dit :

   > « Nous devons tout le temps, au lieu de *points, droites, plans*, pouvoir dire *tables, chaises, chopes.* » [20]

18. 1896 selon le calendrier Julien en place en Ukraine à cette époque.
19. Ce nombre peut varier selon les éditions : 20 pour l'édition originale, 20 ou 21 pour les suivantes.
20. Otto Blumenthal. « Lebensgeschichte *[Biographie]* ». Dans : David Hilbert. *Gesammelte Abhandlungen* [Traités rassemblés]. T. 3. Springer, 1935, p. 388-429, p. 403.

Les termes *intuitionnisme* et *formalisme* ont été introduits par Brouwer dans un discours de 1912, repris dans le *Bulletin of the American Mathematical Society* :

> « Savoir sur quoi se fonde l'incontestable exactitude des lois mathématiques a été pendant des siècles un objet de recherche philosophique, et deux points de vue peuvent être distingués ici, l'intuitionnisme (en grande partie français) et le formalisme (en grande partie allemand) [...] Les deux parties répondent différemment à la question de savoir où existe l'exactitude mathématique ; l'intuitionniste dit : dans l'intellect humain, le formaliste dit : sur le papier. » [21]

C'est le formalisme qui s'est avéré être l'idée la plus féconde, et qui a probablement le plus marqué les mathématiques du XXe siècle. La logique intuitionniste, rejetant en particulier le tiers exclu, se prive de techniques de démonstrations usuelles en mathématiques, et renoncer à ces techniques est pour de nombreux mathématiciens un prix trop cher à payer. Hilbert par exemple, écrit en 1928 dans *Grundlagen der Mathematik* [Les fondements des mathématiques] :

> « Enlever le principe du tiers exclu aux mathématiciens serait la même chose, disons, qu'interdire le télescope aux astronomes ou aux boxeurs l'usage des poings ».

Néanmoins, il y a depuis la fin du XXe siècle un regain d'intérêt pour la logique intuitionniste et le constructivisme, en particulier du fait de similarités entre les principes constructivistes et l'informatique théorique. De plus, comme il n'y a pas d'incompatibilité avec la logique classique (une preuve en logique intuitionniste est aussi valable en logique classique), même des mathématiciens qui n'adhèrent pas nécessairement à ces deux philosophies peuvent s'intéresser à des méthodes de démonstration constructives.

1.3 Formalisation des mathématiques

Dans les années 1920, Hilbert propose un programme de recherche en logique mathématique, que l'on connaît sous le nom de **programme de Hilbert**, qui détaille plusieurs objectifs :

- Isoler les parties des mathématiques qui utilisent des notions finies, et qui ne posent pas de problème, afin de les séparer de celles qui utilisent la notion d'infini.
- Reconstruire les mathématiques faisant appel à l'infini, dans un grand système formel, contenant la logique classique, les ensembles, les nombres entiers ... Ce système devant être non seulement complet, c'est-à-dire que l'on puisse (en théorie) prouver ou réfuter tout énoncé, mais aussi décidable, c'est-à-dire qu'il devrait exister un algorithme (se terminant en un nombre fini d'étapes) permettant de le faire.
- Prouver la cohérence de ce système (c'est-à-dire sa non-contradiction), par des méthodes finies, qui pourraient ainsi être acceptées par toute la communauté mathématique (y compris les mathématiciens intuitionnistes ou constructivistes). La cohérence d'un système est importante car dans un système non cohérent, il est possible de prouver deux énoncés contradictoires, ce qui enlève l'intérêt du concept de *preuve* (on peut même justifier que dans un système non cohérent, tout énoncé peut être prouvé) !

Hilbert travaillera en particulier sur ce sujet en collaboration avec le mathématicien suisse Paul Bernays (1888-1977), et le mathématicien et logicien allemand Wilhelm Ackermann (1896-1962).

Mais en 1931 le logicien et mathématicien austro-américain Kurt Gödel (1906-1978) présente deux théorèmes dits *d'incomplétude* qui viennent mettre un terme (au moins partiellement) au programme de Hilbert :

- Le premier théorème d'incomplétude de Gödel peut s'exprimer de façon informelle ainsi : si une théorie est non contradictoire, que la façon de construire ses axiomes est assez simple pour que l'on puisse les reconnaître de façon mécanique (par un algorithme), et qu'elle peut modéliser l'arithmétique (c'est-à-dire l'ensemble des nombres entiers et les opérations usuelles sur cet ensemble), alors il existe dans cette théorie des énoncés que l'on ne peut ni prouver ni réfuter. Ainsi aucune théorie, même la plus élaborée, ne peut être *complète*, dans le sens où elle ne peut pas prouver ou réfuter tous les énoncés mathématiques imaginables.

21. Luitzen Egbertus Jan BROUWER. « Intuitionism and Formalism ». Dans : *Bulletin of the American Mathematical Society* 20 (1913), p. 81-96.

- Le deuxième théorème d'incomplétude de Gödel, toujours de manière informelle, stipule qu'aucune théorie suffisamment élaborée (vérifiant des hypothèses semblables à celles du théorème précédent) ne peut démontrer sa propre cohérence.

Les théorèmes d'incomplétude de Gödel ont ainsi montré que réaliser l'ensemble des objectifs de Hilbert était impossible. Néanmoins, des objectifs plus modestes ont pu être atteints, et la logique mathématique actuelle, qui s'appuie essentiellement sur les idées logicistes et surtout formalistes, peut être considérée comme la continuation naturelle du programme original de Hilbert. Ainsi, même si on ne peut pas formaliser *toutes* les mathématiques *possibles*, on peut le faire de façon à peu près satisfaisante pour l'ensemble des mathématiques *actuelles*. Tous les objets associés aux notions mathématiques usuelles (les différents types de nombres, les structures algébriques, les fonctions, les différents concepts géométriques, ...) peuvent être représentés par des ensembles ; c'est pourquoi les mathématiciens se sont employés à formaliser correctement la théorie naïve des ensembles de Cantor, en développant différentes théories.

Celle qui est la plus usuelle pour fonder les mathématiques est la **théorie des ensembles de Zermelo-Fraenkel** (je la détaillerai dans le volume 2). Élaborée par le mathématicien allemand Ernst Zermelo (1871-1953) en 1908 [22], elle a été complétée par le mathématicien allemand Abraham Fraenkel (1891-1965), le mathématicien et logicien norvégien Thoralf Skolem (1887-1963), et le mathématicien et physicien américano-hongrois John von Neumann (1903-1957). On la note souvent **ZF** (pour Zermelo-Fraenkel), et on inclut généralement un axiome plus controversé, l'axiome du choix, pour aboutir à la théorie ZF avec axiome du choix, ou **ZFC**. Cet axiome est controversé dans la mesure où il permet de définir un ensemble sans donner de construction effective de celui-ci, ce qui pose des problèmes aux mathématiciens proches du constructivisme ; par ailleurs, certaines de ses conséquences sont contre-intuitives, et peuvent sembler paradoxales. La théorie ZFC se formule dans le cadre formel de ce qu'on appelle la **logique des prédicats** (ou calcul des prédicats), ou **logique du premier ordre** (voir le chapitre 4). Les différentes façons de construire un ensemble sont données par les axiomes de la théorie, de telle sorte que les propriétés coïncident avec celles de la notion intuitive d'ensemble, mais que les paradoxes vus précédemment soient impossibles.

Comme fondements des mathématiques, d'autres théories (autres que ZFC), ou même d'autres systèmes formels (autres que la logique des prédicats), sont possibles. En particulier [23] :

1. Il existe des variantes de ZFC s'appuyant sur la logique intuitionniste, comme la théorie **IZF** (*Intuitionistic Zermelo–Fraenkel*) du mathématicien britannique John Myhill (1923-1987), ou la théorie **CZF** (*Constructive Zermelo-Fraenkel*) du mathématicien et logicien britannique Peter Aczel (1941-).

2. Un groupe de mathématiciens francophones, formé en 1935 sous le pseudonyme collectif de Nicolas Bourbaki, a commencé à publier à partir de 1939 un traité de mathématiques en plusieurs volumes (le projet est, à ce jour, inachevé), les ***Éléments de mathématique*** [24]. Cette œuvre se veut un exposé des mathématiques de l'époque, rédigé de façon rigoureuse. Le fondement choisi est une théorie des ensembles (correspondant à peu près à la théorie ZFC), exprimée dans un système formel très inspiré de Hilbert, proche (mais différent) de la logique des prédicats actuelle. Le groupe Bourbaki a eu une influence notable dans la communauté mathématique en général (introduction ou vulgarisation de plusieurs notations, termes, et notions), et aussi dans la recherche et l'enseignement des mathématiques en France. Mais le traité de Bourbaki fait aussi l'objet de plusieurs critiques, en particulier en ce qui concerne son approche de la logique et le système formel choisi comme fondement des mathématiques, qui était déjà obsolète lors de la parution (les avancées de la logique formelle, depuis Gödel, ne sont pas prises en compte) [25].

---

22. Ernst ZERMELO. « Untersuchungen über die Grundlagen der Mengenlehre *[Études sur les fondements de la théorie des ensembles]* ». Dans : *Mathematische Annalen* 65 (1908), p. 261-281.

23. Les deux premiers exemples sont donnés à titre indicatif, et je n'y reviendrai pas. Les trois suivants seront abordés (avec plus ou moins de détails) dans les prochains volumes.

24. Le singulier est volontaire, pour exprimer l'idée d'unité de la discipline.

25. Voir par exemple la critique du mathématicien Patrick Dehornoy, ou celle, féroce, du mathématicien Adrian Richard David Mathias :
- Patrick DEHORNOY. *La théorie des ensembles*. Calvage & Mounet, 2017, p. 606.

3. La **théorie des classes**, proposée dans les années 1920 par von Neumann, qui est dérivée de la théorie ZFC, et contient deux types d'objets fondamentaux, les ensembles et les classes. Cette théorie a ensuite été revue et simplifiée par le mathématicien suisse Paul Bernays (1888-1977), puis par Kurt Gödel au cours des années 1930; elle est aussi connue sous le nom de **théorie des ensembles de von Neumann-Bernays-Gödel**, ou **NBG** (voir le volume 3). Le vocabulaire des classes est aussi fréquemment utilisé dans la théorie ZFC, même si celle-ci ne permet pas de formaliser complètement cette notion (les classes y sont définies dans le métalangage comme étant des collections d'éléments vérifiant une propriété exprimée dans le langage de la théorie). NBG et ZFC sont très proches : on dit que NBG est une extension conservative de ZFC, c'est-à-dire que les énoncés qui ne font pas intervenir les classes sont équivalents dans les deux théories (un théorème de NBG est un théorème de ZFC, et réciproquement). Les nouveaux théorèmes que peut démontrer NBG sont les théorèmes utilisant les classes. Du fait qu'elle est une extension de ZFC, on pourrait penser que la théorie NBG aurait été la théorie choisie pour les ensembles, mais c'est ZFC la théorie usuelle de référence, peut-être en raison de deux avantages (outre celui de l'antériorité) :
   - La plupart des mathématiques usuelles ne nécessitent pas l'utilisation des classes, et ZFC est plus simple que NBG, puisqu'elle n'a qu'un objet d'étude (les ensembles), alors que NBG en a deux (les ensembles et les classes).
   - Les résultats théoriques de la théorie des modèles (voir le volume 3) sont techniquement plus faciles à établir avec ZFC, car ses modèles ont une structure plus simple que ceux de NBG.
4. La théorie **ETCS** (pour *Elementary Theory of the Category of Sets* [Théorie élémentaire de la catégorie des ensembles]), élaborée à la fin des années 1960 par le mathématicien William Lawvere (1937-). Elle s'appuie sur la **théorie des catégories**, élaborée dans les années 1940 par le mathématicien américain d'origine polonaise Samuel Eilenberg (1913-1998) et le mathématicien américain Saunders Mac Lane (1909-2005), et popularisée dans les années 1960 en France par le mathématicien français[26] Alexandre Grothendieck (1928-2014). On trouvera dans le volume 3 une introduction à la théorie des catégories, et à la théorie ETCS.
5. La **théorie des types** est une classe de systèmes formels ayant des applications en mathématiques, logique et informatique. Le principe des *types* a été élaboré par Bertrand Russell et Alfred North Whitehead, dans leur ouvrage *Principia Mathematica*, qui, bien que complexe et incomplet, est la première tentative de fondement des mathématiques. Elle reprend et complète le projet de Frege. L'idée de base de la théorie est d'introduire une hiérarchie entre les objets (contrairement à la logique des prédicats où il n'existe qu'un seul type d'objets). Ceux d'ordre 0 sont les individus. Les relations et fonctions entre individus sont les objets d'ordre 1. De manière générale, les objets d'ordre $n+1$ sont les fonctions et relations dont les variables sont les objets d'ordre inférieur ou égal à n. Je présenterai dans les prochains volumes deux théories particulières qui s'appuient sur le principe des types (mais qui sont néanmoins très différentes) :
   - La théorie ***New Foundations with Urelements*** [Nouveaux fondements avec uréléments], ou **NFU**, proposée par le mathématicien américain Ronald Jensen (1936-) en 1969 et popularisée par le mathématicien Randall Holmes, qui est une variante de la théorie ***New Foundations*** [Nouveaux Fondements], ou **NF**, élaborée en 1937 par le philosophe et logicien américain Willard Van Orman Quine (1908-2000). Ces théories s'inspirent de la théorie des types, mais peuvent s'exprimer dans le système formel de la logique des prédicats.
   - La **théorie intuitionniste des types**, du logicien, philosophe et mathématicien suédois Per Martin-Löf (1942-). Cette théorie est à la base de la **théorie homotopique des types**, théorie très récente puisqu'elle

- Adrian Richard David MATHIAS. « The ignorance of Bourbaki ». Dans : *The Mathematical Intelligencer* 14 (3 1992). URL : `https://www.dpmms.cam.ac.uk/~ardm/bourbaki.pdf`.
- Adrian Richard David MATHIAS. *Hilbert, Bourbaki and the scorning of logic*. 2012. URL : `https://www.dpmms.cam.ac.uk/~ardm/lbmkemily5.pdf`.

26. Né en Allemagne, arrivé en France avec ses parents en 1933, il reste apatride (par choix idéologique) jusqu'en 1972 où il est naturalisé français.

a été élaborée essentiellement aux environs de l'année 2009 par le mathématicien russe Vladimir Voevodsky (1966-2017), avec des apports d'autres personnes, comme le philosophe et mathématicien américain Steve Awodey(1959-) et le professeur d'informatique théorique et mathématicien français Thierry Coquand (1961-). Pour ses partisans, cette théorie permet de nouvelles fondations des mathématiques (que Voevodsky a appelées *Univalent foundations* [Fondations univalentes]), dans lesquelles on peut faire à la fois des mathématiques intuitionnistes et constructives (par défaut), mais aussi des mathématiques classiques, et permettant de traduire des démonstrations dans un langage adapté aux logiciels de vérification automatique de preuve, plus simplement que dans le cadre de la théorie classique des ensembles ZFC.

1.4 Logique mathématique et métalangage

Nous verrons que toutes les notions mathématiques usuelles peuvent se formaliser dans le cadre de la théorie des ensembles ZF, qui elle-même se formalise dans le cadre de la logique des prédicats. La description de cette logique formelle se fait dans un langage (qu'on appelle alors un *métalangage*, par opposition au langage logique formel, appelé *langage-objet*) qui est la langue naturelle, et sa construction et l'étude de ses propriétés nécessitent certaines notions *intuitives* supposées primitives, en particulier la notion de nombre entier et celle d'ensemble (on parle alors de *métalogique*, ou *métamathématique*, ou *métathéorie*). Cette nécessité d'avoir un point de départ non formel pour définir des systèmes formels (on ne peut pas créer un système à partir de rien), peut donner l'impression d'une certaine circularité dans les fondements des mathématiques. Par exemple, on peut définir la notion de nombre entier dans la théorie ZF, qui s'appuie sur une logique qui suppose connus les entiers ; ou encore, la théorie ZF étudie la notion d'ensemble alors que celle-ci apparaît déjà dans la logique des prédicats [27]. Néanmoins, il est sans doute préférable de ne pas considérer ces différentes notions de nombre, ou d'ensemble, comme étant identiques, mais plutôt semblables, comme des modélisations successives d'un même concept.

Nous pouvons par exemple partir d'une métalogique qui est la logique intuitive (logique 1), et d'une métathéorie comprenant des entiers intuitifs (entiers 1), et des ensembles intuitifs (ensembles 1), le tout décrit dans un métalangage qui est la langue naturelle, pour construire la logique formelle des prédicats (logique 2). Le langage formel de cette logique permet alors par exemple de formaliser la notion de nombre entier à l'aide des axiomes de Peano [28] (entiers 2), et la notion d'ensemble dans la théorie ZF (ensembles 2). Le métalangage utilisé est alors celui de la logique des prédicats. Cette théorie ZF permet à son tour de justifier formellement certaines propriétés de la logique (logique 3), de modéliser les nombres entiers à l'aide de l'ensemble ω [29] (entiers 3), et toutes les autres notions mathématiques usuelles. On peut synthétiser cette vision à l'aide du schéma suivant, illustrant cette approche que l'on pourrait qualifier de spiralée, plutôt que circulaire :

27. La formalisation en elle-même de la logique des prédicats ne nécessite pas nécessairement beaucoup d'outils métamathématiques, mais il est impossible d'étudier les propriétés de cette logique sans disposer d'un minimum de notions en rapport avec les nombres entiers et la théorie des ensembles.

28. La théorie de l'arithmétique de Peano (voir le chapitre 9) est une formalisation de l'arithmétique, c'est-à-dire des propriétés de l'ensemble $\mathbb{N}$ des entiers naturels et des opérations usuelles (addition, multiplication), principalement due au mathématicien et linguiste italien Giuseppe Peano (1858-1932) et au mathématicien allemand Richard Dedekind (1831-1916).

29. Tous ces concepts seront expliqués dans le volume 2, consacré à la théorie des ensembles de Zermelo-Fraenkel.

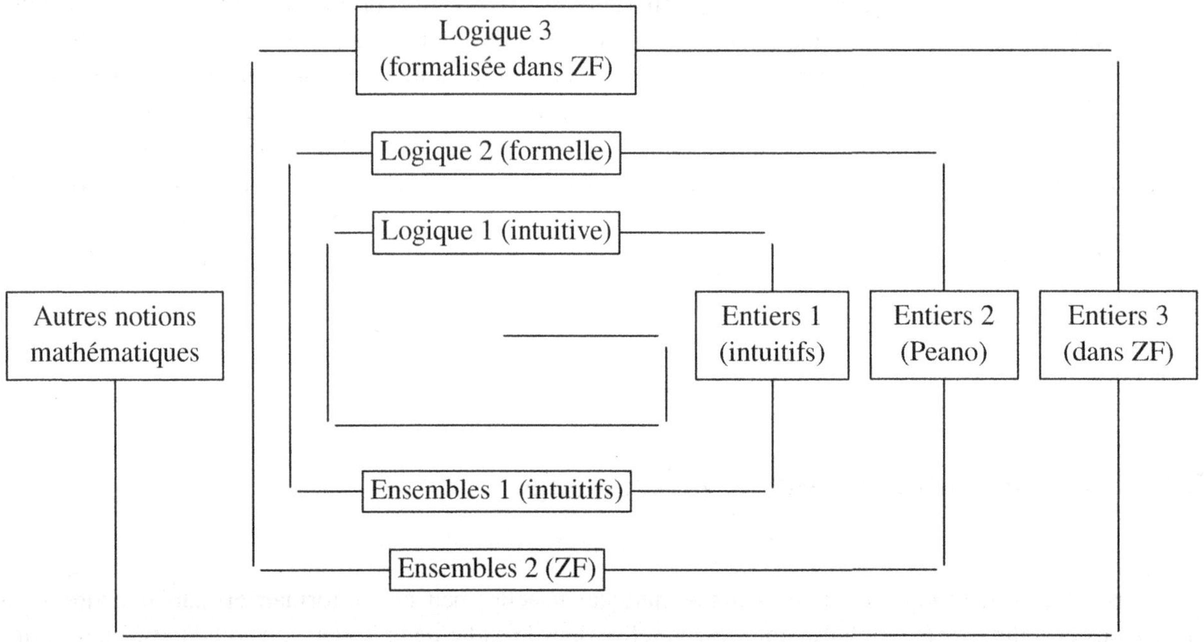

La plus grande partie des chapitres qui suivent peut se comprendre sans faire appel à aucune métathéorie ni connaissance particulière, si ce n'est une certaine faculté d'abstraction et de manipulation de symboles, et une approche intuitive du raisonnement déductif (le type de raisonnement qui consiste, à partir d'hypothèses, à déduire une conclusion, qui est nécessairement vraie si les hypothèses sont vraies). Quelques notions méta-mathématiques peuvent néanmoins être parfois utiles à la compréhension (elles correspondent d'une certaine manière à ce que j'ai appelé, dans le schéma ci-dessus, *logique 1*, *entiers 1*, *ensembles 1*). En voici quelques unes (approximatives et informelles) :

1. Le concept d'*ensemble* : intuitivement, un ensemble est une collection d'objets, qu'on appelle les *éléments* de cet ensemble. Ces objets peuvent être de n'importe quelle nature : en mathématiques on peut considérer des ensembles de nombres, des ensembles de points du plan, des ensembles de fonctions, des ensembles de symboles (par exemple l'ensemble des lettres de l'alphabet) ..., ou même des ensembles d'ensembles ; en dehors des mathématiques, on peut considérer l'ensemble des habitants d'une ville, l'ensemble des planètes du Système solaire, ...
2. Quelques notations et notions en rapport avec les ensembles :
   - Si on désigne un ensemble par le symbole E et un de ses éléments par le symbole x, on dit que x *appartient* à E ce que l'on note
   $$x \in E$$
   - Si A et B sont deux ensembles, on dit que A est *inclus* dans B, ou que A est un *sous-ensemble* de B (ou une *partie* de B), lorsque tous les éléments de A sont aussi des éléments de B.
   - L'ensemble dont les éléments sont $x_1, x_2, \ldots, x_n$ se note
   $$\{x_1, x_2, \ldots, x_n\}$$
   En particulier $\{x\}$ est l'ensemble dont le seul élément est x.
   - Si A et B sont deux ensembles, on note
   $$A \cap B$$

l'intersection de A et B, c'est-à-dire l'ensemble des éléments qui appartiennent à la fois à A et à B, et

$$A \cup B$$

la *réunion* (ou l'*union*) de A et B, c'est-à-dire l'ensemble des éléments qui appartiennent à A ou à B (le « ou » n'étant pas exclusif, autrement dit les éléments de $A \cup B$ appartiennent soit à A uniquement, soit à B uniquement, soit aux deux ensembles en même temps).

- Si $\mathscr{E}$ est un ensemble d'ensembles (c'est-à-dire un ensemble dont les éléments sont aussi des ensembles), on appelle *intersection* de $\mathscr{E}$ (ou intersection des ensembles qui appartiennent à $\mathscr{E}$) l'ensemble dont les éléments sont ceux qui appartiennent simultanément à tous les ensembles de $\mathscr{E}$.

3. L'ensemble $\mathbb{N}$ des nombres entiers (ou entiers naturels)

$$0 \quad 1 \quad 2 \quad 3 \quad 4 \ldots$$

et l'ensemble $\mathbb{N}^*$ des entiers non nuls

$$1 \quad 2 \quad 3 \quad 4 \ldots$$

4. Le concept de *couple* et de *n-uplet* : on appelle couple la donnée, dans l'ordre, de deux objets x et y, que l'on note (x, y). On peut généraliser à des n-uplets qui sont la donnée, dans l'ordre, de n objets $x_1, \ldots, x_n$, et que l'on note $(x_1, \ldots, x_n)$. Les objets $x_1, \ldots x_n$ s'appellent les *composantes* du n-uplet; deux n-uplets ne peuvent être égaux que si leurs composantes sont égales. Par exemple, si $(x_1, x_2, x_3) = (y_1, y_2, y_3)$, alors

$$x_1 = y_1 \qquad x_2 = y_2 \qquad x_3 = y_3$$

Si E est un ensemble, on note E^n l'ensemble dont les éléments sont tous les n-uplets $(x_1, \ldots, x_n)$, où les x_i sont des éléments de E.

5. Le concept de *fonction* : intuitivement, une fonction est un *processus* qui associe à tout élément d'un ensemble A un unique élément d'un ensemble B (A et B pouvant représenter le même ensemble). Si on désigne par f une fonction et par x un élément de l'ensemble A, l'élément que l'on associe à x s'appelle l'*image* de x, ce que l'on note $f(x)$. Une fonction de $\mathbb{N}$ (ou $\mathbb{N}^*$) dans un ensemble E s'appelle une *suite* d'éléments de E. On note $(x_n)_{n \in \mathbb{N}}$ la suite pour laquelle les images de $0, 1, 2, 3 \ldots$ sont respectivement

$$x_0 \quad x_1 \quad x_2 \quad x_3 \quad \ldots$$

6. Le concept d'ensemble *infini dénombrable* : un ensemble E est infini dénombrable lorsque l'on peut faire la liste (infinie) de tous ses éléments en les indexant par les entiers, c'est-à-dire qu'on obtient une suite

$$x_0 \quad x_1 \quad x_2 \quad x_3 \quad x_4 \ldots$$

d'éléments de E sans répétition (si i est différent de j, x_i est différent de x_j), et telle que tout élément de E soit un des x_i. Cela revient à dire qu'il existe ce qu'on appelle une *bijection* entre les ensembles $\mathbb{N}$ et E, c'est-à-dire une fonction telle que tout élément de E est l'image d'un et un seul élément de $\mathbb{N}$. Comme il existe une bijection entre l'ensemble de tous les nombres entiers et l'ensemble de tous les nombres entiers non nuls

$$\begin{array}{cccccc} 0 & 1 & 2 & 3 & 4 & \ldots \\ \updownarrow & \updownarrow & \updownarrow & \updownarrow & \updownarrow & \\ 1 & 2 & 3 & 4 & 5 & \ldots \end{array}$$

il est équivalent d'indexer les éléments de E par des entiers, ou par des entiers non nuls (cela revient à décaler de 1 tous les index) :

$$x_1 \quad x_2 \quad x_3 \quad x_4 \quad x_5 \ldots$$

Rien d'autre ne devrait être nécessaire à la compréhension des énoncés des définitions et des théorèmes des premiers chapitres. Certaines preuves, effectuées dans la métathéorie, peuvent néanmoins faire appel à d'autres notions (mais le lecteur peut aussi, en première lecture, passer ces preuves) :

1. Le principe de *démonstration par implications circulaires* : on considère par exemple trois propriétés P_1, P_2, P_3 (on peut généraliser à n'importe quel nombre) ; si de P_1 on peut déduire P_2, de P_2 on peut déduire P_3, et de P_3 on peut déduire P_1, alors toutes ces propriétés sont équivalentes, c'est-à-dire que chacune peut se déduire de n'importe quelle autre.
2. Le principe de *contraposition* : on peut déduire Q de P si et seulement si on peut déduire la négation de P de la négation de Q (autrement dit : P implique Q si et seulement si non-Q implique non-P).
3. Le principe de démonstration par *récurrence* : on considère une propriété $\mathscr{P}$ portant sur les nombres entiers, et un nombre entier m. Si les deux conditions suivantes sont vérifiées :
   - m vérifie la propriété $\mathscr{P}$, ce que l'on peut noter $\mathscr{P}(m)$;
   - pour tout entier $n \geqslant m$, si n vérifie la propriété $\mathscr{P}$, alors $n+1$ la vérifie aussi, autrement dit : si $\mathscr{P}(n)$ alors $\mathscr{P}(n+1)$;

   alors on peut en déduire que la propriété est satisfaite par tous les nombres entiers supérieurs ou égaux à m. Ce principe est souvent utilisé avec $m = 0$: on prouve donc par récurrence qu'une propriété $\mathscr{P}$ est satisfaite par tous les entiers avec la méthode suivante :
   - On prouve que 0 vérifie la propriété $\mathscr{P}$.
   - On fait l'hypothèse de récurrence que n vérifie la propriété $\mathscr{P}$, et on en déduit que $n+1$ la vérifie aussi.

   Prouvons par exemple que tout entier $n \geqslant 1$ est tel que $2^n > n$. On veut donc démontrer par récurrence que la propriété

   $$\mathscr{P}(n) :\equiv\ 2^n > n$$

   est satisfaite par tous les entiers $n \geqslant 1$.
   - La propriété est vérifiée par 1, puisque $2^1 = 2 > 1$.
   - On fait l'hypothèse de récurrence $2^n > n$ (avec $n \geqslant 1$). On en déduit en multipliant par deux $2^{n+1} > 2n$. Or $n \geqslant 1$, et par conséquent

     $$2n = n + n \geqslant n + 1$$

     On en déduit $2^{n+1} > n + 1$, autrement dit la propriété est vérifiée par $n+1$.
4. Le principe de démonstration par *récurrence forte*, qui est une variante du principe précédent : si les deux conditions suivantes sont vérifiées
   - m vérifie la propriété $\mathscr{P}$;
   - si tous les entiers k tels que $m \leqslant k \leqslant n$ vérifient la propriété $\mathscr{P}$, alors $n+1$ la vérifie aussi ;

   alors on peut en déduire que la propriété est vérifiée par tous les nombres entiers supérieurs ou égaux à m. On applique le principe de récurrence forte quand, pour justifier que $n+1$ vérifie la propriété $\mathscr{P}$, on a besoin d'utiliser le fait que tous les entiers inférieurs ou égaux à n vérifient $\mathscr{P}$ (et pas seulement n).
5. Le principe de construction d'une suite par récurrence : on peut définir complètement une suite $(x_n)_{n\in\mathbb{N}}$ [30] uniquement avec les deux conditions suivantes :
   - la valeur de x_0 ;
   - pour tout entier n, la valeur de x_{n+1} en fonction de celle de x_n (et éventuellement de n).

30. Le principe est semblable pour définir une suite $(x_n)_{n\in\mathbb{N}^*}$.

Par exemple, on peut considérer la suite définie par récurrence par

$$\begin{cases} x_0 & = 0 \\ x_{n+1} & = x_n + 2 \end{cases}$$

On a donc

$$x_1 = x_0 + 2 = 0 + 2 = 2 \qquad x_2 = x_1 + 2 = 2 + 2 = 4 \qquad x_3 = x_2 + 2 = 4 + 2 = 6 \qquad \ldots$$

Autre variante : on peut définir complètement une suite $(x_n)_{n\in\mathbb{N}}$ uniquement avec les deux conditions suivantes :

- la valeur de x_0 ;
- pour tout entier n, la valeur de x_{n+1} en fonction de celles des x_k pour $k \leqslant n$ (et éventuellement de n).

On peut par exemple définir la suite dite de Fibonacci par la récurrence suivante :

$$\begin{cases} x_0 & = 1 \\ x_{n+1} & = \begin{cases} 1 & \text{si } n = 0 \\ x_n + x_{n-1} & \text{si } n \geqslant 1 \end{cases} \end{cases}$$

Les premiers termes sont

$$\underbrace{1}_{x_0} \qquad \underbrace{1}_{x_1} \qquad \underbrace{2}_{x_2=x_1+x_0} \qquad \underbrace{3}_{x_3=x_2+x_1} \qquad \underbrace{5}_{x_4=x_3+x_2} \qquad \underbrace{8}_{x_5=x_4+x_3} \qquad \ldots$$

Enfin, ces dernières notions ne seront nécessaires que pour la démonstration du théorème de complétude de la logique des prédicats (section 7.3) :

1. Le concept de relation d'équivalence et d'ensemble quotient : on appelle *relation d'équivalence*, sur un ensemble E, toute relation, que je noterai $\sim$, entre deux éléments de E, vérifiant les trois propriétés suivantes :
   - Réflexivité : tout élément x de E est tel que $x \sim x$.
   - Symétrie : pour tous les éléments x et y de E, si $x \sim y$ alors $y \sim x$.
   - Transitivité : pour tous les éléments x, y, z de E, si $x \sim y$ et $y \sim z$ alors $x \sim z$.

   Pour tout $x \in E$, l'ensemble des éléments y de E tels que $y \sim x$ s'appelle la *classe d'équivalence* de x ; je la noterai $[x]$. De plus l'ensemble de toutes les classes d'équivalences s'appelle l'*ensemble quotient* de E par $\sim$, ce que l'on note $E/\!\sim$. Cet ensemble a la particularité d'être ce qu'on appelle une *partition* de E : ses éléments (les $[x]$) sont des sous-ensembles de E non vides (car $x \in [x]$), deux à deux disjoints (par transitivité, si deux classes ont un élément en commun, elles sont identiques, autrement dit deux classes différentes n'ont aucun élément en commun), et qui recouvrent E (c'est-à-dire que tout élément de E appartient à l'une des classes d'équivalence).
2. Des compléments sur les ensembles dénombrables :
   - Si E est un ensemble infini inclus dans un ensemble infini dénombrable (c'est-à-dire en bijection avec $\mathbb{N}$), alors E est infini dénombrable.
   - Si E est un ensemble en bijection avec une partie de $\mathbb{N}$ (ce qu'on appelle un ensemble *dénombrable*), alors l'ensemble des suites finies d'éléments de E, ce que l'on peut représenter comme l'ensemble de tous les n-uplets (pour tout entier $n \neq 0$)

     $$(x_1, \ldots, x_n) \qquad (\text{les } x_i \text{ étant des éléments de } E)$$

     est un ensemble infini dénombrable.

Je ne détaille pas plus toutes ces notions, qui n'apparaissent pour l'instant que dans la métathéorie « intuitive », et qui seront formalisées et étudiées de façon complète dans ce volume ou le suivant. Par ailleurs tous les nouveaux concepts introduits pourront à leur tour être librement utilisés dans la métathéorie. Par exemple, la section 5.16 fait la synthèse de différents types de raisonnements formels introduits dans le chapitre 5. Ces techniques pourront alors être utilisées indifféremment pour des preuves logiques formelles, ou pour des preuves informelles dans le métalangage.

Chapitre 2

Logique des propositions

2.1 Introduction

C'est le philosophe grec Aristote (384 AEC-322 AEC [1]) qui est en général considéré comme le fondateur de la logique ; c'est en particulier à lui que l'on doit le concept de *syllogisme* (voir la section 5.17). Parmi les auteurs ayant considérablement influencé l'étude de cette logique dite *traditionnelle*, ou *aristotélicienne*, nous pouvons aussi citer le philosophe Chrysippe de Soles (v. 280 AEC-v. 206 AEC), l'un des fondateurs du stoïcisme, le philosophe et théologien français Pierre Abélard (1079-1142), le théologien britannique Guillaume d'Ockham (ou d'Occam) (v. 1285-1347) [2], le philosophe et mathématicien Gottfried Wilhelm Leibniz (1646-1716), et le mathématicien, logicien, philosophe et théologien autrichien Bernard Bolzano (1781-1848).

La logique des propositions (ou calcul des propositions), qui marque au XIXe siècle le début de la formalisation moderne de la logique traditionnelle, traite des propositions, c'est-à-dire des expressions pouvant être soit vraies, soit fausses. Issue en grande partie des travaux des logiciens et mathématiciens britanniques George Boole (1815-1864) et Auguste De Morgan (1806-1871), elle peut être considérée comme une première étape dans la construction de la logique mathématique actuelle, qui sera suivie par l'invention de la logique des prédicats (voir le chapitre 4). Parmi les auteurs ayant contribué au développement de la logique des propositions, citons le mathématicien et logicien britannique John Venn (1834-1923), le philosophe américain Charles Peirce (1839-1914), le mathématicien américain Emil Leon Post (1897-1954), et le philosophe britannique d'origine autrichienne [3] Ludwig Wittgenstein (1889-1951). [4]

La logique des propositions fait intervenir plusieurs éléments :

- Des **propositions atomiques**, ou **variables propositionnelles**, qui peuvent prendre deux *valeurs de vérité* : *vrai*, ou *faux* (on note aussi souvent V pour *vrai* et F pour *faux* ; ou encore 1 pour *vrai*, 0 pour *faux*).
- Des **connecteurs** (*et*, *ou*, *implication*,...), permettant de connecter les propositions atomiques. On utilise aussi le terme **opérateur** à la place de *connecteur*, car le fait de connecter deux propositions atomiques revient à effectuer une opération. Par exemple, dans le calcul booléen, qui est une façon d'« algébriser » la logique (voir la section 3.1), le connecteur *et* correspond à une multiplication, et le connecteur *ou* correspond à une addition : à deux éléments a et b, qui représentent chacun une proposition atomique (et prenant la valeur 1 pour *vrai* et 0 pour *faux*), on associe un troisième élément que l'on note soit $a \times b$ (il représente alors la formule « *a et b* »), soit $a+b$ (il représente alors la formule « *a ou b* »), et qui prend aussi les valeurs 1 ou 0 (selon les valeurs de a et de b).

1. Voir la note 4, p. 8.
2. Guillaume d'Ockham a donné son nom au *rasoir d'Ockham* (même si ce principe était connu avant lui), l'un des principes heuristiques fondamentaux en sciences qui, en termes modernes, peut se formuler ainsi : les hypothèses suffisantes les plus simples sont les plus vraisemblables.
3. Né en Autriche en 1889, il acquiert la nationalité britannique en 1939.
4. Source des deux derniers paragraphes : Patrick J. HURLEY. *A Concise Introduction to Logic*. 12e éd. Cengage Learning, 2015.

- Des **propositions**, ou **formules propositionnelles** (ou juste **formules**), obtenues à l'aide des propositions atomiques et des connecteurs. Les propositions prennent aussi les deux valeurs de vérité *vrai* ou *faux*, selon les valeurs de vérité des propositions atomiques qui les constituent. On utilise souvent les lettres P, Q, R pour désigner des propositions (le mathématicien et logicien britannique Bertrand Russell (1872-1970) a popularisé cet usage en 1903 dans *The Principles of Mathematics*).

Exemple 2.1.1 (Exemples et contre-exemples de propositions atomiques[5])
Exemples de propositions atomiques vraies :

- $1+1=2$
- 6 est un nombre pair.
- La France est un pays.

Exemples de propositions atomiques fausses :

- $2+2=3$
- 5 est un nombre pair.
- La France se situe en Amérique.

Exemples de propositions atomiques dont la valeur de vérité dépend du contexte :

- $x+y=z$
- x est un nombre pair.
- Il pleut.

Exemples d'expressions qui ne sont pas des propositions atomiques :

- 3
- $1+1$
- Ici
- Viens ici !
- Quelle heure est-il ?

Pour les cinq derniers exemples, il n'y a pas de « valeur de vérité » naturelle affectée à ces expressions.

Remarque 2.1.2 : On peut remarquer que, selon le contexte, une proposition peut être considérée comme automatiquement vraie : par exemple, dans un texte mathématique

- $1+1=2$ peut s'interpréter comme : « $1+1=2$ » est *vrai*.
- P, donc Q peut s'interpréter comme : la proposition P est vraie ; on en déduit que la proposition Q est vraie.

Exemple 2.1.3 (Paradoxe du menteur)
Il existe de nombreuses variantes de ce paradoxe, par exemple :

1. La phrase suivante elle-elle vraie ? :

   « Cette phrase est fausse. »

5. Ce qui suit doit se comprendre en interprétant chacune des expressions de façon « naturelle ».

Si elle est vraie, alors elle est fausse, si elle est fausse, alors elle est vraie. Il y a un paradoxe. Il existe d'autres expressions du même genre :

- « La phrase suivante est fausse. La phrase précédente est vraie. »
- « Je mens. »

2. Le paradoxe du menteur est attribué au philosophe grec Eubulide (IVᵉ siècle AEC [6]), qui passe pour être l'inventeur de plusieurs paradoxes, dont celui-ci :

   « Celui qui dit qu'il ment est-il un menteur ? »

3. Une autre variante classique fait dire au Crétois Épiménide (vers le VIᵉ siècle AEC), dans un poème :

   « Tous les Crétois sont des menteurs. »

   Mais cette version n'est pas réellement paradoxale : la négation de « Tous les Crétois sont des menteurs » est « Il existe au moins un Crétois qui n'est pas un menteur ». Le terme menteur lui-même est ambigu :

   - On peut le comprendre comme *dire parfois des mensonges*. Dans ce cas, la négation de « Tous les Crétois sont des menteurs » est « Il existe au moins un Crétois qui dit toujours la vérité ». La phrase « Tous les Crétois sont des menteurs » peut alors être vraie ou fausse, il n'y a pas de paradoxe : si elle est vraie, tous les Crétois disent parfois des mensonges (ce qui est le cas du Crétois Épiménide, il dit parfois des mensonges, mais pas dans cette phrase). Si elle est fausse, il existe au moins un Crétois qui dit toujours la vérité (mais ce n'est pas Épiménide, puisque la phrase qu'il vient de prononcer est fausse).
   - On peut comprendre le terme *menteur* comme *dire toujours des mensonges*. Dans ce cas, la négation de « Tous les Crétois sont des menteurs » est « Il existe au moins un Crétois qui dit parfois la vérité ». Si la phrase « Tous les Crétois sont des menteurs » est vraie, alors, puisque celui qui la prononce est Crétois, cette phrase devrait être fausse. Si la phrase est fausse, il existe au moins un Crétois qui dit parfois la vérité, et on ne peut rien en déduire d'autre. Il n'y a pas de paradoxe (on peut juste dire que la phrase est fausse).

Dans le cadre de la logique des propositions, puisqu'il n'est pas possible de définir une valeur de vérité naturelle pour une expression de la forme « Cette phrase est fausse », ce n'est pas une proposition atomique. On pourrait dire, d'une certaine manière, que se demander si l'expression « Cette phrase est fausse » est vraie ou fausse, n'a pas plus de sens que de se demander si l'expression « Quelle heure est-il ? » est vraie ou fausse.

2.2 Connecteurs

Les connecteurs agissent sur une ou plusieurs propositions, et permettent d'en obtenir une autre dont la valeur de vérité dépend des valeurs de vérité des propositions qui la constituent. Il existe cinq connecteurs classiques :

- la négation ;
- la conjonction (*et*) ;
- la disjonction (*ou*) ;
- l'implication ;
- l'équivalence.

6. Voir la note 4, p. 8.

Négation

Définition 2.2.1 (Négation)
La *négation* de P, notée en général $\neg P$ (lire : *non P*), est un connecteur *unaire*, c'est-à-dire qu'il n'a qu'un argument (il n'agit que sur une proposition). $\neg P$ prend la valeur de vérité contraire de celle de P :

$$\neg P \text{ est } \begin{cases} \textit{vrai} & \text{si } P \text{ est } \textit{faux} \\ \textit{faux} & \text{si } P \text{ est } \textit{vrai} \end{cases}$$

Ce qui peut se traduire par le tableau suivant, dit *table de vérité* :

P	$\neg P$
F	V
V	F

TABLE 2.1 – Table de vérité de la négation.

Remarque 2.2.2 (Origine des notations) : Le symbole $\neg$ a été introduit en 1930 par le mathématicien et logicien néerlandais Arend Heyting (1898-1980) dans son article « Die formalen Regeln der intuitionistischen Logik *[Les règles formelles de la logique intuitionniste]* » [7].

Remarque 2.2.3 (Notations) : On trouve aussi pour la négation de P les notations $\bar{P}$ et $\sim P$.

Remarque 2.2.4 (Remarque historique [8]) : C'est le philosophe britannique d'origine autrichienne [9] Ludwig Wittgenstein (1889-1951) qui est le plus souvent crédité de l'invention du principe des *tables de vérité* (dans *Tractatus logico-philosophicus* en 1921). Néanmoins, ce principe apparaît aussi en 1920 dans la thèse du mathématicien américain Emil Leon Post (1897-1954) [10], repris dans un article en 1921 [11]. Ces deux auteurs utilisent l'expression « table de vérité » (*wahrheitstafel* pour Wittgenstein, *truth table* pour Post). Par ailleurs, on trouve des tables de vérité dans des notes ajoutées par Wittgenstein sur un manuscrit de Russell (les deux hommes ont travaillé ensemble), datant de 1912 environ. Des notes manuscrites du poète, dramaturge et critique littéraire britannique d'origine américaine [12] T.S. Eliot (1888-1965), prises lors d'une conférence de Russell de 1914, font aussi référence aux tables de vérité. On ne sait pas si Russell et Wittgenstein ont élaboré cet outil ensemble, ou si l'un des deux l'a exposé à l'autre. Enfin, on trouve des tables de vérité dans des manuscrits du mathématicien, logicien, et philosophe américain Charles Peirce (1839-1914), en particulier un daté de 1902. Ce qui fait dire à l'historien des mathématiques Irving Anellis :

> « La découverte par Zellweger du manuscrit de Peirce de 1902 nous permet de déclarer sans équivoque, avec certitude, que *la première table de vérité attestée, vérifiable, convaincante, attribuable et complète est attachée à Peirce*, plutôt qu'aux notes de Wittgenstein de 1912 ou celles d'Eliot sur les conférences à Harvard de Russell en 1914. » [13]

7. Arend HEYTING. « Die formalen Regeln der intuitionistischen Logik *[Les règles formelles de la logique intuitionniste]* ». Dans : *Sitzungsberichte der preußischen Akademie der Wissenschaften* (1930), p. 43.
8. Source supplémentaire : Irving ANELLIS. « The Genesis of the Truth-Table Device ». Dans : *Russell: the journal of Bertrand Russell Studies* 24 (2004), p. 55-70.
9. Né en Autriche en 1889, il acquiert la nationalité britannique en 1939.
10. Emil Leon POST. « Introduction to a General Theory of Elementary Propositions ». Thèse. Columbia University, 1920.
11. Emil Leon POST. « Introduction to a General Theory of Elementary Propositions ». Dans : *American Journal of Mathematics* 43 (1921), p. 163-185.
12. Né aux États-Unis, il est naturalisé britannique en 1927.
13. ANELLIS. Ibid, p.66.

Remarque 2.2.5 : Si on utilise les valeurs 0 et 1 à la place respectivement de F et V, la table de vérité s'écrit :

P	$\neg P$
0	1
1	0

On peut alors remarquer que la valeur de la négation de P correspond à l'écart entre la valeur de P et 1. En notant $v(P)$ la valeur de P :

$$v(\neg P) = 1 - v(P)$$

Exemple 2.2.6
Si p représente la proposition atomique « Il pleut à Paris », alors $\neg p$ représente la proposition « Il ne pleut pas à Paris ». On notera que la logique des propositions ne dit pas si ces propositions sont vraies ou fausses, mais permet de déterminer leur valeur de vérité les unes par rapport aux autres. Par exemple, si on sait que « Il pleut à Paris » est *vrai*, alors on en déduit que « Il ne pleut pas à Paris » est *faux*.

Exemple 2.2.7
1. Sachant que « 5 est un nombre pair » est *faux* (dans l'interprétation naturelle de cette phrase), on en déduit que $\neg$ « 5 est un nombre pair » est une proposition vraie (de la forme $\neg P$, avec P *faux*), que l'on peut traduire par : « 5 n'est pas un nombre pair ».
2. $\neg(1 + 1 = 2)$, que l'on écrit aussi $1 + 1 \neq 2$, est une proposition fausse (de la forme $\neg P$, avec P *vrai*).

Exemple 2.2.8
Comme dans l'exemple précédent, la négation de certaines relations mathématiques se formule en général avec un raccourci faisant intervenir un nouveau symbole. Par exemple

$$\begin{array}{rll} \neg(a = b) & \text{s'écrit plutôt} & a \neq b \\ \neg(x \in E) & \text{s'écrit plutôt} & x \notin E \\ \neg(A \subseteq B) & \text{s'écrit plutôt} & A \nsubseteq B \end{array}$$

Conjonction

Définition 2.2.9 (Conjonction)
La *conjonction* (*et*), notée en général $\wedge$, est un connecteur binaire, c'est-à-dire qu'il a deux arguments. $P \wedge Q$ ne prend la valeur *vrai* que si P et Q prennent simultanément la valeur *vrai*, autrement dit si P *et* Q sont des propositions vraies (et donc prend la valeur *faux* lorsqu'au moins l'une des deux propositions prend la valeur *faux*) :

$$P \wedge Q \text{ est } \begin{cases} \textit{vrai} & \text{si } P \text{ est } \textit{vrai} \text{ et } Q \text{ est } \textit{vrai} \\ \textit{faux} & \text{sinon} \end{cases}$$

Ce qui peut se traduire par la table de vérité suivante :

P	Q	$P \wedge Q$ (P et Q)
F	F	F
F	V	F
V	F	F
V	V	V

TABLE 2.2 – Table de vérité de la conjonction.

Remarque 2.2.10 (Origine des notations) : Le symbole $\wedge$ a été introduit en 1930 par le mathématicien et logicien néerlandais Arend Heyting (1898-1980) dans son article « Die formalen Regeln der intuitionistischen Logik *[Les règles formelles de la logique intuitionniste]* » [14].

Remarque 2.2.11 (Notations) : $\wedge$ est le symbole classique pour représenter la conjonction, mais dans un texte mathématique (hors logique pure) il est fréquent de noter directement « et ». Je pourrai utiliser indifféremment les deux, sachant qu'il n'y a de toute façon pas d'ambiguïté : dans une formule, « et » représente le symbole de conjonction $\wedge$, et pas le terme « et » du métalangage. De façon générale, j'emploierai le plus souvent $\wedge$ dans un cadre de logique pure (pour ce volume essentiellement), mais « et » dans les autres cas.

Remarque 2.2.12 : La conjonction est *commutative*, c'est-à-dire que la valeur de vérité de $P \wedge Q$ ne change pas si on permute P avec Q.

Remarque 2.2.13 : Si on utilise les valeurs 0 et 1 à la place respectivement de F et V, la table de vérité s'écrit :

P	Q	$P \wedge Q$ (P et Q)
0	0	0
0	1	0
1	0	0
1	1	1

On peut alors remarquer que la valeur de $P \wedge Q$ est le produit des valeurs de P et de Q (pour la multiplication usuelle de deux nombres entiers). On peut également remarquer que cette valeur est aussi la plus petite des valeurs de P et de Q, que l'on note $\min(v(P), v(Q))$:

$$\begin{aligned} v(P \wedge Q) &= \min(v(P), v(Q)) \\ &= v(P) \times v(Q) \end{aligned}$$

Exemple 2.2.14
On considère les propositions atomiques p et q suivantes :

- p : « Il pleut à Paris. »
- q : « Il neige à Londres. »

La logique des propositions ne nous dit pas si p et q sont des propositions vraies ou fausses, mais si

14. Arend HEYTING. « Die formalen Regeln der intuitionistischen Logik *[Les règles formelles de la logique intuitionniste]* ». Dans : *Sitzungsberichte der preußischen Akademie der Wissenschaften* (1930).

on sait que p est *vrai*, et q est *vrai* alors

$$\text{« Il pleut à Paris »} \wedge \text{« Il neige à Londres »}$$

ce que l'on peut traduire par « Il pleut à Paris et il neige à Londres », est *vrai*.

Exemple 2.2.15
La propriété « Le nombre x est supérieur à 2 et inférieur à 5 » peut se traduire par

$$x \geqslant 2 \wedge x \leqslant 5$$

Exemple 2.2.16

1.
$$(1 + 1 = 2) \wedge \text{« La France est un pays »}$$
est une proposition vraie (de la forme $P \wedge Q$, avec P *vrai*, Q *vrai*).
2.
$$(1 + 1 = 2) \wedge \text{« 5 est un nombre pair »}$$
est une proposition fausse (de la forme $P \wedge Q$, avec P *vrai*, Q *faux*).

Disjonction

Définition 2.2.17 (Disjonction)
La *disjonction* (*ou*), notée en général $\vee$, est un connecteur binaire (il a deux arguments). $P \vee Q$ ne prend la valeur *faux* que si P et Q prennent simultanément la valeur *faux* (et donc prend la valeur *vrai* lorsqu'au moins l'une des deux propositions prend la valeur *vrai*, autrement dit si P *ou* Q est *vrai*) :

$$P \vee Q \text{ est } \begin{cases} \textit{faux} & \text{si } P \text{ est } \textit{faux} \text{ et } Q \text{ est } \textit{faux} \\ \textit{vrai} & \text{sinon} \end{cases}$$

Ce qui peut se traduire par la table de vérité suivante :

P	Q	$P \vee Q$ (P ou Q)
F	F	F
F	V	V
V	F	V
V	V	V

TABLE 2.3 – Table de vérité de la disjonction.

Remarque 2.2.18 (Origine des notations) : Le symbole $\vee$ a été utilisé par le mathématicien, logicien, et philosophe britannique Bertrand Russell (1872-1970) dès 1902-1903 (dans des manuscrits), et apparaît en 1910 dans le premier volume des *Principia Mathematica*, écrit avec le mathématicien et philosophe britannique Alfred North Whitehead (1861-1947).

Remarque 2.2.19 (Notations) : $\vee$ est le symbole classique pour représenter la disjonction, mais dans un texte mathématique (hors logique pure) il est fréquent de noter directement « ou ». Comme pour le symbole $\wedge$ de conjonction (*et*), je pourrai utiliser indifféremment les deux, sachant qu'il n'y a de toute façon pas d'ambiguïté : dans une formule, « ou » représente le symbole de conjonction $\vee$, et pas le terme « ou » du métalangage. De façon générale, j'emploierai le plus souvent $\vee$ dans un cadre de logique pure (pour ce volume essentiellement), mais « ou » dans les autres cas.

Remarque 2.2.20 : La disjonction est *commutative* (la valeur de vérité de $P \vee Q$ ne change pas si on permute P avec Q).

Remarque 2.2.21 : Si on utilise les valeurs 0 et 1 à la place respectivement de F et V, la table de vérité s'écrit :

P	Q	$P \vee Q$ (P ou Q)
0	0	0
0	1	1
1	0	1
1	1	1

On peut alors remarquer que la valeur de vérité de $P \vee Q$ est « presque » la somme des valeurs de P et de Q (pour l'addition usuelle de deux nombres entiers), sauf lorsque ces valeurs sont égales à 1. On peut également remarquer que cette valeur est aussi la plus grande des valeurs de P et de Q, ce que l'on note $\max(v(P), v(Q))$:

$$\begin{aligned} v(P \vee Q) &= \max(v(P), v(Q)) \\ &= \begin{cases} 1 & \text{si } v(P) = 1 \text{ et } v(Q) = 1 \\ v(P) + v(Q) & \text{sinon} \end{cases} \end{aligned}$$

Exemple 2.2.22

1. $$(1 + 1 = 2) \vee \text{« 5 est un nombre pair »}$$

   est une proposition vraie (de la forme $P \vee Q$, avec P *vrai*, Q *faux*).

2. $$\text{« 5 est un nombre pair »} \vee \text{« La France se situe en Amérique »}$$

   est une proposition fausse (de la forme $P \vee Q$, avec P *faux*, Q *faux*).

Exemple 2.2.23

La proposition

$$\neg(1 + 1 = 2) \vee \text{« 5 est un nombre impair »}$$

est vraie ; elle est de la forme $\neg P \vee Q$, avec pour P la proposition atomique « $1 + 1 = 2$ » et pour Q la proposition atomique « 5 est un nombre impair ». P est *vrai* (donc $\neg P$ est *faux*), Q est *vrai*, donc $\neg P \vee Q$ est *vrai*.

Remarque 2.2.24 : Contrairement à l'usage courant du mot *ou* dans le langage naturel, la proposition $P \vee Q$ est en particulier vraie si les deux propositions sont vraies. On parle parfois de *ou inclusif*, par opposition au *ou exclusif*, que nous verrons plus loin, qui est vrai quand l'une des deux propositions est vraie, mais pas les deux, comme dans l'exemple classique du menu de restaurant indiquant « fromage ou dessert ».

Implication

Définition 2.2.25 (Implication, réciproque)
L'*implication* (ou *implication matérielle*), notée en général $\implies$ ou $\longrightarrow$, est un connecteur binaire (il a deux arguments). $P \implies Q$ ne prend la valeur *faux* que lorsque P est *vrai* et Q est *faux* :

$$P \implies Q \text{ est } \begin{cases} \textit{faux} & \text{si } P \text{ est } \textit{vrai} \text{ et } Q \text{ est } \textit{faux} \\ \textit{vrai} & \text{sinon} \end{cases}$$

Ce qui peut se traduire par la table de vérité suivante :

P	Q	$P \implies Q$
F	F	V
F	V	V
V	F	F
V	V	V

TABLE 2.4 – Table de vérité de l'implication.

Par ailleurs

- P s'appelle l'*hypothèse*, ou *l'antécédent*, de $P \implies Q$.
- Q s'appelle la *conclusion*, ou le *conséquent*, de $P \implies Q$.
- $Q \implies P$ s'appelle la *réciproque* de $P \implies Q$.

Remarque 2.2.26 (Origine des notations) : Le symbole $\longrightarrow$ a été utilisé pour la première fois par le mathématicien allemand David Hilbert (1862-1943) en 1922 dans son article « Neubegründung der Mathematik *[Refondation des mathématiques]* » [15]. Le symbole $\implies$ apparaît en 1954 dans les *Éléments de mathématique* de Bourbaki [16], Nicolas Bourbaki étant le pseudonyme collectif d'un groupe de mathématiciens francophones, formé en 1935.

Remarque 2.2.27 (Notations) : À la place de $P \implies Q$, on trouve aussi la notation $P \supset Q$.

Remarque 2.2.28 : L'implication n'est pas commutative. Par exemple, si P est *vrai* et Q *faux*, alors $P \implies Q$ est *faux*, mais sa réciproque ($Q \implies P$) est *vrai*.

Remarque 2.2.29 : Si on utilise les valeurs 0 et 1 à la place respectivement de F et V, la table de vérité s'écrit :

P	Q	$P \implies Q$
0	0	1
0	1	1
1	0	0
1	1	1

On peut alors constater que la valeur de vérité de $P \implies Q$ est la plus grande des valeurs de vérité de $\neg P$ et de Q, c'est-à-dire :

$$v(P \implies Q) = \max(1 - v(P), v(Q))$$

15. David HILBERT. « Neubegründung der Mathematik *[Refondation des mathématiques]* ». Dans : *Abhandlungen aus dem Mathematischen Seminar der Hamburger Universität* 1 (1922), p. 166.
16. Nicolas BOURBAKI. *Éléments de mathématique*. Théorie des ensembles. 1 t. Hermann, 1954, p. 14.

Définition 2.2.30 (Condition suffisante, condition nécessaire, si ... alors)
Lorsque $P \implies Q$ est *vrai*, on peut aussi écrire les expressions suivantes, qui sont toutes synonymes :

- P est une *condition suffisante* de Q.
- Q est une *condition nécessaire* de P.
- *Si P, alors Q.*

Remarque 2.2.31 : Il n'y a aucune notion de cause à effet dans l'implication logique, contrairement à ce que peut évoquer le terme *implication*. Si les propositions P et Q sont vraies, alors $P \implies Q$ est *vrai*, si P est *vrai* et Q est *faux*, alors $P \implies Q$ est *faux*, ce qui semble en accord avec l'idée intuitive d'*implication*. Mais $P \implies Q$ est aussi *vrai* lorsque P est *faux* (indépendamment de la valeur de vérité de Q), ce qui est moins intuitif. De même, si Q est *vrai*, alors $P \implies Q$ est *vrai* (indépendamment de la valeur de vérité de P). Par exemple :

1. $(1+1=2) \implies$ « La France est un pays » : cette proposition est vraie (de la forme $P \implies Q$, avec P *vrai*, Q *vrai*).
2. $(1+1=2) \implies$ « La France n'est pas un pays » : cette proposition est fausse (de la forme $P \implies Q$, avec P *vrai*, Q *faux*).
3. « 5 est un nombre pair » $\implies (1+1=2)$: cette proposition est vraie (de la forme $P \implies Q$, avec P *faux*, Q *vrai*).
4. « La France n'est pas un pays » $\implies$ (3 est pair) : cette proposition est vraie (de la forme $P \implies Q$, avec P *faux*, Q *faux*).

Les termes *implication*, *implique*, du langage naturel, dans lequel il y a une notion de cause à effet, peuvent donc être différents de ce qu'exprime l'implication matérielle. Cela peut conduire en logique à considérer des propositions vraies contraires à l'intuition, en particulier quand on utilise le vocabulaire *si ... alors* : par exemple, l'expression

« Si la France n'est pas un pays, alors 3 est pair. »

peut sembler assez étrange, même si du point de vue de la logique classique, elle exprime une vérité. Des logiciens ont travaillé sur ce problème, en proposant d'autres approches de l'implication, dans le cadre de logiques dites non classiques [17]. Par exemple, le philosophe et logicien américain Clarence Irving Lewis (1883-1964), qui a proposé une *implication stricte* (mais qui donnait lieu à des paradoxes du même type que l'implication logique classique), dans le cadre de la *logique modale*. Ou encore le mathématicien et logicien américain Alonzo Church (1903-1995) et le mathématicien et logicien allemand Wilhelm Ackermann (1896-1962), dans le cadre de la *logique de la pertinence*.

Remarque 2.2.32 : Bien que que la table de vérité de l'implication puisse sembler étrange (voir la remarque précédente), elle est bien conforme à la pratique mathématique courante, même si l'on ne s'en rend pas forcément compte. Le seul cas où $P \implies Q$ est *faux* est quand P est *vrai* et Q est *faux*, donc pour justifier que $P \implies Q$ est *vrai* il suffit de vérifier qu'on ne peut pas être dans cette situation, et c'est bien ce que l'on fait en pratique : pour justifier une proposition de la forme $P \implies Q$, on fait l'hypothèse que P est *vrai*, et on prouve qu'alors Q est aussi *vrai*. Par exemple, on prouve que pour tout entier naturel n, si n est pair alors n^2 est pair, en faisant l'hypothèse que n est pair et en démontrant qu'alors n^2 est aussi pair. Si l'on veut que le théorème

« Pour tout entier naturel n, si n est pair alors n^2 est pair. »

17. Les mathématiques usuelles s'appuient sur la *logique classique*, dont font partie la *logique des propositions*, et la *logique des prédicats* que nous verrons plus loin.

soit vrai, on doit bien accepter par exemple que la proposition

$$\text{« } n \text{ est pair »} \implies \text{« } n^2 \text{ est pair »}$$

est vraie quand n est impair, et dans ce cas la proposition est de la forme $P \implies Q$ avec P *faux* et Q *faux*.

Équivalence

Définition 2.2.33 (Équivalence)
L'*équivalence*, notée en général $\iff$ ou $\leftrightarrow$, est un connecteur binaire (il a deux arguments). $P \iff Q$ prend la valeur *vrai* lorsque P et Q prennent la même valeur (et donc prend la valeur *faux* lorsque P et Q prennent des valeurs différentes) :

$$P \iff Q \text{ est } \begin{cases} \textit{vrai} & \text{si } P \text{ et } Q \text{ prennent la même valeur} \\ \textit{faux} & \text{si } P \text{ et } Q \text{ prennent des valeurs différentes} \end{cases}$$

Ce qui peut se traduire par la table de vérité suivante :

P	Q	$P \iff Q$
F	F	V
F	V	F
V	F	F
V	V	V

TABLE 2.5 – Table de vérité de l'équivalence.

Remarque 2.2.34 (Origine des notations) : Le symbole $\leftrightarrow$ aurait été utilisé pour la première fois en 1933 par Albrecht Becker dans *Die Aristotelische Theorie der Möglichkeitsschlüsse* [18]. Le symbole $\iff$ apparaît en 1954 dans les *Éléments de mathématique* de Bourbaki [19].

Remarque 2.2.35 (Notations) : Pour indiquer une équivalence, on trouve aussi la notation $P \equiv Q$.

Remarque 2.2.36 : L'équivalence est commutative (la valeur de vérité de $P \iff Q$ ne change pas si on permute P avec Q).

Remarque 2.2.37 : Si on utilise les valeurs 0 et 1 à la place respectivement de F et V, la table de vérité s'écrit :

P	Q	$P \iff Q$
0	0	1
0	1	0
1	0	0
1	1	1

On peut alors constater que la valeur de vérité de $P \iff Q$ est la plus grande des valeurs de vérité de $P \wedge Q$ et de $\neg P \wedge \neg Q$, c'est-à-dire :

$$\begin{aligned} v(P \iff Q) &= \max(v(P \wedge Q), v(\neg P \wedge \neg Q)) \\ &= \max(v(P) \times v(Q), (1 - v(P)) \times (1 - v(Q))) \end{aligned}$$

18. Albrecht BECKER. *Die Aristotelische Theorie der Möglichkeitsschlüsse*. 1933, p. 4.
19. Nicolas BOURBAKI. *Éléments de mathématique*. Théorie des ensembles. 1 t. Hermann, 1954, p. 32.

Définition 2.2.38 (Équivalent, si et seulement si, condition nécessaire et suffisante)
Lorsque $P \iff Q$ est *vrai*, on peut aussi écrire les expressions suivantes, qui sont toutes synonymes :

- P et Q sont *équivalents*.
- *P est équivalent à Q*.
- P *si et seulement si* Q, ou le raccourci P *ssi* Q.
- P est une *condition nécessaire et suffisante* pour Q.

Et à cause de la commutativité du connecteur équivalence, on peut aussi permuter P et Q dans chacune des expressions précédentes (Q et P sont équivalents, ...).

Exemple 2.2.39

1.
$$(1 + 1 = 2) \iff (5 \text{ est un nombre impair})$$
est une proposition vraie (de la forme $P \iff Q$, avec P *vrai*, Q *vrai*).

2.
$$(\text{La France n'est pas un pays}) \iff (3 \text{ est pair})$$
est une proposition vraie (de la forme $P \iff Q$, avec P *faux*, Q *faux*).

3.
$$(1 + 1 = 2) \iff (3 \text{ est pair})$$
est une proposition fausse (de la forme $P \iff Q$, avec P *vrai*, Q *faux*).

Autres connecteurs

Les cinq connecteurs précédents sont ceux utilisés en mathématiques. En logique pure, ou dans le calcul booléen (voir la section 3.1), il peut arriver que l'on définisse d'autres connecteurs, en particulier les négations des quatre connecteurs binaires précédents :

- Le connecteur **NON-ET** (on utilise aussi le terme anglais NAND), que l'on note | ou ↑, négation du connecteur ∧ :
$$P \uparrow Q \stackrel{\text{def}}{\equiv} \neg(P \wedge Q)$$
dont la table de vérité est donc

P	Q	$P \uparrow Q$ (P *NON-ET* Q)
F	F	V
F	V	V
V	F	V
V	V	F

TABLE 2.6 – Table de vérité du connecteur NON-ET.

Le symbole ↑ est la barre de Sheffer, du nom du logicien américain Henry Maurice Sheffer (1882-1964), qui a utilisé ce symbole et a démontré en 1913 que les autres connecteurs pouvaient être définis au moyen de ce seul connecteur (voir la section 2.9) [20].

20. Henry Maurice SHEFFER. « A set of five independent postulates for Boolean algebras, with application to logical constants ». Dans : *Transactions of the American Mathematical Society* 14 (1913), p. 481-488.

- Le connecteur **NON-OU** (on utilise aussi le terme anglais NOR), que l'on note $\downarrow$ (barre de Sheffer duale), négation du connecteur $\vee$:

$$P \downarrow Q \overset{\text{def}}{\equiv} \neg(P \vee Q)$$

dont la table de vérité est donc

P	Q	$P \downarrow Q$ (P NON-OU Q)
F	F	V
F	V	F
V	F	F
V	V	F

TABLE 2.7 – Table de vérité du connecteur NON-OU.

- Le connecteur **ou exclusif**, que l'on écrit en général **XOR** (de l'anglais *eXclusive OR*), ou en français **OUX** (emploi assez rare), et que l'on note souvent $\oplus$. C'est la négation du connecteur équivalence :

$$P \oplus Q \overset{\text{def}}{\equiv} \neg(P \iff Q)$$

dont la table de vérité est donc

P	Q	$P \oplus Q$ (P OUX Q)
F	F	F
F	V	V
V	F	V
V	V	F

TABLE 2.8 – Table de vérité du connecteur *ou exclusif*.

$P \oplus Q$ est donc *vrai* si et seulement si P ou Q est *vrai*, mais pas si ces propositions sont simultanément vraies.

- Le connecteur **non-implication**, ou **inhibition**, qui est la négation du connecteur implication. Les notations peuvent varier ; on peut trouver en particulier $\not\Rightarrow$, mais j'utiliserai le symbole $>$:

$$P > Q \overset{\text{def}}{\equiv} \neg(P \implies Q)$$

dont la table de vérité est donc

P	Q	$P > Q$
F	F	F
F	V	F
V	F	V
V	V	F

ou en prenant 0/1 comme valeurs de vérité

P	Q	$P > Q$
0	0	0
0	1	0
1	0	1
1	1	0

TABLE 2.9 – Table de vérité du connecteur inhibition.

Puisque $P > Q$ est *vrai* si et seulement si P est *vrai* et Q est *faux*, on voit qu'en prenant 0/1 comme valeurs de vérité à la place de F/V, cet opérateur correspond à la relation d'ordre strict $>$ (d'où la notation choisie) :

$$v(P > Q) = 1 \quad \text{si et seulement si} \quad v(P) > v(Q)$$

2.3 Introduction aux systèmes formels et à la logique formelle

Dans la suite, nous allons reprendre quelques éléments vus précédemment, mais en formalisant un peu plus. La logique des propositions est ce qu'on appelle un **système formel**, c'est-à-dire

- constitué à l'aide d'une **syntaxe**, ou **langage**, composée des éléments suivants :
  — un ensemble de symboles qui peuvent servir à construire des formules;
  — des règles de construction des formules;
- disposant d'un **système d'inférence** ou **système de déduction**, qu'on appelle aussi un **calcul**, permettant de déterminer des formules particulières, qu'on appelle des **théorèmes** [21], en général à partir d'un ensemble d'autres formules particulières (qu'on appelle des **axiomes** [22]), et de **règles d'inférence** (ou **règles de déduction**).

La logique des propositions est aussi **un système logique**, ou **une logique**, c'est-à-dire qu'à la syntaxe et au calcul on ajoute une **sémantique**, qui est une façon d'associer des valeurs de vérité aux formules. C'est ce qui permet d'interpréter le langage logique, de lui donner un sens, de préciser ce qui est vrai et ce qui est faux. La sémantique est à la base de la théorie mathématique des modèles, créée en 1933 par le logicien et philosophe polonais Alfred Tarski (1901 [23]-1983) [24]. L'approche syntaxique (calcul), qui consiste à choisir des axiomes et un certain nombre de règles permettant de fournir des preuves, est à la base de la théorie de la démonstration, formulée au début du XXᵉ siècle par le mathématicien allemand David Hilbert (1862-1943).

À partir de cette double approche de la logique, sémantique (les énoncés vrais), et syntaxique (les énoncés prouvables), se pose la question de savoir si ces deux notions coïncident : ce qui est prouvable est-il vrai (c'est ce qu'on appelle la *correction*, ou *adéquation* de la logique) ? Ce qui est vrai est-il prouvable (c'est ce qu'on appelle la *complétude* de la logique) ? Dans le cas de la logique des propositions et de la logique des prédicats que nous verrons plus loin, la réponse à ces deux questions est *oui* (ces résultats non triviaux seront justifiés dans le chapitre 7), mais ce n'est pas forcément le cas d'autres types de logique, qui peuvent ne pas être *complètes* (la propriété de correction est par contre toujours nécessaire : on imagine mal l'intérêt d'une logique dans laquelle on pourrait prouver des énoncés faux). Par ailleurs, dans différentes théories mathématiques (qui s'appuient sur la logique des prédicats), certains résultats contre-intuitifs peuvent apparaître. Par exemple, des énoncés qui semblent intuitivement vrais peuvent n'être ni prouvables, ni réfutables (c'est-à-dire qu'on ne peut ni les prouver, ni prouver leur négation).

Notons enfin que le vocabulaire utilisé est assez variable. Il peut arriver qu'on parle aussi de syntaxe pour désigner le système d'inférence, ou de calcul pour désigner l'ensemble du système formel (syntaxe et système d'inférence) ou même l'ensemble de la logique (sémantique comprise). C'est d'ailleurs pour éviter cette confusion que je préfère utiliser l'expression *logique des propositions* plutôt que le plus classique *calcul des propositions*.

21. Du latin *theorema*, issu du grec, dérivé de *théa* (regarder, objet de contemplation, spectacle), et de *horaô* (observer, contempler).

22. Du grec *axiôma* signifiant *prix*, *valeur*, puis par extension *ce qui paraît juste*, *convenable*.

23. Anita Burdman Feferman et Solomon Feferman indiquent dans une note de leur ouvrage (Anita Burdman FEFERMAN et Solomon FEFERMAN. *Alfred Tarski: Life and Logic*. Cambridge University Press, 2004, p. 393), que certaines biographies donnent comme date de naissance incorrecte le 14 Janvier 1902.

24. Alfred TARSKI. « Le concept de vérité dans les langages formalisés ». Dans : *Logique, sémantique, métamathématique*. Sous la dir. de G.-G. GRANGER. 1 t. Armand Colin, 1972, p. 157-269. Titre original : *Projecie prawdy w jezykach nauk dedukcyjnych* (1933).

2.4 Syntaxe de la logique des propositions

Revenons à la syntaxe de la logique des propositions. Les symboles servant à construire des formules sont

- des symboles pour les propositions atomiques, que l'on prend dans un ensemble infini dénombrable, c'est-à-dire dont les éléments peuvent être indexés par l'ensemble des entiers naturels ; on pourra par exemple les désigner par $p_1, p_2, p_3, \ldots$;
- les symboles de connecteurs :
$$\neg \quad \wedge \quad \vee \quad \Longrightarrow \quad \Longleftrightarrow$$
- des symboles de ponctuation, comme des parenthèses, pour lever les ambiguïtés et préciser l'ordre des opérations.

Remarque 2.4.1 : Dans la théorie formelle, les symboles peuvent avoir n'importe quelle forme, et être représentés par n'importe quel « objet ». Par exemple, dans certaines variantes de la logique des propositions, ces symboles sont codés par des nombres entiers. Mais quelle que soit l'option choisie, il y a une condition qui doit être toujours vérifiée : afin de pouvoir reconnaître de façon non ambiguë une succession de symboles, ils doivent être non seulement distincts les uns des autres (par exemple si $\wedge$ est le symbole pour la conjonction, il ne doit pas faire partie des symboles pour les propositions atomiques), mais aussi aucun symbole ne peut être une suite finie d'autres symboles. Par exemple, si $*$ est un symbole, et si $**$ est un autre symbole de la théorie alors l'expression « $**$ » est ambiguë, car elle peut représenter soit un unique symbole, soit la succession de deux symboles « $*$ ».

Définition 2.4.2 (Proposition, formule propositionnelle)
L'ensemble des *propositions*, ou *formules propositionnelles* (ou juste *formules*), est le plus petit ensemble tel que :

- Toute proposition atomique est une formule.
- Si P est une formule, alors
$$\neg P$$
est une formule.
- Si P et Q sont des formules, alors
$$(P \wedge Q) \quad (P \vee Q) \quad (P \Longrightarrow Q) \quad (P \Longleftrightarrow Q)$$
sont des formules.

Remarque 2.4.3 : Par convention, pour éviter de surcharger les propositions avec des parenthèses, on ne note en général pas les parenthèses extérieures d'une formule. Par exemple

$$(P \wedge Q) \Longrightarrow (P \vee Q) \quad \text{signifie} \quad ((P \wedge Q) \longrightarrow (P \vee Q))$$

De plus, le connecteur $\neg$ est prioritaire sur les connecteurs $\wedge$ et $\vee$, qui sont eux-mêmes prioritaires sur les connecteurs $\Longrightarrow$ et $\Longleftrightarrow$. Par exemple

$$\neg P \wedge Q \Longrightarrow R \vee S \quad \text{signifie} \quad (\neg P \wedge Q) \Longrightarrow (R \vee S)$$

Il existe d'autres conventions classiques, mais que je n'emploierai pas : dans l'une d'elles, la conjonction est prioritaire sur la disjonction. Par exemple

$$P \wedge Q \vee R \quad \text{signifie alors} \quad (P \wedge Q) \vee R$$

Remarque 2.4.4 : Dans ce qui précède, les lettres P et Q ne sont pas des symboles appartenant à la syntaxe de la logique des propositions (comme les symboles de propositions atomiques $p_1, p_2, \dots$, ou les symboles de connecteurs $\neg$, $\Longrightarrow$, ...), mais sont des symboles du métalangage (représentant des formules). Par exemple

$$p_1 \Longrightarrow p_2$$

est une formule de la logique des propositions, formée à partir des symboles « p_1 », « p_2 », et « $\Longrightarrow$ », mais si je désigne cette formule par la lettre P, en écrivant par exemple

$$P :\equiv p_1 \Longrightarrow p_2$$

le symbole P ne fait pas partie des symboles de la syntaxe de la logique des propositions, mais est un symbole du métalangage.

Remarque 2.4.5 : Cette définition permet de caractériser les formules qui ont un sens dans la logique des propositions (par opposition à une succession de symboles quelconques, par exemple « $p_1 \wedge$ »), qu'on appelle aussi des *formules bien formées*. Certains auteurs font une distinction entre *formule* (qui peut être une suite de symboles quelconques) et *formule bien formée*. Je ne ferai pas cette distinction, et dans la suite, toute formule sera considérée comme étant *bien formée*.

Exemple 2.4.6
À partir des propositions atomiques p_1 et p_2 uniquement, on peut construire les formules suivantes :

$$p_1 \qquad p_2$$

d'après la première règle. Donc par application de la deuxième règle on obtient les deux formules

$$\neg p_1 \qquad \neg p_2$$

et par application des règles du troisième type on obtient les formules

$$p_1 \wedge p_2 \quad p_2 \wedge p_1 \quad p_1 \vee p_2 \quad p_2 \vee p_1 \quad p_1 \Longrightarrow p_2 \quad p_2 \Longrightarrow p_1 \quad p_1 \Longleftrightarrow p_2 \quad p_2 \Longleftrightarrow p_1$$

On peut ensuite construire de nouvelles formules à partir des propositions déjà obtenues, par exemple

$$\neg(p_1 \wedge p_2) \qquad (p_1 \wedge p_2) \Longrightarrow p_1 \qquad (p_2 \Longrightarrow p_1) \vee (p_2 \vee p_1)$$

et ainsi de suite. On notera qu'on ne fait ici que construire des formules qui ont un sens en logique des propositions, mais pour l'instant il n'y a aucune valeur de vérité associée.

Exemple 2.4.7
Voici quelques autres exemples de formules, si p_1 et p_2 sont des propositions atomiques, et si P, Q, R, sont des formules :

$$(p_1 \wedge p_2) \vee P \qquad P \Longrightarrow (Q \Longrightarrow R) \qquad (\neg(P \wedge R) \vee Q) \wedge R$$

Par contre, les expressions suivantes ne sont pas des formules :

$$\neg \qquad P \wedge \qquad PQR \qquad \vee p_1$$

Exemple 2.4.8 (Exemples de formules illustrant des phrases du métalangage)
La phrase « S'il pleut ou s'il neige, alors je prends ma voiture » peut se traduire à l'aide des propositions atomiques

- p : « Il pleut. »
- n : « Il neige. »
- v : « Je prends ma voiture. »

par la proposition

$$(p \vee n) \implies v$$

La phrase « S'il pleut ou s'il neige, alors je ne prends pas ma voiture » peut se traduire par

$$(p \vee n) \implies \neg v$$

La phrase « S'il pleut alors je prends ma voiture mais s'il neige alors je ne la prends pas » peut se traduire par

$$(p \implies v) \wedge (n \implies \neg v)$$

La définition d'une proposition est une définition dite *inductive* (ou par *induction*). Sans entrer dans une justification formelle, je vais préciser ce principe :

Définition 2.4.9 (Définition d'un ensemble par induction)
Une définition *inductive* (ou par *induction*) d'un ensemble A (que l'on considère être inclus dans un autre ensemble E) est donnée par trois principes :

1. Des règles qui expriment que certains éléments appartiennent à A, ce qui revient à se donner un ensemble B d'éléments de E qui est inclus dans A (B représente la « base » de l'ensemble A).
2. Des règles inductives permettant de construire des éléments de A à partir d'éléments déjà construits. De façon un peu plus formelle, chaque règle peut s'exprimer comme une fonction qui à n éléments de E (n étant un entier non nul correspondant au nombre d'arguments de la fonction) associe un élément de E, de telle sorte que A soit stable (ou clos) pour ces règles, c'est-à-dire que pour chaque règle, si les n éléments appartiennent à A, alors l'élément obtenu appartient aussi à A.
3. Un principe qui dit que seuls les éléments obtenus par les deux principes précédents sont dans A, et qui prend généralement l'une des deux formes équivalentes suivantes :
   - *de haut en bas* : l'ensemble A est le plus petit ensemble (au sens de l'inclusion) vérifiant les deux principes précédents, ce qui revient à définir A comme l'intersection de tous les sous-ensembles de E vérifiant ces deux principes ;
   - *de bas en haut* : les éléments de A sont obtenus par application successive (un nombre fini de fois) de règles (parmi les règles inductives), à partir des éléments de la base.

Preuve
Nous allons vérifier qu'il est bien possible de construire un ensemble A comme il est indiqué dans la définition précédente. C'est essentiellement le troisième principe qui demande des explications supplémentaires. Dans la définition inductive de haut en bas, on définit A comme l'intersection de tous les sous-ensembles de E vérifiant les deux premiers principes.

- A vérifie le premier principe, puisque les éléments de B appartiennent par définition à tous les ensembles vérifiant le premier principe, donc ils appartiennent à leur intersection A.
- De plus, A est stable pour toutes les règles, puisque les éléments de A appartiennent à tous les ensembles vérifiant le

deuxième principe, donc l'application d'une règle à de tels éléments donne un élément qui appartient à tous les ensembles vérifiant le deuxième principe, c'est-à-dire un élément de A.

- Enfin, A est le plus petit ensemble vérifiant les deux premiers principes, puisque
  - — il vérifie les deux premiers principes ;
  - — par définition, il est inclus dans tous les ensembles vérifiant les deux premiers principes.

Dans la définition inductive de bas en haut, on considère l'ensemble A' dont les éléments s'obtiennent à partir de la base par application successive (un nombre fini de fois) de certaines règles. On peut le représenter comme l'ensemble des éléments x de E tels qu'il existe un entier non nul n et un n-uplet $(x_1, \dots, x_n)$ formé des éléments permettant de « construire » x, c'est-à-dire avec

- $x_n = x$;
- pour tout k entre 1 et n
  - — x_k appartient à la base B ;
  - — ou x_k s'obtient à partir de certains des x_i (avec $i < k$) par application d'une des règles.

Démontrons que cet ensemble est égal à A, autrement dit que c'est l'intersection de tous les sous-ensembles de E vérifiant les deux premiers principes :

- Il contient les éléments de la base B (c'est-à-dire qu'il vérifie le premier principe), puisque de tels éléments x_1 peuvent se construire par le simple 1-uplet (x_1).
- Il est stable pour toutes les règles : on considère une règle qui aux éléments $a_1, \dots, a_p$ de A' associent l'élément a (de E). On veut justifier que a est aussi un élément de A'. Par définition de A', chacun des a_i (pour i entre 1 et p) est la dernière composante d'un n_i-uplet $(x_1^i, \dots, x_{n_i}^i)$ et il suffit de les regrouper pour obtenir une suite d'éléments permettant de construire a :

$$(x_1^1, \dots, \underbrace{x_{n_1}^1}_{a_1}, x_1^2, \dots, \underbrace{x_{n_2}^2}_{a_2}, \dots, x_1^p, \dots, \underbrace{x_{n_p}^p}_{a_p}, a)$$

  a vérifie la propriété caractérisant les éléments de A', donc $a \in A'$, ce qui signifie que A' est stable pour la règle considérée. Par conséquent A' vérifie le deuxième principe.
- Prouvons enfin que si C est un ensemble vérifiant les deux premiers principes, alors A' est inclus dans C : pour cela, démontrons par récurrence forte sur $n \geqslant 1$ que si $(x_1, \dots, x_n)$ est un n-uplet permettant de construire un élément x_n de A', alors $x_n \in C$:
  - — Au rang 1 : dire que (x_1) permet de construire un élément x_1 de A' signifie que x_1 appartient à la base, donc c'est un élément de C. La propriété que l'on souhaite établir est donc vérifiée si $n = 1$.
  - — On fait l'hypothèse de récurrence que cette propriété est vérifiée pour tout entier non nul $k \leqslant n$, et on considère le $(n+1)$-uplet $(x_1, \dots, x_n, x_{n+1})$ permettant de construire l'élément x_{n+1} de A'. Par définition, pour tout entier non nul $k \leqslant n$, le k-uplet $(x_1, \dots, x_k)$ permet de construire l'élément x_k de A', donc par hypothèse de récurrence x_k appartient à C. Puisque x_{n+1} est soit un élément de la base, soit un élément obtenu par application d'une règle à partir des x_k (avec $1 \leqslant k \leqslant n$), on en déduit que x_{n+1} est un élément de C. Par conséquent la propriété est vérifiée par $n + 1$.

  On en déduit par récurrence forte que pour tout entier non nul n, si $(x_1, \dots, x_n)$ est un n-uplet permettant de construire un élément x_n de A', alors $x_n \in C$. Par conséquent A' est inclus dans C.

Ainsi, A' est l'intersection de tous les sous-ensembles de E vérifiant les deux premiers principes, c'est-à-dire $A' = A$.

Remarque 2.4.10 (Vocabulaire) : On peut trouver les termes *récursif* et *récursion* à la place de *inductif* et *induction*, mais ces termes s'emploient plutôt pour désigner un autre principe associé à l'induction, que je traite dans la section suivante.

Remarque 2.4.11 : Le troisième principe assure qu'il n'y a pas d'autres éléments dans A que ceux obtenus selon les deux premiers ; sans celui-ci, il ne serait pas possible de caractériser les éléments de A, car on pourrait toujours ajouter, de façon artificielle, n'importe quel élément supplémentaire.

Remarque 2.4.12 : On notera que la preuve précédente utilise la métathéorie, n'est pas complètement formelle, et correspond à un ensemble de notions logiques et mathématiques « intuitives » (elles n'ont pas été rigoureusement prouvées). En reprenant les notations de la section 1.4, on pourrait dire que ce qui précède concerne la « logique 2 » (formelle, mais utilisant une métathéorie intuitive), mais la démonstration pourra ensuite être formalisée dans la théorie des ensembles (voir le volume 2), et il sera alors possible de reprendre cette preuve, cette fois-ci en utilisant la métathéorie des ensembles ZF, dans le cadre de la « logique 3 » (formalisée dans ZF).

Exemple 2.4.13 (Exemples d'ensembles définis par induction)
On se place dans l'ensemble $\mathbb{N}$ des entiers naturels.

- On peut définir par induction l'ensemble P des nombres pairs ainsi : c'est le sous-ensemble de $\mathbb{N}$ défini inductivement par les principes suivants :

— base : $\{0\}$;

— règle : $n \mapsto n+2$.

Ses éléments s'obtiennent à partir de 0 par application successive de l'opération $n \mapsto n+2$ (0, 2, 4, 6, 8, ...).

- $\mathbb{N}$ lui-même peut être défini par induction : le sous-ensemble de $\mathbb{N}$ défini inductivement par les principes suivants :

— base : $\{0\}$;

— règle : $n \mapsto n+1$.

est l'ensemble $\mathbb{N}$ en entier.

Exemple 2.4.14 (Exemples d'ensembles définis par induction)
Dans l'ensemble $\mathbb{R}$ des nombres réels, on peut définir inductivement

- l'ensemble $\mathbb{N}$ par

— base : $\{0\}$

— règle : $x \mapsto x+1$

- l'ensemble $\mathbb{Z}$ par

— base : $\{0, 1\}$

— règles : $(x, y) \mapsto x+y$ et $(x, y) \mapsto x-y$

ou par

— base : $\{0\}$

— règles : $x \mapsto x+1$ et $x \mapsto x-1$

Exemple 2.4.15 (Cas de la logique des propositions)
Pour la logique des propositions, on construit l'ensemble des formules comme un sous-ensemble de l'ensemble de toutes les expressions possibles obtenues en effectuant ce qu'on appelle la concaténation des différents symboles de la théorie (propositions atomiques, connecteurs, parenthèses), qui consiste à mettre bout à bout ces symboles :

- Les éléments de base sont les propositions atomiques ($p_1, p_2, p_3, \ldots$).
- Les règles inductives sont

— la règle permettant de construire une formule à partir d'une autre :

$$\neg P$$

— les 4 règles permettant de construire une formule à partir de deux autres :

$$(P \wedge Q) \quad (P \vee Q) \quad (P \Longrightarrow Q) \quad (P \Longleftrightarrow Q)$$

- L'ensemble des formules est défini comme le plus petit ensemble vérifiant les règles, ce qui revient aussi à dire que toute formule s'obtient, à partir des propositions atomiques, par l'application de règles inductives un certain nombre (fini) de fois.

Remarque 2.4.16 : On peut ainsi représenter formellement l'ensemble des propositions comme un sous-ensemble de l'ensemble des suites finies de la forme

$$(\square_1, \square_2, \dots, \square_n)$$

où les $\square_i$ sont des symboles du langage, la concaténation de

$$(\square_1, \square_2, \dots, \square_n) \text{ et } (\circ_1, \circ_2, \dots, \circ_p)$$

(où les $\circ_i$ sont aussi des symboles du langage) étant la suite

$$(\square_1, \square_2, \dots, \square_n, \circ_1, \circ_2, \dots, \circ_p)$$

Remarque 2.4.17 : On notera que par construction, une proposition ne fait intervenir qu'un nombre fini de symboles, et en particulier un nombre fini de propositions atomiques.

Le principe de définition par induction de bas en haut fait que l'on peut représenter une formule par une structure dite *arborescente* (par un *arbre*), où les *feuilles* sont les éléments de la base, autrement dit les propositions atomiques, et les *nœuds* sont les règles de construction de nouveaux éléments, autrement dit les connecteurs.

Exemple 2.4.18 (Exemples d'arbres représentant des formules simples)

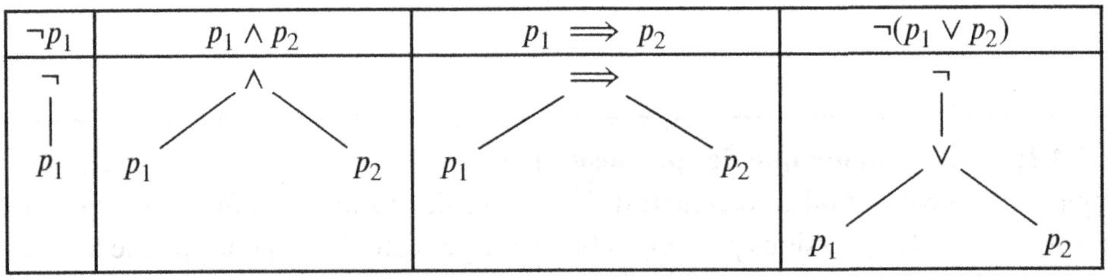

Exemple 2.4.19
Si p_1 et p_2 sont des propositions atomiques et P une formule, la proposition

$$(p_1 \wedge p_2) \vee P$$

peut se représenter par

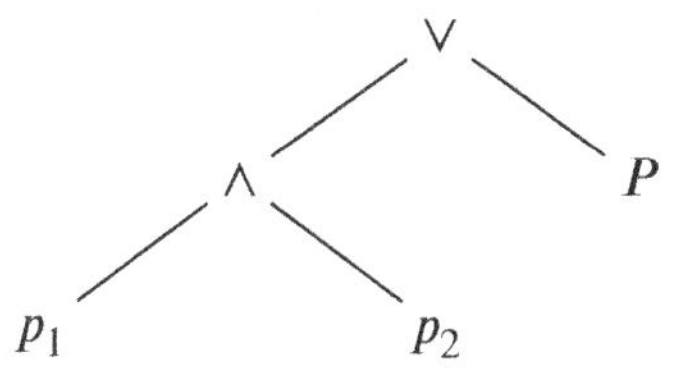

P, étant une formule, peut aussi se représenter par un arbre. Par exemple, si P est la formule

$$\neg(p_1 \implies p_2)$$

l'arbre devient :

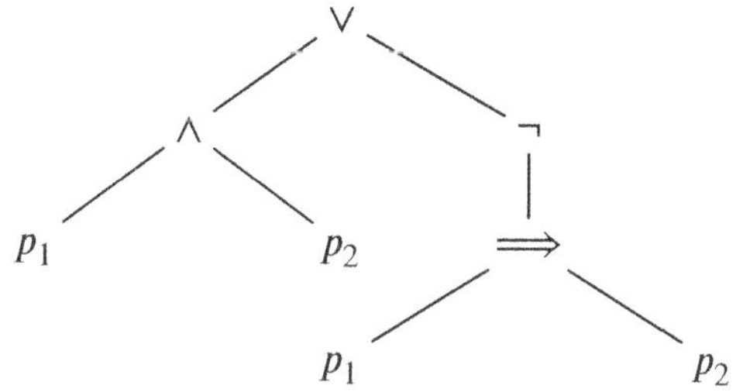

Dans l'exemple précédent, la formule P est une *sous-formule* de

$$(p_1 \wedge p_2) \vee P$$

ce que l'on peut définir de différentes façons. En voici une (nous en verrons une autre plus loin) :

Définition 2.4.20 (Sous-formule, première définition)
On appelle *sous-formule* de la formule P n'importe quelle suite de symboles consécutifs (apparaissant dans P) formant une formule.

Remarque 2.4.21 : À partir d'un arbre associé à une formule, on obtient une sous-formule en considérant l'arbre obtenu en gardant n'importe quel nœud et toutes les branches « en dessous ».

Exemple 2.4.22 (Exemples de sous-formules)
1. Dans l'exemple précédent, l'arbre représentait la formule

$$(p_1 \wedge p_2) \vee \neg(p_1 \implies p_2)$$

Les sous-formules strictes de cette proposition, c'est-à-dire les sous-formules autres qu'elle-même (une proposition est aussi considérée comme une sous-formule d'elle-même) sont

$$p_1 \qquad p_2 \qquad p_1 \wedge p_2 \qquad p_1 \implies p_2 \qquad \neg(p_1 \implies p_2)$$

Mais n'importe quelle succession de symboles de la proposition de départ n'en est pas une sous-formule ; par exemple

$$\neg(p_1$$

n'est pas une sous-formule, car cette suite de symboles ne fait pas partie de l'ensemble des formules (bien formées).

2. Les formules

$$P \qquad Q \qquad R \qquad P \wedge Q \qquad \neg(P \wedge Q) \qquad Q \vee R$$

sont des sous-formules (strictes) de la proposition

$$\neg(P \wedge Q) \implies Q \vee R$$

ce qui peut aussi se voir sur l'arbre associé :

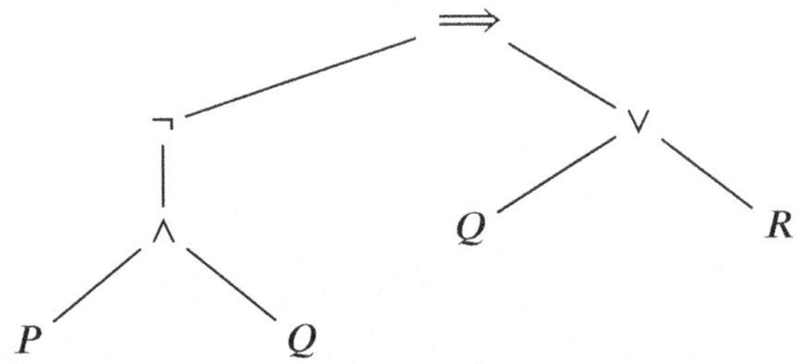

Toujours du fait de la construction de bas en haut, tout élément d'un ensemble A défini par induction est un élément de la base ou un élément obtenu à partir d'autres éléments de A par l'application d'une des règles. Mais il n'y a pas nécessairement unicité, c'est-à-dire qu'il est par exemple parfois possible, pour certains ensembles construits par induction, qu'un élément puisse être obtenu par application de deux règles différentes. Nous allons voir que cette situation n'existe pas dans le cas des propositions, qui sont donc soit des propositions atomiques, soit des formules pouvant s'écrire de façon unique de la façon suivante

$$\neg P \quad (P \vee Q) \quad (P \wedge Q) \quad (P \implies Q) \quad (P \iff Q)$$

Métathéorème 2.4.23 (Théorème de lecture unique)
Pour toute proposition P, un et un seul des cas suivants se présente :

- P est une proposition atomique.
- Il existe une unique formule Q telle que P soit la formule
$$\neg Q$$
- Il existe un unique couple de formules (Q, R) tel que P soit la formule
$$(Q \wedge R)$$
- Il existe un unique couple de formules (Q, R) tel que P soit la formule
$$(Q \vee R)$$
- Il existe un unique couple de formules (Q, R) tel que P soit la formule
$$(Q \implies R)$$
- Il existe un unique couple de formules (Q, R) tel que P soit la formule
$$(Q \iff R)$$

Preuve

1. Nous savons déjà qu'une formule s'écrit sous l'une des formes proposées (c'est une conséquence de la définition par induction de l'ensemble des formules). Il reste à prouver l'unicité (du connecteur et des formules Q et R). Dans la suite de cette démonstration, je dirai qu'une suite de n symboles est de longueur n (en particulier, une *formule* formée de n symboles est de longueur n), et qu'une suite P de symboles est un préfixe d'une suite Q de symboles (P et Q pouvant ne pas être des formules) lorsque la suite de symboles formant P est la même que la suite des premiers symboles apparaissant dans Q, c'est-à-dire que si P est représentée par les symboles

$$\square_1 \cdots \square_k$$

(les $\square_i$ représentent n'importe quel symbole de la logique des propositions) alors Q est représentée par les symboles

$$\square_1 \cdots \square_k \cdots$$

Je noterai aussi « $P = Q$ » pour signifier que la suite de symboles formant P est la même que la suite de symboles formant Q.

2. Prouvons d'abord, par récurrence forte sur la longueur n de la formule P, le lemme suivant : pour toute formule Q, si P est un préfixe de Q, alors $P = Q$.
   - Si $n = 1$, P est une proposition atomique. Si P est un préfixe de Q, alors Q ne peut être aussi qu'une proposition atomique, car sinon Q commencerait par « $\neg$ » ou « (», donc $P = Q$.
   - On fait l'hypothèse de récurrence que la propriété est vérifiée pour toute formule de longueur inférieure ou égale à n, et on considère une formule P de longueur $n + 1$, qui est le préfixe d'une formule Q.
   — Si P est de la forme $\neg P'$, Q commence par « $\neg$ » donc est de la forme $\neg Q'$. De plus Q' est une formule, et P' une formule de longueur n, telle que P' est un préfixe de Q'. On déduit de l'hypothèse de récurrence $P' = Q'$, donc $P = Q$.
   — Si P est de la forme « $(P' \wedge P'')$ » (le raisonnement est semblable pour les autres connecteurs binaires), Q commence par une parenthèse donc est de la forme « $(Q' \square Q'')$ », où $\square$ est l'un des symboles

$$\wedge \quad \vee \quad \Longrightarrow \quad \Longleftrightarrow$$

   Puisque $(P' \wedge P'')$ est un préfixe de $(Q' \square Q'')$, cela signifie que P' est un préfixe de $Q' \square Q''$. De plus, Q' est aussi un préfixe de $Q' \square Q''$. On en déduit que P' est un préfixe de Q' ou que Q' est un préfixe de P' (selon les longueurs de P' et Q'). Or P' et Q' sont des formules de longueur inférieure ou égale à n, donc par hypothèse de récurrence, $P' = Q'$, et par conséquent $\square = \wedge$ et P'' est un préfixe de Q''. On en déduit, toujours par hypothèse de récurrence, $P'' = Q''$, donc $P = Q$.

3. Prouvons enfin le théorème : soit une formule est une proposition atomique, soit elle commence par $\neg$, soit elle commence par une parenthèse, et ces trois situations sont deux à deux disjointes puisque dans chaque cas le premier symbole de la formule est différent. Dans le cas d'une proposition atomique, il y a automatiquement unicité; de même si la formule commence par $\neg$, puisqu'elle est alors de la forme $\neg Q$, et si $\neg Q = \neg Q'$ alors $Q = Q'$. Vérifions enfin l'unicité dans le cas où la formule commence par une parenthèse. On fait l'hypothèse que la formule P s'écrit sous les formes « $(Q \square R)$ » et « $(Q' \square' R')$ », où Q, R, Q', R' sont des formules et $\square$ et $\square'$ l'un des connecteurs binaires

$$\wedge \quad \vee \quad \Longrightarrow \quad \Longleftrightarrow$$

   Q est un préfixe de Q', ou Q' est un préfixe de Q, donc d'après le lemme, $Q = Q'$. On en déduit $\square = \square'$, et $R = R'$. Il y a donc unicité de la représentation de la formule P.

Remarque 2.4.24 : Même si dans la pratique on ne note pas les parenthèses extérieures d'une formule (en écrivant par exemple « $P \wedge Q$ » pour « $(P \wedge Q)$ »), c'est leur usage dans la construction formelle des propositions qui permet le théorème de lecture unique. Si on modifie les règles de construction en supprimant les parenthèses, c'est-à-dire en considérant qu'à partir des formules P et Q on peut former les formules

$$P \wedge Q \quad P \vee Q \quad P \Longrightarrow Q \quad P \Longleftrightarrow Q$$

alors la construction d'une formule n'est plus unique. Par exemple, en partant des propositions atomiques p et q on pourrait construire les formules $\neg p$ et $p \wedge q$ et la formule

$$\neg p \wedge q$$

pourrait être à la fois

- de la forme $\neg R$, où R représente la formule $p \wedge q$;
- de la forme $P \wedge Q$, où P représente la formule $\neg p$ et Q la formule q.

Si un ensemble A est défini par induction, il existe un principe dit d'*induction structurelle*, qui généralise d'une certaine façon le principe de récurrence pour les entiers, et qui permet de démontrer qu'une propriété est vraie pour tous les éléments de A :

Métathéorème 2.4.25 (Induction structurelle)
On considère un ensemble A obtenu par induction et une propriété $\mathscr{P}$ portant sur les éléments de A. Si les deux principes suivants sont vérifiés

- les éléments de la base vérifient $\mathscr{P}$;
- pour chaque règle, si les éléments permettant d'appliquer la règle vérifient $\mathscr{P}$, alors l'élément obtenu vérifie aussi $\mathscr{P}$;

alors tous les éléments de A vérifient $\mathscr{P}$.

Preuve
L'ensemble de tous les éléments (de l'ensemble E dans lequel est construit A) vérifiant la propriété $\mathscr{P}$ satisfait les deux premiers principes de construction de A : il contient les éléments de la base, et il est stable par l'application des règles. Comme A doit être le plus petit ensemble vérifiant ces deux principes, cela signifie que tous les éléments de A appartiennent à l'ensemble des éléments vérifiant la propriété $\mathscr{P}$, autrement dit que tous les éléments de A vérifient $\mathscr{P}$.

Remarque 2.4.26 : J'ai nommé *métathéorème* chacun des théorèmes précédents, car ils portent sur la théorie des propositions elle-même, et utilisent la métathéorie qui, comme indiqué précédemment, reste pour l'instant non formelle (on peut noter en particulier qu'on ne précise pas ce que peut être la propriété $\mathscr{P}$), et correspond à un ensemble de notions logiques et mathématiques « intuitives ». Toujours comme indiqué précédemment, il sera possible de prouver ces métathéorèmes, cette fois-ci en utilisant comme métathéorie la théorie des ensembles ZF, dans le cadre de la « logique 3 » (formalisée dans ZF). Il en sera de même pour les autres métathéorèmes que nous aborderons, et je ne ferai plus systématiquement cette remarque à chaque fois.

Exemple 2.4.27
Si on considère l'ensemble $\mathbb{N}$ construit par induction à partir de 0 et de la règle $x \mapsto x+1$, le principe d'induction structurelle équivaut au principe de récurrence : pour justifier que tous les entiers vérifient une propriété $\mathscr{P}$, on prouve

- que 0 (seul élément de la base) vérifie $\mathscr{P}$;
- que si x vérifie $\mathscr{P}$, alors $x+1$ (élément obtenu par application de l'unique règle à x) vérifie $\mathscr{P}$.

Dans le cas de la logique des propositions on a donc :

Métathéorème 2.4.28 (Induction structurelle pour les propositions)
On considère une propriété $\mathscr{P}$ portant sur les propositions. Si les trois principes suivants sont vérifiés

$$\begin{cases} \text{les propositions atomiques vérifient } \mathscr{P}\,; \\ \text{si } P \text{ vérifie } \mathscr{P}, \text{ alors } \neg P \text{ vérifie } \mathscr{P}\,; \\ \text{si } P \text{ et } Q \text{ vérifient } \mathscr{P}, \text{ alors } (P \wedge Q), (P \vee Q), (P \implies Q), (P \iff Q) \text{ vérifient } \mathscr{P}\,; \end{cases}$$

alors on en déduit que la propriété $\mathscr{P}$ est vérifiée par toutes les formules.

Preuve 1
C'est l'application du métathéorème précédent au cas des propositions, qui sont définies par induction à partir de la base formée des propositions atomiques, et avec les cinq règles inductives (associées aux cinq connecteurs).

Preuve 2
On fait l'hypothèse formée des trois principes donnés dans l'énoncé. Prouvons que la propriété $\mathscr{P}$ est vérifiée par toutes les formules, par récurrence forte sur le nombre n de symboles apparaissant dans l'expression d'une formule.

- Pour $n = 1$, une formule formée d'un seul symbole ne peut être qu'une proposition atomique, donc vérifie $\mathscr{P}$.
- On fait l'hypothèse de récurrence que pour tout entier non nul $k \leqslant n$, une formule formée de k symboles vérifie la propriété, et on considère une formule P composée de $n + 1$ symboles. Cette formule est de l'une des formes suivantes :

$$\neg Q \quad (Q \wedge R) \quad (Q \vee R) \quad (Q \implies R) \quad (Q \iff R)$$

— Si P est de la forme « $\neg Q$ », alors Q est composée de n symboles, donc vérifie la propriété, et par hypothèse $\neg Q$ la vérifie aussi.

— Si P est de la forme « $(Q \wedge R)$ » (le raisonnement est semblable pour les autres cas), Q et R sont composées d'un nombre de symboles inférieur ou égal à n, donc vérifient la propriété, et par hypothèse « $(Q \wedge R)$ » la vérifie aussi.

On en déduit par récurrence forte, que pour tout entier non nul n, toute formule composée de n symboles vérifie $\mathscr{P}$. Par conséquent toutes les propositions vérifient $\mathscr{P}$.

Remarque 2.4.29 : Comme on peut le constater ci-dessus il peut arriver que, pour illustrer différentes approches d'un même problème, je donne plusieurs preuves différentes d'un même théorème.

Remarque 2.4.30 (Vocabulaire) : D'autres formulations sont possibles pour désigner l'*induction structurelle* pour les formules (induction *sur la structure des formules*, induction *sur la complexité des formules*, ...). On peut noter que cela revient aussi (voir la preuve 2) à faire une récurrence forte sur la longueur des formules (le nombre de symboles) ; on aurait pu aussi faire une récurrence sur d'autres paramètres, comme le nombre de connecteurs apparaissant dans la formule.

Nous aborderons dans le chapitre 5 la suite de l'aspect syntaxique, les règles d'inférence, mais nous allons auparavant étudier la sémantique de la logique des propositions.

2.5 Sémantique de la logique des propositions

Le fait de donner une valeur de vérité aux propositions atomiques revient à définir une fonction de l'ensemble des propositions atomiques dans un ensemble à deux éléments (noté en général $\{F, V\}$ ou $\{0, 1\}$). C'est ce qu'on appelle une *valuation*. Les tables de vérité des connecteurs permettent ensuite de définir des valeurs de vérité pour toutes les formules, c'est-à-dire que l'on peut prolonger la fonction valuation à l'ensemble des formules :

Définition 2.5.1 (Valuation)
On appelle *valuation* toute fonction v de l'ensemble des propositions atomiques dans $\{0, 1\}$, que l'on prolonge ensuite à l'ensemble des formules, de la façon suivante :

$$\begin{aligned} v(\neg P) &= 1 - v(P) \\ v(P \wedge Q) &= \min(v(P), v(Q)) \\ v(P \vee Q) &= \max(v(P), v(Q)) \\ v(P \implies Q) &= \begin{cases} 0 & \text{si } v(P) = 1 \text{ et } v(Q) = 0 \\ 1 & \text{sinon} \end{cases} \\ v(P \iff Q) &= \begin{cases} 0 & \text{si } v(P) \neq v(Q) \\ 1 & \text{si } v(P) = v(Q) \end{cases} \end{aligned}$$

Remarque 2.5.2 (Vocabulaire) : À la place de *valuation*, on trouve aussi les termes *évaluation*, ou *assignation*, ou *distribution des valeurs de vérité*, ou *interprétation*.

Remarque 2.5.3 : On retrouve les définitions déjà données dans la section 2.2. L'utilisation des valeurs de vérité 0 et 1 permet d'exprimer facilement le comportement des différents connecteurs, mais il serait équivalent de définir la valuation comme une fonction à valeurs dans $\{F, V\}$, et de donner les différentes définitions à partir de tous les cas possibles (par exemple à l'aide des tables de vérité). Je pourrai d'ailleurs, pour désigner les deux valeurs de vérité possibles, employer indifféremment 0/1, F/V, ou *faux/vrai*.

Remarque 2.5.4 : Du fait qu'une valuation ne peut prendre que deux valeurs possibles, il est aussi équivalent de définir les différents cas de la façon suivante :

$$\begin{aligned} v(\neg P) &= 1 \text{ si et seulement si } v(P) = 0 \\ v(P \wedge Q) &= 1 \text{ si et seulement si } v(P) = v(Q) = 1 \\ v(P \vee Q) &= 0 \text{ si et seulement si } v(P) = v(Q) = 0 \\ v(P \implies Q) &= 0 \text{ si et seulement si } v(P) = 1 \text{ et } v(Q) = 0 \\ v(P \iff Q) &= 1 \text{ si et seulement si } v(P) = v(Q) \end{aligned}$$

ce qui est la traduction de

- $\neg P$ est *vrai* si et seulement si P est *faux*.
- $P \wedge Q$ est *vrai* si et seulement si P est *vrai* et Q est *vrai*.
- $P \vee Q$ est *faux* si et seulement si P est *faux* et Q est *faux*.
- $P \implies Q$ est *faux* si et seulement si P est *vrai* et Q est *faux*.
- $P \iff Q$ est *vrai* si et seulement si P et Q ont la même valeur de vérité (ces propositions sont soit vraies toutes les deux, soit fausses tous les deux).

Si on souhaite harmoniser cette définition en ne caractérisant que les valeurs 1, on peut aussi modifier la définition des valeurs de vérité associées à « $\vee$ » et « $\implies$ » ainsi :

$$\begin{aligned} v(P \vee Q) &= 1 \text{ si et seulement si } v(P) = 1 \text{ ou } v(Q) = 1 \\ v(P \implies Q) &= 1 \text{ si et seulement si } v(P) = 0 \text{ ou } v(Q) = 1 \end{aligned}$$

ce qui est la traduction de

- $P \vee Q$ est *vrai* si et seulement si P ou Q est *vrai*.
- $P \implies Q$ est *vrai* si et seulement si P est *faux* ou Q est *vrai*.

On peut noter qu'en toute rigueur on définit d'abord une première fonction v_a de l'ensemble des propositions atomiques dans $\{0, 1\}$, puis une fonction v qui coïncide avec v_a sur les propositions atomiques, et que l'on étend à toutes les propositions. Cette définition de la valuation est ce qu'on appelle une *définition récursive* (on *inductive*) d'une fonction, sur l'ensemble des formules. On la définit d'abord sur l'ensemble de base (les propositions atomiques), puis on définit, pour chacune des règles d'induction, la valeur des formules obtenues. Ce genre de définition sur un ensemble construit par induction est possible lorsque chaque élément ne peut s'obtenir que d'une unique façon, ce qui est le cas ici : d'après le théorème de lecture unique, toute formule autre qu'une proposition atomique s'écrit de façon unique sous une des formes

$$\neg P \quad P \wedge Q \quad P \vee Q \quad P \implies Q \quad P \iff Q$$

(aux parenthèses près). Prouvons ce principe de définition récursive, qui peut sembler intuitivement évident :

Métathéorème 2.5.5 (Définition récursive)
On considère un ensemble A, une fonction f_a de l'ensemble des propositions atomiques dans A, une fonction $f_\neg$ de A dans A, et des fonctions $f_\wedge$, $f_\vee$, $f_\implies$, $f_\iff$, de $A \times A$ dans A. Alors il existe une unique fonction φ, de l'ensemble des propositions dans A, telle que pour toute proposition atomique P

$$\varphi(P) = f_a(P)$$

et telle que pour toutes les propositions P et Q

$$\begin{aligned}
\varphi(\neg P) &= f_\neg(\varphi(P)) \\
\varphi(P \wedge Q) &= f_\wedge(\varphi(P), \varphi(Q)) \\
\varphi(P \vee Q) &= f_\vee(\varphi(P), \varphi(Q)) \\
\varphi(P \implies Q) &= f_\implies(\varphi(P), \varphi(Q)) \\
\varphi(P \iff Q) &= f_\iff(\varphi(P), \varphi(Q))
\end{aligned}$$

Preuve

1. Pour tout entier n, je noterai $Prop_n$ l'ensemble des propositions ayant n connecteurs ($Prop_0$ est donc l'ensemble des propositions atomiques). Construisons par récurrence sur n une suite $(\varphi_n)_{n\in\mathbb{N}}$ de fonctions de $Prop_n$ dans A : on définit φ_0 comme la fonction f_a, puis pour tout entier n, φ_{n+1} est définie de la façon suivante : on considère une proposition P de $Prop_{n+1}$; on sait que P s'écrit de manière unique sous l'une des formes suivantes (aux parenthèses près)

$$\neg Q \quad Q_1 \wedge Q_2 \quad Q_1 \vee Q_2 \quad Q_1 \implies Q_2 \quad Q_1 \iff Q_2$$

où Q est une proposition de $Prop_n$, Q_1 une proposition de $Prop_{k_1}$, et Q_2 une proposition de $Prop_{k_2}$, avec $k_1 \leqslant n$ et $k_2 \leqslant n$.

- Si $P = \neg Q$

$$\varphi_{n+1}(P) :\equiv f_\neg(\varphi_n(Q))$$

- Si $P = Q_1 \square Q_2$, avec $\square \in \{\wedge, \vee, \implies, \iff\}$

$$\varphi_{n+1}(P) :\equiv f_\square(\varphi_{k_1}(Q_1), \varphi_{k_2}(Q_2))$$

2. On définit la fonction φ, pour toute formule P ayant n connecteurs, par

$$\varphi(P) = \varphi_n(P)$$

Cette fonction vérifie par construction la propriété souhaitée. En effet, si P est une proposition atomique, alors

$$\varphi(P) = \varphi_0(P) = f_a(P)$$

et si P est une formule ayant k_1 connecteurs et Q une formule ayant k_2 connecteurs, alors

$$\varphi(P \land Q) = \varphi_{k_1+k_2+1}(P \land Q) = f_\land(\varphi_{k_1}(P), \varphi_{k_2}(Q)) = f_\land(\varphi(P), \varphi(Q))$$

(le raisonnement est semblable pour les autres connecteurs).

3. L'unicité de φ se prouve par induction structurelle : deux fonctions φ et φ' vérifiant les hypothèses, sont telles que :
   - Pour toute proposition atomique P
   $$\varphi(P) = f_a(P) = \varphi'(P)$$
   - Pour toute proposition P telle que $\varphi(P) = \varphi'(P)$
   $$\varphi(\neg P) = f_\neg(\varphi(P)) = f_\neg(\varphi'(P)) = \varphi'(\neg P)$$
   - Pour toutes les propositions P et Q telles que $\varphi(P) = \varphi'(P)$ et $\varphi(Q) = \varphi'(Q)$, et pour tout $\square \in \{\land, \lor, \implies, \iff\}$
   $$\varphi(P\square Q) = f_\square(\varphi(P), \varphi(Q)) = f_\square(\varphi'(P), \varphi'(Q)) = \varphi'(P\square Q)$$

   On en déduit par induction structurelle que pour toute formule P
   $$\varphi(P) = \varphi'(P)$$
   donc $\varphi = \varphi'$.

Exemple 2.5.6 (Application du principe de définition récursive à la définition de la valuation)
On justifie la définition d'une valuation v sur l'ensemble des formules, induite par une valuation v_a sur l'ensemble des propositions atomiques, en appliquant le métathéorème précédent avec $A :\equiv \{0, 1\}$, $f_a :\equiv v_a$, et en définissant les fonctions $f_\neg, f_\land, f_\lor, f_\implies, f_\iff$, par

$$\begin{aligned} f_\neg(x) &:\equiv 1 - x \\ f_\land(x, y) &:\equiv \min(x, y) \\ f_\lor(x, y) &:\equiv \max(x, y) \\ f_\implies(x, y) &:\equiv \begin{cases} 0 & \text{si } x = 1 \text{ et } y = 0 \\ 1 & \text{sinon} \end{cases} \\ f_\iff(x, y) &:\equiv \begin{cases} 0 & \text{si } x \neq y \\ 1 & \text{si } x = y \end{cases} \end{aligned}$$

Exemple 2.5.7 (Autres exemples de définition récursive sur l'ensemble des formules)

1. On peut déterminer le nombre de connecteurs apparaissant dans une formule, par la fonction f définie ainsi : si p est une proposition atomique
   $$f(p) = 0$$
   puis
   $$\begin{aligned} f(\neg P) &= f(P) + 1 \\ f(P \land Q) &= f(P) + f(Q) + 1 \\ f(P \lor Q) &= f(P) + f(Q) + 1 \\ f(P \implies Q) &= f(P) + f(Q) + 1 \end{aligned}$$

$$f(P \iff Q) = f(P) + f(Q) + 1$$

ce qui traduit le fait que pour une proposition atomique (donc une formule sans connecteurs), le nombre de connecteurs est nul, puis qu'à chaque fois qu'on en utilise un, on ajoute 1 au nombre total de connecteurs apparaissant dans la formule.

2. On peut déterminer ce qu'on appelle la hauteur d'une formule, par la fonction h suivante : si p est une proposition atomique,

$$h(p) = 0$$

puis

$$\begin{aligned} h(\neg P) &= h(P) + 1 \\ h(P \wedge Q) &= \max(h(P), h(Q)) + 1 \\ h(P \vee Q) &= \max(h(P), h(Q)) + 1 \\ h(P \implies Q) &= \max(h(P), h(Q)) + 1 \\ h(P \iff Q) &= \max(h(P), h(Q)) + 1 \end{aligned}$$

Quand on représente une formule P par un arbre, $h(P)$ est la longueur maximale d'un chemin reliant sa racine (le nœud correspondant à la formule) à une feuille (correspondant à une proposition atomique).

3. On peut déterminer l'ensemble de toutes les propositions atomiques apparaissant dans une formule, par la fonction V suivante : si p est une proposition atomique,

$$V(p) = \{p\} \quad \text{(ensemble contenant l'unique élément } p\text{)}$$

puis

$$\begin{aligned} V(\neg P) &= V(P) \\ V(P \wedge Q) &= V(P) \cup V(Q) \\ V(P \vee Q) &= V(P) \cup V(Q) \\ V(P \implies Q) &= V(P) \cup V(Q) \\ V(P \iff Q) &= V(P) \cup V(Q) \end{aligned}$$

avec la notation usuelle de la théorie des ensembles : $A \cup B$ représente la réunion des ensembles A et B (c'est-à-dire que les éléments de $A \cup B$ appartiennent à A ou à B).

Nous pouvons aussi définir de façon récursive l'ensemble des sous-formules d'une formule donnée :

Définition 2.5.8 (Sous-formule, deuxième définition)
On définit par récursion l'ensemble des sous-formules d'une formule, comme une fonction SF de l'ensemble des formules dans l'ensemble de ses parties (l'ensemble dont les éléments sont des ensembles de formules), de la façon suivante :

- Si p est une proposition atomique, c'est la seule sous-formule de p :

$$SF(p) = \{p\}$$

- Si F est de la forme $\neg P$, l'ensemble des sous-formules de F est formé de F et des sous-formules de P, et si F est de la forme $P \wedge Q$, $P \vee Q$, $P \implies Q$, $P \iff Q$, l'ensemble des sous-formules de F est formé de F, des sous-formules de P et de celles de Q. Autrement dit :

$$\begin{aligned} SF(\neg P) &= \{\neg P\} \cup SF(P) \\ SF(P \wedge Q) &= \{P \wedge Q\} \cup SF(P) \cup SF(Q) \\ SF(P \vee Q) &= \{P \vee Q\} \cup SF(P) \cup SF(Q) \\ SF(P \implies Q) &= \{P \implies Q\} \cup SF(P) \cup SF(Q) \\ SF(P \iff Q) &= \{P \iff Q\} \cup SF(P) \cup SF(Q) \end{aligned}$$

avec les notations usuelles des ensembles : $\{X\}$ représente l'ensemble dont le seul élément est X, et $A \cup B$ représente la réunion des ensembles A et B.

Remarque 2.5.9 : J'ai appuyé la preuve du métathéorème précédent sur le principe de construction d'une suite par récurrence. Il est aussi possible de démontrer directement l'existence de la fonction φ par des méthodes de théorie des ensembles, ce que nous ferons dans le volume 3. Il serait possible de le faire ici, en utilisant dans la métathéorie les outils mathématiques nécessaires, mais je préfère limiter les démonstrations un peu complexes faisant appel à la métathéorie, afin de prendre le temps d'exposer ces outils de façon formelle et détaillée. On trouve souvent des preuves incorrectes de ce résultat, invoquant le principe d'induction structurelle, que l'on peut résumer ainsi : on peut définir v sur les propositions atomiques, et si on fait l'hypothèse (d'induction) que l'on peut définir $v(P)$ et $v(Q)$, alors on en déduit que l'on peut définir $v(\neg P)$, $v(P \wedge Q)$, … ; donc par induction on peut définir $v(P)$ pour toutes les formules. Dans cette « démonstration », l'expression « $v(P)$ est définie » est trop vague pour être formalisée de façon correcte. D'une certaine façon on essaie de prouver l'existence d'une fonction v mais en présupposant qu'elle existe (quand on dit que l'on fait l'hypothèse que $v(P)$ et $v(Q)$ sont définis). Pour justifier correctement de cette façon le principe de définition par récursion, il faut définir précisément la notion de fonction (ce qui sera fait dans le volume 2).

Néanmoins, dans la pratique, le principe de définition récursive des valeurs de vérité est assez *intuitif* et ne devrait pas poser de problème, comme nous pouvons le voir dans les exemples qui suivent.

Notons aussi que la valeur de vérité d'une formule P ne dépend que des valeurs de vérité des propositions atomiques qui apparaissent dans P, c'est-à-dire que pour calculer $v(P)$ il n'est pas nécessaire de connaître la valuation pour l'ensemble des propositions atomiques, mais juste la restriction de cette fonction à celles qui apparaissent dans P :

Métathéorème 2.5.10
Si v et v' sont deux valuations qui coïncident sur les propositions atomiques apparaissant dans la formule P, alors

$$v(P) = v'(P)$$

Preuve
Cette propriété est une conséquence immédiate du fait que la valeur de vérité d'une formule construite à partir des formules P et Q (ou de la formule P, dans le cas du connecteur négation) ne dépend que des valeurs de vérité de P et de Q. On la démontre formellement par induction structurelle sur les formules :

- Pour une proposition atomique p, dire que v et v' coïncident sur les propositions atomiques de la formule signifie par définition $v(p) = v'(p)$.
- On fait l'hypothèse que la propriété est vraie pour la formule P, et on veut prouver qu'elle est vraie pour $\neg P$. Puisque les

propositions atomiques apparaissant dans $\neg P$ sont les mêmes que celles qui apparaissent dans P, alors si v et v' coïncident sur ces propositions atomiques, on a $v(P) = v'(P)$ par hypothèse d'induction, donc

$$v(\neg P) = 1 - v(P) = 1 - v'(P) = v'(\neg P)$$

- On fait l'hypothèse que la propriété est vraie pour les formules P et Q, et on veut prouver qu'elle est vraie pour $P \wedge Q$. On considère deux valuations v et v' qui coïncident sur les propositions atomiques de $P \wedge Q$. Elles coïncident donc aussi sur les propositions atomiques de P et sur celles de Q, donc par hypothèse d'induction $v(P) = v'(P)$ et $v(Q) = v'(Q)$. On en déduit
$$v(P \wedge Q) = \min(v(P), v(Q)) = \min(v'(P), v'(Q)) = v'(P \wedge Q)$$
- Le raisonnement est semblable pour les formules construites à partir des autres connecteurs binaires. On déduit donc du principe d'induction structurelle que la propriété à démontrer est vraie pour toutes les formules.

Remarque 2.5.11 : Comme dans une valuation donnée chaque formule peut avoir deux valeurs de vérité possibles (que je peux noter indifféremment F/V, 0/1, ou *faux/vrai*[25]), il existe donc

- deux valuations possibles associées à une proposition atomique :

p
F
V

- quatre (= 2^2) valuations possibles associées à un couple de deux propositions atomiques :

p	q
F	F
F	V
V	F
V	V

- huit (= 2^3) valuations possibles associées à un triplet de trois propositions atomiques :

p	q	r
F	F	F
F	F	V
F	V	F
F	V	V
V	F	F
V	F	V
V	V	F
V	V	V

- de façon générale 2^n valuations possibles associées à un n-uplet de n propositions atomiques (l'ajout d'une proposition multiplie par deux le nombre de cas).

Nous pouvons alors rechercher les valeurs de vérité d'une formule P en étudiant systématiquement toutes les valuations possibles (associées aux propositions atomiques apparaissant dans P). Comme pour la définition des connecteurs, ceci peut se faire en dressant une table de vérité, que l'on construit colonne par colonne : on en forme d'abord une pour chaque proposition atomique, puis chaque colonne supplémentaire s'obtient à l'aide de la table de vérité d'un connecteur, à partir d'une ou de deux colonnes précédentes (une dans le cas du connecteur négation, deux dans les autres cas) :

25. Si l'utilisation de 0 et 1 est plus pratique pour les définitions formelles, les symboles F et V permettent peut-être une interprétation plus intuitive.

Exemple 2.5.12 (Exemple de construction d'une table de vérité)
Dressons la table de vérité de la formule

$$(P \wedge Q) \implies R$$

P	Q	R	$P \wedge Q$	$(P \wedge Q) \implies R$
F	F	F	F	V
F	F	V	F	V
F	V	F	F	V
F	V	V	F	V
V	F	F	F	V
V	F	V	F	V
V	V	F	V	F
V	V	V	V	V

Les trois premières colonnes correspondent aux propositions intervenant dans la formule (P, Q, R), ce qui permet d'exprimer (sur les 8 dernières lignes) les 8 valuations possibles. La quatrième colonne est construite à l'aide de la définition du connecteur $\wedge$ à partir des colonnes 1 (P) et 2 (Q), et la cinquième colonne est construite à l'aide de la définition du connecteur $\implies$ à partir des colonnes 4 $(P \wedge Q)$ et 3 (R).

Remarque 2.5.13 : J'ai utilisé dans l'exemple précédent des métavariables représentant n'importe quelle formule. Si P, Q, R représentent respectivement les propositions atomiques p, q, r, cet exemple donne la table de vérité de la formule

$$(p \wedge q) \implies r$$

c'est-à-dire les valeurs de vérité de cette proposition en fonction de la valuation (et d'après le métathéorème précédent, ces valeurs ne dépendent que des 8 valuations possibles construites à partir des propositions atomiques p, q, r). Mais cette table de vérité donne aussi, de façon plus générale, la valeur de vérité de n'importe quelle proposition de la forme

$$(P \wedge Q) \implies R$$

en fonction de celles de chaque formule P, Q, R.

Remarque 2.5.14 : Si on souhaite représenter de façon un peu plus formelle la table de vérité d'une formule P (ce que nous aurons besoin de faire plus loin pour justifier certains résultats), on peut par exemple, en notant V l'ensemble des valuations sur les propositions atomiques $\{p_1, \dots, p_n\}$ (c'est-à-dire l'ensemble des fonctions de $\{p_1, \dots, p_n\}$ dans $\{0, 1\}$), représenter la table de vérité d'une formule P construite à partir de $\{p_1, \dots, p_n\}$, comme la fonction t de V dans $\{0, 1\}$, telle que

$$t(v) = v(P)$$

Exemple 2.5.15 (Exemples de constructions d'une table de vérité)
Dressons les tables de vérité de

$$P \wedge (Q \wedge R)$$

et de

$$(P \wedge Q) \wedge R$$

P	Q	R	$Q \wedge R$	$P \wedge (Q \wedge R)$
F	F	F	F	F
F	F	V	F	F
F	V	F	F	F
F	V	V	V	F
V	F	F	F	F
V	F	V	F	F
V	V	F	F	F
V	V	V	V	V

P	Q	R	$P \wedge Q$	$(P \wedge Q) \wedge R$
F	F	F	F	F
F	F	V	F	F
F	V	F	F	F
F	V	V	F	F
V	F	F	F	F
V	F	V	F	F
V	V	F	V	F
V	V	V	V	V

Nous pouvons constater que les dernières colonnes des deux tableaux sont identiques. Cela signifie que du point de vue sémantique, on peut écrire

$$P \wedge Q \wedge R$$

sans qu'il y ait d'ambiguïté : cette expression peut représenter indifféremment « $P \wedge (Q \wedge R)$ » ou « $(P \wedge Q) \wedge R$ », deux formules syntaxiquement différentes mais qui ont toujours la même valeur de vérité (quelle que soit la valuation choisie, c'est-à-dire quelles que soient les valeurs de vérité de P, Q, R). On peut vérifier de la même manière que les formules « $P \vee (Q \vee R)$ » et « $(P \vee Q) \vee R$ » ont la même table de vérité, et on peut donc écrire de la même façon, sans ambiguïté (du point de vue sémantique),

$$P \vee Q \vee R$$

Nous préciserons cette idée *d'équivalence sémantique* un peu plus loin.

2.6 Tautologie, équivalence sémantique

Définition 2.6.1 (Formule vraie, formule fausse)

1. On dit qu'une formule P est *vraie* dans la valuation v, ou qu'elle est *satisfaite* par la valuation v, lorsque $v(P) = 1$.
2. On dit qu'une formule P est *fausse* dans la valuation v, ou qu'elle n'est pas *satisfaite* par la valuation v, dans le cas contraire, autrement dit lorsque $v(P) = 0$.

Remarque 2.6.2 (Vocabulaire) : Je rappelle que j'utilise souvent le terme « lorsque » dans une définition, qui est alors l'équivalent du symbole $\stackrel{\text{def}}{\equiv}$. J'aurais pu écrire par exemple

$$\begin{array}{rcl} P \text{ est } \textit{vraie} \text{ dans la valuation } v & \stackrel{\text{def}}{\equiv} & v(P) = 1 \\ P \text{ est } \textit{fausse} \text{ dans la valuation } v & \stackrel{\text{def}}{\equiv} & v(P) = 0 \end{array}$$

Définition 2.6.3 (Tautologie, formule valide)
Une formule qui est vraie pour toute valuation (c'est-à-dire quelles que soient les valeurs de vérité prises par les propositions atomiques), s'appelle une *tautologie* (on dit aussi que la formule est *valide*).

Pour signifier qu'une formule P est une tautologie, on note

$$\models P$$

Remarque 2.6.4 (Origine des notations) : Je traiterai de l'origine du symbole $\models$ plus loin, dans le cadre de la *logique des prédicats* (remarque 4.9.11, p. 175).

Définition 2.6.5 (Contradiction)
Une formule qui est fausse pour toute valuation (c'est-à-dire quelles que soient les valeurs de vérité prises par les propositions atomiques), s'appelle une *contradiction*.

Remarque 2.6.6 (Vocabulaire) : Pour désigner une contradiction, on trouve aussi le terme *antilogie*. On dit aussi que la formule est *insatisfiable*, ou *non satisfiable*.

Remarque 2.6.7 : Pour toute formule P, puisque P et $\neg P$ ont des valeurs de vérité contraires, on en déduit :

- P est une tautologie si et seulement si $\neg P$ est une contradiction.
- P est une contradiction si et seulement si $\neg P$ est une tautologie.

On ajoute parfois à l'ensemble des formules les deux symboles $\top$ et $\bot$, correspondant donc à deux formules particulières :

Définition 2.6.8 (Formules $\top$ et $\bot$)

1. $\top$ désigne une tautologie, c'est-à-dire que pour toute valuation v

$$v(\top) = 1$$

2. $\bot$ désigne une contradiction, c'est-à-dire que pour toute valuation v

$$v(\bot) = 0$$

Remarque 2.6.9 (Notations) : On peut noter que le symbole $\top$ ressemble à un T, comme *tautologie*, ou *true* (« vrai » en anglais), et que le symbole $\bot$ est le symbole $\top$ à l'envers.

Pour justifier qu'une formule est une tautologie, ou une contradiction, il suffit de dresser sa table de vérité et vérifier que sa dernière colonne ne contient que des valeurs *vrai* (pour une tautologie), ou que des valeurs *faux* (pour une contradiction).

Exemple 2.6.10 (Exemple de tautologie)
Vérifions

$$\models P \implies P$$

On utilise la table de vérité de l'implication

P	Q	$P \implies Q$
F	F	V
F	V	V
V	F	F
V	V	V

pour dresser la table de vérité suivante :

P	$P \implies P$
F	V
V	V

On en déduit que $P \implies P$ est une tautologie, ce que l'on note

$$\models P \implies P$$

Exemple 2.6.11 (Propriétés du connecteur négation)
Nous allons vérifier deux propriétés du connecteur négation :

1. Principe de non-contradiction : une formule ne peut pas être à la fois vraie et fausse, c'est-à-dire que pour toute formule P, $P \land \neg P$ est une contradiction, autrement dit $\neg(P \land \neg P)$ est une tautologie. Vérifions donc :

$$\models \neg(P \land \neg P)$$

P	$\neg P$	$P \land \neg P$	$\neg(P \land \neg P)$
F	V	F	V
V	F	F	V

2. Principe du tiers exclu : une formule doit être soit vraie, soit fausse, autrement dit pour toute formule P, $P \lor \neg P$ est une tautologie. Vérifions donc

$$\models P \lor \neg P$$

P	$\neg P$	$P \lor \neg P$
F	V	V
V	F	V

Remarque 2.6.12 : Ce chapitre est consacré à la logique des propositions classique, dans laquelle le principe du tiers exclu est vérifié. Lors de l'étude des systèmes de déduction, nous aborderons aussi la logique intuitionniste, très proche de la logique classique, mais dans laquelle ce principe n'est plus valable. La sémantique associée est donc différente de celle vue dans cette section (la sémantique de la logique des propositions intuitionniste est plus complexe que celle de la logique des propositions classique). Du moins si l'on souhaite avoir une logique *complète*. On peut aussi utiliser un système de déduction intuitionniste avec la sémantique classique ; ce système logique est alors *correct* (car ce qui est prouvable en logique intuitionniste est vrai dans la sémantique classique), mais pas *complet* (le tiers exclu n'est pas prouvable en logique intuitionniste). Les propriétés de correction et complétude de la logique des propositions (classique) seront abordées dans le chapitre 7.

Remarque 2.6.13 : Puisque les propositions atomiques qui apparaissent dans une formule sont en nombre fini, il est toujours possible de dresser la table de vérité d'une formule. En particulier, il est toujours possible de déterminer, par un algorithme, si une formule donnée est une tautologie, en un nombre fini d'étapes. Néanmoins dans la pratique la durée d'un tel algorithme peut être très grande. En effet, dresser la table de vérité d'une formule avec n propositions atomiques nécessite 2^n lignes. Supposons par exemple qu'il faille un milliardième de seconde à un ordinateur pour calculer une ligne d'une table de vérité ; le temps nécessaire pour dresser une table de vérité à 90 variables est alors de 2^{90} milliardièmes de secondes, ce qui est environ égal à $1,2 \cdot 10^{18}$ secondes, soit près de 40 milliards d'années, c'est-à-dire presque le triple de l'âge estimé de l'Univers (14 milliards d'années) !

Si dans une tautologie, on remplace toutes les occurrences d'une même proposition atomique par une même formule, le résultat obtenu est encore une tautologie :

Métathéorème 2.6.14
On considère des propositions atomiques $p_1, \dots, p_n$ et des propositions $P_1, \dots, P_n$. Alors pour toute tautologie P, la formule obtenue en remplaçant (simultanément) dans P, pour tout i entre 1 et n, toutes les occurrences de p_i par P_i, est une tautologie.

Preuve
On considère des propositions atomiques $p_1, \dots, p_n$, des propositions $P_1, \dots, P_n$, une valuation v, et la valuation v' telle que pour toute proposition atomique p,

$$v'(p) = \begin{cases} v(p) & \text{si } p \text{ n'est aucune des propositions atomiques } p_1, \dots, p_n \\ v(P_i) & \text{si } p \text{ est la proposition atomique } p_i \end{cases}$$

Pour toute formule P, je noterai P' la formule obtenue en remplaçant (simultanément) dans P, pour tout i entre 1 et n, toutes les occurrences de p_i par P_i. Prouvons par induction structurelle sur les formules que

$$v(P') = v'(P)$$

- Si P est une proposition atomique :

— soit P est l'une des propositions atomiques p_i, et alors $P' = P_i$, donc par définition de v'

$$v(P') = v(P_i) = v'(p_i) = v'(P)$$

— soit P n'est pas l'une des propositions atomiques p_i, et alors $P' = P$, donc par définition de v'

$$v(P') = v(P) = v'(P)$$

- On fait l'hypothèse que la propriété à démontrer est vraie pour la formule P, c'est-à-dire que l'on fait l'hypothèse $v(P') = v'(P)$, et on veut prouver qu'elle est vraie pour la formule $\neg P$. On a $(\neg P)' = \neg P'$, donc par hypothèse d'induction
$$v((\neg P)') = v(\neg P') = 1 - v(P') = 1 - v'(P) = v'(\neg P)$$
- On fait l'hypothèse que la propriété à démontrer est vraie pour les formules P et Q, et on veut prouver qu'elle est vraie pour la formule $P \wedge Q$. On a $(P \wedge Q)' = P' \wedge Q'$, donc par hypothèse d'induction
$$v((P \wedge Q)') = v(P' \wedge Q') = \min(v(P'), v(Q')) = \min(v'(P), v'(Q)) = v'(P \wedge Q)$$
- On prouve de la même manière les autres cas ($P \vee Q$, $P \implies Q$, $P \iff Q$).

On en déduit que si P est une tautologie, alors pour toute valuation v

$$v(P') = v'(P) = 1$$

donc P' est aussi une tautologie.

Exemple 2.6.15
Puisque la formule

$$P \implies P$$

est une tautologie, il en est de même pour

$$(P \vee Q) \implies (P \vee Q)$$

(on a remplacé P par $P \vee Q$).

Puisque pour toute valuation v, $v(P \iff Q) = 1$ si et seulement si $v(P) = v(Q)$, on en déduit que $P \iff Q$ est une tautologie si et seulement si pour toute valuation v, on a $v(P) = v(Q)$. On dit dans ce cas que les formules P et Q sont équivalentes :

Définition 2.6.16 (Formules équivalentes)
Lorsque la formule $P \iff Q$ est une tautologie, c'est-à-dire lorsque P et Q ont les mêmes valeurs de vérité quelle que soit la valuation, on dit que P et Q sont *sémantiquement équivalentes* (ou juste *équivalentes*), ce que je noterai $P \equiv Q$:

$$P \equiv Q \overset{\text{def}}{\equiv} \ \models P \iff Q$$

Remarque 2.6.17 (Vocabulaire) : Pour désigner deux formules sémantiquement équivalentes, ou trouve aussi les expressions *tautologiquement équivalentes* ou encore *synonymes*.

Remarque 2.6.18 : Toutes les tautologies sont équivalentes (elles prennent toujours la valeur de vérité *vrai*), et toutes les contradictions sont équivalentes (elles prennent toujours la valeur de vérité *faux*).

Métathéorème 2.6.19
La relation « être sémantiquement équivalent à » est ce qu'on appelle une *relation d'équivalence* sur l'ensemble des formules, c'est-à-dire qu'elle vérifie les propriétés suivantes :

1. Réflexivité :

$$P \equiv P$$

2. Symétrie :

$$\text{si } P \equiv Q \text{ alors } Q \equiv P$$

3. Transitivité :

$$\text{si } \begin{cases} P \equiv Q \\ Q \equiv R \end{cases} \text{ alors } P \equiv R$$

Preuve
C'est immédiat, car pour toute valuation v, on a $v(P) = v(P)$ (d'où la réflexivité), $v(P \iff Q) = v(Q \iff P)$ (d'où la symétrie), et si $v(P) = v(Q)$ et $v(Q) = v(R)$, alors $v(P) = v(R)$ (d'où la transitivité).

Remarque 2.6.20 : Attention à ne pas confondre les différentes notions qui peuvent être évoquées par les mots « équivalence » ou « équivalent » apparaissant assez fréquemment dans le texte. Distinguons en particulier :

- Le connecteur équivalence $\iff$, symbole de la logique des propositions qui s'applique entre deux formules, et permet de former une troisième formule.
- L'équivalence sémantique $\equiv$ que l'on vient de définir, qui s'applique aussi entre deux formules, mais qui n'est pas un symbole de la logique des propositions, mais un symbole du métalangage exprimant une relation, dans la métathéorie, entre ces deux formules.
- Le concept de relation d'équivalence, qui s'exprime aussi dans la métathéorie, et dont $\equiv$ est un exemple. L'égalité usuelle ($=$) est aussi un exemple classique de relation d'équivalence ($x = x$, si $x = y$ alors $y = x$, si $x = y$ et $y = z$ alors $x = z$). Ce concept sera étudié en détail dans le volume 2 (il fait par ailleurs partie de la métathéorie nécessaire à la démonstration du théorème de complétude des prédicats de la section 7.3).
- L'équivalence entre deux propriétés $\mathscr{P}$ et $\mathscr{P}'$ de la métathéorie, non formalisée, que l'on trouve dans des expressions comme « les propriétés $\mathscr{P}$ et $\mathscr{P}'$ sont équivalentes », synonyme de « $\mathscr{P}$ si et seulement si $\mathscr{P}'$ ».

Dans la pratique, on justifie que deux formules P et Q sont sémantiquement équivalentes en vérifiant que leurs tables de vérité sont identiques.

Exemple 2.6.21 (Associativité des connecteurs conjonction et disjonction)
Comme nous l'avons vu dans l'exemple 2.5.15 (p. 60), les formules $P \wedge (Q \wedge R)$ et $(P \wedge Q) \wedge R$ ont la même table de vérité, donc sont sémantiquement équivalentes :

$$P \wedge (Q \wedge R) \equiv (P \wedge Q) \wedge R$$

Il en est de même pour le connecteur disjonction :

$$P \vee (Q \vee R) \equiv (P \vee Q) \vee R$$

On peut alors écrire sans ambiguïté par exemple

$$P \wedge Q \wedge R$$

qui peut signifier indifféremment

$$P \wedge (Q \wedge R) \qquad \text{ou} \qquad (P \wedge Q) \wedge R$$

De manière générale, on peut effectuer les regroupements que l'on souhaite sur des conjonctions de formules, ou des disjonctions de formules. Je ne justifierai pas formellement ce principe ; voyons-le sur un exemple : prouvons

$$P \wedge Q \wedge (R \wedge S) \equiv P \wedge (Q \wedge R) \wedge S$$

par équivalences successives :

$$\begin{aligned} P \wedge Q \wedge (R \wedge S) &\equiv (P \wedge Q) \wedge (R \wedge S) \\ &\equiv ((P \wedge Q) \wedge R) \wedge S \\ &\equiv (P \wedge (Q \wedge R)) \wedge S \\ &\equiv P \wedge (Q \wedge R) \wedge S \end{aligned}$$

Exemple 2.6.22 (Double négation)
Vérifions la propriété de double négation, ou involutivité du connecteur $\neg$: la négation de la négation équivaut à la formule de départ. Vérifions donc

$$\neg(\neg P) \equiv P$$

C'est immédiat, puisque la négation inverse les valeurs de vérité, ce qui peut se voir sur la table de vérité suivante :

P	$\neg P$	$\neg(\neg P)$
F	V	F
V	F	V

Exemple 2.6.23 (Lois d'absorption)
Vérifions les lois dites d'absorption :

$$P \wedge (P \vee Q) \equiv P$$
$$P \vee (P \wedge Q) \equiv P$$

P	Q	$P \vee Q$	$P \wedge (P \vee Q)$
F	F	F	F
F	V	V	F
V	F	V	V
V	V	V	V

P	Q	$P \wedge Q$	$P \vee (P \wedge Q)$
F	F	F	F
F	V	F	F
V	F	F	V
V	V	V	V

Métathéorème 2.6.24 (Conservation de l'équivalence par les connecteurs)
Les connecteurs conservent la relation d'équivalence, c'est-à-dire que si $P \equiv P'$ et $Q \equiv Q'$, alors

$$\neg P \equiv \neg P'$$
$$P \wedge Q \equiv P' \wedge Q'$$
$$P \vee Q \equiv P' \vee Q'$$
$$P \implies Q \equiv P' \implies Q'$$
$$P \iff Q \equiv P' \iff Q'$$

Preuve
On fait l'hypothèse $P \equiv P'$ et $Q \equiv Q'$.

- Pour toute valuation v, on a les équivalences suivantes :

$$\begin{aligned} v(\neg P') &= 1 & & \\ v(P') &= 0 & & \text{par définition de } \neg \\ v(P) &= 0 & & \text{car } P \equiv P' \\ v(\neg P) &= 1 & & \text{par définition de } \neg \end{aligned}$$

  donc $\neg P \equiv \neg P'$.
- Pour toute valuation v, on a les équivalences suivantes :

$$v(P' \wedge Q') = 1$$

$v(P') = v(Q') = 1$	par définition de $\wedge$
$v(P) = v(Q) = 1$	car $P \equiv P'$ et $Q \equiv Q'$
$v(P \wedge Q) = 1$	par définition de $\wedge$

- On prouve de la même manière les autres cas ($P \vee Q$, $P \implies Q$, $P \iff Q$).

Métathéorème 2.6.25 (Remplacement d'une sous-formule par une formule équivalente)
Si on remplace dans une proposition P, une sous-formule par une formule équivalente, le résultat obtenu est une proposition équivalente à P.

Preuve
On démontre le résultat par induction structurelle :

- Si P est une proposition atomique, sa seule sous-formule est P, donc si on la remplace par une sous-formule équivalente le résultat obtenu est équivalent à P.
- On fait l'hypothèse que la propriété à démontrer est vraie pour la formule P, et on veut prouver qu'elle est vraie pour la formule $\neg P$. On remplace une sous-formule F de $\neg P$ par une formule équivalente F'. Si F est la formule $\neg P$, le résultat est immédiat. Sinon F est une sous-formule de P, donc par hypothèse d'induction on obtient une formule P' équivalente à P. Et alors d'après le métathéorème précédent, $\neg P' \equiv \neg P$.
- On fait l'hypothèse que la propriété à démontrer est vraie pour les formules P et Q, et on veut prouver qu'elle est vraie pour la formule $P \wedge Q$ (le raisonnement est le même pour $P \vee Q$, $P \implies Q$, $P \iff Q$). On remplace une sous-formule F de $P \wedge Q$ par une formule équivalente F'. Si F est la formule $P \wedge Q$, le résultat est immédiat. Sinon, F est une sous-formule de P ou de Q. On considère par exemple que c'est une sous-formule de P (le raisonnement est identique si c'est une sous-formule de Q). Par hypothèse d'induction, on obtient une formule P' équivalente à P. Et alors d'après le métathéorème précédent, $P' \wedge Q \equiv P \wedge Q$.

Exemple 2.6.26
Puisque $\neg(\neg P) \equiv P$, on en déduit par exemple, en remplaçant P par la formule équivalente $\neg(\neg P)$,

$$P \implies Q \equiv \neg(\neg P) \implies Q$$

Voyons d'autres exemples de propriétés classiques des connecteurs.

Exemple 2.6.27 (Lois de De Morgan)
On appelle lois de De Morgan les deux propriétés suivantes

$$\neg(P \wedge Q) \equiv \neg P \vee \neg Q$$
$$\neg(P \vee Q) \equiv \neg P \wedge \neg Q$$

Vérifions la première de ces propriétés :

P	Q	$P \wedge Q$	$\neg(P \wedge Q)$
F	F	F	V
F	V	F	V
V	F	F	V
V	V	V	F

P	Q	$\neg P$	$\neg Q$	$\neg P \vee \neg Q$
F	F	V	V	V
F	V	V	F	V
V	F	F	V	V
V	V	F	F	F

On pouvait aussi noter directement que $\neg(P \wedge Q)$ est *faux* si et seulement si $P \wedge Q$ est *vrai*, autrement dit si les propositions P et Q sont vraies. Et $\neg P \vee \neg Q$ est *faux* si et seulement si $\neg P$ et $\neg Q$ sont *faux*, autrement dit si et seulement si les formules P et Q sont vraies.

On peut démontrer de la même manière

$$\neg(P \vee Q) \equiv \neg P \wedge \neg Q$$

Mais on peut aussi, pour prouver cette équivalence, appliquer le résultat précédent aux propositions $\neg P$ et $\neg Q$ (c'est-à-dire que dans l'équivalence tautologique qui vient d'être démontrée, valable pour toutes les propositions, on remplace P par $\neg P$ et Q par $\neg Q$) :

$$\neg(\neg P \wedge \neg Q) \equiv \neg(\neg P) \vee \neg(\neg Q)$$

Or, nous avons vu que

$$\begin{cases} \neg(\neg P) \equiv P \\ \neg(\neg Q) \equiv Q \end{cases}$$

On en déduit

$$\neg(\neg P \wedge \neg Q) \equiv P \vee Q$$

autrement dit

$$P \vee Q \equiv \neg(\neg P \wedge \neg Q)$$

Donc

$$\neg(P \vee Q) \equiv \neg(\neg(\neg P \wedge \neg Q))$$

c'est-à-dire

$$\neg(P \vee Q) \equiv \neg P \wedge \neg Q$$

Remarque 2.6.28 (Remarque historique) : D'après le logicien britannique William Kneale (1906-1990), dans *The Development of Logic*[26], ces lois étaient connues des logiciens médiévaux et apparaissent explicitement vers 1323 dans *Summa totius logicae* [Somme de toute logique] du philosophe, logicien, et théologien britannique Guillaume d'Ockham (ou d'Occam) (v. 1285-1347). Elles ont été redécouvertes et formulées en 1850 par Auguste De Morgan (1806-1871), mathématicien et logicien britannique[27]. On parle parfois, à tort, des *lois de Morgan* (au lieu des *lois de De Morgan*).

Exemple 2.6.29 (Distributivité)
Prouvons la distributivité de chacun des connecteurs $\wedge$ et $\vee$ sur l'autre :

$$P \wedge (Q \vee R) \equiv (P \wedge Q) \vee (P \wedge R)$$
$$P \vee (Q \wedge R) \equiv (P \vee Q) \wedge (P \vee R)$$

26. William KNEALE et Martha KNEALE. *The Development of Logic*. Oxford, 1962, p. 295.

27. Auguste DE MORGAN. « On the Symbols of Logic, the Theory of the Syllogism, and in particular of the Copula, and the application of the Theory of Probabilities to some questions of Evidence ». Dans : *Transactions of the Cambridge Philosophical Society* 9 (1856), p. 79-127. [Article communiqué en 1850].

P	Q	R	$Q \vee R$	$P \wedge (Q \vee R)$
F	F	F	F	F
F	F	V	V	F
F	V	F	V	F
F	V	V	V	F
V	F	F	F	F
V	F	V	V	V
V	V	F	V	V
V	V	V	V	V

P	Q	R	$P \wedge Q$	$(P \wedge R)$	$(P \wedge Q) \vee (P \wedge R)$
F	F	F	F	F	F
F	F	V	F	F	F
F	V	F	F	F	F
F	V	V	F	F	F
V	F	F	F	F	F
V	F	V	F	V	V
V	V	F	V	F	V
V	V	V	V	V	V

On peut démontrer de la même façon l'autre équivalence, mais on peut aussi utiliser la première équivalence pour prouver la deuxième, à l'aide des propriétés de la négation et des lois de De Morgan : on applique la première équivalence aux formules $\neg P, \neg Q, \neg R$:

$$\neg P \wedge (\neg Q \vee \neg R) \equiv (\neg P \wedge \neg Q) \vee (\neg P \wedge \neg R)$$

On prend les négations et on utilise les lois de De Morgan et l'équivalence entre P et $\neg\neg P$:

$$\neg\neg P \vee \neg(\neg Q \vee \neg R) \equiv \neg(\neg P \wedge \neg Q) \wedge \neg(\neg P \wedge \neg R)$$
$$P \vee (Q \wedge R) \equiv (P \vee Q) \wedge (P \vee R)$$

Exemple 2.6.30 (Propriétés des connecteurs $\Longrightarrow$ et $\Longleftrightarrow$)
Vérifions

$$P \Longrightarrow Q \equiv \neg P \vee Q$$

P	Q	$P \Longrightarrow Q$
F	F	V
F	V	V
V	F	F
V	V	V

P	Q	$\neg P$	$\neg P \vee Q$
F	F	V	V
F	V	V	V
V	F	F	F
V	V	F	V

Vérifions

$$P \Longrightarrow (Q \Longrightarrow R) \equiv (P \wedge Q) \Longrightarrow R$$

P	Q	R	$Q \Longrightarrow R$	$P \Longrightarrow (Q \Longrightarrow R)$
F	F	F	V	V
F	F	V	V	V
F	V	F	F	V
F	V	V	V	V
V	F	F	V	V
V	F	V	V	V
V	V	F	F	F
V	V	V	V	V

P	Q	R	$P \wedge Q$	$(P \wedge Q) \Longrightarrow R$
F	F	F	F	V
F	F	V	F	V
F	V	F	F	V
F	V	V	F	V
V	F	F	F	V
V	F	V	F	V
V	V	F	V	F
V	V	V	V	V

Vérifions

$$P \Longleftrightarrow Q \equiv (P \Longrightarrow Q) \wedge (Q \Longrightarrow P)$$

P	Q	$P \iff Q$
F	F	V
F	V	F
V	F	F
V	V	V

P	Q	$P \implies Q$	$Q \implies P$	$(P \implies Q) \wedge (Q \implies P)$
F	F	V	V	V
F	V	V	F	F
V	F	F	V	F
V	V	V	V	V

Vérifions

$$P \iff Q \equiv (P \wedge Q) \vee (\neg P \wedge \neg Q)$$

P	Q	$P \iff Q$
F	F	V
F	V	F
V	F	F
V	V	V

P	Q	$\neg P$	$\neg Q$	$P \wedge Q$	$\neg P \wedge \neg Q$	$(P \wedge Q) \vee (\neg P \wedge \neg Q)$
F	F	V	V	F	V	V
F	V	V	F	F	F	F
V	F	F	V	F	F	F
V	V	F	F	V	F	V

Vérifions

$$\neg(P \implies Q) \equiv P \wedge \neg Q$$

P	Q	$P \implies Q$	$\neg(P \implies Q)$
F	F	V	F
F	V	V	F
V	F	F	V
V	V	V	F

P	Q	$\neg Q$	$P \wedge \neg Q$
F	F	V	F
F	V	F	F
V	F	V	V
V	V	F	F

Vérifions

$$\neg(P \iff Q) \equiv (P \wedge \neg Q) \vee (\neg P \wedge Q)$$

P	Q	$P \iff Q$	$\neg(P \iff Q)$
F	F	V	F
F	V	F	V
V	F	F	V
V	V	V	F

P	Q	$\neg P$	$\neg Q$	$P \wedge \neg Q$	$\neg P \wedge Q$	$(P \wedge \neg Q) \vee (\neg P \wedge Q)$
F	F	V	V	F	F	F
F	V	V	F	F	V	V
V	F	F	V	V	F	V
V	V	F	F	F	F	F

Remarque 2.6.31 : Le connecteur implication n'est pas associatif. Par exemple si P et R sont *faux* et Q *vrai*

$$P \implies (Q \implies R)$$

est *vrai*, mais

$$(P \implies Q) \implies R$$

est *faux*. Ainsi l'expression

$$P \implies Q \implies R$$

est ambiguë, puisqu'elle pourrait signifier

$$(P \implies Q) \implies R \qquad \text{ou} \qquad P \implies (Q \implies R)$$

et ces deux formules ne sont pas équivalentes. Néanmoins, une convention usuelle est celle d'une associativité par la droite autrement dit

$$P \implies Q \implies R \stackrel{\text{def}}{\equiv} P \implies (Q \implies R)$$

On notera que d'après l'exemple précédent, on a alors l'équivalence

$$P \implies Q \implies R \equiv (P \wedge Q) \implies R$$

Par ailleurs, on peut trouver dans certains textes mathématiques (hors logique) des expressions de la forme

$$P \implies Q \implies R$$

comme raccourci [28] pour

$$\begin{cases} P \implies Q \text{ est } \textit{vrai} \\ Q \implies R \text{ est } \textit{vrai} \end{cases}$$

l'objectif étant en général de justifier que la formule $P \implies R$ est vraie, ou comme raccourci pour

$$\begin{cases} P \text{ est } \textit{vrai} \\ P \implies Q \text{ est } \textit{vrai} \\ Q \implies R \text{ est } \textit{vrai} \end{cases}$$

l'objectif étant alors de justifier que la formule R est vraie.

Exemple 2.6.32 (Contraposition)
Vérifions la propriété dite de *contraposition* :

$$P \implies Q \equiv \neg Q \implies \neg P$$

P	Q	$P \implies Q$
F	F	V
F	V	V
V	F	F
V	V	V

P	Q	$\neg P$	$\neg Q$	$\neg Q \implies \neg P$
F	F	V	V	V
F	V	V	F	V
V	F	F	V	F
V	V	F	F	V

La formule $P \implies Q$ est donc équivalente à la formule $\neg Q \implies \neg P$, que l'on appelle sa *contraposée*. Ne pas confondre cette contraposée avec la réciproque de $P \implies Q$, c'est-à-dire la formule $Q \implies P$, qui ne lui est pas équivalente.

2.7 Modèle, conséquence sémantique

Définition 2.7.1 (Modèle)
On considère un ensemble de formules Γ. On appelle *modèle* de Γ toute valuation v pour laquelle tout élément de Γ est vrai (on dit aussi que la valuation satisfait Γ). On note

$$v \models \Gamma$$

28. En toute rigueur incorrect.

Remarque 2.7.2 (Vocabulaire) : Quand l'ensemble Γ admet un modèle, on dit aussi qu'il est *satisfiable*, ou *satisfaisable*, ou encore *consistant*. Ce dernier terme peut définir aussi une propriété équivalente (voir plus loin).

Remarque 2.7.3 : Dans le cas où Γ est un ensemble vide de formules, toute valuation est trivialement un modèle de Γ :

$$v \models \emptyset$$

Remarque 2.7.4 : Une formule P est une tautologie si et seulement si $\{\neg P\}$ n'admet pas de modèle.

Définition 2.7.5 (Conséquence sémantique)
On dit que la formule P est une *conséquence sémantique* (ou juste *conséquence*) de l'ensemble de formules Γ lorsque P est *vrai* quand toutes les formules de Γ sont *vrai*, autrement dit lorsque la formule P est *vrai* dans tout modèle de Γ :

$$\text{Pour toute valuation } v \text{, si } v \models \Gamma \text{ alors } v(P) = 1$$

ce que l'on note

$$\Gamma \models P$$

Remarque 2.7.6 (Vocabulaire) : À la place de *conséquence sémantique* on trouve aussi les expressions *conséquence tautologique*, ou *conséquence logique*.

Remarque 2.7.7 : Dans le cas où Γ est un ensemble vide de formules, $\emptyset \models P$, ce que l'on notera plutôt $\models P$, signifie que pour toute valuation v, $v(P) = 1$, autrement dit que P est une tautologie (on retrouve la notation déjà introduite).

Remarque 2.7.8 : Le symbole $\models$ a deux usages différents, mais il n'y a pas d'ambiguïté : pour signifier que v est un modèle de Γ, on note

$$v \models \Gamma$$

Ici, le terme de gauche (v) représente une valuation, c'est-à-dire une fonction de l'ensemble des formules dans $\{0, 1\}$. Pour signifier que P est une conséquence sémantique de Γ, on note

$$\Gamma \models P$$

Ici, le terme de gauche (Γ) représente un ensemble de formules.

Remarque 2.7.9 (Notations) : L'ensemble des formules de Γ auquel on ajoute l'ensemble des formules de Γ' (c'est-à-dire la réunion des deux ensembles) se note

$$\Gamma \cup \Gamma' \qquad \text{ou juste} \qquad \Gamma, \Gamma' \qquad \text{ou} \qquad \Gamma; \Gamma'$$

Lorsque P est une formule, on pourra noter $\{P\}$ ou, par abus de notation, juste P, l'ensemble constitué de la seule formule P. Par exemple, si P, Q, R sont des formules et Γ un ensemble de formules

$$P, Q \vdash R$$

signifie que R est une conséquence sémantique des formules P et Q, et

$$\Gamma, P \models Q$$

signifie que Q est une conséquence sémantique de l'ensemble de formules Γ auquel on ajoute la formule P. Si par ailleurs Γ est l'ensemble formé des formules $P_1, \ldots, P_n$, cela s'écrit aussi

$$P_1, \ldots, P_n, P \models Q$$

Remarque 2.7.10 : Dans le cas où Γ n'admet pas de modèle, n'importe quelle formule P est une conséquence sémantique de Γ. En effet, la condition « si v est un modèle de Γ, alors P est satisfait dans v » est trivialement vérifiée pour toute valuation (puisqu'il n'existe aucune valuation satisfaisant Γ).

Exemple 2.7.11 (Règle du modus ponens)
On appelle règle du modus ponens le principe suivant :

$$P \implies Q, P \models Q$$

qui signifie donc que Q est une conséquence sémantique des deux formules $P \implies Q$ et P, autrement dit : quand $P \implies Q$ et P sont des formules vraies, alors Q est une formule vraie. Pour le justifier, il suffit d'utiliser les tables de vérité :

P	Q	$P \implies Q$
F	F	**V**
F	V	**V**
V	F	F
V	V	**V**

On voit que pour que les formules $P \implies Q$ et P soient vraies simultanément, la seule possibilité est de se trouver sur la ligne 5 (grisée). On a alors

P est *vrai* $\quad$ Q est *vrai* $\quad$ $P \implies Q$ est *vrai*

En particulier la formule Q est vraie, ce qui justifie le résultat.

Remarque 2.7.12 : On déduit aussi du modus ponens que si Γ est un ensemble de formules tel que

$$\begin{cases} \Gamma & \models P \implies Q \\ \Gamma & \models P \end{cases}$$

alors on peut en déduire $\Gamma \models Q$. En effet, si v est une valuation qui satisfait toutes les formules de Γ, alors par hypothèse sur Γ, v satisfait aussi $P \implies Q$ et P, donc par modus ponens $v(Q) = 1$.

Remarque 2.7.13 (Origine du vocabulaire) : L'expression *modus ponens*, du latin *modus ponendo ponens*, signifie littéralement « manière d'affirmer en affirmant », de *modus* (mode, manière) et *ponere* (poser, affirmer) ; c'est-à-dire qu'on affirme le conséquent (Q) en affirmant l'antécédent (P). À comparer avec la loi dite du *modus tollens* (voir ci-dessous).

Exemple 2.7.14 (Règle du modus tollens)
On appelle règle du modus tollens, ou raisonnement par contraposition (ou par contraposée), le principe suivant :

$$P \implies Q, \neg Q \models \neg P$$

On utilise les tables de vérité :

P	Q	$P \Longrightarrow Q$	$\neg Q$	$\neg P$
F	F	**V**	**V**	V
F	V	**V**	F	V
V	F	F	**V**	F
V	V	**V**	F	F

La seule possibilité est la situation de la ligne 2 (grisée) : la formule $\neg P$ est vraie (autrement dit la formule P est fausse).

Remarque 2.7.15 (Origine du vocabulaire) : L'expression *modus tollens*, du latin *modus tollendo tollens*, signifie littéralement « manière de nier en niant », de *modus* (mode, manière) et *tollere* (enlever, ici dans le sens « nier ») ; c'est-à-dire qu'on nie l'antécédent ($\neg P$) en niant le conséquent ($\neg Q$).

Exemple 2.7.16 (Transitivité de l'implication)
Prouvons

$$P \Longrightarrow Q, Q \Longrightarrow R \models P \Longrightarrow R$$

On utilise les tables de vérité :

P	Q	R	$P \Longrightarrow Q$	$Q \Longrightarrow R$	$P \Longrightarrow R$
F	F	F	**V**	**V**	V
F	F	V	**V**	**V**	V
F	V	F	**V**	F	V
F	V	V	**V**	**V**	V
V	F	F	F	**V**	F
V	F	V	F	**V**	V
V	V	F	**V**	F	F
V	V	V	**V**	**V**	V

Les seules possibilités pour que les formules $P \Longrightarrow Q$ et $Q \Longrightarrow R$ soient simultanément vraies sont les quatre lignes grisées, et dans chaque cas $P \Longrightarrow R$ est *vrai*.

Exemple 2.7.17 (Règle du syllogisme disjonctif)
Prouvons

$$P \vee Q, \neg P \models Q$$

On utilise les tables de vérité :

P	Q	$P \vee Q$	$\neg P$
F	F	F	**V**
F	V	**V**	**V**
V	F	**V**	F
V	V	**V**	F

La seule possibilité est la situation de la ligne 3 (grisée), pour laquelle la formule Q est vraie.

Exemple 2.7.18 (Énigme du tigre et de la princesse)

Cette énigme est la première épreuve du chapitre *Une princesse ou un tigre ?*, dans *What is the Name of this Book? The Riddle of Dracula and Other Logical Puzzles*[29], du logicien, mathématicien et magicien américain Raymond Smullyan (1919-2017). Le roi d'une contrée lointaine organise une épreuve dans laquelle un prisonnier doit choisir entre deux cellules, chacune pouvant cacher soit une princesse, soit un tigre, toutes les configurations étant possibles (on trouve donc dans l'ensemble des deux cellules soit deux princesses, soit deux tigres, soit un tigre et une princesse). S'il tombe sur une princesse, il est gracié et peut l'épouser, s'il tombe sur un tigre il est dévoré. Sur chacune des portes des cellules se trouve une affiche :

- Affiche 1 (sur la porte 1) : « Il y a une princesse dans cette cellule et un tigre dans l'autre. »
- Affiche 2 (sur la porte 2) : « Il y a une princesse dans une cellule, et il y a un tigre dans une cellule. »

Le roi précise qu'une des affiches dit la vérité, et qu'une autre ment. Le problème consiste à trouver quelle porte doit choisir le prisonnier pour ne pas être dévoré.

Nous pouvons modéliser cette situation à l'aide des propositions suivantes :

- p_1 : il y a une princesse dans la cellule 1 (donc $\neg p_1$ signifie qu'il y a un tigre dans la cellule 1) ;
- p_2 : il y a une princesse dans la cellule 2 (donc $\neg p_2$ signifie qu'il y a un tigre dans la cellule 2).

Le texte des affiches correspond alors aux propositions A_1 (pour l'affiche 1) et A_2 (pour l'affiche 2) suivantes :

- $A_1 : p_1 \wedge \neg p_2$
- $A_2 : (p_1 \vee p_2) \wedge (\neg p_1 \vee \neg p_2)$

Le tableau suivant donne tous les cas possibles :

p_1	p_2	$\neg p_1$	$\neg p_2$	$p_1 \vee p_2$	$\neg p_1 \vee \neg p_2$	A_1	A_2
F	F	V	V	F	V	F	F
F	V	V	F	V	V	F	V
V	F	F	V	V	V	V	V
V	V	F	F	V	F	F	F

La seule possibilité pour qu'une des affiches dise la vérité, et que l'autre mente, est la situation de la ligne 3 (grisée) : p_1 est *faux*, p_2 est *vrai*, A_1 est *faux*, A_2 est *vrai*. S'il ne veut pas être dévoré, le prisonnier doit donc choisir la cellule 2.

Métathéorème 2.7.19 (Théorème de déduction)

On considère un ensemble de formules Γ, et deux formules P et Q. Alors

$$\Gamma, P \models Q \quad \text{si et seulement si} \quad \Gamma \models P \implies Q$$

Preuve

- On fait l'hypothèse

$$\Gamma, P \models Q$$

On considère une valuation v qui satisfait Γ.

— Si $v(P) = 1$, alors par hypothèse $v(Q) = 1$, donc $v(P \implies Q) = 1$.

29. Raymond SMULLYAN. *What is the Name of this Book? The Riddle of Dracula and Other Logical Puzzles.* Prentice Hall, 1978. Version française : Quel est le titre de ce livre (Dunod. 1981).

— Si $v(P) = 0$, alors $v(P \implies Q) = 1$.

On en déduit que v satisfait toujours $P \implies Q$, donc

$$\Gamma \models P \implies Q$$

- Réciproquement, on fait l'hypothèse

$$\Gamma \models P \implies Q$$

Le résultat est une conséquence du modus ponens, puisqu'on a alors

$$\begin{cases} \Gamma, P \models P \implies Q \\ \Gamma, P \models P \end{cases}$$

donc

$$\Gamma, P \models Q$$

Mais on peut aussi démontrer directement ce résultat : on considère une valuation v qui satisfait Γ et P. Par hypothèse, $v(P \implies Q) = 1$. De plus, $v(P) = 1$, donc $v(Q) = 1$. On en déduit

$$\Gamma, P \models Q$$

Remarque 2.7.20 : En particulier (en prenant pour Γ l'ensemble vide), la formule $P \implies Q$ est une tautologie si et seulement si la formule Q est une conséquence sémantique de la formule P :

$$\models P \implies Q \qquad \text{si et seulement si} \qquad P \models Q$$

Remarque 2.7.21 : Les formules P et Q sont sémantiquement équivalentes (autrement dit $P \iff Q$ est une tautologie) si et seulement si P est une conséquence sémantique de Q et Q est une conséquence sémantique de P. Les trois formulations suivantes sont donc équivalentes :

$$P \equiv Q \qquad \models P \iff Q \qquad \begin{cases} P \models Q \\ Q \models P \end{cases}$$

Je généralise aussi la définition de l'équivalence, faisant intervenir un contexte donné :

Définition 2.7.22 (Formules équivalentes dans un contexte)
Pour tout ensemble de formules Γ et toutes les formules P et Q, je noterai

$$P \equiv_\Gamma Q \overset{\text{def}}{\equiv} \begin{cases} \Gamma, P \models Q \\ \Gamma, Q \models P \end{cases}$$

ce qui équivaut aussi à

$$P \equiv_\Gamma Q \overset{\text{def}}{\equiv} \Gamma \models P \iff Q$$

Je pourrai alors dire que les formules P et Q sont Γ-*équivalentes*.

Preuve (de l'équivalence des définitions)
$\Gamma \models P \iff Q$ si et seulement si $\Gamma \models P \implies Q$ et $\Gamma \models Q \implies P$ ce qui équivaut, d'après le théorème de déduction, à

$$\begin{cases} \Gamma, P \models Q \\ \Gamma, Q \models P \end{cases}$$

Remarque 2.7.23 : Dans le cas où Γ est l'ensemble vide, la relation $\equiv_\Gamma$ est, par définition, la relation $\equiv$ (l'usage des deux symboles est donc cohérent).

Remarque 2.7.24 : Si $P \iff Q$ est une tautologie, alors c'est une conséquence sémantique de n'importe quel ensemble de formules Γ. On en déduit que si $P \equiv Q$, alors $P \equiv_\Gamma Q$.

Remarque 2.7.25 : Les propriétés de $\equiv$ s'étendent à $\equiv_\Gamma$: $\equiv_\Gamma$ est une relation d'équivalence (elle est réflexive, symétrique, transitive), et elle est conservée par les connecteurs (même démonstration que pour $\equiv$ en remplaçant une valuation quelconque par une valuation satisfaisant toutes les formules de Γ). On en déduit aussi que si on remplace dans une formule P une sous-formule par une formule Γ-équivalente, on obtient une formule Γ-équivalente à P.

Voyons une généralisation du théorème de déduction :

Métathéorème 2.7.26 (Corollaire du théorème de déduction)
On considère une formule Q et des formules $P_1, \dots, P_n$. Les propriétés suivantes sont équivalentes :

$$P_1, \dots, P_n \models Q$$
$$\models (P_1 \wedge \cdots \wedge P_n) \implies Q$$
$$P_1 \wedge \cdots \wedge P_n \models Q$$

Preuve
Prouvons par récurrence sur n que pour toutes formules $P_1, \dots, P_n, Q$

$$P_1, \dots, P_n \models Q \quad \text{si et seulement si} \quad \models (P_1 \wedge \cdots \wedge P_n) \implies Q$$

- Au rang $n = 1$: d'après le théorème de déduction

$$P_1 \models Q \quad \text{si et seulement si} \quad \models P_1 \implies Q$$

- On fait l'hypothèse de récurrence au rang n. Toujours d'après le théorème de déduction

$$P_1, \dots, P_n, P_{n+1} \models Q \quad \text{si et seulement si} \quad P_1, \dots P_n \models P_{n+1} \implies Q$$

Donc par hypothèse de récurrence

$$P_1, \dots, P_n, P_{n+1} \models Q \quad \text{si et seulement si} \quad \models (P_1 \wedge \cdots \wedge P_n) \implies (P_{n+1} \implies Q)$$

avec

$$(P_1 \wedge \cdots \wedge P_n) \implies (P_{n+1} \implies Q) \quad \equiv \quad (P_1 \wedge \cdots \wedge P_n \wedge P_{n+1}) \implies Q$$

On en déduit le résultat par récurrence. Enfin, d'après le théorème de déduction,

$$\models (P_1 \wedge \cdots \wedge P_n) \implies Q \quad \text{si et seulement si} \quad P_1 \wedge \cdots \wedge P_n \models Q$$

Remarque 2.7.27 (Notations) : On peut définir par récurrence sur n une formule $\bigwedge_{i=1}^{n} P_i$

$$\begin{cases} \bigwedge_{i=1}^{1} P_i &= P_1 \\ \bigwedge_{i=1}^{n+1} P_i &= \left(\bigwedge_{i=1}^{n} P_i\right) \wedge P_{n+1} \end{cases}$$

ce qui permet de définir formellement l'expression

$$P_1 \wedge \cdots \wedge P_n \overset{\text{def}}{\equiv} \bigwedge_{i=1}^{n} P_i$$

Remarque 2.7.28 (Notations) : Je pourrai utiliser la notation

$$\begin{cases} P_1 \\ \dots \\ P_n \end{cases}$$

pour indiquer, comme dans le métalangage, la conjonction de plusieurs propositions, autrement dit pour signifier

$$P_1 \wedge \cdots \wedge P_n$$

Remarque 2.7.29 (Notations) : Ces différentes expressions faisant intervenir « $\cdots$ » pourront aussi être écrites de façon plus détaillée, comme par exemple

$$P_1 \wedge P_2 \wedge \cdots \wedge P_{n-1} \wedge P_n$$

ceci étant une simple convention d'écriture, qui n'implique pas nécessairement $n \geqslant 2$.

Définition 2.7.30 (Inconsistant)
On dit que l'ensemble de formules Γ est *inconsistant* lorsqu'il existe une formule P telle que

$$\begin{cases} \Gamma \vDash P \\ \Gamma \vDash \neg P \end{cases}$$

Sinon, on dit que Γ est *consistant*.

Remarque 2.7.31 (Vocabulaire) : On peut aussi trouver le terme *contradictoire* à la place d'inconsistant, mais celui-ci s'utilise aussi pour l'équivalent syntaxique de cette propriété, lorsque P et $\neg P$ sont des conséquences syntaxiques de Γ (voir le chapitre 5 sur les systèmes de déduction). Mais nous verrons qu'il y a équivalence entre conséquence sémantique et conséquence syntaxique, et ainsi les termes *inconsistant* et *contradictoire* pourront être considérés comme synonymes.

Métathéorème 2.7.32 (Caractérisation d'un ensemble de formules inconsistant)
On considère un ensemble de formules Γ. Les trois propriétés suivantes sont équivalentes :

1. Γ est inconsistant : il existe une formule P telle que

$$\begin{cases} \Gamma \vDash P \\ \Gamma \vDash \neg P \end{cases}$$

2. Γ n'admet pas de modèle.
3. Toute formule P est conséquence sémantique de Γ : $\Gamma \vDash P$.

Preuve
Vérifions l'équivalence des trois propriétés, par implications circulaires :

- Si Γ est inconsistant, il existe par définition une formule P telle que $\Gamma \vDash P$ et $\Gamma \vDash \neg P$. Γ ne peut pas avoir de modèle, car une telle valuation v devrait alors vérifier

$$\begin{cases} v(P) = 1 \\ v(\neg P) = 1 \end{cases}$$

ce qui est impossible, puisque pour toute valuation

$$v(\neg P) = 1 - v(P)$$

- Si Γ n'admet pas de modèle, nous avons déjà vu que n'importe quelle formule P est *trivialement* conséquence sémantique de Γ.
- Si toute formule est conséquence sémantique de Γ, alors il est immédiat que Γ est inconsistant, puisque pour toute formule P, $\Gamma \models P$ et $\Gamma \models \neg P$.

Donc, par implications circulaires, les trois propriétés sont équivalentes.

Remarque 2.7.33 : On déduit de ce métathéorème (en prenant les négations), que les trois propriétés suivantes sont équivalentes :

1. Γ est consistant : il n'existe pas de formule P telle que $\Gamma \models P$ et $\Gamma \models \neg P$.
2. Γ admet un modèle.
3. Il existe au moins une formule P qui n'est pas conséquence sémantique de Γ : $\Gamma \not\models P$.

Métathéorème 2.7.34 (Raisonnement par l'absurde)
On considère une formule P et un ensemble de formules Γ. Alors $\Gamma \models P$ si et seulement si $\Gamma \cup \{\neg P\}$ n'admet pas de modèle.

Preuve
- Si $\Gamma \models P$, alors dans tout modèle de Γ, P est *vrai*, donc $\neg P$ ne peut pas être *vrai* (une valuation qui satisfait P ne peut pas satisfaire $\neg P$). Par conséquent $\Gamma \cup \{\neg P\}$ n'admet pas de modèle.
- Réciproquement on veut prouver que si $\Gamma \cup \{\neg P\}$ n'admet pas de modèle, alors $\Gamma \models P$. Par contraposition, cela revient à prouver que si $\Gamma \not\models P$, alors $\Gamma \cup \{\neg P\}$ admet un modèle. On fait donc l'hypothèse que $\Gamma \not\models P$, autrement dit qu'il existe une valuation qui satisfait Γ mais pas P. Alors cette valuation satisfait Γ et $\neg P$, donc $\Gamma \cup \{\neg P\}$ admet un modèle.

Le théorème suivant, dit *théorème de compacité*, permet, à partir d'un ensemble quelconque Γ de formules, de se ramener uniquement aux sous-ensembles finis de Γ.

Métathéorème 2.7.35 (Théorème de compacité de la logique des propositions)
Les deux versions suivantes du théorème de compacité sont équivalentes :

1. Pour tout ensemble Γ de formules, Γ admet un modèle si et seulement si tout sous-ensemble fini de Γ admet un modèle.
2. Pour toute formule P et tout ensemble Γ de formules, $\Gamma \models P$ si et seulement si il existe un sous-ensemble fini Γ' de Γ tel que $\Gamma' \models P$.

Preuve ([30])
1. Notons tout d'abord que pour chacun des deux énoncés, l'un des sens de l'équivalence est immédiat :

30. Preuve adaptée de : Olivier BOURNEZ. *Fondements de l'informatique : Logique, modèles et calculs*. Polycopié du cours INF412 de l'École Polytechnique. 2018. URL : `http://www.enseignement.polytechnique.fr/informatique/INF412/uploads/Main/poly-good.pdf`.

- Si Γ admet un modèle, tout sous-ensemble fini de Γ admet un modèle (on peut prendre le même).
- S'il existe un sous-ensemble fini Γ' de Γ tel que $\Gamma' \models P$, alors $\Gamma \models P$, puisque tout modèle de Γ est a fortiori un modèle de Γ'.

2. Prouvons maintenant l'équivalence entre les deux versions du théorème :
   - On suppose l'énoncé 1 vérifié. Si $\Gamma \models P$, alors $\Gamma \cup \{\neg P\}$ n'admet pas de modèle. D'après l'énoncé 1, il existe donc un sous-ensemble fini Γ' de Γ tel que $\Gamma' \cup \{\neg P\}$ n'admet pas de modèle (un sous-ensemble fini de $\Gamma \cup \{\neg P\}$ ne contient pas nécessairement $\neg P$, mais si Γ' n'a pas de modèle, a fortiori $\Gamma' \cup \{\neg P\}$ n'a pas de modèle). On en déduit $\Gamma' \models P$.
   - Réciproquement, supposons l'énoncé 2 vérifié. Prouvons que si tout sous-ensemble fini de Γ admet un modèle, alors Γ admet un modèle. Par contraposition, cela revient à démontrer que si Γ n'a pas de modèle, alors il existe un sous-ensemble fini de Γ qui n'a pas de modèle. Soit Γ un ensemble de formules qui n'admet pas de modèle. Il existe donc une formule P telle que

$$\begin{cases} \Gamma \models P \\ \Gamma \models \neg P \end{cases}$$

   D'après l'énoncé 2, il existe deux sous-ensembles finis de Γ, Γ' et Γ'', tels que

$$\begin{cases} \Gamma' \models P \\ \Gamma'' \models \neg P \end{cases}$$

   Donc

$$\begin{cases} \Gamma', \Gamma'' \models P \\ \Gamma', \Gamma'' \models \neg P \end{cases}$$

   Par conséquent $\Gamma' \cup \Gamma''$ est un sous-ensemble fini de Γ qui n'admet pas de modèle.

3. Prouvons enfin le théorème (premier énoncé). Il reste à justifier que si tout sous-ensemble fini de Γ admet un modèle, alors Γ admet un modèle. On fait donc l'hypothèse que tout sous-ensemble fini de Γ admet un modèle. Par définition (de la syntaxe de la logique des propositions), l'ensemble de toutes les propositions atomiques est un ensemble infini dénombrable, c'est-à-dire indexé par l'ensemble $\mathbb{N}$ des entiers naturels. Je noterai $\{p_k\}_{k\in\mathbb{N}}$ l'ensemble de toutes ces propositions atomiques. Construisons par récurrence une suite $(v_n)_{n\in\mathbb{N}}$ de valeurs de vérité, telle que pour tout entier n, tout sous-ensemble fini de Γ a un modèle dans lequel $p_0, \dots, p_n$ prennent respectivement les valeurs $v_0, \dots, v_n$.
   - Construction de v_0 :
     — 1er cas : tout sous-ensemble fini de Γ a un modèle dans lequel p_0 prend la valeur 0. Il suffit de choisir $v_0 :\equiv 0$.
     — 2e cas : il existe un sous-ensemble fini Γ' de Γ qui n'a aucun modèle dans lequel p_0 prend la valeur 0. On choisit alors $v_0 :\equiv 1$, et la propriété est vérifiée. En effet, si Γ'' est un sous-ensemble fini de Γ, alors $\Gamma' \cup \Gamma''$ est aussi un sous-ensemble fini de Γ donc admet un modèle (par hypothèse). Dans ce modèle, p_0 prend la valeur 1 (puisque c'est un modèle de Γ'). Par conséquent Γ'' admet un modèle dans lequel p_0 prend la valeur v_0.
   - Construction de v_{n+1} en fonction de $v_0, \dots, v_n$: on fait l'hypothèse que tout sous-ensemble fini de Γ a un modèle dans lequel $p_0, \dots, p_n$ prennent respectivement les valeurs $v_0, \dots, v_n$.
     — 1er cas : tout sous-ensemble fini de Γ a un modèle dans lequel $p_0, \dots, p_n, p_{n+1}$ prennent respectivement les valeurs $v_0, \dots, v_n, 0$. Il suffit alors de choisir $v_{n+1} :\equiv 0$.
     — 2e cas : il existe un sous-ensemble fini Γ' de Γ qui n'a pas de modèle dans lequel $p_0, \dots, p_n, p_{n+1}$ prennent les valeurs $v_0, \dots, v_n, 0$. On choisit alors $v_{n+1} :\equiv 1$, et la propriété est vérifiée. En effet, si Γ'' est un sous-ensemble fini de Γ, alors $\Gamma' \cup \Gamma''$ est aussi un sous-ensemble fini de Γ, donc admet un modèle dans lequel $p_0, \dots, p_n$ prennent les valeurs $v_0, \dots, v_n$ (par hypothèse de récurrence). Dans ce modèle, p_{n+1} doit prendre la valeur 1 (p_{n+1} ne peut pas prendre la valeur 0 par hypothèse sur Γ').

   Vérifions que la valuation v définie pour tout entier n par

$$v(p_n) :\equiv v_n$$

   satisfait Γ, autrement dit que toutes les formules de Γ sont vraies pour v. On considère une formule P de Γ. P dépend d'un nombre fini de propositions atomiques $p_{i_1}, \dots, p_{i_k}$. En prenant $n = \max(i_1, \dots, i_k)$, toutes ces propositions atomiques sont parmi $p_0, \dots, p_n$. Le sous-ensemble fini de Γ formé de la seule formule P admet un modèle v' dans lequel $p_0, \dots, p_n$ prennent respectivement les valeurs $v(p_0), \dots, v(p_n)$. Les deux valuations v et v' prenant la même valeur sur les propositions atomiques apparaissant dans P, on en déduit $v(P) = v'(P) = 1$.

2.8 Diagrammes logiques

Les diagrammes logiques d'Euler, de Venn, et de Carroll, sont des schémas géométriques, créés à l'origine afin d'étudier les *syllogismes*, mais qui permettent aussi de visualiser certaines situations issues de la logique mathématique ou de la théorie des ensembles.

Un *syllogisme* est un mode de raisonnement logique à deux propositions (ou prémisses), conduisant à une conclusion, que le philosophe grec Aristote (384 AEC-322 AEC [31]) a été le premier à étudier. Un syllogisme classique est le suivant :

> Tous les hommes sont mortels. Tous les Grecs sont des hommes. Donc tous les Grecs sont mortels.

Dans un syllogisme, on trouve donc deux prémisses, chacune mettant en relation un *sujet* S (ce de quoi on parle) avec un *prédicat* P (ce que l'on dit du sujet), et qui sont de l'une des quatre formes suivantes, désignées traditionnellement par l'une des lettres A, E, I, O :

- A (*Affirmative universelle*) : tout S est P.
- E (*Négative universelle*) : aucun S n'est P.
- I (*Affirmative particulière*) : certains S sont P.
- O (*Négative particulière*) : certains S ne sont pas P.

Les deux premiers cas peuvent s'exprimer dans le langage de la logique des propositions :

1. A (*Affirmative universelle*) : tout S est P :
$$S \implies P$$
2. E (*Négation universelle*) : aucun S n'est P :
$$S \implies \neg P \quad \text{ou encore} \quad \neg(S \land P)$$

Les deux cas suivants, qui font appel à ce qu'on appelle un quantificateur existentiel, pourront s'exprimer dans le cadre de la logique des prédicats que nous traiterons dans le chapitre 4. Le principe des syllogismes sera un peu plus détaillé dans la section 5.17.

Les diagrammes du mathématicien suisse Leonhard Euler (1707-1783) apparaissent en 1768 dans ses *Lettres à une Princesse d'Allemagne*. Même s'il n'est pas le premier à utiliser ce genre de figures pour illustrer des propositions logiques, le terme *diagramme d'Euler* devient populaire dans les ouvrages de logique du XIXᵉ siècle. John Venn (1834-1923), mathématicien et logicien britannique, s'en inspire, et introduit ses propres diagrammes en 1880. Enfin, le romancier et mathématicien britannique Lewis Carroll (1832-1898) s'inspire des diagrammes de Venn et publie en 1886 [32] *The Game of Logic* [33]. Même s'ils ont été inventés pour traiter de syllogismes, les diagrammes de Venn et de Carroll peuvent être utilisés dans le cadre de la logique des propositions. Par ailleurs, les diagrammes d'Euler et de Venn sont aussi souvent utilisés dans la théorie des ensembles, pour illustrer certaines opérations ensemblistes (réunion, intersection...).

31. Voir la note 4, p. 8.
32. Une première édition est achevée à la fin de l'année 1886 mais condamnée par Lewis Carroll, mécontent de l'impression, et les exemplaires imprimés sont envoyés aux États-Unis ! Cette situation s'était déjà produite en 1865 pour la première édition des *Aventures d'Alice au pays des merveilles* et un éditeur américain avait proposé de racheter le stock. Les exemplaires destinés au marché britannique seront imprimés au début de l'année 1887.
33. Lewis CARROLL. *The Game of Logic*. Macmillan et Co., Londres, 1887.

Diagrammes d'Euler

Euler propose les diagrammes suivants pour traiter des syllogismes :

Graphique	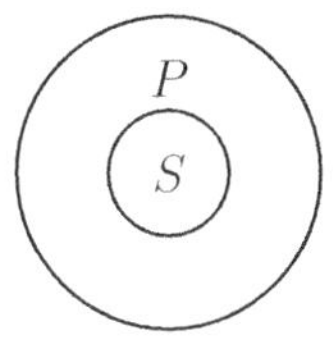	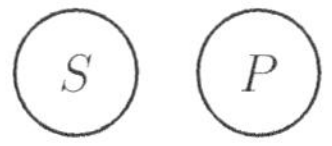	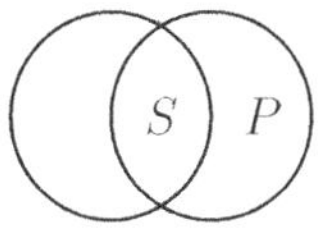	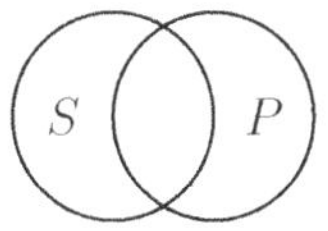
Interprétation	Tout S est P.	Aucun S n'est P.	Certains S sont P.	Certains S ne sont pas P.

FIGURE 2.1 – Diagrammes d'Euler.

Les diagrammes d'Euler ne sont pas vraiment adaptés à la logique des propositions. On peut par exemple considérer que chaque cercle représente une proposition, l'intérieur étant associé à la valeur de vérité *vrai*, et l'extérieur à la valeur de vérité *faux*. On a par exemple

Graphique	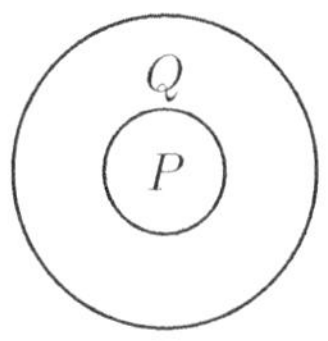	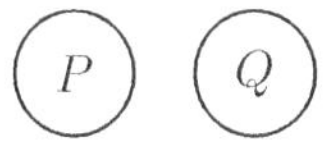
Interprétation	$P \implies Q$	$P \implies \neg Q$

Mais seules certaines situations de la logique des propositions peuvent se représenter facilement, en particulier celles faisant intervenir le connecteur implication. Par exemple

$$\begin{cases} P \implies Q \\ Q \implies R \end{cases}$$ peut se représenter par 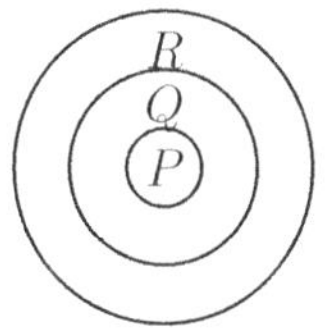

et ce graphique illustre la transitivité de l'implication : de $P \implies Q$ et de $Q \implies R$ on peut déduire $P \implies R$.

Diagrammes de Venn

Les diagrammes de Venn, dans le cadre de la logique des propositions, reprennent le principe d'une courbe fermée dont l'intérieur représente la valeur *vrai* d'une proposition, et l'extérieur la valeur *faux*. Un tel diagramme peut illustrer toutes les valuations possibles associées à n propositions atomiques, en partageant un rectangle en 2^n zones représentant les 2^n valuations. S'il n'y a qu'une proposition, un cercle partage le rectangle en 2 zones (l'intérieur et l'extérieur du cercle). S'il y a deux propositions, deux cercles partagent le rectangle en 4 zones :

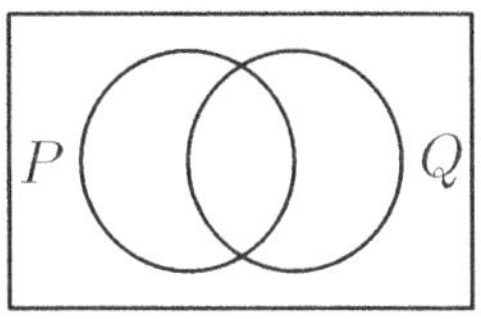

FIGURE 2.2 – Diagramme de Venn à deux arguments (1/2).

P et Q sont vrais à l'intérieur de leur cercle respectif, et faux à l'extérieur, ce qui donne :

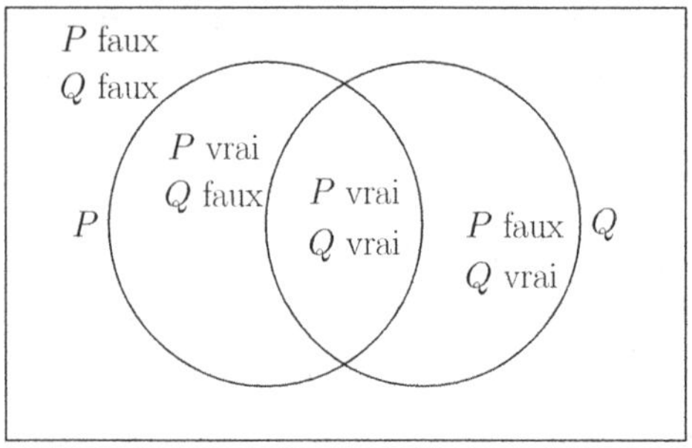

FIGURE 2.3 – Diagramme de Venn à deux arguments (2/2).

L'ajout d'une proposition consiste à ajouter une courbe qui intersecte une fois et une seule chacune des zones précédentes, de telle sorte que le nombre de zones soit multiplié par deux. Pour trois propositions par exemple, on obtient les 8 zones nécessaires à l'aide de trois cercles :

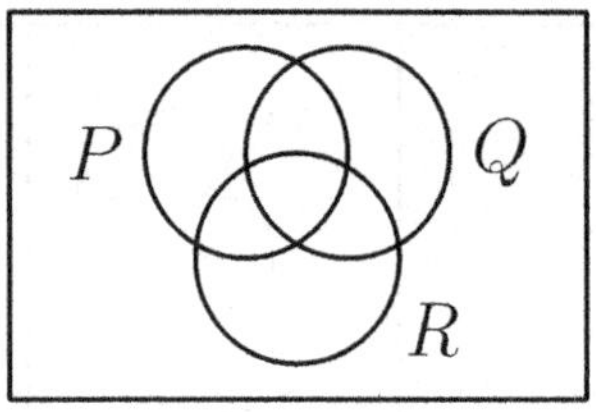

FIGURE 2.4 – Diagramme de Venn à trois arguments.

Au-delà de trois propositions, la représentation de Venn avec des cercles n'est plus possible, mais on peut utiliser d'autres formes, comme par exemple des ellipses :

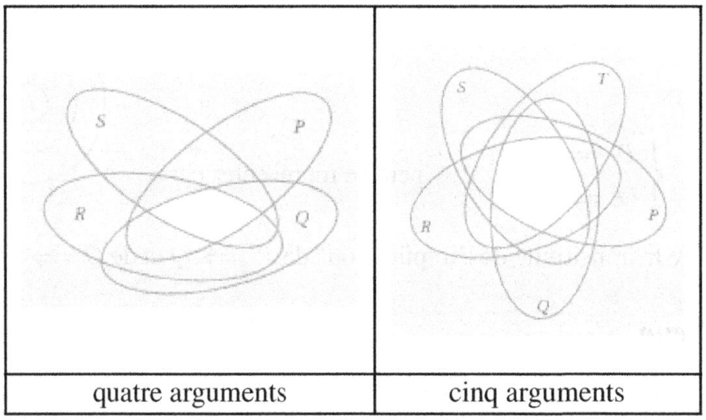

FIGURE 2.5 – Exemple de diagrammes de Venn à quatre et cinq arguments.

Un diagramme de Venn permet alors de représenter la table de vérité associée à n propositions de la façon suivante : pour chacune des 2^n zones du diagramme

- La zone est grisée, ou hachurée, lorsque la table donne la valeur *faux* pour la valuation associée à cette zone. D'autres marquages sont possibles, comme par exemple placer un symbole ∘ dans la zone au lieu de la griser (c'est ce que fait le mathématicien, logicien, et philosophe américain Charles Peirce (1839-1914) qui a adapté les diagrammes de Venn, en effectuant entre autres cette modification).
- La zone est laissée vide lorsque la table associe la valeur *vrai*.

La négation d'une formule consiste alors à permuter zones vides et zones grisées.

Les tables 2.10 et 2.11 (p. 87) montrent les différents diagrammes logiques associés aux quatre connecteurs binaires classiques

$$P \wedge Q \quad P \vee Q \quad P \Longrightarrow Q \quad P \Longleftrightarrow Q$$

et leur négation

$$\neg(P \wedge Q) \quad \neg(P \vee Q) \quad \neg(P \Longrightarrow Q) \quad \neg(P \Longleftrightarrow Q)$$

Diagrammes de Carroll

Les diagrammes de Carroll reprennent le principe des diagrammes de Venn, mais la disposition des zones est différente. Pour deux propositions, Carroll utilise un tableau à double entrée :

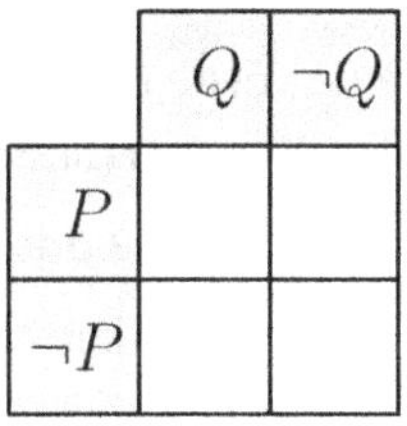

FIGURE 2.6 – Diagramme de Carroll à deux arguments (1/2).

P est *vrai* dans la première ligne, *faux* dans la deuxième (notée $\neg P$), *Q* est *vrai* dans la première colonne, faux dans la deuxième (notée $\neg Q$) :

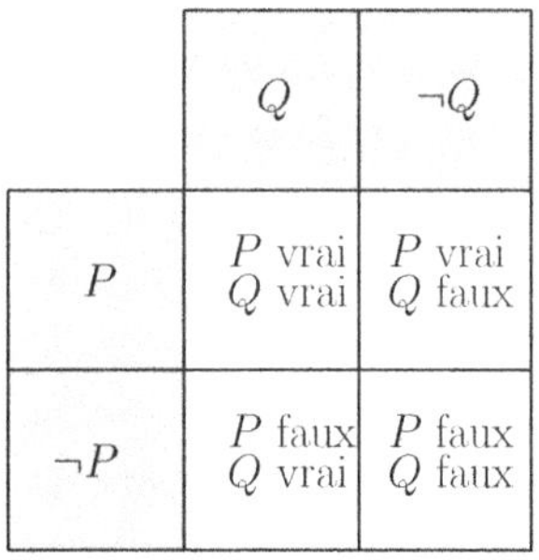

FIGURE 2.7 – Diagramme de Carroll à deux arguments (2/2).

Pour représenter une table de vérité à trois arguments, Carroll propose le diagramme suivant, où l'intérieur du carré central représente *R*, et l'extérieur $\neg R$:

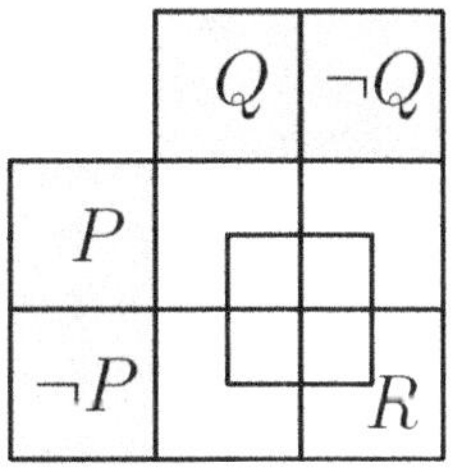

FIGURE 2.8 – Diagramme de Carroll à trois arguments.

Pour quatre arguments, Carroll remplace le carré central par deux rectangles, l'intérieur de chacun représentant la valeur *vrai* pour un des arguments. Pour cinq arguments, il partage en deux chacune des 16 cellules du diagramme à quatre arguments, par un trait diagonal. Et pour six arguments, il partage en quatre, par une croix, chacune des 16 cellules du diagramme à quatre arguments :

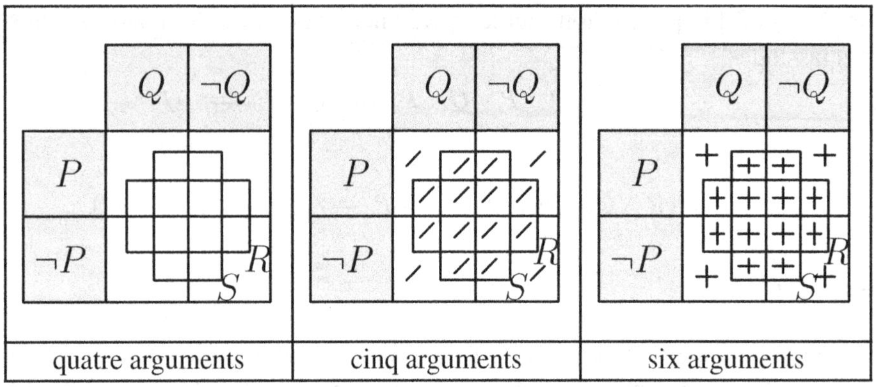

FIGURE 2.9 – Diagramme de Carroll à quatre, cinq, six arguments.

Le principe pour représenter une table de vérité est le même que pour les diagrammes de Venn (voir les tables 2.10 et 2.11, p. 87). Pour chacune des 2^n zones du diagramme associé à une table à n propositions

- un symbole ◦ est placé dans la zone lorsque la table donne la valeur *faux* à la valuation associée ;
- la zone est laissée vide lorsque la table donne la valeur *vrai*.

La négation d'une formule consiste à permuter les zones vides et les zones avec un symbole.

<table>
<tr><td>Connecteurs</td><td>$\wedge$</td><td>$\vee$</td><td>$\Longrightarrow$</td><td>$\Longleftrightarrow$</td></tr>
<tr><td>Diagrammes de Venn</td><td>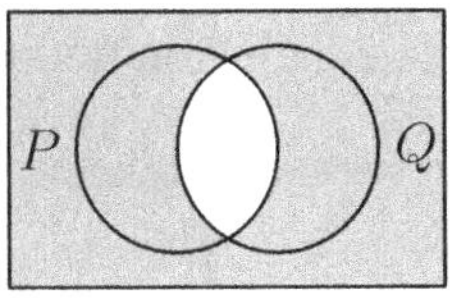</td><td>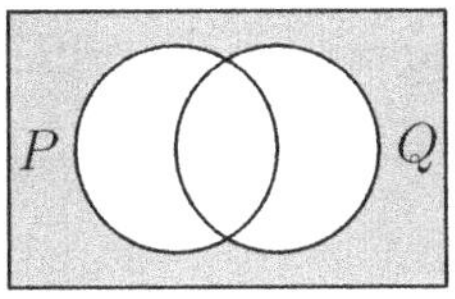</td><td>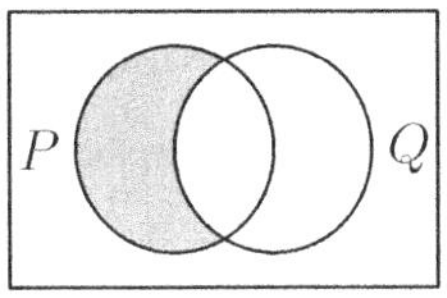</td><td>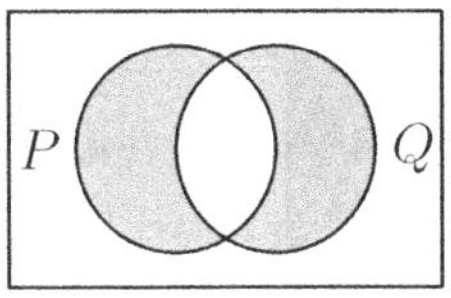</td></tr>
<tr><td>Diagrammes de Carroll</td>
<td><table><tr><td></td><td>Q</td><td>$\neg Q$</td></tr><tr><td>P</td><td></td><td>○</td></tr><tr><td>$\neg P$</td><td>○</td><td>○</td></tr></table></td>
<td><table><tr><td></td><td>Q</td><td>$\neg Q$</td></tr><tr><td>P</td><td></td><td></td></tr><tr><td>$\neg P$</td><td></td><td>○</td></tr></table></td>
<td><table><tr><td></td><td>Q</td><td>$\neg Q$</td></tr><tr><td>P</td><td></td><td>○</td></tr><tr><td>$\neg P$</td><td></td><td></td></tr></table></td>
<td><table><tr><td></td><td>Q</td><td>$\neg Q$</td></tr><tr><td>P</td><td></td><td>○</td></tr><tr><td>$\neg P$</td><td>○</td><td></td></tr></table></td>
</tr>
</table>

TABLE 2.10 – Diagrammes logiques pour les connecteurs classiques (1/2).

<table>
<tr><td>Connecteurs</td><td>$\uparrow$ (NON-ET)</td><td>$\downarrow$ (NON-OU)</td><td>$>$
(NON-implication, inhibition)</td><td>$\oplus$
(NON-équivalence, ou exclusif)</td></tr>
<tr><td>Diagrammes de Venn</td><td>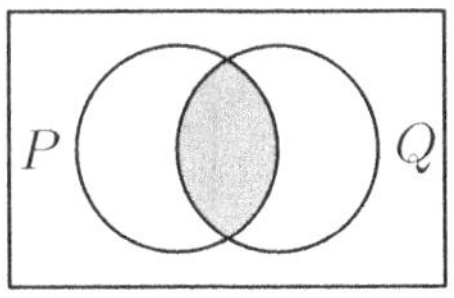</td><td>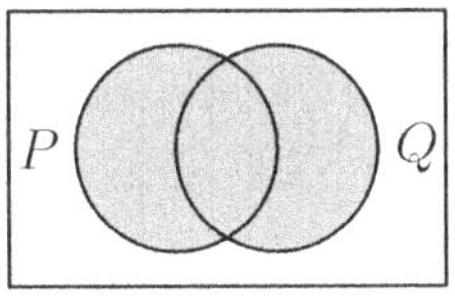</td><td>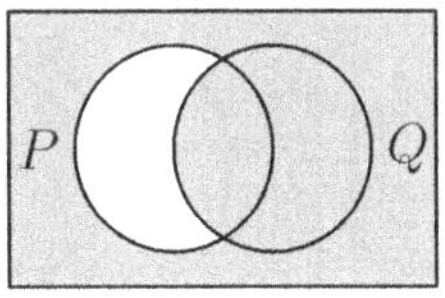</td><td>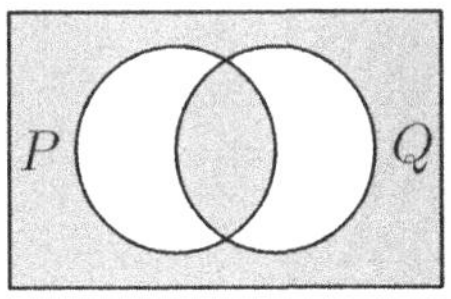</td></tr>
<tr><td>Diagrammes de Carroll</td>
<td><table><tr><td></td><td>Q</td><td>$\neg Q$</td></tr><tr><td>P</td><td>○</td><td></td></tr><tr><td>$\neg P$</td><td></td><td></td></tr></table></td>
<td><table><tr><td></td><td>Q</td><td>$\neg Q$</td></tr><tr><td>P</td><td>○</td><td>○</td></tr><tr><td>$\neg P$</td><td>○</td><td></td></tr></table></td>
<td><table><tr><td></td><td>Q</td><td>$\neg Q$</td></tr><tr><td>P</td><td>○</td><td></td></tr><tr><td>$\neg P$</td><td>○</td><td>○</td></tr></table></td>
<td><table><tr><td></td><td>Q</td><td>$\neg Q$</td></tr><tr><td>P</td><td>○</td><td></td></tr><tr><td>$\neg P$</td><td></td><td>○</td></tr></table></td>
</tr>
</table>

TABLE 2.11 – Diagrammes logiques pour les connecteurs classiques (2/2).

Exemple

Exemple 2.8.1

Cet exemple est de Lewis Carroll[34]. Le but est de vérifier si la conclusion donnée est correcte :

- Aucun docteur n'est enthousiaste.
- Vous êtes enthousiaste.
- Conclusion : vous n'êtes pas docteur.

Cet exemple est très simple (c'est un raisonnement par contraposition, dont la démonstration sémantique a été faite dans l'exemple 2.7.14, p. 74) mais permet de se familiariser avec les méthodes de résolution par diagrammes. Nous pouvons modéliser la situation ainsi : on considère sur l'ensemble des individus les propositions suivantes :

- D :≡ « Vous êtes un docteur. »
- E :≡ « Vous êtes enthousiaste. »

L'énoncé peut alors se traduire par le fait que les deux propositions suivantes sont vraies :

$$\begin{cases} D \implies \neg E \quad \text{ou encore} \quad \neg(E \wedge D) \\ E \end{cases}$$

La véracité de la première proposition, $\neg(E \wedge D)$, peut s'illustrer de la façon suivante :

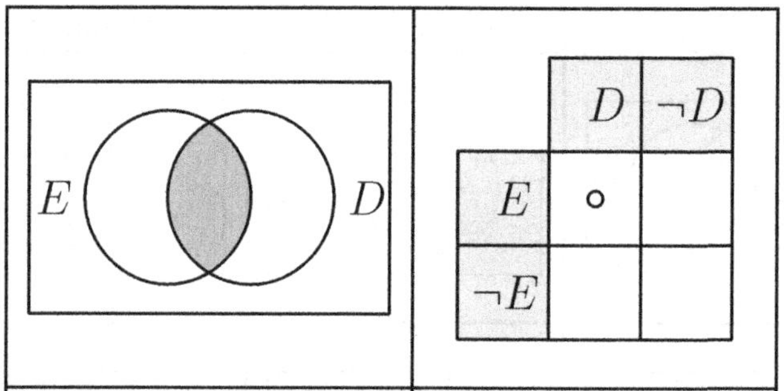

Diagramme de Venn	Diagramme de Carroll

Ensuite, puisque E est *vrai*, on élimine aussi les zones correspondant à $\neg E$:

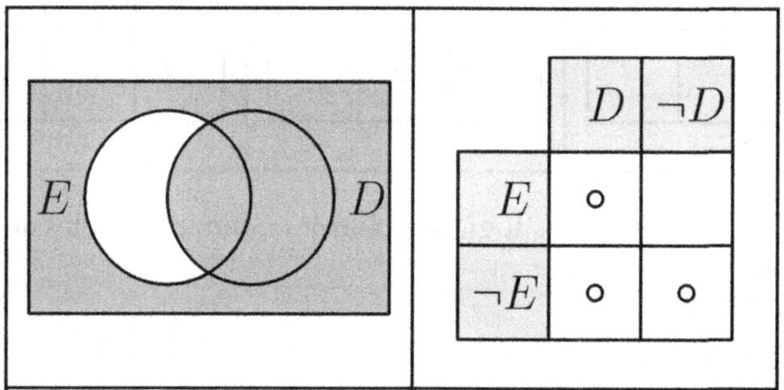

Diagramme de Venn	Diagramme de Carroll

On en déduit que E est *vrai* et D est *faux*. La conclusion « vous n'êtes pas docteur » est donc correcte.

34. Lewis CARROLL. « La logique symbolique ». Dans : *Œuvres*. Trad. par Jean GATTÉGNO. 4e éd. Gallimard, 1990, p. 1485-1629. Première publication : 1897.

2.9 Propriétés des connecteurs (synthèse)

J'énonce dans les théorèmes qui suivent plusieurs propriétés classiques des différents connecteurs, valables pour toutes les formules $P, Q, R, \ldots$ (je ne précise pas à chaque fois). Je ne donnerai en général pas de preuves ; un grand nombre de ces propriétés a déjà été démontré dans les sections 2.5 à 2.7, et les autres preuves sont semblables (pour justifier les différents résultats, il suffit en général de dresser les tables de vérité associées).

Métathéorème 2.9.1 (Propriétés du connecteur *négation*)

1. Double négation, ou involutivité, du connecteur $\neg$: La négation de la négation équivaut à la formule de départ :

$$\neg(\neg P) \equiv P$$

2. Principe de non-contradiction : une formule ne peut pas être à la fois vraie et fausse :

$$\models \neg(P \wedge \neg P)$$

ce qui équivaut à dire que $P \wedge \neg P$ est une contradiction (donc équivaut à la formule $\bot$) :

$$P \wedge \neg P \equiv \bot$$

3. Principe du tiers exclu : une formule est vraie ou fausse, autrement dit $P \vee \neg P$ est une tautologie

$$\models P \vee \neg P$$

ce qui revient à dire que $P \vee \neg P$ équivaut à la formule $\top$:

$$P \vee \neg P \equiv \top$$

Preuve
On peut trouver la preuve de la double négation dans l'exemple 2.6.22 (p. 67), et du principe de non-contradiction et du tiers exclu dans l'exemple 2.6.11 (p. 63).

Métathéorème 2.9.2 (Propriétés des connecteurs $\wedge$ et $\vee$)

1. Commutativité :

$$P \wedge Q \equiv Q \wedge P$$
$$P \vee Q \equiv Q \vee P$$

2. Associativité :

$$P \wedge (Q \wedge R) \equiv (P \wedge Q) \wedge R$$

(ce qui permet d'écrire sans ambiguïté $P \wedge Q \wedge R$)

$$P \vee (Q \vee R) \equiv (P \vee Q) \vee R$$

(ce qui permet d'écrire sans ambiguïté $P \vee Q \vee R$)

3. Lois d'absorption :

$$P \wedge (P \vee Q) \equiv P$$

$$P \vee (P \wedge Q) \equiv P$$

4. Élément neutre :
   - Le connecteur $\wedge$ admet $\top$ comme élément neutre :
   $$P \wedge \top \equiv P$$
   - Le connecteur $\vee$ admet $\bot$ comme élément neutre :
   $$P \vee \bot \equiv P$$
5. Distributivité de chacun des connecteurs $\wedge$ et $\vee$ sur l'autre :
   $$P \wedge (Q \vee R) \equiv (P \wedge Q) \vee (P \wedge R)$$
   $$P \vee (Q \wedge R) \equiv (P \vee Q) \wedge (P \vee R)$$
   et les généralisations
   $$P \wedge (Q_1 \vee \cdots \vee Q_n) \equiv (P \wedge Q_1) \vee \cdots \vee (P \wedge Q_n)$$
   $$P \vee (Q_1 \wedge \cdots \wedge Q_n) \equiv (P \vee Q_1) \wedge \cdots \wedge (P \vee Q_n)$$

Preuve

La commutativité et la propriété de l'élément neutre sont immédiates. On peut trouver la preuve de l'associativité du connecteur conjonction dans l'exemple 2.5.15 (p. 60), la preuve des lois d'absorption dans l'exemple 2.6.23 (p. 67), la preuve de la distributivité dans l'exemple 2.6.29 (p. 69). Les généralisations se prouvent par récurrence. Démontrons par exemple par récurrence sur n

$$P \wedge (Q_1 \vee \cdots \vee Q_n) \equiv (P \wedge Q_1) \vee \cdots \vee (P \wedge Q_n)$$

- Le résultat est immédiat pour $n = 1$ ($P \wedge Q_1 \equiv P \wedge Q_1$).
- On fait l'hypothèse de récurrence au rang n. Du fait de l'associativité de $\vee$
  $$Q_1 \vee \cdots \vee Q_n \vee Q_{n+1} \equiv (Q_1 \vee \cdots \vee Q_n) \vee Q_{n+1}$$
  et on a
  $$P \wedge ((Q_1 \vee \cdots \vee Q_n) \vee Q_{n+1}) \equiv (P \wedge (Q_1 \vee \cdots \vee Q_n)) \vee (P \wedge Q_{n+1})$$
  donc en utilisant l'hypothèse de récurrence
  $$P \wedge ((Q_1 \vee \cdots \vee Q_n) \vee Q_{n+1}) \equiv (P \wedge Q_1) \vee \cdots \vee (P \wedge Q_n) \vee (P \wedge Q_{n+1})$$

On prouve de la même manière l'autre équivalence.

Remarque 2.9.3 : Les propriétés précédentes des connecteurs négation, conjonction et disjonction correspondent à la caractérisation de ce qu'on appelle une algèbre de Boole (voir la section 8.7 pour l'étude générale de cette structure, et la section 3.1 pour le cas particulier que l'on appelle aussi *calcul booléen*, qui est une façon d'algébriser la logique des propositions).

Métathéorème 2.9.4 (Disjonction ou conjonction de formules)
Pour toute valuation v

$$v(P \vee Q) = 1 \text{ si et seulement si } v(P) = 1 \text{ ou } v(Q) = 1$$

$$v(P \vee Q) = 0 \text{ si et seulement si } v(P) = v(Q) = 0$$
$$v(P \wedge Q) = 1 \text{ si et seulement si } v(P) = v(Q) = 1$$
$$v(P \wedge Q) = 0 \text{ si et seulement si } v(P) = 0 \text{ ou } v(Q) = 0$$

Et on peut généraliser :

1. Une disjonction de formules est vraie si et seulement si l'une des formules est vraie :
$$v(P_1 \vee \cdots \vee P_n) = 1 \text{ si et seulement si } v(P_1) = 1 \text{ ou } \ldots \text{ ou } v(P_n) = 1$$
2. Une disjonction de formules est fausse si et seulement si toutes les formules sont fausses :
$$v(P_1 \vee \cdots \vee P_n) = 0 \text{ si et seulement si } v(P_1) = \cdots = v(P_n) = 0$$
3. Une conjonction de formules est vraie si et seulement si toutes les formules sont vraies :
$$v(P_1 \wedge \cdots \wedge P_n) = 1 \text{ si et seulement si } v(P_1) = \cdots = v(P_n) = 1$$
4. Une conjonction de formules est fausse si et seulement si l'une des formules est fausse :
$$v(P_1 \wedge \cdots \wedge P_n) = 0 \text{ si et seulement si } v(P_1) = 0 \text{ ou } \ldots \text{ ou } v(P_n) = 0$$

Preuve

La première partie du théorème s'obtient à partir de la définition des connecteurs $\vee$ et $\wedge$, et la suite par récurrence. Prouvons par exemple par récurrence sur n

$$v(P_1 \vee \cdots \vee P_n) = 1 \text{ si et seulement si } v(P_1) = 1 \text{ ou } \ldots \text{ ou } v(P_n) = 1$$

- Pour $n = 1$ le résultat est immédiat ($v(P_1) = 1$ si et seulement si $v(P_1) = 1$).
- On fait l'hypothèse de récurrence au rang n. Alors
$$P_1 \vee \cdots \vee P_n \vee P_{n+1} \equiv (P_1 \vee \cdots \vee P_n) \vee P_{n+1}$$
donc
$$v(P_1 \vee \cdots \vee P_n \vee P_{n+1}) = 1 \text{ si et seulement si } v(P_1 \vee \cdots \vee P_n) = 1 \text{ ou } v(P_{n+1}) = 1$$
c'est-à-dire, en utilisant l'hypothèse de récurrence, si et seulement si
$$v(P_1) = 1 \text{ ou } \ldots \text{ ou } v(P_n) = 1 \text{ ou } v(P_{n+1}) = 1$$

Les autres propriétés se prouvent de la même façon.

Métathéorème 2.9.5 (Lois de De Morgan)

Lois de De Morgan :

$$\neg(P \wedge Q) \equiv \neg P \vee \neg Q$$
$$\neg(P \vee Q) \equiv \neg P \wedge \neg Q$$

Ainsi que les généralisations :

$$\neg(P_1 \wedge P_2 \wedge \cdots \wedge P_n) \equiv \neg P_1 \vee \neg P_2 \vee \cdots \vee \neg P_n$$
$$\neg(P_1 \vee P_2 \vee \cdots \vee P_n) \equiv \neg P_1 \wedge \neg P_2 \wedge \cdots \wedge \neg P_n$$

Preuve

On peut trouver la preuve des lois de De Morgan dans l'exemple 2.6.27 (p. 68). Les généralisations se déduisent par récurrence. Justifions par exemple

$$\neg(P_1 \wedge P_2 \wedge \cdots \wedge P_n) \equiv \neg P_1 \vee \neg P_2 \vee \cdots \vee \neg P_n$$

par récurrence sur n :

- Au rang $n = 1$, la formule est triviale.
- On fait l'hypothèse que la formule est vérifiée au rang n (avec $n \geqslant 1$). Alors d'après les lois de De Morgan

  $$\neg(P_1 \wedge P_2 \wedge \cdots \wedge P_n \wedge P_{n+1}) \equiv \neg(P_1 \wedge \cdots \wedge P_n) \vee \neg P_{n+1}$$

  et par hypothèse de récurrence

  $$\begin{aligned}\neg(P_1 \wedge P_2 \wedge \cdots \wedge P_n \wedge P_{n+1}) &\equiv (\neg P_1 \vee \cdots \vee \neg P_n) \vee \neg P_{n+1} \\ &\equiv \neg P_1 \vee \cdots \vee \neg P_n \vee \neg P_{n+1}\end{aligned}$$

Remarque 2.9.6 : Les lois de De Morgan et le principe de double négation permettent d'exprimer chacun des connecteurs $\wedge$, $\vee$ en fonction de l'autre :

$$\begin{aligned}P \wedge Q &\equiv \neg(\neg P \vee \neg Q) \\ P \vee Q &\equiv \neg(\neg P \wedge \neg Q)\end{aligned}$$

Ces propriétés permettent aussi d'avoir un principe de dualité pour les équivalences, consistant à permuter les connecteurs $\wedge$ et $\vee$. Nous avons déjà utilisé ce principe. Par exemple, de la propriété d'associativité du connecteur conjonction

$$P \wedge (Q \wedge R) \equiv (P \wedge Q) \wedge R$$

qui est valable pour toutes les formules P, Q, R, on déduit, en remplaçant ces formules par leur négation

$$\neg P \wedge (\neg Q \wedge \neg R) \equiv (\neg P \wedge \neg Q) \wedge \neg R$$

Donc en prenant la négation

$$\neg(\neg P \wedge (\neg Q \wedge \neg R)) \equiv \neg((\neg P \wedge \neg Q) \wedge \neg R)$$

et en appliquant les lois de De Morgan

$$\begin{aligned}\neg\neg P \vee \neg(\neg Q \wedge \neg R) &\equiv \neg(\neg P \wedge \neg Q) \vee \neg\neg R \\ \neg\neg P \vee (\neg\neg Q \vee \neg\neg R) &\equiv (\neg\neg P \vee \neg\neg Q) \vee \neg\neg R\end{aligned}$$

On en déduit enfin par double négation

$$P \vee (Q \vee R) \equiv (P \vee Q) \vee R$$

Cette propriété (associativité du connecteur disjonction) est la propriété duale de l'associativité du connecteur conjonction (on a remplacé $\wedge$ par $\vee$).

Métathéorème 2.9.7 (Autres propriétés des connecteurs $\wedge$ et $\vee$)

1. Idempotence :

$$P \wedge P \equiv P$$

$$P \vee P \equiv P$$

2. Élément absorbant :
   - Le connecteur $\wedge$ admet $\perp$ comme élément absorbant :

$$P \wedge \perp \equiv \perp$$

   - Le connecteur $\vee$ admet $\top$ comme élément absorbant :

$$P \vee \top \equiv \top$$

3. Règle du syllogisme disjonctif :

$$P \vee Q, \neg P \models Q$$

Preuve
Les équivalences sont immédiates, et la règle du syllogisme disjonctif a été prouvée dans l'exemple 2.7.17 p. 75.

Métathéorème 2.9.8 (Propriétés du connecteur *implication*)

1. Expression de l'implication à l'aide des connecteurs $\neg$, $\wedge$, $\vee$:

$$P \implies Q \equiv \neg P \vee Q \equiv \neg(P \wedge \neg Q)$$

2. Négation de l'implication :

$$\neg(P \implies Q) \equiv P \wedge \neg Q$$

3. Contraposition :

$$P \implies Q \equiv \neg Q \implies \neg P$$

   $\neg Q \implies \neg P$ s'appelle la *contraposée* de $P \implies Q$.

4. $\top$ est élément neutre à gauche :

$$\top \implies P \equiv P$$

5. $\top$ est élément absorbant à droite :

$$P \implies \top \equiv \top$$

6. Distributivité de l'implication sur les connecteurs $\wedge$ et $\vee$

$$P \implies (Q \wedge R) \equiv (P \implies Q) \wedge (P \implies R)$$
$$P \implies (Q \vee R) \equiv (P \implies Q) \vee (P \implies R)$$

7. Distributivité du connecteur $\vee$ sur l'implication :

$$P \vee (Q \implies R) \equiv (P \vee Q) \implies (P \vee R)$$

8. Distributivité de l'implication sur elle-même :

$$P \implies (Q \implies R) \equiv (P \implies Q) \implies (P \implies R)$$

9. Autres expressions de $P \implies (Q \implies R)$:

$$(P \implies (Q \implies R)) \equiv (P \wedge Q) \implies R$$
$$(P \implies (Q \implies R)) \equiv (Q \implies (P \implies R))$$
$$(P \implies (Q \implies R)) \equiv (P \implies R) \vee (Q \implies R)$$

10. Loi de Peirce[35] :

$$\models ((P \implies Q) \implies P) \implies P$$

11. Autre équivalence :

$$(P \implies \neg P) \equiv \neg P$$

12. Tautologies diverses :

$$\models P \implies P$$
$$\models (P \wedge Q) \implies P$$
$$\models P \implies (P \vee Q)$$
$$\models (P \implies Q) \implies (P \implies (P \wedge Q))$$
$$\models P \implies (Q \implies P)$$
$$\models \neg P \implies (P \implies Q)$$

13. Règle de transitivité :

$$P \implies Q, Q \implies R \models P \implies R$$

ce qui équivaut à

$$\models ((P \implies Q) \wedge (Q \implies R)) \implies (P \implies R)$$

14. Règle du modus ponens :

$$P \implies Q, P \models Q$$

ce qui équivaut à

$$\models ((P \implies Q) \wedge P) \implies Q$$

15. Règle du modus tollens (raisonnement par contraposition) :

$$P \implies Q, \neg Q \models \neg P$$

ce qui équivaut à

$$\models ((P \implies Q) \wedge \neg Q) \implies \neg P$$

Preuve

On peut trouver la preuve du principe de contraposition dans l'exemple 2.6.32 (p. 72), et d'autres propriétés du connecteur implication dans l'exemple 2.6.30 (p. 70). Une autre possibilité pour démontrer les différentes formules est de se ramener aux connecteurs $\wedge$ et $\vee$ par l'une des équivalences

$$P \implies Q \equiv \neg P \vee Q$$
$$P \implies Q \equiv \neg(P \wedge \neg Q)$$

puis d'utiliser les propriétés de ces connecteurs. Par exemple

35. Charles Peirce (1839-1914), mathématicien, logicien, et philosophe américain.

- Pour exprimer la négation de l'implication :

$$P \implies Q \equiv \neg P \vee Q$$
$$\neg(P \implies Q) \equiv \neg(\neg P \vee Q)$$
$$\neg(P \implies Q) \equiv \neg\neg P \wedge \neg Q$$
$$\neg(P \implies Q) \equiv P \wedge \neg Q$$

- Pour la contraposition :

$$\neg Q \implies \neg P \equiv \neg\neg Q \vee \neg P$$
$$\neg Q \implies \neg P \equiv Q \vee \neg P$$
$$\neg Q \implies \neg P \equiv \neg P \vee Q$$
$$\neg Q \implies \neg P \equiv P \implies Q$$

Les preuves des règles de transitivité, modus ponens, modus tollens, sont respectivement dans les exemples 2.7.16 (p. 75), 2.7.11 (p. 74), 2.7.14 (p. 74). Les formulations équivalentes sous la forme de tautologies sont des applications du corollaire du théorème de déduction (théorème 2.7.26, p. 78), conséquence du théorème de déduction

$$\Gamma, P \models Q \quad \text{si et seulement si} \quad \Gamma \models P \implies Q$$

et de l'équivalence

$$P \implies (Q \implies R) \equiv (P \wedge Q) \implies R$$

Remarque 2.9.9 : Le connecteur $\wedge$ n'est pas distributif sur l'implication. Par exemple si P est faux

$$P \wedge (Q \implies R) \equiv \bot$$

mais

$$(P \wedge Q) \implies (P \wedge R) \equiv \top$$

Remarque 2.9.10 : Je rappelle que le connecteur implication n'est pas associatif (voir la remarque 2.6.31, p. 71), mais qu'une convention usuelle est celle d'une associativité par la droite autrement dit

$$P \implies Q \implies R \overset{\text{def}}{\equiv} P \implies (Q \implies R)$$

ce qui permet alors l'équivalence

$$P \implies Q \implies R \equiv (P \wedge Q) \implies R$$

Remarque 2.9.11 : Le connecteur implication n'est pas commutatif : l'implication $P \implies Q$ n'est pas équivalente à sa réciproque $Q \implies P$. Par exemple si P est *vrai* et Q est *faux* alors $P \implies Q$ est *faux* mais $Q \implies P$ est *vrai*. Ne pas confondre la *contraposée* avec la *réciproque*, d'une implication $P \implies Q$:

- La contraposée est la formule $\neg Q \implies \neg P$, et elle est équivalente à $P \implies Q$ (principe de contraposition).
- La réciproque est la formule $Q \implies P$, et elle n'est pas équivalente à $P \implies Q$.

Par exemple

1. On se place dans l'ensemble des nombres réels et on considère les formules

$$P :\equiv x = 1$$
$$Q :\equiv x^2 = 1$$

La formule $P \implies Q$ est vraie. Elle signifie que si $x = 1$ alors $x^2 = 1$. Sa contraposée, qui lui est équivalente, est donc vraie aussi ; elle s'écrit : si $x^2 \neq 1$ alors $x \neq 1$. Par contre la réciproque de la formule $P \implies Q$ est fausse ; elle signifie : si $x^2 = 1$ alors $x = 1$, ce qui est faux puisque si x^2 est égal à 1, x peut aussi être égal à -1.

2. On considère un triangle ABC et les formules

$$P :\equiv ABC \text{ est rectangle en } A$$
$$Q :\equiv AB^2 + AC^2 = BC^2$$

La formule $P \implies Q$ est vraie (c'est le théorème de Pythagore). Sa contraposée, qui lui est équivalente, est automatiquement vraie ; elle s'écrit : si $AB^2 + AC^2 \neq BC^2$, alors le triangle ABC n'est pas rectangle en A. Dans cet exemple, il se trouve que la réciproque est vraie aussi, mais pour des raisons mathématiques, et pas comme conséquence logique de la véracité de $P \implies Q$. Cette réciproque s'écrit : si $AB^2 + AC^2 = BC^2$, alors le triangle ABC est rectangle en A. La contraposée de la réciproque, qui lui est équivalente, est donc vraie aussi. Celle-ci est la formule $\neg P \implies \neg Q$: si le triangle ABC n'est pas rectangle en A, alors $AB^2 + AC^2 \neq BC^2$.

Métathéorème 2.9.12 (Propriétés du connecteur *équivalence*)

1. Expressions en fonction des autres opérateurs :

$$(P \iff Q) \equiv (P \implies Q) \wedge (Q \implies P)$$
$$(P \iff Q) \equiv (P \wedge Q) \vee (\neg P \wedge \neg Q)$$
$$(P \iff Q) \equiv (P \vee \neg Q) \wedge (Q \vee \neg P)$$

2. Propriétés liées à la négation :

$$(P \iff Q) \equiv (\neg P \iff \neg Q)$$
$$\neg(P \iff Q) \equiv (P \iff \neg Q) \equiv (\neg P \iff Q)$$

3. Commutativité :

$$P \iff Q \equiv Q \iff P$$

4. Associativité

$$P \iff (Q \iff R) \equiv (P \iff Q) \iff R$$

5. Autre propriété :

$$\models P \iff P$$

Preuve
On peut trouver des preuves de propriétés du connecteur équivalence dans l'exemple 2.6.30 (p. 70).

Remarque 2.9.13 : Le connecteur $\iff$ est associatif et une expression de la forme

$$P \iff Q \iff R$$

pourrait signifier l'une des expressions équivalentes suivantes

$$(P \iff Q) \iff R \qquad \text{ou} \qquad P \iff (Q \iff R)$$

mais n'est en général pas employée (il est préférable de garder les parenthèses).

Néanmoins, dans certains ouvrages de mathématiques (hors logique), on peut trouver ce genre d'expression comme raccourci [36] pour

$$\begin{cases} P \iff Q & \text{est } \textit{vrai} \\ Q \iff R & \text{est } \textit{vrai} \end{cases}$$

36. En toute rigueur incorrect.

d'où l'on déduit

$$P \iff R \quad \text{est } \textit{vrai}$$

Synthèse 2.9.14 (Expression des connecteurs binaires en fonction des autres)

1. Expression du connecteur $\wedge$ en fonction des autres :

$$\begin{aligned} P \wedge Q &\equiv \neg(\neg P \vee \neg Q) \\ &\equiv \neg(P \implies \neg Q) \end{aligned}$$

2. Expression du connecteur $\vee$ en fonction des autres :

$$\begin{aligned} P \vee Q &\equiv \neg(\neg P \wedge \neg Q) \\ &\equiv \neg P \implies Q \end{aligned}$$

3. Expression du connecteur $\implies$ en fonction des autres :

$$\begin{aligned} P \implies Q &\equiv \neg(P \wedge \neg Q) \\ &\equiv \neg P \vee Q \end{aligned}$$

4. Expression du connecteur $\iff$ en fonction des autres :

$$\begin{aligned} (P \iff Q) &\equiv (P \implies Q) \wedge (Q \implies P) \\ &\equiv (P \wedge Q) \vee (\neg P \wedge \neg Q) \\ &\equiv (P \vee \neg Q) \wedge (Q \vee \neg P) \end{aligned}$$

Le fait que les cinq connecteurs principaux puissent toujours s'exprimer en fonction uniquement du connecteur négation et d'un seul connecteur parmi $\wedge, \vee, \implies$, permet de donner une variante du raisonnement par induction structurelle sur les formules :

Métathéorème 2.9.15 (Induction structurelle sur les propositions)
On considère une propriété $\mathscr{P}$ sur l'ensemble des propositions, qui est *préservée par équivalence* (si la formule $\mathscr{P}$ vérifie la propriété alors toute formule équivalente à $\mathscr{P}$ la vérifie). Si les conditions suivantes sont vérifiées

$$\begin{cases} \text{les propositions atomiques vérifient } \mathscr{P}\,; \\ \text{si } P \text{ vérifie } \mathscr{P}, \text{ alors } \neg P \text{ vérifie } \mathscr{P}\,; \\ \text{si } P \text{ et } Q \text{ vérifient } \mathscr{P}, \text{ alors } P \wedge Q \text{ (respectivement } P \vee Q,\ P \implies Q) \text{ vérifie } \mathscr{P}\,; \end{cases}$$

alors on en déduit que la propriété $\mathscr{P}$ est vérifiée par toutes les propositions.

Preuve
Il suffit d'utiliser le fait que les connecteurs s'expriment les uns en fonction des autres. Par exemple, si on justifie que

$$\begin{cases} \text{si } P \text{ vérifie } \mathscr{P}, \text{ alors } \neg P \text{ vérifie } \mathscr{P}\,; \\ \text{si } P \text{ et } Q \text{ vérifient } \mathscr{P}, \text{ alors } P \wedge Q \text{ vérifie } \mathscr{P}\,; \end{cases}$$

alors on en déduit que si P et Q vérifient la propriété, il en est de même pour

$$\neg P \qquad \neg Q \qquad \neg P \wedge \neg Q \qquad \neg(\neg P \wedge \neg Q)$$

Or la propriété est conservée par équivalence, et

$$P \vee Q \equiv \neg(\neg P \wedge \neg Q)$$

donc $P \vee Q$ vérifie aussi la propriété. Il en est de même pour $P \implies Q$ et $P \iff Q$. On en déduit, d'après le principe d'induction structurelle, que la propriété est vérifiée par toutes les formules.

Remarque 2.9.16 : Je rappelle que la formulation de l'énoncé avec *respectivement* signifie que le métathéorème reste valable si on remplace $P \wedge Q$ par $P \vee Q$, ou par $P \implies Q$. Ainsi, pour prouver par induction structurelle sur l'ensemble des propositions une propriété (préservée par équivalence), il n'est pas nécessaire de prouver que cette propriété est conservée par tous les connecteurs binaires ($\wedge$, $\vee$, $\implies$, $\iff$), mais il suffit de le faire pour uniquement un connecteur parmi $\wedge$, $\vee$, $\implies$ (en plus du connecteur négation).

Voyons aussi quelques propriétés des autres connecteurs logiques classiques, mais qui n'interviennent en général pas dans des ouvrages mathématiques (hors logique) :

Métathéorème 2.9.17 (Propriétés du connecteur *NON-ET*)

1. Expression du connecteur $\uparrow$ en fonction des autres connecteurs classiques :

$$\begin{aligned} P \uparrow Q &\overset{\text{def}}{\equiv} \neg(P \wedge Q) \\ &\equiv \neg P \vee \neg Q \\ &\equiv P \implies \neg Q \end{aligned}$$

2. Commutativité :

$$P \uparrow Q \equiv Q \uparrow P$$

3. Expression des connecteurs $\neg$, $\wedge$, $\vee$, $\implies$ en fonction du connecteur $\uparrow$:

$$\begin{aligned} \neg P &\equiv P \uparrow P \\ P \wedge Q &\equiv (P \uparrow Q) \uparrow (P \uparrow Q) \\ P \vee Q &\equiv (P \uparrow P) \uparrow (Q \uparrow Q) \\ P \implies Q &\equiv P \uparrow (Q \uparrow Q) \end{aligned}$$

Preuve

Comme précédemment, ces équivalences peuvent être prouvées à partir des tables de vérité, ou en utilisant les propriétés des autres connecteurs :

$$P \uparrow P \equiv \neg(P \wedge P) \equiv \neg P$$

donc

$$\begin{cases} (P \uparrow Q) \uparrow (P \uparrow Q) & \equiv \neg(P \uparrow Q) \equiv P \wedge Q \\ (P \uparrow P) \uparrow (Q \uparrow Q) & \equiv \neg P \uparrow \neg Q \equiv \neg(\neg P \wedge \neg Q) \equiv P \vee Q \\ P \uparrow (Q \uparrow Q) & \equiv P \uparrow \neg Q \equiv \neg(P \wedge \neg Q) \equiv \neg P \vee Q \equiv P \implies Q \end{cases}$$

Remarque 2.9.18 : Le connecteur NON-ET n'est pas associatif.

Métathéorème 2.9.19 (Propriétés du connecteur *NON-OU*)

1. Expression du connecteur $\downarrow$ en fonction des autres connecteurs classiques :

$$\begin{aligned} P \downarrow Q &\overset{\text{def}}{\equiv} \neg(P \vee Q) \\ &\equiv \neg P \wedge \neg Q \\ &\equiv \neg(\neg P \implies Q) \end{aligned}$$

2. Commutativité :

$$P \downarrow Q \equiv Q \downarrow P$$

3. Expression des connecteurs $\neg$, $\wedge$, $\vee$, $\implies$ en fonction du connecteur $\downarrow$:

$$\begin{aligned} \neg P &\equiv P \downarrow P \\ P \wedge Q &\equiv (P \downarrow P) \downarrow (Q \downarrow Q) \\ P \vee Q &\equiv (P \downarrow Q) \downarrow (P \downarrow Q) \\ P \implies Q &\equiv ((P \downarrow P) \downarrow Q) \downarrow ((P \downarrow P) \downarrow Q) \end{aligned}$$

Preuve

Le raisonnement est le même que pour le connecteur *NON-ET* (on permute $\wedge$ et $\vee$). Concernant la dernière équivalence :

$$((P \downarrow P) \downarrow Q) \downarrow ((P \downarrow P) \downarrow Q) \equiv \neg((P \downarrow P) \downarrow Q) \equiv \neg(\neg P \downarrow Q) \equiv \neg P \vee Q \equiv P \implies Q$$

Remarque 2.9.20 : Le connecteur NON-OU n'est pas associatif.

Métathéorème 2.9.21 (Propriétés du connecteur *inhibition*)

1. Expression du connecteur $>$ en fonctions des autres connecteurs classiques :

$$\begin{aligned} P > Q &\overset{\text{def}}{\equiv} \neg(P \implies Q) \\ &\equiv P \wedge \neg Q \\ &\equiv \neg(\neg P \vee Q) \end{aligned}$$

2. Expression des connecteurs $\neg$, $\wedge$, $\vee$, $\implies$ en fonction du connecteur $>$ (et de la formule $\top$) :

$$\begin{aligned} \neg P &\equiv \top > P \\ P \wedge Q &\equiv P > (\top > Q) \\ P \vee Q &\equiv \top > ((\top > P) > Q) \\ P \implies Q &\equiv \top > (P > Q) \end{aligned}$$

Preuve

$$\begin{aligned} \top > P &\equiv \top \wedge \neg P \equiv \neg P \\ P > (\top > Q) &\equiv P > \neg Q \equiv P \wedge Q \\ \top > ((\top > P) > Q) &\equiv \neg(\neg P > Q) \equiv P \vee Q \\ \top > (P > Q) &\equiv \neg(P > Q) \equiv P \implies Q \end{aligned}$$

Remarque 2.9.22 : Le connecteur inhibition n'est ni commutatif ni associatif.

Métathéorème 2.9.23 (Propriétés du connecteur *ou exclusif*)

1. Expression du connecteur $\oplus$ en fonction des autres connecteurs :

$$\begin{aligned} P \oplus Q &\overset{\text{def}}{\equiv} \neg(P \iff Q) \\ &\equiv P \iff \neg Q \\ &\equiv \neg P \iff Q \\ &\equiv (P \wedge \neg Q) \vee (Q \wedge \neg P) \\ &\equiv (P \vee Q) \wedge (\neg P \vee \neg Q) \\ &\equiv (P \vee Q) \wedge \neg(P \wedge Q) \\ &\equiv \neg(P \implies Q) \vee \neg(Q \implies P) \\ &\equiv (P \implies Q) \implies \neg(Q \implies P) \end{aligned}$$

2. Négation du connecteur $\oplus$:

$$\neg(P \oplus Q) \equiv P \oplus \neg Q \equiv \neg P \oplus Q$$
$$\begin{aligned} \neg(P \oplus Q) &\equiv (P \wedge Q) \vee (\neg P \wedge \neg Q) \\ &\equiv (P \vee \neg Q) \wedge (\neg P \vee Q) \end{aligned}$$

3. Commutativité :

$$P \oplus Q \equiv Q \oplus P$$

4. Associativité :

$$P \oplus (Q \oplus R) \equiv (P \oplus Q) \oplus R$$

(ce qui permet d'écrire sans ambiguïté $P \oplus Q \oplus R$)

5. $\perp$ est élément neutre :

$$P \oplus \perp \equiv P$$

6. Distributivité de $\wedge$ sur $\oplus$:

$$P \wedge (Q \oplus R) \equiv (P \wedge Q) \oplus (P \wedge R)$$

7. Autres propriétés :

$$\begin{aligned} P \oplus P &\equiv \perp \\ P \oplus \neg P &\equiv \top \\ P \oplus \top &\equiv \neg P \\ P \oplus (P \vee Q) &\equiv \neg P \wedge Q \\ P \oplus (P \wedge Q) &\equiv P \wedge \neg Q \\ P \oplus (\neg P \wedge Q) &\equiv P \vee Q \\ \neg P \oplus (\neg P \vee Q) &\equiv P \wedge Q \end{aligned}$$

Nous avons vu que chacun des connecteurs $\vee$, $\implies$, $\iff$ peut s'exprimer uniquement en fonction de $\neg$ et $\wedge$:

$$P \vee Q \equiv \neg(\neg P \wedge \neg Q)$$

$$P \implies Q \equiv \neg(P \wedge \neg Q)$$
$$P \iff Q \equiv (P \implies Q) \wedge (Q \implies P) \equiv \neg(P \wedge \neg Q) \wedge \neg(Q \wedge \neg P)$$

On en déduit que toute formule est équivalente à une formule ne faisant intervenir que les connecteurs $\neg$ et $\wedge$. On dit que $\{\neg, \wedge\}$ est un *système complet de connecteurs*. Les propriétés vues dans cette section montrent que les systèmes de connecteurs suivants sont complets :

$$\{\neg, \wedge\} \qquad \{\neg, \vee\} \qquad \{\neg, \implies\} \qquad \{\uparrow\} \qquad \{\downarrow\}$$

(les deux derniers exemples prouvent qu'il est possible d'avoir un système complet formé d'un seul connecteur).

Nous allons voir dans la section 2.10 que toute table de vérité est la table de vérité d'une formule, autrement dit que si on se donne une fonction t, de l'ensemble V des valuations sur n propositions atomiques $p_1, \dots, p_n$, dans $\{0, 1\}$, il existe toujours une formule P telle que pour toute valuation v de V, on a

$$t(v) = v(P)$$

Nous pouvons déjà le constater dans le cas des tables de vérité associées à deux propositions (c'est-à-dire pour un connecteur binaire), en étudiant les 16 tables de vérité possibles : le résultat est présenté dans les tableaux 2.12 et 2.13 (p. 102), où j'indique, pour chacun des 16 connecteurs binaires, une formule possible (il n'y a pas unicité) exprimée dans chacun des six systèmes de connecteurs complets (les cinq précédents et celui formé des cinq connecteurs usuels). Les 16 connecteurs binaires sont les suivants :

- les quatre connecteurs binaires classiques

$$\wedge \qquad \vee \qquad \implies \qquad \iff$$

- la négation de ces quatre connecteurs : les connecteurs *NON-ET* ($\uparrow$), *NON-OU* ($\downarrow$), *inhibition* ($>$), et *ou exclusif* ($\oplus$) ;
- deux connecteurs particuliers qui ont toujours la même valeur, quelle que soit la valeur de vérité de P et de Q :
  — le connecteur *contradiction* qui, à deux formules, associe une contradiction (qui prend toujours la valeur *faux*) ;
  — le connecteur *tautologie* qui, à deux formules, associe une tautologie (qui prend toujours la valeur *vrai*) ;
- les quatre connecteurs qui n'agissent que sur une des formules et qui, au couple (P, Q), associent soit P, soit Q, soit $\neg P$, soit $\neg Q$;
- deux connecteurs réciproques de connecteurs binaires, pour lesquels il n'y a pas besoin de symbole supplémentaire puisqu'il suffit de permuter P et Q : l'implication réciproque ($Q \implies P$) et l'inhibition réciproque ($Q > P$, mais que l'on peut aussi noter $P < Q$).

P	F	F	V	V	Système de connecteurs			
Q	F	V	F	V	$\Longrightarrow$ $\Longleftrightarrow$ $\neg \wedge \vee$	$\neg \Longrightarrow$	$\neg\wedge$	$\neg\vee$
Contradiction	F	F	F	F	$P \wedge \neg P$	$\neg(P \Longrightarrow P)$	$P \wedge \neg P$	$\neg(P \vee \neg P)$
Conjonction ($P \wedge Q$)	F	F	F	V	$P \wedge Q$	$\neg(P \Longrightarrow \neg Q)$	$P \wedge Q$	$\neg(\neg P \vee \neg Q)$
Inhibition ($P > Q$)	F	F	V	F	$\neg(P \Longrightarrow Q)$	$\neg(P \Longrightarrow Q)$	$P \wedge \neg Q$	$\neg(\neg P \vee Q)$
P	F	F	V	V	P	P	P	P
Inhibition réciproque ($P < Q$)	F	V	F	F	$\neg(Q \Longrightarrow P)$	$\neg(Q \Longrightarrow P)$	$\neg P \wedge Q$	$\neg(P \vee \neg Q)$
Q	F	V	F	V	Q	Q	Q	Q
Ou exclusif, OUX ($P \oplus Q$)	F	V	V	F	$\neg(P \Longleftrightarrow Q)$	$(P \Longrightarrow Q) \Longrightarrow \neg(Q \Longrightarrow P)$	$\neg(\neg(P \wedge \neg Q) \wedge \neg(\neg P \wedge Q))$	$(\neg(P \vee \neg Q)) \vee (\neg(\neg P \vee Q))$
Disjonction ($P \vee Q$)	F	V	V	V	$P \vee Q$	$\neg P \Longrightarrow Q$	$\neg(\neg P \wedge \neg Q)$	$P \vee Q$
NON-OU ($P \downarrow Q$)	V	F	F	F	$\neg(P \vee Q)$	$\neg(\neg P \Longrightarrow Q)$	$\neg P \wedge \neg Q$	$\neg(P \vee Q)$
Équivalence ($P \Longleftrightarrow Q$)	V	F	F	V	$P \Longleftrightarrow Q$	$\neg((P \Longrightarrow Q) \Longrightarrow \neg(Q \Longrightarrow P))$	$\neg(P \wedge \neg Q) \wedge \neg(\neg P \wedge Q)$	$\neg(P \vee Q) \vee \neg(\neg P \vee \neg Q)$
Négation de Q ($\neg Q$)	V	F	V	F	$\neg Q$	$\neg Q$	$\neg Q$	$\neg Q$
Implication réciproque ($Q \Longrightarrow P$)	V	F	V	V	$Q \Longrightarrow P$	$Q \Longrightarrow P$	$\neg(\neg P \wedge Q)$	$P \vee \neg Q$
Négation de P ($\neg P$)	V	V	F	F	$\neg P$	$\neg P$	$\neg P$	$\neg P$
Implication ($P \Longrightarrow Q$)	V	V	F	V	$P \Longrightarrow Q$	$P \Longrightarrow Q$	$\neg(P \wedge \neg Q)$	$\neg P \vee Q$
NON-ET ($P \uparrow Q$)	V	V	V	F	$\neg(P \wedge Q)$	$P \Longrightarrow \neg Q$	$\neg(P \wedge Q)$	$\neg P \vee \neg Q$
Tautologie	V	V	V	V	$P \vee \neg P$	$P \Longrightarrow P$	$\neg(P \wedge \neg P)$	$P \vee \neg P$

TABLE 2.12 – Les 16 connecteurs binaires, et leur expression possible dans six systèmes complets de connecteurs (1/2).

P	F	F	V	V	Système de connecteurs	
Q	F	V	F	V	$\uparrow$	$\downarrow$
Contradiction	F	F	F	F	$(P \uparrow (P \uparrow P)) \uparrow (P \uparrow (P \uparrow P))$	$P \downarrow (P \downarrow P)$
Conjonction ($P \wedge Q$)	F	F	F	V	$(P \uparrow Q) \uparrow (P \uparrow Q)$	$(P \downarrow P) \downarrow (Q \downarrow Q)$
Inhibition ($P > Q$)	F	F	V	F	$(P \uparrow (Q \uparrow Q)) \uparrow (P \uparrow (Q \uparrow Q))$	$(P \downarrow P) \downarrow Q$
P	F	F	V	V	P	P
Inhibition réciproque ($P < Q$)	F	V	F	F	$((P \uparrow P) \uparrow Q) \uparrow ((P \uparrow P) \uparrow Q)$	$P \downarrow (Q \downarrow Q)$
Q	F	V	F	V	Q	Q
Ou exclusif, OUX ($P \oplus Q$)	F	V	V	F	$((P \uparrow P) \uparrow Q) \uparrow (P \uparrow (Q \uparrow Q))$	$((P \downarrow P) \downarrow (Q \downarrow Q)) \downarrow (P \downarrow Q)$
Disjonction ($P \vee Q$)	F	V	V	V	$(P \uparrow P) \uparrow (Q \uparrow Q)$	$(P \downarrow Q) \downarrow (P \downarrow Q)$
NON-OU ($P \downarrow Q$)	V	F	F	F	$((P \uparrow P) \uparrow (Q \uparrow Q)) \uparrow ((P \uparrow P) \uparrow (Q \uparrow Q))$	$P \downarrow Q$
Équivalence ($P \Longleftrightarrow Q$)	V	F	F	V	$((P \uparrow P) \uparrow (Q \uparrow Q)) \uparrow (P \uparrow Q)$	$((P \downarrow P) \downarrow Q) \downarrow (P \downarrow (Q \downarrow Q))$
Négation de Q ($\neg Q$)	V	F	V	F	$Q \uparrow Q$	$Q \downarrow Q$
Implication réciproque ($Q \Longrightarrow P$)	V	F	V	V	$(P \uparrow P) \uparrow Q$	$(P \downarrow (Q \downarrow Q)) \downarrow (P \downarrow (Q \downarrow Q))$
Négation de P ($\neg P$)	V	V	F	F	$P \uparrow P$	$P \downarrow P$
Implication ($P \Longrightarrow Q$)	V	V	F	V	$P \uparrow (Q \uparrow Q)$	$((P \downarrow P) \downarrow Q) \downarrow ((P \downarrow P) \downarrow Q)$
NON-ET ($P \uparrow Q$)	V	V	V	F	$P \uparrow Q$	$((P \downarrow P) \downarrow (Q \downarrow Q)) \downarrow ((P \downarrow P) \downarrow (Q \downarrow Q))$
Tautologie	V	V	V	V	$P \uparrow (P \uparrow P)$	$(P \downarrow (P \downarrow P)) \downarrow (P \downarrow (P \downarrow P))$

TABLE 2.13 – Les 16 connecteurs binaires, et leur expression possible dans six systèmes complets de connecteurs (2/2).

2.10 Formes normales

Définition 2.10.1 (Littéral)
On appelle *littéral* toute proposition atomique (qu'on appelle aussi *littéral positif*) ou négation d'une proposition atomique (qu'on appelle aussi *littéral négatif*).

Exemple 2.10.2 (Exemples de littéraux)
À partir des propositions atomiques p, q, r, on peut former les littéraux

$$p \quad q \quad r \quad \neg p \quad \neg q \quad \neg r$$

Définition 2.10.3 (Clause)
1. On appelle *clause conjonctive* toute conjonction de littéraux, autrement dit toute formule de la forme
$$L_1 \wedge \cdots \wedge L_n$$
où les L_i sont des littéraux.
2. On appelle *clause disjonctive* (ou juste *clause*) toute disjonction de littéraux, autrement dit toute formule de la forme
$$L_1 \vee \cdots \vee L_n$$
où les L_i sont des littéraux.

Remarque 2.10.4 (Vocabulaire) : Le terme *clause* (seul) fait généralement référence à une clause disjonctive.

Remarque 2.10.5 (Vocabulaire) : Une clause disjonctive comportant au plus un littéral positif s'appelle une *clause de Horn* (ce type de formules est en particulier utilisé en informatique).

Exemple 2.10.6 (Exemples de clauses)
À partir des propositions atomiques p, q, r, on peut former par exemple les clauses conjonctives

$$p \wedge q \wedge \neg r \qquad \neg p \wedge q \wedge p \qquad p \wedge q$$

et les clauses disjonctives

$$p \vee q \vee \neg r \qquad \neg p \vee q \vee p \qquad p \vee q$$

Remarque 2.10.7 : Un littéral est à la fois une clause conjonctive et disjonctive (formée d'un seul terme).

Définition 2.10.8 (Forme normale disjonctive, forme normale conjonctive)
1. On dit qu'une formule est sous *forme normale disjonctive* lorsqu'elle s'écrit sous la forme d'une

disjonction de clauses conjonctives, autrement dit sous la forme d'une disjonction de conjonctions de littéraux :

$$C_1 \vee C_2 \vee \cdots \vee C_n$$

où chaque clause C_i est de la forme

$$L_1 \wedge L_2 \cdots \wedge L_p$$

où chaque L_j est un littéral (de la forme p ou $\neg p$).

2. On dit qu'une formule est sous *forme normale conjonctive* lorsqu'elle s'écrit sous la forme d'une conjonction de clauses (disjonctives), autrement dit sous la forme d'une conjonction de disjonctions de littéraux :

$$C_1 \wedge C_2 \wedge \cdots \wedge C_n$$

où chaque clause C_i est de la forme

$$L_1 \vee L_2 \cdots \vee L_p$$

où chaque L_j est un littéral (de la forme p ou $\neg p$).

Remarque 2.10.9 : Pour une valuation donnée

- une forme normale disjonctive

$$C_1 \vee C_2 \vee \cdots \vee C_n$$

est vraie si et seulement si il existe une clause (conjonctive) vraie, et fausse si et seulement si toutes les clauses sont fausses ;

- une forme normale conjonctive

$$C_1 \wedge C_2 \wedge \cdots \wedge C_n$$

est vraie si et seulement si toutes les clauses sont vraies, et fausse si et seulement si il existe une clause fausse.

Exemple 2.10.10 (Exemples de formes normales disjonctives et conjonctives)

1. Les formules suivantes sont écrites sous forme normale disjonctive (disjonction de conjonctions de littéraux) :

$$(p \wedge q \wedge \neg r) \vee (\neg p \wedge q)$$
$$p \vee (q \wedge r) \vee (\neg q \wedge \neg r)$$
$$p$$
$$p \vee q$$
$$p \wedge q$$

2. Les formules suivantes sont écrites sous forme normale conjonctive (conjonction de disjonctions de littéraux) :

$$(p \vee q \vee \neg r) \wedge (\neg p \vee q)$$
$$p \wedge (q \vee r) \wedge (\neg q \vee \neg r)$$
$$p$$
$$p \wedge q$$
$$p \vee q$$

Remarque 2.10.11 : On peut noter qu'une formule écrite sous la forme de disjonction de littéraux, ou sous la forme de conjonction de littéraux, est à la fois une forme normale disjonctive et une forme normale conjonctive, puisqu'un littéral peut être considéré à la fois comme une conjonction et comme une disjonction formées d'un unique terme. Par exemple

$$p \vee q$$

est écrit sous forme normale disjonctive puisque c'est la disjonction de p (conjonction de l'unique terme formé du littéral p) et de q (conjonction de l'unique terme formé du littéral q), et aussi sous forme normale conjonctive, puisque c'est la conjonction formée d'un unique terme (la disjonction de p et de q).

Remarque 2.10.12 : Une formule peut être équivalente à plusieurs formes conjonctives (ou disjonctives) différentes. Par exemple

$$(p \wedge q) \vee (\neg p \wedge q) \vee r$$

et

$$q \vee r$$

sont deux formes disjonctives équivalentes, comme on peut le voir en remarquant que

$$(p \wedge q) \vee (\neg p \wedge q) \vee r \equiv ((p \vee \neg p) \wedge q) \vee r \equiv (\top \wedge q) \vee r \equiv q \vee r$$

Remarque 2.10.13 : Si une formule est sous forme normale disjonctive

$$P_1 \vee \cdots \vee P_n$$

(avec les P_i sous la forme de conjonctions de littéraux), alors sa négation est équivalente à une forme normale conjonctive, d'après les lois de De Morgan, puisque

$$\neg(P_1 \vee \cdots \vee P_n) \equiv \neg P_1 \wedge \cdots \wedge \neg P_n$$

et comme les P_i sont des conjonctions de littéraux, de la forme

$$p_1 \wedge \cdots \wedge p_k \wedge \neg q_1 \wedge \cdots \wedge \neg q_m$$

alors $\neg P_i$ est équivalent à une disjonction de littéraux

$$\neg P_i \equiv \neg p_1 \vee \cdots \vee \neg p_k \vee q_1 \vee \cdots \vee q_m$$

De même, si une formule est sous forme normale conjonctive

$$P_1 \wedge \cdots \wedge P_n$$

(avec les P_i sous la forme de disjonctions de littéraux), alors sa négation est équivalente à une forme normale disjonctive.

Les formes normales sont particulièrement intéressantes car toute formule P est équivalente à une formule sous forme normale conjonctive, et à une formule sous forme normale disjonctive, ce que l'on va justifier dans le métathéorème suivant, dans lequel on prouve aussi que toute table de vérité correspond à une formule, autrement dit que toute fonction d'un ensemble de valuations (sur des propositions atomiques $p_1, \ldots, p_n$) dans $\{0, 1\}$ est la table de vérité d'une formule.

Métathéorème 2.10.14 (Formes normales disjonctives et conjonctives)

1. Toute table de vérité est la table de vérité d'une formule.
2. Toute formule est équivalente à une forme normale disjonctive, et à une forme normale conjonctive.
3. Pour toute table de vérité T, il existe une formule sous forme normale conjonctive et une formule sous forme normale disjonctive dont la table de vérité est T.

Preuve 1 (preuves des propriétés 1 et 2 d'où l'on déduit la propriété 3)

1. Prouvons la propriété 1. Nous allons démontrer par récurrence sur $n \geqslant 1$, que toute table de vérité sur n propositions atomiques $p_1, \dots, p_n$ est la table de vérité d'une formule construite à partir de ces propositions atomiques.
   - Pour $n = 1$, on peut trouver une formule associée à chacune des quatre tables possibles

p_1	$p_1 \wedge \neg p_1$
F	F
V	F

p_1	p_1
F	F
V	V

p_1	$\neg p_1$
F	V
V	F

p_1	$p_1 \vee \neg p_1$
F	V
V	V

   - On fait l'hypothèse de récurrence au rang n. Notons V_n l'ensemble des valuations définies sur $\{p_1, \dots, p_n\}$ (c'est-à-dire l'ensemble des fonctions de $\{p_1, \dots, p_n\}$ dans $\{0, 1\}$), V_{n+1} l'ensemble des valuations définies sur $\{p_1, \dots, p_{n+1}\}$, V'_{n+1} l'ensemble des valuations v de V_{n+1} telles que $v(p_{n+1}) = 0$, et V''_{n+1} l'ensemble des valuations v de V_{n+1} telles que $v(p_{n+1}) = 1$. Pour toute valuation w de V_n, je noterai aussi

— w' l'unique prolongement de w à V'_{n+1}, autrement dit la valuation de V_{n+1} telle que

$$w'(p_1) = w(p_1) \quad \dots \quad w'(p_n) = w(p_n) \quad w'(p_{n+1}) = 0$$

— w'' l'unique prolongement de w à V''_{n+1}, autrement dit la valuation de V_{n+1} telle que

$$w'(p_1) = w(p_1) \quad \dots \quad w'(p_n) = w(p_n) \quad w'(p_{n+1}) = 1$$

On considère une table de vérité t sur V_{n+1} (c'est-à-dire une fonction de V_{n+1} dans $\{0, 1\}$), et les tables de vérité t' et t'' sur V_n définies de la façon suivante :

— t' est la fonction qui à toute valuation w de V_n associe $t(w')$.

— t'' est la fonction qui à toute valuation w de V_n associe $t(w'')$.

Par hypothèse de récurrence, il existe deux formules P et Q (construites sur les propositions atomiques $p_1, \dots, p_n$) telles que pour toute valuation w de V_n

$$\begin{cases} t'(w) = w(P) \\ t''(w) = w(Q) \end{cases}$$

Vérifions que la formule

$$R :\equiv (\neg p_{n+1} \wedge P) \vee (p_{n+1} \wedge Q)$$

a pour table de vérité t. On considère une valuation v de V_{n+1}, et w sa restriction à V_n, autrement dit w est la valuation de V_n telle que

$$w(p_1) = v(p_1) \quad \dots \quad w(p_n) = v(p_n)$$

Alors

— Soit $v(p_{n+1}) = 0$, et alors $v = w'$ donc

$$t(v) = t(w') = t'(w) = w(P)$$

et puisque v et w coïncident sur les propositions atomiques de P, on a $t(v) = w(P) = v(P)$.

— Soit $v(p_{n+1}) = 1$, et alors $v = w''$ donc

$$t(v) = t(w'') = t''(w) = w(Q)$$

et puisque v et w coïncident sur les propositions atomiques de Q, on a $t(v) = w(Q) = v(Q)$.

Par conséquent $t(v) = 1$ si et seulement si

— soit $v(p_{n+1}) = 0$ et $v(P) = 1$;

— soit $v(p_{n+1}) = 1$ et $v(Q) = 1$;

autrement dit

$$t(v) = 1 \quad \text{si et seulement si} \quad v(R) = 1$$

2. Prouvons la propriété 2.
   (a) Prouvons d'abord le lemme suivant : si P et Q sont des formules équivalentes à des formes normales disjonctives (respectivement conjonctives), alors $P \wedge Q$ est équivalente à une forme normale disjonctive (respectivement $P \vee Q$ est équivalente à une forme normale conjonctive). On suppose que P est équivalente à la forme disjonctive
   $$P_1 \vee \cdots \vee P_m$$
   et que Q est équivalente à la forme disjonctive
   $$Q_1 \vee \cdots \vee Q_n$$
   alors
   $$P \wedge Q \equiv (P \wedge Q_1) \vee \cdots \vee (P \wedge Q_n)$$
   et pour tout j entre 1 et n
   $$P \wedge Q_j \equiv (P_1 \wedge Q_j) \vee \cdots \vee (P_m \wedge Q_j)$$
   Puisque tous les $P_i \wedge Q_j$ sont des conjonctions de littéraux, $P \wedge Q$ est bien équivalente à une forme disjonctive. On démontre de la même façon l'autre propriété (il suffit dans ce qui précède de permuter les connecteurs $\wedge$ et $\vee$, et les termes « conjonctive » et « disjonctive »). On en déduit en particulier, par une récurrence immédiate, que toute forme normale conjonctive est équivalente à une forme normale disjonctive, et que toute forme normale disjonctive est équivalente à une forme normale conjonctive.
   (b) Démontrons la propriété 2 par induction structurelle sur les formules :
   - Le résultat est immédiat pour une proposition atomique, qui est à la fois sous forme normale conjonctive et disjonctive.
   - Si une formule P est équivalente à une forme normale conjonctive, nous avons vu que $\neg P$ est équivalente à une forme normale disjonctive, et si P est équivalente à une forme normale conjonctive, $\neg P$ est équivalente à une forme normale disjonctive.
   - On considère deux formules P et Q équivalentes respectivement aux formes normales conjonctives P' et Q', et aux formes normales disjonctives P'' et Q''.
   — $P \wedge Q$ est équivalente à $P' \wedge Q'$, qui est une forme normale conjonctive.
   — $P \wedge Q$ est équivalente à $P'' \wedge Q''$ donc, d'après le lemme, $P \wedge Q$ est équivalente à une forme normale disjonctive.

   Puisque la propriété que l'on veut démontrer est préservée par équivalence, on en déduit que toute formule est équivalente à une forme normale conjonctive, et à une forme normale disjonctive.
3. La propriété 3 se déduit des deux points précédents : puisque toute table de vérité est la table de vérité d'une formule, et que toute formule est équivalente à une forme normale disjonctive, et à une forme normale conjonctive, alors toute table de vérité est la table de vérité d'une formule sous forme normale conjonctive et d'une formule sous forme normale disjonctive.

Preuve 2 (preuve de la propriété 3 d'où l'on déduit les propriétés 1 et 2)
Notons que l'on peut déduire de la propriété 3 la propriété 1 (qui en est un cas particulier), et la propriété 2 (la table de vérité d'une formule quelconque est aussi la table de vérité d'une formule sous forme normale disjonctive, et d'une formule sous forme normale conjonctive, donc toute formule est équivalente à chacune de ces formes normales). Il reste donc à démontrer la propriété 3.

1. Prouvons d'abord le lemme suivant : on considère une valuation w sur les propositions atomiques $p_1, \ldots, p_n$. Alors il existe une formule P et une formule Q telles que pour toute valuation v
   - P est une conjonction de littéraux, et
   $$v(P) = 1 \text{ si et seulement si pour tout } i \text{ entre 1 et } n,\ v(p_i) = w(p_i)$$
   - Q est une disjonction de littéraux, et
   $$v(Q) = 0 \text{ si et seulement si pour tout } i \text{ entre 1 et } n,\ v(p_i) = w(p_i)$$

   En effet :
   - En notant pour tout i entre 1 et n
   $$q_i :\equiv \begin{cases} p_i & \text{si } w(p_i) = 1 \\ \neg p_i & \text{si } w(p_i) = 0 \end{cases}$$
   et
   $$P :\equiv q_1 \wedge \cdots \wedge q_n$$

Pour tout i entre 1 et n, $w(q_i) = 1$, donc $w(P) = 1$. Et $v(P) = 1$ si et seulement si pour tout i entre 1 et n, $v(q_i) = 1$, autrement dit si et seulement si $v(p_i) = w(p_i)$.

- De même, en notant pour tout i entre 1 et n

$$q_i :\equiv \begin{cases} p_i & \text{si } w(p_i) = 0 \\ \neg p_i & \text{si } w(p_i) = 1 \end{cases}$$

et

$$Q :\equiv q_1 \vee \cdots \vee q_n$$

on a $w(Q) = 0$, et $v(Q) = 0$ si et seulement si pour tout i entre 1 et n, $v(q_i) = 0$, autrement dit si et seulement si $v(p_i) = w(p_i)$.

2. Prouvons maintenant le théorème : on considère une table de vérité t sur les propositions atomiques $p_1, \ldots, p_n$, c'est-à-dire une fonction qui à toute valuation sur $p_1, \ldots, p_n$ associe un élément de $\{0, 1\}$.

- On considère toutes les valuations $v_1, \ldots, v_k$ dont l'image par t est 1. On associe à chaque valuation v_i la formule P_i donnée par le lemme (comme conjonction de littéraux). Alors la formule

$$P_1 \vee \cdots \vee P_k$$

est sous forme normale disjonctive, et répond à la question car pour toute valuation v sur $p_1, \ldots, p_n$,

$$v(P_1 \vee \cdots \vee P_k) = 1 \text{ si et seulement si } v(P_1) = 1 \text{ ou } \ldots \text{ ou } v(P_k) = 1$$

donc si et seulement si v est l'une des valuations $v_1, \ldots, v_k$.

- De même, on considère toutes les valuations $w_1, \ldots, w_m$ dont l'image par t est 0. On associe à chaque valuation w_i la formule Q_i donnée par le lemme (comme disjonction de littéraux). Alors la formule

$$Q_1 \wedge \cdots \wedge Q_m$$

est sous forme normale conjonctive, et répond à la question car pour toute valuation v sur $p_1, \ldots, p_n$,

$$v(Q_1 \wedge \cdots \wedge Q_m) = 0 \text{ si et seulement si } v(Q_1) = 0 \text{ ou } \ldots \text{ ou } v(Q_m) = 0$$

donc si et seulement si v est l'une des valuations $w_1, \ldots, w_m$.

Preuve 3 (preuve par récurrence de la propriété 3 d'où l'on déduit les propriétés 1 et 2)
Démontrons la propriété 3 (les deux autres s'en déduisent comme indiqué dans la preuve précédente) par récurrence sur le nombre n de propositions atomiques de la formule.

- Pour $n = 1$, on peut reprendre le premier point de la preuve 1 : les quatre tables de vérité sont les tables de vérité de formules qui sont à la fois des formes normales disjonctives et des formes normales conjonctives :

$$p \wedge \neg p \quad p \quad \neg p \quad p \vee \neg p$$

- On fait l'hypothèse de récurrence pour n, et on considère une table de vérité t construite sur les propositions atomiques $p_1, \ldots, p_{n+1}$. Comme dans le premier point de la preuve 1, on montre qu'il existe deux formules P et Q, sous forme normale disjonctive (par hypothèse de récurrence), construites à partir des propositions atomiques $p_1, \ldots, p_n$, telles que t soit la table de la formule

$$R :\equiv (\neg p_{n+1} \wedge P) \vee (p_{n+1} \wedge Q)$$

Comme P et Q sont sous forme disjonctive

$$\begin{cases} P = P_1 \vee \cdots \vee P_k \\ Q = Q_1 \vee \cdots \vee Q_m \end{cases}$$

(les P_i et Q_i étant des conjonctions de littéraux), et on en déduit que R est équivalent à la forme disjonctive

$$(\neg p_{n+1} \wedge P_1) \vee \cdots \vee (\neg p_{n+1} \wedge P_k) \vee (p_{n+1} \wedge Q_1) \vee \cdots \vee (p_{n+1} \wedge Q_m)$$

- De même, il existe deux formules P' et Q', sous forme normale conjonctive (par hypothèse de récurrence), construites à partir des propositions atomiques $p_1, \ldots, p_n$, telles que t soit la table de la formule

$$R' :\equiv (\neg p_{n+1} \vee P') \wedge (p_{n+1} \vee Q')$$

Comme P' et Q' sont sous forme conjonctive

$$\begin{cases} P' = P'_1 \wedge \cdots \wedge P'_k \\ Q' = Q'_1 \wedge \cdots \wedge Q'_m \end{cases}$$

(les P'_i et Q'_i étant des disjonctions de littéraux), et on en déduit que R' est équivalent à la forme conjonctive

$$(\neg p_{n+1} \vee P'_1) \wedge \cdots \wedge (\neg p_{n+1} \vee P'_k) \wedge (p_{n+1} \vee Q'_1) \wedge \cdots \wedge (p_{n+1} \vee Q'_m)$$

Une façon d'obtenir les deux formes normales équivalentes à une formule P, suggérée par le théorème précédent, est d'utiliser la table de vérité de P. Il est en effet possible de trouver une forme normale conjonctive, équivalente à P, en mettant en évidence les valeurs *faux* dans la table, et de trouver une forme normale disjonctive, équivalente à P, en mettant en évidence les valeurs *vrai*.

Exemple 2.10.15 (Recherche des formes normales à partir d'une table de vérité)

p	q	$p \iff q$
F	F	V
F	V	F
V	F	F
V	V	V

- On s'intéresse aux valeurs de vérité *faux* dans le tableau. On voit que $p \iff q$ est *faux* dans deux cas : si p est *faux* et q *vrai*, ou si p est *vrai* et q *faux*. On cherche une formule qui doit être équivalente à $p \iff q$, donc qui doit être fausse lorsqu'une des deux conditions est vérifiée. Or

— p est *faux* et q est *vrai* si et seulement si p est *faux* et $\neg q$ est *faux*, autrement dit si et seulement si $(p \vee \neg q)$ est *faux*.

— p est *vrai* et q est *faux* si et seulement si $\neg p$ est *faux* et q est *faux*, autrement dit si et seulement si $(\neg p \vee q)$ est *faux*.

Donc $(p \iff q)$ est *faux* si et seulement si $(p \vee \neg q)$ est *faux* ou $(\neg p \vee q)$ est *faux*, autrement dit si et seulement si

$$(p \vee \neg q) \wedge (\neg p \vee q) \text{ est } \textit{faux}$$

La formule

$$(p \vee \neg q) \wedge (\neg p \vee q)$$

est donc une forme normale conjonctive équivalente à la formule $p \iff q$.

- De la même manière, si on s'intéresse aux valeurs de vérité *vrai* dans le tableau, on peut trouver une forme normale disjonctive équivalente à $p \iff q$. On voit que $p \iff q$ est *vrai* dans deux cas : si p et q sont *faux*, ou si p et q sont *vrai*. Or

— p et q sont *faux* si et seulement si $(\neg p \wedge \neg q)$ est *vrai*.

— p et q sont *vrai* si et seulement si $p \wedge q$ est *vrai*.

Donc $p \iff q$ est *vrai* si et seulement si $(\neg p \wedge \neg q)$ est *vrai* ou $(p \wedge q)$ est *vrai*, autrement dit si et seulement si

$$(\neg p \wedge \neg q) \vee (p \wedge q) \text{ est } \textit{vrai}$$

La formule

$$(\neg p \wedge \neg q) \vee (p \wedge q)$$

est donc une forme normale disjonctive équivalente à la formule $p \iff q$.

Une autre façon d'obtenir les formes normales, purement syntaxique, est d'utiliser l'algorithme suivant (que je ne justifierai pas) :

1. Se débarrasser des connecteurs $\Longrightarrow$ et $\Longleftrightarrow$ avec les équivalences

$$P \Longrightarrow Q \equiv \neg P \vee Q$$
$$P \Longleftrightarrow Q \equiv (\neg P \vee Q) \wedge (\neg Q \vee P)$$
$$\text{ou}$$
$$P \Longleftrightarrow Q \equiv (P \wedge Q) \vee (\neg P \wedge \neg Q)$$

2. Se débarrasser des doubles négations et appliquer les lois de De Morgan pour se ramener à des littéraux, donc utiliser les équivalences

$$\neg\neg P \equiv P$$
$$\neg(P \vee Q) \equiv \neg P \wedge \neg Q$$
$$\neg(P \wedge Q) \equiv \neg P \vee \neg Q$$

3. Appliquer la distributivité de la disjonction sur la conjonction,

$$P \vee (Q \wedge R) \equiv (P \vee Q) \wedge (P \vee R)$$

pour obtenir une forme normale conjonctive, ou la distributivité de la conjonction sur la disjonction

$$P \wedge (Q \vee R) \equiv (P \wedge Q) \vee (P \wedge R)$$

pour obtenir une forme normale disjonctive.

Exemple 2.10.16 (Recherche des formes normales par l'algorithme précédent)
On considère la formule de la loi de Peirce :

$$((p \Longrightarrow q) \Longrightarrow p) \Longrightarrow p$$

que l'on commence par transformer (par équivalence) en se débarrassant du connecteur $\Longrightarrow$:

$$((p \Longrightarrow q) \Longrightarrow p) \Longrightarrow p \equiv \neg((p \Longrightarrow q) \Longrightarrow p) \vee p \equiv ((p \Longrightarrow q) \wedge \neg p) \vee p \equiv ((\neg p \vee q) \wedge \neg p) \vee p$$

- On obtient une forme normale disjonctive en utilisant la distributivité de $\wedge$ sur $\vee$:

$$((\neg p \vee q) \wedge \neg p) \vee p \equiv (\neg p \wedge \neg p) \vee (q \wedge \neg p) \vee p$$

Ce que l'on peut par ailleurs simplifier, et retrouver ainsi que la proposition de départ est une tautologie :

$$(\neg p \wedge \neg p) \vee (q \wedge \neg p) \vee p \equiv \neg p \vee p \vee (q \wedge \neg p) \equiv \top \vee (q \wedge \neg p) \equiv \top$$

- On obtient une forme normale conjonctive en utilisant la distributivité de $\vee$ sur $\wedge$:

$$((\neg p \vee q) \wedge \neg p) \vee p \equiv ((\neg p \vee q) \vee p) \wedge (\neg p \vee p) \equiv (\neg p \vee q \vee p) \wedge (\neg p \vee p)$$

Ce que l'on peut aussi simplifier :

$$(\neg p \vee q \vee p) \wedge (\neg p \vee p) \equiv (\top \vee q) \wedge \top \equiv \top \wedge \top \equiv \top$$

Chapitre 3

Introduction au calcul booléen (algèbre de Boole)

3.1 Définitions et propriétés élémentaires

Introduction

Le *calcul booléen*, ou *algèbre de Boole* (ou encore *algèbre de Boole logique*, pour la différencier de la structure algébrique du même nom, dont le calcul booléen est un cas particulier, et que nous verrons dans la section 8.7), a été créé par George Boole (1815-1864), logicien, mathématicien et philosophe britannique, qui l'expose en 1847 dans *The Mathematical Analysis of Logic*. Il utilise des techniques algébriques pour étudier la logique des propositions. Le calcul booléen a de nombreuses applications en électronique et en informatique : en 1937, l'ingénieur, électricien et mathématicien américain Claude Shannon (1916-2001), étudiant au Massachusetts Institute of Technology (MIT) montre dans sa thèse (*A Symbolic Analysis of Relay and Switching Circuits*) que le calcul booléen peut être utilisé pour simplifier les arrangements des relais électromécaniques utilisés dans les commutateurs téléphoniques de l'époque. C'est son travail qui fonde le principe de l'électronique numérique et des circuits capables d'effectuer des opérations logiques et arithmétiques, base de la conception des ordinateurs modernes.

Opérateurs de base

On considère l'ensemble $\mathbb{B}$ à deux éléments 0 et 1. Sur cet ensemble, on définit un *opérateur unaire* (c'est-à-dire une fonction de $\mathbb{B}$ dans $\mathbb{B}$), l'opérateur **complémentaire** (dit aussi *contraire*, ou *inversion*), noté $\bar{}$ et deux *opérateurs binaires* (c'est-à-dire des fonctions qui à un couple d'éléments de $\mathbb{B}$ associent un élément de $\mathbb{B}$), l'**addition**, noté $+$, et la **multiplication**, noté $\times$ ou $\cdot$:

Définition 3.1.1 (Définition des opérations dans $\mathbb{B}$)

a	$\bar{a}$
0	1
1	0

a	b	$a+b$
0	0	0
0	1	1
1	0	1
1	1	1

a	b	$a\times b$ ou $a\cdot b$
0	0	0
0	1	0
1	0	0
1	1	1

Remarque 3.1.2 (Notations) : Pour désigner le complémentaire de a, on trouve aussi la notation a'.

Remarque 3.1.3 : Du point de vue algébrique, l'addition et la multiplication se comportent « presque » de la même façon que l'addition et la multiplication usuelles de deux nombres entiers, à la différence que $1+1 = 1$.

Remarque 3.1.4 : On peut reconnaître les tables de vérité de la logique des propositions : les deux valeurs 0 et 1 correspondent respectivement aux valeurs de vérité *faux* et *vrai*, et

$$\bar{a} = 1 - a$$
$$a + b = \max(a, b)$$
$$a \times b = \min(a, b)$$

Donc du point de vue logique, l'opérateur complémentaire se comporte comme le connecteur négation $\neg$, l'addition se comporte comme le connecteur disjonction $\vee$, la multiplication se comporte comme l'opérateur conjonction $\wedge$. De plus, la constante 0 correspond à la proposition $\perp$ (contradiction) et la constante 1 à la proposition $\top$ (tautologie).

Remarque 3.1.5 (Notations) : Pour éviter de multiplier les symboles, on peut adopter les conventions usuelles des opérations classiques sur les entiers : le symbole de la multiplication peut être omis entre deux variables ou deux parenthèses, et la multiplication est prioritaire sur l'addition. Par exemple

$$a(b + cd) \quad \text{signifie} \quad a \times (b + (c \times d))$$

On peut réaliser physiquement ces opérations en utilisant par exemple les propriétés des interrupteurs électriques. Dans ce qui suit, chaque interrupteur est associé à une variable, et n'est actionné que lorsque cette variable est égale à 1. La lampe visualise le résultat de l'opérateur : elle est allumée lorsque le résultat est 1, éteinte sinon.

Opérateur $^-$ (complémentaire)	Opérateur $\times$ ($\wedge$)	Opérateur $+$ ($\vee$)
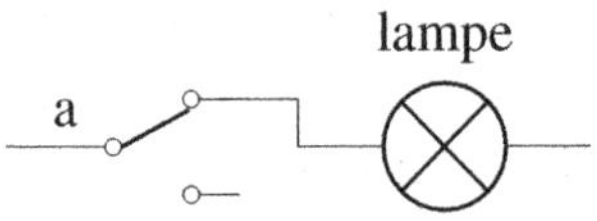	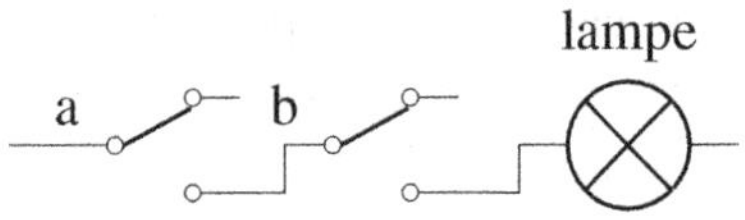	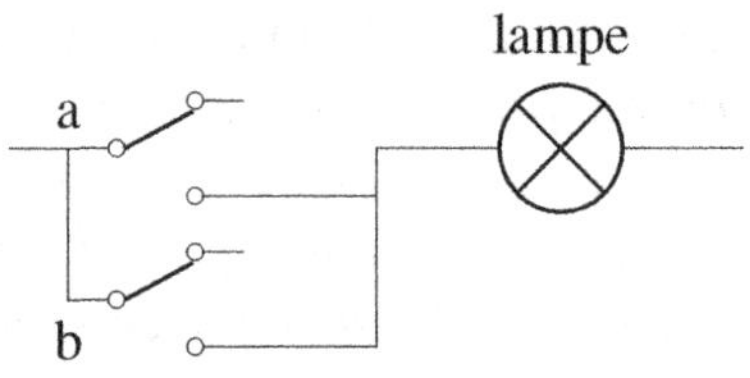
La lampe s'allume quand on n'appuie pas sur l'interrupteur a.	La lampe s'allume quand on appuie sur l'interrupteur a **et** sur le b.	La lampe s'allume quand on appuie sur l'interrupteur a **ou** sur le b.

En électronique numérique, ces opérateurs sont mis en œuvre par ce qu'on appelle des *portes logiques*, construites à l'aide de transistors. Il existe deux séries de symboles classiques pour les noter, dits *américains* pour les uns, et *européens* pour les autres.

	Opérateur $^-$ (complémentaire)	Opérateur $\times$ ($\wedge$)	Opérateur $+$ ($\vee$)
Symbole américain	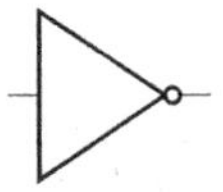	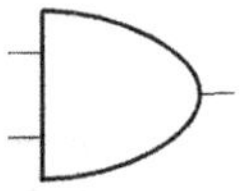	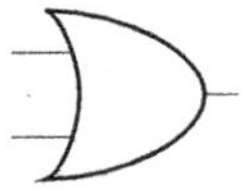
Symbole européen	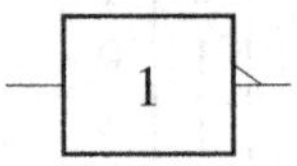		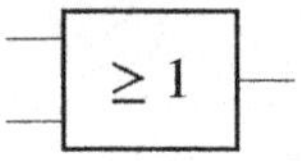

L'application des propriétés de la logique des propositions donne alors les règles de calcul suivantes, qui confèrent à $\mathbb{B}$ une structure d'*algèbre de Boole* (voir la section 8.7 pour l'étude de cette structure algébrique).

Théorème 3.1.6 (Algèbre de Boole)
Pour tous les éléments a, b, c dans $\mathbb{B}$, on a les propriétés suivantes :

1. Commutativité :

$$a \times b = b \times a$$
$$a + b = b + a$$

2. Associativité :

$$a \times (b \times c) = (a \times b) \times c$$
$$a + (b + c) = (a + b) + c$$

3. Lois d'absorption :

$$a \times (a + b) = a$$
$$a + (a \times b) = a$$

4. Élément neutre :

$$a \times 1 = a$$
$$a + 0 = a$$

5. Distributivité de chacun des opérateurs sur l'autre :

$$a \times (b + c) = (a \times b) + (a \times c)$$
$$a + (b \times c) = (a + b) \times (a + c)$$

6. Complémentaire :
   - Principe de non-contradiction :
   $$a \times \bar{a} = 0$$
   - Principe du tiers exclu :
   $$a + \bar{a} = 1$$

Remarque 3.1.7 : Je ne redémontre pas ces propriétés, ni la plupart de celles qui suivent, car elles sont la traduction de propriétés déjà étudiées dans le cadre de la logique des propositions. Il suffit pour les prouver de vérifier les égalités à l'aide des définitions des opérations (en étudiant tous les cas possibles, comme pour les tables de vérités de la logique des propositions).

Remarque 3.1.8 : L'associativité des deux opérations signifie en particulier qu'on peut écrire sans ambiguïté

$$a + b + c$$

qui signifie à la fois $a + (b + c)$, et $(a + b) + c$. De même

$$abc$$

signifie à la fois $a(bc)$ et $(ab)c$. Une somme, ou un produit, ne dépend donc pas de la façon dont les éléments sont regroupés. De plus, comme pour la logique des propositions, on a par définition de l'addition et de la multiplication

$$a + b = 0 \text{ si et seulement si } a = b = 0$$
$$ab = 1 \text{ si et seulement si } a = b = 1$$

De même

$$a + b = 1 \text{ si et seulement si } a = 1 \text{ ou } b = 1$$
$$ab = 0 \text{ si et seulement si } a = 0 \text{ ou } b = 0$$

Et on peut généraliser par récurrence :

- Une somme de termes (autrement dit le résultat d'une addition) est égale à 0 si et seulement si tous les termes sont égaux à 0, et est égale à 1 si et seulement si un des termes (au moins) est égal à 1.
- Un produit de termes (autrement dit le résultat d'une multiplication) est égal à 1 si et seulement si tous les termes sont égaux à 1, et est égal à 0 si et seulement si un des termes (au moins) est égal à 0.

Théorème 3.1.9 (Dualité)

1. Involutivité du complémentaire :

$$\overline{(\bar{a})} = a$$

2. Lois de De Morgan :

$$\overline{a \times b} = \bar{a} + \bar{b}$$
$$\overline{a + b} = \bar{a} \times \bar{b}$$

Remarque 3.1.10 : En raison de ce théorème, les propriétés sont toutes duales : pour toute égalité, on peut obtenir une égalité duale en permutant les opérateurs $+$ et $\times$, et en permutant 0 et 1. Par exemple, en reprenant des propriétés déjà vues :

1. Distributivité de la multiplication sur l'addition : pour tout a, b, c

$$a \times (b + c) = (a \times b) + (a \times c)$$

On en déduit, en appliquant ce qui précède à $\bar{a}, \bar{b}, \bar{c}$

$$\bar{a} \times (\bar{b} + \bar{c}) = (\bar{a} \times \bar{b}) + (\bar{a} \times \bar{c})$$

donc en prenant le complémentaire :

$$\overline{\bar{a} \times (\bar{b} + \bar{c})} = \overline{(\bar{a} \times \bar{b}) + (\bar{a} \times \bar{c})}$$

On applique les lois de De Morgan et l'involutivité du complémentaire :

$$a + \overline{(\bar{b} + \bar{c})} = \overline{(\bar{a} \times \bar{b})} \times \overline{(\bar{a} \times \bar{c})}$$
$$a + (b \times c) = (a + b) \times (a + c)$$

On retrouve la distributivité de l'addition sur la multiplication, qui s'obtient ainsi à partir de la distributivité de la multiplication sur l'addition, en permutant $\times$ avec $+$.

2. Élément neutre pour la multiplication : pour tout a

$$a \times 1 = a$$

On en déduit, en appliquant ce qui précède à $\bar{a}$

$$\bar{a} \times 1 = \bar{a}$$

donc en prenant le complémentaire :

$$\overline{\bar{a} \times 1} = \bar{\bar{a}}$$

On applique les lois de De Morgan et l'involutivité du complémentaire, et sachant que $\bar{1} = 0$:

$$a + 0 = a$$

On retrouve l'élément neutre pour l'addition, qui s'obtient ainsi à partir de l'élément neutre pour la multiplication, en permutant $\times$ avec $+$, et 0 avec 1.

Théorème 3.1.11 (Autres propriétés)
Pour tous les éléments a, b, c dans $\mathbb{B}$, on a les propriétés suivantes :

1. Idempotence :

$$a \times a = a$$
$$a + a = a$$

2. Élément absorbant :

$$a \times 0 = 0$$
$$a + 1 = 1$$

3. Autre propriété :

$$a + \bar{a} \times b = a + b$$
$$a \times (\bar{a} + b) = a \times b$$

Preuve
Pour la dernière propriété (première égalité, l'autre s'en déduisant par dualité), par distributivité de $+$ sur $\times$:

$$a + \bar{a} \times b = (a + \bar{a}) \times (a + b) = 1 \times (a + b) = a + b$$

Autres opérateurs

On peut aussi utiliser, comme dans la logique des propositions, d'autres opérateurs classiques : *NON-ET*, *NON-OU*, *ou exclusif*, et l'opérateur *équivalence*, que l'on appelle, en calcul booléen, *et inclusif*, *coïncidence*, ou encore *NON-OU exclusif* (ou *XNOR*), car c'est la négation de l'opérateur *ou exclusif* :

		NON-ET : $a \uparrow b$	*NON-OU* : $a \downarrow b$	*ou exclusif* : $a \oplus b$	*coïncidence* : $a \odot b$
a	b	$a \uparrow b = \overline{ab} = \bar{a} + \bar{b}$	$a \downarrow b = \overline{a+b} = \bar{a}\bar{b}$	$a \oplus b = \bar{a}b + a\bar{b}$	$a \odot b = \overline{a \oplus b}$
0	0	1	1	0	1
0	1	1	0	1	0
1	0	1	0	1	0
1	1	0	0	0	1

Remarque 3.1.12 : On a

$$\begin{aligned} a \odot b &= \overline{a \oplus b} \\ &= (a + \bar{b})(\bar{a} + b) \\ &= ab + \bar{a}\bar{b} \end{aligned}$$

Remarque 3.1.13 :

- $a \uparrow b = 0$ si et seulement si $a = b = 1$.
- $a \downarrow b = 1$ si et seulement si $a = b = 0$.
- $a \oplus b = 1$ si et seulement si $a \neq b$.
- $a \odot b = 1$ si et seulement si $a = b$.

On peut réaliser ces opérations en utilisant par exemple les propriétés des interrupteurs électriques de la façon suivante :

Opérateur *NON-ET* : $L = a \uparrow b$	Opérateur *NON-OU* : $L = a \downarrow b$
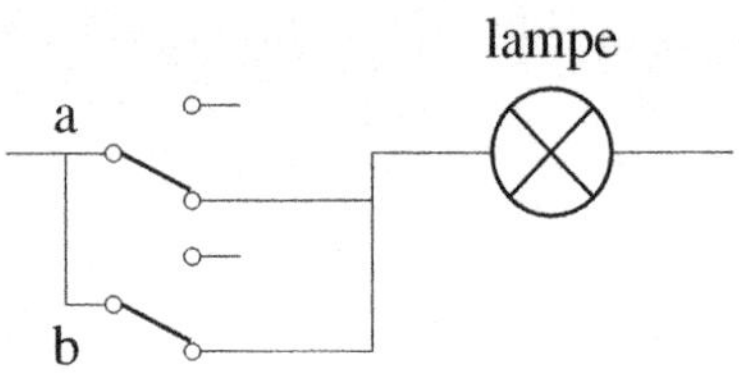	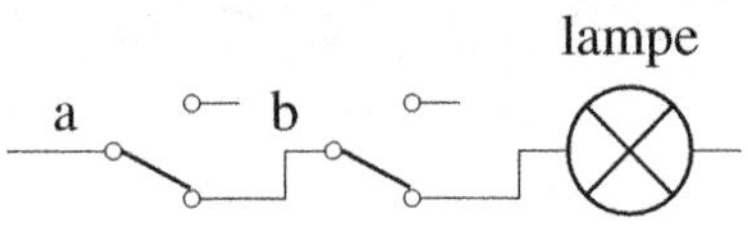
La lampe s'allume sauf si on appuie sur *a et* sur *b*.	La lampe s'allume sauf si on appuie sur *a ou* sur *b* (autrement dit elle s'allume si on n'appuie ni sur *a* ni sur *b*).

Opérateur *ou exclusif* : $L = a \oplus b$	Opérateur *coïncidence* : $L = a \odot b$
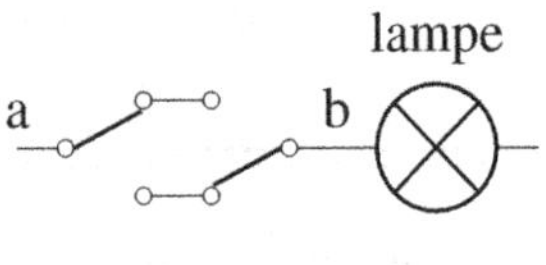	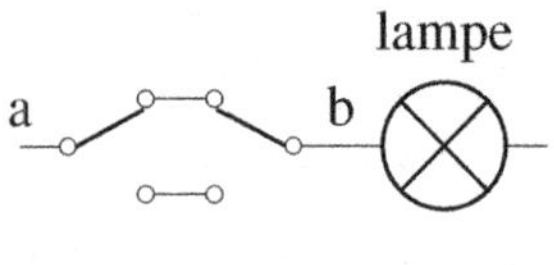
La lampe s'allume quand on appuie sur *a*, ou sur *b*, mais pas sur les deux simultanément.	La lampe s'allume quand on appuie sur *a* et sur *b*, ou quand on n'appuie ni sur *a* ni sur *b*.

En électronique numérique, les symboles utilisés pour les portes logiques associées sont les suivants :

	NON-ET ↑	*NON-OU* ↓	*ou exclusif* ⊕	*coïncidence* ⊙
Symbole américain	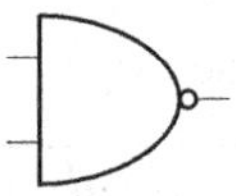	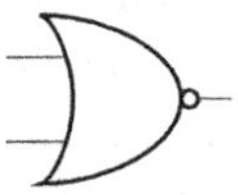	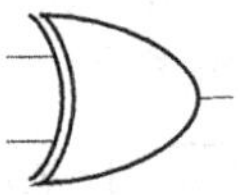	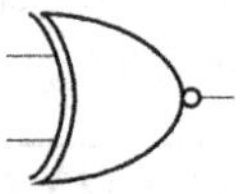
Symbole européen		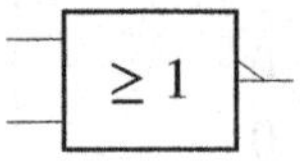	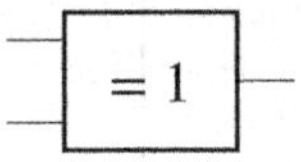	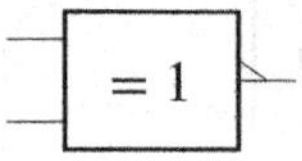

On peut reprendre les résultats de la logique des propositions pour obtenir des propriétés de ces opérateurs :

Théorème 3.1.14 (Propriétés des opérateurs ↑ et ↓)

1. Expression de ↑ en fonction des autres opérateurs :

$$\begin{aligned} a \uparrow b &= \overline{a \times b} \\ &= \bar{a} + \bar{b} \end{aligned}$$

2. Expression de ↓ en fonction des autres opérateurs :

$$\begin{aligned} a \downarrow b &= \overline{a + b} \\ &= \bar{a} \times \bar{b} \end{aligned}$$

3. Commutativité :

$$\begin{aligned} a \uparrow b &= b \uparrow a \\ a \downarrow b &= b \downarrow a \end{aligned}$$

4. Expression des opérateurs $^{-}$, +, ×, en fonction de l'opérateur ↑ :

$$\begin{aligned} \bar{a} &= a \uparrow a \\ a \times b &= (a \uparrow b) \uparrow (a \uparrow b) \\ a + b &= (a \uparrow a) \uparrow (b \uparrow b) \end{aligned}$$

5. Expression des opérateurs $^{-}$, +, ×, en fonction de l'opérateur ↓ :

$$\begin{aligned} \bar{a} &= a \downarrow a \\ a \times b &= (a \downarrow a) \downarrow (b \downarrow b) \\ a + b &= (a \downarrow b) \downarrow (a \downarrow b) \end{aligned}$$

Remarque 3.1.15 : Les opérateurs ↑ et ↓ ne sont pas associatifs.

Théorème 3.1.16 (Propriétés de l'opérateur *ou exclusif* ⊕)

1. Expression en fonction des autres opérations :

$$a \oplus b = \bar{a} \times b + a \times \bar{b} = (a + b) \times (\bar{a} + \bar{b}) = (a + b) \times \overline{a \times b}$$

2. Expression de la négation de ⊕ :

$$\begin{aligned} \overline{a \oplus b} &= a \oplus \bar{b} = \bar{a} \oplus b \\ &= (a \times b) + (\bar{a} \times \bar{b}) \\ &= (a + \bar{b}) \times (\bar{a} + b) \end{aligned}$$

3. Commutativité :

$$a \oplus b = b \oplus a$$

4. Associativité :

$$a \oplus (b \oplus c) = (a \oplus b) \oplus c$$

(ce qui permet d'écrire sans ambiguïté $a \oplus b \oplus c$)

5. 0 est élément neutre :

$$a \oplus 0 = a$$

6. Distributivité de $\times$ sur $\oplus$:

$$a \times (b \oplus c) = (a \times b) \oplus (a \times c)$$

7. Autres propriétés :

$$a \oplus a = 0 \qquad a \oplus \bar{a} = 1 \qquad a \oplus 1 = \bar{a}$$

et

$$a \oplus (a + b) = \bar{a} \times b$$
$$a \oplus (a \times b) = a \times \bar{b}$$
$$a \oplus (\bar{a} \times b) = a + b$$
$$\bar{a} \oplus (\bar{a} + b) = a \times b$$

Exemple 3.1.17 (Exemples d'utilisation de l'opérateur *ou exclusif*)

1. $a \oplus b$ représente la somme, modulo 2, de a et de b.
2. L'opérateur $\oplus$ peut être utilisé dans les circuits de détection et de correction d'erreurs. Il permet le contrôle de la parité des bits (le **bit**, contraction des mots anglais *binary digit*, est un chiffre binaire, c'est-à-dire 0 ou 1) :

$$b_1 \oplus b_2 \cdots \oplus b_n = \begin{cases} 0 & \text{si le nombre de bits à 1 est pair} \\ 1 & \text{si le nombre de bits à 1 est impair} \end{cases}$$

3. Dans le domaine de la cryptographie, à partir d'un message formé de plusieurs bits, et d'une clé formée du même nombre de bits, on obtient un message codé en appliquant à chaque bit m du message associé au bit c de la clé, l'opération $m \oplus c$. Le message obtenu peut être décodé en appliquant une fois de plus l'opérateur $\oplus$ avec la clé :

$$(m \oplus c) \oplus c = m \oplus (c \oplus c) = m \oplus 0 = m$$

3.2 Fonctions logiques

L'équivalent d'un connecteur n-aire (c'est-à-dire d'une table de vérité sur n propositions atomiques), dans le calcul booléen, s'appelle une *fonction logique* à n arguments :

Définition 3.2.1 (Fonction logique)
Une *fonction logique* à n arguments (ou variables) est une fonction de $\mathbb{B}^n$ dans $\mathbb{B}$, autrement dit une fonction qui à un n-uplet $(x_1, \ldots, x_n)$ d'éléments de $\mathbb{B}$ associe un autre élément de $\mathbb{B}$.

Remarque 3.2.2 : Il y a donc 2^{2^n} fonctions logiques à n arguments.

Remarque 3.2.3 : Toute formule de la logique des propositions à n propositions atomiques peut se voir comme une fonction logique à n arguments (correspondant à sa table de vérité). La formule P est une tautologie si et seulement si la fonction logique associée est constante, égale à 1. Deux formules P et Q sont sémantiquement équivalentes si et seulement si les deux fonctions associées sont identiques.

Les fonctions logiques sont les outils de base de l'électronique numérique. Elles sont mises en œuvre, dans un circuit intégré numérique, sous la forme de *portes logiques*.

Exemple 3.2.4
Le circuit suivant

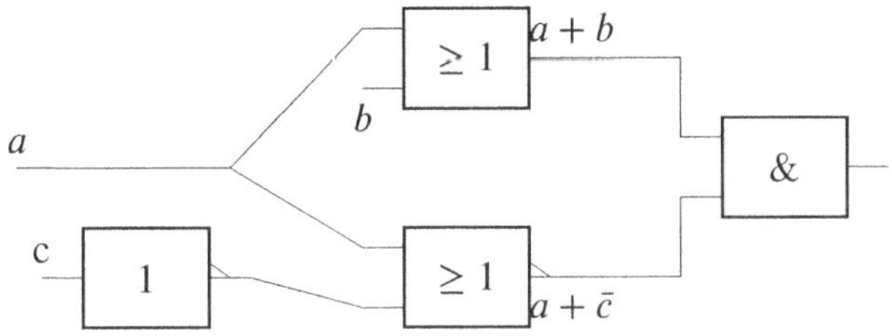

correspond à la fonction logique définie par

$$f(a, b, c) = (a + b)(a + \bar{c})$$

Une fonction logique étant donnée, il peut être intéressant de la simplifier et de l'exprimer sous différentes formes, afin d'optimiser les circuits. C'est ce que nous allons voir dans la suite de cette section.

Nous retrouvons dans l'algèbre de Boole les notions de littéraux et de formes normales, comme dans la logique des propositions, mais avec quelques variantes :

Définition 3.2.5 (Littéral)
On appelle *littéral* toute variable ou le complémentaire d'une variable.

Définition 3.2.6 (Minterme, Maxterme)
1. On appelle *minterme* de n variables, tout produit de n littéraux correspondant à ces variables.
2. On appelle *maxterme* de n variables toute somme de n littéraux correspondant à ces variables.

Exemple 3.2.7 (Exemples de mintermes et de maxtermes)
1. abc et $\bar{a}bc$ sont des mintermes des trois variables a, b, c.
2. $(a + b + c), (\bar{a} + \bar{b} + c), (a + \bar{b} + c)$ sont des maxtermes des trois variables a, b, c.
3. ab n'est pas un minterme des trois variables a, b, c (il manque la variable c), mais c'est un minterme des deux variables a et b.

Remarque 3.2.8 : Une somme de littéraux est égale soit à 1, soit à une somme de littéraux dans laquelle chaque variable n'apparaît qu'une fois. En effet, puisque

$$a + a = a$$
$$\bar{a} + \bar{a} = \bar{a}$$
$$a + \bar{a} = 1$$

on peut remplacer la somme de deux littéraux d'une même variable soit par le littéral lui-même, soit par 1 (et alors la somme de tous les littéraux est égale à 1).

Remarque 3.2.9 : De même, un produit de littéraux est égal soit à 0, soit à un produit de littéraux dans lequel chaque variable n'apparaît qu'une fois. En effet, puisque

$$a \times a = a$$
$$\bar{a} \times \bar{a} = \bar{a}$$
$$a \times \bar{a} = 0$$

on peut remplacer le produit de deux littéraux d'une même variable soit par le littéral lui-même, soit par 0 (et alors le produit de tous les littéraux est égal à 0).

Définition 3.2.10 (Forme normale disjonctive, forme normale conjonctive, formes canoniques)
On dit que l'expression d'une fonction est

- sous *forme normale disjonctive* quand elle est formée d'une somme de produits de littéraux ;
- sous *forme normale disjonctive canonique*, ou *forme canonique disjonctive*, quand elle est formée d'une somme de mintermes ;
- sous *forme normale conjonctive* quand elle est formée d'un produit de sommes de littéraux ;
- sous *forme normale conjonctive canonique*, ou *forme canonique conjonctive*, quand elle est formée d'un produit de maxtermes.

Exemple 3.2.11 (Exemples de formes normales disjonctives et conjonctives)

1. $f(a, b, c) :\equiv\ abc + \bar{a}bc$
   C'est une forme normale disjonctive canonique puisque abc et $\bar{a}bc$ sont des mintermes.
2. $f(a, b, c) :\equiv\ (a + b + c)(\bar{a} + \bar{b} + c)(a + \bar{b} + c)$
   C'est une forme normale conjonctive canonique puisque $(a + b + c)$, $(\bar{a} + \bar{b} + c)$, $(a + \bar{b} + c)$ sont des maxtermes.
3. $f(a, b, c) :\equiv\ abc + \bar{a}b$
   C'est une forme normale disjonctive, mais pas une forme canonique disjonctive puisque le terme $\bar{a}b$ n'est pas un minterme (il manque une des trois variables).
4. $f(a, b, c) :\equiv\ abc + \bar{a}(b + c)$
   Ce n'est pas une forme normale puisque le terme $\bar{a}(b + c)$ n'est pas un produit de littéraux.

Remarque 3.2.12 (Vocabulaire) : On peut trouver l'expression « forme normale disjonctive » (respectivement « forme normale conjonctive ») pour désigner une forme normale disjonctive canonique (respectivement une forme normale conjonctive canonique), mais il est bon de distinguer les deux notions (dans le cas des formes canoniques, toutes les variables apparaissent dans chacun des termes de la décomposition).

Remarque 3.2.13 : Toute fonction logique, autre que les fonctions constantes égales à 0 ou 1, peut s'écrire sous chacune des formes canoniques, et cette écriture est unique (je ne justifierai pas ce résultat). Pour transformer une fonction en sa forme normale (disjonctive ou conjonctive), il suffit d'utiliser le même procédé que dans la logique des propositions :

- Utiliser les lois de De Morgan et l'involutivité du complémentaire jusqu'à ce que les complémentaires ne portent que sur les variables.
- Pour faire apparaître une variable manquante, par exemple a, il suffit de remplacer dans un produit 1 par $a + \bar{a}$ et dans une somme 0 par $a\bar{a}$.
- Utiliser les lois de distributivité pour obtenir la forme souhaitée.

Exemple 3.2.14 (Exemples de formes canoniques disjonctives)

1.
$$f(a, b, c) :\equiv abc + \bar{a}b = abc + \bar{a}b(c + \bar{c}) = abc + \bar{a}bc + \bar{a}b\bar{c}$$

2.
$$\begin{aligned} f(a, b, c) :\equiv\ & abc + \bar{a}(b + c) \\ &= abc + \bar{a}b + \bar{a}c = abc + \bar{a}b(c + \bar{c}) + \bar{a}c(b + \bar{b}) = abc + \bar{a}bc + \bar{a}b\bar{c} + \bar{a}bc + \bar{a}\bar{b}c \\ &= abc + \bar{a}bc + \bar{a}b\bar{c} + \bar{a}\bar{b}c \end{aligned}$$

3.
$$\begin{aligned} f(a, b, c) :\equiv\ & \overline{((\overline{\bar{a} + b}) + c))} = \overline{\overline{(\bar{a} + b)}}\bar{c} \\ &= (\bar{a} + b)\bar{c} = \bar{a}\bar{c} + b\bar{c} = \bar{a}\bar{c}(b + \bar{b}) + b\bar{c}(a + \bar{a}) = \bar{a}\bar{c}b + \bar{a}\bar{c}\bar{b} + b\bar{c}a + b\bar{c}\bar{a} \\ &= ab\bar{c} + (\bar{a}b\bar{c} + \bar{a}b\bar{c}) + \bar{a}\bar{b}\bar{c} = ab\bar{c} + \bar{a}b\bar{c} + \bar{a}\bar{b}\bar{c} \end{aligned}$$

Les deux formes canoniques d'une fonction s'obtiennent aussi facilement à partir de sa table de vérité. La forme canonique disjonctive met en évidence les 1 dans la table ; elle est à privilégier quand il y a peu de 1. La forme canonique conjonctive met en évidence les 0 dans la table de vérité ; elle est à privilégier quand il y a peu de 0.

Exemple 3.2.15 (Exemple de recherche de forme disjonctive canonique)
On définit la fonction logique f à trois arguments à partir de sa table de vérité :

a, b, c	000	001	010	011	100	101	110	111
$f(a, b, c)$	1	0	0	1	1	0	0	0

On constate que $f(a, b, c) = 1$ si et seulement si on est dans un des trois cas suivants :

- $(a, b, c) = (0, 0, 0)$, ce qui équivaut à $\bar{a}\bar{b}\bar{c} = 1$ (un produit est égal à 1 si et seulement si chaque terme est égal à 1).
- $(a, b, c) = (0, 1, 1)$, ce qui équivaut à $\bar{a}bc = 1$.
- $(a, b, c) = (1, 0, 0)$, ce qui équivaut à $a\bar{b}\bar{c} = 1$.

Comme une somme est égale à 1 si et seulement si un des termes (au moins) est égal à 1, on en déduit la forme normale disjonctive canonique

$$f(a,b,c) = \bar{a}\bar{b}\bar{c} + \bar{a}bc + a\bar{b}\bar{c}$$

Exemple 3.2.16 (Exemple de recherche de forme conjonctive canonique)
On définit la fonction logique g à trois arguments à partir de sa table de vérité :

a,b,c	000	001	010	011	100	101	110	111
$g(a,b,c)$	1	1	1	1	0	0	1	0

On constate que $g(a,b,c) = 0$ si et seulement si on est dans un des trois cas suivants :

- $(a,b,c) = (1,0,0)$, ce qui équivaut à $\bar{a} + b + c = 0$ (une somme est égale à 0 si et seulement si chaque terme est égal à 0).
- $(a,b,c) = (1,0,1)$, ce qui équivaut à $\bar{a} + b + \bar{c} = 0$.
- $(a,b,c) = (1,1,1)$, ce qui équivaut à $\bar{a} + \bar{b} + \bar{c} = 0$.

Comme un produit est égal à 0 si et seulement si un des termes (au moins) est égal à 0, on en déduit la forme normale conjonctive canonique

$$g(a,b,c) = (\bar{a} + b + c)(\bar{a} + b + \bar{c})(\bar{a} + \bar{b} + \bar{c})$$

3.3 Simplification d'une fonction logique par la méthode de la table de Karnaugh

Une des méthodes pour simplifier une fonction logique est la **table de Karnaugh**. C'est une méthode développée en 1953 par Maurice Karnaugh (1924-), physicien américain qui travaillait dans les laboratoires Bell. Il s'est pour cela appuyé sur les diagrammes de Veitch, de l'informaticien américain Edward W. Veitch (1924-2013). Les données de la table de vérité sont présentées de la façon suivante :

$a \backslash b$	0	1
0		
1		

$a \backslash b,c$	00	01	11	10
0				
1				

$a,b \backslash c,d$	00	01	11	10
00				
01				
11				
10				

TABLE 3.1 – Tables de Karnaugh pour deux à quatre variables.

$a,b \backslash c,d,e$	000	001	011	010	110	111	101	100
00								
01								
11								
10								

TABLE 3.2 – Table de Karnaugh pour cinq variables.

Au lieu du code binaire naturel

$$0000, 0001, 0010, 0011, 0100, 0101, 0110, 0111, 1000, 1001, 1010, 1011, 1100, \ldots$$

la numérotation de la table de Karnaugh utilise le **code de Gray** (du nom de Frank Gray (1887-1969), physicien américain, chercheur dans les laboratoires Bell, qui a déposé un brevet sur ce code en 1947), ou *binaire réfléchi*

$$0000, 0001, 0011, 0010, 0110, 0111, 0101, 0100, 1100, 1101, 1111, 1110, 1010, \ldots$$

L'expression *binaire réfléchi* vient de la construction de cette suite, qui peut s'effectuer par un principe de symétrie. On construit la liste des nombres écrits dans ce code avec $n + 1$ chiffres, en partant de la liste de ceux écrits avec n chiffres que l'on dédouble par symétrie (comme dans un miroir), puis on place le chiffre 0 devant les nombres de la partie supérieure, et le chiffre 1 devant ceux de la partie inférieure, le point de départ (pour un seul chiffre) étant

$$\begin{array}{c} 0 \\ 1 \end{array}$$

On obtient donc par symétrie, pour 2 chiffres

$$\begin{array}{cc} 0 & 00 \\ 1 & 01 \\ \hline 1 & 11 \\ 0 & 10 \end{array}$$

donc pour 3 chiffres

$$\begin{array}{cc} 00 & 000 \\ 01 & 001 \\ 11 & 011 \\ 10 & 010 \\ \hline 10 & 110 \\ 11 & 111 \\ 01 & 101 \\ 00 & 100 \end{array}$$

et ainsi de suite.

Ce code a la particularité de ne modifier qu'un chiffre à chaque fois que l'on passe d'un nombre au suivant, ce qui permet d'éviter certaines erreurs dans la réalisation physique de circuits. Par exemple, le nombre 3 s'écrit en binaire naturel 011 et le nombre 4 s'écrit 100 ; ainsi, pour passer de 3 à 4, trois chiffres doivent être modifiés ; dans un circuit il peut arriver que cette modification ne soit pas parfaitement simultanée, et que l'on se trouve parfois dans des états dit *transitoires* (pour lesquels une partie seulement des chiffres ont été modifiés), ce qui peut perturber le fonctionnement du circuit.

La méthode suivante permet d'écrire, dans le code de Gray, le nombre qui suit un nombre donné :

- Si le nombre de chiffres 1 est pair, on inverse le dernier chiffre (celui de droite).
- Si le nombre de chiffres 1 est impair, on inverse le chiffre situé à gauche du dernier 1 (le plus à droite).

Comme cette opération change automatiquement la parité du nombre de 1, cela revient à faire alternativement ces deux opérations :

- On inverse le dernier chiffre (celui le plus à droite).
- On inverse le chiffre à gauche du dernier 1.

Ce qui donne :

point de départ	0000
on inverse le dernier chiffre	0001
on inverse le chiffre à gauche du dernier 1	0011
on inverse le dernier chiffre	0010
on inverse le chiffre à gauche du dernier 1	0110
on inverse le dernier chiffre	0111
on inverse le chiffre à gauche du dernier 1	0101
	...

Le principe de la table de Karnaugh est de regrouper tous les 1 (pour obtenir une forme normale disjonctive, c'est-à-dire une expression formée d'une somme de produits de littéraux), ou tous les 0 (pour obtenir une forme normale conjonctive, c'est-à-dire une expression formée d'un produit de sommes de littéraux), dans des rectangles adjacents dont le nombre de cases est une puissance de 2. Un groupement de 2^k cases permet d'obtenir un terme pour lequel k variables ont été éliminées (celles qui changent de valeur dans le groupement considéré).

Exemple 3.3.1
Exemples de situations associées à certaines zones des tableaux, dans le cas d'une fonction à deux variables :

1. Une colonne (2 cases : on élimine 1 variable, il en reste 1) :

a \ b	0	1
0		
1		

La partie grisée correspond à l'addition de b dans le cas d'une forme normale disjonctive (si elle contient des 1), ou à la multiplication par $\bar{b}$ dans le cas d'une forme normale conjonctive (si elle contient des 0). On peut en effet constater que les cases grisées correspondent à l'ensemble des cases du tableau pour lesquelles la variable b est égale à 1. Vérifions par un calcul :

- Si on regroupe les 1 : la prise en compte des deux 1 dans la partie grisée correspond (quand on cherche une forme normale disjonctive) à l'addition de

$$\bar{a}b + ab = (\bar{a} + a)b = b$$

- Si on regroupe les 0 : la prise en compte des deux 0 dans la partie grisée correspond (quand on cherche une forme normale conjonctive) à la multiplication par

$$(a + \bar{b})(\bar{a} + \bar{b}) = a\bar{a} + \bar{b} = \bar{b}$$

2. Une ligne (2 cases : on élimine 1 variable, il en reste 1) :

a \ b	0	1
0		
1		

La partie grisée correspond à l'addition de a dans le cas d'une forme normale disjonctive (si elle contient des 1), ou à la multiplication par $\bar{a}$ dans le cas d'une forme normale conjonctive (si elle contient des 0), car les cases grisées correspondent à l'ensemble des cases du tableau pour lesquelles la variable a est égale à 1.

Exemple 3.3.2
Exemples de situations associées à certaines zones des tableaux, dans le cas d'une fonction à trois variables :

1. Une colonne (2 cases : on élimine 1 variable, il en reste 2) :

a \ b, c	00	01	11	10
0				
1				

La partie grisée correspond à l'addition de $\bar{b}c$ dans le cas d'une forme normale disjonctive (si elle contient des 1), ou à la multiplication par $b + \bar{c}$ dans le cas d'une forme normale conjonctive (si elle contient des 0). On peut en effet constater que les cases grisées correspondent à l'ensemble des cases du tableau pour lesquelles on a simultanément : la variable b est égale à 0 et la variable c est égale à 1. Vérifions par un calcul :

- Si on regroupe les 1 : la prise en compte des deux 1 dans la partie grisée correspond (quand on cherche une forme normale disjonctive) à l'addition de

$$\bar{a}\bar{b}c + a\bar{b}c = (\bar{a} + a)\bar{b}c = \bar{b}c$$

- Si on regroupe les 0 : la prise en compte des deux 0 dans la partie grisée correspond (quand on cherche une forme normale conjonctive) à la multiplication par

$$(a + b + \bar{c})(\bar{a} + b + \bar{c}) = a\bar{a} + (b + \bar{c}) = b + \bar{c}$$

2. Une ligne (4 cases : on élimine 2 variables, il en reste 1) :

a \ b, c	00	01	11	10
0				
1				

La partie grisée correspond à l'addition de a dans le cas d'une forme normale disjonctive (si elle contient des 1), ou à la multiplication par $\bar{a}$ dans le cas d'une forme normale conjonctive (si elle contient des 0).

3. Deux colonnes (4 cases : on élimine 2 variables, il en reste 1) :

a \ b, c	00	01	11	10
0				
1				

La partie grisée correspond à l'addition de c dans le cas d'une forme normale disjonctive (si elle contient des 1), ou à la multiplication par $\bar{c}$ dans le cas d'une forme normale conjonctive (si elle contient des 0).

a \ b, c	00	01	11	10
0				
1				

La partie grisée correspond à l'addition de $\bar{c}$ dans le cas d'une forme normale disjonctive (si elle contient des 1), ou à la multiplication par c dans le cas d'une forme normale conjonctive (si elle contient des 0).

Exemple 3.3.3
On veut simplifier la fonction f à deux arguments suivante :

a \ b	0	1
0	0	1
1	1	1

Si on regroupe les 1 :

- Les deux cases de la colonne « 1 » correspondent à l'addition de b.
- Les deux cases de la ligne « 1 » correspondent à l'addition de a (on pourrait ne prendre que la case intersection de la colonne « 0 » et la ligne « 1 », puisque l'autre valeur 1, dans la case intersection de la colonne « 1 » et la ligne « 1 », a déjà été prise, mais choisir un regroupement de deux cases permet d'avoir une variable de moins dans l'expression finale).

Donc

$$f(a, b) = a + b$$

Si on regroupe les 0 : il n'y a qu'une case, intersection de la colonne « 0 » et de la ligne « 0 », et on retrouve

$$f(a, b) = a + b$$

Dans cet exemple, les deux formes réduites sont identiques, et correspondent à la forme normale conjonctive canonique. La forme normale disjonctive canonique est ici

$$f(a, b) = \bar{a}b + a\bar{b} + ab$$

Exemple 3.3.4
On veut simplifier la fonction f à trois arguments suivante :

a \ b, c	00	01	11	10
0	0	1	1	0
1	1	1	1	0

Si on regroupe les 1 :

- Les 4 cases des deux colonnes « 01/11 » correspondent à l'addition de c.
- Les 2 cases, intersection des colonnes « 00/01 » et de la ligne « 1 », correspondent à l'addition de $a\bar{b}$.

Donc

$$f(a, b, c) = a\bar{b} + c$$

Si on regroupe les 0 :

- Les deux cases de la colonne « 10 » correspondent à la multiplication par $\bar{b} + c$.
- Les deux cases, intersection des colonnes « 00/10 » et de la ligne « 0 », correspondent à la multiplication par $a + c$.

Donc

$$f(a, b, c) = (a + c)(\bar{b} + c)$$

Exemple 3.3.5

On veut simplifier la fonction f à quatre arguments suivante :

a, b \ c, d	00	01	11	10
00	1	1	1	0
01	0	1	1	1
11	0	1	1	0
10	1	1	1	0

Si on regroupe les 1 :

- Les 4 cases, intersection des colonnes « 00/01 » et des lignes « 00/10 », correspondent à l'addition de $\bar{b}\bar{c}$.
- Les deux colonnes « 01/11 » correspondent à l'addition de d.
- Les deux cases, intersection des deux colonnes « 11/10 » et de la ligne « 01 », correspondent à l'addition de $\bar{a}bc$.

Donc

$$f(a, b, c, d) = \bar{b}\bar{c} + d + \bar{a}bc$$

Si on regroupe les 0 :

- Les deux cases, intersection de la colonne « 00 » et des deux lignes « 01/11 », correspondent à la multiplication par $\bar{b} + c + d$.
- Les deux cases, intersection de la colonne « 10 » et des deux lignes « 11/10 », correspondent à la multiplication par $\bar{a} + \bar{c} + d$.
- Les deux cases, intersection de la colonne « 10 » et des deux lignes « 00/10 », correspondent à la multiplication par $b + \bar{c} + d$

Donc

$$f(a,b,c,d) = (\bar{b} + c + d)(\bar{a} + \bar{c} + d)(b + \bar{c} + d)$$

Exemple 3.3.6

On veut simplifier la fonction g à quatre arguments suivante :

a,b \ c,d	00	01	11	10
00	0	1	1	0
01	1	0	1	0
11	1	0	1	0
10	0	1	1	1

En regroupant les 1 :

$$g(a,b,c,d) = b\bar{c}\bar{d} + \bar{b}d + cd + a\bar{b}c$$

En regroupant les 0 :

$$g(a,b,c,d) = (b + c + d)(\bar{b} + c + \bar{d})(\bar{b} + \bar{c} + d)(a + b + d)$$

Chapitre 4

Logique des prédicats (logique du premier ordre)

Prérequis
Le chapitre 2 sur la logique des propositions. En particulier : les définitions des connecteurs (section 2.2), la définition d'une logique formelle, la double approche syntaxique et sémantique, le principe de construction d'un ensemble par induction (sections 2.3 à 2.7), et la section 2.9 dans laquelle on trouve les propriétés classiques (et d'autres moins classiques) des connecteurs.

4.1 Introduction

Pour formaliser les raisonnements mathématiques, le pouvoir expressif de la logique des propositions est trop limité. Par exemple, on peut toujours considérer une proposition exprimant la propriété

« 2 est un nombre pair »

mais c'est insuffisant pour étudier les propriétés des nombres entiers. En effet, on ne peut pas par exemple, définir de proposition

« être un nombre pair »

à partir de laquelle on pourrait exprimer la propriété « 2 est un nombre pair », ou « il existe un nombre pair », ou « tous les nombres ne sont pas pairs ». Nous ne pouvons pas non plus, en nous plaçant dans l'ensemble des nombres réels, exprimer la propriété

Tout nombre positif est le carré d'un autre nombre

que l'on pourrait aussi écrire ainsi :

Pour tout nombre x, si $x \geqslant 0$, alors il existe un nombre y tel que $x = y^2$

Pour cela, nous avons besoin de *prédicats*, c'est-à-dire de propriétés vérifiées par un objet (comme par exemple le fait d'être pair), ou par plusieurs objets, indiquant ainsi une relation entre eux (comme par exemple le prédicat « être supérieur ou égal à », entre deux nombres). Nous avons aussi besoin de *variables* comme x et y, et aussi de *quantificateurs* : dans le deuxième exemple, pour signifier que la propriété est vraie pour tout x, on utilisera ce qu'on appelle le quantificateur universel $\forall$, et pour signifier qu'il existe (au moins) un nombre

y on utilisera ce qu'on appelle le quantificateur existentiel $\exists$. La propriété du deuxième exemple pourra alors s'écrire

$$\overbrace{\forall x}^{\text{pour tout } x}\ ,(\underbrace{x \geqslant 0 \Longrightarrow}_{\text{si } x \text{ est positif alors}}\ \overbrace{\exists y}^{\text{il existe } y \text{ tel que}}\ , x = y^2)$$

La **logique des prédicats** (ou calcul des prédicats), ou **logique du premier ordre** (ou encore *calcul des prédicats du premier ordre*)[1], peut être considérée comme la base de la logique mathématique. Elle a été élaborée vers la fin du XIXe siècle et le début du XXe siècle par plusieurs logiciens et mathématiciens, avec la volonté de donner une fondation axiomatique aux mathématiques. On peut citer entre autres le mathématicien et linguiste italien Giuseppe Peano (1858-1932), le mathématicien allemand David Hilbert (1862-1943), les mathématiciens britanniques Alfred North Whitehead (1861-1947) et Bertrand Russell (1872-1970), le mathématicien, logicien, et philosophe américain Charles Peirce (1839-1914), et le mathématicien, logicien et philosophe allemand Gottlob Frege (1848-1925), dont le *Begriffsschrift* [l'Idéographie], en 1879, est parfois considéré comme la naissance de la logique des prédicats.

Cette logique étend celle des propositions en introduisant des éléments supplémentaires. Je vais, dans les sections qui suivent, préciser sa syntaxe, ainsi qu'une première approche informelle de sa sémantique, sur laquelle je reviendrai dans la section 4.8. Le deuxième aspect de la syntaxe, les règles d'inférence (ou règles de déduction), sera traité séparément dans le chapitre 5.

La syntaxe de la logique des prédicats consiste en la donnée de ce qu'on appelle un **langage du premier ordre** L, sous la forme d'une série de symboles. Ce langage n'est pas unique, il y en a une infinité, pouvant s'adapter à différentes théories mathématiques. Il existe des symboles communs à tous les langages du premier ordre (voir plus loin pour les détails) :

- symboles de ponctuations : les parenthèses ( ) ;
- symboles de connecteurs logiques : $\neg \quad \wedge \quad \vee \quad \Longrightarrow \quad \Longleftrightarrow$;
- symboles de variables, comme x ou y ;
- symboles de quantificateurs : $\forall$ et $\exists$;

et des symboles spécifiques à chaque langage, formant ce qu'on appelle sa signature :

- symboles de constantes, comme 0 et 1 représentant les entiers zéro et un ;
- symboles de prédicats, comme l'égalité (=) ou la relation d'ordre ($\leqslant$) ;
- symboles d'opérations, comme + (pour l'addition) ou $\times$ (pour la multiplication).

Les symboles de la seconde catégorie (ceux permettant de définir la signature d'un langage) sont parfois appelés des *symboles non logiques*, par opposition à ceux de la première catégorie appelés *symboles logiques*.

D'un point de vue sémantique, ces symboles peuvent ensuite être interprétés dans ce que l'on appelle une ***L*-structure**. C'est-à-dire que l'on choisit un ensemble Ω non vide que l'on appelle **univers** (ou *domaine*, ou *ensemble de base*), dont les éléments seront les objets que l'on peut manipuler. Le terme *objet* désigne ici ce que l'on veut étudier (par exemple un nombre entier, un nombre réel, un ensemble, une figure géométrique, une fonction, ...). Il est à noter qu'en logique des prédicats, on ne travaille que dans un univers, c'est-à-dire sur un seul type d'objets, et les quantificateurs ($\forall$ et $\exists$) ne portent que sur ces objets. C'est en ce sens qu'il s'agit d'une logique du *premier ordre* : il existe une logique du *second ordre* où on peut aussi utiliser des quantificateurs sur des ensembles d'objets, une logique du *troisième ordre* où on peut aussi utiliser des quantificateurs sur des ensembles d'ensembles d'objets, etc.

1. Il semble que l'expression *calcul des prédicats* soit la plus répandue pour les auteurs francophones, et *logique du premier ordre* pour les auteurs anglophones (*first order logic*). J'emploierai *logique des prédicats* plutôt que *calcul des prédicats* pour les mêmes raisons qui me font employer *logique des propositions* plutôt que *calcul des propositions* (quand le terme *calcul* ne désigne qu'une partie de la logique, cela permet de mieux distinguer les approches syntaxique et sémantique).

4.2 Symboles d'un langage du premier ordre

Je présente dans cette section les différents symboles de la logique des prédicats, ainsi que leur interprétation intuitive (ce qui peut me conduire à mélanger par moments syntaxe et sémantique, à faire des approximations et présenter des choses qui ne sont pas toujours rigoureusement exactes). Les règles de construction précises des différentes formules obtenues à partir de ces symboles, et la formalisation de la sémantique, seront abordées plus loin. Comme pour la logique des propositions, on considère en logique formelle que tous les symboles sont deux à deux distincts, et qu'aucun d'entre eux n'est une suite finie d'autres symboles, afin de pouvoir interpréter une séquence de symboles de manière non ambiguë. Ce principe ne sera pas toujours vrai dans la pratique mathématique informelle, dans laquelle le contexte aide parfois à interpréter le sens des symboles. Mais je ne m'étendrai pas davantage sur ce sujet.

Symboles de ponctuation

Les parenthèses

$$(\quad)$$

D'autres symboles de ponctuation, comme par exemple la virgule, seront parfois utilisés pour améliorer la lisibilité de formules, mais ne sont pas formellement nécessaires.

Symboles de connecteurs logiques

Ce sont les mêmes que pour la logique des propositions :

$$\neg \quad \wedge \quad \vee \quad \Longrightarrow \quad \Longleftrightarrow$$

Je rappelle que $\neg$ représente le connecteur négation, $\wedge$ le connecteur conjonction (*et*) et $\vee$ le connecteur disjonction (*ou*).

Symboles de variables

L'ensemble des symboles de variables est en général un ensemble infini dénombrable (c'est-à-dire que l'on peut indexer ses éléments par l'ensemble des entiers naturels). On peut prendre par exemple comme ensemble de variables

$$v_0 \quad v_1 \quad v_2 \ldots$$

Mais dans la pratique, on désigne souvent une variable par une lettre quelconque de l'alphabet en majuscule ou minuscule, éventuellement suivie d'un indice, d'un exposant, ou de primes (') :

$$a, b, c, \ldots, a', b', c' \ldots x, y, z \ldots x', y', z', \ldots x'', y'', z'', \ldots A, B, C, \ldots, a_1, a_2, \ldots, x_1, x_2, \ldots a^1, a^2, \ldots$$

En toute rigueur, la liste précédente représente plutôt ce que l'on peut appeler des métavariables, pouvant désigner des variables formelles. En particulier, les variables sont toutes distinctes, mais si on utilise les métavariables « x » et « y », il peut arriver qu'elles désignent la même variable formelle, par exemple v_{100}. Il est donc parfois nécessaire de préciser la situation (« les variables x et y sont différentes »). Encore une fois, je ne m'étendrai pas davantage sur ces différences subtiles entre un symbole (un objet, dont la nature n'est pas précisée), sa représentation formelle (par exemple v_{100}), et ses représentations dans la métathéorie (par exemple x ou y).

Dans l'interprétation du langage L dans une L-structure (l'univers Ω), les variables prendront des valeurs choisies parmi les éléments de cet univers. Par exemple, si l'univers est l'ensemble des nombres entiers, toutes les variables représentent un nombre entier, et si l'univers est l'ensemble des points du plan, toutes les variables représentent un point.

Symboles de constantes

D'un point de vue sémantique, à chaque symbole de constante du langage sera associé un élément particulier de l'univers. Il n'est pas rare de les noter par une des premières lettres de l'alphabet (comme a, b, c), et de noter les variables plutôt avec des lettres de la fin de l'alphabet (comme x, y, z), mais ce n'est pas une obligation, n'importe quel symbole pouvant désigner une constante. Il y a aussi des symboles spécifiques comme le symbole « 0 » pouvant par exemple représenter la constante zéro de l'ensemble des entiers naturels, ou le symbole « $\varnothing$ » pour représenter l'ensemble vide.

Symboles de prédicats

Un **prédicat** (ou une *relation*) désigne une propriété que peuvent posséder un ou plusieurs éléments. Un prédicat à n arguments (c'est-à-dire qui s'applique à n éléments) s'appelle un prédicat n-aire, ou d'**arité** n. Il s'interprète dans l'univers Ω par une relation à n arguments, c'est-à-dire un sous-ensemble de Ω^n, ensemble de tous les n-uplets $(x_1, \ldots, x_n)$ d'éléments de Ω. De façon informelle, définir une relation à n arguments revient à choisir, parmi les n-uplets d'éléments de Ω, ceux qui vérifient la relation. Par exemple la relation d'arité 2

$$\leqslant$$

sur l'ensemble formé des trois entiers 1, 2, 3, peut être définie comme l'ensemble formé des couples (x, y) suivants (tous ceux qui vérifient la relation $x \leqslant y$) :

$$(1,1) \quad (1,2) \quad (1,3) \quad (2,2) \quad (2,3) \quad (3,3)$$

On dit que le prédicat est **unaire**, ou d'arité 1, quand il n'a qu'un argument, c'est-à-dire qu'il s'applique à un seul élément : si R est un prédicat unaire, on note $R(x)$ l'application du prédicat à x. On peut dire aussi que $R(x)$ est une forme propositionnelle. Quand on interprète le prédicat R, pour tout élément a de l'univers, $R(a)$ a soit la valeur de vérité *vrai*, soit la valeur de vérité *faux*, et il est alors possible d'utiliser les techniques de la logique des propositions. Lorsque a est un élément tel que $R(a)$ est *vrai*, on peut dire qu'il vérifie R (ou $R(x)$), ou qu'il a la propriété R.

Exemple 4.2.1 (Exemple de prédicat unaire)
On interprète par exemple un prédicat unaire R dans l'ensemble des nombres entiers, par : « être un nombre pair », autrement dit R sera interprété comme le sous-ensemble des nombres entiers contenant tous les entiers pairs (et uniquement ceux-ci). $R(x)$ signifie alors : « x est un nombre pair ». La valeur de vérité n'est pas fixée et dépend de la variable x.

- $R(4)$ signifie « 4 est un nombre pair ». Cette proposition est vraie, donc 4 vérifie R.
- $R(5)$ signifie « 5 est un nombre pair ». Cette proposition est fausse, donc 5 ne vérifie pas R.

On dit que le prédicat est **binaire**, ou d'arité 2, lorsqu'il a deux arguments. L'application du prédicat binaire R à x et y peut se noter de différentes façons :

- $R(x, y)$, ou Rxy : c'est ce qu'on appelle la **notation préfixée** (ou préfixe), ou notation polonaise, car elle a été introduite en 1921 par le philosophe, mathématicien et logicien polonais Jan Lukasiewicz (1878-1956).
- xyR : c'est ce qu'on appelle la **notation postfixée** (ou postfixe), ou notation polonaise inverse.
- xRy : c'est ce qu'on appelle la **notation infixée** (ou infixe). C'est la notation la plus usuelle pour noter des prédicats binaires en mathématiques. On note par exemple

$$x \leqslant y$$

plutôt que

$$\leqslant (x, y) \quad \text{ou} \quad \leqslant xy \quad \text{ou} \quad xy \leqslant$$

Exemple 4.2.2 (Exemples de prédicats binaires)
On peut par exemple interpréter, dans l'ensemble des nombres entiers non nuls, les prédicats binaires R_1 et R_2 suivants :

$$R_1(x, y) :\equiv x \leqslant y$$
$$R_2(x, y) :\equiv x \text{ divise } y$$

On a alors, par exemple :

- $R_1(1, 2)$ est *vrai*, car $1 \leqslant 2$.
- $R_1(3, 1)$ est *faux*, car 3 n'est pas inférieur à 1.
- $R_2(3, 12)$ est *vrai*, car 3 divise 12.
- Pour tout x, y, $R_2(x, y) \implies R_1(x, y)$ est *vrai*, puisque si un nombre x divise un nombre (non nul) y, alors $x \leqslant y$.

Symboles d'opérations

On définit des **opérateurs**, c'est-à-dire des symboles d'*opérations* (qu'on appelle aussi *fonctions*), qui ont, comme les prédicats, une arité, correspondant à leur nombre d'arguments. On interprète un symbole d'opération, dans un univers Ω, par une fonction de Ω^n dans Ω. Autrement dit, une opération n-aire associe à un n-uplet $(x_1, \ldots, x_n)$ d'éléments de Ω, un autre élément de Ω.

Si f est une *opération unaire*, on note $f(x)$ ou fx l'application de f à x.

Si f est une *opération binaire* (qu'on appelle aussi une *loi*) on peut noter $f(x, y)$ ou fxy (notation préfixée) ou le plus souvent xfy (notation infixée) l'application de f à x et y. On note par exemple $x + y$ l'application de l'opération binaire $+$ à x et à y.

Exemple 4.2.3 (Exemples d'opérateurs unaires et binaires)
Si un langage L dispose d'une opération binaire (c'est-à-dire d'arité 2), on peut par exemple l'interpréter

- dans l'ensemble des entiers naturels, par l'addition ou la multiplication usuelles : aux deux nombres x et y on associe un autre nombre ($x + y$ dans le cas de l'addition, $x \times y$ dans le cas de la multiplication) ;
- dans l'ensemble des nombres réels, comme une soustraction ;
- dans un ensemble de matrices, comme une multiplication de matrices.

Si un langage L dispose d'une opération unaire, on peut l'interpréter

- dans l'ensemble des entiers relatifs, comme l'opposé d'un nombre : à x on associe $-x$;
- dans l'ensemble des nombres réels non nuls, comme l'inverse d'un nombre : à x on associe $\frac{1}{x}$.

Remarque 4.2.4 : Il peut arriver que l'on définisse aussi les constantes comme des opérateurs d'arité nulle.

Symboles de quantificateurs

Les deux symboles de quantificateurs sont $\forall$ et $\exists$:

- $\forall$ s'appelle le **quantificateur universel**, et signifie « quel que soit », ou « pour tout ».
- $\exists$ s'appelle le **quantificateur existentiel**, et signifie « il existe au moins un ».

Exemple 4.2.5

1. $\forall x R(x)$ signifie que le prédicat R est vérifié pour tous les éléments de l'univers.
2. $\exists x R(x)$ signifie que le prédicat R est vérifié pour au moins un élément de l'univers.
3. Si on se place dans l'ensemble $\mathbb{N}$ des entiers naturels on a par exemple

$$\forall x, x \geqslant 0$$

ce qui peut se lire : « pour tout x (entier), x est supérieur ou égal à 0 » et

$$\exists x, x \geqslant 1$$

ce qui peut se lire : « il existe (au moins) un (entier) x supérieur ou égal à 1 ».

Remarque 4.2.6 (Origine des notations) : Le symbole $\exists$ a été introduit en 1897 par le mathématicien et linguiste italien Giuseppe Peano (1858-1932), et serait, retournée, l'initiale E d'*exister* :

« La proposition

$$a- = \wedge,$$

c'est-à-dire la négation de la proposition $a = \wedge$, signifie « il y a des a », « les a existent ». Mais nous préférons l'indiquer par la nouvelle notation

$$\exists a$$

qu'on peut lire « il y a des a » [...] Nous avons introduit le signe $\exists$ [...] car la notation $a- = \wedge$ a été reconnue par plusieurs collaborateurs comme longue, et trop différente du langage ordinaire. » [2]

Ce symbole a été repris et popularisé par le mathématicien, logicien, et philosophe britannique Bertrand Russell (1872-1970), qui lui donne aussi son sens actuel de quantificateur sur une variable (pour Peano, $\exists a$ signifie, de façon informelle et approximative, qu'un certain ensemble a d'objets n'est pas vide). Par analogie, le mathématicien et logicien allemand Gerhard Gentzen (1909-1945) a introduit en 1935 [3] le symbole $\forall$, représentant, à l'envers, la lettre A, initiale de *All* (*tout*, en allemand).

Remarque 4.2.7 : Si on se place dans un ensemble de n éléments $\{a_1, a_2, \dots, a_n\}$, alors

$$\forall x R(x) \equiv R(a_1) \wedge R(a_2) \cdots \wedge R(a_n)$$
$$\exists x R(x) \equiv R(a_1) \vee R(a_2) \cdots \vee R(a_n)$$

Ainsi, on peut considérer l'introduction de ces deux quantificateurs comme une généralisation des connecteurs $\wedge$ et $\vee$ à des ensembles quelconques (qui ne sont pas nécessairement finis).

2. Giuseppe PEANO. *Formulaire de mathématiques*. 2 t. 1. 1897, p47.
3. Gerhard GENTZEN. *Untersuchungen ueber das logische Schliessen* [Recherches sur la déduction logique]. 1935, p47.

Remarque 4.2.8 (Notations) : À la place de $\forall$, on peut aussi trouver la notation $\bigwedge$ (voir la remarque précédente) ou $\prod$, et à la place de $\exists$, on peut aussi trouver la notation $\bigvee$ (voir la remarque précédente) ou $\sum$.

Remarque 4.2.9 (Notations) : Je pourrai aussi utiliser les notations

$$\begin{aligned} \forall x\ y, P &\quad \text{pour } \forall x \forall y, P \\ \exists x\ y, P &\quad \text{pour } \exists x \exists y, P \\ \forall x\ y\ z, P &\quad \text{pour } \forall x \forall y \forall z, P \\ \exists x\ y\ z, P &\quad \text{pour } \exists x \exists y \exists z, P \\ &\quad \dots \end{aligned}$$

ainsi que la notation

$$\vec{x}$$

pour signifier une liste de variables $x_1, \dots, x_n$, pour un entier n indéterminé. Je noterai donc aussi

$$\begin{aligned} \forall \vec{x} P &\quad \text{pour } \forall x_1 \forall x_2 \dots \forall x_n, P \\ \exists \vec{x} P &\quad \text{pour } \exists x_1 \exists x_2 \dots \exists x_n, P \end{aligned}$$

Exemple 4.2.10 (Exemples de traductions de phrases du métalangage à l'aide de quantificateurs)
On considère un langage avec le prédicat $ami(x, y)$ qui représente le fait que x est l'ami de y, et avec une constante *moi* qui représente la personne qui s'exprime. On peut alors traduire les expressions suivantes :

- « Les amis de mes amis sont mes amis » :

$$\forall x \forall y, (ami(x, moi) \wedge ami(y, x) \implies ami(y, moi))$$

- « Je n'ai pas d'ami » :

$$\forall x, \neg ami(x, moi)$$

  (littéralement : pour tout x, x n'est pas mon ami).
- « Je n'ai qu'un ami » :

$$\exists x, (ami(x, moi) \wedge \forall y, (ami(y, moi) \implies x = y))$$

  (littéralement : j'ai un ami x et si y est mon ami, alors x et y sont identiques).
- « Tout le monde est mon ami » :

$$\forall x, ami(x, moi)$$

- « Tout le monde a un ami » :

$$\forall x \exists y, ami(y, x)$$

4.3 Signature d'un langage du premier ordre

Les symboles de variables, quantificateurs, et connecteurs logiques, sont obligatoires dans tout langage du premier ordre. Par contre, il peut ne pas y avoir de symboles de constantes, ni de symboles de prédicats, ni de symboles d'opérations. Néanmoins, la plupart des langages logiques étudiés en mathématiques sont dits **égalitaires**, c'est-à-dire qu'ils disposent au moins d'un symbole de prédicat binaire $=$; d'un point de vue sémantique, ce prédicat représente l'égalité usuelle (dans la métathéorie) entre deux éléments de l'ensemble de base, et d'un point de vue syntaxique, ce symbole vérifie toujours les deux principes suivants :

- Pour tout x

$$x = x$$

- Pour tout x et tout y, puisque « $x = y$ » signifie que les éléments x et y sont identiques, alors dans toute formule, si on remplace x par y on obtient une formule équivalente. Nous donnerons plus loin une définition un peu plus formelle de ce principe.

Dans la suite, on considérera toujours, sauf avis contraire, que le langage est égalitaire (d'ailleurs, l'égalité est parfois considérée comme faisant partie des *symboles logiques*, et pas des *symboles non logiques* de la signature). On notera aussi $x \neq y$ pour signifier la négation de $x = y$:

$$x \neq y \overset{\text{def}}{\equiv} \neg(x = y)$$

Exemple 4.3.1 (Exemples de symboles classiques)
Exemples de symboles d'opérations unaires :

- $-$ comme dans : $-x$
- $^{-1}$ comme dans : x^{-1}
- $\bar{}$ comme dans : $\bar{x}$

Exemples de symboles d'opérations binaires :

- $+$ (addition)
- $\times$ (multiplication)
- $\cdot$ (autre symbole pour la multiplication)
- $*$
- $\circ$
- Δ
- $\wedge$ (le symbole du connecteur conjonction est aussi utilisé comme symbole d'opération binaire)
- $\vee$ (le symbole du connecteur disjonction est aussi utilisé comme symbole d'opération binaire)

Exemples de symboles de prédicats binaires :

- $\leqslant$ (inférieur ou égal)
- $<$ (inférieur strict)
- $\in$ (appartient à)
- $\subseteq$ (est inclus dans)

Exemples de symboles de constantes :

- 0
- 1
- Les lettres de l'alphabet : $a, b, \dots, z$

La plupart des symboles précédents seront par défaut considérés comme étant du type indiqué. Par exemple, et sauf avis contraire, le symbole $\times$ désignera toujours une opération binaire (mais pas forcément la multiplication de deux nombres), le symbole $\leqslant$ un prédicat binaire (mais pas forcément la relation d'ordre classique sur les nombres), le symbole 0 une constante (mais pas forcément le nombre entier zéro), ...

Définition 4.3.2 (Signature d'un langage du premier ordre)
La donnée des symboles facultatifs d'un langage du premier ordre (symboles de constantes, prédicats, opérations) s'appelle la *signature* du langage.

Exemple 4.3.3

1. Le langage ayant pour signature $\{R\}$, où R est un prédicat binaire, peut avoir pour L-structure :
   - $(\mathbb{N}, \leqslant)$, où $\leqslant$ est la relation d'ordre usuelle ;
   - $(\mathbb{N}, |)$, où $|$ est la relation de divisibilité usuelle ($n|p$ signifie que n divise p) ;
   - $(\mathbb{Z}, \equiv_n)$, où $\equiv_n$ est la relation de congruence modulo n.
2. Un langage L_G pour étudier la structure des groupes (voir la section 8.2) peut avoir pour signature $\{e, ^{-1}, *\}$, avec e une constante (pour l'élément neutre), $^{-1}$ un symbole d'opération unaire (pour l'inversion), $*$ un symbole d'opération binaire (pour le produit de deux éléments). Une L_G-structure peut alors être :
   - le groupe multiplicatif des réels non nuls $(\mathbb{R}^*, 1, ^{-1}, \times)$, où 1 est l'élément neutre de la multiplication dans l'ensemble des nombres réels non nuls $\mathbb{R}^*$, $^{-1}$ l'inversion dans $\mathbb{R}^*$, et $\times$ la multiplication usuelle ;
   - le groupe additif des entiers relatifs $(\mathbb{Z}, 0, -, +)$, où 0 est l'élément neutre de l'addition dans $\mathbb{Z}$, $-$ l'opération opposé, $+$ l'addition usuelle.
3. Un langage classique pour étudier l'arithmétique (langage de l'arithmétique de Peano, voir le chapitre 9) utilise : la constante 0, un symbole d'opération unaire S (correspondant à l'opération successeur, qui à un entier n associe son successeur, c'est-à-dire $n + 1$), et les symboles d'opération binaire $+, \times$ (pour les opérations usuelles). Je noterai L_{PA} un tel langage, qui a donc pour signature $\{0, S, +, \times\}$.
4. Un autre langage classique comprend les deux symboles de constantes 0, 1, et deux symboles d'opérations binaires $+$, $\times$ (pour les opérations usuelles). Sa signature est donc $\{+, \times, 0, 1\}$. Il peut être utilisé
   - pour étudier l'arithmétique, comme variante du langage L_{PA} ; dans ce cadre, les deux langages sont équivalents. On peut se ramener au langage précédent en définissant l'opération unaire successeur de n comme étant $n + 1$. Et réciproquement, à partir du langage L_{PA}, on peut définir la constante 1 comme étant le successeur de 0.
   - pour étudier une structure d'anneau, par exemple l'anneau $(\mathbb{Z}, +, \times, 0, 1)$ des entiers relatifs. Il est aussi possible dans ce cas d'ajouter le symbole d'opérateur unaire $-$ à la signature (pour l'opération *opposé*). Ce qui donne pour nouvelle signature : $\{+, \times, -, 0, 1\}$.
5. Le langage de la théorie des ensembles de Zermelo-Fraenkel (voir le volume 2) est aussi un langage qui utilise uniquement un symbole de prédicat binaire (en plus des symboles obligatoires et du symbole d'égalité) : le symbole d'appartenance que l'on note $\in$. Un tel langage a donc pour signature $\{\in\}$.

6. Il est aussi possible d'étendre le langage précédent en ajoutant par exemple la constante $\varnothing$ (pour l'ensemble vide), le prédicat binaire $\subseteq$ (inclusion), et les opérateurs binaires $\cup$ (réunion) et $\cap$ (intersection). Le langage obtenu a alors pour signature $\{\in, \varnothing, \subseteq, \cup, \cap\}$.
7. Un autre langage peut être utilisé pour étudier ce qu'on appelle une algèbre de Boole (voir la section 8.7). Il est formé de deux opérateurs binaires $\wedge$ et $\vee$, d'un opérateur unaire $^-$, et de deux constantes 0 et 1. La signature est donc $\{\wedge, \vee, ^-, 0, 1\}$. Une L-structure associée peut être
   - l'ensemble à deux éléments $\mathbb{B}$ étudié dans le calcul booléen du chapitre 3, les deux opérateurs binaires correspondant à $\times$ et $+$;
   - l'ensemble des sous-ensembles d'un ensemble donné E, les deux opérateurs binaires correspondant à $\cap$ (intersection) et $\cup$ (réunion), l'opérateur unaire à $\complement$ (pour le complémentaire), et les constantes à $\varnothing$ et E.

Remarque 4.3.4 : Je pourrai employer indifféremment les mots *langage* et *signature*, et écrire par exemple « le langage L » pour signifier « le langage de signature L ».

4.4 Termes

Précisons maintenant comment construire ce qu'on appelle des *formules* de la logique du premier ordre. On définit d'abord les termes, qui correspondent aux éléments de l'univers que l'on peut manipuler.

Définition 4.4.1 (Terme)
On définit un *terme* par induction de la façon suivante :

- Les constantes et les variables sont des termes.
- Si f est un symbole d'opération d'arité n, et $t_1, \dots, t_n$ des termes, alors $f(t_1, \dots, t_n)$ est un terme.

Remarque 4.4.2 : Cette définition de l'ensemble des termes est inductive, à partir des éléments de base que sont les constantes et variables. Cela signifie (implicitement dans ce qui précède) que l'ensemble des termes est défini *de haut en bas* comme le plus petit ensemble contenant les constantes et variables, et stable par application des opérateurs. Cela équivaut aussi à dire (définition inductive *de bas en haut*) qu'un terme est obtenu à partir des constantes et variables, par application successive d'un des opérateurs (un nombre fini de fois).

Remarque 4.4.3 (Notation) : J'utilise la notation classique pour une fonction

$$f(t_1, \dots, t_n)$$

mais les parenthèses et virgules ne sont pas indispensables. On peut aussi noter uniquement

$$f t_1 \dots t_n$$

Il n'y a pas d'ambiguïté : à partir du moment où l'on sait que f est un opérateur d'arité n, les n termes qui suivent ce symbole sont les arguments de f.

Exemple 4.4.4 (Exemples de termes)
À partir de la variable x uniquement, de la constante 1, et de l'opération binaire $+$, on a donc les termes de base suivants

$$x \quad 1$$

qui permettent de construire, à l'aide de l'addition, les termes suivants

$$x+x \quad x+1 \quad 1+x \quad 1+1$$

qui permettent à leur tour de construire de nouveaux termes, par exemple

$$(x+x)+x \quad (x+x)+1 \quad (x+1)+(1+1)\ldots$$

et ainsi de suite.

Remarque 4.4.5 (Notations) : Dans l'exemple précédent, j'utilise pour plus de clarté la notation infixée pour l'opération binaire $+$ (par exemple : $x + y$). C'est la notation usuelle pour noter les opérations binaires, mais on peut aussi utiliser la notation préfixée, notation aussi usuelle pour noter une fonction, comme par exemple dans $f(x, y)$, ce qui donnerait donc

$$+(x, y) \quad \text{ou} \ +(xy) \quad \text{ou} \quad +xy$$

(l'ajout de parenthèses ou de virgule n'a pas d'influence sur l'interprétation). La notation préfixée a l'avantage de ne pas nécessiter de parenthèses pour lever les ambiguïtés : par exemple le terme (en notation infixée)

$$(x+x)+1$$

est représenté en notation préfixée par

$$++xx1$$

Il n'y a pas d'ambiguïté à partir du moment où l'on sait que le symbole $+$ correspond à une opération binaire, c'est-à-dire qu'il a deux arguments. L'expression précédente se lit alors obligatoirement comme

$$+(+xx)1$$

autrement dit on obtient un premier terme

$$x + x \text{ (notation infixée)} \quad \text{ou} \quad +xx \text{ (notation préfixée)}$$

à partir duquel on construit un deuxième terme

$$(x+x)+1 \text{ (notation infixée)} \quad \text{ou} \quad ++xx1 \text{ (notation préfixée)}$$

Exemple 4.4.6 (Exemples de termes)
1. Voici des exemples de termes, construits à partir des opérations binaires $+$ et $\times$, de la constante 1, et des variables x, y, z (par exemple en théorie des anneaux, dans le langage de signature $\{+, \times, 0, 1\}$) :

$$1 \qquad x \qquad x \times y \qquad (x+y)+z \qquad x+(y+z) \qquad (x+1)\times(y+z) \qquad ((x+1)\times y)+z$$

2. Voici des exemples de termes que l'on peut avoir en théorie des groupes, dans le langage de signature

$\{e, {}^{-1}, *\}$:

$$e \qquad x \qquad x^{-1} \qquad x * e \qquad y * (x * e) \qquad ((x * y)^{-1} * x^{-1}) * z$$

3. Voici des exemples de termes que l'on peut avoir en théorie des ensembles, dans le langage de signature $\{\in, \varnothing, \subseteq, \cup, \cap\}$:

$$\varnothing \qquad A \qquad A \cup B \qquad B \cap ((A \cup B) \cap C)$$

J'ai utilisé des lettres majuscules pour les variables, comme c'est souvent le cas pour désigner les ensembles, mais ce n'est pas une obligation, n'importe quel symbole de variables convient. On a par exemple les termes suivants construits à partir des variables x et y :

$$x \cup (y \cup \varnothing) \qquad ((x \cap y) \cap x) \cup (y \cup y)$$

4. Voici des exemples de termes que l'on peut avoir dans la théorie de l'arithmétique de Peano, de signature $\{0, S, +, \times\}$:

$$0 \qquad x \qquad Sx \qquad SSx \qquad (x + 0) + Sx \qquad ((x + y) + z) \times y \qquad Sy \times ((0 + x) + Sx)$$

Remarque 4.4.7 : On notera dans les exemples précédents qu'on ne fait que construire des termes possibles, sans interprétation particulière, et sans notion de « simplification ». Par exemple $x + 0$ et x sont des termes différents, même si dans certaines théories on pourra avoir

$$\forall x, x + 0 = x$$

cette expression désignant alors une formule du langage (voir la section suivante), signifiant que pour tout x, il y a égalité, *dans la théorie*, entre $x + 0$ et x, mais les objets syntaxiques $x + 0$ et x restent différents. De la même façon, $x + (y + z)$ et $(x + y) + z$ sont des termes différents même si dans certaines théories on pourra avoir

$$\forall x\ y\ z, x + (y + z) = (x + y) + z$$

signifiant que l'addition est associative.

Comme pour les formules de la logique des propositions, la définition inductive des termes permet de les représenter par un arbre, dont les feuilles sont les constantes et les variables, et dont les nœuds représentent les différentes opérations.

Exemple 4.4.8 (Exemple de représentation d'un terme par un arbre)
À partir de la variable x, de la constante 1, et de l'opération binaire $+$, on peut former le terme

$$(x + 1) + (x + x)$$

que l'on peut représenter par l'arbre suivant :

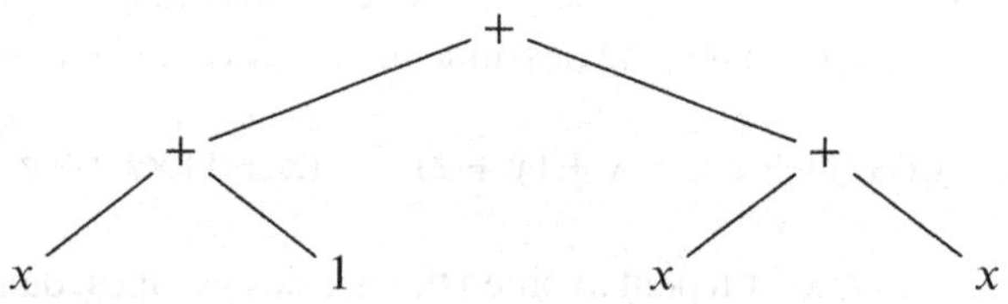

Comme pour les formules de la logique des propositions, il n'y a qu'une façon de construire un terme :

Métathéorème 4.4.9 (Théorème de lecture unique pour les termes)
Pour tout terme t, un et un seul des cas suivants se présente :

- t est une constante;
- t est une variable;
- il existe un unique entier non nul n, une unique opération f d'arité n, un unique n-uplet $(t_1, \dots, t_n)$ de termes, tels que
$$t = f(t_1, \dots, t_n)$$

Preuve
Nous savons déjà qu'un terme s'écrit sous l'une des formes proposées (c'est une conséquence de la définition par induction de l'ensemble des termes). Il reste à prouver l'unicité. On reprend pour cela les notations et le principe de la preuve du théorème de lecture unique de la logique des propositions (théorème 2.4.23, p. 50).

1. Prouvons d'abord, par récurrence forte sur la longueur n du terme t, le lemme suivant : pour tout terme u, si t est un préfixe de u, alors $t = u$.
   - Si $n = 1$, t est une constante ou une variable. Si t est un préfixe de u, alors u ne peut être aussi qu'une constante ou une variable, car sinon u commencerait par un opérateur f, donc $t = u$ (les symboles de constantes et de variables sont tous deux à deux distincts).
   - On fait l'hypothèse de récurrence que la propriété est vérifiée pour tout terme de longueur inférieure ou égale à n, et on considère un terme t de longueur $n + 1$, qui est le préfixe d'un terme u. Puisque t est de la forme
   $$f(t_1, \dots, t_p)$$
   u commence par f, donc est de la forme
   $$f(u_1, \dots, u_p)$$
   (l'entier p est imposé par l'opérateur f qui est d'une arité donnée). Pour prouver que chaque t_i est égal à u_i, on fait l'hypothèse contraire qu'il existe (au moins) un entier i entre 1 et p tel que les termes t_i et u_i soient différents; notons m le plus petit des entiers ayant cette propriété. Alors
   $$f(t_1, \dots, t_{m-1}, t_m, \dots, t_p)$$
   est un préfixe de
   $$f(t_1, \dots, t_{m-1}, u_m, \dots, u_p)$$
   donc t_m est un préfixe de u_m ou u_m est un préfixe de t_m (selon leur longueur). Puisque t_m et u_m sont des termes de longueur inférieure ou égale à n, on déduit de l'hypothèse de récurrence $t_m = u_m$, en contradiction avec la définition de m. On en déduit que pour tout i entre 1 et p, $t_i = u_i$, et par conséquent $t = u$.
2. Prouvons enfin le théorème : soit un terme est une constante ou une variable, soit il commence par un opérateur f, et ces situations sont deux à deux disjointes puisque dans chaque cas le premier symbole de la formule est différent. Dans le cas d'une constante ou d'une variable, il y a automatiquement unicité; dans le dernier cas, si
$$f(t_1, \dots, t_n) = g(u_1, \dots, u_p)$$
on a $f = g$ (premier symbole apparaissant dans la suite de symboles), donc $n = p$ (arité imposée par l'opérateur), et on prouve comme plus haut que pour tout i entre 1 et p, $t_i = u_i$, car sinon il existerait deux termes différents t_m et u_m tels que l'un est un préfixe de l'autre ce qui, d'après le lemme, est contradictoire.

4.5 Formules

Pour définir une formule d'un langage du premier ordre donné, la première étape est de définir des relations que peuvent vérifier les différents termes.

Définition 4.5.1 (Formule atomique)
On appelle *formule atomique* toute expression de la forme $R(t_1, t_2, \dots, t_n)$, où $t_1, t_2, \dots, t_n$ sont des termes et R un prédicat d'arité n.

Remarque 4.5.2 : Comme pour les termes, les parenthèses et virgules ne sont pas nécessaires, et on peut définir de manière non ambiguë une formule atomique associée à un prédicat R d'arité n comme

$$Rt_1 \dots t_n$$

Remarque 4.5.3 : Il est possible dans la définition d'ajouter à l'ensemble des formules atomiques le symbole

$$\perp$$

que l'on nomme *absurde*, ou *contradiction*, et qui, de manière informelle, désigne une formule toujours fausse. Cet ajout n'est pas indispensable, mais peut être pratique pour définir certains systèmes d'inférence (voir la section 5.5 sur la déduction naturelle).

Exemple 4.5.4 (Exemples de formules atomiques)
Voici quelques exemples de formules atomiques, construites à partir de l'opération binaire $+$, des prédicats binaires $=$ et $\leqslant$, du prédicat unaire R, et des variables x, y, z :

$$y = z \qquad x + x = (y + z) + z \qquad x \leqslant y \qquad y + z \leqslant x \qquad R(x + y)$$

Dans ce qui précède, les prédicats $=, \leqslant, R$ ont été utilisés avec les termes suivants :

$$x \quad y \quad z \quad x + x \quad (y + z) + z \quad y + z \quad x + y$$

Remarque 4.5.5 : Comme précédemment, j'utilise la notation préfixée pour le cas général, par exemple

$$R(x + y)$$

qui désigne l'application du prédicat R au terme $x + y$, et la notation infixée pour les symboles usuels de prédicat binaire, par exemple

$$x \leqslant y$$

qui désigne l'application du prédicat binaire $\leqslant$ au couple (x, y), ce qui pourrait aussi s'écrire en notation préfixée

$$\leqslant xy$$

Nous pouvons maintenant définir les formules, par induction, en utilisant les connecteurs logiques et les deux quantificateurs.

Définition 4.5.6 (Formule)
On définit une *formule* par induction de la façon suivante :

- Une *formule atomique* est une formule.
- Si $\mathscr{F}$ et $\mathscr{G}$ sont deux formules, et x une variable, les expressions suivantes sont des formules :

$$\neg\mathscr{F}$$
$$\exists x\mathscr{F}$$
$$\forall x\mathscr{F}$$
$$(\mathscr{F} \wedge \mathscr{G})$$
$$(\mathscr{F} \vee \mathscr{G})$$
$$(\mathscr{F} \implies \mathscr{G})$$
$$(\mathscr{F} \iff \mathscr{G})$$

Remarque 4.5.7 : Comme pour la logique des propositions, il s'agit d'une définition inductive. Ce qui signifie (définition inductive de haut en bas) que l'ensemble des formules est le plus petit ensemble contenant les formules atomiques et stable pour la négation, les connecteurs, et les quantificateurs. Cela équivaut aussi à dire (définition inductive de bas en haut) qu'on obtient une formule à partir des formules atomiques, par application successive des règles associées aux connecteurs et quantificateurs.

Remarque 4.5.8 (Vocabulaire) : Comme pour la logique des propositions, j'utilise le terme *formule* pour désigner ce que certains auteurs appellent des *formules bien formées*. Par exemple les expressions

$$\forall x \qquad \mathscr{F} \vee \qquad \implies \mathscr{G}$$

ne sont pas des formules.

Remarque 4.5.9 (Vocabulaire) : Je pourrai dire d'une formule construite dans un langage L, que c'est une formule de L, ou une L-formule.

Remarque 4.5.10 (Notations) : Par convention, pour éviter de surcharger les formules avec des parenthèses, on ne note en général pas les parenthèses extérieures. Par exemple

$$(\mathscr{F} \wedge \mathscr{G}) \implies (\mathscr{F} \vee \mathscr{G}) \quad \text{signifie} \quad ((\mathscr{F} \wedge \mathscr{G}) \implies (\mathscr{F} \vee \mathscr{G}))$$

Remarque 4.5.11 (Notations) : Ce n'est pas indispensable à l'interprétation, mais il est aussi possible d'ajouter des virgules (dans la pratique informelle) pour améliorer la lecture d'une formule avec quantificateurs, et on peut écrire

$$\forall x, \mathscr{F} \qquad \exists x, \mathscr{F}$$

comme par exemple dans

$$\forall x, x \geqslant 0$$

De même, l'ajout de parenthèses superflues est toujours possible, et permet parfois d'améliorer la lisibilité de formules. On peut par exemple écrire

$$\neg(\forall x, x \geqslant 0)$$

même si l'expression sans parenthèses n'est pas ambiguë : « $x \geqslant 0$ » est une formule (atomique), donc il en est de même pour « $\forall x x \geqslant 0$ » et pour « $\neg\forall x x \geqslant 0$ ».

Remarque 4.5.12 : Si l'on compare cette définition d'une formule à celle d'une proposition, on voit que dans les constructions de formules qui font intervenir les mêmes opérateurs (négation, conjonction, disjonction, implication, équivalence), ce sont les formules atomiques qui jouent le rôle que jouaient les propositions atomiques de la logique des propositions (elles forment la base de la définition inductive).

Exemple 4.5.13 (Exemples de formules)
On se donne par exemple deux variables x et y, et un prédicat binaire $\leqslant$. On peut obtenir les formules atomiques suivantes :

$$x \leqslant x \quad y \leqslant y \quad x \leqslant y \quad y \leqslant x$$

À partir de ces formules atomiques, on peut alors obtenir les formules suivantes :

$\neg(x \leqslant x) \quad \neg(y \leqslant y) \quad \neg(x \leqslant y) \quad \neg(y \leqslant x)$ (les parenthèses ne sont pas nécessaires)
$\exists x, x \leqslant x \quad \exists x, y \leqslant y \quad \exists x, x \leqslant y \quad \exists x, y \leqslant x$ (les virgules ne sont pas nécessaires)
$\exists y, x \leqslant x \quad \exists y, y \leqslant y \quad \exists y, x \leqslant y \quad \exists y, y \leqslant x$ (les virgules ne sont pas nécessaires)
$\forall x, x \leqslant x \quad \forall x, y \leqslant y \quad \forall x, x \leqslant y \quad \forall x, y \leqslant x$ (les virgules ne sont pas nécessaires)
$\forall y, x \leqslant x \quad \forall y, y \leqslant y \quad \forall y, x \leqslant y \quad \forall y, y \leqslant x$ (les virgules ne sont pas nécessaires)
$x \leqslant x \wedge x \leqslant x \quad x \leqslant x \wedge y \leqslant y \quad x \leqslant x \wedge x \leqslant y \quad x \leqslant x \wedge y \leqslant x \quad y \leqslant y \wedge x \leqslant x \ldots$
$x \leqslant x \vee x \leqslant x \quad x \leqslant x \vee y \leqslant y \quad x \leqslant x \vee x \leqslant y \quad x \leqslant x \vee y \leqslant x \quad y \leqslant y \vee x \leqslant x \ldots$
$x \leqslant x \Longrightarrow x \leqslant x \quad x \leqslant x \Longrightarrow y \leqslant y \quad x \leqslant x \Longrightarrow x \leqslant y \quad x \leqslant x \Longrightarrow y \leqslant x \quad y \leqslant y \Longrightarrow x \leqslant x \ldots$
$x \leqslant x \Longleftrightarrow x \leqslant x \quad x \leqslant x \Longleftrightarrow y \leqslant y \quad x \leqslant x \Longleftrightarrow x \leqslant y \quad x \leqslant x \Longleftrightarrow y \leqslant x \quad y \leqslant y \Longleftrightarrow x \leqslant x \ldots$

On peut alors utiliser ces formules pour en définir d'autres, par exemple :

$$\neg(\exists y, y \leqslant y) \qquad (\forall x, x \leqslant x) \Longrightarrow (\forall y, x \leqslant y) \qquad (\forall y, x \leqslant x) \vee \neg(x \leqslant y)$$

Et ainsi de suite. On notera que pour l'instant, il n'y a aucune notion de vérité associée, on se contente de définir des expressions qui ont un sens en logique des prédicats (pour un langage donné).

Remarque 4.5.14 : On peut noter que dans une expression de la forme « $\forall x \mathscr{F}$ », la variable x peut ne pas apparaître dans $\mathscr{F}$, comme dans

$$\forall x, y \leqslant y$$

Remarque 4.5.15 : Pour éviter de multiplier les parenthèses, plusieurs conventions sont possibles afin de déterminer des règles de priorité. Ces règles ne sont pas toujours standard et peuvent varier suivant les auteurs. Un système classique est le suivant, avec trois niveaux de priorité : par ordre décroissant

$$\neg \quad \forall \quad \exists$$

$$\wedge \quad \vee$$

$$\Longrightarrow \quad \Longleftrightarrow$$

Par exemple

$$\forall x, x \leqslant 0 \Longrightarrow \neg \forall z, z \leqslant z \wedge \exists y, x \leqslant y$$

signifie

$$\forall x, x \leqslant 0 \Longrightarrow (\neg \forall z, z \leqslant z \wedge \exists y, x \leqslant y)$$

ou encore, en ajoutant des parenthèses non formellement indispensables

$$(\forall x, x \leqslant 0) \Longrightarrow (\neg(\forall z, z \leqslant z) \wedge (\exists y, x \leqslant y))$$

Du fait de la définition par induction des formules, il est possible, comme pour la logique des propositions, de prouver une propriété sur les formules par induction structurelle :

Métathéorème 4.5.16 (Induction structurelle pour les formules)
On considère une propriété $\mathscr{P}$ portant sur les formules. Si

$$\begin{cases} \text{les formules atomiques vérifient } \mathscr{P}\,; \\ \text{si } \mathscr{F} \text{ vérifie } \mathscr{P}, \text{ alors } \neg\mathscr{F} \text{ vérifie } \mathscr{P}\,; \\ \text{si } \mathscr{F} \text{ vérifie } \mathscr{P}, \text{ alors } \forall x\mathscr{F} \text{ et } \exists x\mathscr{F} \text{ vérifient } \mathscr{P}\,; \\ \text{si } \mathscr{F} \text{ et } \mathscr{G} \text{ vérifient } \mathscr{P}, \text{ alors } (\mathscr{F} \wedge \mathscr{G}), (\mathscr{F} \vee \mathscr{G}), (\mathscr{F} \implies \mathscr{G}), (\mathscr{F} \iff \mathscr{G}) \text{ vérifient } \mathscr{P}\,; \end{cases}$$

alors en en déduit que la propriété $\mathscr{P}$ est vérifiée par toutes les formules.

Preuve
C'est l'application du principe d'induction structurelle aux formules, qui sont définies par induction à partir de la base formée des formules atomiques, et avec les sept règles inductives (associées aux cinq connecteurs et aux deux quantificateurs).

Comme pour les propositions et les termes, une formule est construite de manière unique, c'est-à-dire que toute formule autre qu'une formule atomique s'écrit de manière unique sous une des formes

$$\neg\mathscr{F} \quad \exists x\mathscr{F} \quad \forall x\mathscr{F} \quad \mathscr{F} \wedge \mathscr{G} \quad \mathscr{F} \vee \mathscr{G} \quad \mathscr{F} \implies \mathscr{G} \quad \mathscr{F} \iff \mathscr{G}$$

(aux parenthèses près) :

Métathéorème 4.5.17 (Théorème de lecture unique pour les formules du premier ordre)
Pour toute formule $\mathscr{F}$, un et un seul des cas suivants se présente :

- Il existe une unique formule atomique $\mathscr{A}$ telle que $\mathscr{F}$ soit la formule $\mathscr{A}$.
- Il existe une unique formule $\mathscr{G}$ telle que $\mathscr{F}$ soit la formule

  $$\neg\mathscr{G}$$

- Il existe un unique quantificateur K parmi

  $$\forall \quad \exists$$

  une unique variable x et une unique formule $\mathscr{G}$, tels que $\mathscr{F}$ soit la formule

  $$\mathrm{K}x\mathscr{G}$$

- Il existe un unique connecteur binaire $\square$ parmi

  $$\wedge \quad \vee \quad \implies \quad \iff$$

  et un unique couple de formules $(\mathscr{G}, \mathscr{H})$, tels que $\mathscr{F}$ soit la formule

  $$(\mathscr{G} \square \mathscr{H})$$

Preuve
Nous savons déjà qu'une formule s'écrit sous l'une des formes proposées (c'est une conséquence de la définition par induction de l'ensemble des formules). Pour prouver l'unicité, on reprend le principe de la preuve du théorème de lecture unique de la logique des propositions (théorème 2.4.23, p. 50), ce qui donne (je ne détaille pas) :

- On prouve par récurrence forte sur la longueur n de la formule $\mathscr{F}$, le lemme suivant : pour toute formule $\mathscr{G}$, si $\mathscr{F}$ est un préfixe de $\mathscr{G}$, alors $\mathscr{F} = \mathscr{G}$. Pour les propositions atomiques, on utilise le fait que si un terme est un préfixe d'un autre, alors ils sont égaux ; les cas associés aux quantificateurs se traitent comme le cas du connecteur négation.
- On en déduit l'unicité de l'écriture d'une formule $\mathscr{F}$ (même raisonnement que pour les propositions).

Comme pour la logique des propositions, il est alors possible de définir par récursion une fonction sur l'ensemble de toutes les formules, en définissant

- la valeur de la fonction pour les formules atomiques ;
- la valeur de la fonction pour $\neg\mathscr{F}$, $\forall x\mathscr{F}$, $\exists x\mathscr{F}$, $\mathscr{F} \wedge \mathscr{G}$, $\mathscr{F} \vee \mathscr{G}$, $\mathscr{F} \implies \mathscr{G}$, $\mathscr{F} \iff \mathscr{G}$, à partir des valeurs pour $\mathscr{F}$ et pour $\mathscr{G}$.

Voyons trois exemples de définition par récursion sur les formules.

Définition 4.5.18 (Taille d'une formule)
On appelle *taille* d'une formule $\mathscr{F}$, le nombre $t(\mathscr{F})$ de connecteurs et quantificateurs apparaissant dans $\mathscr{F}$, ce que l'on peut définir de façon récursive :

- Si $\mathscr{F}$ est une formule atomique
$$t(\mathscr{F}) = 0$$
- Si $\mathscr{F}$ est de la forme $\neg\mathscr{G}$, ou $\forall x\mathscr{G}$, ou $\exists x\mathscr{G}$
$$t(\mathscr{F}) = t(\mathscr{G}) + 1$$
- Si $\mathscr{F}$ est de la forme $\mathscr{G} \wedge \mathscr{H}$, $\mathscr{G} \vee \mathscr{H}$, $\mathscr{G} \implies \mathscr{H}$, $\mathscr{G} \iff \mathscr{H}$
$$t(\mathscr{F}) = t(\mathscr{G}) + t(\mathscr{H}) + 1$$

Définition 4.5.19 (Hauteur d'une formule)
On définit ce qu'on appelle la *hauteur* h d'une formule, de façon récursive :

- Si $\mathscr{F}$ est une formule atomique
$$h(\mathscr{F}) = 0$$
- Si $\mathscr{F}$ est de la forme $\neg\mathscr{G}$, ou $\forall x\mathscr{G}$, ou $\exists x\mathscr{G}$
$$h(\mathscr{F}) = h(\mathscr{G}) + 1$$
- Si $\mathscr{F}$ est de la forme $\mathscr{G} \wedge \mathscr{H}$, $\mathscr{G} \vee \mathscr{H}$, $\mathscr{G} \implies \mathscr{H}$, $\mathscr{G} \iff \mathscr{H}$
$$h(\mathscr{F}) = \max(h(\mathscr{G}), h(\mathscr{H})) + 1$$

Définition 4.5.20 (Sous-formule)
On définit par récursion l'ensemble des *sous-formules* d'une formule :

- Si $\mathscr{F}$ est une formule atomique, $\mathscr{F}$ est la seule sous-formule de $\mathscr{F}$:

$$SF(\mathscr{F}) = \{\mathscr{F}\}$$

- Si $\mathscr{F}$ est de l'une des formes $\neg\mathscr{G}$, $\forall x\mathscr{G}$, $\exists x\mathscr{G}$, l'ensemble des sous-formules de $\mathscr{F}$ est formé de $\mathscr{F}$ et des sous-formules de $\mathscr{G}$:

$$SF(\mathscr{F}) = \{\mathscr{F}\} \cup SF(\mathscr{G})$$

- Si $\mathscr{F}$ est de l'une des formes $\mathscr{G} \wedge \mathscr{H}$, $\mathscr{G} \vee \mathscr{H}$, $\mathscr{G} \implies \mathscr{H}$, $\mathscr{G} \iff \mathscr{H}$, l'ensemble des sous-formules de $\mathscr{F}$ est formé de $\mathscr{F}$, des sous-formules de $\mathscr{G}$ et de celles de $\mathscr{H}$:

$$SF(\mathscr{F}) = \{\mathscr{F}\} \cup SF(\mathscr{G}) \cup SF(\mathscr{H})$$

Exemple 4.5.21 (Exemple de sous-formules)
Si Q et R sont des prédicats binaires, la formule

$$(\exists x \forall y Q(x, y)) \vee (\forall x \exists y R(x, y))$$

admet comme sous-formules, en plus d'elle-même

$$\exists x \forall y Q(x, y) \quad \forall y Q(x, y) \quad Q(x, y) \quad \forall x \exists y R(x, y) \quad \exists y R(x, y) \quad R(x, y)$$

Comme pour la logique des propositions, on peut noter que les formules peuvent se représenter par un arbre, dont les « feuilles » (les extrémités) sont les formules atomiques, ou même, puisque les termes sont eux-mêmes définis par induction, dont les feuilles sont les variables et constantes.

Exemple 4.5.22 (Exemple d'arbre représentant une formule)

1. La formule

$$\forall x \forall y \exists z, y = x + z$$

peut se représenter par l'arbre suivant :

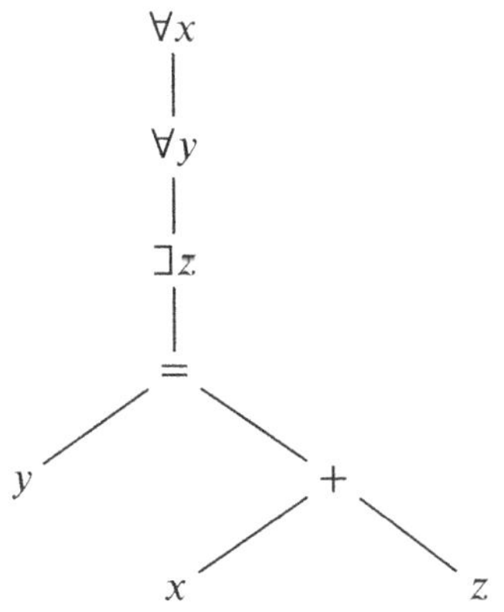

2. La formule

$$\forall x, (x \geqslant 0 \implies (\exists y, x = y \times y))$$

peut se représenter par l'arbre suivant :

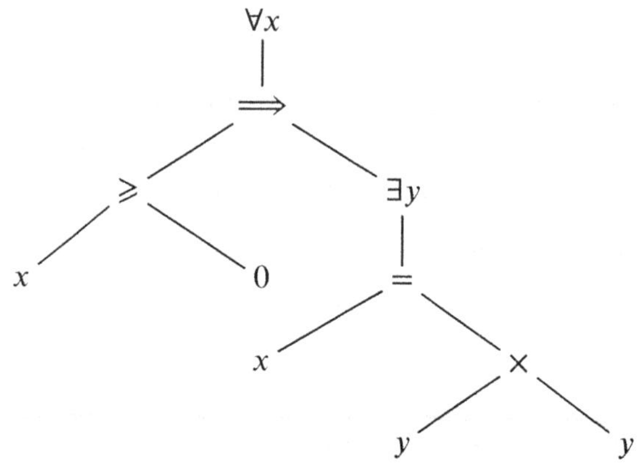

Remarque 4.5.23 : Dans ce qui précède, j'ai décrit des langages du premier ordre qui peuvent utiliser un grand nombre de symboles différents. Il existe des variantes permettant de limiter au maximum ce nombre, ce qui peut être souhaitable par exemple pour la reconnaissance automatique de formules. Il est d'abord possible de se débarrasser de signes de ponctuation comme les parenthèses, en utilisant la notation préfixée : si f est un symbole de fonction d'arité n on écrit

$$f x_1 x_2 \ldots x_n$$

et si R est un symbole de prédicat d'arité n on écrit

$$R x_1 x_2 \ldots x_n$$

Par exemple on note alors

$$\leqslant xy \quad \text{pour } x \leqslant y$$
$$+xy \quad \text{pour } x + y$$

De même pour les connecteurs on note par exemple

$$\wedge \mathscr{F} \mathscr{G} \quad \text{pour } \mathscr{F} \wedge \mathscr{G}$$
$$\implies \mathscr{F} \mathscr{G} \quad \text{pour } \mathscr{F} \implies \mathscr{G}$$

Les formules peuvent alors s'écrire de façon non ambiguë sans signe de ponctuation. Par exemple

$$\forall x \forall y \exists z, y = x + z$$

peut s'écrire

$$\forall x \forall y \exists z = y + xz$$

et

$$\forall x, (x \geqslant 0 \implies (\exists y, x = y \times y))$$

peut s'écrire

$$\forall x \implies \geqslant x 0 \exists y = x \times yy$$

On peut aussi limiter le nombre de signes pour les variables en utilisant un seul symbole, par exemple x, indexé par un entier naturel n, ce qui donne la liste de variables suivantes

$$x_1 \quad x_2 \quad x_3 \quad \ldots$$

Il est même possible de limiter encore le nombre de symboles différents en écrivant l'entier naturel n en base 1, c'est-à-dire en répétant un même signe, par exemple l'apostrophe, ce qui donne la liste de variables suivante

$$x \quad x' \quad x'' \quad x''' \quad \ldots$$

On peut faire de même avec les symboles d'opérations et de prédicats. On peut par exemple prendre f comme unique symbole pour les opérations et R comme unique symbole pour les prédicats. Il est par contre nécessaire de connaître l'arité des différents symboles, ce qui peut se faire directement en ajoutant un séparateur, par exemple la virgule, suivi de l'arité indiquée comme précédemment (par répétition du symbole '). Donc par exemple les prédicats unaires sont notés

$$R,' \quad R',' \quad R'',' \quad R''',' \quad \ldots$$

et les prédicats binaires sont notés

$$R,'' \quad R','' \quad R'','' \quad R''','' \quad \ldots$$

Il est aussi possible de considérer les constantes comme des opérations d'arité 0, donc d'utiliser les symboles

$$f \quad f' \quad f'' \quad f''' \quad \ldots$$

Enfin, nous verrons que les différents opérateurs peuvent, comme pour la logique des propositions, s'exprimer les uns en fonction des autres. Parmi les 5 opérateurs standard, il est possible de n'en garder que deux, par exemple $\neg$ et $\vee$:

$$\begin{aligned}
\mathscr{F} \implies \mathscr{G} \quad & \text{équivaut à : } \neg\mathscr{F} \vee \mathscr{G} \\
\mathscr{F} \wedge \mathscr{G} \quad & \text{équivaut à : } \neg(\neg\mathscr{F} \vee \neg\mathscr{G}) \\
\mathscr{F} \iff \mathscr{G} \quad & \text{équivaut à : } \neg(\mathscr{F} \vee \mathscr{G}) \vee \neg(\neg\mathscr{F} \vee \neg\mathscr{G})
\end{aligned}$$

ce qui peut s'écrire, en notation préfixée

$$\begin{aligned}
\mathscr{F} \implies \mathscr{G} \quad & \text{équivaut à : } \vee \neg\mathscr{F}\mathscr{G} \\
\mathscr{F} \wedge \mathscr{G} \quad & \text{équivaut à : } \neg \vee \neg\mathscr{F}\neg\mathscr{G} \\
\mathscr{F} \iff \mathscr{G} \quad & \text{équivaut à : } \vee \neg \vee \mathscr{F}\mathscr{G} \neg \vee \neg\mathscr{F}\neg\mathscr{G}
\end{aligned}$$

De même il est possible de n'utiliser qu'un seul des quantificateurs $\exists$ et $\forall$ car nous verrons que

$$\begin{aligned}
\exists x\mathscr{F} \quad & \text{équivaut à : } \neg\forall x\neg\mathscr{F} \\
\forall x\mathscr{F} \quad & \text{équivaut à : } \neg\exists x\neg\mathscr{F}
\end{aligned}$$

Il est donc possible d'écrire toutes les formules de n'importe quel langage du premier ordre égalitaire (autrement dit avec le symbole de prédicat binaire particulier « = ») uniquement avec les 9 symboles suivants

$$\neg \quad \vee \quad \forall \quad x \quad f \quad R \quad = \quad , \quad '$$

Par exemple, en reprenant les deux formules précédentes, avec les trois variables x, x', x'' à la place de x, y, z, et en notant « f » la constante 0, « $f,''$ » l'opération binaire $+$, « $f','' $ » l'opération binaire $\times$, et « $R,''$ » le prédicat binaire $\geqslant$, alors la formule

$$\forall x \forall y \exists z, y = x + z$$

peut s'écrire

$$\forall x \forall x' \neg \forall x'' \neg = x' f ,'' x x''$$

et la formule

$$\forall x, (x \geqslant 0 \implies (\exists y, x = y \times y))$$

peut s'écrire

$$\forall x \vee \neg R ,'' x f \neg \forall x' \neg = x f' ,'' x' x'$$

Dans ce système, si on gagne en économie de symboles, on perd évidemment beaucoup en lisibilité des formules !

4.6 Variables libres, variables liées

Définition 4.6.1 (Occurrence)
On appelle *occurrence* d'une variable x dans une formule $\mathscr{F}$, toute apparition de x dans $\mathscr{F}$ non immédiatement précédée d'un quantificateur $\forall$ ou $\exists$.

Définition 4.6.2 (Variable libre, variable liée : définition informelle)

1. On dit qu'une quantification $\forall x$ ou $\exists x$ devant la formule $\mathscr{F}$, *lie* (ou *mutifie*) toutes les occurrences de x dans $\mathscr{F}$, et qu'une occurrence est libre tant qu'un quantificateur ne vient pas la lier.
2. Dans une formule de la forme
$$\forall x \mathscr{F} \qquad \text{ou} \qquad \exists x \mathscr{F}$$
on dit aussi que $\mathscr{F}$ est la *portée* du quantificateur.
3. On appelle *variable libre* d'une formule $\mathscr{F}$ toute variable ayant au moins une occurrence libre ; sinon, on dit que la variable est *liée* (ou *muette*).

Remarque 4.6.3 : Je donne une définition plus formelle d'une variable libre et d'une variable liée un peu plus loin.

Exemple 4.6.4

1. Dans la formule
$$\forall x, x \geqslant y$$
la seule occurrence de x est liée, celle de y est libre, donc x est une variable liée, et y est une variable libre.
2. Dans la formule
$$\forall x, (x < y \implies \neg(y < x))$$
les deux occurrences de x sont liées, les deux occurrences de y sont libres, donc x est une variable liée, et y est une variable libre.
3. Dans la formule
$$\forall x, (x \geqslant 0 \implies \exists y, x = y^2)$$
les deux occurrences de x sont liées, l'occurrence de y est liée, donc x et y sont des variables liées.

Remarque 4.6.5 : D'une certaine manière, une variable liée peut être considérée comme une variable locale (elle n'est utilisée que localement dans la partie de la formule couverte par le quantificateur associé), et une variable libre comme une variable globale. D'un point de vue sémantique, on peut aussi considérer qu'une formule exprime une propriété de ses variables libres. Par exemple, si on se place dans l'ensemble $\mathbb{N}$ des entiers naturels, la formule

$$\forall x, x \geqslant y$$

exprime la propriété « être le plus petit élément » de la variable libre y.

Remarque 4.6.6 : Une formule ne change pas si on renomme toutes les occurrences d'une variable liée. Par exemple, on considère que « $\forall x, x \geqslant 0$ » est la même formule que « $\forall y, y \geqslant 0$ ». Je ne formaliserai pas ce principe de *renommage*, que l'on désigne parfois sous le nom d'*alpha équivalence*. On notera aussi qu'on ne peut renommer une variable que si la nouvelle variable n'est pas libre dans la formule, pour éviter ce qu'on appelle la capture de variable. Par exemple, dans la formule

$$\forall x, x \leqslant y$$

on peut renommer x en z

$$\forall z, z \leqslant y$$

mais on ne peut pas renommer x en y car y apparaît déjà comme variable libre et

$$\forall y, y \leqslant y$$

n'est pas une formule équivalente à la formule de départ.

Exemple 4.6.7
Dans la formule

$$\exists x((\forall y, x = y) \iff (x \times z = z \times y))$$

toutes les occurrences de x sont liées, toutes les occurrences de z sont libres, la première occurrence de y est liée, la seconde est libre. Donc x est une variable liée, y et z sont des variables libres. Il est néanmoins déconseillé, pour la compréhension d'une formule, d'avoir pour une même variable à la fois une occurrence libre et une occurrence liée. Dans l'exemple précédent, il serait préférable, par exemple, de renommer la variable liée y en t, et d'écrire :

$$\exists x((\forall t, x = t) \iff (x \times z = z \times y))$$

Dans cette formule, x et t sont des variables liées, y et z sont des variables libres.

Remarque 4.6.8 : Il existe d'autres signes mathématiques lieurs, par exemple :

- Le symbole d'intégration : dans

$$\int_0^x (t^2 + a)\,\mathrm{d}t$$

  la variable t est liée, les variables x et a sont libres.
- Le symbole de sommation : dans

$$\sum_{i=0}^{n} i^2$$

  la variable i est liée, la variable n est libre.

- Dans la définition de l'expression d'une fonction, par exemple dans

$$x \mapsto x + y$$

la variable x est liée, la variable y est libre. De même pour le symbole λ du lambda-calcul : dans

$$\lambda x.x + y$$

désignant aussi la fonction qui à x associe $x + y$, la variable x est liée, la variable y est libre.

- Les familles indexées : dans

$$(x_i)_{i \in I}$$

la variable i est liée.

On peut définir de manière un peu plus formelle, par récursion, l'ensemble $VL(\mathscr{F})$ des variables libres de la formule $\mathscr{F}$ et celui $VM(\mathscr{F})$ des variables liées de la formule $\mathscr{F}$:

Définition 4.6.9 (Variable libre : définition formelle par récursion)
On définit par récursion l'ensemble $VL(\mathscr{F})$ des variables libres de la formule $\mathscr{F}$:

- Si $\mathscr{F}$ est une formule atomique, $VL(\mathscr{F})$ est l'ensemble des variables ayant au moins une occurrence parmi les termes.
- Si $\mathscr{F}$ est de l'une des formes $\mathscr{G} \wedge \mathscr{H}$, $\mathscr{G} \vee \mathscr{H}$, $\mathscr{G} \implies \mathscr{H}$, ou $\mathscr{G} \iff \mathscr{H}$, alors

$$VL(\mathscr{F}) = VL(\mathscr{G}) \cup VL(\mathscr{H})$$

- Si $\mathscr{F}$ est de la forme $\neg\mathscr{G}$, alors

$$VL(\mathscr{F}) = VL(\mathscr{G})$$

- Si $\mathscr{F}$ est de la forme $\forall x\mathscr{G}$ ou $\exists x\mathscr{G}$, alors

$$VL(\mathscr{F}) = VL(\mathscr{G}) \setminus \{x\}$$

avec les notations usuelles des ensembles :

$A \cup B$ représente la réunion des éléments de A et des éléments de B

$A \setminus \{x\}$ représente l'ensemble des éléments de A différents de x

Remarque 4.6.10 : Cela équivaut à dire que x est une variable libre de la formule $\mathscr{F}$ si on se trouve dans l'une des situations suivantes :

- $\mathscr{F}$ est une formule atomique et x apparaît dans $\mathscr{F}$.
- $\mathscr{F}$ est de la forme $\neg\mathscr{G}$, et x est une variable libre de $\mathscr{G}$.
- $\mathscr{F}$ est de la forme $\mathscr{G} \wedge \mathscr{H}$, ou $\mathscr{G} \vee \mathscr{H}$, ou $\mathscr{G} \implies \mathscr{H}$, ou $\mathscr{G} \iff \mathscr{H}$, et x est une variable libre de $\mathscr{G}$ ou de $\mathscr{H}$.
- $\mathscr{F}$ est de la forme $\forall y\mathscr{G}$ ou $\exists y\mathscr{G}$, et x est une variable libre de $\mathscr{G}$ différente de la variable y.

Définition 4.6.11 (Variable liée : définition formelle par récursion)
On définit par récursion l'ensemble $VM(\mathscr{F})$ des variables liées de la formule $\mathscr{F}$:

- Si $\mathscr{F}$ est une formule atomique, $VM(\mathscr{F}) = \varnothing$
- Si $\mathscr{F}$ est de l'une des formes $\mathscr{G} \wedge \mathscr{H}$, $\mathscr{G} \vee \mathscr{H}$, $\mathscr{G} \implies \mathscr{H}$, ou $\mathscr{G} \iff \mathscr{H}$, alors

$$VM(\mathscr{F}) = VM(\mathscr{G}) \cup VM(\mathscr{H})$$

- Si $\mathscr{F}$ est de la forme $\neg\mathscr{G}$, alors

$$VM(\mathscr{F}) = VM(\mathscr{G})$$

- Si $\mathscr{F}$ est de la forme $\forall x\mathscr{G}$ ou $\exists x\mathscr{G}$, alors

$$VM(\mathscr{F}) = VM(\mathscr{G}) \cup \{x\}$$

avec les notations usuelles des ensembles :

$\varnothing$	représente l'ensemble vide
$A \cup B$	représente la réunion des éléments de A et des éléments de B

Remarque 4.6.12 : Cela équivaut à dire qu'une variable x est liée dans la formule $\mathscr{F}$ si l'on est dans l'une des situations suivantes :

- Il existe une sous-formule $\mathscr{G}$ de $\mathscr{F}$ telle que $\forall x\mathscr{G}$ soit une sous-formule de $\mathscr{F}$.
- Il existe une sous-formule $\mathscr{G}$ de $\mathscr{F}$ telle que $\exists x\mathscr{G}$ soit une sous-formule de $\mathscr{F}$.

Définition 4.6.13 (Formule close, énoncé)
On appelle *formule close*, ou *énoncé*, toute formule sans variable libre.

Remarque 4.6.14 : Une formule close est donc, d'une certaine manière, une formule dont les variables sont toutes « locales » et qui ne dépend d'aucune variable « globale ».

Remarque 4.6.15 (Vocabulaire) : J'utiliserai le plus souvent *formule close* plutôt que *énoncé*, pour insister sur le fait qu'il s'agit d'une formule (dans le sens formel défini précédemment), avec une particularité supplémentaire.

Exemple 4.6.16
« $\forall x, x \geqslant 0$ » est une formule close, mais « $\forall x, x \geqslant y$ » n'en est pas une (la variable y est libre).

Définition 4.6.17 (Clôture universelle)
On considère une formule $\mathscr{F}$ ayant pour variables libres $x_1, \dots, x_n$. On appelle *clôture universelle* de $\mathscr{F}$ la formule

$$\forall x_1 \dots \forall x_n, \mathscr{F}$$

Remarque 4.6.18 : La clôture universelle d'une formule est donc une formule close, obtenue en ajoutant devant la formule un quantificateur universel pour chaque variable libre.

Remarque 4.6.19 : En toute rigueur, l'expression précédente dépend de l'ordre dans lequel sont prises les variables, mais en général on n'en tient pas compte, et on fait l'abus de langage consistant à parler de *la* clôture universelle d'une formule. Nous verrons en effet que si on change l'ordre d'une série de quantificateurs de même nature ($\exists$ ou $\forall$), on obtient une formule équivalente. Par exemple une clôture universelle de la formule

$$x \leqslant y \vee y \leqslant x$$

est

$$\forall x \forall y, (x \leqslant y \vee y \leqslant x)$$

ce qui est aussi équivalent à

$$\forall y \forall x, (x \leqslant y \vee y \leqslant x)$$

4.7 Substitution de variables

Définition 4.7.1 (Substitution de variables dans un terme et dans une formule)
On considère deux termes u et t, une variable x et une formule $\mathscr{F}$. Je noterai

$$u(t/x)$$

pour signifier qu'on remplace dans le terme u la variable x par le terme t et

$$\mathscr{F}(t/x)$$

pour signifier qu'on remplace dans la formule $\mathscr{F}$ toutes les occurrences libres de la variable x par le terme t.

Remarque 4.7.2 (Notations) : On trouve aussi la notation contraire $\mathscr{F}(x/t)$, ainsi que d'autres plus explicites comme $\mathscr{F}(x := t)$ ou $\mathscr{F}(x \leftarrow t)$, ou des notations semblables avec des crochets [ ] à la place des parenthèses ( ).

Remarque 4.7.3 : Je ne formalise pas ce principe de substitution (ce qui peut se faire par récursion).

Exemple 4.7.4 (Exemples de substitutions dans un terme)
On considère le terme

$$u :\equiv ((x + y) + 1) \times x$$

alors

$$\begin{aligned} u(t/x) &\overset{\text{def}}{\equiv} ((t + y) + 1) \times t \\ u(z + 1/y) &\overset{\text{def}}{\equiv} ((x + (z + 1)) + 1) \times x \end{aligned}$$

Exemple 4.7.5 (Exemples de substitutions dans une formule)
On considère la formule $\mathscr{F}$ suivante :

$$\exists y, y = x + 1$$

Alors

$$\mathscr{F}(z/x) \stackrel{\text{def}}{\equiv} \exists y, y = z + 1$$
$$\mathscr{F}((z+t)/x) \stackrel{\text{def}}{\equiv} \exists y, y = (z+t) + 1$$

Lors d'une substitution dans une formule on renomme si besoin les variables liées de façon à éviter la capture de variable :

Exemple 4.7.6 (Exemple de substitution avec renommage)
Si $\mathscr{F}$ représente la formule

$$\forall x, (x < y \implies \neg(y < x))$$

et si on souhaite remplacer la variable libre y par x, on ne peut pas le faire directement. Puisque x apparaît déjà comme variable liée, on doit d'abord renommer cette variable. Par exemple, on renomme x en z :

$$\forall z, (z < y \implies \neg(y < z))$$

Ce qui permet maintenant de remplacer y par x :

$$\mathscr{F}(x/y) \stackrel{\text{def}}{\equiv} \forall z, (z < x \implies \neg(x < z))$$

Ainsi, dans une expression de la forme $\mathscr{F}(t/x)$, on supposera implicitement qu'aucune variable apparaissant dans t n'est liée dans $\mathscr{F}$ (une autre condition un peu moins restrictive, suffisante pour pouvoir effectuer une substitution, est de considérer qu'aucune occurrence libre de x n'est dans la portée d'un quantificateur associé à une variable apparaissant dans t).

La notation $\mathscr{F}(t/x)$ s'étend à plusieurs termes :

Définition 4.7.7 (Substitution simultanée de plusieurs variables)

$$u(t_1, \ldots, t_n/x_1, \ldots, x_n)$$

que je pourrai aussi noter

$$u(\vec{t}/\vec{x})$$

représente le terme u dans lequel les variables $x_1, \ldots, x_n$ ont été remplacées (simultanément) respectivement par les termes $t_1, \ldots, t_n$, et

$$\mathscr{F}(t_1, \ldots, t_n/x_1, \ldots, x_n)$$

que je pourrai aussi noter

$$\mathscr{F}(\vec{t}/\vec{x})$$

représente la formule $\mathscr{F}$ dans laquelle les occurrences libres des variables $x_1, \ldots, x_n$ ont été remplacées (simultanément) respectivement par les termes $t_1, \ldots, t_n$.

Pour introduire une formule $\mathscr{F}$ dont toutes les variables libres sont à prendre parmi $x_1, \dots, x_n$, je noterai

$$\mathscr{F}[x_1, \dots, x_n]$$

et j'utiliserai alors le raccourci suivant, pour tous les termes $t_1, \dots, t_n$:

$$\mathscr{F}(t_1, \dots, t_n) \stackrel{\text{def}}{\equiv} \mathscr{F}(t_1, \dots, t_n / x_1, \dots, x_n)$$

Je pourrai aussi ne lister que les premières variables, c'est-à-dire que pour tout entier $k \leqslant n$:

$$\mathscr{F}(t_1, \dots, t_k) \stackrel{\text{def}}{\equiv} \mathscr{F}(t_1, \dots, t_k / x_1, \dots, x_k)$$

Par exemple, si on considère une formule $\mathscr{F}[x, y, \vec{a}]$ (autrement dit $\mathscr{F}[x, y, a_1, \dots, a_n]$).

$$\mathscr{F}(z, t) \stackrel{\text{def}}{\equiv} \mathscr{F}(z, t / x, y)$$
$$\mathscr{F}(z) \stackrel{\text{def}}{\equiv} \mathscr{F}(z / x)$$

4.8 Sémantique de la logique des prédicats

Je reprends ici l'aspect sémantique de la logique des prédicats parfois abordé de façon informelle dans les sections précédentes, mais en formalisant davantage.

Pour définir la valeur de vérité d'une formule (*vrai* ou *faux*), la première étape est d'interpréter le langage logique :

Définition 4.8.1 (L-structure, interprétation)
Pour tout langage du premier ordre L, on appelle *réalisation* de L, ou *L-structure*, la donnée $\mathscr{M}$ formée

- d'un ensemble *non vide* M (qu'on appelle *univers*, ou *domaine*, ou *ensemble de base*) ;
- d'un élément $c_{\mathscr{M}}$ de M pour chaque constante c (qu'on appelle *interprétation* de c) ;
- d'une fonction $f_{\mathscr{M}}$ de M^n dans M, pour chaque opérateur f d'arité n (qu'on appelle *interprétation* de f) ;
- d'une relation n-aire $R_{\mathscr{M}}$ (c'est-à-dire un sous-ensemble de l'ensemble M^n de tous les n-uplets $(x_1, \dots, x_n)$ d'éléments de M) pour chaque symbole R de prédicat d'arité n (qu'on appelle *interprétation* de R).

Remarque 4.8.2 (Notations) : Par convention, et sauf avis contraire, si je désigne une structure par une lettre majuscule dans une police d'écriture scripte ($\mathscr{M}, \mathscr{N}, \mathscr{A}, \dots$), alors la lettre correspondante dans une police ordinaire ($M, N, A, \dots$) désignera l'univers associé.

Remarque 4.8.3 (Notations) : S'il n'y a pas d'ambiguïté, il peut arriver qu'on fasse la confusion, dans la notation, entre la L-structure et l'univers associé, par exemple noter c_M, f_M, R_M pour $c_{\mathscr{M}}, f_{\mathscr{M}}, R_{\mathscr{M}}$. De la même façon il peut arriver qu'on fasse la confusion entre les symboles du langage et leur interprétation, en notant par exemple c, f, R au lieu de $c_{\mathscr{M}}, f_{\mathscr{M}}, R_{\mathscr{M}}$.

Remarque 4.8.4 : L'interprétation du prédicat binaire particulier correspondant à l'égalité ($=$) est imposée : c'est toujours le sous-ensemble

$$\{(x, x) \mid x \in M\}$$

C'est-à-dire que le symbole d'égalité du langage est interprété comme l'égalité (de la métathéorie) dans l'ensemble M.

Exemple 4.8.5
Si on se donne le langage de signature $\{0, 1, +, \times, \leqslant\}$, on peut l'interpréter dans l'ensemble des entiers naturels $\mathbb{N}$ ($M :\equiv \mathbb{N}$) de la façon naturelle suivante :

- $0_{\mathcal{M}}$ et $1_{\mathcal{M}}$ sont respectivement les nombres entiers 0 et 1.
- $+_{\mathcal{M}}$ et $\times_{\mathcal{M}}$ sont respectivement l'addition et la multiplication usuelles des entiers.
- $\leqslant_{\mathcal{M}}$ est la relation d'ordre usuelle sur les entiers.

En ne faisant pas de distinction entre un symbole et son interprétation, on pourra ainsi noter par exemple $(\mathbb{N}, +, \times, 0, 1, \leqslant)$ la L-structure obtenue.

La deuxième étape est d'assigner une valeur à tous les termes, ce que l'on fait en donnant une valeur aux variables, que l'on étend ensuite par récursion à tous les termes. Donner une valeur aux variables revient à définir une fonction de l'ensemble de toutes les variables dans l'univers M. C'est ce qu'on appelle une assignation :

Définition 4.8.6 (Assignation, valeur, *x*-variante)

1. On appelle *assignation* A toute fonction de l'ensemble des variables dans M, que l'on étend par récursion à une fonction $V_{\mathcal{M},A}$ de l'ensemble de tous les termes dans M :
   - $V_{\mathcal{M},A}(x) = A(x)$ pour toute variable x.
   - $V_{\mathcal{M},A}(c) = c_{\mathcal{M}}$ pour toute constante c.
   - $V_{\mathcal{M},A}(f(t_1, \ldots, t_n)) = f_{\mathcal{M}}(V_{\mathcal{M},A}(t_1), \ldots, V_{\mathcal{M},A}(t_n))$ pour toute fonction f d'arité n et tous les termes $t_1, \ldots, t_n$.

   On dira que $V_{\mathcal{M},A}(t)$ est la *valeur* du terme t pour l'assignation A.
2. On dit qu'une assignation A' est une *x-variante* de l'assignation A lorsque pour toute variable y autre que x, $A'(y) = A(y)$.

Remarque 4.8.7 (Vocabulaire) : On peut aussi trouver le terme *environnement* pour désigner une assignation.

Remarque 4.8.8 (Notations) : S'il n'y a pas d'ambiguïté, je pourrai noter uniquement $V_A(t)$ à la place de $V_{\mathcal{M},A}(t)$, la valeur du terme t dans la structure $\mathcal{M}$ et l'assignation A.

Exemple 4.8.9
Dans le langage de signature $\{0, 1, +, \times\}$ que l'on interprète dans l'ensemble $\mathbb{N}$ des entiers naturels, on se donne une assignation telle que $A(x) = 2$ et $A(y) = 3$. On en déduit par exemple la valeur du terme $x + y$:

$$V_A(x + y) = V_A(x) +_{\mathcal{M}} V_A(y) = A(x) +_{\mathcal{M}} A(y) = 2 +_{\mathcal{M}} 3 = 5$$

puis celle du terme $x \times (x + y)$:

$$V_A(x \times (x + y)) = V_A(x) \times_{\mathcal{M}} V_A(x + y) = A(x) \times_{\mathcal{M}} V_A(x + y) = 2 \times_{\mathcal{M}} 5 = 10$$

La valeur d'un terme ne dépend que de l'assignation des variables qui apparaissent dans ce terme, ce que l'on peut justifier formellement :

Métathéorème 4.8.10 (Valeur d'un terme)
Si A et A' sont deux assignations qui coïncident sur les variables apparaissant dans le terme t, alors

$$V_A(t) = V_{A'}(t)$$

Preuve
On prouve le résultat par induction structurelle sur les termes :

- C'est immédiat sur la base : si x est une variable et A et A' deux assignations qui coïncident sur x alors par définition

$$V_A(x) = A(x) = A'(x) = V_{A'}(x)$$

  et si c est une constante et A et A' deux assignations (quelconques)

$$V_A(c) = c_{\mathcal{M}} = V_{A'}(c)$$

- On fait l'hypothèse d'induction suivante, pour les termes $t_1, \dots, t_n$: pour tout i entre 1 et n, si A et A' sont deux assignations qui coïncident sur les variables apparaissant dans le terme t_i, alors $V_A(t_i) = V_{A'}(t_i)$. On considère alors deux assignations A et A' qui coïncident sur les variables apparaissant dans le terme $f(t_1, \dots, t_n)$, donc qui coïncident aussi sur les variables apparaissant dans chacun des termes $t_1, \dots, t_n$. On a donc

$$V_A(f(t_1, \dots, t_n)) = f_{\mathcal{M}}(V_A(t_1), \dots, V_A(t_n)) = f_{\mathcal{M}}(V_{A'}(t_1), \dots, V_{A'}(t_n)) = V_{A'}(f(t_1, \dots, t_n))$$

Remarque 4.8.11 (Notations) : Si les variables de t sont toutes dans $x_1, \dots, x_n$, et si l'assignation A est telle que pour tout i entre 1 et n, $A(x_i) = a_i$, on pourra noter

$$t(x_1 := a_1, \dots, x_n := a_n)$$

ou même uniquement, s'il n'y a pas ambiguïté,

$$t(a_1, \dots, a_n)$$

pour

$$V_{\mathcal{M},A}(t)$$

La troisième étape est de définir une valeur de vérité pour toutes les formules atomiques (pour une interprétation et une assignation données).

Définition 4.8.12 (Valeur de vérité d'une formule atomique)
On considère la formule atomique $\mathcal{F}$ suivante :

$$\mathcal{F} :\equiv R(t_1, \dots, t_n)$$

1. On définit la *valeur de vérité* $v_{\mathcal{M},A}(\mathcal{F})$ de $\mathcal{F}$, dans la L-structure $\mathcal{M}$ et l'assignation A, de la façon suivante :

$$v_{\mathcal{M},A}(\mathcal{F}) \overset{\text{déf}}{\equiv} \begin{cases} 1 & \text{si} \quad (V_A(t_1), \dots, V_A(t_n)) \in R_{\mathcal{M}} \\ 0 & \text{sinon} \end{cases}$$

2. De manière équivalente, on peut définir l'expression « $\mathcal{F}$ est *vrai* (ou *satisfait*) dans $\mathcal{M}$ pour l'as-

signation A », ce que je noterai $\mathscr{M} \models_A \mathscr{F}$:

$$\mathscr{M} \models_A \mathscr{F} \overset{\text{def}}{\equiv} (V_A(t_1), \ldots, V_A(t_n)) \in R_{\mathscr{M}}$$

Dans le cas contraire, on dit que « $\mathscr{F}$ est *faux* (ou n'est pas *satisfait*) dans $\mathscr{M}$ pour l'assignation A », ce que je noterai

$$\mathscr{M} \not\models_A \mathscr{F}$$

Remarque 4.8.13 : On a donc par définition

$$\begin{array}{lll} v_{\mathscr{M},A}(\mathscr{F}) = 1 & \text{si et seulement si} & \mathscr{M} \models_A \mathscr{F} \\ v_{\mathscr{M},A}(\mathscr{F}) = 0 & \text{si et seulement si} & \mathscr{M} \not\models_A \mathscr{F} \end{array}$$

Remarque 4.8.14 : Cette définition ne fait que formaliser le fait que la formule $\mathscr{F}$, qui correspond à une relation entre les termes $t_1, \ldots, t_n$, est vraie lorsque dans l'assignation choisie, les valeurs des différents termes vérifient la relation $R_{\mathscr{M}}$ (associée au symbole de prédicat R).

Remarque 4.8.15 : Je rappelle que l'égalité a un statut particulier parmi les prédicats, puisque l'interprétation est imposée : c'est l'égalité (de la métathéorie) dans M. On a donc

$$v_{\mathscr{M},A}(t_1 = t_2) = 1 \iff V_A(t_1) = V_A(t_2)$$

Dans cette expression, le signe = apparaissant à gauche (entre t_1 et t_2) est un symbole du langage, mais le signe = apparaissant à droite est un symbole du métalangage, et désigne l'égalité dans l'univers M. En résumé : la formule « $t_1 = t_2$ » est vraie (dans une structure $\mathscr{M}$ et pour une assignation A) lorsque les éléments de l'univers M qui interprètent t_1 et t_2 via l'assignation A (c'est-à-dire $V_A(t_1)$ et $V_A(t_2)$) sont égaux. En particulier, pour tout terme t

$$v_{\mathscr{M},A}(t = t) = 1$$

La dernière étape est d'étendre par récursion la valeur de vérité des formules atomiques à toutes les formules en reprenant les définitions des connecteurs logiques (en logique des propositions), et en ajoutant deux nouvelles définitions, pour les quantificateurs ∃ et ∀.

Définition 4.8.16 (Valeur de vérité d'une formule)
On définit la valeur de vérité des formules à partir des valeurs de vérité des formules atomiques, par récursion :

$$v_{\mathscr{M},A}(\neg\mathscr{F}) = \begin{cases} 1 & \text{si } v_{\mathscr{M},A}(\mathscr{F}) = 0 \\ 0 & \text{si } v_{\mathscr{M},A}(\mathscr{F}) = 1 \end{cases}$$

$$v_{\mathscr{M},A}(\mathscr{F} \wedge \mathscr{G}) = \begin{cases} 1 & \text{si } v_{\mathscr{M},A}(\mathscr{F}) = v_{\mathscr{M},A}(\mathscr{G}) = 1 \\ 0 & \text{sinon} \end{cases}$$

$$v_{\mathscr{M},A}(\mathscr{F} \vee \mathscr{G}) = \begin{cases} 0 & \text{si } v_{\mathscr{M},A}(\mathscr{F}) = v_{\mathscr{M},A}(\mathscr{G}) = 0 \\ 1 & \text{sinon} \end{cases}$$

$$v_{\mathscr{M},A}(\mathscr{F} \implies \mathscr{G}) = \begin{cases} 0 & \text{si } v_{\mathscr{M},A}(\mathscr{F}) = 1 \text{ et } v_{\mathscr{M},A}(\mathscr{G}) = 0 \\ 1 & \text{sinon} \end{cases}$$

$$v_{\mathcal{M},A}(\mathcal{F} \iff \mathcal{G}) = \begin{cases} 0 & \text{si } v_{\mathcal{M},A}(\mathcal{F}) \neq v_{\mathcal{M},A}(\mathcal{G}) \\ 1 & \text{si } v_{\mathcal{M},A}(\mathcal{F}) = v_{\mathcal{M},A}(\mathcal{G}) \end{cases}$$

$$v_{\mathcal{M},A}(\exists x\mathcal{F}) = \begin{cases} 1 & \text{s'il existe une } x\text{-variante } A' \text{ de } A \text{ telle que } v_{\mathcal{M},A'}(\mathcal{F}) = 1 \\ 0 & \text{sinon} \end{cases}$$

$$v_{\mathcal{M},A}(\forall x\mathcal{F}) = \begin{cases} 1 & \text{si pour toutes } x\text{-variantes } A' \text{ de } A,\ v_{\mathcal{M},A'}(\mathcal{F}) = 1 \\ 0 & \text{sinon} \end{cases}$$

Remarque 4.8.17 : Dans le cas où $\bot$ fait partie des formules, on ajoute

$$v_{\mathcal{M},A}(\bot) \stackrel{\text{def}}{\equiv} 0$$

Remarque 4.8.18 : On pouvait aussi exprimer les définitions des connecteurs $\neg, \wedge, \vee$ ainsi :

$$\begin{aligned} v_{\mathcal{M},A}(\neg\mathcal{F}) &= 1 - v_{\mathcal{M},A}(\mathcal{F}) \\ v_{\mathcal{M},A}(\mathcal{F} \wedge \mathcal{G}) &= \min(v_{\mathcal{M},A}(\mathcal{F}), v_{\mathcal{M},A}(\mathcal{G})) \\ v_{\mathcal{M},A}(\mathcal{F} \vee \mathcal{G}) &= \max(v_{\mathcal{M},A}(\mathcal{F}), v_{\mathcal{M},A}(\mathcal{G})) \end{aligned}$$

et définir $v_{\mathcal{M},A}(\exists x\mathcal{F})$ comme le maximum de $v_{\mathcal{M},A'}(\mathcal{F})$ parmi toutes les x-variantes A' de A, et $v_{\mathcal{M},A}(\forall x\mathcal{F})$ comme le minimum.

Remarque 4.8.19 : Les définitions de $\exists$ et $\forall$ formalisent les définitions naturelles :

- $\exists x\mathcal{F}$ est *vrai* lorsqu'il existe une valeur assignée à la variable x qui rend la formule $\mathcal{F}$ vraie (avec les valeurs des autres variables inchangées, autrement dit dans une x-variante de l'assignation A).
- $\forall x\mathcal{F}$ est *vrai* lorsque, quelle que soit la valeur assignée à la variable x, la formule $\mathcal{F}$ est vraie (avec les valeurs des autres variables inchangées, autrement dit dans toutes les x-variantes de l'assignation A).

Remarque 4.8.20 : On pouvait aussi choisir de définir v par des conditions nécessaires et suffisantes pour obtenir la valeur 1 :

$$\begin{aligned} v_{\mathcal{M},A}(\neg\mathcal{F}) = 1 &\quad \text{si et seulement si} \quad v_{\mathcal{M},A}(\mathcal{F}) = 0 \\ v_{\mathcal{M},A}(\mathcal{F} \wedge \mathcal{G}) = 1 &\quad \text{si et seulement si} \quad v_{\mathcal{M},A}(\mathcal{F}) = v_{\mathcal{M},A}(\mathcal{G}) = 1 \\ v_{\mathcal{M},A}(\mathcal{F} \vee \mathcal{G}) = 1 &\quad \text{si et seulement si} \quad v_{\mathcal{M},A}(\mathcal{F}) = 1 \text{ ou } v_{\mathcal{M},A}(\mathcal{G}) = 1 \\ v_{\mathcal{M},A}(\mathcal{F} \implies \mathcal{G}) = 1 &\quad \text{si et seulement si} \quad v_{\mathcal{M},A}(\mathcal{F}) = 0 \text{ ou } v_{\mathcal{M},A}(\mathcal{G}) = 1 \\ v_{\mathcal{M},A}(\mathcal{F} \iff \mathcal{G}) = 1 &\quad \text{si et seulement si} \quad v_{\mathcal{M},A}(\mathcal{F}) = v_{\mathcal{M},A}(\mathcal{G}) \\ v_{\mathcal{M},A}(\exists x\mathcal{F}) = 1 &\quad \text{si et seulement si il existe une } x\text{-variante } A' \text{ de } A \text{ telle que } v_{\mathcal{M},A'}(\mathcal{F}) = 1 \\ v_{\mathcal{M},A}(\forall x\mathcal{F}) = 1 &\quad \text{si et seulement si pour toutes les } x\text{-variantes } A' \text{ de } A,\ v_{\mathcal{M},A'}(\mathcal{F}) = 1 \end{aligned}$$

Cela équivaut aussi à définir l'expression « $\mathcal{F}$ est vrai dans $\mathcal{M}$ pour l'assignation A », que je noterai

$$\mathcal{M} \models_A \mathcal{F}$$

de manière récursive :

$$\begin{aligned} \mathcal{M} \models_A \neg\mathcal{F} &\quad \text{si et seulement si} \quad \mathcal{M} \not\models_A \mathcal{F} \\ \mathcal{M} \models_A \mathcal{F} \wedge \mathcal{G} &\quad \text{si et seulement si} \quad \mathcal{M} \models_A \mathcal{F} \text{ et } \mathcal{M} \models_A \mathcal{G} \end{aligned}$$

$\mathscr{M} \models_A \mathscr{F} \vee \mathscr{G}$	si et seulement si	$\mathscr{M} \models_A \mathscr{F}$ ou $\mathscr{M} \models_A \mathscr{G}$
$\mathscr{M} \models_A \mathscr{F} \implies \mathscr{G}$	si et seulement si	$\mathscr{M} \not\models_A \mathscr{F}$ ou $\mathscr{M} \models_A \mathscr{G}$
$\mathscr{M} \models_A \mathscr{F} \iff \mathscr{G}$	si et seulement si	$(\mathscr{M} \models_A \mathscr{F}$ et $\mathscr{M} \models_A \mathscr{G})$ ou $(\mathscr{M} \not\models_A \mathscr{F}$ et $\mathscr{M} \not\models_A \mathscr{G})$
$\mathscr{M} \models_A \exists x\mathscr{F}$	si et seulement si	il existe une x-variante A' de A telle que $\mathscr{M} \models_{A'} \mathscr{F}$
$\mathscr{M} \models_A \forall x\mathscr{F}$	si et seulement si	pour toutes x-variantes A' de A, $\mathscr{M} \models_{A'} \mathscr{F}$

Ces deux façons de définir les valeurs de vérité sont équivalentes, et

$$\mathscr{M} \models_A \mathscr{F} \text{ si et seulement si } v_{\mathscr{M},A}(\mathscr{F}) = 1$$

Remarque 4.8.21 : On peut constater en étudiant les quatre configurations possibles associées aux valeurs de vérité de $\mathscr{F}$ et $\mathscr{G}$, que pour une assignation donnée, $\mathscr{F} \iff \mathscr{G}$ prend la valeur *vrai* (autrement dit $v_A(\mathscr{F} \iff \mathscr{G}) = 1$) si et seulement si $\mathscr{F} \implies \mathscr{G}$ et $\mathscr{G} \implies \mathscr{F}$ prennent la valeur *vrai* :

$$\mathscr{M} \models_A \mathscr{F} \iff \mathscr{G} \qquad \text{si et seulement si} \qquad \begin{cases} \mathscr{M} \models_A \mathscr{F} \implies \mathscr{G} \\ \mathscr{M} \models_A \mathscr{G} \implies \mathscr{F} \end{cases}$$

Remarque 4.8.22 : Pour une assignation A donnée, toute formule $\mathscr{F}$ est vraie ou fausse (et par définition ces conditions s'excluent l'une et l'autre) :

$$\mathscr{M} \models_A \mathscr{F} \quad \text{ou (exclusif)} \quad \mathscr{M} \not\models_A \mathscr{F}$$

De plus, $\mathscr{F}$ est vraie si et seulement si $\neg\mathscr{F}$ est fausse et $\mathscr{F}$ est fausse si et seulement si $\neg\mathscr{F}$ est vraie :

$$\mathscr{M} \models_A \mathscr{F} \quad \text{si et seulement si} \quad \mathscr{M} \not\models_A \neg\mathscr{F}$$
$$\mathscr{M} \not\models_A \mathscr{F} \quad \text{si et seulement si} \quad \mathscr{M} \models_A \neg\mathscr{F}$$

Métathéorème 4.8.23 (Valeur de vérité d'une formule)
La valeur de vérité d'une formule $\mathscr{F}$ ne dépend que des valeurs données aux variables libres de $\mathscr{F}$, c'est-à-dire que si A et A' sont deux assignations qui coïncident sur les variables libres de $\mathscr{F}$, alors

$$v_A(\mathscr{F}) = v_{A'}(\mathscr{F})$$

Preuve
On prouve le résultat par induction structurelle sur les formules :

- La propriété est vérifiée par les formules atomiques, qui n'ont que des variables libres, donc si A et A' coïncident sur les variables libres de la formule atomique $R(t_1, \ldots, t_n)$, cela signifie qu'elles coïncident sur les variables apparaissant dans chacun des termes $t_1, \ldots, t_n$, donc ces termes ont la même valeur dans A et A'. On en déduit

  $$(V_A(t_1), \ldots, V_A(t_n)) = (V_{A'}(t_1), \ldots, V_{A'}(t_n))$$

  donc

  $$v_A(R(t_1, \ldots, t_n)) = v_{A'}(R(t_1, \ldots, t_n))$$

- On fait l'hypothèse d'induction que la propriété est vérifiée par la formule $\mathscr{F}$; nous allons justifier qu'elle est aussi vérifiée par $\neg\mathscr{F}$. Comme l'ensemble des variables libres de $\neg\mathscr{F}$ est l'ensemble des variables libres de $\mathscr{F}$, alors si A et A' sont des assignations qui coïncident sur les variables libres de $\neg\mathscr{F}$, elles coïncident aussi sur les variables libres de $\mathscr{F}$ donc par hypothèse d'induction

  $$v_A(\mathscr{F}) = v_{A'}(\mathscr{F})$$

  On en déduit

  $$v_A(\neg\mathscr{F}) = v_{A'}(\neg\mathscr{F})$$

- On fait l'hypothèse d'induction que la propriété est vérifiée par les formules $\mathscr{F}$ et $\mathscr{G}$; nous allons justifier qu'elle est aussi vérifiée par $\mathscr{F} \Longrightarrow \mathscr{G}$. Comme l'ensemble des variables libres de $\mathscr{F} \Longrightarrow \mathscr{G}$ est la réunion des variables libres de $\mathscr{F}$ et de $\mathscr{G}$ (ce connecteur ne modifie pas les variables libres), alors si A et A' sont des assignations qui coïncident sur les variables libres de $\mathscr{F} \Longrightarrow \mathscr{G}$, elles coïncident aussi sur les variables libres de $\mathscr{F}$ et sur celles de $\mathscr{G}$ donc par hypothèse d'induction
$$\begin{cases} v_A(\mathscr{F}) = v_{A'}(\mathscr{F}) \\ v_A(\mathscr{G}) = v_{A'}(\mathscr{G}) \end{cases}$$
On en déduit
$$v_A(\mathscr{F} \Longrightarrow \mathscr{G}) = v_{A'}(\mathscr{F} \Longrightarrow \mathscr{G})$$
- Le raisonnement est semblable pour les autres connecteurs binaires ($\wedge$, $\vee$, $\Longleftrightarrow$).
- On fait l'hypothèse d'induction que la propriété est vérifiée par la formule $\mathscr{F}$. On considère deux assignations A_1 et A_2 qui coïncident sur les variables libres de « $\exists x\mathscr{F}$ ». Si
$$v_{A_1}(\exists x\mathscr{F}) = 1$$
alors par définition il existe une x-variante A'_1 de A_1 telle que $v_{A'_1}(\mathscr{F}) = 1$. On considère la x-variante A'_2 de A_2 telle que $A'_2(x) = A'_1(x)$. Notons que par définition, l'ensemble des variables libres de $\mathscr{F}$ est soit le même que celui des variables libres de « $\exists x\mathscr{F}$ » (si x n'est pas libre dans $\mathscr{F}$), soit l'ensemble des variables libres de « $\exists x\mathscr{F}$ » auquel on ajoute x (si x est libre dans $\mathscr{F}$). En particulier, toute variable libre de $\mathscr{F}$ autre que x est aussi une variable libre de « $\exists x\mathscr{F}$ ». Donc A'_1 et A_1 coïncident sur les variables libres de « $\exists x\mathscr{F}$ », et de même pour A'_2 et A_2. Or par hypothèse de départ A_1 et A_2 coïncident sur les variables libres de « $\exists x\mathscr{F}$ ». Donc A'_1 et A'_2 coïncident sur les variables libres de « $\exists x\mathscr{F}$ », donc aussi sur les variables libres de $\mathscr{F}$, que x soit une telle variable libre ou pas, puisque par définition $A'_2(x) = A'_1(x)$. On déduit de l'hypothèse d'induction
$$v_{A'_2}(\mathscr{F}) = v_{A'_1}(\mathscr{F}) = 1$$
Donc par définition
$$v_{A_2}(\exists x\mathscr{F}) = 1$$
Et réciproquement, puisqu'on peut faire le même raisonnement en permutant A_1 et A_2, si $v_{A_2}(\exists x\mathscr{F}) = 1$, alors on en déduit $v_{A_1}(\exists x\mathscr{F}) = 1$. Par conséquent
$$v_{A_1}(\exists x\mathscr{F}) = v_{A_2}(\exists x\mathscr{F})$$
- Le raisonnement est semblable pour le quantificateur $\forall$. On considère deux assignations A_1 et A_2 qui coïncident sur les variables libres de « $\forall x\mathscr{F}$ », et on suppose que $v_{A_1}(\forall x\mathscr{F}) = 1$. On considère un élément a quelconque de l'univers, la x-variante A'_1 de A_1, et la x-variante A'_2 de A_2, telles que
$$A'_1(x) = A'_2(x) = a$$
Alors A'_1 et A'_2 coïncident sur les variables libres de $\mathscr{F}$, donc par hypothèse d'induction
$$v_{A'_2}(\mathscr{F}) = v_{A'_1}(\mathscr{F}) = 1$$
Ceci étant vérifié pour toute x-variante A'_2 de A_2 (on a choisi a quelconque), on en déduit
$$v_{A_2}(\forall x\mathscr{F}) = 1$$
Comme précédemment, on peut faire le même raisonnement en permutant A_1 et A_2, et on en déduit
$$v_{A_1}(\forall x\mathscr{F}) = v_{A_2}(\forall x\mathscr{F})$$

Remarque 4.8.24 (Notations) : Si $\mathscr{F}$ prend ses variables libres dans $x_1, \dots, x_n$, il est donc équivalent de se donner une assignation et un n-uplet $(a_1, \dots, a_n)$ de M^n (correspondant aux valeurs prises respectivement par $x_1, \dots, x_n$). Si l'assignation A est telle que pour tout i entre 1 et n, $A(x_i) = a_i$, alors je pourrai utiliser les notations

$$\mathscr{M} \models \mathscr{F}(x_1 := a_1, \dots, x_n := a_n) \overset{\text{def}}{\equiv} \mathscr{M} \models_A \mathscr{F}$$
$$v_{\mathscr{M}}(\mathscr{F}(x_1 := a_1, \dots, x_n := a_n)) \overset{\text{def}}{\equiv} v_{\mathscr{M},A}(\mathscr{F})$$

ou même uniquement, s'il n'y a pas d'ambiguïté

$$\mathcal{M} \models \mathcal{F}(a_1, \ldots, a_n) \stackrel{\text{def}}{\equiv} \mathcal{M} \models_A \mathcal{F}$$
$$v_{\mathcal{M}}(\mathcal{F}(a_1, \ldots, a_n)) \stackrel{\text{def}}{\equiv} v_{\mathcal{M},A}(\mathcal{F})$$

Remarque 4.8.25 : En particulier, si $\mathcal{F}$ est une formule close, alors pour toutes les assignations A et B

$$v_{\mathcal{M},A}(\mathcal{F}) = v_{\mathcal{M},B}(\mathcal{F})$$

(comme $\mathcal{F}$ n'a pas de variables libres, A et B coïncident trivialement sur les variables libres de $\mathcal{F}$). On peut alors noter cette valeur de vérité $v_{\mathcal{M}}(\mathcal{F})$, ou même uniquement $v(\mathcal{F})$ si la L-structure $\mathcal{M}$ est implicite et s'il n'y a pas d'ambiguïté. On notera alors de même

$$\mathcal{M} \models \mathcal{F} \stackrel{\text{def}}{\equiv} v_{\mathcal{M}}(\mathcal{F}) = 1$$

Ainsi, dans une L-structure, et indépendamment de toute assignation, la valeur de vérité d'une formule close $\mathcal{F}$ est parfaitement déterminée (soit *vrai*, soit *faux*) :

$$\mathcal{M} \models \mathcal{F} \text{ ou (exclusif) } \mathcal{M} \not\models \mathcal{F}$$
$$\mathcal{M} \models \mathcal{F} \text{ si et seulement si } \mathcal{M} \not\models \neg\mathcal{F}$$
$$\mathcal{M} \not\models \mathcal{F} \text{ si et seulement si } \mathcal{M} \models \neg\mathcal{F}$$

Exemple 4.8.26
On considère le langage dont la signature ne contient qu'un prédicat binaire R, et la formule

$$\mathcal{F} :\equiv R(x, y)$$

On interprète cette formule dans la structure $(\mathbb{N}, \leqslant_{\mathbb{N}})$, où $\leqslant_{\mathbb{N}}$ est la relation d'ordre usuelle sur $\mathbb{N}$. On a par exemple

$$(\mathbb{N}, \leqslant_{\mathbb{N}}) \models \mathcal{F}(0, 2) \qquad \text{(car } 0 \leqslant_{\mathbb{N}} 2\text{)}$$
$$(\mathbb{N}, \leqslant_{\mathbb{N}}) \models \mathcal{F}(1, 1) \qquad \text{(car } 1 \leqslant_{\mathbb{N}} 1\text{)}$$
$$(\mathbb{N}, \leqslant_{\mathbb{N}}) \not\models \mathcal{F}(3, 1) \qquad \text{(car } 3 \nleqslant_{\mathbb{N}} 1\text{)}$$

Le métathéorème qui suit formalise le principe intuitivement naturel suivant : il revient au même, dans le calcul de la valeur d'un terme u ou l'étude de la véracité d'une formule $\mathcal{F}$, d'assigner une valeur à une variable x ou de remplacer x par un terme t auquel on assigne la même valeur.

Métathéorème 4.8.27
On considère dans une L-structure $\mathcal{M}$, une variable x, un terme t, une assignation A et sa x-variante A' telle que

$$V_A(t) = A'(x)$$

1. Pour tout terme u

$$V_A(u(t/x)) = V_{A'}(u)$$

2. Pour toute formule $\mathcal{F}$

$$\mathcal{M} \models_A \mathcal{F}(t/x) \quad \text{si et seulement si} \quad \mathcal{M} \models_{A'} \mathcal{F}$$

Preuve

1. On démontre le premier point par induction sur l'ensemble des termes :
   - Si u est une constante c, alors $u(t/x)$ est la constante c, donc

$$V_A(c) = c_{\mathcal{M}} = V_{A'}(c)$$

   - Si u est une variable, alors
     — soit c'est la variable x et alors $u(t/x)$ est le terme t donc

$$V_A(t) = A'(x) = V_{A'}(x)$$

     — soit c'est une autre variable, par exemple y, et alors $u(t/x)$ est la variable y donc

$$V_A(y) = A(y) = A'(y) = V_{A'}(y)$$

   - On fait l'hypothèse d'induction que la propriété (portant sur le terme u) est vérifiée pour les termes $u_1, \ldots, u_n$, et on considère le terme $f(u_1, \ldots, u_n)$. Notons $v :\equiv f(u_1, \ldots, u_n)(t/x)$. Donc v représente le terme

$$f(u_1(t/x), \ldots, u_n(t/x))$$

   On en déduit

$$V_A(v) = f_{\mathcal{M}}(V_A(u_1(t/x)), \ldots, V_A(u_n(t/x)))$$

   Or par hypothèse d'induction, pour tout i entre 1 et n

$$V_A(u_i(t/x)) = V_{A'}(u_i)$$

   Donc

$$V_A(v) = f_{\mathcal{M}}(V_{A'}(u_1), \ldots, V_{A'}(u_n)) = V_{A'}(f(u_1, \ldots, u_n))$$

2. On démontre par induction sur l'ensemble des formules la propriété sur $\mathcal{F}$ suivante : pour toute assignation A, si A' est sa x-variante telle que

$$A'(x) = V_A(t)$$

alors

$$\mathcal{M} \models_A \mathcal{F}(t/x) \quad \text{si et seulement si} \quad \mathcal{M} \models_{A'} \mathcal{F}$$

   - Si $\mathcal{F}$ est la formule atomique $R(u_1, \ldots, u_n)$, alors les lignes suivantes sont équivalentes :

$$\mathcal{M} \models_A \mathcal{F}(t/x)$$
$$\mathcal{M} \models_A R(u_1(t/x), \ldots, u_n(t/x))$$
$$(V_A(u_1(t/x)), \ldots, V_A(u_n(t/x))) \in R_{\mathcal{M}}$$

   Or d'après ce qui précède, pour tout i entre 1 et n

$$V_A(u_i(t/x)) = V_{A'}(u_i)$$

   donc les lignes suivantes sont équivalentes :

$$\mathcal{M} \models_A \mathcal{F}(t/x)$$
$$(V_{A'}(u_1), \ldots, V_{A'}(u_n)) \in R_{\mathcal{M}}$$
$$\mathcal{M} \models_{A'} R(u_1, \ldots, u_n)$$
$$\mathcal{M} \models_{A'} \mathcal{F}$$

   - On fait l'hypothèse d'induction que la propriété est vérifiée par les formules $\mathcal{F}$ et $\mathcal{G}$, et on prouve qu'elle est vérifiée pour $\mathcal{F} \wedge \mathcal{G}$. Les lignes suivantes sont équivalentes :

$$\mathcal{M} \models_A (\mathcal{F} \wedge \mathcal{G})(t/x)$$
$$\mathcal{M} \models_A (\mathcal{F}(t/x) \wedge \mathcal{G}(t/x))$$
$$\mathcal{M} \models_A \mathcal{F}(t/x) \quad \text{et} \quad \mathcal{M} \models_A \mathcal{G}(t/x)$$
$$\mathcal{M} \models_{A'} \mathcal{F} \quad \text{et} \quad \mathcal{M} \models_{A'} \mathcal{G}$$
$$\mathcal{M} \models_{A'} (\mathcal{F} \wedge \mathcal{G})$$

- Le raisonnement est semblable pour les autres connecteurs.
- On fait l'hypothèse d'induction que la propriété est vérifiée par la formule $\mathcal{F}$. Prouvons qu'elle est aussi vérifiée par une formule de la forme « $\exists y\mathcal{F}$ », avec y variable n'apparaissant pas dans le terme t (condition implicite pour pouvoir exprimer « $(\exists y\mathcal{F})(t/x)$ »). On traite d'abord le cas où y est la variable x. Puisque x n'est pas libre dans « $\exists x\mathcal{F}$ », on en déduit que « $(\exists x\mathcal{F})(t/x)$ » est la formule « $\exists x\mathcal{F}$ » (par définition, t ne remplace que les occurrences libres de la variable x), et comme une assignation est une x-variante de A si et seulement si elle est une x-variante de A', on a

$$\mathcal{M} \vDash_A \exists x\mathcal{F} \quad \text{si et seulement si} \quad \mathcal{M} \vDash_{A'} \exists x\mathcal{F}$$

Voyons maintenant le cas où la variable y est différente de la variable x. On considère une assignation A et la x-variante A' telle que

$$A'(x) = V_A(t)$$

— Si $\mathcal{M} \vDash_A \exists y\mathcal{F}(t/x)$, alors par définition il existe une y-variante B de A telle que

$$\mathcal{M} \vDash_B \mathcal{F}(t/x)$$

On considère la x-variante B' de B telle que

$$B'(x) = V_B(t)$$

Par hypothèse d'induction

$$\mathcal{M} \vDash_{B'} \mathcal{F}$$

De plus, B' est une y-variante de A' : en effet, si z est une variable différente de x et de y on a immédiatement

$$B'(z) = B(z) = A(z) = A'(z)$$

et pour la variable x

$$B'(x) = V_B(t)$$

Or, par hypothèse, la variable y n'apparaît pas dans le terme t. On en déduit que A et B sont des assignations qui coïncident sur les variables apparaissant dans t (elles coïncident partout sauf éventuellement en y), donc

$$V_B(t) = V_A(t)$$

Par conséquent

$$B'(x) = V_B(t) = V_A(t) = A'(x)$$

On déduit de ce qui précède que B' est une y-variante de A' telle que

$$\mathcal{M} \vDash_{B'} \mathcal{F}$$

donc par définition

$$\mathcal{M} \vDash_{A'} \exists y\mathcal{F}$$

— Réciproquement, si $\mathcal{M} \vDash_{A'} \exists y\mathcal{F}$, alors par définition il existe une y-variante B' de A' telle que

$$\mathcal{M} \vDash_{B'} \mathcal{F}$$

On considère la y-variante B de A telle que $B(y) = B'(y)$. On a

$$B'(x) = A'(x) = V_A(t) = V_B(t)$$

Donc par hypothèse d'induction

$$\mathcal{M} \vDash_B \mathcal{F}(t/x)$$

On en déduit

$$\mathcal{M} \vDash_A \exists y\mathcal{F}(t/x)$$

- Le raisonnement est semblable pour le quantificateur $\forall$: si $\mathcal{M} \vDash_A \forall y\mathcal{F}(t/x)$, alors pour tout élément a de l'univers, la y-variante B de A telle que $B(y) = a$ vérifie

$$\mathcal{M} \vDash_B \mathcal{F}(t/x)$$

On en déduit l'existence d'une y-variante B' de A' telle que $B'(y) = B(y) = a$ (car B' est une x-variante de B) et vérifiant

$$\mathcal{M} \vDash_{B'} \mathcal{F}$$

Ceci étant vrai pour tout élément a de l'univers, donc pour toute y-variante B' de A', on en déduit

$$\mathcal{M} \vDash_{A'} \forall y\mathcal{F}$$

Réciproquement, si $\mathcal{M} \models_{A'} \forall y \mathcal{F}$, alors pour tout élément a de l'univers, la y-variante B' de A telle que $B'(y) = a$ vérifie

$$\mathcal{M} \models_{B'} \mathcal{F}$$

La y-variante B de A telle que $B(y) = B'(y) = a$ vérifie

$$\mathcal{M} \models_{B} \mathcal{F}(t/x)$$

Ceci étant vrai pour toutes les y-variantes B de A, on en déduit

$$\mathcal{M} \models_{A} \forall y \mathcal{F}(t/x)$$

Définition 4.8.28 (Satisfiable, vrai, valide, modèle)

1. On dit qu'une formule $\mathcal{F}$ est *satisfiable* dans la L-structure $\mathcal{M}$ lorsqu'il existe une assignation A dans laquelle elle prend la valeur *vrai*, autrement dit lorsqu'il existe une assignation A telle que

$$v_{\mathcal{M},A}(\mathcal{F}) = 1 \quad \text{(ce qui équivaut à : } \mathcal{M} \models_A \mathcal{F})$$

2. On dit qu'une formule $\mathcal{F}$ est *vraie* (ou *satisfaite*) dans la L-structure $\mathcal{M}$ lorsqu'elle prend la valeur *vrai* dans toute assignation, c'est-à-dire que pour toute assignation A,

$$v_{\mathcal{M},A}(\mathcal{F}) = 1 \quad \text{(ce qui équivaut à : } \mathcal{M} \models_A \mathcal{F})$$

On note alors

$$\mathcal{M} \models \mathcal{F}$$

et on dit aussi que $\mathcal{M}$ est un *modèle* de $\mathcal{F}$.

3. Dans le cas d'une formule close, il y a donc équivalence entre *vrai* et *satisfiable* : on dit que la formule close $\mathcal{F}$ est vraie (ou satisfiable) dans la L-structure $\mathcal{M}$, ou que $\mathcal{M}$ est un modèle de $\mathcal{F}$, lorsque

$$v_{\mathcal{M}}(\mathcal{F}) = 1 \quad \text{(ce qui équivaut à : } \mathcal{M} \models \mathcal{F})$$

4. On dit qu'une formule $\mathcal{F}$ est *fausse*, ou *non satisfiable*, dans la L-structure $\mathcal{M}$, lorsqu'elle prend la valeur *faux* pour toute assignation, autrement dit lorsque pour toute assignation A

$$v_{\mathcal{M},A}(\mathcal{F}) = 0 \quad \text{(ce qui équivaut à : } \mathcal{M} \not\models_A \mathcal{F})$$

Cela équivaut aussi à dire que la formule $\mathcal{F}$ est fausse lorsque sa négation $\neg\mathcal{F}$ est vraie, c'est-à-dire lorsque pour toute assignation A, on a

$$v_{\mathcal{M},A}(\neg\mathcal{F}) = 1 \quad \text{(ce qui équivaut à : } \mathcal{M} \models_A \neg\mathcal{F})$$

Ce qui signifie aussi que $\mathcal{M}$ est un modèle de $\neg\mathcal{F}$:

$$\mathcal{M} \models \neg\mathcal{F}$$

5. On dit que la formule $\mathcal{F}$ est *valide* (ou *universellement valide*) lorsqu'elle est vraie dans toute L-structure. On note alors

$$\models \mathcal{F}$$

Remarque 4.8.29 : Dans une L-structure donnée

- Une formule avec des variables libres peut n'être ni vraie ni fausse (si elle prend des valeurs de vérité différentes selon les assignations). Par contre, une formule close est soit vraie soit fausse.
- Une formule est vraie si et seulement si sa clôture universelle est vraie.
- Une formule $\mathscr{F}$ est vraie si et seulement si $\neg\mathscr{F}$ n'est pas satisfiable.

Remarque 4.8.30 : Pour toute formule $\mathscr{F}$, il existe une structure dans laquelle elle est satisfiable si et seulement si $\neg\mathscr{F}$ n'est pas universellement valide.

Remarque 4.8.31 : Certains auteurs ne définissent une formule vraie, ou un modèle d'une formule, que dans le cas de formules closes.

Exemple 4.8.32 (Exemples de modèles de formules closes)

1. On considère le langage dont la signature ne contient qu'un prédicat binaire R, et les formules

$$\mathscr{F} :\equiv \exists x \forall y, R(x, y)$$
$$\mathscr{G} :\equiv \forall x\ y, (R(x, y) \vee R(y, x))$$

On interprète ces formules dans les structures $(\mathbb{N}, \leqslant_{\mathbb{N}})$, $(\mathbb{R}, \leqslant_{\mathbb{R}})$, $(\mathscr{P}(E), \subseteq)$, où $\leqslant_{\mathbb{N}}$ et $\leqslant_{\mathbb{R}}$ sont respectivement les relations d'ordre usuelles sur $\mathbb{N}$ et $\mathbb{R}$, où $\mathscr{P}(E)$ est l'ensemble des parties d'un ensemble E quelconque, et $\subseteq$ la relation d'inclusion. Autrement dit la relation $R(x, y)$ s'interprète

$$\text{dans } \mathbb{N} \text{ comme } x \leqslant_{\mathbb{N}} y$$
$$\text{dans } \mathbb{R} \text{ comme } x \leqslant_{\mathbb{R}} y$$
$$\text{dans } \mathscr{P}(E) \text{ comme } x \subseteq y$$

La formule $\mathscr{F}$ signifie qu'il existe un plus petit élément, donc $(\mathbb{N}, \leqslant_{\mathbb{N}})$ et $(\mathscr{P}(E), \subseteq)$ sont des modèles de $\mathscr{F}$:

$$(\mathbb{N}, \leqslant_{\mathbb{N}}) \models \mathscr{F} \quad \text{(0 est le plus petit élément de } \mathbb{N})$$
$$(\mathbb{R}, \leqslant_{\mathbb{R}}) \not\models \mathscr{F} \quad \text{(il n'y a pas de plus petit élément dans } \mathbb{R})$$
$$(\mathscr{P}(E), \subseteq) \models \mathscr{F} \quad \text{(l'ensemble vide est inclus dans tous les sous-ensembles de } E)$$

La formule $\mathscr{G}$ signifie que tous les éléments sont comparables, donc $(\mathbb{N}, \leqslant_{\mathbb{N}})$ et $(\mathbb{R}, \leqslant_{\mathbb{R}})$ sont des modèles de $\mathscr{G}$:

$$(\mathbb{N}, \leqslant_{\mathbb{N}}) \models \mathscr{G} \quad \text{(pour tous les entiers } x \text{ et } y,\ x \leqslant y \text{ ou } y \leqslant x)$$
$$(\mathbb{R}, \leqslant_{\mathbb{R}}) \models \mathscr{G} \quad \text{(pour tous les réel } x \text{ et } y,\ x \leqslant y \text{ ou } y \leqslant x)$$
$$(\mathscr{P}(E), \subseteq) \not\models \mathscr{G} \quad \text{(par exemple si } a \neq b,\ \{a\} \nsubseteq \{b\} \text{ et } \{b\} \nsubseteq \{a\})$$

Les formules $\mathscr{F}$ et $\mathscr{G}$ ne sont pas universellement valides : elle sont vraies dans certaines structures, mais fausses dans d'autres.

2. Considérons le langage L de signature $\{0, 1, +, \times\}$, et la formule close suivante :

$$\mathscr{F} :\equiv \forall x \exists y, x \times y = 1$$

   - On peut prendre comme L-structure l'ensemble des entiers $\mathbb{N}$, muni de l'égalité, de la multiplication, et du nombre 1 usuels. Dans ce cas, la formule $\mathscr{F}$ n'est pas vraie : on ne peut pas toujours, à partir d'un nombre entier x, trouver un nombre y tel que $x \times y = 1$. On a donc, en faisant l'abus de langage consistant à noter la structure comme son univers de base ($\mathbb{N}$),

$$\mathbb{N} \nvDash \mathscr{F}$$

- On peut prendre comme L-structure l'ensemble des nombres rationnels non nuls $\mathbb{Q}^*$, muni de l'égalité, de la multiplication, et du nombre 1 usuels. Dans ce cas, la formule $\mathscr{F}$ est vraie : pour tout nombre rationnel non nul x, il existe un nombre rationnel non nul y, tel que $x \times y = 1$. On a donc

$$\mathbb{Q}^* \vDash \mathscr{F}$$

3. Considérons le langage L de signature $\{0, 1, +, \times\}$, que l'on va interpréter de façon naturelle dans $\mathbb{N}, \mathbb{Z}, \mathbb{Q}, \mathbb{R}, \mathbb{C}$. On note de plus

$$2 \overset{\text{def}}{\equiv} 1 + 1$$

et on considère les formules

$$\begin{aligned} \mathscr{E} &:\equiv \exists x, x + 1 = 0 \\ \mathscr{F} &:\equiv \exists x, x \times 2 = 1 \\ \mathscr{G} &:\equiv \exists x, x \times x = 2 \\ \mathscr{H} &:\equiv \exists x, x \times x + 1 = 0 \end{aligned}$$

La formule $\mathscr{E}$ signifie que l'équation « $x + 1 = 0$ » admet une solution. Ce n'est pas vrai dans $\mathbb{N}$, mais c'est vrai dans les autres ensembles (-1 est solution) :

$$\mathbb{N} \nvDash \mathscr{E} \quad \mathbb{Z} \vDash \mathscr{E} \quad \mathbb{Q} \vDash \mathscr{E} \quad \mathbb{R} \vDash \mathscr{E} \quad \mathbb{C} \vDash \mathscr{E}$$

La formule $\mathscr{F}$ signifie que l'équation « $x \times 2 = 1$ » admet une solution. Ce n'est pas vrai dans $\mathbb{N}$, ni $\mathbb{Z}$, mais c'est vrai dans les autres ensembles ($\frac{1}{2}$ est solution) :

$$\mathbb{N} \nvDash \mathscr{F} \quad \mathbb{Z} \nvDash \mathscr{F} \quad \mathbb{Q} \vDash \mathscr{F} \quad \mathbb{R} \vDash \mathscr{F} \quad \mathbb{C} \vDash \mathscr{F}$$

La formule $\mathscr{G}$ signifie que l'équation « $x \times x = 2$ » admet une solution. Ce n'est pas vrai dans $\mathbb{N}$, ni $\mathbb{Z}$, ni $\mathbb{Q}$, mais c'est vrai dans les autres ensembles ($\sqrt{2}$ est solution) :

$$\mathbb{N} \nvDash \mathscr{G} \quad \mathbb{Z} \nvDash \mathscr{G} \quad \mathbb{Q} \nvDash \mathscr{G} \quad \mathbb{R} \vDash \mathscr{G} \quad \mathbb{C} \vDash \mathscr{G}$$

La formule $\mathscr{H}$ signifie que l'équation « $x \times x + 1 = 0$ » admet une solution. Ce n'est pas vrai dans $\mathbb{N}$, ni $\mathbb{Z}$, ni $\mathbb{Q}$ ni $\mathbb{R}$, mais c'est vrai dans $\mathbb{C}$ (i est solution) :

$$\mathbb{N} \nvDash \mathscr{H} \quad \mathbb{Z} \nvDash \mathscr{H} \quad \mathbb{Q} \nvDash \mathscr{H} \quad \mathbb{R} \nvDash \mathscr{H} \quad \mathbb{C} \vDash \mathscr{H}$$

Exemple 4.8.33 (Exemples de formules satisfiables, vraies, fausses, valides)

- Dans la structure des entiers naturels $\mathbb{N}$ (avec les interprétations usuelles), la formule

$$x < 0$$

n'est pas satisfiable (aucun entier n'est strictement négatif). La formule

$$x > 0$$

est satisfiable (certains entiers sont strictement positifs), mais n'est pas vraie (tous les entiers ne sont pas strictement positifs). La formule

$$x \geqslant 0$$

est vraie. De même que la formule close

$$\forall x, x \geqslant 0$$

Mais cette formule n'est pas valide car il existe des structures dans lesquelles elle n'est pas vraie, par exemple l'ensemble $\mathbb{Z}$ des entiers relatifs.

- Enfin la formule

$$x > 0 \implies x > 0$$

est valide : quelle que soit l'interprétation du prédicat binaire >, de la constante 0, et quelle que soit l'assignation (pour la variable x), la formule précédente, de la forme $\mathscr{F} \implies \mathscr{F}$, a une valeur de vérité toujours égale à 1.

Exemple 4.8.34 (Exemples de propriétés communes aux modèles d'une formule)

1. Les modèles de la formule

$$\forall x \forall y, x = y$$

sont les structures dont l'univers a exactement un élément (la formule signifie que tous les éléments sont identiques, et un univers n'est pas vide par définition).

2. Les modèles de la formule

$$\exists a \exists b, \begin{cases} a \neq b \\ \forall x, (x = a \lor x = b) \end{cases}$$

sont les structures dont l'univers a exactement deux éléments. En effet, la formule s'interprète ainsi : il existe deux éléments différents (a et b) et tout élément est égal soit à a soit à b.

Dans chacun des deux exemples précédents, on n'a pas supposé que la signature du langage ne comprenait que le symbole apparaissant dans la formule, en considérant donc implicitement que la véracité d'une formule dans une structure ne dépendait que des symboles apparaissant dans cette formule, et pas des autres symboles de la signature. On peut justifier formellement ce principe :

Définition 4.8.35 (Enrichissement, restriction, d'un langage ou d'une structure)

1. On dit que le langage L' *enrichit* le langage L, ou que L est une *restriction* de L', lorsque tous les

symboles de L appartiennent aussi à L'.

2. On considère un langage L' qui enrichit un langage L, $\mathcal{M}$ une L-structure et $\mathcal{M}'$ une L'-structure. On dit que $\mathcal{M}'$ est un *enrichissement* de $\mathcal{M}$, ou que $\mathcal{M}$ est une *restriction* de $\mathcal{M}'$, lorsque les univers de base sont identiques, et que chaque symbole de la signature de L a la même interprétation dans $\mathcal{M}$ et $\mathcal{M}'$.

Remarque 4.8.36 : Si le langage L' enrichit le langage L, alors les termes construits dans le langage L sont aussi des termes du langage L', et les formules construites dans le langage L sont aussi des formules du langage L'.

Remarque 4.8.37 (Vocabulaire) : Quand le langage L' enrichit le langage L, on dit aussi que L' est une *expansion* de L.

Métathéorème 4.8.38
On considère un langage L' enrichissant un langage L, une L-structure $\mathcal{M}$ et une L'-structure $\mathcal{M}'$ qui enrichit $\mathcal{M}$. Alors pour toute assignation A (de $\mathcal{M}$ et $\mathcal{M}'$)

1. Pour tout terme t du langage L
$$V_{\mathcal{M},A}(t) = V_{\mathcal{M}',A}(t)$$
2. Pour toute formule $\mathcal{F}$ du langage L
$$\mathcal{M} \models_A \mathcal{F} \quad \text{si et seulement si} \quad \mathcal{M}' \models_A \mathcal{F}$$

Preuve

1. On prouve l'égalité par induction sur les termes :
   - Pour une constante c de L (donc aussi de L'), puisque l'interprétation est la même dans $\mathcal{M}$ et $\mathcal{M}'$
   $$V_{\mathcal{M},A}(c) = c_{\mathcal{M}} = c_{\mathcal{M}'} = V_{\mathcal{M}',A}(c)$$
   - Pour une variable x
   $$V_{\mathcal{M},A}(x) = A(x) = V_{\mathcal{M}',A}(x)$$
   - On fait l'hypothèse d'induction que la propriété est vérifiée pour les termes $t_1, \dots, t_n$ et on considère le terme $f(t_1, \dots, t_n)$ où f est un symbole d'opération n-aire de L (donc aussi de L').
   $$V_{\mathcal{M},A}(f(t_1, \dots, t_n)) = f_{\mathcal{M}}(V_{\mathcal{M},A}(t_1), \dots, V_{\mathcal{M},A}(t_n)) = f_{\mathcal{M}'}(V_{\mathcal{M}',A}(t_1), \dots, V_{\mathcal{M}',A}(t_n)) = V_{\mathcal{M}',A}(f(t_1, \dots, t_n))$$

   On en déduit que pour tout terme t de L
   $$V_{\mathcal{M},A}(t) = V_{\mathcal{M}',A}(t)$$
2. Prouvons par induction sur les formules de L que pour toute assignation A, $\mathcal{M} \models_A \mathcal{F}$ si et seulement si $\mathcal{M}' \models_A \mathcal{F}$.
   - Pour toute formule atomique, de la forme $R(t_1, \dots, t_n)$ les propriétés suivantes sont équivalentes
   $$\begin{aligned} \mathcal{M} &\models_A R(t_1, \dots, t_n) \\ (V_{\mathcal{M},A}(t_1), \dots, V_{\mathcal{M},A}(t_n)) &\in R_{\mathcal{M}} \\ (V_{\mathcal{M}',A}(t_1), \dots, V_{\mathcal{M}',A}(t_n)) &\in R_{\mathcal{M}'} \\ \mathcal{M}' &\models_A R(t_1, \dots, t_n) \end{aligned}$$
   - On fait l'hypothèse d'induction que les formules $\mathcal{F}$ et $\mathcal{G}$ sont telles que pour toute assignation A
   $$\begin{cases} \mathcal{M} \models_A \mathcal{F} & \text{si et seulement si} \quad \mathcal{M}' \models_A \mathcal{F} \\ \mathcal{M} \models_A \mathcal{G} & \text{si et seulement si} \quad \mathcal{M}' \models_A \mathcal{G} \end{cases}$$

On veut prouver que la propriété est vérifiée pour $\mathscr{F} \wedge \mathscr{G}$ (le raisonnement est semblable pour les autres connecteurs). On considère une assignation A. Les propriétés suivantes sont équivalentes :

$$\mathscr{M} \models_A \mathscr{F} \wedge \mathscr{G}$$
$$\mathscr{M} \models_A \mathscr{F} \quad \text{et} \quad \mathscr{M} \models_A \mathscr{G}$$
$$\mathscr{M}' \models_A \mathscr{F} \quad \text{et} \quad \mathscr{M}' \models_A \mathscr{G}$$
$$\mathscr{M}' \models_A \mathscr{F} \wedge \mathscr{G}$$

- On fait l'hypothèse d'induction que la propriété est vérifiée par la formule $\mathscr{F}$, et on veut prouver qu'elle est vérifiée par la formule $\exists x\mathscr{F}$ (le raisonnement est semblable pour le quantificateur $\forall$). On considère une assignation A. $\mathscr{M} \models_A \exists x\mathscr{F}$ si et seulement si il existe une x-variante A' de A telle que $\mathscr{M} \models_{A'} \mathscr{F}$, ce qui équivaut par hypothèse d'induction à $\mathscr{M}' \models_{A'} \mathscr{F}$. Donc

$$\mathscr{M} \models_A \exists x\mathscr{F} \quad \text{si et seulement si} \quad \mathscr{M}' \models_A \exists x\mathscr{F}$$

Remarque 4.8.39 : Ainsi, la véracité d'une formule dans une structure et une assignation donnée, ne dépend que de la restriction de l'interprétation aux symboles du langage apparaissant dans la formule.

Définition 4.8.40 (Tautologie)
On dit qu'une formule est une *tautologie* (de la logique des prédicats) lorsqu'elle s'obtient en remplaçant, dans une tautologie de la logique des propositions construite sur les propositions atomiques $p_1, \dots, p_n$, chaque p_i par une formule $\mathscr{F}_i$ de la logique des prédicats.

Exemple 4.8.41 (Exemple de tautologie)
La formule $p \implies p$ est une tautologie de la logique des propositions, donc pour toute formule $\mathscr{F}$ de la logique des prédicats, $\mathscr{F} \implies \mathscr{F}$ est une tautologie. Par exemple la formule

$$(\forall x, x \geqslant 0) \implies (\forall x, x \geqslant 0)$$

est une tautologie de la logique des prédicats (et ceci quelle que soit l'interprétation que l'on peut donner au symbole de prédicat binaire $\geqslant$ et à la constante 0).

Métathéorème 4.8.42 (Valeur de vérité des tautologies de la logique des prédicats)
Toute tautologie est universellement valide.

Preuve
On considère des propositions atomiques $p_1, \dots, p_n$ et des formules $\mathscr{F}_1, \dots, \mathscr{F}_n$ (de la logique des prédicats, pour un langage L). Pour toute formule P dont les propositions atomiques sont parmi $p_1, \dots, p_n$, je noterai $P(\mathscr{F}_1/p_1, \dots, \mathscr{F}_n/p_n)$ la formule (de la logique des prédicats) obtenue en remplaçant dans P chaque p_i par $\mathscr{F}_i$. On considère aussi une L-structure $\mathscr{M}$ et une assignation A sur $\mathscr{M}$, et la valuation v (de la logique des propositions) définie sur $\{p_1, \dots, p_n\}$ telle que pour tout i entre 1 et n

$$v(p_i) = \begin{cases} 0 \text{ si } \mathscr{M} \not\models_A \mathscr{F}_i \\ 1 \text{ si } \mathscr{M} \models_A \mathscr{F}_i \end{cases}$$

Prouvons par induction sur les propositions dont les propositions atomiques sont parmi $p_1, \dots, p_n$

$$v(P) = 1 \text{ si et seulement si } \mathscr{M} \models_A P(\mathscr{F}_1/p_1, \dots, \mathscr{F}_n/p_n)$$

- La propriété est vraie pour les propositions atomiques par définition de la valuation, car si P est p_i, alors $P(\mathscr{F}_1/p_1, \dots, \mathscr{F}_n/p_n)$ est $\mathscr{F}_i$.

- On fait l'hypothèse d'induction pour P. Puisque $v(\neg P) = 1$ équivaut à $v(P) = 0$, on déduit de l'hypothèse de récurrence que $v(\neg P) = 1$ si et seulement si
$$\mathcal{M} \not\models_A P(\mathcal{F}_1/p_1, \dots, \mathcal{F}_n/p_n)$$
ce qui équivaut à
$$\mathcal{M} \models_A \neg P(\mathcal{F}_1/p_1, \dots, \mathcal{F}_n/p_n)$$
- On fait l'hypothèse d'induction pour P et Q. Alors $v(P \wedge Q) = 1$ si et seulement si $v(P) = 1$ et $v(Q) = 1$ ce qui équivaut par hypothèse d'induction à
$$\begin{cases} \mathcal{M} \models_A P(\mathcal{F}_1/p_1, \dots, \mathcal{F}_n/p_n) \\ \mathcal{M} \models_A Q(\mathcal{F}_1/p_1, \dots, \mathcal{F}_n/p_n) \end{cases}$$
donc
$$\mathcal{M} \models_A (P \wedge Q)(\mathcal{F}_1/p_1, \dots, \mathcal{F}_n/p_n)$$
- Le raisonnement est semblable pour les autres connecteurs.

On en déduit pour toute formule P dont les propositions atomiques sont parmi $p_1, \dots, p_n$
$$v(P) = 1 \text{ si et seulement si } \mathcal{M} \models_A P(\mathcal{F}_1/p_1, \dots, \mathcal{F}_n/p_n)$$
donc si P est une tautologie (de la logique des propositions)
$$\mathcal{M} \models_A P(\mathcal{F}_1/p_1, \dots, \mathcal{F}_n/p_n)$$
Par conséquent $P(\mathcal{F}_1/p_1, \dots, \mathcal{F}_n/p_n)$ est une formule valide.

Remarque 4.8.43 : La réciproque n'est pas vraie, c'est-à-dire qu'une formule universellement valide n'est pas nécessairement une tautologie. Par exemple la formule « $x = x$ » est valide, mais n'est pas une tautologie.

Définition 4.8.44 (Équivalence)
On dit que deux formules $\mathcal{F}$ et $\mathcal{G}$ (dans un même langage L) sont *équivalentes*, ce que je noterai $\mathcal{F} \equiv \mathcal{G}$ lorsqu'elles ont la même valeur de vérité pour toute L-structure et toute assignation, autrement dit lorsque $\mathcal{F} \iff \mathcal{G}$ est valide :
$$\mathcal{F} \equiv \mathcal{G} \overset{\text{def}}{\equiv} \models \mathcal{F} \iff \mathcal{G}$$

Comme pour l'équivalence en logique des propositions, on peut constater que la relation $\equiv$ est une relation d'équivalence sur l'ensemble des formules, c'est-à-dire qu'elle vérifie les propriétés suivantes :

1. Réflexivité :
$$\mathcal{F} \equiv \mathcal{F}$$
2. Symétrie :
$$\text{si } \mathcal{F} \equiv \mathcal{G} \text{ alors } \mathcal{G} \equiv \mathcal{F}$$
3. Transitivité :
$$\text{si } \mathcal{F} \equiv \mathcal{G}\text{, et si } \mathcal{G} \equiv \mathcal{H}\text{, alors } \mathcal{F} \equiv \mathcal{H}$$

Par ailleurs, toutes les équivalences de la logique des propositions (voir la section 2.9) restent valables, puisqu'elles correspondent à des tautologies de la logique des propositions, qui se traduisent par des tautologies de la logique des prédicats, qui sont des formules valides. Par exemple, l'équivalence de la logique des propositions
$$\neg(p \wedge q) \equiv \neg p \vee \neg q$$
signifie que l'on a la tautologie
$$\models \neg(p \wedge q) \iff \neg p \vee \neg q$$

On en déduit que pour toutes les formules $\mathscr{F}$ et $\mathscr{G}$ (de la logique des prédicats) la formule obtenue en remplaçant dans la proposition ci-dessus p par $\mathscr{F}$ et q par $\mathscr{G}$ est une tautologie (de la logique des prédicats), donc une formule valide :

$$\models \neg(\mathscr{F} \wedge \mathscr{G}) \iff \neg\mathscr{F} \vee \neg\mathscr{G}$$

ce qui signifie par définition

$$\neg(\mathscr{F} \wedge \mathscr{G}) \equiv \neg\mathscr{F} \vee \neg\mathscr{G}$$

On retrouve aussi les autres propriétés de l'équivalence sémantique de la logique des propositions :

Métathéorème 4.8.45 (Conservation de l'équivalence par les connecteurs et les quantificateurs)
Les connecteurs et les quantificateurs conservent l'équivalence, c'est-à-dire que si $\mathscr{F} \equiv \mathscr{F}'$ et $\mathscr{G} \equiv \mathscr{G}'$, alors

$$\begin{aligned}
\neg\mathscr{F} &\equiv \neg\mathscr{F}' \\
\mathscr{F} \wedge \mathscr{G} &\equiv \mathscr{F}' \wedge \mathscr{G}' \\
\mathscr{F} \vee \mathscr{G} &\equiv \mathscr{F}' \vee \mathscr{G}' \\
\mathscr{F} \implies \mathscr{G} &\equiv \mathscr{F}' \implies \mathscr{G}' \\
\mathscr{F} \iff \mathscr{G} &\equiv \mathscr{F}' \iff \mathscr{G}' \\
\forall x\mathscr{F} &\equiv \forall x\mathscr{F}' \\
\exists x\mathscr{F} &\equiv \exists x\mathscr{F}'
\end{aligned}$$

Preuve
Pour les connecteurs, la preuve est semblable à celle donnée dans le cadre de la logique des propositions (théorème 2.6.24, p. 67) : si $\mathscr{F} \equiv \mathscr{F}'$ et $\mathscr{G} \equiv \mathscr{G}'$, cela signifie que pour toute L-structure et toute assignation A, $\mathscr{F}$ et $\mathscr{F}'$ prennent la même valeur de vérité, ainsi que $\mathscr{G}$ et $\mathscr{G}'$. On en déduit que $V_A(\neg\mathscr{F}) = V_A(\neg\mathscr{F}')$, $V_A(\mathscr{F} \wedge \mathscr{G}) = V_A(\mathscr{F}' \wedge \mathscr{G}')$, etc. En ce qui concerne les quantificateurs, pour toute x-variante A' de A

$$V_{A'}(\mathscr{F}) = V_{A'}(\mathscr{F}')$$

donc

$$\begin{aligned}
V_A(\forall x\mathscr{F}) &= V_A(\forall x\mathscr{F}') \\
V_A(\exists x\mathscr{F}) &= V_A(\exists x\mathscr{F}')
\end{aligned}$$

Métathéorème 4.8.46 (Remplacement d'une sous-formule par une formule équivalente)
Si on remplace dans une formule $\mathscr{F}$, une sous-formule par une formule équivalente, le résultat obtenu est une formule équivalente à $\mathscr{F}$.

Preuve
C'est la même démonstration que pour la logique des propositions (métathéorème 2.6.25, p. 68). On prouve le résultat par induction structurelle, en s'appuyant sur le fait que d'après le métathéorème précédent, les connecteurs et les quantificateurs préservent l'équivalence.

4.9 Propriétés sémantiques d'un ensemble de formules, modèles, théories

Définition 4.9.1 (Modèle, satisfiable)

1. On dit qu'une L-structure $\mathscr{M}$ est un *modèle* d'un ensemble Γ de formules, lorsque toutes les formules de Γ sont vraies dans $\mathscr{M}$ (autrement dit, sont satisfaites par toutes les assignations). On note

$$\mathscr{M} \models \Gamma$$

2. On dit qu'un ensemble Γ de formules est *satisfiable* lorsqu'il existe une L-structure et une assignation qui satisfont toutes les formules de Γ. Dans le cas contraire, il est dit *insatisfiable*, ou *non satisfiable*.

Remarque 4.9.2 : Les deux notions coïncident lorsque Γ est un ensemble de formules closes. Dans ce cas, Γ admet un modèle si et seulement si Γ est satisfiable.

Remarque 4.9.3 : Certains auteurs ne définissent un modèle que pour un ensemble de formules closes.

Remarque 4.9.4 (Notations) : Lorsque Γ est formé d'une unique formule, on retrouve la notation déjà introduite

$$\mathscr{M} \models \mathscr{F}$$

signifiant que $\mathscr{F}$ est une formule vraie dans $\mathscr{M}$.

Définition 4.9.5 (Conséquence sémantique)
On dit que la formule $\mathscr{F}$ est une *conséquence sémantique* de l'ensemble de formules Γ, ce que l'on note

$$\Gamma \models \mathscr{F}$$

lorsque pour toute L-structure, toute assignation qui satisfait toutes les formules de Γ satisfait aussi $\mathscr{F}$.

Remarque 4.9.6 (Vocabulaire) : À la place de *conséquence sémantique*, on peut trouver les expressions *conséquence tautologique* ou *conséquence logique*.

Remarque 4.9.7 : Dans le cas particulier où Γ est un ensemble vide de formules,

$$\varnothing \models \mathscr{F}$$

que l'on note plutôt

$$\models \mathscr{F}$$

signifie donc que $\mathscr{F}$ est valide (on retrouve la notation déjà introduite).

Remarque 4.9.8 : Dans le cas particulier où Γ n'est pas satisfiable, toute formule est *trivialement* une conséquence sémantique de Γ, puisque la condition « L-structure et assignation satisfaisant les formules de Γ » n'est jamais vérifiée.

Remarque 4.9.9 : De même que pour la logique des propositions, le symbole $\models$ désigne deux choses différentes. Si $\mathscr{M}$ est une structure et Γ un ensemble de formules

$$\mathscr{M} \models \Gamma$$

signifie que la structure $\mathscr{M}$ est un modèle de l'ensemble de formules Γ, et

$$\Gamma \models \mathscr{F}$$

signifie que la formule $\mathscr{F}$ est une conséquence sémantique de l'ensemble de formules Γ.

Remarque 4.9.10 : Par définition, $\Gamma \models \mathscr{F}$ si et seulement si pour toute L-structure $\mathscr{M}$ et toute assignation A qui satisfait toutes les formules de Γ, on a $\mathscr{M} \models_A \mathscr{F}$. On peut noter en particulier que $\Gamma \models \mathscr{F} \iff \mathscr{G}$ si et seulement si $\Gamma \models \mathscr{F} \implies \mathscr{G}$ et $\Gamma \models \mathscr{G} \implies \mathscr{F}$.

Remarque 4.9.11 (Origine des notations) : Le mathématicien et logicien américain Stephen Cole Kleene (1909-1994) dit être peut-être le premier à avoir utilisé le symbole $\models$ pour désigner la conséquence sémantique (dans une conférence de 1956)[4]. On trouve aussi ce symbole en 1961 dans un article de Simon Kochen[5], basé sur sa thèse de 1959 (où le symbole apparaît aussi), pour signifier qu'une structure est un modèle d'une formule close.

Remarque 4.9.12 : Toutes les propriétés liées aux conséquences sémantiques de la logique des propositions (voir la section 2.9) restent valables.

Dans le cas où Γ est un ensemble ne contenant que des formules closes, il est possible de simplifier la définition de la conséquence sémantique :

Métathéorème 4.9.13 (Définition équivalente de la conséquence pour des formules closes)
La formule $\mathscr{F}$ est conséquence sémantique de l'ensemble de formules closes Γ si et seulement si $\mathscr{F}$ est vraie dans tout modèle de Γ.

Preuve

- L'une des implications est toujours vérifiée (même si les formules ne sont pas closes) : si la formule $\mathscr{F}$ est conséquence sémantique de l'ensemble de formules Γ, alors $\mathscr{F}$ est vraie dans tout modèle de Γ (car dans un tel modèle, par définition, toute assignation satisfait toutes les formules de Γ).
- Réciproquement, on fait l'hypothèse que la formule $\mathscr{F}$ est vraie dans tout modèle de l'ensemble de formules closes Γ. Puisque les formules de Γ sont closes, leur valeur de vérité ne dépend pas de l'assignation; pour toute L-structure $\mathscr{M}$ et assignation A, dire que toutes les formules de Γ sont vraies équivaut à dire que $\mathscr{M}$ est un modèle de Γ. Donc si on considère une L-structure $\mathscr{M}$ et une assignation A, telles que toutes les formules (closes) de Γ soient vraies, alors par définition $\mathscr{M}$ est un modèle de Γ. On en déduit par hypothèse que $v_{\mathscr{M},A}(\mathscr{F}) = 1$, et par conséquent $\mathscr{F}$ est une conséquence sémantique de Γ.

Remarque 4.9.14 : Dans le cas où Γ est un ensemble de formules closes qui n'admet pas de modèle, puisque le fait de ne pas avoir de modèle équivaut à ne pas être satisfiable, n'importe quelle formule $\mathscr{F}$ est une conséquence sémantique de Γ. On justifie ce principe en appliquant la remarque 4.9.8 au cas particulier de formules closes, ou en reprenant la justification : la condition « si $\mathscr{M}$ est un modèle de Γ, alors $\mathscr{F}$ est vraie dans $\mathscr{M}$ » est *trivialement* vérifiée (puisqu'il n'existe aucun modèle de Γ).

Il existe une autre définition classique, mais non équivalente, de la conséquence sémantique, qui reprend la formulation précédente en l'appliquant à tout ensemble de formules (pouvant avoir des variables libres) : on dit que la formule $\mathscr{F}$ est une *conséquence sémantique* de Γ lorsque $\mathscr{F}$ est vraie (pour toute assignation) dans tout modèle de Γ.

4. Stephen Cole KLEENE. *Mathematical logic*. Wiley, 1967, p. 36.
5. Simon KOCHEN. « Ultraproducts in the Theory of Models ». Dans : *Annals of Mathematics* 74 (1961), p. 221-261.

Si $\mathscr{F}$ est une conséquence sémantique de Γ, au sens de la première définition (celle que j'ai donnée), c'est aussi le cas au sens de la deuxième définition (c'est-à-dire que $\mathscr{F}$ est vraie dans tout modèle de Γ), mais la réciproque est fausse. Par exemple, si une formule $\mathscr{F}$ admet x comme unique variable libre, la formule

$$\forall x \mathscr{F}(x)$$

est vraie dans tout modèle de l'ensemble Γ composé de la seule formule $\mathscr{F}(x)$, puisqu'un tel modèle signifie que pour toute assignation de la variable x la valeur de vérité de $\mathscr{F}(x)$ est *vrai*, donc la formule

$$\forall x \mathscr{F}(x)$$

est vraie. Ainsi, avec la deuxième définition

$$\mathscr{F}(x) \vDash \forall x \mathscr{F}(x)$$

mais avec la première définition

$$\mathscr{F}(x) \nvDash \forall x \mathscr{F}(x)$$

Par exemple, si $\mathscr{F}$ est la formule

$$x = 0$$

que l'on interprète dans l'ensemble $\mathbb{N}$ des entiers naturels, toute assignation A des variables telle que $A(x) = 0$ satisfait la formule, mais ne satisfait pas nécessairement

$$\forall x, x = 0$$

Chacune des deux définitions peut être problématique, et il faut être rigoureux dans la rédaction de certains métathéorèmes classiques de la logique, qui peuvent nécessiter des ajustements selon la variante choisie :

1. Si on se place dans la deuxième définition

   $$\mathscr{F}(x) \vDash \forall x \mathscr{F}(x)$$

   peut déjà donner l'impression (même si ce n'est pas le cas) que le fait que $\mathscr{F}$ soit vérifiée pour une valeur de x implique qu'elle soit vérifiée pour tout x. Par ailleurs, nous avons vu en logique des propositions le théorème de déduction :

   $$\Gamma, P \vDash Q \quad \text{si et seulement si} \quad \Gamma \vDash P \implies Q$$

   Il ne peut plus être valable sans modification, puisque sinon, en l'appliquant à l'exemple, on en déduirait

   $$\vDash \mathscr{F}(x) \implies \forall x \mathscr{F}(x)$$

   ce qui est faux.

2. Si on se place dans la première définition

   $$\mathscr{F}(x) \nvDash \forall x \mathscr{F}(x)$$

   On souhaite garder un résultat classique de la logique des propositions, qui dit que si $\Gamma \cup \{\neg Q\}$ n'a pas de modèle, alors $\Gamma \vDash Q$. Cela correspond, du point de vue de la déduction syntaxique (et on souhaite qu'il y ait équivalence entre la déduction sémantique et la déduction syntaxique) au raisonnement par l'absurde : si $\Gamma \cup \{\neg Q\}$ est contradictoire, alors on peut prouver Q à partir de Γ. Par contraposition, le théorème équivaut à

   $$\text{si } \Gamma \nvDash Q \quad \text{alors } \Gamma \cup \{\neg Q\} \quad \text{a un modèle}$$

   Or

   $$\mathscr{F}(x) \nvDash \forall x \mathscr{F}(x)$$

mais

$$\mathcal{F}(x), \neg(\forall x \mathcal{F}(x))$$

n'a pas de modèle. Pour avoir le théorème souhaité, il sera nécessaire de faire des modifications, par exemple se restreindre aux formules closes ou remplacer « ne pas avoir de modèle » par « ne pas être satisfiable » (voir le métathéorème 4.9.34, p. 184).

Dans le cas d'un ensemble de formules closes, les deux définitions sont néanmoins équivalentes. Par ailleurs certains auteurs ne définissent la conséquence sémantique que pour des formules closes.

Métathéorème 4.9.15 (Généralisation)
On considère un ensemble Γ de formules, et une formule $\mathcal{F}$.

$$\text{si} \begin{cases} \Gamma \models \mathcal{F} \\ x \text{ n'est pas libre dans } \Gamma \end{cases}$$

$$\text{alors } \Gamma \models \forall x \mathcal{F}$$

Preuve
On considère une L-structure $\mathcal{M}$, une assignation A satisfaisant toutes les formules de Γ, et une x-variante A' de A. Puisque la variable x n'est pas libre dans Γ, alors pour toute formule $\mathcal{G}$ de Γ, $v_{\mathcal{M},A}$ et $v_{\mathcal{M},A'}$ coïncident sur les variables libres de $\mathcal{G}$, donc

$$v_{\mathcal{M},A'}(\mathcal{G}) = v_{\mathcal{M},A}(\mathcal{G}) = 1$$

Or $\Gamma \models \mathcal{F}$, donc $\mathcal{M} \models_{A'} \mathcal{F}$. Ceci étant vérifié pour toute x variante A' de A, on en déduit $\mathcal{M} \models_A \forall x \mathcal{F}$, et par conséquent

$$\Gamma \models \forall x \mathcal{F}$$

Remarque 4.9.16 : L'expression « x n'est pas libre dans Γ » signifie que la variable x n'est libre dans aucune des formules de Γ. Par ailleurs, pour les auteurs qui ont choisi l'autre définition de la conséquence sémantique, cette condition n'est pas nécessaire.

Métathéorème 4.9.17 (Corollaire)
On considère un ensemble Γ de formules closes, une formule $\mathcal{F}$ et sa clôture universelle $\mathcal{F}'$.

1.
$$\Gamma \models \mathcal{F} \quad \text{si et seulement si} \quad \Gamma \models \forall x \mathcal{F}$$

2.
$$\Gamma \models \mathcal{F} \quad \text{si et seulement si} \quad \Gamma \models \mathcal{F}'$$

Preuve
1. Si Γ est un ensemble de formules closes, alors la condition « x n'est pas libre dans Γ » est toujours vérifiée, donc on a

$$\text{si } \Gamma \models \mathcal{F} \quad \text{alors } \Gamma \models \forall x \mathcal{F}$$

La réciproque est immédiate : si $\Gamma \models \forall x \mathcal{F}$, alors dans tout modèle $\mathcal{M}$ de Γ et pour toute assignation A, $v_{\mathcal{M},A}(\forall x \mathcal{F}) = 1$, donc on a aussi $v_{\mathcal{M},A}(\mathcal{F}) = 1$, par conséquent

$$\Gamma \models \mathcal{F}$$

2. Puisque la clôture universelle de $\mathcal{F}$ est de la forme

$$\forall x_1, \dots, \forall x_n, \mathcal{F}$$

il suffit d'appliquer n fois le résultat précédent pour justifier le deuxième point.

Définition 4.9.18 (Théorie, axiome)
On appelle *théorie* tout ensemble de formules closes. Ces formules sont les *axiomes* de la théorie.

Remarque 4.9.19 (Vocabulaire) : Pour désigner une théorie axiomatique de la logique du premier ordre, on trouve aussi l'expression *théorie élémentaire*, dans le sens où ce genre de théorie porte uniquement sur des éléments d'un domaine donné (mais pas, par exemple, sur des ensembles d'éléments).

Remarque 4.9.20 : Il existe une autre définition classique dans laquelle une *théorie* est un ensemble $\mathcal{T}$ de formules closes qui contient toutes les formules closes que l'on peut déduire par conséquence sémantique, c'est-à-dire que pour tout $\mathcal{F}$ dans $\mathcal{T}$

$$\text{si } \mathcal{T} \models \mathcal{F} \quad \text{alors} \quad \mathcal{F} \in \mathcal{T}$$

On dit d'un tel ensemble $\mathcal{T}$ qu'il est clos (ou fermé) pour la conséquence sémantique (et d'après le théorème de complétude, que nous verrons plus loin, cela signifie aussi que $\mathcal{T}$ est clos pour la conséquence syntaxique). On peut noter que l'ensemble des conséquences sémantiques d'une théorie au sens de la première définition (un ensemble de formules closes) est une théorie au sens de la deuxième définition. En effet, si Γ est un ensemble de formules closes, et si Γ' est l'ensemble de toutes les formules closes qui sont des conséquences sémantiques de Γ, alors en particulier toutes les formules de Γ appartiennent à Γ' (puisqu'une formule est conséquence d'elle-même). On en déduit que si $\mathcal{F}$ est une conséquence de Γ', cela signifie que $\mathcal{F}$ est vraie dans tout modèle de Γ, donc $\mathcal{F}$ appartient à Γ'.

C'est à partir de cette notion de *théorie* que peuvent se formaliser les différentes théories mathématiques. L'idée est de partir d'une série d'axiomes, et les formules considérées comme vraies (dans cette théorie) seront les conséquences sémantiques de ces axiomes (c'est-à-dire les formules vraies dans tous les modèles des axiomes). Nous verrons que ces formules *vraies* seront aussi celles qui sont *prouvables* à partir des axiomes, qu'on appelle des *théorèmes* de la théorie.

Il est difficile de discuter d'une théorie mathématique en quelques lignes. Je ne donne dans les exemples qui suivent que les axiomes de quelques théories classiques, sans aucune autre explication. Toutes seront détaillées plus loin.

Le chapitre 8 sera consacré à quelques exemples de théories classiques (relations d'ordre et structures algébriques comme les groupes, les anneaux, ...) :

Exemple 4.9.21 (Exemples de théories classiques)

1. On appelle ensemble ordonné tout modèle des axiomes suivants, dans le langage de signature $\{\leqslant\}$
   (a) Réflexivité :
   $$\forall x, x \leqslant x$$
   (b) Antisymétrie :
   $$\forall x\ y, ((x \leqslant y \wedge y \leqslant x) \implies x = y)$$
   (c) Transitivité :
   $$\forall x\ y\ z, ((x \leqslant y \wedge y \leqslant z) \implies x \leqslant z)$$
2. On appelle monoïde tout modèle des axiomes suivants, dans le langage de signature $\{*, e\}$:
   (a) Associativité de $*$:
   $$\forall x\ y\ z, (x * y) * z = x * (y * z)$$

(b) e est élément neutre :

$$\forall x, x * e = e * x = x$$

3. On appelle groupe tout modèle des axiomes suivants, dans le langage de signature $\{*, \mathrm{e}\}$:

(a) Associativité de * :

$$\forall x\ y\ z, (x * y) * z = x * (y * z)$$

(b) e est élément neutre :

$$\forall x, x * e = e * x = x$$

(c) Tout élément admet un symétrique :

$$\forall x \exists y, y * x = x * y = e$$

4. On appelle *anneau* tout modèle des axiomes suivants, dans le langage de signature $\{+, \times, 0, 1\}$:

(a) Associativité de l'addition et de la multiplication :

$$\forall x\ y\ z, (x + y) + z = x + (y + z)$$
$$\forall x\ y\ z, (x \times y) \times z = x \times (y \times z)$$

(b) Commutativité de l'addition :

$$\forall x\ y, x + y = y + x$$

(c) Distributivité de la multiplication sur l'addition :

$$\forall x\ y\ z, x \times (y + z) = x \times y + x \times z$$
$$\forall x\ y\ z, (y + z) \times x = y \times x + z \times x$$

(d) Élément neutre pour l'addition et la multiplication :

$$\forall x, x + 0 = 0 + x = x$$
$$\forall x, x \times 1 = 1 \times x = x$$

(e) Tout élément admet un opposé :

$$\forall x \exists y, y + x = x + y = 0$$

Des théories particulièrement importantes seront détaillées dans les chapitres qui leur sont consacrés. Par exemple, dans le chapitre 9, l'arithmétique de Peano :

Exemple 4.9.22 (Théorie de l'arithmétique de Peano)
Les axiomes de cette théorie, dans le langage L_{PA}, de signature $\{0, S, +, \times\}$, avec S symbole d'opération unaire (opération *successeur*), sont les suivants :

1. 0 n'est pas successeur :

$$\forall x, Sx \neq 0$$

2. S est injective :
$$\forall x\ y, (Sx = Sy \implies x = y)$$
3. Schéma d'axiomes de récurrence du premier ordre. Soit $\mathscr{F}[x, \vec{a}]$ une formule.
$$\forall \vec{a}, \left(\begin{cases} \mathscr{F}(0) \\ \forall x, (\mathscr{F}(x) \implies \mathscr{F}(Sx)) \end{cases} \implies \forall x \mathscr{F}(x) \right)$$
4. Définition de l'addition (1) :
$$\forall x, x + 0 = x$$
5. Définition de l'addition (2) :
$$\forall x\ y, x + Sy = S(x + y)$$
6. Définition de la multiplication (1) :
$$\forall x, x \times 0 = 0$$
7. Définition de la multiplication (2) :
$$\forall x\ y, x \times Sy = x \times y + x$$

Une autre théorie particulièrement importante sera traitée dans le volume 2 : la théorie des ensembles de Zermelo-Fraenkel, qui peut être considérée comme le fondement formel le plus usuel des mathématiques actuelles :

Exemple 4.9.23 (Théorie des ensembles de Zermelo-Fraenkel)
Les axiomes de cette théorie, dans le langage formé du symbole de prédicat binaire $\in$, sont les suivants (comme indiqué plus haut, je ne détaille rien, les différents concepts et notations seront expliqués lors de l'exposé complet de cette théorie) :

1. Axiome d'extensionnalité : deux ensembles contenant les mêmes éléments sont égaux :
$$\forall A\ B, (\forall x, (x \in A \iff x \in B) \implies A = B)$$
2. Axiome de l'ensemble vide : il existe un ensemble qui ne contient aucun élément :
$$\exists E \forall x, x \notin E$$
3. Schéma de compréhension (ou schéma de séparation) : on considère une formule $\mathscr{F}[x, E, \vec{a}]$. Pour tout ensemble E, il existe un ensemble A dont les éléments x sont les éléments de E vérifiant la formule $\mathscr{F}$:
$$\forall \vec{a}, (\forall E \exists A \forall x, (x \in A \iff x \in E \wedge \mathscr{F}))$$
4. Axiome de la paire : pour tout a et tout b, il existe un ensemble E dont les seuls éléments sont a et b :
$$\forall a\ b, \exists E \forall x, (x \in E \iff (x = a \vee x = b))$$
5. Axiome de la réunion (ou de l'union) : pour tout ensemble $\mathscr{E}$, il existe un ensemble F dont les éléments sont les éléments des éléments de $\mathscr{E}$:
$$\forall \mathscr{E} \exists F \forall x, (x \in F \iff \exists A \in \mathscr{E}, x \in A)$$

6. Axiome de l'ensemble des parties : pour tout ensemble E, il existe un ensemble $\mathscr{P}$ dont les éléments sont les sous-ensembles de E (les ensembles inclus dans E).

$$\forall E \exists \mathscr{P} \forall A, (A \in \mathscr{P} \iff A \subseteq E)$$

7. Axiome de l'infini : il existe un ensemble récurrent :

$$\exists E, \begin{cases} \varnothing \in E \\ \forall x \in E, x \cup \{x\} \in E \end{cases}$$

8. Axiome du choix (une des nombreuses formulations possibles) : pour tout ensemble $\mathscr{E}$ d'ensembles non vides et deux à deux disjoints, il existe un ensemble C ayant exactement un élément en commun avec chaque élément de $\mathscr{E}$:

$$\forall \mathscr{E}, ((\varnothing \notin \mathscr{E} \wedge \forall X\ Y \in \mathscr{E}, (X \neq Y \implies X \cap Y = \varnothing)) \implies \exists C, \forall X \in \mathscr{E}, \exists x, C \cap X = \{x\})$$

9. Schéma de remplacement (ou schéma de substitution) : l'image directe d'un ensemble A par une relation fonctionnelle est un ensemble B : pour toute formule $\mathscr{F}[x, y, A, \vec{a}]$

$$\forall \vec{a} \forall A, \left(\forall x\ y\ z, \left(\begin{cases} \mathscr{F}(x, y) \\ \mathscr{F}(x, z) \end{cases} \implies y = z \right) \implies \exists B \forall y, (y \in B \iff \exists x \in A, \mathscr{F}(x, y)) \right)$$

10. Axiome de fondation : la relation d'appartenance $\in$ est une relation bien fondée sur la classe de tous les ensembles :

$$\forall E, (E \neq \varnothing \implies \exists x \in E, \forall y \in E, y \notin x)$$

D'autres théories alternatives des ensembles seront aussi données dans le volume 3 : les théories des classes NBG et MK, la théorie des ensembles NFU, et la théorie ETCS (qui s'appuie sur la théorie des catégories).

Remarque 4.9.24 : Toutes les notions mathématiques ne sont pas axiomatisables par une théorie du premier ordre. Par exemple[6], on peut axiomatiser au premier ordre les ensembles ordonnés (voir le début de l'exemple 4.9.21, détaillé dans la section 8.1), mais pas les ensembles bien ordonnés, dont la définition nécessite de quantifier sur des sous-ensembles (on appelle ensemble bien ordonné tout ensemble ordonné E tel que toute partie non vide de E admette un plus petit élément). On ne peut pas non plus axiomatiser au premier ordre la formulation suivante du principe de récurrence : tout sous-ensemble A de $\mathbb{N}$ contenant 0 et tous les successeurs de ses éléments (si $x \in A$, alors $x + 1 \in A$) est égal à A, ce que l'on peut écrire

$$\forall A \subseteq \mathbb{N}, \begin{cases} 0 \in A \\ \forall x \in A, x + 1 \in A \end{cases} \implies A = \mathbb{N}$$

Cette formule n'est pas du premier ordre par rapport aux éléments de $\mathbb{N}$ puisqu'on quantifie sur des sous-ensembles de $\mathbb{N}$.

Il existe néanmoins deux options classiques pour contourner ce problème et étudier formellement de telles notions :

- En se plaçant dans la théorie des ensembles (axiomatisable par une théorie du premier ordre, voir l'exemple précédent), on peut alors étudier les ensembles bien ordonnés, ou des sous-ensembles de $\mathbb{N}$, puisque les

6. On trouvera aussi dans la section 7.4 des exemples en rapport avec la notion d'ensembles finis et infinis, comme application du *théorème de compacité* de la logique des prédicats.

quantifications portent sur des ensembles, c'est-à-dire des objets de la théorie (c'est ce que l'on fera dans le volume 2).

- Parfois la propriété souhaitée ne peut pas être exprimée par un unique axiome (du premier ordre), mais peut l'être par une infinité d'axiomes du premier ordre (c'est ce qu'on appelle un schéma d'axiomes). Par exemple le principe de récurrence indiqué ci-dessus est presque équivalent [7] au schéma d'axiomes de récurrence du premier ordre de l'exemple 4.9.22 (détaillé dans le chapitre 9) : soit $\mathscr{F}[x,\vec{a}]$ une formule.

$$\forall \vec{a}, \left(\begin{cases} \mathscr{F}(0) \\ \forall x, (\mathscr{F}(x) \implies \mathscr{F}(Sx)) \end{cases} \implies \forall x \mathscr{F}(x) \right)$$

Ici, il y a un axiome (du premier ordre) associé à chaque formule $\mathscr{F}$ que l'on peut construire dans le langage de l'arithmétique.

Métathéorème 4.9.25 (Théorème de déduction)
On considère un ensemble Γ de formules et deux formules $\mathscr{F}$ et $\mathscr{G}$. Alors

$$\Gamma, \mathscr{F} \vDash \mathscr{G} \quad \text{si et seulement si} \quad \Gamma \vDash \mathscr{F} \implies \mathscr{G}$$

Preuve
C'est la même démonstration que pour la logique des propositions.

- On suppose

$$\Gamma, \mathscr{F} \vDash \mathscr{G}$$

On considère une L-structure $\mathscr{M}$ et une assignation A qui satisfait toutes les formules de Γ.

— Si $v_{\mathscr{M},A}(\mathscr{F}) = 1$, alors par hypothèse $v_{\mathscr{M},A}(\mathscr{G}) = 1$, donc $v_{\mathscr{M},A}(\mathscr{F} \implies \mathscr{G}) = 1$.

— Si $v_{\mathscr{M},A}(\mathscr{F}) = 0$, alors $v_{\mathscr{M},A}(\mathscr{F} \implies \mathscr{G}) = 1$.

On en déduit que l'assignation choisie satisfait aussi $\mathscr{F} \implies \mathscr{G}$, donc

$$\Gamma \vDash \mathscr{F} \implies \mathscr{G}$$

- Réciproquement, on suppose

$$\Gamma \vDash \mathscr{F} \implies \mathscr{G}$$

On considère une L-structure $\mathscr{M}$ et une assignation A qui satisfait $\mathscr{F}$ et toutes les formules de Γ. Alors par hypothèse, $v_{\mathscr{M},A}(\mathscr{F} \implies \mathscr{G}) = 1$ et $v_{\mathscr{M},A}(\mathscr{F}) = 1$, donc $v_{\mathscr{M},A}(\mathscr{G}) = 1$. On en déduit

$$\Gamma, \mathscr{F} \vDash \mathscr{G}$$

Remarque 4.9.26 : Pour les auteurs qui ont choisi l'autre définition de la conséquence sémantique, ce théorème doit être modifié. On peut par exemple se restreindre aux formules $\mathscr{F}$ closes.

On déduit du théorème de déduction, en prenant pour Γ l'ensemble vide, que $\mathscr{F} \vDash \mathscr{G}$ si et seulement si $\vDash \mathscr{F} \implies \mathscr{G}$ et que $\mathscr{G} \vDash \mathscr{F}$ si et seulement si $\vDash \mathscr{G} \implies \mathscr{F}$, et par conséquent

$$\mathscr{F} \equiv \mathscr{G} \text{ si et seulement si } \begin{cases} \mathscr{F} \vDash \mathscr{G} \\ \mathscr{G} \vDash \mathscr{F} \end{cases}$$

Comme pour la logique des propositions, je pourrai noter $\equiv_\Gamma$ l'équivalence dans un contexte Γ :

7. Il y a quelques différences entre les deux formulations (voir la section 9.1).

Définition 4.9.27 (Formules équivalentes dans un contexte)
Pour tout ensemble Γ de formules et toutes les formules $\mathscr{F}$ et $\mathscr{G}$, je noterai

$$\mathscr{F} \equiv_\Gamma \mathscr{G} \stackrel{\text{def}}{\equiv} \begin{cases} \Gamma, \mathscr{F} \models \mathscr{G} \\ \Gamma, \mathscr{G} \models \mathscr{F} \end{cases}$$

ce qui équivaut aussi à

$$\mathscr{F} \equiv_\Gamma \mathscr{G} \stackrel{\text{def}}{\equiv} \Gamma \models \mathscr{F} \iff \mathscr{G}$$

Je pourrai alors dire que les formules $\mathscr{F}$ et $\mathscr{G}$ sont Γ-*équivalentes*.

Preuve (de l'équivalence des définitions)
$\Gamma \models \mathscr{F} \iff \mathscr{G}$ si et seulement si $\Gamma \models \mathscr{F} \implies \mathscr{G}$ et $\Gamma \models \mathscr{G} \implies \mathscr{F}$ ce qui équivaut, d'après le théorème de déduction, à

$$\begin{cases} \Gamma, \mathscr{F} \models \mathscr{G} \\ \Gamma, \mathscr{G} \models \mathscr{F} \end{cases}$$

Remarque 4.9.28 : Dans le cas où Γ est l'ensemble vide, la relation $\equiv_\Gamma$ est, par définition, la relation $\equiv$ (l'usage des deux symboles est donc cohérent).

Remarque 4.9.29 : Si $\mathscr{F} \iff \mathscr{G}$ est une formule valide, alors c'est une conséquence sémantique de n'importe quel ensemble Γ de formules. On en déduit que si $\mathscr{F} \equiv \mathscr{G}$, alors $\mathscr{F} \equiv_\Gamma \mathscr{G}$.

Les propriétés de $\equiv$ s'étendent à $\equiv_\Gamma$: $\equiv_\Gamma$ est une relation d'équivalence (elle est réflexive, symétrique, transitive), elle est conservée par les connecteurs (même démonstration que pour $\equiv$ en remplaçant une valuation quelconque par une valuation satisfaisant toutes les formules de Γ) et, dans le cas où Γ est une théorie, $\equiv_\Gamma$ est conservée par les quantificateurs :

Métathéorème 4.9.30 (Conservation de l'équivalence par les connecteurs et les quantificateurs)
Pour tout ensemble Γ de formules, les connecteurs conservent l'équivalence $\equiv_\Gamma$, c'est-à-dire que si $\mathscr{F} \equiv_\Gamma \mathscr{F}'$ et $\mathscr{G} \equiv_\Gamma \mathscr{G}'$, alors

$$\begin{aligned} \neg\mathscr{F} &\equiv_\Gamma \neg\mathscr{F}' \\ \mathscr{F} \wedge \mathscr{G} &\equiv_\Gamma \mathscr{F}' \wedge \mathscr{G}' \\ \mathscr{F} \vee \mathscr{G} &\equiv_\Gamma \mathscr{F}' \vee \mathscr{G}' \\ \mathscr{F} \implies \mathscr{G} &\equiv_\Gamma \mathscr{F}' \implies \mathscr{G}' \\ \mathscr{F} \iff \mathscr{G} &\equiv_\Gamma \mathscr{F}' \iff \mathscr{G}' \end{aligned}$$

Si de plus toutes les formules de Γ sont closes (autrement dit si Γ est une théorie), alors les quantificateurs conservent l'équivalence $\equiv_\Gamma$:

$$\begin{aligned} \forall x\mathscr{F} &\equiv_\Gamma \forall x\mathscr{F}' \\ \exists x\mathscr{F} &\equiv_\Gamma \exists x\mathscr{F}' \end{aligned}$$

Preuve
Pour les connecteurs, la preuve est semblable au cas de $\equiv$ (au lieu de considérer n'importe quelle assignation, on considère une assignation dans laquelle toutes les formules de Γ sont vraies). En ce qui concerne les quantificateurs, si Γ est un ensemble

de formules closes, dire que $\mathcal{F} \equiv_\Gamma \mathcal{F}'$ signifie que dans tout modèle de Γ, $\mathcal{F}$ et $\mathcal{F}'$ prennent la même valeur de vérité quelle que soit l'assignation et on peut reprendre le raisonnement (pour toute assignation A, dans toute x-variante A', $\mathcal{F}$ et $\mathcal{F}'$ ont la même valeur de vérité).

Métathéorème 4.9.31 (Remplacement d'une sous-formule par une formule équivalente)
Pour toute théorie Γ, si on remplace dans une formule $\mathcal{F}$, une sous-formule par une formule Γ-équivalente, le résultat obtenu est une formule Γ-équivalente à $\mathcal{F}$.

Preuve
C'est toujours la même démonstration que pour la logique des propositions (métathéorème 2.6.25, p. 68). On prouve le résultat par induction structurelle, en s'appuyant sur le fait que d'après le métathéorème précédent, les connecteurs et les quantificateurs préservent l'équivalence.

Définition 4.9.32 (Inconsistant)
On dit que l'ensemble Γ de formules est *inconsistant* lorsqu'il existe une formule $\mathcal{F}$ telle que

$$\begin{cases} \Gamma \models \mathcal{F} \\ \Gamma \models \neg\mathcal{F} \end{cases}$$

Remarque 4.9.33 (Vocabulaire) : Comme pour la logique des propositions, on peut aussi trouver le terme *contradictoire* à la place d'inconsistant, mais celui-ci s'utilise aussi pour l'équivalent syntaxique de cette propriété, lorsque $\mathcal{F}$ et $\neg\mathcal{F}$ sont des conséquences syntaxiques de Γ (voir le chapitre 5 sur les systèmes de déduction). Mais nous verrons qu'il y a équivalence entre conséquence sémantique et conséquence syntaxique, et ainsi les termes *inconsistant* et *contradictoire* pourront être considérés comme synonymes.

Métathéorème 4.9.34 (Caractérisation d'un ensemble de formules inconsistant)
On considère un ensemble de formules Γ. Les trois propriétés suivantes sont équivalentes :

1. Γ est inconsistant : il existe une formule $\mathcal{F}$ telle que

$$\begin{cases} \Gamma \models \mathcal{F} \\ \Gamma \models \neg\mathcal{F} \end{cases}$$

2. Γ n'est pas satisfiable.
3. Toute formule $\mathcal{F}$ est conséquence sémantique de Γ :

$$\Gamma \models \mathcal{F}$$

Preuve
Vérifions l'équivalence des trois propriétés, par implications circulaires :

- Si Γ est un ensemble de formules inconsistant, il existe par définition une formule $\mathcal{F}$ telle que

$$\begin{cases} \Gamma \models \mathcal{F} \\ \Gamma \models \neg\mathcal{F} \end{cases}$$

  Γ ne peut pas être satisfiable, car sinon il existerait une structure et une assignation telles que $\mathcal{F}$ et $\neg\mathcal{F}$ soient simultanément vraies, ce qui est impossible.

- Si Γ n'est pas satisfiable, nous avons déjà vu que n'importe quelle formule $\mathscr{F}$ est *trivialement* conséquence sémantique de Γ.
- Si toute formule est conséquence sémantique de Γ, alors n'importe quelle formule $\mathscr{F}$, ainsi que sa négation, est conséquence sémantique de Γ :

$$\begin{cases} \Gamma \models \mathscr{F} \\ \Gamma \models \neg\mathscr{F} \end{cases}$$

autrement dit : Γ est inconsistant.

Remarque 4.9.35 : Dans le cas où Γ est une théorie (un ensemble de formules closes), on peut remplacer dans le métathéorème précédent l'expression « n'est pas satisfiable » par « n'admet pas de modèle ». Mais pas si Γ est un ensemble de formules quelconques (qui peuvent avoir des variables libres). Dans ce cas, il peut exister une formule $\mathscr{F}$ qui n'est pas conséquence sémantique de Γ alors que Γ n'a pas de modèle. Par exemple, si on choisit un langage avec deux constantes 0 et 1, et

$$\Gamma :\equiv \{x = 0; \exists y, y \neq 0\}$$

Γ n'a pas de modèle, puisqu'un tel modèle devrait être à la fois tel que la seule assignation possible pour une variable soit 0 (puisque la formule $x = 0$ devrait être satisfaite par toute assignation), et en même temps que l'on puisse avoir une assignation différente de 0. Mais

$$x = 0; \exists y, y \neq 0 \not\models x = 1$$

En effet, si on interprète cette formule dans l'ensemble $\mathbb{N}$ des entiers naturels, on peut par exemple choisir une assignation telle que

$$\begin{cases} A(x) = 0 \\ A(y) = 1 \end{cases}$$

Les deux formules de Γ sont vraies dans cette assignation, mais la formule « $x = 1$ » est fausse. Elle n'est donc pas une conséquence sémantique de Γ.

Métathéorème 4.9.36 (Raisonnement par l'absurde)
On considère une formule $\mathscr{F}$ et un ensemble de formules Γ. Alors $\Gamma \models \mathscr{F}$ si et seulement si $\Gamma \cup \{\neg\mathscr{F}\}$ n'est pas satisfiable.

Preuve

- Si $\Gamma \models \mathscr{F}$, alors dans toute structure et assignation satisfaisant les formules de Γ, $\mathscr{F}$ est vraie, donc $\neg\mathscr{F}$ ne peut pas être vraie : $\Gamma \cup \{\neg\mathscr{F}\}$ n'est pas satisfiable.
- Réciproquement, on fait l'hypothèse que $\Gamma \cup \{\neg\mathscr{F}\}$ n'est pas satisfiable :

— Si Γ n'est pas satisfiable, on a trivialement $\Gamma \models \mathscr{F}$.

— Sinon, pour toute structure et assignation satisfaisant les formules de Γ, $\neg\mathscr{F}$ ne peut pas être vraie (sinon $\Gamma \cup \{\neg\mathscr{F}\}$ serait satisfiable), donc $\neg\mathscr{F}$ est fausse et $\mathscr{F}$ est vraie. Par conséquent $\Gamma \models \mathscr{F}$.

Remarque 4.9.37 : Dans le cas où Γ est une théorie et $\mathscr{F}$ une formule close, on peut remplacer dans le métathéorème précédent l'expression « n'est pas satisfiable » par « n'admet pas de modèle ».

4.10 Propriétés des quantificateurs

Métathéorème 4.10.1

1. Pour toute formule $\mathscr{F}$, si la variable x n'est pas libre dans $\mathscr{F}$

$$\forall x\mathscr{F} \equiv \exists x\mathscr{F} \equiv \mathscr{F}$$

2. Pour toute formule $\mathscr{F}$

$$\forall x\mathscr{F} \models \exists x\mathscr{F}$$

Preuve

1. Puisque x n'est pas libre dans $\mathscr{F}$, si A' est une x-variante de l'assignation A, alors A et A' coïncident sur les variables libres de $\mathscr{F}$, donc

$$v_A(\mathscr{F}) = v_{A'}(\mathscr{F})$$

On en déduit

$$v_A(\forall x\mathscr{F}) = v_A(\exists x\mathscr{F}) = v_A(\mathscr{F})$$

2. Si une assignation A est telle que

$$\mathscr{M} \models_A \forall x\mathscr{F}$$

alors puisque l'ensemble de base M n'est pas vide (par convention), il existe un élément a dans M et la x-variante A' de A telle que $A'(x) = a$ vérifie

$$\mathscr{M} \models_{A'} \mathscr{F}$$

Par conséquent

$$\mathscr{M} \models_A \exists x\mathscr{F}$$

Remarque 4.10.2 : De manière informelle, la première propriété signifie que si la variable x n'apparaît pas dans la formule $\mathscr{F}$, alors, si on ajoute un quantificateur portant sur cette variable, on obtient une formule équivalente.

Remarque 4.10.3 : La deuxième propriété est vraie car le domaine d'une structure est toujours supposé non vide; elle ne s'étend pas à ce qu'on peut appeler des quantificateurs bornés, comme par exemple en théorie des ensembles : de

$$\forall x \in E, \mathscr{F}$$

on ne peut pas déduire

$$\exists x \in E, \mathscr{F}$$

car l'ensemble E peut être vide.

Métathéorème 4.10.4 (Négation d'une formule avec quantificateurs)

Pour toute formule $\mathscr{F}$:

1. La négation de $\forall x\mathscr{F}$ est équivalente à $\exists x\neg\mathscr{F}$:

$$\neg(\forall x\mathscr{F}) \equiv \exists x, \neg\mathscr{F}$$

2. La négation de $\exists x\mathscr{F}$ est équivalente à $\forall x\neg\mathscr{F}$:

$$\neg(\exists x\mathscr{F}) \equiv \forall x, \neg\mathscr{F}$$

Preuve

1. Pour toute L-structure $\mathcal{M}$ et toute assignation A

$$\mathcal{M} \models_A \neg(\forall x \mathcal{F}) \quad \text{si et seulement si} \quad \mathcal{M} \not\models_A \forall x \mathcal{F}$$

c'est-à-dire si et seulement si il existe une x-variante A' de A telle que $\mathcal{M} \not\models_{A'} \mathcal{F}$, ce qui équivaut à $\mathcal{M} \models_{A'} \neg\mathcal{F}$. Par conséquent

$$\mathcal{M} \models_A \neg(\forall x \mathcal{F}) \quad \text{si et seulement si} \quad \mathcal{M} \models_A \exists x, \neg\mathcal{F}$$

2. Pour toute L-structure $\mathcal{M}$ et toute assignation A

$$\mathcal{M} \models_A \neg(\exists x \mathcal{F}) \quad \text{si et seulement si} \quad \mathcal{M} \not\models_A \exists x \mathcal{F}$$

c'est-à-dire si et seulement si pour toute x-variante A' de A, $\mathcal{M} \not\models_{A'} \mathcal{F}$, ce qui équivaut à $\mathcal{M} \models_{A'} \neg\mathcal{F}$. Par conséquent

$$\mathcal{M} \models_A \neg(\exists x \mathcal{F}) \quad \text{si et seulement si} \quad \mathcal{M} \models_A \forall x, \neg\mathcal{F}$$

Remarque 4.10.5 : De manière informelle, la première équivalence signifie que les deux formulations suivantes sont équivalentes :

- Il n'est pas vrai que tout x vérifie la propriété $\mathcal{F}$.
- Il existe au moins un x qui ne vérifie pas la propriété $\mathcal{F}$.

Et la deuxième équivalence signifie que les deux formulations suivantes sont équivalentes :

- Il n'est pas vrai qu'il existe au moins un x qui vérifie la propriété $\mathcal{F}$.
- Aucun x ne vérifie la propriété $\mathcal{F}$.

Remarque 4.10.6 : De façon générale, la négation d'une formule faisant intervenir une succession de quantificateurs suivie d'une formule $\mathcal{F}$, consiste à échanger les symboles $\forall$ et $\exists$, et à écrire la négation de $\mathcal{F}$. Par une récurrence immédiate, à partir du théorème précédent, on a le résultat suivant : si $K_1, \ldots, K_n$ sont des quantificateurs, $K'_1, \ldots, K'_n$ les quantificateurs associés (si K_i est $\forall$, alors K'_i est $\exists$, et si K_i est $\exists$, alors K'_i est $\forall$), et $\mathcal{F}$ une formule, alors

$$\neg(K_1 x_1 \ldots K_n x_n \mathcal{F}) \equiv K'_1 x_1 \ldots K'_n x_n \neg\mathcal{F}$$

Par exemple

$$\neg(\forall x \exists y \mathcal{F}) \equiv \exists x \forall y \neg\mathcal{F}$$

Remarque 4.10.7 : Nous avons vu précédemment que les quantificateurs sont, d'une certaine manière, des généralisations des opérateurs $\wedge$ et $\vee$. Les règles précédentes sont alors des généralisations des lois de De Morgan. En effet, si on considère une formule $\mathcal{F}[x]$ et si on se place dans une structure $\mathcal{M}$ telle que M a n éléments, interprétant les constantes $\{a_1, a_2, \ldots, a_n\}$, alors

$$\mathcal{M} \models \forall x \mathcal{F} \iff \mathcal{F}(a_1) \wedge \mathcal{F}(a_2) \wedge \cdots \wedge \mathcal{F}(a_n)$$

et la négation de $\mathcal{F}(a_1) \wedge \mathcal{F}(a_2) \wedge \cdots \wedge \mathcal{F}(a_n)$, d'après les lois de De Morgan, est

$$\neg\mathcal{F}(a_1) \vee \neg\mathcal{F}(a_2) \vee \cdots \vee \neg\mathcal{F}(a_n)$$

ce qui équivaut dans la structure, à

$$\exists x, \neg\mathcal{F}$$

De même

$$\mathcal{M} \models \exists x \mathcal{F} \iff \mathcal{F}(a_1) \vee \mathcal{F}(a_2) \vee \cdots \vee \mathcal{F}(a_n)$$

et la négation de $\mathcal{F}(a_1) \vee \mathcal{F}(a_2) \vee \cdots \vee \mathcal{F}(a_n)$, d'après les lois de De Morgan, est

$$\neg\mathcal{F}(a_1) \wedge \neg\mathcal{F}(a_2) \wedge \cdots \wedge \neg\mathcal{F}(a_n)$$

ce qui équivaut dans la structure, à

$$\forall x, \neg\mathcal{F}$$

Remarque 4.10.8 : On obtient aussi, comme pour la logique des propositions, un principe de dualité pour les équivalences, consistant à permuter les connecteurs $\wedge$ et $\vee$, et les quantificateurs $\forall$ et $\exists$.

Exemple 4.10.9 (Exemples de négations de formules)
On se place sur l'ensemble des nombres réels $\mathbb{R}$ avec la relation d'ordre $\leqslant$ usuelle.

- « Tout carré est positif » (proposition vraie) peut s'écrire

$$\forall x, x^2 \geqslant 0$$

Sa négation (fausse) s'écrit

$$\exists x, x^2 < 0$$

(car la négation de $x^2 \geqslant 0$ est $x^2 < 0$), ce qui signifie qu'il existe au moins un nombre dont le carré est strictement négatif.

- « Tout cube est positif » (proposition fausse) peut s'écrire

$$\forall x, x^3 \geqslant 0$$

Sa négation (vraie) s'écrit

$$\exists x, x^3 < 0$$

Ce qui signifie qu'il existe au moins un nombre dont le cube est strictement négatif.

- « Il existe un nombre supérieur ou égal à 1 » (proposition vraie) s'écrit

$$\exists x, x \geqslant 1$$

Sa négation (fausse) s'écrit

$$\forall x, x < 1$$

Ce qui signifie que tous les nombres sont strictement inférieurs à 1.

- « Il existe un nombre supérieur ou égal à tous les autres » (proposition fausse) s'écrit

$$\exists x \forall y, x \geqslant y$$

Sa négation (vraie), s'écrit

$$\forall x \exists y, x < y$$

Ce qui signifie que pour tout nombre x, il existe un nombre y strictement supérieur à x.

Exemple 4.10.10 (Exemples de négations de formules)
On se place sur l'ensemble des nombres réels $\mathbb{R}$, et on se donne une fonction f de $\mathbb{R}$ dans $\mathbb{R}$.

- « f est la fonction nulle » s'écrit

$$\forall x, f(x) = 0$$

Sa négation s'écrit

$$\exists x, f(x) \neq 0$$

On notera que la négation de « f est la fonction nulle » *n'est pas* « f ne s'annule pas », qui s'écrirait

$$\forall x, f(x) \neq 0$$

- « L'équation $f(x) = 0$ admet une unique solution » s'écrit

$$\exists x, ((f(x) = 0) \wedge \forall y, (f(y) = 0 \implies y = x))$$

Sa négation (« l'équation n'a aucune solution ou au moins deux solutions ») s'écrit

$$\forall x, ((f(x) \neq 0) \vee \exists y, (f(y) = 0 \wedge y \neq x))$$

puisque la négation de

$$f(y) = 0 \implies y = x$$

est

$$f(y) = 0 \wedge \neg(y = x)$$

- « f est une fonction croissante » s'écrit

$$\forall x \forall y, (x \leqslant y \implies f(x) \leqslant f(y))$$

Sa négation (« f n'est pas une fonction croissante ») s'écrit

$$\exists x \exists y, (x \leqslant y \wedge f(x) > f(y))$$

puisque la négation de

$$x \leqslant y \implies f(x) \leqslant f(y)$$

est

$$x \leqslant y \wedge \neg(f(x) \leqslant f(y))$$

On notera que la négation de « f est une fonction croissante » *n'est pas* « f est une fonction décroissante », qui s'écrit

$$\forall x \forall y, (x \leqslant y \implies f(x) \geqslant f(y))$$

- « f est une fonction constante » s'écrit

$$\exists a \forall x, f(x) = a$$

Sa négation s'écrit

$$\forall a \exists x, f(x) \neq a$$

On pouvait aussi traduire « f est une fonction constante » par

$$\forall x, f(x) = f(0)$$

puisque dans ce cas, en prenant $f(0)$ pour a, il existe bien a tel que $f(x) = a$. Et réciproquement, si

$$\exists a \forall x, f(x) = a$$

alors en particulier $f(0) = a$ donc

$$\forall x, f(x) = a = f(0)$$

Et dans ce cas, la négation peut s'écrire

$$\exists x, f(x) \neq f(0)$$

On pouvait bien entendu choisir n'importe quel nombre autre que 0.

Métathéorème 4.10.11 (Distributivité de ∀ sur ∧, distributivité de ∃ sur ∨)
Pour toutes les formules $\mathscr{F}$ et $\mathscr{G}$, on a les propriétés suivantes :

1. Distributivité de ∀ sur ∧ :
$$\forall x, (\mathscr{F} \wedge \mathscr{G}) \equiv (\forall x \mathscr{F}) \wedge (\forall x \mathscr{G})$$
La formule précédente est fausse si on remplace ∧ par ∨, mais :
$$(\forall x \mathscr{F}) \vee (\forall x \mathscr{G}) \vDash \forall x, (\mathscr{F} \vee \mathscr{G})$$
2. Distributivité de ∃ sur ∨ :
$$\exists x, (\mathscr{F} \vee \mathscr{G}) \equiv (\exists x \mathscr{F}) \vee (\exists x \mathscr{G})$$
La formule précédente est fausse si on remplace ∨ par ∧, mais :
$$\exists x, (\mathscr{F} \wedge \mathscr{G}) \vDash (\exists x \mathscr{F}) \wedge (\exists x \mathscr{G})$$

Preuve

1. • On considère une L-structure $\mathscr{M}$ et une assignation A. Alors les lignes suivantes sont équivalentes :
$$\mathscr{M} \vDash_A \forall x, (\mathscr{F} \wedge \mathscr{G})$$
$$\text{pour toute } x\text{-variante } A' \text{ de } A, \mathscr{M} \vDash_{A'} \mathscr{F} \wedge \mathscr{G}$$
$$\text{pour toute } x\text{-variante } A' \text{ de } A \quad \mathscr{M} \vDash_{A'} \mathscr{F} \quad \text{et} \quad \mathscr{M} \vDash_{A'} \mathscr{G}$$
$$\mathscr{M} \vDash_A \forall x \mathscr{F} \quad \text{et} \quad \mathscr{M} \vDash_A \forall x \mathscr{G}$$
$$\mathscr{M} \vDash_A (\forall x \mathscr{F}) \wedge (\forall x \mathscr{G})$$
   • On considère une L-structure et une assignation A telles que
$$\mathscr{M} \vDash_A (\forall x \mathscr{F}) \vee (\forall x \mathscr{G})$$
   ce qui équivaut par définition à
$$\mathscr{M} \vDash_A (\forall x \mathscr{F}) \quad \text{ou} \quad \mathscr{M} \vDash_A (\forall x \mathscr{G})$$
   On considère une x-variante A' de A.
   — Si $\mathscr{M} \vDash_A (\forall x \mathscr{F})$, alors $\mathscr{M} \vDash_{A'} \mathscr{F}$, donc on a aussi
$$\mathscr{M} \vDash_{A'} \mathscr{F} \vee \mathscr{G}$$
   — Si $\mathscr{M} \vDash_A (\forall x \mathscr{G})$, alors $\mathscr{M} \vDash_{A'} \mathscr{G}$, donc on a aussi
$$\mathscr{M} \vDash_{A'} \mathscr{F} \vee \mathscr{G}$$
   On en déduit
$$\mathscr{M} \vDash_{A'} \mathscr{F} \vee \mathscr{G}$$
   Ceci étant vrai pour toute x-variante A' de A, on a
$$\mathscr{M} \vDash_A \forall x, (\mathscr{F} \vee \mathscr{G})$$
2. Prouvons
$$\exists x, (\mathscr{F} \wedge \mathscr{G}) \vDash (\exists x \mathscr{F}) \wedge (\exists x \mathscr{G})$$
   On considère une L-structure et une assignation A telles que
$$\mathscr{M} \vDash_A \exists x, (\mathscr{F} \wedge \mathscr{G})$$
   Il existe donc une x-variante A' de A telle que
$$\mathscr{M} \vDash_{A'} \mathscr{F} \wedge \mathscr{G}$$
   On en déduit $\mathscr{M} \vDash_{A'} \mathscr{F}$ et $\mathscr{M} \vDash_{A'} \mathscr{G}$. Par conséquent
$$\begin{cases} \mathscr{M} \vDash_A \exists x \mathscr{F} \\ \mathscr{M} \vDash_A \exists x \mathscr{G} \end{cases}$$

donc

$$\mathscr{M} \models_A (\exists x\mathscr{F} \wedge \exists x\mathscr{G})$$

L'équivalence peut se démontrer de la même manière. Il est aussi possible d'utiliser les résultats précédents et le principe de dualité. Pour toutes les formules $\mathscr{F}$ et $\mathscr{G}$

$$\forall x, (\mathscr{F} \wedge \mathscr{G}) \equiv (\forall x\mathscr{F}) \wedge (\forall x\mathscr{G})$$

En appliquant cette propriété aux formules $\neg\mathscr{F}$ et $\neg\mathscr{G}$, on a

$$\forall x, (\neg\mathscr{F} \wedge \neg\mathscr{G}) \equiv (\forall x, \neg\mathscr{F}) \wedge (\forall x, \neg\mathscr{G})$$

Donc en considérant les négations

$$\neg(\forall x, (\neg\mathscr{F} \wedge \neg\mathscr{G})) \equiv \neg((\forall x, \neg\mathscr{F}) \wedge (\forall x, \neg\mathscr{G}))$$

et par conséquent

$$\exists x, \neg(\neg\mathscr{F} \wedge \neg\mathscr{G}) \equiv \neg(\forall x, \neg\mathscr{F}) \vee \neg(\forall x, \neg\mathscr{G})$$
$$\exists x, (\neg\neg\mathscr{F} \vee \neg\neg\mathscr{G}) = (\exists x, \neg\neg\mathscr{F}) \vee (\exists x, \neg\neg\mathscr{G})$$
$$\exists x, (\mathscr{F} \vee \mathscr{G}) \equiv (\exists x\mathscr{F}) \vee (\exists x\mathscr{G})$$

Exemple 4.10.12 (Contre-exemples prouvant qu'il n'y a pas distributivité de ∀ sur ∨)
Le quantificateur ∀ n'est pas distributif sur le connecteur ∨. On peut vérifier que les deux formules suivantes ne sont pas équivalentes (la seconde n'est pas une conséquence de la première)

$$\forall x, (\mathscr{F} \vee \mathscr{G}) \qquad (\forall x\mathscr{F}) \vee (\forall x\mathscr{G})$$

dans les exemples suivants :

1. Si x est un entier et que l'on choisisse :

$$\mathscr{F} :\equiv x \text{ est pair}$$
$$\mathscr{G} :\equiv x \text{ est impair}$$

   Alors la première formule (qui signifie que tout entier est pair ou impair) est vraie, mais la deuxième (qui signifie que tous les entiers sont pairs ou que tous les entiers sont impairs) est fausse.
2. Si on se place dans l'ensemble des nombres réels $\mathbb{R}$, il est vrai que

$$\forall x, (x \geqslant 0 \vee x < 0)$$

   par contre la formule

$$(\forall x, x \geqslant 0) \vee (\forall x, x < 0)$$

   est fausse. Elle signifie « tous les réels sont positifs, ou tous les réels sont strictement négatifs ».
3. On se place sur l'ensemble $\mathbb{R}$ des nombres réels, et on se donne deux fonctions f et g de $\mathbb{R}$ dans $\mathbb{R}$. La propriété « une des deux fonctions est nulle » s'écrit

$$(\forall x, f(x) = 0) \vee (\forall x, g(x) = 0)$$

   La propriété « le produit des deux fonctions est la fonction nulle » s'écrit

$$\forall x, f(x)g(x) = 0$$

   ce qui équivaut à

$$\forall x, (f(x) = 0 \vee g(x) = 0)$$

Mais il n'y a pas d'équivalence entre les deux propriétés. Si l'une des fonctions est nulle, alors le produit est nul, mais la réciproque n'est pas vraie. Par exemple, si on prend les fonctions

$$f : \begin{cases} \mathbb{R} & \longrightarrow \mathbb{R} \\ x & \longmapsto \begin{cases} x \text{ si } x \geqslant 0 \\ 0 \text{ si } x < 0 \end{cases} \end{cases} \qquad g : \begin{cases} \mathbb{R} & \longrightarrow \mathbb{R} \\ x & \longmapsto \begin{cases} x \text{ si } x \leqslant 0 \\ 0 \text{ si } x > 0 \end{cases} \end{cases}$$

alors $fg = 0$, mais aucune des fonctions n'est nulle.

4. On se place sur l'ensemble $\mathbb{R}$ des nombres réels, et on se donne une fonction f de $\mathbb{R}$ dans $\mathbb{R}$. On dit que f est monotone lorsqu'elle est croissante, ou décroissante, ce qui s'écrit

$$\underbrace{(\forall x \forall y, (x \leqslant y \Longrightarrow f(x) \leqslant f(y)))}_{f \text{ est croissante}} \quad \vee \quad \underbrace{(\forall x \forall y, (x \leqslant y \Longrightarrow f(x) \geqslant f(y)))}_{f \text{ est décroissante}}$$

mais il n'y a pas d'équivalence avec la formule

$$\forall x \forall y, ((x \leqslant y \Longrightarrow f(x) \leqslant f(y)) \quad \vee \quad (x \leqslant y \Longrightarrow f(x) \geqslant f(y)))$$

qui est vraie pour toute fonction de $\mathbb{R}$ dans $\mathbb{R}$, cette dernière formule étant par ailleurs, par distributivité de l'implication sur la disjonction, équivalente à

$$\forall x \forall y, (x \leqslant y \Longrightarrow (f(x) \leqslant f(y)) \vee (f(x) \geqslant f(y)))$$

Exemple 4.10.13 (Contre-exemples prouvant qu'il n'y a pas distributivité de $\exists$ sur $\wedge$)
Le quantificateur $\exists$ n'est pas distributif sur le connecteur $\wedge$. On peut vérifier que les deux formules suivantes ne sont pas équivalentes (la seconde n'est pas une conséquence de la première) :

$$(\exists x \mathscr{F}) \wedge (\exists x \mathscr{G}) \qquad \exists x, (\mathscr{F} \wedge \mathscr{G})$$

dans les exemples suivants :

1. Si x est un entier et que l'on choisisse :

$$\mathscr{F} :\equiv x \text{ est pair}$$
$$\mathscr{G} :\equiv x \text{ est impair}$$

La première formule (qui signifie qu'il existe au moins un entier pair et un entier impair) est vraie, mais la seconde (qui signifie qu'il existe un entier à la fois pair et impair) est fausse.

2. Si on se place dans l'ensemble des nombres réels $\mathbb{R}$, la formule

$$(\exists x, x + 1 = 0) \wedge (\exists x, x + 2 = 0)$$

est vraie, mais par contre la formule

$$\exists x, (x + 1 = 0 \wedge x + 2 = 0)$$

est fausse.

Dans le cas où la variable x n'est pas libre dans une des formules, on peut simplifier les résultats précédents :

Métathéorème 4.10.14

1. Pour toutes les formules $\mathscr{F}$ et $\mathscr{G}$, si la variable x n'est pas libre dans $\mathscr{F}$, alors

$$\forall x, (\mathscr{F} \wedge \mathscr{G}) \equiv \mathscr{F} \wedge (\forall x \mathscr{G})$$
$$\forall x, (\mathscr{F} \vee \mathscr{G}) \equiv \mathscr{F} \vee (\forall x \mathscr{G})$$
$$\exists x, (\mathscr{F} \wedge \mathscr{G}) \equiv \mathscr{F} \wedge (\exists x \mathscr{G})$$
$$\exists x, (\mathscr{F} \vee \mathscr{G}) \equiv \mathscr{F} \vee (\exists x \mathscr{G})$$

2. Plus généralement, si les variables $y_1, \dots, y_n$ ne sont pas libres dans la formule $\mathscr{F}$, alors pour tous les quantificateurs ($\exists$ ou $\forall$) $K_1, \dots, K_n$

$$\mathscr{F} \wedge (K_1 y_1 \dots K_n y_n \mathscr{G}) \equiv K_1 y_1 \dots K_n y_n (\mathscr{F} \wedge \mathscr{G})$$
$$\mathscr{F} \vee (K_1 y_1 \dots K_n y_n \mathscr{G}) \equiv K_1 y_1 \dots K_n y_n (\mathscr{F} \vee \mathscr{G})$$

et si de plus les variables $x_1, \dots, x_p$ (distinctes des y_i) ne sont pas libres dans la formule $\mathscr{G}$, alors pour tous les quantificateurs ($\exists$ ou $\forall$) $K'_1, \dots, K'_p$

$$(K'_1 x_1 \dots K'_p x_p \mathscr{F}) \wedge (K_1 y_1 \dots K_n y_n \mathscr{G}) \equiv K'_1 x_1 \dots K'_p x_p K_1 y_1 \dots K_n y_n (\mathscr{F} \wedge \mathscr{G})$$
$$(K'_1 x_1 \dots K'_p x_p \mathscr{F}) \vee (K_1 y_1 \dots K_n y_n \mathscr{G}) \equiv K'_1 x_1 \dots K'_p x_p K_1 y_1 \dots K_n y_n (\mathscr{F} \vee \mathscr{G})$$

Preuve

1. Si la variable x n'est pas libre dans $\mathscr{F}$, alors $\mathscr{F} \equiv \forall x \mathscr{F}$ donc d'après le théorème précédent

$$\mathscr{F} \wedge (\forall x \mathscr{G}) \equiv (\forall x \mathscr{F}) \wedge (\forall x \mathscr{G}) \equiv \forall x, (\mathscr{F} \wedge \mathscr{G})$$

De même

$$\mathscr{F} \vee (\forall x \mathscr{G}) \equiv (\forall x \mathscr{F}) \vee (\forall x \mathscr{G})$$

donc, toujours d'après le théorème précédent,

$$\mathscr{F} \vee (\forall x \mathscr{G}) \vDash \forall x, (\mathscr{F} \vee \mathscr{G})$$

Réciproquement, on considère une L-structure $\mathscr{M}$, une assignation A telle que

$$\mathscr{M} \vDash_A \forall x, (\mathscr{F} \vee \mathscr{G})$$

et une x-variante A' de A. Alors

- soit $\mathscr{M} \vDash_A \mathscr{F}$;
- soit $\mathscr{M} \nvDash_A \mathscr{F}$. Dans ce cas, puisque la variable x n'est pas libre dans $\mathscr{F}$, les assignations A et A' coïncident sur les variables libres de $\mathscr{F}$, donc $\mathscr{M} \nvDash_{A'} \mathscr{F}$. De plus, par hypothèse,

$$\mathscr{M} \vDash_{A'} (\mathscr{F} \vee \mathscr{G})$$

  On en déduit $\mathscr{M} \vDash_{A'} \mathscr{G}$, donc

$$\mathscr{M} \vDash_A \forall x \mathscr{G}$$

On a donc

$$\mathscr{M} \vDash_A \mathscr{F} \qquad \text{ou} \qquad \mathscr{M} \vDash_A \forall x \mathscr{G}$$

c'est-à-dire

$$\mathscr{M} \vDash_A \mathscr{F} \vee (\forall x \mathscr{G})$$

Le cas du quantificateur $\exists$ peut se traiter de la même manière. Il est aussi possible d'appliquer le cas précédent et le principe de dualité. Par exemple, on a

$$\forall x, (\neg \mathscr{F} \wedge \neg \mathscr{G}) \equiv \neg \mathscr{F} \wedge (\forall x \neg \mathscr{G})$$

donc en prenant la négation

$$\exists x, (\mathscr{F} \vee \mathscr{G}) \equiv \mathscr{F} \vee (\exists x \mathscr{G})$$

2. En ce qui concerne la généralisation, démontrons le résultat pour le connecteur $\wedge$ (le raisonnement est le même pour le connecteur $\vee$).
   - Prouvons par récurrence sur n que pour toutes les formules $\mathscr{F}$ et $\mathscr{G}$, pour toutes les variables $y_1, \ldots, y_n$ n'ayant pas d'occurrence libre dans $\mathscr{F}$, et pour tous les quantificateurs $K_1, \ldots, K_n$

$$\mathscr{F} \wedge (K_1 y_1 \ldots K_n y_n \mathscr{G}) \equiv K_1 y_1 \ldots K_n y_n (\mathscr{F} \wedge \mathscr{G})$$

— Le cas $n = 1$ correspond au point précédent :

$$\mathscr{F} \wedge (K_1 y_1 \mathscr{G}) \equiv K_1 y_1 (\mathscr{F} \wedge \mathscr{G})$$

— On fait l'hypothèse de récurrence au rang n. On en déduit

$$\mathscr{F} \wedge (K_1 y_1 \ldots K_n y_n (K_{n+1} y_{n+1} \mathscr{G})) \equiv K_1 y_1 \ldots K_n y_n (\mathscr{F} \wedge K_{n+1} y_{n+1} \mathscr{G})$$

Or, toujours d'après le théorème précédent,

$$\mathscr{F} \wedge K_{n+1} y_{n+1} \mathscr{G} \equiv K_{n+1} y_{n+1} (\mathscr{F} \wedge \mathscr{G})$$

donc

$$\mathscr{F} \wedge (K_1 y_1 \ldots K_n y_n K_{n+1} y_{n+1} \mathscr{G}) \equiv K_1 y_1 \ldots K_n y_n K_{n+1} y_{n+1} (\mathscr{F} \wedge \mathscr{G})$$

   - Il suffit maintenant d'appliquer plusieurs fois ce qui vient d'être prouvé (on utilise aussi la commutativité du connecteur $\wedge$) :

$$\begin{aligned}
(K'_1 x_1 \ldots K'_p x_p \mathscr{F}) \wedge (K_1 y_1 \ldots K_n y_n \mathscr{G})) &\equiv (K_1 y_1 \ldots K_n y_n \mathscr{G}) \wedge (K'_1 x_1 \ldots K'_p x_p \mathscr{F}) \\
&\equiv K'_1 x_1 \ldots K'_p x_p ((K_1 y_1 \ldots K_n y_n \mathscr{G}) \wedge \mathscr{F}) \\
&\equiv K'_1 x_1 \ldots K'_p x_p (\mathscr{F} \wedge (K_1 y_1 \ldots K_n y_n \mathscr{G})) \\
&\equiv K'_1 x_1 \ldots K'_p x_p K_1 y_1 \ldots K_n y_n (\mathscr{F} \wedge \mathscr{G})
\end{aligned}$$

Puisque les connecteurs $\wedge$ et $\vee$ sont commutatifs, on peut permuter dans ce qui précède les deux séries de quantificateurs :

$$\begin{aligned}
(K'_1 x_1 \ldots K'_p x_p \mathscr{F}) \wedge (K_1 y_1 \ldots K_n y_n \mathscr{G}) \equiv K_1 y_1 \ldots K_n y_n K'_1 x_1 \ldots K'_p x_p (\mathscr{F} \wedge \mathscr{G}) \\
(K'_1 x_1 \ldots K'_p x_p \mathscr{F}) \vee (K_1 y_1 \ldots K_n y_n \mathscr{G}) \equiv K_1 y_1 \ldots K_n y_n K'_1 x_1 \ldots K'_p x_p (\mathscr{F} \vee \mathscr{G})
\end{aligned}$$

Par contre, dans une expression de la forme

$$K_1 y_1 \ldots K_n y_n \mathscr{G}$$

la formule obtenue en permutant les quantificateurs n'est en général pas équivalente à la formule de départ. Seul le cas où ces quantificateurs sont tous de la même nature ($\forall$ ou $\exists$) permet de s'assurer qu'il y a équivalence :

Métathéorème 4.10.15 (Permutation des quantificateurs)

1. Dans une formule faisant intervenir le même quantificateur ($\forall$ ou $\exists$), on peut permuter les variables :

pour toute formule $\mathcal{F}$

$$\forall x \forall y \mathcal{F} \equiv \forall y \forall x \mathcal{F}$$
$$\exists x \exists y \mathcal{F} \equiv \exists y \exists x \mathcal{F}$$

2. Ce principe est faux si les quantificateurs ne sont pas de même nature, mais :

$$\exists x \forall y \mathcal{F} \vDash \forall y \exists x \mathcal{F}$$

Preuve

1. Prouvons
$$\forall x \forall y \mathcal{F} \equiv \forall y \forall x \mathcal{F}$$
On considère une structure $\mathcal{M}$ et une assignation A. On veut démontrer
$$\mathcal{M} \vDash_A \forall x \forall y \mathcal{F} \quad \text{si et seulement si} \quad \mathcal{M} \vDash_A \forall y \forall x \mathcal{F}$$
Notons d'abord que par définition les lignes suivantes sont équivalentes :
$$\mathcal{M} \vDash_A \forall x \forall y \mathcal{F}$$
$$\text{pour toute } x\text{-variante } A' \text{ de } A,\ \mathcal{M} \vDash_{A'} \forall y \mathcal{F}$$
$$\text{pour toute } x\text{-variante } A' \text{ de } A, \text{ pour toute } y\text{-variante } A'' \text{ de } A',\ \mathcal{M} \vDash_{A''} \mathcal{F}$$
De la même façon, $\mathcal{M} \vDash_A \forall y \forall x \mathcal{F}$ si et seulement si
$$\text{pour toute } y\text{-variante } B \text{ de } A, \text{ pour toute } x\text{-variante } C \text{ de } B,\ \mathcal{M} \vDash_C \mathcal{F}$$
   - On fait l'hypothèse $\mathcal{M} \vDash_A \forall x \forall y \mathcal{F}$. On considère une y-variante B de A et une x-variante C de B. On veut justifier $\mathcal{M} \vDash_C \mathcal{F}$. On considère la y-variante A' de C telle que $A'(y) = A(y)$. C'est une x-variante de A puisque si z est une variable différente de x et de y
   $$A'(z) = C(z) = B(z) = A(z)$$
   Or C est une y-variante de A' (avec A' x-variante de A) donc par hypothèse $\mathcal{M} \vDash_C \mathcal{F}$, et par conséquent
   $$\mathcal{M} \vDash_A \forall y \forall x \mathcal{F}$$
   - Par symétrie (en permutant x et y) on déduit aussi que si $\mathcal{M} \vDash_A \forall y \forall x \mathcal{F}$, alors $\mathcal{M} \vDash_A \forall x \forall y \mathcal{F}$.
2. Prouvons
$$\exists x \exists y \mathcal{F} \equiv \exists y \exists x \mathcal{F}$$
On peut utiliser le résultat précédent et le principe de dualité (la preuve est alors immédiate), ou démontrer directement le résultat comme dans le cas $\forall$: on considère une structure $\mathcal{M}$ et une assignation A. On veut démontrer
$$\mathcal{M} \vDash_A \exists x \exists y \mathcal{F} \quad \text{si et seulement si} \quad \mathcal{M} \vDash_A \exists y \exists x \mathcal{F}$$
Comme précédemment, $\mathcal{M} \vDash_A \exists x \exists y \mathcal{F}$ si et seulement si
$$\text{il existe une } x\text{-variante } A' \text{ de } A, \text{ il existe une } y\text{-variante } A'' \text{ de } A', \text{ telles que } \mathcal{M} \vDash_{A''} \mathcal{F}$$
et $\mathcal{M} \vDash_A \exists y \exists x \mathcal{F}$ si et seulement si
$$\text{il existe une } y\text{-variante } B \text{ de } A, \text{ il existe une } x\text{-variante } C \text{ de } B, \text{ telles que } \mathcal{M} \vDash_C \mathcal{F}$$
   - On fait l'hypothèse $\mathcal{M} \vDash_A \exists x \exists y \mathcal{F}$. On en déduit l'existence d'une x-variante A' de A et d'une y-variante A'' de A' telles que
   $$\mathcal{M} \vDash_{A''} \mathcal{F}$$
   On considère la x-variante B de A'' telle que $B(x) = A(x)$. Alors B est une y-variante de A puisque si z est une variable différente de x et y
   $$B(z) = A''(z) = A'(z) = A(z)$$
   De plus A'' est une x-variante de B (avec B y-variante de A) telle que $\mathcal{M} \vDash_{A''} \mathcal{F}$. Par conséquent
   $$\mathcal{M} \vDash_A \exists y \exists x \mathcal{F}$$

- Par symétrie (en permutant x et y) on déduit aussi que si $\mathcal{M} \models_A \exists y \exists x \mathcal{F}$, alors $\mathcal{M} \models_A \exists x \exists y \mathcal{F}$.

3. Prouvons

$$\exists x \forall y \mathcal{F} \models \forall y \exists x \mathcal{F}$$

On considère une structure $\mathcal{M}$ et une assignation A. Comme précédemment, $\mathcal{M} \models_A \exists x \forall y \mathcal{F}$ si et seulement si

il existe une x-variante A' de A, telle que pour toute y-variante A'' de A', $\mathcal{M} \models_{A''} \mathcal{F}$

et $\mathcal{M} \models_A \forall y \exists x \mathcal{F}$ si et seulement si

pour toute y-variante B de A, il existe une x-variante C de B, telle que $\mathcal{M} \models_C \mathcal{F}$

On fait l'hypothèse $\mathcal{M} \models_A \exists x \forall y \mathcal{F}$. On en déduit l'existence d'une x-variante A' de A, telle que pour toute y-variante A'' de A'

$$\mathcal{M} \models_{A''} \mathcal{F}$$

On considère une y-variante B de A et la y-variante C de A' telle que $C(y) = B(y)$. Puisque C est une y-variante de A',

$$\mathcal{M} \models_C \mathcal{F}$$

De plus, C est une x-variante de B, car pour toute variable z différente de x et y

$$C(z) = A'(z) = A(z) = B(z)$$

Par conséquent

$$\mathcal{M} \models_A \forall y \exists x \mathcal{F}$$

Exemple 4.10.16 (Contre-exemple prouvant qu'on ne peut pas permuter $\forall$ et $\exists$)

De manière informelle, la formule

$$\forall x \exists y, \mathcal{F}(x, y)$$

signifie que pour toute valeur de x, il existe une valeur de y, telle que la formule $\mathcal{F}(x, y)$ soit vraie. La formule

$$\exists y \forall x, \mathcal{F}(x, y)$$

signifie qu'il existe une valeur de y, telle que pour toute valeur de x, la formule $\mathcal{F}(x, y)$ est vraie.

Les deux formules précédentes ne sont pas forcément synonymes, c'est-à-dire qu'on ne peut pas (en général) permuter les symboles $\forall$ et $\exists$. Par exemple, si les variables sont des entiers naturels, et

$$\mathcal{F}(x, y) :\equiv x \leqslant y$$

alors la formule

$$\forall x \exists y, x \leqslant y$$

est vraie : quel que soit l'entier x choisi, il existe un entier y supérieur ou égal à x. Mais la formule

$$\exists y \forall x, x \leqslant y$$

est fausse : l'ensemble $\mathbb{N}$ des entiers naturels n'ayant pas de plus grand élément, il n'existe aucun entier y qui soit supérieur ou égal à tous les autres.

L'impossibilité de permuter les deux symboles vient du fait que dans la formule « $\forall x \exists y, \mathcal{F}(x, y)$ », la variable y peut dépendre de x, ce qui n'est pas le cas dans la formule « $\exists y \forall x, \mathcal{F}(x, y)$ ».

Métathéorème 4.10.17 (Quantificateurs et implication)
Pour toutes formules $\mathscr{F}$ et $\mathscr{G}$

$$(\forall x \mathscr{G}) \implies (\exists x \mathscr{F}) \equiv \exists x, (\mathscr{G} \implies \mathscr{F})$$
$$(\exists x \mathscr{G}) \implies (\forall x \mathscr{F}) \models \forall x, (\mathscr{G} \implies \mathscr{F})$$

et si la variable x n'est pas libre dans $\mathscr{F}$

$$(\forall x \mathscr{G}) \implies \mathscr{F} \equiv \exists x, (\mathscr{G} \implies \mathscr{F})$$
$$(\exists x \mathscr{G}) \implies \mathscr{F} \equiv \forall x, (\mathscr{G} \implies \mathscr{F})$$
$$\mathscr{F} \implies (\forall x \mathscr{G}) \equiv \forall x, (\mathscr{F} \implies \mathscr{G})$$
$$\mathscr{F} \implies (\exists x \mathscr{G}) \equiv \exists x, (\mathscr{F} \implies \mathscr{G})$$

Preuve
Nous allons nous ramener aux propriétés des connecteurs $\wedge$ et $\vee$ prouvées précédemment.

1. Prouvons

$$(\forall x \mathscr{G}) \implies (\exists x \mathscr{F}) \equiv \exists x, (\mathscr{G} \implies \mathscr{F})$$

On a :

$$(\forall x \mathscr{G}) \implies (\exists x \mathscr{F}) \equiv \neg(\forall x \mathscr{G}) \vee (\exists x \mathscr{F}) \equiv (\exists x, \neg \mathscr{G}) \vee (\exists x \mathscr{F}) \equiv \exists x, (\neg \mathscr{G} \vee \mathscr{F}) \equiv \exists x, (\mathscr{G} \implies \mathscr{F})$$

Prouvons

$$(\exists x \mathscr{G}) \implies (\forall x \mathscr{F}) \models \forall x, (\mathscr{G} \implies \mathscr{F})$$

On a

$$(\exists x \mathscr{G}) \implies (\forall x \mathscr{F}) \equiv \neg(\exists x \mathscr{G}) \vee (\forall x \mathscr{F}) \equiv (\forall x, \neg \mathscr{G}) \vee (\forall x \mathscr{F})$$

Or

$$(\forall x, \neg \mathscr{G}) \vee (\forall x \mathscr{F}) \models \forall x, (\neg \mathscr{G} \vee \mathscr{F})$$

avec

$$\forall x, (\neg \mathscr{G} \vee \mathscr{F}) \equiv \forall x, (\mathscr{G} \implies \mathscr{F})$$

2. Si la variable x n'est pas libre dans $\mathscr{F}$ (donc x n'est pas libre non plus dans $\neg\mathscr{F}$) :

$$(\forall x \mathscr{G}) \implies \mathscr{F} \equiv (\exists x, \neg \mathscr{G}) \vee \mathscr{F} \equiv \exists x, (\neg \mathscr{G} \vee \mathscr{F}) \equiv \exists x, (\mathscr{G} \implies \mathscr{F})$$
$$(\exists x \mathscr{G}) \implies \mathscr{F} \equiv (\forall x, \neg \mathscr{G}) \vee \mathscr{F} \equiv \forall x, (\neg \mathscr{G} \vee \mathscr{F}) \equiv \forall x, (\mathscr{G} \implies \mathscr{F})$$
$$\mathscr{F} \implies (\forall x \mathscr{G}) \equiv \neg \mathscr{F} \vee (\forall x \mathscr{G}) \equiv \forall x, (\neg \mathscr{F} \vee \mathscr{G}) \equiv \forall x, (\mathscr{F} \implies \mathscr{G})$$
$$\mathscr{F} \implies (\exists x \mathscr{G}) \equiv \neg \mathscr{F} \vee (\exists x \mathscr{G}) \equiv \exists x, (\neg \mathscr{F} \vee \mathscr{G}) \equiv \exists x, (\mathscr{F} \implies \mathscr{G})$$

Remarque 4.10.18 : La réciproque de la deuxième propriété est en général fausse : de

$$\forall x, (\mathscr{G} \implies \mathscr{F})$$

on ne peut pas déduire

$$(\exists x \mathscr{G}) \implies (\forall x \mathscr{F})$$

Par exemple, si on se place dans l'ensemble des entiers naturels et que l'on prenne pour $\mathscr{F}$ et $\mathscr{G}$ la formule « x est pair », alors

$$\forall x, (\mathscr{G} \implies \mathscr{F})$$

est vrai (pour tout entier x, si x est pair alors x est pair), mais

$$(\exists x \mathscr{G}) \implies (\forall x \mathscr{F})$$

est faux, car « $\exists x \mathscr{G}$ » est vrai (il existe un entier pair), mais « $\forall x \mathscr{F}$ » est faux (tous les entiers ne sont pas pairs).

Les différentes propriétés des quantificateurs et des connecteurs montrent que toute formule est équivalente à une formule utilisant seulement la négation ($\neg$), un seul quantificateur ($\forall$ ou $\exists$), et un autre connecteur (parmi $\wedge$, $\vee$, $\Longrightarrow$). Par exemple, si on choisit le quantificateur $\forall$, on peut écrire toutes les formules utilisant $\exists$ avec l'équivalence

$$\exists x\mathscr{F} \equiv \neg(\forall x, \neg\mathscr{F})$$

et si on choisit le quantificateur $\exists$ on peut écrire toutes les formules utilisant $\forall$ avec l'équivalence

$$\forall x\mathscr{F} \equiv \neg(\exists x, \neg\mathscr{F})$$

De même, si on choisit le connecteur $\wedge$ on utilise les équivalences

$$\mathscr{F} \vee \mathscr{G} \equiv \neg(\neg\mathscr{F} \wedge \neg\mathscr{G})$$
$$\mathscr{F} \Longrightarrow \mathscr{G} \equiv \neg(\mathscr{F} \wedge \neg\mathscr{G})$$

si on choisit le connecteur $\vee$ on utilise les équivalences

$$\mathscr{F} \wedge \mathscr{G} \equiv \neg(\neg\mathscr{F} \vee \neg\mathscr{G})$$
$$\mathscr{F} \Longrightarrow \mathscr{G} \equiv \neg\mathscr{F} \vee \mathscr{G}$$

si on choisit le connecteur $\Longrightarrow$ on utilise les équivalences

$$\mathscr{F} \wedge \mathscr{G} \equiv \neg(\mathscr{F} \Longrightarrow \neg\mathscr{G})$$
$$\mathscr{F} \vee \mathscr{G} \equiv \neg\mathscr{F} \Longrightarrow \mathscr{G}$$

et pour le connecteur équivalence

$$\mathscr{F} \Longleftrightarrow \mathscr{G} \equiv (\mathscr{F} \Longrightarrow \mathscr{G}) \wedge (\mathscr{G} \Longrightarrow \mathscr{F})$$

ce qui peut toujours se traduire en fonction du système de connecteurs utilisé.

On en déduit aussi que pour démontrer par induction structurelle une propriété des formules conservée par équivalence, il suffit, pour l'étape inductive, de prouver le résultat pour des formules construites uniquement avec $\neg$, un seul quantificateur ($\forall$ ou $\exists$), et un autre connecteur (parmi $\wedge$, $\vee$, $\Longrightarrow$) :

Métathéorème 4.10.19 (Induction structurelle pour les formules)
On considère une propriété $\mathscr{P}$ portant sur les formules, préservée par équivalence. Si

- les formules atomiques vérifient $\mathscr{P}$;
- si $\mathscr{F}$ vérifie $\mathscr{P}$, alors $\neg\mathscr{F}$ vérifie $\mathscr{P}$;
- si $\mathscr{F}$ vérifie $\mathscr{P}$, alors $\forall x\mathscr{F}$ (respectivement $\exists x\mathscr{F}$) vérifie $\mathscr{P}$;
- si $\mathscr{F}$ et $\mathscr{G}$ vérifient $\mathscr{P}$, alors $(\mathscr{F} \wedge \mathscr{G})$ (respectivement $(\mathscr{F} \vee \mathscr{G})$, $(\mathscr{F} \Longrightarrow \mathscr{G})$) vérifie $\mathscr{P}$;

alors on en déduit que la propriété $\mathscr{P}$ est vérifiée par toutes les formules.

Preuve
C'est le même principe que pour l'induction structurelle en logique des propositions.

4.11 Forme prénexe

Métathéorème 4.11.1 (Forme prénexe)
Toute formule est équivalente

- soit à une formule sans quantificateur;
- soit à une formule dont tous les quantificateurs apparaissent à gauche, c'est-à-dire de la forme

$$\mathrm{K}_1 x_1 \mathrm{K}_2 x_2 ... \mathrm{K}_n x_n, \mathscr{F}$$

  où n est un entier non nul, $\mathrm{K}_1, \ldots, \mathrm{K}_n$ sont des quantificateurs ($\forall$ ou $\exists$), et $\mathscr{F}$ une formule sans aucun quantificateur.

Une telle forme s'appelle une *forme prénexe*.

Preuve
On démontre le résultat par induction structurelle sur les formules. Comme cette propriété est conservée par équivalence, il suffit de prouver l'étape inductive pour $\neg$, $\forall$ et $\vee$ uniquement.

- Si la formule est atomique (ou si c'est la formule $\bot$, si elle fait partie de l'ensemble de base des formules), le résultat est immédiat (il n'y a pas de quantificateur).
- Si la formule est de la forme $\neg\mathscr{F}$, avec $\mathscr{F}$ vérifiant la propriété : il existe des variables $x_1, \ldots, x_n$, des quantificateurs $K_1, \ldots, K_n$ et une formule sans quantificateurs $\mathscr{F}'$ tels que

$$\mathscr{F} \equiv K_1 x_1 \ldots K_n x_n \mathscr{F}'$$

  (si $\mathscr{F}$ équivaut à une formule sans quantificateur, la suite des symboles $K_1 x_1 \ldots K_n x_n$ est vide, autrement dit on a juste $\mathscr{F} \equiv \mathscr{F}'$), donc

$$\neg\mathscr{F} \equiv K'_1 x_1 \ldots K'_n x_n \neg\mathscr{F}'$$

  avec pour tout i entre 1 et n

$$K'_i = \begin{cases} \forall \text{ si } K_i = \exists \\ \exists \text{ si } K_i = \forall \end{cases}$$

- Si la formule est de la forme $\mathscr{F} \vee \mathscr{G}$, avec $\mathscr{F}$ et $\mathscr{G}$ vérifiant la propriété, on a de même

$$\mathscr{F} \equiv K_1 x_1 \ldots K_n x_n \mathscr{F}'$$
$$\mathscr{G} \equiv K'_1 y_1 \ldots K'_p y_p \mathscr{G}'$$

  et on peut supposer que les variables x_i ne sont pas libres dans $\mathscr{G}'$ et que les variables y_i ne sont pas libres dans $\mathscr{F}'$ (sinon on peut toujours les renommer). On en déduit

$$\mathscr{F} \vee \mathscr{G} \equiv K_1 x_1 \ldots K_n x_n K'_1 y_1 \ldots K'_p y_p (\mathscr{F}' \vee \mathscr{G}')$$

- Si la formule est de la forme $\exists x \mathscr{F}$, avec $\mathscr{F}$ vérifiant la propriété :

$$\mathscr{F} \equiv K_1 x_1 \ldots K_n x_n \mathscr{F}'$$

  donc

$$\exists x \mathscr{F} \equiv \exists x K_1 x_1 \ldots K_n x_n \mathscr{F}'$$

Remarque 4.11.2 : Voici une méthode algorithmique pour mettre une formule sous forme prénexe :

- Renommer les variables liées pour que des quantificateurs différents lient des variables différentes (comme dans l'exemple 4.6.7, p. 151).
- Éliminer l'opérateur $\iff$ en utilisant l'équivalence

$$\mathscr{F} \iff \mathscr{G} \equiv (\mathscr{F} \implies \mathscr{G}) \wedge (\mathscr{G} \implies \mathscr{F})$$

et l'opérateur $\implies$ en utilisant l'équivalence

$$\mathcal{F} \implies \mathcal{G} \equiv \neg\mathcal{F} \vee \mathcal{G}$$

Il ne reste alors que les opérateurs $\neg$, $\wedge$, $\vee$.

- Supprimer les doubles négations (remplacer $\neg\neg\mathcal{F}$ par $\mathcal{F}$), déplacer les négations pour les placer devant les formules atomiques en utilisant les propriétés de la négation :

$$\neg(\mathcal{F} \wedge \mathcal{G}) \equiv \neg\mathcal{F} \vee \neg\mathcal{G}$$
$$\neg(\mathcal{F} \vee \mathcal{G}) \equiv \neg\mathcal{F} \wedge \neg\mathcal{G}$$
$$\neg(\forall x\mathcal{F}) \equiv \exists x\neg\mathcal{F}$$
$$\neg(\exists x\mathcal{F}) \equiv \forall x\neg\mathcal{F}$$

- Faire remonter vers la gauche les quantificateurs, un par un, en utilisant la propriété suivante, où K désigne un quantificateur ($\forall$ ou $\exists$), $\circ$ un opérateur ($\wedge$ ou $\vee$), et x une variable n'ayant pas d'occurrence libre dans $\mathcal{F}$:

$$\mathcal{F} \circ (Kx, \mathcal{G}) \equiv Kx(\mathcal{F} \circ \mathcal{G})$$

Autrement dit, en détaillant les quatre cas :

$$\mathcal{F} \vee (\forall x\mathcal{G}) \equiv \forall x, (\mathcal{F} \vee \mathcal{G})$$
$$\mathcal{F} \vee (\exists x\mathcal{G}) \equiv \exists x, (\mathcal{F} \vee \mathcal{G})$$
$$\mathcal{F} \wedge (\forall x\mathcal{G}) \equiv \forall x, (\mathcal{F} \wedge \mathcal{G})$$
$$\mathcal{F} \wedge (\exists x\mathcal{G}) \equiv \exists x, (\mathcal{F} \wedge \mathcal{G})$$

- On obtient la forme prénexe en répétant l'opération précédente autant de fois que nécessaire.

Remarque 4.11.3 : D'autres transformations sont possibles, en utilisant par exemple les simplifications suivantes :

$$(\forall x\mathcal{F}) \wedge (\forall x\mathcal{G}) \equiv \forall x, (\mathcal{F} \wedge \mathcal{G})$$
$$(\exists x\mathcal{F}) \vee (\exists x\mathcal{G}) \equiv \exists x, (\mathcal{F} \vee \mathcal{G})$$

et si la variable x n'a pas d'occurrence libre dans $\mathcal{F}$:

$$\forall x\mathcal{F} \equiv \mathcal{F}$$
$$\exists x\mathcal{F} \equiv \mathcal{F}$$
$$\mathcal{F} \implies (\forall x\mathcal{G}) \equiv \forall x, (\mathcal{F} \implies \mathcal{G})$$
$$\mathcal{F} \implies (\exists x\mathcal{G}) \equiv \exists x, (\mathcal{F} \implies \mathcal{G})$$
$$(\exists x\mathcal{G}) \implies \mathcal{F} \equiv \forall x, (\mathcal{G} \implies \mathcal{F})$$
$$(\forall x\mathcal{G}) \implies \mathcal{F} \equiv \exists x, (\mathcal{G} \implies \mathcal{F})$$

Exemple 4.11.4
Transformons la formule

$$(\exists x, x = y) \implies \exists x, (x = 0 \vee \neg\exists t, t < 0)$$

en une forme prénexe, par équivalences successives. On renomme la variable x associée au deuxième quantificateur :

$$(\exists x, x = y) \implies \exists z, (z = 0 \vee \neg \exists t, t < 0)$$

On élimine le connecteur implication :

$$\neg(\exists x, x = y) \vee \exists z, (z = 0 \vee \neg \exists t, t < 0)$$

On applique les négations :

$$(\forall x, x \neq y) \vee \exists z, (z = 0 \vee \forall t, t \nless 0)$$

($t \nless 0$ signifiant $\neg t < 0$). On fait remonter les connecteurs vers la gauche :

$$\forall x, (x \neq y) \vee \exists z, \forall t, (z = 0 \vee t \nless 0)$$
$$\forall x \exists z \forall t, (x \neq y \vee z = 0 \vee t \nless 0)$$

Définition 4.11.5 (Forme normale conjonctive, forme normale disjonctive)
On dit qu'une formule est sous *forme normale conjonctive* (respectivement *forme normale disjonctive*) lorsqu'elle s'obtient en remplaçant, dans une forme normale conjonctive (respectivement forme normale disjonctive) de la logique des propositions construite sur les propositions atomiques $p_1, \ldots, p_n$, chaque p_i par une formule atomique $\mathscr{F}_i$ de la logique des prédicats.

Remarque 4.11.6 : En particulier, les formes normales disjonctives et conjonctives sont des formules sans quantificateur.

Définition 4.11.7 (Forme prénexe conjonctive/disjonctive, formule universelle/existentielle)

1. On appelle forme *prénexe conjonctive* (respectivement *disjonctive*) toute forme prénexe

   $$K_1 x_1 \ldots K_n x_n \mathscr{F}$$

   telle que $\mathscr{F}$ soit sous forme normale conjonctive (respectivement disjonctive).
2. On appelle *formule universelle* (respectivement *existentielle*) toute forme prénexe dont les seuls quantificateurs sont $\forall$ (respectivement $\exists$).

Remarque 4.11.8 : Nous avons vu que toute formule de la logique des propositions est équivalente à une forme normale disjonctive, et à une forme normale conjonctive. On en déduit (je ne détaille pas) que toute formule (de la logique des prédicats) est équivalente à une forme prénexe conjonctive, et à une forme prénexe disjonctive.

Il est aussi possible, à partir d'une forme prénexe, de remplacer tous les quantificateurs existentiels par un nouvel opérateur (un symbole de fonction), un par quantification existentielle (en ajoutant donc ces opérateurs au langage du premier ordre utilisé). Un tel procédé (que je ne détaillerai pas) s'appelle la **skolémisation** (de Thoralf Skolem (1887-1963), mathématicien et logicien norvégien). Par exemple, on peut remplacer la formule

$$\forall x \exists y \mathscr{F}$$

par

$$\forall x \mathscr{F}(f(x)/y)$$

Pour tout quantificateur existentiel remplacé, l'arité de l'opérateur ajouté est égale au nombre de quantificateurs universels apparaissant avant ce quantificateur existentiel (un opérateur d'arité 0 correspondant à une constante). Par exemple on peut remplacer la formule

$$\exists x, \forall y\ z, \exists t, \mathscr{F}(x, y, z, t)$$

en ajoutant le symbole de constante a et l'opérateur binaire f, ce qui donne

$$\forall y\ z, \mathscr{F}(a, y, z, f(y, z))$$

L'intérêt de la skolémisation est que la formule initiale admet un modèle si et seulement si la formule skolémisée en admet un : de manière informelle, tout modèle de la formule skolémisée est un modèle de la formule initiale (il suffit de retirer l'interprétation de f du modèle, mais d'utiliser l'existence d'une telle fonction pour justifier l'existence de la variable associée), et tout modèle de la formule initiale peut être étendu en un modèle de la formule skolémisée, en choisissant dans le modèle une fonction f qui associe à des variables $x_1, \dots, x_n$ (selon le nombre de quantificateurs universels précédant le quantificateur existentiel) la variable liée au quantificateur existentiel. Mais cela ne signifie pas que les formules sont équivalentes. Par exemple la formule

$$\mathscr{F} :\equiv \forall x \exists y, y \leqslant x$$

a pour forme skolémisée

$$\mathscr{F}' :\equiv \forall x, f(x) \leqslant x$$

Mais si on interprète ces formules dans $\mathbb{N}$, en prenant la fonction successeur ($x \mapsto x+1$) pour f (et la relation d'ordre usuelle pour $\leqslant$), cette structure est un modèle pour $\mathscr{F}$ mais pas pour $\mathscr{F}'$ (le successeur de x n'est pas inférieur ou égal à x), autrement dit (en faisant l'abus de langage consistant à noter le modèle comme son ensemble de base) :

$$\mathbb{N} \models \mathscr{F}$$
$$\mathbb{N} \not\models \mathscr{F}'$$

Exemple 4.11.9 (Exemples de skolémisation)

1. La formule

$$\forall x \exists y, x + y = 0$$

dans le langage ayant une constante 0 et un opérateur binaire $+$, peut être remplacée, en ajoutant l'opérateur unaire $-$, par

$$\forall x, x + (-x) = 0$$

le sens intuitif attendu étant par exemple, si $+$ représente l'addition sur l'ensemble des entiers relatifs, que $-x$ est l'opposé de l'entier x.

2. La formule

$$\forall x \forall y, \exists z \begin{cases} z = x \vee z = y \\ z \leqslant x \\ z \leqslant y \end{cases}$$

dans le langage ayant un symbole de prédicat binaire $\leqslant$, peut être remplacée, en ajoutant l'opérateur binaire min, par

$$\forall x \forall y, \begin{cases} \min(x,y) = x \vee \min(x,y) = y \\ \min(x,y) \leqslant x \\ \min(x,y) \leqslant y \end{cases}$$

le sens intuitif attendu étant, si $\leqslant$ représente une relation d'ordre, que z est le minimum de x et y.

4.12 Quantifications bornées

En mathématiques, on utilise le plus souvent des *quantifications bornées*, c'est-à-dire que les quantificateurs $\forall$ et $\exists$ ne portent que sur une partie de l'univers des objets possibles. Par exemple, dans la théorie des ensembles, on utilise des expressions de la forme

$$\forall x \in E, \mathscr{F}$$

signifiant (de façon informelle) que tous les éléments de l'ensemble E vérifient la formule $\mathscr{F}$, ou

$$\exists x \in E, \mathscr{F}$$

signifiant qu'il existe un élément de l'ensemble E vérifiant la formule $\mathscr{F}$. Dans chacun de ces deux cas, le champ d'action du quantificateur est limité aux variables x vérifiant le prédicat binaire $x \in E$. Nous verrons plus en détail ce genre de formules dans le volume 2 traitant de la théorie des ensembles, mais nous pouvons déjà définir une notation courante :

Définition 4.12.1 (Quantifications bornées)
On considère un langage du premier ordre disposant d'un symbole de prédicat binaire R, et une formule $\mathscr{F}$.

$$\forall x R y \mathscr{F} \overset{\text{def}}{\equiv} \forall x, (x R y \implies \mathscr{F})$$

ce qui signifie (de manière informelle) que tout x tel que xRy vérifie la formule $\mathscr{F}$.

$$\exists x R y \mathscr{F} \overset{\text{def}}{\equiv} \exists x, (x R y \wedge \mathscr{F})$$

ce qui signifie (de manière informelle) qu'il existe x tel que xRy, vérifiant la formule $\mathscr{F}$.

Exemple 4.12.2 (Exemples de quantifications bornées)

1. Dans la théorie des ensembles, on pourra utiliser cette notation pour la relation d'appartenance $\in$ et la relation d'inclusion $\subseteq$:

$$\forall x \in E, \mathscr{F} \overset{\text{def}}{\equiv} \forall x, (x \in E \implies \mathscr{F})$$

ce qui signifie intuitivement que tout élément x de l'ensemble E vérifie la formule $\mathscr{F}$.

$$\exists x \in E, \mathscr{F} \overset{\text{def}}{\equiv} \exists x, (x \in E \wedge \mathscr{F})$$

ce qui signifie intuitivement qu'il existe un élément x de l'ensemble E vérifiant la formule $\mathscr{F}$.

$$\forall A \subseteq B, \mathscr{F} \overset{\text{def}}{\equiv} \forall A, (A \subseteq B \implies \mathscr{F})$$

ce qui signifie intuitivement que tout sous-ensemble A de l'ensemble B vérifie la formule $\mathscr{F}$.

$$\exists A \subseteq B, \mathscr{F} \overset{\text{def}}{\equiv} \exists A, (A \subseteq B \wedge \mathscr{F})$$

ce qui signifie intuitivement qu'il existe un sous-ensemble A de l'ensemble B vérifiant la formule $\mathscr{F}$.

2. Dans toute théorie disposant d'une relation d'ordre $\leqslant$ ou d'ordre strict $<$, on pourra écrire

$$\forall x \leqslant y, \mathscr{F} \overset{\text{def}}{\equiv} \forall x, (x \leqslant y \implies \mathscr{F})$$

ce qui signifie intuitivement que tout x tel que $x \leqslant y$ vérifie la formule $\mathscr{F}$.

$$\exists x \leqslant y, \mathscr{F} \overset{\text{def}}{\equiv} \exists x, (x \leqslant y \wedge \mathscr{F})$$

ce qui signifie intuitivement qu'il existe x tel que xRy, vérifiant la formule $\mathscr{F}$. On peut de même remplacer dans ces définitions $\leqslant$ par $\geqslant$, $<$, ou $>$.

Métathéorème 4.12.3 (Négation de quantifications bornées)
On considère un langage du premier ordre disposant d'un symbole de prédicat binaire R, et une formule $\mathscr{F}$.

$$\neg(\forall xRy\mathscr{F}) \equiv \exists xRy, \neg\mathscr{F}$$
$$\neg(\exists xRy\mathscr{F}) \equiv \forall xRy, \neg\mathscr{F}$$

Preuve
Il suffit d'appliquer les définitions, et les propriétés de la négation :

$$\neg(\forall xRy\mathscr{F}) \equiv \neg(\forall x, (xRy \implies \mathscr{F})) \equiv \exists x, (xRy \wedge \neg\mathscr{F}) \equiv \exists xRy, \neg\mathscr{F}$$

et

$$\neg(\exists xRy\mathscr{F}) \equiv \neg(\exists x, (xRy \wedge \mathscr{F})) \equiv \forall x, (\neg xRy \vee \neg\mathscr{F}) \equiv \forall x, (xRy \implies \neg\mathscr{F}) \equiv \forall xRy, \neg\mathscr{F}$$

Exemple 4.12.4 (Exemples de négations de quantifications bornées)

$$\neg(\forall x \in E, \mathscr{F}) \equiv \exists x \in E, \neg\mathscr{F}$$
$$\neg(\exists x \in E, \mathscr{F}) \equiv \forall x \in E, \neg\mathscr{F}$$
$$\neg(\forall A \subseteq B, \mathscr{F}) \equiv \exists A \subseteq B, \neg\mathscr{F}$$
$$\neg(\exists A \subseteq B, \mathscr{F}) \equiv \forall A \subseteq B, \neg\mathscr{F}$$
$$\neg(\forall x \leqslant y, \mathscr{F}) \equiv \exists x \leqslant y, \neg\mathscr{F}$$
$$\neg(\exists x \leqslant y, \mathscr{F}) \equiv \forall x \leqslant y, \neg\mathscr{F}$$

Chapitre 5

Systèmes de déduction

Prérequis
La syntaxe de la logique des propositions (section 2.4) et de la logique des prédicats (sections 4.2 à 4.7).

5.1 Introduction

Un *système de déduction* (ou *système déductif*, ou *système d'inférence*, ou encore un *calcul*) comprend un ensemble de formules prises comme point de départ (des *axiomes*), et un ensemble de règles (qu'on appelle règles d'inférence) qui permettent de *déduire* (ou *prouver*) des formules, à partir d'un ensemble de formules Γ. Une formule prouvable à partir de Γ s'appelle un *théorème* de Γ ; on peut aussi dire que c'est une *conséquence* (ou *conséquence syntaxique*, l'équivalent de la notion de *conséquence sémantique*) de Γ. Parmi les systèmes déductifs les plus classiques, on trouve la **méthode des tableaux sémantiques**, la **résolution**, les **systèmes à la Hilbert**, la **déduction naturelle**, et le **calcul des séquents** :

1. La méthode des tableaux a été inventée en 1955 par le philosophe et logicien hollandais Evert Willhem Beth (1908-1964), et la résolution est en grande partie due au mathématicien et informaticien John Alan Robinson (1930-2016). Ces deux systèmes sont parfois appelés systèmes de *réfutation* (plutôt que de *déduction*), car leur principe général consiste à prouver une formule $\mathscr{F}$ en justifiant que la formule $\neg\mathscr{F}$ (la réfutation de $\mathscr{F}$) conduit à une contradiction.
2. Les systèmes à la Hilbert (il y a de nombreuses variantes) sont des systèmes de déduction qui suivent un modèle proposé par le mathématicien allemand David Hilbert (1862-1943).
3. La déduction naturelle est un système proposé par le mathématicien et logicien allemand Gerhard Gentzen (1909-1945) en 1934, proche de la manière de raisonner des mathématiciens.
4. Le calcul des séquents a été créé par Gerhard Gentzen à partir de son système de déduction naturelle, pour des raisons techniques en rapport avec la métathéorie des systèmes déductifs (son calcul des séquents lui permettait de démontrer des propriétés intéressantes du système déductif, qu'il ne pouvait justifier avec le système de déduction naturelle).

Les systèmes de déduction précédents sont tous équivalents, dans la mesure où ils permettent de démontrer exactement les mêmes théorèmes (de logique classique). Dans la suite de ce chapitre, je présenterai la méthode des tableaux sémantiques (dans les section 5.2, pour la logique des propositions, et 5.10, pour la logique des prédicats), la résolution (dans la section 5.3, pour la logique des propositions [1]), les systèmes de déduction

1. J'aborde brièvement et de manière informelle la résolution dans le cadre de la logique des propositions, mais je ne traite pas le cas de la logique des prédicats, qui est plus complexe, et ne me servira pas pour la suite.

à la Hilbert (dans les sections 5.4, pour la logique des propositions, et 5.11, pour la logique des prédicats), la déduction naturelle (dans les sections 5.5, pour la logique des propositions, et 5.12, pour la logique des prédicats), et le calcul des séquents (dans les sections 5.9 pour la logique des propositions et 5.13 pour la logique des prédicats). Mais ce sont essentiellement les systèmes à la Hilbert et la déduction naturelle que je détaillerai le plus (leur équivalence sera par ailleurs prouvée dans la section 5.15) :

- Avec peu d'axiomes et de règles, les systèmes à la Hilbert sont des systèmes simples, permettant aussi de justifier rapidement certaines propriétés de la logique. Leur principal défaut est le fait de ne pas pouvoir poser d'hypothèse, ce qui peut alourdir les démonstrations. Les axiomes sont aussi artificiels et peu intuitifs (voir l'exemple 5.4.16).
- La déduction naturelle est le système formel le plus proche du raisonnement naturel des mathématiciens. Il corrige certains défauts des systèmes à la Hilbert, en permettant en particulier de poser des hypothèses. Les règles de déduction reposent sur un principe de symétrie : chaque connecteur (implication $\Longrightarrow$, conjonction $\wedge, \ldots$) et chaque quantificateur ($\forall, \exists$) est associé à une paire de règles duales, l'*introduction*, qui indique comment prouver une formule qui fait intervenir le symbole, et l'*élimination*, qui indique comment utiliser une formule avec ce symbole.

Les autres systèmes sont principalement utilisés en logique pure ou en informatique (en particulier pour des techniques de démonstration automatique).

C'est aussi dans le cadre de la déduction naturelle que seront présentées quelques propriétés de la notion de *contradiction* d'un ensemble de formules, l'équivalent de la notion sémantique d'*inconsistance*, ainsi que la plupart des raisonnements usuels en mathématiques (raisonnement par modus ponens, par contraposition, par l'absurde ...). Ces différents raisonnements peuvent aussi être présents dans d'autres sections (en particulier celles consacrées aux systèmes à la Hilbert), mais c'est dans les sections traitant de la déduction naturelle qu'ils seront le plus approfondis. On trouvera par ailleurs dans la section 5.16 une synthèse sur les raisonnements mathématiques classiques.

Pour signifier que l'on peut déduire la formule $\mathscr{F}$ de l'ensemble de formules Γ (qui est donc l'ensemble des hypothèses, qu'on appelle aussi *l'environnement*, ou le *contexte*), on note en général (quel que soit le système d'inférence choisi)

$$\Gamma \vdash \mathscr{F}$$

Dans le cas où Γ est vide, c'est-à-dire quand on peut prouver la formule $\mathscr{F}$ sans aucune hypothèse (autre que les axiomes et les règles de déduction), on note

$$\vdash \mathscr{F}$$

et si Γ et Γ' sont deux ensembles de formules, on peut aussi noter

$$\Gamma \vdash \Gamma'$$

pour signifier que l'on peut déduire toutes les formules de Γ' à partir de Γ (autrement dit lorsque pour toute formule $\mathscr{F}$ de Γ', on a $\Gamma \vdash \mathscr{F}$).

L'ensemble des formules de Γ auquel on ajoute l'ensemble des formules de Γ', se note en utilisant le symbole de réunion $\cup$ de deux ensembles

$$\Gamma \cup \Gamma'$$

ou juste

$$\Gamma, \Gamma' \qquad \text{ou encore} \qquad \Gamma; \Gamma'$$

On pourra noter $\{\mathscr{F}_1, \ldots, \mathscr{F}_n\}$ l'ensemble constitué des formules $\mathscr{F}_1, \ldots, \mathscr{F}_n$ ou, par abus de notation, juste $\mathscr{F}_1, \ldots, \mathscr{F}_n$. Par exemple, si $\mathscr{F}, \mathscr{G}, \mathscr{H}$ sont des formules et Γ un ensemble de formules

$$\{\mathscr{F}, \mathscr{G}\} \vdash \mathscr{H} \qquad \text{ou} \qquad \mathscr{F}, \mathscr{G} \vdash \mathscr{H}$$

signifie que des formules $\mathscr{F}$ et $\mathscr{G}$ on peut déduire la formule $\mathscr{H}$, et

$$\Gamma \cup \{\mathscr{F}\} \vdash \mathscr{G} \qquad \text{ou} \qquad \Gamma, \mathscr{F} \vdash \mathscr{G}$$

signifie que de l'ensemble de formules Γ auquel on ajoute la formule $\mathscr{F}$, on peut déduire la formule $\mathscr{G}$; si Γ est l'ensemble composé des formules $\mathscr{F}_1, \ldots, \mathscr{F}_n$, cela s'écrit aussi

$$\{\mathscr{F}_1, \ldots, \mathscr{F}_n, \mathscr{F}\} \vdash \mathscr{G} \qquad \text{ou} \qquad \mathscr{F}_1, \ldots, \mathscr{F}_n, \mathscr{F} \vdash \mathscr{G}$$

J'utiliserai en général la seconde notation (des lignes précédentes) pour les formules centrées (seules sur une ligne), mais la première pour les formules dites *en ligne* (au milieu du texte), à cause de l'ambiguïté produite par la présence de la virgule (risque de confusion avec le symbole de ponctuation).

On pourra aussi noter $\Gamma \subseteq \Gamma'$ pour signifier que l'ensemble Γ est inclus dans l'ensemble Γ', autrement dit que toutes les formules de Γ appartiennent aussi à Γ'.

Remarque 5.1.1 : Dans une expression de la forme

$$\mathscr{F}_1, \ldots, \mathscr{F}_n \vdash \mathscr{G}$$

l'ordre dans lequel apparaissent les formules $\mathscr{F}_i$ n'a pas d'importance, puisque cette notation signifie que de l'ensemble $\{\mathscr{F}_1, \ldots, \mathscr{F}_n\}$, on peut déduire $\mathscr{G}$ (on ne suppose pas qu'il y ait un ordre particulier). De même, on peut noter plusieurs fois une même formule dans l'environnement sans changer l'interprétation. Par exemple, si on a

$$\mathscr{F}_1, \mathscr{F}_2, \mathscr{F}_3 \vdash \mathscr{G}$$

alors on a aussi, par exemple

$$\mathscr{F}_2, \mathscr{F}_1, \mathscr{F}_3 \vdash \mathscr{G} \qquad \mathscr{F}_1, \mathscr{F}_2, \mathscr{F}_1, \mathscr{F}_3 \vdash \mathscr{G} \qquad \mathscr{F}_3, \mathscr{F}_3, \mathscr{F}_2, \mathscr{F}_1, \mathscr{F}_1 \vdash \mathscr{G}$$

car toutes ces expressions signifient que l'on peut déduire la formule $\mathscr{G}$ de l'ensemble dont les éléments sont $\mathscr{F}_1, \mathscr{F}_2, \mathscr{F}_3$, ce que l'on peut aussi écrire plus rigoureusement

$$\{\mathscr{F}_1, \mathscr{F}_2, \mathscr{F}_3\} \vdash \mathscr{G}$$

Remarque 5.1.2 (Origine des notations) : On trouve le symbole $\vdash$ en 1879 dans le *Begriffsschrift* [Idéographie][2] du logicien et philosophe allemand Gottlob Frege (1848-1925) ; il l'utilise pour indiquer une affirmation vraie. Le mathématicien et logicien américain Stephen Cole Kleene (1909-1994) écrit :

> « Le symbole $\vdash$ remonte à Frege (1879) ; l'usage actuel à Rosser (1935[3]) et Kleene (1934[4]) (Rosser l'a proposé pour exprimer la déductibilité par la(les) règle(s) d'inférence, et Kleene a suggéré d'inclure aussi l'utilisation des axiomes) »[5]

Remarque 5.1.3 : Dans un texte mathématique, dire qu'une formule $\mathscr{F}$ est prouvable signifie en général qu'elle est prouvable dans le contexte d'une théorie (souvent implicite) Γ, ce que l'on a noté $\Gamma \vdash \mathscr{F}$. Du fait de l'équivalence entre conséquence sémantique et conséquence syntaxique (propriétés de correction et complétude, que nous verrons dans le chapitre 7), cela équivaut à dire que $\mathscr{F}$ est une conséquence sémantique de Γ, ce que l'on a noté $\Gamma \vDash \mathscr{F}$, et que l'on peut aussi exprimer en disant que $\mathscr{F}$ est une formule vraie (sous-entendu : dans tout modèle de Γ). Ainsi dans la pratique mathématique courante, on peut indifféremment dire qu'une formule est vraie, ou qu'elle est prouvable.

2. Gottlob FREGE. *Begriffsschrift, eine der arithmetischen nachgebildete Formelsprache des reinen Denkens.* Halle, 1879. Traduit en français en 1999 par Corine Besson sous le titre : *Idéographie, un langage formulaire de la pensée pure construit d'après celui de l'arithmétique.*
3. John Barkley ROSSER. « A mathematical logic without variables ». Dans : *Ann. Maths.* 2e sér. 36 (1935), p. 127-150.
4. Stephen Cole KLEENE. « Proof by cases in formal logic ». Dans : *Ann. of Maths.* 2e sér. 35 (1934), p. 529-544.
5. Stephen Cole KLEENE. *Mathematical logic.* Wiley, 1967, p. 36.

Exemple 5.1.4 (Règle du modus ponens)
Ce principe classique se retrouve dans tous les systèmes précédents. Il dit que de $\mathscr{F}$ et de $\mathscr{F} \implies \mathscr{G}$, on peut déduire $\mathscr{G}$:

$$\text{si} \begin{cases} \mathscr{F} \\ \mathscr{F} \implies \mathscr{G} \end{cases}$$
$$\text{alors } \mathscr{G}$$

Ce qui peut s'écrire

$$\mathscr{F}, \mathscr{F} \implies \mathscr{G} \vdash \mathscr{G}$$

Le modus ponens peut aussi faire directement partie des règles d'inférence du système. On utilise souvent la notation suivante pour écrire une règle de déduction, dans laquelle on trace un trait horizontal, en indiquant les prémisses de la règle (les hypothèses) au-dessus, et la conclusion au-dessous. On peut aussi noter le nom de la règle au niveau du trait. La règle du modus podens peut donc s'écrire

$$\frac{\mathscr{F} \qquad \mathscr{F} \implies G}{\mathscr{G}}\,\text{MP}$$

On peut noter qu'une règle d'inférence ou une déduction, comme le modus ponens, ne se situe pas au même niveau que les formules logiques. Il s'agit d'une règle dans la métathéorie, et les termes « si » et « alors » sont des termes du métalangage. Par exemple, le modus ponens *n'est pas* la formule suivante

$$(\mathscr{F} \wedge (\mathscr{F} \implies \mathscr{G})) \implies \mathscr{G}$$

même si une formulation en langage naturel (par exemple : « $\mathscr{F}$, et $\mathscr{F}$ implique $\mathscr{G}$, implique $\mathscr{G}$ ») pourrait être ambiguë. On peut trouver une illustration de cette idée dans le paradoxe que le romancier et mathématicien britannique Lewis Carroll (1832-1898) expose dans « Ce que se dirent Achille et la tortue ».

Exemple 5.1.5 (Ce que se dirent Achille et la tortue)
Dans ce texte de Lewis Carroll, publié sans nom d'auteur en décembre 1894 dans le journal *Mind* (sous le titre *What the tortoise said to Achilles*)[6], Lewis Carroll imagine un dialogue entre les deux protagonistes du célèbre paradoxe de Zénon, Achille et la tortue. La tortue amène Achille dans une régression à l'infini pour l'obliger à la convaincre d'un raisonnement déductif simple. Elle lui soumet les trois propositions suivantes :

> « A. Deux choses égales à une même troisième sont égales entre elles.
>
> B. Les deux côtés de ce triangle sont égaux à un même troisième.
>
> Z. Les deux côtés de ce triangle sont égaux entre eux. »

et ajoute :

> « Tout lecteur d'Euclide conviendra, du moins je le présume, que Z découle logiquement de A et B, et que, si l'on admet la vérité de A et de B, on est contraint d'admettre celle de Z ? »

6. Source des extraits qui suivent : Lewis CARROLL. « La logique symbolique ». Dans : *Œuvres*. Trad. par Jean GATTÉGNO. 4ᵉ éd. Gallimard, 1990, p. 1485-1629. Première publication : 1897.

Il s'agit ici d'un raisonnement par modus ponens, que l'on pourrait par exemple représenter ainsi :

$$\text{si} \begin{cases} \text{deux choses égales à une même troisième} & \Longrightarrow \text{choses égales entre elles} \\ \text{deux côtés égaux à un même troisième} & \end{cases}$$

alors : deux côtés égaux entre eux

La tortue demande alors à Achille de la considérer comme quelqu'un acceptant la vérité de A et B, mais sans reconnaître le lien logique avec Z, et demande à Achille de la convaincre d'accepter la vérité de Z. Achille demande à la tortue d'admettre la vérité de la proposition C suivante :

> « C. Si A et B sont vrais, Z est nécessairement vrai. »

La tortue demande alors à Achille d'écrire les propositions :

> « A. Deux choses égales à une même troisième sont égales entre elles.
>
> B. Les deux côtés de ce triangle sont égaux à un même troisième.
>
> C. Si A et B sont vrais, Z est nécessairement vrai.
>
> Z. Les deux côtés de ce triangle sont égaux entre eux. »

La tortue accepte la vérité de A, B, C, mais n'admet toujours pas la vérité de Z. Achille dit :

> « Si A, B et C sont vrais, Z est nécessairement vrai. Vous n'allez pas contester ce point ? »

La tortue accepte d'admettre cette nouvelle proposition :

> « Très bien. Je suis toute prête à l'admettre, dès que vous l'aurez inscrite sur votre carnet. Nous l'appellerons D. Si A, B et C sont vrais, Z est nécessairement vrai. »

Et le dialogue continue, la tortue refusant toujours d'admettre la vérité de Z. On retrouve les protagonistes plusieurs mois plus tard :

> « Avez-vous enregistré cette dernière étape ? Si je ne me trompe, nous en sommes au numéro mille et un. Il nous en reste encore plusieurs milliers à voir. »

Ce dialogue montre qu'il y a une différence entre le connecteur implication ($\mathscr{F}$ implique $\mathscr{G}$), et l'inférence logique ($\mathscr{F}$, donc $\mathscr{G}$). La tortue fait la confusion entre les deux, et ne peut accepter l'inférence, qu'elle ramène à une implication. La règle métalogique de l'inférence est nécessaire pour sortir de ce dialogue sans fin.

Définition 5.1.6 (Équivalence)
Je noterai $\equiv$ l'équivalence :

$$\mathscr{F} \equiv \mathscr{G} \overset{\text{def}}{\equiv} \begin{cases} \mathscr{F} \vdash \mathscr{G} \\ \mathscr{G} \vdash \mathscr{F} \end{cases}$$

et pour tout ensemble Γ de formules, je noterai $\equiv_\Gamma$ l'équivalence dans le contexte Γ :

$$\mathscr{F} \equiv_\Gamma \mathscr{G} \overset{\text{def}}{\equiv} \begin{cases} \Gamma, \mathscr{F} \vdash \mathscr{G} \\ \Gamma, \mathscr{G} \vdash \mathscr{F} \end{cases}$$

Remarque 5.1.7 : Si Γ est l'ensemble vide, la relation $\equiv_\Gamma$ est la relation $\equiv$.

Remarque 5.1.8 : On pourrait utiliser un symbole différent de celui qui a été défini pour l'équivalence sémantique, mais c'est inutile car nous verrons dans le chapitre 7 que dans la logique des propositions comme dans la logique des prédicats, les symboles $\vdash$ et $\vDash$ sont interchangeables ($\mathscr{F} \vdash \mathscr{G}$ si et seulement si $\mathscr{F} \vDash \mathscr{G}$), quel que soit le système de déduction choisi.

5.2 Méthode des tableaux sémantiques pour la logique des propositions

Je donne dans cette section une rapide présentation informelle de la *méthode des tableaux sémantiques* (ou *tableaux de réfutation*, ou *arbres de réfutation*). Cette méthode s'appuie sur le principe suivant pour démontrer qu'une formule P est une conséquence sémantique d'un ensemble de formules Γ : $\Gamma \vDash P$ si et seulement si $\Gamma \cup \{\neg P\}$ n'a pas de modèle, autrement dit si et seulement si il existe une formule Q telle que

$$\begin{cases} \Gamma, \neg P & \vDash Q \\ \Gamma, \neg P & \vDash \neg Q \end{cases}$$

Le principe de la méthode est alors le suivant : on construit un « arbre » indiquant les différentes déductions que l'on peut obtenir à partir de la série de formules initiales, et qui s'appuie sur les deux principes suivants :

- Si $P \wedge Q$ est *vrai*, alors on peut en déduire P, et en déduire Q, ce que l'on note par la « branche »

$$\begin{array}{c} P \wedge Q \\ | \\ P \\ | \\ Q \end{array}$$

- Si $P \vee Q$ est *vrai*, alors on peut en déduire soit P, soit Q (de façon non exclusive, c'est-à-dire qu'on peut avoir simultanément P et Q), et on coupe alors l'arbre en deux pour obtenir deux nouvelles branches :

$$\begin{array}{ccc} & P \vee Q & \\ \swarrow & & \searrow \\ P & & Q \end{array}$$

On peut utiliser les équivalences suivantes, pour les connecteurs $\Longrightarrow$ et $\Longleftrightarrow$

$$\begin{aligned} P \Longrightarrow Q &\equiv \neg P \vee Q \\ P \Longleftrightarrow Q &\equiv (P \wedge Q) \vee (\neg P \wedge \neg Q) \end{aligned}$$

et pour les négations

$$\begin{aligned} \neg\neg P &\equiv P \\ \neg(P \wedge Q) &\equiv \neg P \vee \neg Q \\ \neg(P \vee Q) &\equiv \neg P \wedge \neg Q \\ \neg(P \Longrightarrow Q) &\equiv P \wedge \neg Q \\ \neg(P \Longleftrightarrow Q) &\equiv (P \wedge \neg Q) \vee (\neg P \wedge Q) \end{aligned}$$

On se ramène ainsi toujours à l'un des deux cas de base.

Lorsqu'une branche contient une contradiction $\perp$ (une formule P et sa négation $\neg P$), on dit que la branche est close, et il est inutile de la continuer. Lorsque toutes les branches sont closes, la preuve est achevée.

Exemple 5.2.1 (Démonstration de la règle du modus ponens par la méthode des tableaux)
On veut démontrer

$$P \implies Q, P \models Q$$

On considère donc les formules $P \implies Q$, P, $\neg Q$, et on écrit ensuite $P \implies Q$ en fonction de l'opérateur $\lor$:

$$\begin{array}{c} P \\ | \\ \neg Q \\ | \\ \neg P \lor Q \end{array}$$

On partage donc en deux branches :

$$\begin{array}{ccc} & P & \\ & | & \\ & \neg Q & \\ & | & \\ & \neg P \lor Q & \\ \swarrow & & \searrow \\ \neg P & & Q \end{array}$$

On obtient deux contradictions (P et $\neg P$ sur la branche de gauche, Q et $\neg Q$ sur la branche de droite), ce qui permet de terminer la démonstration :

$$\begin{array}{ccc} & P & \\ & | & \\ & \neg Q & \\ & | & \\ & \neg P \lor Q & \\ \swarrow & & \searrow \\ \neg P & & Q \\ | & & | \\ \bot & & \bot \end{array}$$

Exemple 5.2.2 (Démonstration de la transitivité de l'implication par la méthode des tableaux)
On veut prouver

$$P \implies Q, Q \implies R \models P \implies R$$

On considère donc les formules $P \implies Q, Q \implies R, \neg(P \implies R)$ que l'on écrit ensuite en fonction des opérateurs $\land$ et $\lor$:

$$\begin{array}{c} \neg P \lor Q \\ | \\ \neg Q \lor R \\ | \\ P \land \neg R \end{array}$$

Les deux formules $\neg P \vee Q$ et $\neg Q \vee R$ font scinder les branches en deux :

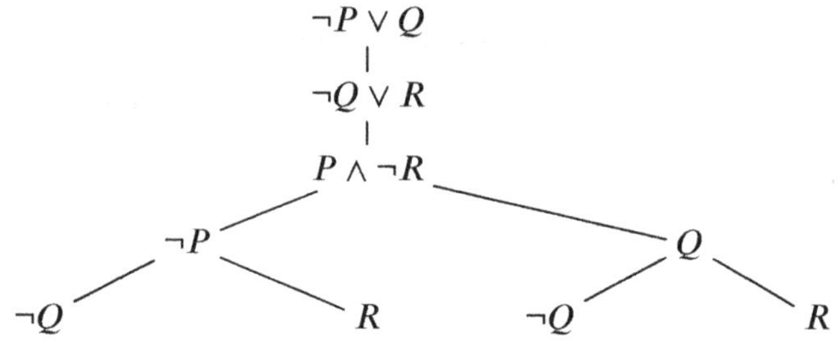

On obtient déjà une contradiction (Q et $\neg Q$), et on prolonge les autres branches, en ajoutant P et $\neg R$ (conséquences de $P \wedge \neg R$) :

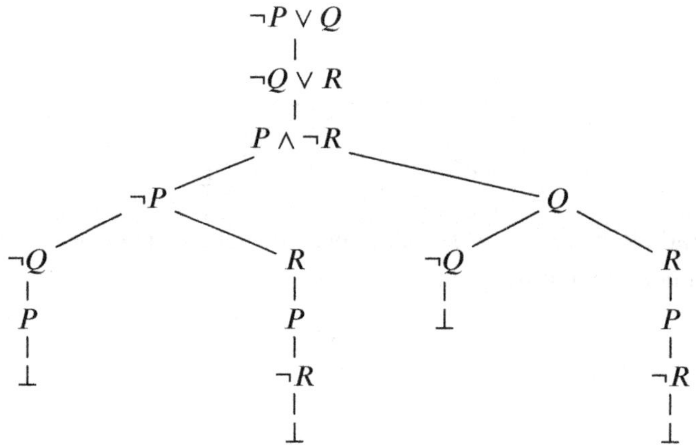

On notera que le choix de l'ordre dans lequel on traite les formules peut influer sur la taille de l'arbre. Il est préférable de traiter d'abord les cas qui n'ouvrent pas plusieurs branches. En reprenant l'exemple précédent, il était préférable de traiter en premier la formule $P \wedge \neg R$. On obtient alors l'arbre suivant :

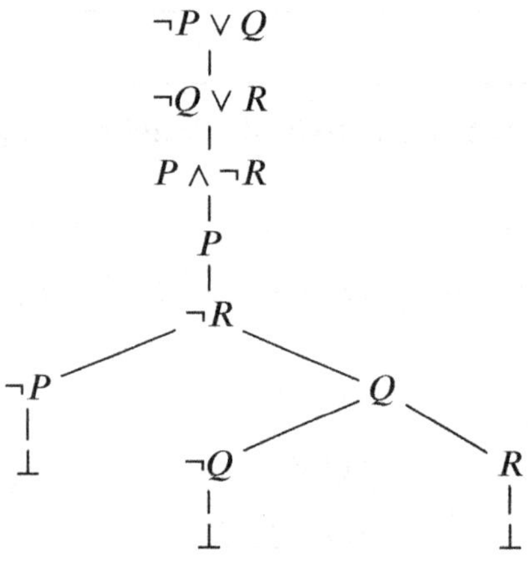

Remarque 5.2.3 : La méthode des tableaux est aussi une façon de déterminer une forme normale disjonctive d'une formule. Par exemple, l'exemple précédent montre que

$$(\neg P \wedge \neg R \wedge P) \vee (\neg Q \wedge Q \wedge \neg R \wedge P) \vee (R \wedge Q \wedge \neg R \wedge P)$$

est une forme normale disjonctive de

$$(P \implies Q) \wedge (Q \implies R) \wedge \neg(P \implies R)$$

5.3 Résolution pour la logique des propositions

Comme pour la méthode des tableaux, je donne dans cette section une rapide présentation informelle de la *méthode par résolution*, qui s'appuie aussi sur le principe de réfutation : pour démontrer qu'une formule P est une conséquence sémantique d'un ensemble de formules Γ, on montre que $\Gamma \cup \{\neg P\}$ est inconsistant.

Dans cette méthode, les formules sont d'abord exprimées sous forme normale conjonctive, de telle sorte que l'on travaille sur des clauses (disjonctions de littéraux), avec la règle suivante :

$$\text{si} \begin{cases} p \vee L_1 \vee \cdots \vee L_m \\ \neg p \vee L'_1 \vee \cdots \vee L'_n \end{cases}$$
$$\text{alors } L_1 \vee \cdots \vee L_m \vee L'_1 \vee \cdots \vee L'_n$$

ce qui peut s'écrire, avec la notation classique des règles d'inférence

$$\frac{p \vee L_1 \vee \cdots \vee L_m \qquad \neg p \vee L'_1 \vee \cdots \vee L'_n}{L_1 \vee \cdots \vee L_m \vee L'_1 \vee \cdots \vee L'_n}$$

m et n sont des entiers pouvant être nuls, et dans ce cas l'ensemble de clauses associé est vide, comme dans le cas particulier suivant de la règle (où $m = 0$ et $n = 1$), correspondant au modus ponens (puisque $p \implies q \equiv \neg p \vee q$)

$$\text{si} \begin{cases} p \\ \neg p \vee q \end{cases}$$
$$\text{alors } q$$

ce qui peut aussi s'écrire

$$\frac{p \qquad \neg p \vee q}{q}$$

La preuve consiste en une liste de clauses, chacune d'entre elles étant soit une des hypothèses, soit une clause déduite des précédentes, jusqu'à obtenir une contradiction, que l'on considère aussi comme la clause vide, déduite de

$$\begin{cases} p \\ \neg p \end{cases}$$

Exemple 5.3.1 (Démonstration de la transitivité de l'implication par résolution)
On veut démontrer

$$p \implies q, q \implies r \vdash p \implies r$$

en justifiant

$$p \implies q, q \implies r, \neg(p \implies r) \vdash \bot$$

On transforme ces formules en formes normales conjonctives :

$$p \implies q \equiv \neg p \vee q$$
$$q \implies r \equiv \neg q \vee r$$
$$\neg(p \implies r) \equiv p \wedge \neg r$$

Les hypothèses sont constituées des clauses suivantes

$$\neg p \vee q \quad \neg q \vee r \quad p \quad \neg r$$

On peut alors représenter la démonstration sous la forme de ce qu'on appelle un *arbre de preuve*, avec la notation classique des règles d'inférence (ici, il n'y a qu'une seule règle) :

$$\dfrac{\dfrac{\dfrac{\neg p \vee q \qquad p}{q} \qquad \neg q \vee r}{r} \qquad \neg r}{\bot}$$

Sous forme linéaire, cette preuve peut se représenter par la suite de clauses suivantes :

1	$\neg p \vee q$	Hypothèse
2	p	Hypothèse
3	q	Application de la règle de résolution à partir de 1 et 2
4	$\neg q \vee r$	Hypothèse
5	r	Application de la règle de résolution à partir de 3 et 4
6	$\neg r$	Hypothèse
7	$\bot$	Application de la règle de résolution à partir de 5 et 6

5.4 Système de déduction à la Hilbert pour la logique des propositions

Dans un tel système, on se donne des axiomes et des règles (qui seront précisés plus loin) et on définit une preuve de la manière suivante :

Définition 5.4.1 (Preuve)
On dit que l'on peut *prouver*, ou *déduire*, la formule P à partir de l'ensemble de formules Γ, ou que P est une *conséquence syntaxique* de Γ (ou un *théorème* de Γ), lorsqu'il existe une suite de formules $P_1, P_2, \dots, P_n$, que l'on appelle *preuve* (ou *démonstration*) de P sous l'hypothèse Γ, avec P_n égal à P, et pour tout k entre 1 et n :

- soit P_k est un axiome ;
- soit P_k est un élément de Γ ;
- soit P_k peut se déduire des P_i ($i < k$) à partir d'une des règles d'inférence.

On note alors

$$\Gamma \vdash P$$

Remarque 5.4.2 : L'ensemble des conséquences de Γ est donc un ensemble inductif obtenu en prenant pour base les axiomes et les éléments de Γ, et pour règles les règles d'inférence (construction « de bas en haut » par la suite de formules $P_1, \dots, P_n$).

Remarque 5.4.3 : Par définition, une preuve de P sous l'hypothèse Γ n'utilise qu'un ensemble fini d'éléments de Γ (même si Γ est infini). En effet, une preuve de longueur n utilise au maximum n éléments de Γ (si $P_1, \dots, P_n$ sont tous des éléments de Γ). Ainsi

$$\Gamma \vdash P \text{ si et seulement si il existe un sous-ensemble fini } \Gamma' \text{ de } \Gamma \text{ tel que } \Gamma' \vdash P$$

On notera aussi que pour la même raison, une preuve n'utilise automatiquement qu'un nombre fini d'axiomes (même s'il en existe un nombre infini).

De ce principe général de démonstration découlent quelques propriétés :

Métathéorème 5.4.4 (Propriétés de l'inférence)

1. Monotonie : si on peut déduire P d'un ensemble de formules Γ, on peut aussi déduire P d'un ensemble de formules contenant toutes les formules de Γ :
$$\text{si} \begin{cases} \Gamma \vdash P \\ \Gamma \subseteq \Gamma' \end{cases} \quad \text{alors} \quad \Gamma' \vdash P$$
2. Réflexivité : on peut déduire P de P :
$$P \vdash P$$
3. Transitivité, ou coupure :
$$\text{si} \begin{cases} \Gamma \vdash \Gamma' \\ \Gamma, \Gamma' \vdash P \end{cases} \quad \text{alors} \quad \Gamma \vdash P$$

Preuve

1. Monotonie : si
$$\begin{cases} \Gamma \vdash P \\ \Gamma \subseteq \Gamma' \end{cases}$$
alors il existe une démonstration $P_1, \dots, P_n$ (avec $P_n = P$) de P sous l'hypothèse Γ, et cette démonstration est aussi une preuve de P sous l'hypothèse Γ' puisque chaque P_k (k entre 1 et n) est soit un axiome, soit un élément de Γ (donc aussi de Γ'), soit déduit des P_i ($i < k$) à partir d'une des règles d'inférence.
2. Réflexivité : avec $\Gamma :\equiv \{P\}$, la suite formée de la seule formule P est une démonstration de $\Gamma \vdash P$, puisque P appartient à Γ.
3. Transitivité : si
$$\begin{cases} \Gamma \vdash \Gamma' \\ \Gamma, \Gamma' \vdash P \end{cases}$$
alors il existe une preuve $P_1, \dots P_n$ (avec $P_n = P$) de P sous l'hypothèse $\Gamma \cup \Gamma'$. Chaque formule P_k (k entre 1 et n) est
   - soit un axiome, soit un élément de Γ, soit déduit des P_i ($i < k$) à partir des règles d'inférence, et dans ce cas P_k convient pour une démonstration de P sous l'hypothèse Γ ;
   - soit un élément de Γ' n'appartenant pas à Γ. Dans ce cas, puisque $\Gamma \vdash \Gamma'$, il existe une suite de formules $Q_1, \dots Q_p$ (avec $Q_p = P_k$) qui est une démonstration de P_k sous l'hypothèse Γ.

   En remplaçant dans la suite $P_1, \dots, P_n$ tous les P_k qui sont dans ce deuxième cas, par leur démonstration sous l'hypothèse Γ, on obtient une suite $P'_1, \dots, P'_m$ de formules (avec $P'_m = P$), qui est une preuve de P sous l'hypothèse Γ.

Remarque 5.4.5 : On déduit également de la monotonie et de la réflexivité la propriété que j'appellerai *répétition* : de $\Gamma \cup \{P\}$, on peut déduire P :

$$\Gamma, P \vdash P$$

puisque

$$\begin{cases} P \vdash P \\ \{P\} \subseteq \Gamma \cup \{P\} \end{cases}$$

Cette propriété peut aussi s'exprimer ainsi : si P appartient à Γ, alors

$$\Gamma \vdash P$$

Remarque 5.4.6 : On déduit du métathéorème précédent quelques propriétés des relations $\equiv$ et $\equiv_\Gamma$ (nous en verrons d'autres plus loin) : si $P \equiv Q$, alors $P \equiv_\Gamma Q$ par monotonie (si $P \vdash Q$, alors $\Gamma \cup \{P\} \vdash Q$), et les relations $\equiv$ et $\equiv_\Gamma$ sont des relations d'équivalence (elles sont réflexives, symétriques et transitives) : la symétrie de $\equiv_\Gamma$ est une conséquence immédiate de la définition (on peut permuter P et Q), la réflexivité est une conséquence de la monotonie et de la réflexivité de la logique ($\Gamma \cup \{P\} \vdash P$), et la transitivité est une conséquence de la monotonie et de la transitivité de la logique (si $\Gamma \cup \{P\} \vdash Q$, et si $\Gamma \cup \{Q\} \vdash R$, alors $\Gamma \cup \{P, Q\} \vdash R$ par monotonie et $\Gamma \cup \{P\} \vdash R$ par transitivité).

Un exemple de système de déduction à la Hilbert pour la logique des propositions est le système suivant, pour lequel la seule règle d'inférence est le modus ponens :

Règle d'inférence 5.4.7 (Règle du modus ponens)

$$\text{si} \begin{cases} P \\ P \implies Q \end{cases}$$
$$\text{alors } Q$$

et qui utilise les axiomes suivants (deux pour l'implication, un pour la négation) :

Axiome 5.4.8 (Axiomes de Hilbert)

1. $AI_1 : P \implies (Q \implies P)$
2. $AI_2 : (P \implies (Q \implies R)) \implies ((P \implies Q) \implies (P \implies R))$
3. $AN : (\neg P \implies \neg Q) \implies ((\neg P \implies Q) \implies P)$

Remarque 5.4.9 : Dans d'autres variantes (équivalentes) des axiomes de Hilbert, l'axiome AN est remplacé par :

$$AN' : (\neg P \implies Q) \implies ((\neg P \implies \neg Q) \implies P)$$

ou par

$$AN'' : (\neg Q \implies \neg P) \implies (P \implies Q)$$

On pourra trouver une justification de l'équivalence des trois variantes dans la remarque 5.4.26 (p. 223) et le métathéorème 5.4.32 (p. 226).

Remarque 5.4.10 : Avec la notation usuelle, la règle du modus ponens et les trois axiomes, qui peuvent être considérés comme des règles sans prémisse, peuvent s'écrire :

$$\frac{P \qquad P \Longrightarrow Q}{Q}\ \text{MP}$$

$$\frac{}{P \Longrightarrow (Q \Longrightarrow P)}\ AI_1$$

$$\frac{}{(P \Longrightarrow (Q \Longrightarrow R)) \Longrightarrow ((P \Longrightarrow Q) \Longrightarrow (P \Longrightarrow R))}\ AI_2$$

$$\frac{}{(\neg P \Longrightarrow \neg Q) \Longrightarrow ((\neg P \Longrightarrow Q) \Longrightarrow P)}\ AN$$

Remarque 5.4.11 : On désigne aussi les propositions AI_1, AI_2, AN par l'expression *schémas d'axiomes* (plutôt que *axiome*). En effet, chacun de ces « axiomes » s'applique à une infinité de propositions, car les lettres $P, Q, \ldots$ sont des métavariables pouvant représenter n'importe quelle formule. Par exemple en remplaçant Q par P dans AI_1, on obtient une autre *instance* de ce schéma d'axiomes

$$P \Longrightarrow (P \Longrightarrow P)$$

et en remplaçant Q par $P \Longrightarrow P$ (toujours dans AI_1), on obtient

$$P \Longrightarrow ((P \Longrightarrow P) \Longrightarrow P)$$

Les axiomes précédents ne concernant que les opérateurs $\neg$ et $\Longrightarrow$, les autres opérateurs peuvent être définis à partir de ceux-ci, de façon classique (en accord avec la sémantique) :

Définition 5.4.12 (Définition des connecteurs $\vee, \wedge, \Longleftrightarrow$)

$$\begin{aligned}
P \vee Q &\stackrel{\text{def}}{\equiv} \neg P \Longrightarrow Q \\
P \wedge Q &\stackrel{\text{def}}{\equiv} \neg(P \Longrightarrow \neg Q) \\
P \Longleftrightarrow Q &\stackrel{\text{def}}{\equiv} (P \Longrightarrow Q) \wedge (Q \Longrightarrow P) \\
&\stackrel{\text{def}}{\equiv} \neg((P \Longrightarrow Q) \Longrightarrow \neg(Q \Longrightarrow P))
\end{aligned}$$

Plutôt que de définir les connecteurs $\wedge$ et $\vee$ à partir de l'implication et de la négation, il est aussi possible de les définir par axiomes[7]. Les systèmes obtenus ont plus d'axiomes mais, en facilitant l'utilisation des connecteurs $\wedge$ et $\vee$, deviennent un peu plus proches des raisonnements classiques.

Axiome 5.4.13 (Axiomes pour la conjonction)

1. $AC_1 : P \wedge Q \Longrightarrow P$
2. $AC_2 : P \wedge Q \Longrightarrow Q$
3. $AC_3 : P \Longrightarrow (Q \Longrightarrow P \wedge Q)$

7. L'équivalence des deux types de définition sera justifiée plus loin.

Axiome 5.4.14 (Axiomes pour la disjonction)

1. $AD_1 : P \implies (P \vee Q)$
2. $AD_2 : Q \implies (P \vee Q)$
3. $AD_3 : P \vee Q \implies ((P \implies R) \implies ((Q \implies R) \implies R))$

Voyons quelques exemples de démonstration dans un système à la Hilbert :

Exemple 5.4.15
Démontrons la propriété que je nommerai dans la suite *répétition*

$$\vdash P \implies P$$

1	$P \implies (P \implies P)$	Axiome AI_1 où on remplace Q par P
2	$P \implies ((P \implies P) \implies P)$	Axiome AI_1 où on remplace Q par $P \implies P$
3	$(P \implies ((P \implies P) \implies P)) \implies ((P \implies (P \implies P)) \implies (P \implies P))$	Axiome AI_2 où on remplace Q par $P \implies P$ et R par P
4	$(P \implies (P \implies P)) \implies (P \implies P)$	Modus ponens à partir de 2 et 3
5	$P \implies P$	Modus ponens à partir de 1 et 4

Il est aussi possible de représenter cette démonstration sous la forme d'un *arbre de preuve* :

$$\dfrac{\dfrac{}{P \implies (P \implies P)}\,{\scriptstyle AI_1} \qquad \dfrac{\dfrac{}{P \implies ((P \implies P) \implies P)}\,{\scriptstyle AI_1} \quad \dfrac{}{(P \implies ((P \implies P) \implies P)) \implies ((P \implies (P \implies P)) \implies (P \implies P))}\,{\scriptstyle AI_2}}{(P \implies (P \implies P)) \implies (P \implies P)}\,{\scriptstyle MP}}{P \implies P}\,{\scriptstyle MP}$$

Exemple 5.4.16 (Démonstration de la transitivité de l'implication dans un système à la Hilbert)
Démontrons la transitivité de l'implication, c'est-à-dire que de $P \implies Q$ et de $Q \implies R$, on peut déduire $P \implies R$:

$$P \implies Q, Q \implies R \vdash P \implies R$$

1	$P \implies Q$	Une des deux hypothèses
2	$Q \implies R$	Une des deux hypothèses
3	$(P \implies (Q \implies R)) \implies ((P \implies Q) \implies (P \implies R))$	Axiome AI_2
4	$(Q \implies R) \implies (P \implies (Q \implies R))$	Axiome AI_1, où on remplace P par $Q \implies R$ et Q par P
5	$P \implies (Q \implies R)$	Modus ponens à partir de 2 et de 4
6	$(P \implies Q) \implies (P \implies R)$	Modus ponens à partir de 5 et de 3
7	$P \implies R$	Modus ponens à partir de 1 et de 6

Cette démonstration sous la forme d'un *arbre de preuve* :

$$\dfrac{\dfrac{\dfrac{}{(P \Longrightarrow (Q \Longrightarrow R)) \Longrightarrow ((P \Longrightarrow Q) \Longrightarrow (P \Longrightarrow R))}AI_2 \quad \dfrac{\dfrac{}{(Q \Longrightarrow R) \Longrightarrow (P \Longrightarrow (Q \Longrightarrow R))}AI_1 \quad Q \Longrightarrow R}{P \Longrightarrow (Q \Longrightarrow R)}MP}{(P \Longrightarrow Q) \Longrightarrow (P \Longrightarrow R)}MP \quad P \Longrightarrow Q}{P \Longrightarrow R}MP$$

Remarque 5.4.17 : On notera la complexité de ce type de démonstration. Pour comparaison, on trouvera la démonstration, en déduction naturelle, de la propriété du premier exemple page 236, et de celle du deuxième exemple page 240.

Remarque 5.4.18 : Nous pourrons utiliser ces résultats dans une démonstration, c'est-à-dire que

- la formule $P \Longrightarrow P$ pourra être considérée comme un axiome (c'est-à-dire comme une règle sans prémisses) ;
- si les formules $P \Longrightarrow Q$ et $Q \Longrightarrow R$ apparaissent dans la suite de formules constituant une preuve, on pourra en déduire la formule $P \Longrightarrow R$.

Cela revient à faire un raccourci consistant à ne pas écrire les formules intermédiaires prouvant chacun de ces résultats. Il en sera de même pour les autres théorèmes que nous prouverons dans les exemples.

La règle du modus ponens permet de justifier le métathéorème suivant, auquel on donnera le même nom :

Métathéorème 5.4.19 (Modus ponens)
On considère un ensemble de formules Γ et deux formules P et Q.

$$\text{si} \begin{cases} \Gamma & \vdash P \\ \Gamma' & \vdash P \Longrightarrow Q \end{cases}$$
$$\text{alors } \Gamma, \Gamma' \vdash Q$$

Preuve
Si $\Gamma \vdash P$ et $\Gamma' \vdash P \Longrightarrow Q$, alors il existe à partir de Γ (donc aussi à partir de $\Gamma \cup \Gamma'$) une preuve $F_1, \ldots F_n$ de P et à partir de Γ' (donc aussi à partir de $\Gamma \cup \Gamma'$), une preuve $G_1, \ldots, G_m$ de $P \Longrightarrow Q$. Il suffit d'appliquer la règle du modus ponens aux formules F_n et G_m de la preuve

$$F_1, \ldots, F_n, G_1, \ldots, G_m$$

(qui sont respectivement les formules P et $P \Longrightarrow Q$) pour obtenir une preuve de Q à partir de $\Gamma \cup \Gamma'$. Donc

$$\Gamma, \Gamma' \vdash Q$$

Remarque 5.4.20 : J'utilise le terme *métathéorème* car il s'agit d'un théorème portant *sur* la logique et non pas d'un théorème *de* la logique, comme les deux exemples précédents

$$\vdash P \Longrightarrow P$$
$$P \Longrightarrow Q, Q \Longrightarrow R \vdash P \Longrightarrow R$$

qui sont des *théorèmes*, dans le sens défini plus haut, c'est-à-dire des formules que l'on peut prouver à partir d'un ensemble de formules (dans le premier exemple, on prouve la formule $P \Longrightarrow P$ à partir de l'ensemble vide, et dans le deuxième, on prouve la formule $P \Longrightarrow R$ à partir de l'ensemble formé des formules $P \Longrightarrow Q$ et $Q \Longrightarrow R$), en suivant les règles indiquées.

Une des difficultés des systèmes à la Hilbert est qu'il n'existe pas de règle pour justifier la pratique, courante en mathématiques, consistant à prouver l'implication $P \Longrightarrow Q$ en posant l'hypothèse P et en déduisant Q. Mais ce principe est valable dans un système à la Hilbert, ce que l'on peut justifier dans le métathéorème suivant :

Métathéorème 5.4.21 (Théorème de déduction)
On considère un ensemble de formules Γ et deux formules P et Q.

$$\Gamma \vdash P \implies Q \quad \text{si et seulement si} \quad \Gamma, P \vdash Q$$

Preuve

1. On fait l'hypothèse
$$\Gamma \vdash P \implies Q$$
On veut prouver $\Gamma \cup \{P\} \vdash Q$. Par la propriété de monotonie de l'inférence
$$\Gamma, P \vdash P \implies Q$$
et par répétition
$$\Gamma, P \vdash P$$
On en déduit par modus ponens
$$\Gamma, P \vdash Q$$
2. Réciproquement, démontrons par récurrence forte sur n que pour tout Γ, P, Q, s'il existe une preuve $Q_1, \dots, Q_n$ de Q à partir de $\Gamma \cup \{P\}$, de longueur n, alors $\Gamma \vdash P \implies Q$.
   - Au rang $n = 1$:
   — Si $Q = P$, on a par répétition (un des exemples précédents)
$$\vdash P \implies P$$
   On en déduit
$$\Gamma \vdash P \implies P$$
   — Si Q appartient à Γ, alors $\Gamma \vdash Q$. De plus, d'après l'axiome AI_1, et par monotonie
$$\Gamma \vdash Q \implies (P \implies Q)$$
   Donc par modus ponens
$$\Gamma \vdash P \implies Q$$
   — Si Q est un axiome, on a $\Gamma \vdash Q$ et on en déduit comme précédemment
$$\Gamma \vdash P \implies Q$$
   - On fait l'hypothèse de récurrence suivante, pour $n \geqslant 1$: pour tout Γ, P, Q, s'il existe une démonstration de longueur $k \leqslant n$ de Q à partir de $\Gamma \cup \{P\}$, alors $\Gamma \vdash P \implies Q$. On considère une démonstration de longueur $n + 1$ de Q à partir de $\Gamma \cup \{P\}$.
   — Soit Q appartient à Γ, ou est égal à P, ou est un axiome, et on démontre le résultat comme précédemment.
   — Soit il existe dans la démonstration $Q_1, \dots, Q_{n+1}$ une formule Q' telle que Q est obtenu par modus ponens à partir de Q' et de $Q' \implies Q$. Ce qui signifie que Q' et $Q' \implies Q$ se déduisent de $\Gamma \cup \{P\}$
$$\begin{cases} \Gamma, P \vdash Q' \\ \Gamma, P \vdash Q' \implies Q \end{cases}$$
   par une démonstration de longueur inférieure ou égale à n. On a donc, par hypothèse de récurrence
$$\begin{cases} \Gamma \vdash P \implies Q' \\ \Gamma \vdash P \implies (Q' \implies Q) \end{cases}$$
   De plus, d'après l'axiome AI_2
$$\Gamma \vdash (P \implies (Q' \implies Q)) \implies ((P \implies Q') \implies (P \implies Q))$$
   donc par modus ponens
$$\Gamma \vdash (P \implies Q') \implies (P \implies Q)$$
   et encore par modus ponens
$$\Gamma \vdash P \implies Q$$

Remarque 5.4.22 : Le théorème de déduction permet d'exprimer différemment les axiomes associés aux connecteurs. Par exemple, l'axiome AI_1 permet de justifier le théorème

$$\vdash P \implies (Q \implies P)$$

qui peut aussi s'écrire, d'après le théorème de déduction, sous l'une des deux formes équivalentes suivantes

$$P \vdash Q \implies P \qquad\qquad P, Q \vdash P$$

De même, l'axiome AI_2 peut s'écrire sous l'une des trois formes équivalentes suivantes

$$\begin{aligned} P \implies (Q \implies R) &\vdash (P \implies Q) \implies (P \implies R) \\ P \implies (Q \implies R), P \implies Q &\vdash P \implies R \\ P \implies (Q \implies R), P \implies Q, P &\vdash R \end{aligned}$$

et l'axiome AN peut s'écrire sous l'une des deux formes équivalentes suivantes

$$\neg P \implies \neg Q \vdash (\neg P \implies Q) \implies P \qquad\qquad \neg P \implies \neg Q, \neg P \implies Q \vdash P$$

Pour la conjonction, les axiomes AC_1, AC_2, AC_3 peuvent s'écrire

$$\begin{cases} P \wedge Q & \vdash P \\ P \wedge Q & \vdash Q \\ P, Q & \vdash P \wedge Q \end{cases}$$

et pour la disjonction les axiomes AD_1, AD_2, AD_3 peuvent s'écrire

$$\begin{cases} P \vdash P \vee Q \\ Q \vdash P \vee Q \\ P \vee Q, P \implies R, Q \implies R \vdash R \end{cases}$$

Le théorème de déduction permet aussi de simplifier les démonstrations :

Exemple 5.4.23 (Démonstration de la transitivité de l'implication dans un système à la Hilbert)
Reprenons l'exemple de la transitivité de l'implication. Pour démontrer

$$P \implies Q, Q \implies R \vdash P \implies R$$

il suffit de démontrer, d'après le théorème de déduction,

$$P \implies Q, Q \implies R, P \vdash R$$

1	$P \implies Q$	Hypothèse
2	$Q \implies R$	Hypothèse
3	P	Hypothèse
4	Q	Modus ponens à partir de 3 et 1
5	R	Modus ponens à partir de 4 et 2

On peut aussi noter que d'après le théorème de déduction, la transitivité de l'implication équivaut également à

$$\vdash (P \implies Q) \implies ((Q \implies R) \implies (P \implies R))$$

Métathéorème 5.4.24 (Raisonnement par l'absurde)
On considère une formule P et un ensemble Γ de formules. Alors $\Gamma \vdash P$ si et seulement si il existe une formule Q telle que

$$\begin{cases} \Gamma, \neg P & \vdash Q \\ \Gamma, \neg P & \vdash \neg Q \end{cases}$$

Preuve

- Si $\Gamma \vdash P$, alors par monotonie $\Gamma \cup \{\neg P\} \vdash P$ et par répétition $\Gamma \cup \{\neg P\} \vdash \neg P$.
- Réciproquement, on fait l'hypothèse

$$\begin{cases} \Gamma, \neg P & \vdash Q \\ \Gamma, \neg P & \vdash \neg Q \end{cases}$$

D'après le théorème de déduction

$$\Gamma \vdash \neg P \implies \neg Q$$

D'après l'axiome AN :

$$\Gamma \vdash (\neg P \implies \neg Q) \implies ((\neg P \implies Q) \implies P)$$

Donc par modus ponens

$$\Gamma \vdash (\neg P \implies Q) \implies P$$

De plus, par hypothèse et d'après le théorème de déduction

$$\Gamma \vdash \neg P \implies Q$$

on en déduit $\Gamma \vdash P$ par modus ponens.

Voyons d'autres exemples de preuves :

Exemple 5.4.25
Démontrons la propriété que je nommerai dans la suite *permutation*

$$P \implies (Q \implies R) \vdash Q \implies (P \implies R)$$

D'après le théorème de déduction, il suffit de vérifier

$$P \implies (Q \implies R), Q \vdash P \implies R$$

1	$P \implies (Q \implies R)$	Hypothèse
2	Q	Hypothèse
3	$Q \implies (P \implies Q)$	Axiome AI_1 en remplaçant P par Q et Q par P
4	$P \implies Q$	Modus ponens à partir de 2 et 3
5	$(P \implies (Q \implies R)) \implies ((P \implies Q) \implies (P \implies R))$	Axiome AI_2

6	$(P \Longrightarrow Q) \Longrightarrow (P \Longrightarrow R)$	Modus ponens à partir de 1 et 5
7	$P \Longrightarrow R$	Modus ponens à partir de 4 et 6

En appliquant cette propriété en permutant P et Q, on obtient

$$Q \Longrightarrow (P \Longrightarrow R) \vdash P \Longrightarrow (Q \Longrightarrow R)$$

ce qui prouve aussi l'équivalence

$$P \Longrightarrow (Q \Longrightarrow R) \equiv Q \Longrightarrow (P \Longrightarrow R)$$

Remarque 5.4.26 : On déduit aussi du principe de permutation, en remplaçant P par « $\neg P \Longrightarrow \neg Q$ », Q par « $\neg P \Longrightarrow Q$ », et R par P, l'équivalence des deux axiomes pour la négation :

$$AN : (\neg P \Longrightarrow \neg Q) \Longrightarrow ((\neg P \Longrightarrow Q) \Longrightarrow P)$$
$$AN' : (\neg P \Longrightarrow Q) \Longrightarrow ((\neg P \Longrightarrow \neg Q) \Longrightarrow P)$$

Exemple 5.4.27 (Démonstration de l'équivalence entre P et $\neg\neg P$)

1. Démontrons

$$\vdash \neg\neg P \Longrightarrow P$$

1	$(\neg P \Longrightarrow \neg\neg P) \Longrightarrow ((\neg P \Longrightarrow \neg P) \Longrightarrow P)$	Axiome AN en remplaçant Q par $\neg P$
2	$(\neg P \Longrightarrow \neg P) \Longrightarrow ((\neg P \Longrightarrow \neg\neg P) \Longrightarrow P)$	Par permutation (exemple précédent)
3	$\neg P \Longrightarrow \neg P$	Répétition (en remplaçant P par $\neg P$)
4	$(\neg P \Longrightarrow \neg\neg P) \Longrightarrow P$	Modus ponens à partir de 3 et 2
5	$\neg\neg P \Longrightarrow (\neg P \Longrightarrow \neg\neg P)$	Axiome AI_1 en remplaçant P par $\neg\neg P$ et Q par $\neg P$
6	$\neg\neg P \Longrightarrow P$	Transitivité de l'implication, à partir de 5 et 4

2. Démontrons

$$\vdash P \Longrightarrow \neg\neg P$$

1	$((\neg\neg\neg P \Longrightarrow \neg P) \Longrightarrow ((\neg\neg\neg P \Longrightarrow P) \Longrightarrow \neg\neg P))$	Axiome AN en remplaçant P par $\neg\neg P$ et Q par P
2	$\neg\neg\neg P \Longrightarrow \neg P$	Résultat du point précédent en remplaçant P par $\neg P$
3	$(\neg\neg\neg P \Longrightarrow P) \Longrightarrow \neg\neg P$	Modus ponens à partir de 2 et 1
4	$P \Longrightarrow (\neg\neg\neg P \Longrightarrow P)$	Axiome AI_1 en remplaçant Q par $\neg\neg\neg P$
5	$P \Longrightarrow \neg\neg P$	Transitivité de l'implication à partir de 4 et 3

En appliquant le théorème de déduction à ce qui précède, on obtient

$$\begin{cases} \neg\neg P \vdash P \\ P \vdash \neg\neg P \end{cases}$$

autrement dit on a l'équivalence

$$\neg\neg P \equiv P$$

On déduit alors du raisonnement par l'absurde le corollaire suivant :

Métathéorème 5.4.28 (Corollaire du raisonnement par l'absurde et de l'équivalence $\neg\neg P \equiv P$)
On considère une formule P et un ensemble Γ de formules. Alors $\Gamma \vdash \neg P$ si et seulement si il existe une formule Q telle que

$$\begin{cases} \Gamma, P & \vdash Q \\ \Gamma, P & \vdash \neg Q \end{cases}$$

Preuve

- Si $\Gamma \vdash \neg P$ alors

$$\begin{cases} \Gamma, P \vdash P \\ \Gamma, P \vdash \neg P \end{cases}$$

- Réciproquement, on fait l'hypothèse

$$\begin{cases} \Gamma, P & \vdash Q \\ \Gamma, P & \vdash \neg Q \end{cases}$$

  Puisque $\neg\neg P \vdash P$, on a

$$\Gamma, \neg\neg P \vdash P$$

  Or par hypothèse $\Gamma \cup \{P\} \vdash Q$ donc d'après le théorème de déduction

$$\Gamma \vdash P \implies Q$$

  On en déduit par modus ponens

$$\Gamma, \neg\neg P \vdash Q$$

  On prouve de même

$$\Gamma, \neg\neg P \vdash \neg Q$$

  On en déduit (raisonnement par l'absurde)

$$\Gamma \vdash \neg P$$

Exemple 5.4.29
Prouvons

$$\vdash P \implies (\neg Q \implies \neg(P \implies Q))$$

Il suffit pour cela, d'après le théorème de déduction, de prouver

$$P, \neg Q \vdash \neg(P \implies Q)$$

Puisque

$$\begin{cases} P & \vdash P \\ P \implies Q & \vdash P \implies Q \end{cases}$$

on a par modus ponens

$$P, P \implies Q \vdash Q$$

donc

$$\begin{cases} P, \neg Q, P \implies Q \vdash Q \\ P, \neg Q, P \implies Q \vdash \neg Q \end{cases}$$

On déduit du théorème précédent (corollaire du raisonnement par l'absurde)

$$P, \neg Q \vdash \neg(P \implies Q)$$

Exemple 5.4.30
Démontrons la propriété que je nommerai dans la suite *élimination de l'absurde*

$$\vdash \neg P \implies (P \implies Q)$$

En raison du théorème de déduction (appliqué deux fois), cela revient à prouver

$$\neg P, P \vdash Q$$

1	$\neg P$	Hypothèse
2	P	Hypothèse
3	$P \implies (\neg Q \implies P)$	Axiome AI_1 en remplaçant Q par $\neg Q$
4	$\neg P \implies (\neg Q \implies \neg P)$	Axiome AI_1 en remplaçant P par $\neg P$ et Q par $\neg Q$
5	$\neg Q \implies P$	Modus ponens à partir de 2 et 3
6	$\neg Q \implies \neg P$	Modus ponens à partir de 1 et 4
7	$((\neg Q \implies \neg P) \implies ((\neg Q \implies P) \implies Q)$	Axiome AN en permutant P et Q
8	$(\neg Q \implies P) \implies Q$	Modus ponens à partir de 6 et 7
9	Q	Modus ponens à partir de 5 et 8

On notera que par permutation, on a aussi

$$\vdash P \implies (\neg P \implies Q)$$

Exemple 5.4.31 (Contraposition)

1. Démontrons

$$\vdash (\neg Q \implies \neg P) \implies (P \implies Q)$$

ce qui revient à démontrer, d'après le théorème de déduction,

$$\neg Q \implies \neg P \vdash P \implies Q$$

1	$\neg Q \implies \neg P$	Hypothèse
2	$(\neg Q \implies \neg P) \implies ((\neg Q \implies P) \implies Q)$	Axiome AN en permutant P et Q
3	$P \implies (\neg Q \implies P)$	Axiome AI_1 en remplaçant Q par $\neg Q$
4	$(\neg Q \implies P) \implies Q$	Modus ponens à partir de 1 et 2
5	$P \implies Q$	Transitivité de l'implication à partir de 3 et 4

2. Démontrons

$$\vdash (P \implies Q) \implies (\neg Q \implies \neg P)$$

ce qui revient à démontrer, d'après le théorème de déduction,

$$P \implies Q \vdash \neg Q \implies \neg P$$

1	$P \implies Q$	Hypothèse

2	$\neg\neg P \Longrightarrow P$	Équivalence entre $\neg\neg P$ et P
3	$\neg\neg P \Longrightarrow Q$	Transitivité de l'implication à partir de 2 et 1
4	$Q \Longrightarrow \neg\neg Q$	Équivalence entre $\neg\neg Q$ et Q
5	$\neg\neg P \Longrightarrow \neg\neg Q$	Transitivité de l'implication à partir de 3 et 4
6	$(\neg\neg P \Longrightarrow \neg\neg Q) \Longrightarrow (\neg Q \Longrightarrow \neg P)$	Propriété du point précédent en remplaçant P par $\neg Q$ et Q par $\neg P$
7	$\neg Q \Longrightarrow \neg P$	Modus ponens à partir de 5 et 6

On déduit de ce qui précède la propriété de *contraposition* :

$$P \Longrightarrow Q \equiv \neg Q \Longrightarrow \neg P$$

On en déduit aussi

$$\Gamma, P \vdash Q \qquad \text{si et seulement si} \qquad \Gamma, \neg Q \vdash \neg P$$

En effet, si $\Gamma \cup \{P\} \vdash Q$, on a d'après le théorème de déduction $\Gamma \vdash P \Longrightarrow Q$ et par contraposition

$$\vdash (P \Longrightarrow Q) \Longrightarrow (\neg Q \Longrightarrow \neg P)$$

donc par modus ponens

$$\Gamma \vdash \neg Q \Longrightarrow \neg P$$

ce qui équivaut (d'après le théorème de déduction) à

$$\Gamma, \neg Q \vdash \neg P$$

Le raisonnement est semblable pour démontrer $\Gamma \cup \{P\} \vdash Q$ à partir de $\Gamma \cup \{\neg Q\} \vdash \neg P$.

Dans ce dernier exemple on retrouve l'axiome

$$AN'' : (\neg Q \Longrightarrow \neg P) \Longrightarrow (P \Longrightarrow Q)$$

ce qui prouve que l'on peut déduire AN'' de AN. Réciproquement, prouvons que l'on peut déduire AN de AN'', ce qui justifiera l'équivalence des axiomes AN et AN'' :

Métathéorème 5.4.32 (Équivalence des axiomes AN et AN'')
Les axiomes AN et AN'' sont équivalents (en présence des autres axiomes de Hilbert).

Preuve
Comme dit ci-dessus, il reste à justifier qu'à partir des axiomes AI_1, AI_2, AN'' (donc sans utiliser les propriétés des exemples précédents faisant intervenir la négation, car elles dépendaient de l'axiome AN), on peut démontrer le théorème

$$\vdash (\neg P \Longrightarrow \neg Q) \Longrightarrow ((\neg P \Longrightarrow Q) \Longrightarrow P)$$

Prouvons d'abord le lemme

$$\neg P \Longrightarrow P, \neg P \vdash \neg(\neg P \Longrightarrow P)$$

1	$\neg P \Longrightarrow P$	Hypothèse
2	$\neg P$	Hypothèse

3	P	Modus ponens à partir de 1 et 2
4	$\neg P \implies (\neg(\neg(\neg P \implies P)) \implies \neg P)$	Axiome AI_1 en remplaçant P par $\neg P$ et Q par $\neg(\neg(\neg P \implies P))$
5	$\neg(\neg(\neg P \implies P)) \implies \neg P$	Modus ponens à partir de 2 et 4
6	$(\neg(\neg(\neg P \implies P)) \implies \neg P) \implies (P \implies \neg(\neg P \implies P))$	Axiome AN'' en remplaçant Q par $\neg(\neg P \implies P)$
7	$P \implies \neg(\neg P \implies P)$	Modus ponens à partir de 5 et 6
8	$\neg(\neg P \implies P)$	Modus ponens à partir de 7 et 3

Prouvons maintenant AN, ce qui équivaut, d'après le théorème de déduction, à prouver

$$\neg P \implies \neg Q, \neg P \implies Q \vdash P$$

1	$\neg P \implies \neg Q$	Hypothèse
2	$\neg P \implies Q$	Hypothèse
3	$(\neg P \implies \neg Q) \implies (Q \implies P)$	Axiome AN'' (et en permutant P et Q)
4	$Q \implies P$	Modus ponens à partir de 3 et 1
5	$(\neg P \implies Q) \implies ((Q \implies P) \implies (\neg P \implies P))$	Transitivité de l'implication
6	$\neg P \implies P$	Modus ponens (deux fois) à partir de 5, 2 et 4
7	$(\neg P \implies P) \implies (\neg P \implies \neg(\neg P \implies P))$	Lemme
8	$\neg P \implies \neg(\neg P \implies P)$	Modus ponens à partir de 7 et 6
9	$(\neg P \implies \neg(\neg P \implies P)) \implies ((\neg P \implies P) \implies P)$	Axiome AN'' en remplaçant Q par P et P par $\neg P \implies P$
10	$(\neg P \implies P) \implies P$	Modus ponens à partir de 8 et 9
11	P	Modus ponens à partir de 10 et 6

Nous pouvons aussi justifier l'équivalence des deux définitions des connecteurs $\wedge$ et $\vee$ (expression en fonction de $\neg$ et $\implies$, ou par axiomes).

Métathéorème 5.4.33 (Équivalence des deux définitions du connecteur $\wedge$)
Si on définit le connecteur conjonction $\wedge$ par

$$P \wedge Q \overset{\text{def}}{\equiv} \neg(P \implies \neg Q)$$

alors $\wedge$ vérifie les trois axiomes AC_1, AC_2, AC_3, et réciproquement si le connecteur $\wedge$ vérifie ces trois axiomes, alors

$$P \wedge Q \equiv \neg(P \implies \neg Q)$$

Preuve

1. Prouvons d'abord trois lemmes :
   - Lemme 1 : prouvons

$$\neg(P \implies \neg Q) \vdash P$$

ce qui revient, d'après le théorème de déduction, à prouver

$$\vdash \neg(P \implies \neg Q) \implies P$$

1	$\neg P \implies (P \implies \neg Q)$	Élimination de l'absurde
2	$\neg(P \implies \neg Q) \implies \neg\neg P$	Contraposition et modus ponens à partir de 1
3	$\neg\neg P \implies P$	Équivalence entre $\neg\neg P$ et P
4	$\neg(P \implies \neg Q) \implies P$	Transitivité de l'implication à partir de 2 et 3

- Lemme 2 : prouvons

$$\neg(P \implies \neg Q) \vdash Q$$

ce qui revient, d'après le théorème de déduction, à prouver

$$\vdash \neg(P \implies \neg Q) \implies Q$$

1	$\neg Q \implies (P \implies \neg Q)$	Axiome AI_1
2	$\neg(P \implies \neg Q) \implies \neg\neg Q$	Contraposition et modus ponens à partir de 1
3	$\neg\neg Q \implies Q$	Équivalence entre $\neg\neg Q$ et Q
4	$\neg(P \implies \neg Q) \implies Q$	Transitivité de l'implication à partir de 2 et 3

- Lemme 3 : prouvons

$$P, Q \vdash \neg(P \implies \neg Q)$$

On a

$$\begin{cases} P, Q, P \implies \neg Q & \vdash Q \\ P, Q, P \implies \neg Q & \vdash \neg Q \end{cases}$$

d'où le résultat (corollaire du raisonnement par l'absurde). Notons aussi que d'après le théorème de déduction (appliqué deux fois), l'inférence prouvée équivaut à

$$\vdash P \implies (Q \implies \neg(P \implies \neg Q))$$

2. On fait l'hypothèse que $\wedge$ est défini par

$$P \wedge Q \stackrel{\text{def}}{\equiv} \neg(P \implies \neg Q)$$

Alors le lemme 1 prouve l'axiome AC_1, le lemme 2 prouve l'axiome AC_2, et le lemme 3 prouve l'axiome AC_3.

3. On fait l'hypothèse que $\wedge$ vérifie les trois axiomes AC_1, AC_2, AC_3. Alors puisque

$$\begin{cases} P \wedge Q \vdash P \\ P \wedge Q \vdash Q \end{cases}$$

on déduit du lemme 3 et par modus ponens (deux fois)

$$P \wedge Q \vdash \neg(P \implies \neg Q)$$

Réciproquement, d'après les lemmes 1 et 2

$$\begin{cases} \neg(P \implies \neg Q) \vdash P \\ \neg(P \implies \neg Q) \vdash Q \end{cases}$$

on déduit de l'axiome AC_3 et par modus ponens (deux fois)

$$\neg(P \implies \neg Q) \vdash P \wedge Q$$

Métathéorème 5.4.34 (Équivalence des deux définitions du connecteur $\vee$)
Si on définit le connecteur disjonction $\vee$ par

$$P \vee Q \stackrel{\text{def}}{\equiv} \neg P \implies Q$$

alors $\vee$ vérifie les trois axiomes AD_1, AD_2, AD_3, et réciproquement si le connecteur $\vee$ vérifie ces trois axiomes, alors

$$P \vee Q \equiv \neg P \implies Q$$

Preuve

- On fait l'hypothèse que $\vee$ est défini par

$$P \vee Q \stackrel{\text{def}}{\equiv} \neg P \implies Q$$

L'axiome AD_1 est vérifié, car par élimination de l'absurde

$$\vdash P \implies (\neg P \implies Q)$$

L'axiome AD_2 est vérifié, car d'après l'axiome AI_1

$$\vdash Q \implies (\neg P \implies Q)$$

Pour l'axiome AD_3, prouvons

$$\begin{cases} \neg P \implies Q, P \implies R, Q \implies R, \neg R & \vdash Q \\ \neg P \implies Q, P \implies R, Q \implies R, \neg R & \vdash \neg Q \end{cases}$$

On en déduira (raisonnement par l'absurde) le théorème

$$\neg P \implies Q, P \implies R, Q \implies R \vdash R$$

équivalent (d'après le théorème de déduction) à l'axiome AD_3.

1	$\neg P \implies Q$	Hypothèse
2	$P \implies R$	Hypothèse
3	$Q \implies R$	Hypothèse
4	$\neg R$	Hypothèse
5	$\neg R \implies \neg P$	Contraposition et modus ponens à partir de 2
6	$\neg R \implies \neg Q$	Contraposition et modus ponens à partir de 3
7	Q	Modus ponens (deux fois) à partir de 5, 4, 1
8	$\neg Q$	Modus ponens à partir de 6 et 4

- On fait l'hypothèse que le connecteur $\vee$ vérifie les trois axiomes AD_1, AD_2, AD_3. D'après ce qui précède, on a, en remplaçant R par $P \vee Q$

$$\neg P \implies Q, P \implies (P \vee Q), Q \implies (P \vee Q) \vdash P \vee Q$$

Or d'après les axiomes AD_1 et AD_2

$$\begin{cases} \vdash P \implies (P \vee Q) \\ \vdash Q \implies (P \vee Q) \end{cases}$$

On en déduit

$$\neg P \implies Q \vdash P \vee Q$$

Réciproquement, d'après l'axiome AD_3, en remplaçant R par $\neg P \implies Q$,

$$P \vee Q, P \implies (\neg P \implies Q), Q \implies (\neg P \implies Q) \vdash \neg P \implies Q$$

Or nous avons vu dans le point précédent (élimination de l'absurde et axiome AI_1)

$$\begin{cases} \vdash P \implies (\neg P \implies Q) \\ \vdash Q \implies (\neg P \implies Q) \end{cases}$$

On en déduit

$$P \vee Q \vdash \neg P \implies Q$$

Remarque 5.4.35 : Puisque

$$\vdash \neg P \implies \neg P$$

on déduit de ce qui précède (en remplaçant Q par $\neg P$) le principe du tiers exclu :

$$\vdash P \vee \neg P$$

Métathéorème 5.4.36 (Règle de disjonction des cas)
Pour tout ensemble de formules Γ et toutes formules P et Q

$$\text{si}\begin{cases}\Gamma & \vdash P \vee Q \\ \Gamma', P & \vdash R \\ \Gamma'', Q & \vdash R\end{cases}$$
$$\text{alors } \Gamma, \Gamma', \Gamma'' \vdash R$$

En particulier

$$\text{si}\begin{cases}\Gamma, P & \vdash R \\ \Gamma', \neg P & \vdash R\end{cases}$$
$$\text{alors } \Gamma, \Gamma' \vdash R$$

Preuve
On peut démontrer ce théorème en remplaçant $P \vee Q$ par $\neg P \implies Q$ (du fait de l'équivalence entre ces deux formules). On a justifié dans la preuve du métathéorème précédent

$$\neg P \implies Q, P \implies R, Q \implies R \vdash R$$

Or les hypothèses du théorème montrent que l'on peut déduire $\neg P \implies Q, P \implies R, Q \implies R$ de $\Gamma \cup \Gamma' \cup \Gamma''$. Donc

$$\Gamma, \Gamma', \Gamma'' \vdash R$$

On déduit le deuxième résultat en remplaçant Q par $\neg P$, puisque

$$\vdash \neg P \implies \neg P$$

Remarque 5.4.37 : Dans ce métathèorème, $P \vee Q$ peut être remplacé par $\neg P \implies Q$ (puisque ces deux formules sont équivalentes).

Métathéorème 5.4.38
Pour tout ensemble de formules Γ

$$\Gamma \vdash P \iff Q \quad \text{si et seulement si} \quad \begin{cases}\Gamma & \vdash P \implies Q \\ \Gamma & \vdash Q \implies P\end{cases}$$

Preuve
Si $\Gamma \vdash P \iff Q$ alors par définition de $\iff$

$$\Gamma \vdash (P \implies Q) \wedge (Q \implies P)$$

donc

$$\begin{cases}\Gamma & \vdash P \implies Q \\ \Gamma & \vdash Q \implies P\end{cases}$$

Réciproquement, si $\Gamma \vdash P \implies Q$ et $\Gamma \vdash Q \implies P$, alors puisque

$$P \implies Q, Q \implies P \vdash (P \implies Q) \wedge (Q \implies P)$$

on a

$$\Gamma \vdash (P \implies Q) \wedge (Q \implies P)$$

donc

$$\Gamma \vdash P \iff Q$$

Métathéorème 5.4.39 (Corollaire)
Pour toutes formules P et Q

$$P \equiv Q \qquad \text{si et seulement si} \qquad \vdash P \iff Q$$

et pour tout ensemble de formules Γ

$$P \equiv_\Gamma Q \qquad \text{si et seulement si} \qquad \Gamma \vdash P \iff Q$$

Preuve
Il suffit de justifier ce résultat pour $\equiv_\Gamma$ (le cas de $\equiv$ s'en déduit en prenant pour Γ l'ensemble vide). Par définition $P \equiv_\Gamma Q$ si et seulement si

$$\begin{cases} \Gamma, P \vdash Q \\ \Gamma, Q \vdash P \end{cases}$$

ce qui équivaut, d'après le théorème de déduction, à

$$\begin{cases} \Gamma \vdash P \implies Q \\ \Gamma \vdash Q \implies P \end{cases}$$

propriété elle-même équivalente, d'après le métathéorème précédent, à

$$\Gamma \vdash P \iff Q$$

Métathéorème 5.4.40
Pour toutes les formules P, Q, R

$$P \implies (Q \implies R) \equiv (P \wedge Q) \implies R$$

Preuve
Prouvons d'abord

$$P \implies (Q \implies R) \vdash (P \wedge Q) \implies R$$

D'après le théorème de déduction, cela revient à prouver

$$P \implies (Q \implies R), P \wedge Q \vdash R$$

1	$P \implies (Q \implies R)$	Hypothèse
2	$P \wedge Q$	Hypothèse
3	P	Axiome AC_1 (et modus ponens à partir de 2)
4	Q	Axiome AC_2 (et modus ponens à partir de 2)
5	R	Modus ponens (appliqué deux fois) à partir de 1, 3, 4

de même, prouver

$$(P \wedge Q) \implies R \vdash P \implies (Q \implies R)$$

équivaut à prouver

$$(P \wedge Q) \implies R, P, Q \vdash R$$

1	$(P \wedge Q) \implies R$	Hypothèse

2	P	Hypothèse
3	Q	Hypothèse
4	$P \wedge Q$	Axiome AC_3 (et modus ponens à partir de 2 et 3)
5	R	Modus ponens à partir de 4 et 1

On peut alors déduire du théorème de déduction, comme pour son équivalent sémantique (voir le théorème 2.7.26, p. 78), l'équivalence des propriétés suivantes :

$$P_1, \dots, P_n \vdash Q$$
$$\vdash (P_1 \wedge \cdots \wedge P_n) \implies Q$$
$$P_1 \wedge \cdots \wedge P_n \vdash Q$$

Métathéorème 5.4.41 (Conservation de l'équivalence par les connecteurs)
Les différents connecteurs conservent la Γ-équivalence : si $P \equiv_\Gamma P'$ et $Q \equiv_\Gamma Q'$, alors

$$\neg P \equiv_\Gamma \neg P'$$
$$P \implies Q \equiv_\Gamma P' \implies Q'$$
$$P \wedge Q \equiv_\Gamma P' \wedge Q'$$
$$P \vee Q \equiv_\Gamma P' \vee Q'$$
$$P \iff Q \equiv_\Gamma P' \iff Q'$$

Preuve
On fait l'hypothèse $P \equiv_\Gamma P'$ et $Q \equiv_\Gamma Q'$, autrement dit

$$\begin{cases} \Gamma, P \vdash P' \\ \Gamma, P' \vdash P \end{cases} \qquad \begin{cases} \Gamma, Q \vdash Q' \\ \Gamma, Q' \vdash Q \end{cases}$$

- Par contraposition, on a $\Gamma \cup \{\neg P\} \vdash \neg P'$ et $\Gamma \cup \{\neg P'\} \vdash \neg P$, donc
$$\neg P \equiv_\Gamma \neg P'$$
- Prouvons
$$\Gamma, P \implies Q \vdash P' \implies Q'$$
D'après le théorème de déduction, cela revient à démontrer
$$\Gamma, P \implies Q, P' \vdash Q'$$
Prouvons donc Q' dans le contexte $\Gamma \cup \{P \implies Q, P'\}$:

1	P'	Hypothèse
2	P	Car par hypothèse $\Gamma \cup \{P'\} \vdash P$
3	$P \implies Q$	Hypothèse
4	Q	Modus ponens à partir de 3 et 2
5	Q'	Car par hypothèse $\Gamma \cup \{Q\} \vdash Q'$

On prouve de même (en permutant P avec P' et Q avec Q')
$$\Gamma, P' \implies Q' \vdash P \implies Q$$
et par conséquent
$$P \implies Q \equiv_\Gamma P' \implies Q'$$

On en déduit que les trois autres connecteurs conservent l'équivalence, car l'expression d'une proposition faisant intervenir un de ces connecteurs est équivalente à une expression ne faisant intervenir que $\neg$ et $\Longrightarrow$. Par exemple, si $P \equiv_\Gamma P'$ et $Q \equiv_\Gamma Q'$, alors $\neg Q \equiv_\Gamma \neg Q'$, donc

$$P \Longrightarrow \neg Q \equiv_\Gamma P' \Longrightarrow \neg Q'$$
$$\neg(P \Longrightarrow \neg Q) \equiv_\Gamma \neg(P' \Longrightarrow \neg Q')$$

Donc
$$P \wedge Q \equiv_\Gamma \neg(P \Longrightarrow \neg Q) \equiv_\Gamma \neg(P' \Longrightarrow \neg Q') \equiv_\Gamma P' \wedge Q'$$

Remarque 5.4.42 : Ce métathéorème reste valable quand on remplace $\equiv_\Gamma$ par $\equiv$ (il suffit de prendre pour Γ l'ensemble vide).

Métathéorème 5.4.43 (Remplacement d'une sous-formule par une formule équivalente)
Si, dans une formule P, on remplace une sous-formule par une formule équivalente (respectivement Γ-équivalente), le résultat obtenu est une formule équivalente (respectivement Γ-équivalente) à P.

Preuve
C'est la même démonstration que dans le cas sémantique, par induction structurelle sur les formules (théorème 2.6.25, p. 68), en utilisant les résultats du théorème précédent.

5.5 Système de déduction naturelle pour la logique des propositions

Introduction

Dans tout ce qui suit, Γ, Γ', Γ'', Δ sont des ensembles de formules (qui peuvent être vides), et P, Q, R sont des formules. Les règles ne porteront pas directement sur les formules de la logique des propositions (comme pour les systèmes à la Hilbert) mais sur les couples, que je noterai provisoirement $\Gamma \Vdash P$, que l'on appelle des séquents, où Γ représente un ensemble *fini* d'hypothèses et P la conséquence de ces hypothèses [8].

En déduction naturelle, on utilise un seul axiome, et plusieurs règles d'inférence (je détaillerai plus loin). Ces règles d'inférence permettent d'inférer un séquent à partir d'un ou plusieurs autres séquents.

Définition 5.5.1 (Séquent)
On appelle *séquent* tout couple, noté provisoirement $\Gamma \Vdash P$, où

- Γ est un ensemble *fini* de formules, qui représentent les hypothèses, qu'on peut appeler *environnement*, ou *contexte*.
- P est une formule, qu'on appelle la conclusion du séquent.

Définition 5.5.2 (Preuve)
1. On dit que le séquent $\Gamma \Vdash P$ est *prouvable*, ou *démontrable*, lorsqu'il existe une suite de séquents

$$\Gamma_1 \Vdash P_1, \Gamma_2 \Vdash P_2, \ldots, \Gamma_n \Vdash P_n$$

8. Il existe aussi une variante sans séquents de la déduction naturelle, que je présenterai brièvement dans la section 5.6.

que l'on appelle *preuve* (ou *démonstration*) de P sous l'hypothèse Γ, avec

$$\begin{cases} \Gamma_n = \Gamma \\ P_n = P \end{cases}$$

et pour tout k entre 1 et n

- soit $\Gamma_k \Vdash P_k$ est un axiome ;
- soit $\Gamma_k \Vdash P_k$ peut s'inférer des $\Gamma_i \Vdash P_i$ $(i < k)$ à partir de l'une des règles d'inférence.

2. Si Γ est un ensemble quelconque de formules (pas nécessairement fini), on dit que l'on peut prouver, ou démontrer, ou déduire, P à partir de Γ, ce que l'on note

$$\Gamma \vdash P$$

lorsqu'il existe un sous-ensemble fini Γ' de Γ tel que $\Gamma' \Vdash P$ soit un séquent prouvable.

Les règles de base de la déduction naturelle seront référencées comme *règles d'inférence*, tandis que les règles dérivées, que l'on peut déduire des règles de base, seront référencées comme *métathéorèmes*, et certains séquents classiques que l'on peut prouver avec ces règles seront référencés comme *théorèmes*.

Voyons maintenant en détail les différentes règles. Il existe en déduction naturelle un axiome et une règle dite structurelle :

Règle d'inférence 5.5.3 (Règle structurelle : affaiblissement)
On peut ajouter des hypothèses sans changer la conclusion :

$$\begin{array}{rl} \text{si} & \Gamma \Vdash Q \\ \text{alors} & \Gamma, P \Vdash Q \end{array}$$

Remarque 5.5.4 : On en déduit aussi que pour toutes formules $P_1, \ldots, P_n$, si $\Gamma \Vdash Q$, alors

$$\begin{array}{c} \Gamma, P_1 \Vdash Q \\ \Gamma, P_1, P_2 \Vdash Q \\ \ldots \end{array}$$

donc par récurrence, si Γ' est un ensemble fini de formules

$$\begin{array}{rl} \text{si} & \Gamma \Vdash Q \\ \text{alors} & \Gamma, \Gamma' \Vdash Q \end{array}$$

Remarque 5.5.5 : Cette règle *naturelle* sera parfois implicite dans les raisonnements qui suivent, comme c'est souvent le cas.

Remarque 5.5.6 : Le principe s'étend aussi au symbole $\vdash$. En effet, si on fait l'hypothèse $\Gamma \vdash Q$, cela signifie par définition qu'il existe un sous-ensemble fini Γ' de Γ tel que $\Gamma' \Vdash Q$ soit un séquent prouvable. Comme Γ' est aussi un sous-ensemble fini de $\Gamma \cup \{P\}$, on en déduit

$$\Gamma, P \vdash Q$$

Axiome 5.5.7 (Répétition)
Si une formule apparaît dans les hypothèses, on peut la déduire :

$$\Gamma, P \Vdash P$$

Remarque 5.5.8 : Il était possible de prendre uniquement comme axiome

$$P \Vdash P$$

puisqu'on peut alors en déduire, par affaiblissement, que pour toute famille finie de formules Γ

$$\Gamma, P \Vdash P$$

Remarque 5.5.9 : Comme pour la règle d'affaiblissement, l'axiome reste valable pour le symbole $\vdash$. En effet, pour tout ensemble de formules Γ, l'ensemble $\{P\}$ est un sous-ensemble fini de $\Gamma \cup \{P\}$. Or le séquent $P \Vdash P$ est prouvable (c'est l'axiome de répétition), donc par définition

$$\Gamma, P \vdash P$$

Remarque 5.5.10 (Vocabulaire) : Je nomme cet axiome *répétition*, mais il n'y a pas de nom standard associé. Il est souvent désigné uniquement par le terme *axiome*.

En toute rigueur, les symboles $\vdash$ et $\Vdash$ représentent des relations différentes, mais comme un séquent $\Gamma_k \Vdash P_k$ apparaissant dans une démonstration implique, par définition de $\vdash$, que $\Gamma_k \vdash P_k$, et comme les différentes règles portant sur $\Vdash$ pourront s'étendre à $\vdash$, je ferai la confusion et je noterai dans la suite $\vdash$ à la place de $\Vdash$.

Nous pouvons maintenant voir les règles associées aux différents connecteurs (implication, négation, …), qui sont de deux types : les règles d'introduction précisent comment on peut justifier l'introduction d'un connecteur dans une formule, les règles d'élimination précisent comment on peut utiliser un connecteur.

Implication

Règle d'inférence 5.5.11 (Règle d'introduction de l'implication)
Si on fait l'hypothèse provisoire P, et qu'on prouve Q, alors on en déduit $P \implies Q$:

$$\begin{array}{ll} \text{si} & \Gamma, P \vdash Q \\ \text{alors} & \Gamma \vdash P \implies Q \end{array}$$

Remarque 5.5.12 : Comme indiqué précédemment, la règle s'écrit en toute rigueur

$$\begin{array}{ll} \text{si} & \Gamma, P \Vdash Q \\ \text{alors} & \Gamma \Vdash P \implies Q \end{array}$$

mais ce principe reste valable quand on remplace $\Vdash$ par $\vdash$. En effet, si

$$\Gamma, P \vdash Q$$

alors par définition il existe un sous-ensemble fini Γ' de Γ (éventuellement vide) tel que

$$\Gamma', P \Vdash Q$$

soit un séquent prouvable (un sous-ensemble fini de $\Gamma \cup \{P\}$ peut ne pas contenir P, mais si $\Gamma' \Vdash Q$ est un séquent prouvable, on en déduit aussi par affaiblissement que $\Gamma' \cup \{P\} \Vdash Q$ est un séquent prouvable). Donc d'après la règle d'introduction de l'implication, $\Gamma' \Vdash P \implies Q$ est un séquent prouvable, ce qui montre que $\Gamma \vdash P \implies Q$. Je ne ferai désormais plus systématiquement cette remarque à chaque fois, et je continuerai à utiliser uniquement le symbole $\vdash$ dans l'exposé des règles et métathéorèmes, sachant que les différents résultats seront valables à la fois pour le symbole $\Vdash$ (règles portant sur les séquents $\Gamma \Vdash P$) et le symbole $\vdash$ (métathéorèmes portant sur la relation de déduction $\Gamma \vdash P$).

Théorème 5.5.13 (Corollaire de la règle d'introduction de l'implication)

1. De Q, on peut déduire $P \implies Q$ (quelle que soit la formule P) :

$$Q \vdash P \implies Q$$

2. La formule $P \implies P$ est un théorème :

$$\vdash P \implies P$$

Preuve

1.

1	$Q, P \vdash Q$	Répétition
2	$Q \vdash P \implies Q$	Règle d'introduction de l'implication avec $\Gamma :\equiv \{Q\}$

2.

1	$P \vdash P$	Répétition
2	$\vdash P \implies P$	Règle d'introduction de l'implication avec $\Gamma :\equiv \varnothing$

Règle d'inférence 5.5.14 (Règle d'élimination de l'implication, ou règle du modus ponens)
De $P \implies Q$ et de P, on peut déduire Q :

$$\text{si} \quad \begin{cases} \Gamma & \vdash P \\ \Gamma' & \vdash P \implies Q \end{cases}$$
$$\text{alors} \quad \Gamma, \Gamma' \vdash Q$$

Remarque 5.5.15 : Dans le cas où les deux ensembles de formules sont identiques, on peut aussi écrire (puisque la réunion de Γ et de Γ est Γ) :

$$\text{si} \quad \begin{cases} \Gamma & \vdash P \\ \Gamma & \vdash P \implies Q \end{cases}$$
$$\text{alors} \quad \Gamma \vdash Q$$

On aurait pu aussi se donner cette règle et en déduire la précédente, puisque si

$$\begin{cases} \Gamma & \vdash P \\ \Gamma' & \vdash P \implies Q \end{cases}$$

on peut en déduire par affaiblissement

$$\begin{cases} \Gamma, \Gamma' & \vdash P \\ \Gamma, \Gamma' & \vdash P \implies Q \end{cases}$$

Remarque 5.5.16 : Les différentes règles précédentes peuvent s'écrire sous forme classique : l'axiome de répétition est une règle sans prémisse

$$\frac{}{\Gamma, P \vdash P}\ \text{Ax}$$

la règle structurelle d'affaiblissement s'écrit

$$\frac{\Gamma \vdash Q}{\Gamma, P \vdash Q}\ \text{Aff}$$

et les règles d'introduction et d'élimination de l'implication s'écrivent

$$\frac{\Gamma, P \vdash Q}{\Gamma \vdash P \implies Q} \implies \text{i} \qquad \frac{\Gamma \vdash P \qquad \Gamma' \vdash P \implies Q}{\Gamma, \Gamma' \vdash Q} \implies \text{é}$$

Il en est de même pour les autres règles, que je continuerai à exprimer sous la forme « si ... alors », plutôt que sous la forme ci-dessus.

Remarque 5.5.17 : On peut noter que les différentes règles peuvent se lire de haut en bas, ou de bas en haut, quand on cherche quelle règle appliquer pour prouver quelque chose. Par exemple, la règle d'introduction de l'implication dit que pour prouver la formule

$$P \implies Q$$

il suffit de faire l'hypothèse P (ajoutée à l'environnement Γ), et de prouver la formule Q.

La règle d'élimination de l'implication a pour conséquence immédiate une autre façon d'exprimer le modus ponens :

Théorème 5.5.18 (Corollaire de la règle d'élimination de l'implication)
De P et de $P \implies Q$, on peut déduire Q :

$$\Gamma, P, P \implies Q \vdash Q$$

Preuve
Il suffit d'appliquer la règle d'élimination de l'implication aux ensembles $\Gamma \cup \{P\}$ et $\Gamma \cup \{P \implies Q\}$:

1	$\Gamma, P \vdash P$	Répétition
2	$\Gamma, P \implies Q \vdash P \implies Q$	Répétition
3	$\Gamma, P, P \implies Q \vdash Q$	Modus ponens à partir de 1 et 2

Remarque 5.5.19 (Vocabulaire) : Ce principe revient à appliquer deux fois l'axiome de répétition, puis le modus ponens. Je pourrai aussi le nommer *modus ponens*.

Exemple 5.5.20 (Axiomes de Hilbert)
Vérifions que les deux axiomes de Hilbert pour l'implication sont prouvables en déduction naturelle.

1. Prouvons

$$\vdash P \implies (Q \implies P)$$

1	$P, Q \vdash P$	Répétition
2	$P \vdash Q \implies P$	Règle d'introduction de l'implication
3	$\vdash P \implies (Q \implies P)$	Règle d'introduction de l'implication

2. Prouvons

$$\vdash (P \implies (Q \implies R)) \implies ((P \implies Q) \implies (P \implies R))$$

1	$P, P \implies Q \vdash Q$	Modus ponens
2	$P, P \implies (Q \implies R) \vdash Q \implies R$	Modus ponens
3	$P \implies (Q \implies R), P \implies Q, P \vdash R$	Modus ponens à partir de 1 et 2
4	$P \implies (Q \implies R), P \implies Q \vdash P \implies R$	Règle d'introduction de $\implies$
5	$P \implies (Q \implies R) \vdash (P \implies Q) \implies (P \implies R)$	Règle d'introduction de $\implies$
6	$\vdash (P \implies (Q \implies R)) \implies ((P \implies Q) \implies (P \implies R))$	Règle d'introduction de $\implies$

On peut noter que la règle d'introduction de l'implication est réversible, ce qui permet de retrouver le théorème de déduction :

Métathéorème 5.5.21 (Théorème de déduction)

$$\Gamma \vdash P \implies Q \quad \text{si et seulement si} \quad \Gamma, P \vdash Q$$

Preuve

- Si $\Gamma \vdash P \implies Q$:

1	$P \vdash P$	Répétition
2	$\Gamma \vdash P \implies Q$	Hypothèse
3	$\Gamma, P \vdash Q$	Modus ponens à partir de 1 et 2

- Réciproquement, si $\Gamma \cup \{P\} \vdash Q$, alors d'après la règle d'introduction de l'implication

$$\Gamma \vdash P \implies Q$$

Métathéorème 5.5.22 (Coupure)
On a :

$$\text{si} \begin{cases} \Gamma & \vdash P \\ \Gamma', P & \vdash Q \end{cases}$$

$$\text{alors} \quad \Gamma, \Gamma' \vdash Q$$

et la généralisation :

$$\text{si} \begin{cases} \Gamma & \vdash \Delta \\ \Gamma', \Delta & \vdash Q \end{cases}$$
$$\text{alors} \quad \Gamma, \Gamma' \vdash Q$$

Preuve

1. D'après la règle d'introduction de l'implication, de

$$\Gamma', P \vdash Q$$

on peut déduire

$$\Gamma' \vdash P \Longrightarrow Q$$

donc de

$$\begin{cases} \Gamma & \vdash P \\ \Gamma', P & \vdash Q \end{cases}$$

on peut déduire

$$\begin{cases} \Gamma & \vdash P \\ \Gamma' & \vdash P \Longrightarrow Q \end{cases}$$

Par conséquent, d'après la règle d'élimination de l'implication (modus ponens),

$$\Gamma, \Gamma' \vdash Q$$

2. Prouvons par récurrence le cas général où Δ est un ensemble fini, c'est-à-dire prouvons par récurrence sur $n \geqslant 1$ que pour toute formule Q et pour toutes les formules $P_1, \ldots, P_n$

$$\text{si} \begin{cases} \Gamma & \vdash P_1, \ldots, P_n \\ \Gamma', P_1, \ldots, P_n & \vdash Q \end{cases}$$
$$\text{alors} \quad \Gamma, \Gamma' \vdash Q$$

(la condition « $\Gamma \vdash P_1, \ldots, P_n$ » signifiant que pour tout i entre 1 et n, $\Gamma \vdash P_i$).

- Le cas $n = 1$ correspond à la première partie du théorème (démontrée ci-dessus).
- On fait l'hypothèse de récurrence au rang n, et on considère $n + 1$ formules $P_1, \ldots, P_n, P_{n+1}$ telles que

$$\begin{cases} \Gamma & \vdash P_1, \ldots, P_n, P_{n+1} \\ \Gamma', P_1, \ldots, P_n, P_{n+1} & \vdash Q \end{cases}$$

D'après la règle d'introduction de l'implication, on a

$$\Gamma', P_1, \ldots, P_n \vdash P_{n+1} \Longrightarrow Q$$

donc par hypothèse de récurrence (puisque pour tout i entre 1 et n, $\Gamma \vdash P_i$)

$$\Gamma, \Gamma' \vdash P_{n+1} \Longrightarrow Q$$

De plus $\Gamma \vdash P_{n+1}$ par hypothèse, donc par modus ponens

$$\Gamma, \Gamma' \vdash Q$$

3. Dans le cas d'un ensemble Δ quelconque vérifiant les hypothèses de l'énoncé, il existe un sous-ensemble fini γ' de Γ' et un sous-ensemble fini δ de Δ (qui peuvent éventuellement être vides) tels que

$$\gamma', \delta \vdash Q$$

Comme Γ prouve toutes les formules de Δ, alors Γ prouve aussi toutes les formules de δ, et on déduit de ce qui précède

$$\Gamma, \gamma' \vdash Q$$

donc

$$\Gamma, \Gamma' \vdash Q$$

Remarque 5.5.23 : Je rappelle que « $\Gamma \vdash \Delta$ » signifie par définition que pour toute formule P de l'ensemble Δ, on a $\Gamma \vdash P$.

Remarque 5.5.24 : Dans le cas où les deux ensembles de formules Γ et Γ' sont identiques, on peut aussi écrire

$$\text{si} \begin{cases} \Gamma & \vdash P \\ \Gamma, P & \vdash Q \end{cases}$$
$$\text{alors} \quad \Gamma \vdash Q$$

cette règle étant équivalente à la précédente (même raisonnement que pour la règle d'élimination de l'implication).

Remarque 5.5.25 (Vocabulaire) : Le terme *coupure* est le nom d'une règle du calcul des séquents (voir la section 5.9), qui est d'une certaine manière équivalente à la règle présentée dans le métathéorème précédent.

Remarque 5.5.26 : Du fait de l'équivalence entre $\Gamma \cup \{P\} \vdash Q$ et $\Gamma \vdash P \implies Q$, cette règle peut aussi être considérée comme une variante du modus ponens, et je pourrai éventuellement utiliser ce terme pour l'évoquer.

Remarque 5.5.27 : Cette règle correspond d'une certaine façon à l'utilisation d'un lemme en mathématiques : si dans un contexte Γ on prouve P (c'est le lemme), et si on prouve Q à partir de Γ et P (on utilise le lemme), alors en en déduit une preuve de Q dans le contexte Γ.

Remarque 5.5.28 : Ce théorème montre que la relation d'inférence ($\vdash$) en déduction naturelle vérifie, comme pour l'inférence d'un système à la Hilbert, la propriété de transitivité. Par conséquent l'inférence en déduction naturelle vérifie les trois propriétés de l'inférence du système à la Hilbert énoncées dans le théorème 5.4.4, p. 215 (car les deux autres propriétés de monotonie et réflexivité sont aussi vérifiées). On en déduit que les relations $\equiv$ et $\equiv_\Gamma$ sont des relations d'équivalence (elles sont réflexives, symétriques, transitives), telles que : si $P \equiv Q$, alors $P \equiv_\Gamma Q$.

Théorème 5.5.29 (Transitivité de l'implication)
De $P \implies Q$ et $Q \implies R$, on peut déduire $P \implies R$:

$$\Gamma, P \implies Q, Q \implies R \vdash P \implies R$$

Preuve
C'est une conséquence des règles d'introduction et d'élimination de l'implication :

1	$P, P \implies Q \vdash Q$	Modus ponens
2	$\Gamma, Q \implies R \vdash Q \implies R$	Répétition
3	$\Gamma, P \implies Q, Q \implies R, P \vdash R$	Modus ponens à partir de 1 et de 2
4	$\Gamma, P \implies Q, Q \implies R \vdash P \implies R$	Règle d'introduction de l'implication à partir de 3

Conjonction

Règle d'inférence 5.5.30 (Règle d'introduction de la conjonction)
De P et de Q on peut déduire $P \wedge Q$:

$$\text{si} \quad \begin{cases} \Gamma & \vdash P \\ \Gamma' & \vdash Q \end{cases}$$
$$\text{alors} \quad \Gamma, \Gamma' \vdash P \wedge Q$$

Remarque 5.5.31 : Dans le cas où les deux ensembles de formules sont identiques, on peut aussi écrire

$$\text{si} \quad \begin{cases} \Gamma & \vdash P \\ \Gamma & \vdash Q \end{cases}$$
$$\text{alors} \quad \Gamma \vdash P \wedge Q$$

cette règle étant équivalente à la précédente (même raisonnement que pour la règle d'élimination de l'implication).

Remarque 5.5.32 : Les propositions P et Q jouent un rôle symétrique : à partir de P et Q (donnés dans n'importe quel ordre, puisque les prémisses des règles d'inférence ne sont pas ordonnées), on déduit $P \wedge Q$ et $Q \wedge P$.

Théorème 5.5.33 (Corollaire de la règle d'introduction de la conjonction)

$$\Gamma, P, Q \vdash P \wedge Q$$

Preuve

1	$\Gamma, P \vdash P$	Répétition
2	$\Gamma, Q \vdash Q$	Répétition
3	$\Gamma, P, Q \vdash P \wedge Q$	Règle d'introduction de la conjonction

Remarque 5.5.34 : Je pourrai évoquer ce corollaire uniquement par l'expression *règle d'introduction de la conjonction.*

Règle d'inférence 5.5.35 (Règle d'élimination de la conjonction)
De $P \wedge Q$, on peut déduire P, et on peut déduire Q :

$$\text{si} \quad \Gamma \vdash P \wedge Q$$
$$\text{alors} \quad \begin{cases} \Gamma & \vdash P \\ \Gamma & \vdash Q \end{cases}$$

Remarque 5.5.36 : Comme on peut le constater, il y a en fait deux règles d'élimination de la conjonction. La première (on peut déduire P de $P \wedge Q$) peut être désignée par *règle d'élimination de la conjonction à gauche*, et la seconde (on peut déduire Q de $P \wedge Q$) par *règle d'élimination de la conjonction à droite*.

Théorème 5.5.37 (Corollaire de la règle d'élimination de la conjonction)

$$\Gamma, P \wedge Q \vdash P$$
$$\Gamma, P \wedge Q \vdash Q$$

Preuve

1	$\Gamma, P \wedge Q \vdash P \wedge Q$	Répétition
2	$\Gamma, P \wedge Q \vdash P$	Règle d'élimination de la conjonction

De même pour la règle d'élimination de la conjonction à droite.

Remarque 5.5.38 : Je pourrai évoquer ce corollaire uniquement par l'expression *règle d'élimination de la conjonction*.

Exemple 5.5.39 (Commutativité et associativité de la conjonction)
On retrouve les propriétés classiques de la conjonction, par exemple la commutativité :

$$P \wedge Q \equiv Q \wedge P$$

1	$P \wedge Q \vdash Q$	Règle d'élimination de la conjonction
2	$P \wedge Q \vdash P$	Règle d'élimination de la conjonction
3	$P \wedge Q \vdash Q \wedge P$	Règle d'introduction de la conjonction à partir de 1 et 2

On en déduit en permutant les rôles de P et Q, $Q \wedge P \vdash P \wedge Q$, donc

$$P \wedge Q \equiv Q \wedge P$$

On prouve l'associativité de la même manière : de $P \wedge (Q \wedge R)$, on peut déduire les formules P, Q, R, d'où l'on déduit $P \wedge Q$ et $(P \wedge Q) \wedge R$ (et réciproquement).

Métathéorème 5.5.40 (Propriété de la conjonction)
Se donner les formules P et Q dans les hypothèses équivaut à se donner la formule $P \wedge Q$:

$$\Gamma, P, Q \vdash R \qquad \text{si et seulement si} \qquad \Gamma, P \wedge Q \vdash R$$

Ce qui équivaut aussi à

$$\Gamma \vdash P \implies (Q \implies R)$$
$$\Gamma \vdash Q \implies (P \implies R)$$

$$\Gamma \vdash (P \wedge Q) \implies R$$

Preuve

- On fait l'hypothèse

$$\Gamma, P, Q \vdash R$$

1	$P \wedge Q \vdash Q$	Règle d'élimination de $\wedge$
2	$\Gamma, P, Q \vdash R$	Hypothèse
3	$\Gamma, P \wedge Q, P \vdash R$	Coupure à partir de 1 et 2
4	$P \wedge Q \vdash P$	Règle d'élimination de $\wedge$
5	$\Gamma, P \wedge Q \vdash R$	Coupure à partir de 4 et 3

- Réciproquement, on fait l'hypothèse

$$\Gamma, P \wedge Q \vdash R$$

1	$P, Q \vdash P \wedge Q$	Règle d'introduction de $\wedge$
2	$\Gamma, P \wedge Q \vdash R$	Hypothèse
3	$\Gamma, P, Q \vdash R$	Coupure à partir de 1 et 2

- Enfin, d'après le théorème de déduction (appliqué deux fois)

$$\Gamma, P, Q \vdash R \quad \text{si et seulement si} \quad \Gamma \vdash P \implies (Q \implies R)$$

De même

$$\Gamma, P, Q \vdash R \quad \text{si et seulement si} \quad \Gamma \vdash Q \implies (P \implies R)$$

et

$$\Gamma, P \wedge Q \vdash R \quad \text{si et seulement si} \quad \Gamma \vdash (P \wedge Q) \implies R$$

Remarque 5.5.41 : On déduit aussi de ce qui précède

$$P \implies (Q \implies R) \equiv (P \wedge Q) \implies R$$

et les généralisations (même raisonnement que pour le corollaire du théorème de déduction sémantique, théorème 2.7.26, p. 78) : pour toutes les formules $P_1, \dots, P_n, Q$, les propriétés suivantes sont équivalentes :

$$P_1, \dots, P_n \vdash Q$$
$$\vdash (P_1 \wedge \cdots \wedge P_n) \implies Q$$
$$P_1 \wedge \cdots \wedge P_n \vdash Q$$

Équivalence

Le connecteur $\iff$ peut être défini, de manière équivalente, à partir des connecteurs $\implies$ et $\wedge$, ou à partir de règles d'introduction et d'élimination.

Définition 5.5.42 (Équivalence)
On définit le connecteur $\iff$ de la façon suivante :

$$P \iff Q \overset{\text{def}}{\equiv} (P \implies Q) \wedge (Q \implies P)$$

Ou de façon équivalente :

Règle d'inférence 5.5.43 (Règle d'introduction de l'équivalence)

$$\text{si} \quad \begin{cases} \Gamma, P & \vdash Q \\ \Gamma, Q & \vdash P \end{cases}$$
$$\text{alors} \quad \Gamma \vdash P \iff Q$$

Règle d'inférence 5.5.44 (Règle d'élimination de l'équivalence)

$$\text{si} \quad \Gamma \vdash P \iff Q$$
$$\text{alors} \quad \begin{cases} \Gamma, P & \vdash Q \\ \Gamma, Q & \vdash P \end{cases}$$

Métathéorème 5.5.45 (Équivalence des deux définitions du connecteur équivalence)
Si on définit le connecteur équivalence par

$$P \iff Q \stackrel{\text{def}}{\equiv} (P \implies Q) \wedge (Q \implies P)$$

alors les règles d'introduction et d'élimination sont vérifiées, et réciproquement si le connecteur équivalence vérifie ces deux règles, alors

$$P \iff Q \equiv (P \implies Q) \wedge (Q \implies P)$$

Preuve
Justifions l'équivalence des deux définitions :

- Si on définit le connecteur $\iff$ par

$$P \iff Q \stackrel{\text{def}}{\equiv} (P \implies Q) \wedge (Q \implies P)$$

alors si

$$\begin{cases} \Gamma, P & \vdash Q \\ \Gamma, Q & \vdash P \end{cases}$$

on a d'après la règle d'introduction de l'implication

$$\begin{cases} \Gamma & \vdash P \implies Q \\ \Gamma & \vdash Q \implies P \end{cases}$$

et d'après la règle d'introduction de la conjonction

$$\Gamma \vdash (P \implies Q) \wedge (Q \implies P)$$

autrement dit par définition

$$\Gamma \vdash P \iff Q$$

Réciproquement si

$$\Gamma \vdash P \iff Q$$

alors par définition

$$\Gamma \vdash (P \implies Q) \wedge (Q \implies P)$$

donc d'après la règle d'élimination de la conjonction

$$\begin{cases} \Gamma & \vdash P \implies Q \\ \Gamma & \vdash Q \implies P \end{cases}$$

et par modus ponens

$$\begin{cases} \Gamma, P & \vdash Q \\ \Gamma, Q & \vdash P \end{cases}$$

- Si on définit $\iff$ par les règles d'introduction et d'élimination, alors on déduit de $P \iff Q \vdash P \iff Q$

$$\begin{cases} P \iff Q, P & \vdash Q \\ P \iff Q, Q & \vdash P \end{cases}$$

donc d'après la règle d'introduction de l'implication

$$\begin{cases} P \iff Q & \vdash P \implies Q \\ P \iff Q & \vdash Q \implies P \end{cases}$$

et d'après la règle d'introduction de la conjonction

$$P \iff Q \vdash (P \implies Q) \wedge (Q \implies P)$$

De plus, d'après la règle d'élimination de la conjonction

$$\begin{cases} (P \implies Q) \wedge (Q \implies P) & \vdash P \implies Q \\ (P \implies Q) \wedge (Q \implies P) & \vdash Q \implies P \end{cases}$$

donc par modus ponens

$$\begin{cases} (P \implies Q) \wedge (Q \implies P), P & \vdash Q \\ (P \implies Q) \wedge (Q \implies P), Q & \vdash P \end{cases}$$

et d'après la règle d'introduction de l'équivalence

$$(P \implies Q) \wedge (Q \implies P) \vdash P \iff Q$$

Par conséquent

$$P \iff Q \equiv (P \implies Q) \wedge (Q \implies P)$$

Remarque 5.5.46 : La symétrie de la définition prouve la commutativité du connecteur $\iff$: pour toutes les propositions P et Q

$$P \iff Q \equiv Q \iff P$$

Remarque 5.5.47 : De

$$\vdash P \implies P$$

on déduit aussi

$$\vdash P \iff P$$

Remarque 5.5.48 : D'après les règles d'introduction et d'élimination de l'équivalence

$$\Gamma \vdash P \iff Q \qquad \text{si et seulement si} \qquad P \equiv_\Gamma Q$$

ce qui équivaut aussi, d'après le théorème de déduction, à

$$\begin{cases} \Gamma \vdash P \implies Q \\ \Gamma \vdash Q \implies P \end{cases}$$

Les quatre expressions suivantes sont donc équivalentes :

$$P \equiv_\Gamma Q \qquad \Gamma \vdash P \iff Q \qquad \begin{cases} \Gamma, P \vdash Q \\ \Gamma, Q \vdash P \end{cases} \qquad \begin{cases} \Gamma \vdash P \implies Q \\ \Gamma \vdash Q \implies P \end{cases}$$

De même, les quatre expressions suivantes, correspondant au cas où Γ est l'ensemble vide, sont équivalentes :

$$P \equiv Q \qquad \vdash P \iff Q \qquad \begin{cases} P \vdash Q \\ Q \vdash P \end{cases} \qquad \begin{cases} \vdash P \implies Q \\ \vdash Q \implies P \end{cases}$$

Le principe de double implication (pour justifier une équivalence) est à la base du raisonnement par analyse-synthèse :

Définition 5.5.49 (Raisonnement par analyse-synthèse)
Le raisonnement par *analyse-synthèse* (ou par *condition nécessaire et condition suffisante*) est une façon de trouver l'ensemble des solutions d'un problème donné :

- On procède par analyse, c'est-à-dire que l'on cherche les propriétés que doit vérifier une solution éventuelle du problème.
- Puis par synthèse, on élimine parmi les éléments trouvés précédemment ceux qui ne sont pas solutions du problème et on garde ceux qui le sont.

Les propriétés $\mathscr{P}(x)$ des solutions x trouvées après synthèse caractérisent toutes les solutions, puisque

$$\begin{aligned} x \text{ est une solution} &\implies \mathscr{P}(x) && \text{par analyse} \\ \mathscr{P}(x) &\implies x \text{ est une solution} && \text{par synthèse} \end{aligned}$$

donc

$$x \text{ est une solution} \iff \mathscr{P}(x)$$

Exemple 5.5.50 (Exemple de raisonnement par analyse-synthèse)
On veut démontrer que toute fonction f de $\mathbb{R}$ dans $\mathbb{R}$, peut se décomposer comme somme d'une fonction paire (g est paire lorsque pour tout x, $g(-x) = g(x)$), et d'une fonction impaire (g est impaire lorsque pour tout x, $g(-x) = -g(x)$). On se donne donc une fonction f et on étudie l'ensemble des couples de fonctions (p, i) tels que p soit une fonction paire, i une fonction impaire, et $f = p + i$.

- Analyse : un tel couple de solutions (p, i) vérifie donc, pour tout réel x :

$$\frac{f(x) + f(-x)}{2} = \frac{i(x) + i(-x) + p(x) + p(-x)}{2} = \frac{i(x) - i(x) + 2p(x)}{2} = \frac{2p(x)}{2} = p(x)$$

De même

$$\frac{f(x) - f(-x)}{2} = \frac{i(x) - i(-x) + p(x) - p(-x)}{2} = i(x)$$

Ainsi les deux seules fonctions possibles vérifient pour tout x

$$\begin{cases} p(x) &= \dfrac{f(x) + f(-x)}{2} \\ i(x) &= \dfrac{f(x) - f(-x)}{2} \end{cases}$$

Donc une solution, si elle existe, ne peut être que ce couple de fonctions. Il reste à vérifier, par synthèse, que ces fonctions conviennent, c'est-à-dire que p est bien une fonction paire, i une fonction impaire, et que f est la somme des deux.

- Synthèse :

$$i(x) + p(x) = \frac{f(x) - f(-x) + f(x) + f(-x)}{2} = f(x)$$

i est impaire :

$$i(-x) = \frac{f(-x) - f(x)}{2} = \frac{-(f(x) - f(-x))}{2} = -i(x)$$

p est paire :

$$p(-x) = \frac{f(-x) + f(x)}{2} = p(x)$$

- On a démontré le résultat, et même prouvé que f peut se décomposer de manière unique comme somme d'une fonction paire et d'une fonction impaire (puisque dans la partie analyse, on n'a trouvé qu'un seul couple de solutions possible).

Remarque 5.5.51 : Ce qui précède est un exemple d'utilisation des principes formels d'une démonstration pour un raisonnement mathématique informel, ce qui est le cas de la pratique courante : une preuve mathématique est en général rédigée de façon non formelle, mais pourrait être (en théorie) complètement formalisée à l'aide des règles formelles de déduction. Il en sera de même pour les autres exemples (je ne ferai pas cette remarque à chaque fois).

De la transitivité de l'implication, on déduit immédiatement la transitivité de l'équivalence, et les méthodes suivantes pour justifier l'équivalence de plusieurs formules :

Métathéorème 5.5.52 (Méthodes pour prouver l'équivalence de plusieurs formules)
On veut prouver l'équivalence des formules $P_1, \ldots, P_n$.
Méthode 1 :

$$\text{si} \begin{cases} \Gamma \vdash P_1 \iff P_2 \\ \Gamma \vdash P_2 \iff P_3 \\ \ldots \\ \Gamma \vdash P_{n-1} \iff P_n \end{cases}$$

$$\text{alors} \quad \text{pour tout } i \text{ et tout } j, \Gamma \vdash P_i \iff P_j$$

Méthode 2 (implications circulaires) :

$$\text{si} \begin{cases} \Gamma \vdash P_1 \implies P_2 \\ \Gamma \vdash P_2 \implies P_3 \\ \ldots \\ \Gamma \vdash P_{n-1} \implies P_n \\ \Gamma \vdash P_n \implies P_1 \end{cases}$$

$$\text{alors} \quad \text{pour tout } i \text{ et tout } j, \Gamma \vdash P_i \iff P_j$$

Preuve

1. Démontrons par récurrence sur $n \geqslant 2$ que pour toutes formules $P_1, \dots, P_n$, si

$$\begin{cases} \Gamma \vdash P_1 \iff P_2 \\ \Gamma \vdash P_2 \iff P_3 \\ \dots \\ \Gamma \vdash P_{n-1} \iff P_n \end{cases}$$

alors pour tout i et j entre 1 et n, $P_i \iff P_j$.

- Au rang $n = 2$, si $\Gamma \vdash P_1 \iff P_2$, alors

$$\begin{cases} \Gamma \vdash P_1 \iff P_1 \\ \Gamma \vdash P_2 \iff P_2 \\ \Gamma \vdash P_1 \iff P_2 \\ \Gamma \vdash P_2 \iff P_1 \end{cases}$$

- On fait l'hypothèse de récurrence au rang n, et on fait l'hypothèse

$$\begin{cases} \Gamma \vdash P_1 \iff P_2 \\ \Gamma \vdash P_2 \iff P_3 \\ \dots \\ \Gamma \vdash P_{n-1} \iff P_n \\ \Gamma \vdash P_n \iff P_{n+1} \end{cases}$$

Par hypothèse de récurrence, pour tout i et j entre 1 et n,

$$\Gamma \vdash P_i \iff P_j$$

En particulier pour tout i entre 1 et n, $\Gamma \vdash P_i \iff P_n$, et puisque $\Gamma \vdash P_n \iff P_{n+1}$, on en déduit par transitivité

$$\Gamma \vdash P_i \iff P_{n+1}$$

donc aussi $\Gamma \vdash P_{n+1} \iff P_i$, et comme on a aussi $\Gamma \vdash P_{n+1} \iff P_{n+1}$, on en déduit que pour tout i et j entre 1 et $n+1$

$$\Gamma \vdash P_i \iff P_j$$

2. Démontrons par récurrence sur $n \geqslant 2$ que pour toutes formules $P_1, \dots, P_n$, si

$$\begin{cases} \Gamma \vdash P_1 \implies P_2 \\ \Gamma \vdash P_2 \implies P_3 \\ \dots \\ \Gamma \vdash P_{n-1} \implies P_n \\ \Gamma \vdash P_n \implies P_1 \end{cases}$$

alors pour tout i et j entre 1 et n

$$\Gamma \vdash P_i \iff P_j$$

- Le résultat est immédiat pour $n = 2$: si

$$\begin{cases} \Gamma \vdash P_1 \implies P_2 \\ \Gamma \vdash P_2 \implies P_1 \end{cases}$$

alors $\Gamma \vdash P_1 \iff P_2$ et $\Gamma \vdash P_2 \iff P_1$ (les autres équivalences sont immédiates).

- On fait l'hypothèse de récurrence au rang n et on suppose

$$\begin{cases} \Gamma \vdash P_1 \implies P_2 \\ \Gamma \vdash P_2 \implies P_3 \\ \dots \\ \Gamma \vdash P_{n-1} \implies P_n \\ \Gamma \vdash P_n \implies P_{n+1} \\ \Gamma \vdash P_{n+1} \implies P_1 \end{cases}$$

Par transitivité on déduit des deux dernières lignes

$$\Gamma \vdash P_n \implies P_1$$

Donc par hypothèse de récurrence, pour tout i entre 1 et n,

$$\Gamma \vdash P_i \iff P_j$$

De plus

$$\begin{cases} \Gamma \vdash P_1 \implies P_n \\ \Gamma \vdash P_n \implies P_{n+1} \end{cases}$$

donc par transitivité $\Gamma \vdash P_1 \implies P_{n+1}$, et puisque $\Gamma \vdash P_{n+1} \implies P_1$, on a

$$\Gamma \vdash P_1 \iff P_{n+1}$$

On en déduit comme précédemment que pour tout i et j entre 1 et $n+1$

$$\Gamma \vdash P_i \iff P_j$$

Exemple 5.5.53

1. Démontrons que pour tous les réels x et y

$$|x+y| \leqslant |x| + |y|$$

Puisque deux nombres positifs sont dans le même ordre que leur carré

$$|x+y| \leqslant |x| + |y| \iff |x+y|^2 \leqslant (|x| + |y|)^2$$

De plus, on a les trois équivalences suivantes

$$\begin{aligned} |x+y|^2 \leqslant (|x| + |y|)^2 &\iff x^2 + y^2 + 2xy \leqslant x^2 + y^2 + 2|x||y| \\ x^2 + y^2 + 2xy \leqslant x^2 + y^2 + 2|x||y| &\iff xy \leqslant |x||y| \\ xy \leqslant |x||y| &\iff xy \leqslant |xy| \end{aligned}$$

Puisque $xy \leqslant |xy|$ (un nombre est inférieur ou égal à sa valeur absolue), on en déduit que les inégalités précédentes (qui sont toutes équivalentes) sont prouvables ; en particulier

$$|x+y| \leqslant |x| + |y|$$

2. Démontrons de même que pour tous les réels x et y

$$|x+y| = |x| + |y| \iff xy \geqslant 0$$

En reprenant les mêmes calculs que ci-dessus

$$\begin{aligned} |x+y| = |x| + |y| &\iff |x+y|^2 = (|x| + |y|)^2 \\ |x+y|^2 = (|x| + |y|)^2 &\iff xy = |xy| \end{aligned}$$

Par ailleurs, un nombre réel étant égal à sa valeur absolue si et seulement si il est positif, on a bien

$$|x+y| = |x| + |y| \iff xy \geqslant 0$$

Disjonction

Règle d'inférence 5.5.54 (Règle d'introduction de la disjonction)
De P, ou de Q, on peut déduire $P \vee Q$:

$$\begin{array}{ll} \text{si} & \Gamma \vdash P \\ \text{alors} & \Gamma \vdash P \vee Q \end{array} \qquad \begin{array}{ll} \text{si} & \Gamma \vdash Q \\ \text{alors} & \Gamma \vdash P \vee Q \end{array}$$

Remarque 5.5.55 : Comme on peut le constater, il y a en fait deux règles d'introduction de la disjonction. On peut désigner la première par *règle d'introduction de la disjonction à gauche*, et la seconde par *règle d'introduction de la disjonction à droite*.

Théorème 5.5.56 (Corollaire de la règle d'introduction de la disjonction)

$$\Gamma, P \vdash P \vee Q$$
$$\Gamma, Q \vdash P \vee Q$$

Preuve

1	$\Gamma, P \vdash P$	Répétition
2	$\Gamma, P \vdash P \vee Q$	Règle d'introduction de la disjonction

De même pour la règle d'introduction de la disjonction à droite.

Remarque 5.5.57 : Je pourrai évoquer ce corollaire uniquement par l'expression *règle d'introduction de la disjonction*.

Règle d'inférence 5.5.58 (Règle d'élimination de la disjonction, ou règle de disjonction des cas)
Si on peut déduire $P \vee Q$ du contexte, et si on peut déduire R de P et de Q, alors on peut déduire R du contexte.

$$\begin{array}{ll} \text{si} & \begin{cases} \Gamma & \vdash P \vee Q \\ \Gamma', P & \vdash R \\ \Gamma'', Q & \vdash R \end{cases} \\ \text{alors} & \Gamma, \Gamma', \Gamma'' \vdash R \end{array}$$

Remarque 5.5.59 : Dans le cas où les trois ensembles de formules sont identiques, on peut aussi écrire

$$\begin{array}{ll} \text{si} & \begin{cases} \Gamma & \vdash P \vee Q \\ \Gamma, P & \vdash R \\ \Gamma, Q & \vdash R \end{cases} \\ \text{alors} & \Gamma \vdash R \end{array}$$

cette règle étant équivalente à la précédente (même raisonnement que pour la règle d'élimination de l'implication).

Métathéorème 5.5.60 (Corollaire de la règle d'élimination de la disjonction)
Si on peut déduire R de P et de Q, on peut déduire R de $P \vee Q$:

$$\text{si} \begin{cases} \Gamma, P & \vdash R \\ \Gamma', Q & \vdash R \end{cases}$$
$$\text{alors} \quad \Gamma, \Gamma', P \vee Q \vdash R$$

Preuve

1	$\Gamma, P \vdash R$	Hypothèse
2	$\Gamma', Q \vdash R$	Hypothèse
3	$P \vee Q \vdash P \vee Q$	Répétition
4	$\Gamma, \Gamma', P \vee Q \vdash R$	Règle d'élimination de $\vee$ à partir de 3,1,2

Métathéorème 5.5.61 (Corollaire des règles d'introduction et d'élimination de la disjonction)
Si on peut déduire $P \vee Q$ du contexte, et si on peut déduire R de P et S de Q, alors on peut déduire $R \vee S$ du contexte :

$$\text{si} \begin{cases} \Gamma & \vdash P \vee Q \\ \Gamma', P & \vdash R \\ \Gamma'', Q & \vdash S \end{cases}$$
$$\text{alors} \quad \Gamma, \Gamma', \Gamma'' \vdash R \vee S$$

Preuve
Puisqu'on peut déduire $\Gamma \vdash R \vee S$ de $\Gamma \vdash R$ et de $\Gamma \vdash S$ (règle d'introduction de la disjonction), on déduit des hypothèses

$$\begin{cases} \Gamma & \vdash P \vee Q \\ \Gamma', P & \vdash R \vee S \\ \Gamma'', Q & \vdash R \vee S \end{cases}$$

donc d'après la règle d'élimination de la disjonction

$$\Gamma, \Gamma', \Gamma'' \vdash R \vee S$$

Remarque 5.5.62 : D'après le théorème de déduction, les trois règles précédentes peuvent aussi se formuler ainsi :

$$\text{si} \begin{cases} \Gamma & \vdash P \vee Q \\ \Gamma' & \vdash P \Longrightarrow R \\ \Gamma'' & \vdash Q \Longrightarrow R \end{cases} \qquad \text{si} \begin{cases} \Gamma & \vdash P \Longrightarrow R \\ \Gamma' & \vdash Q \Longrightarrow R \end{cases} \qquad \text{si} \begin{cases} \Gamma & \vdash P \vee Q \\ \Gamma' & \vdash P \Longrightarrow R \\ \Gamma'' & \vdash Q \Longrightarrow S \end{cases}$$
$$\text{alors} \quad \Gamma, \Gamma', \Gamma'' \vdash R \qquad \text{alors} \quad \Gamma, \Gamma', P \vee Q \vdash R \qquad \text{alors} \quad \Gamma, \Gamma', \Gamma'' \vdash R \vee S$$

Négation

La négation peut se définir à partir de l'implication et de la formule particulière $\bot$, que l'on a nommée *absurde* (ou *contradiction*).

Définition 5.5.63 (Négation)
On définit la négation de P comme « P implique contradiction », ce que l'on pourrait aussi traduire par « P est absurde » :

$$\neg P \overset{\text{def}}{\equiv} P \implies \bot$$

Cela équivaut à définir la négation à partir des règles d'introduction et d'élimination suivantes :

Règle d'inférence 5.5.64 (Règle d'introduction de la négation)
Si on fait l'hypothèse provisoire P, et qu'on prouve une contradiction, alors on peut en déduire $\neg P$:

$$\begin{array}{ll} \text{si} & \Gamma, P \vdash \bot \\ \text{alors} & \Gamma \vdash \neg P \end{array}$$

Règle d'inférence 5.5.65 (Règle d'élimination de la négation)
De P et $\neg P$, on peut déduire une contradiction ($\bot$) :

$$\begin{array}{ll} \text{si} & \begin{cases} \Gamma & \vdash P \\ \Gamma' & \vdash \neg P \end{cases} \\ \text{alors} & \Gamma, \Gamma' \vdash \bot \end{array}$$

Remarque 5.5.66 (Vocabulaire) : Cette règle s'appelle aussi la règle d'introduction de l'absurde.

Remarque 5.5.67 : Dans le cas où les deux ensembles de formules sont identiques, on peut aussi écrire

$$\begin{array}{ll} \text{si} & \begin{cases} \Gamma & \vdash P \\ \Gamma & \vdash \neg P \end{cases} \\ \text{alors} & \Gamma \vdash \bot \end{array}$$

cette règle étant équivalente à la précédente (même raisonnement que pour la règle d'élimination de l'implication).

Métathéorème 5.5.68 (Équivalence des deux définitions de la négation)
Si on définit le connecteur négation par

$$\neg P \overset{\text{def}}{\equiv} P \implies \bot$$

alors les règles d'introduction et d'élimination sont vérifiées, et réciproquement si le connecteur négation vérifie ces deux règles, alors

$$\neg P \equiv P \implies \bot$$

Preuve

- Si on définit la négation comme

$$\neg P \stackrel{\text{def}}{\equiv} P \implies \bot$$

alors si

$$\Gamma, P \vdash \bot$$

on en déduit par introduction de l'implication

$$\Gamma \vdash P \implies \bot$$

autrement dit par définition

$$\Gamma \vdash \neg P$$

et si

$$\begin{cases} \Gamma & \vdash P \\ \Gamma' & \vdash \neg P \end{cases}$$

alors par définition

$$\begin{cases} \Gamma & \vdash P \\ \Gamma' & \vdash P \implies \bot \end{cases}$$

donc par modus ponens

$$\Gamma, \Gamma' \vdash \bot$$

- Si on définit la négation à partir des règles d'introduction et d'élimination alors puisque

$$\begin{cases} P & \vdash P \\ \neg P & \vdash \neg P \end{cases}$$

on en déduit par élimination de la négation

$$\neg P, P \vdash \bot$$

et donc par introduction de l'implication

$$\neg P \vdash P \implies \bot$$

Et puisque par modus ponens

$$P \implies \bot, P \vdash \bot$$

on a par introduction de la négation

$$P \implies \bot \vdash \neg P$$

Ainsi

$$\neg P \equiv P \implies \bot$$

On peut noter que la règle d'introduction de la négation est réversible :

Métathéorème 5.5.69 (Corollaire des règles d'introduction et d'élimination de $\neg$)
On peut déduire $\neg P$ de Γ si et seulement si l'ajout de l'hypothèse P à Γ amène une contradiction :

$$\Gamma, P \vdash \bot \qquad \text{si et seulement si} \qquad \Gamma \vdash \neg P$$

Preuve
Si $\Gamma \cup \{P\} \vdash \bot$, alors par introduction de la négation $\Gamma \vdash \neg P$. Réciproquement, si on fait l'hypothèse $\Gamma \vdash \neg P$, alors puisque $P \vdash P$, on déduit de la règle d'élimination de la négation

$$\Gamma, P \vdash \bot$$

Remarque 5.5.70 : En particulier

$$P \vdash \bot \quad \text{équivaut à} \quad \vdash \neg P$$

On peut déduire des règles d'introduction et d'élimination de la négation un théorème, qui peut aussi être considéré comme une variante de la règle d'introduction de la négation, pour un système dans lequel on n'a pas défini la constante $\bot$:

Métathéorème 5.5.71 (Variante de la règle d'introduction de la négation)

$$\text{si} \quad \begin{cases} \Gamma, P & \vdash Q \\ \Gamma', P & \vdash \neg Q \end{cases}$$
$$\text{alors} \quad \Gamma, \Gamma' \vdash \neg P$$

Preuve

1	$\Gamma, P \vdash Q$	Hypothèse
2	$\Gamma', P \vdash \neg Q$	Hypothèse
3	$\Gamma, \Gamma', P \vdash \bot$	Règle d'élimination de la négation à partir de 1 et 2
4	$\Gamma, \Gamma' \vdash \neg P$	Règle d'introduction de la négation

Remarque 5.5.72 (Vocabulaire) : Je pourrai aussi utiliser l'expression « règle d'introduction de la négation » pour évoquer cette règle [9].

Remarque 5.5.73 : Dans le cas où les deux ensembles de formules sont identiques, on peut aussi écrire

$$\text{si} \quad \begin{cases} \Gamma, P & \vdash Q \\ \Gamma, P & \vdash \neg Q \end{cases}$$
$$\text{alors} \quad \Gamma \vdash \neg P$$

cette règle étant équivalente à la précédente (même raisonnement que pour la règle d'élimination de l'implication).

Métathéorème 5.5.74 (Corollaire)

1. Si on fait l'hypothèse provisoire P et qu'on prouve $\neg P$, alors on peut en déduire $\neg P$:
$$\text{si} \quad \Gamma, P \vdash \neg P$$
$$\text{alors} \quad \Gamma \vdash \neg P$$
2. En particulier
$$P \implies \neg P \vdash \neg P$$
ce qui équivaut aussi à
$$\vdash (P \implies \neg P) \implies \neg P$$

9. Le terme est un peu impropre, puisque la négation apparaît dans les prémisses de cette règle.

Preuve
Puisqu'on a toujours $\Gamma \cup \{P\} \vdash P$ (par répétition), alors si $\Gamma \cup \{P\} \vdash \neg P$, on a

$$\begin{cases} \Gamma, P \vdash P \\ \Gamma, P \vdash \neg P \end{cases}$$

donc $\Gamma \vdash \neg P$ d'après le métathéorème précédent. Par ailleurs, on a par modus ponens

$$P \implies \neg P, P \vdash \neg P$$

On déduit alors de ce qui précède, en prenant $\Gamma :\equiv \{P \implies \neg P\}$

$$P \implies \neg P \vdash \neg P$$

ce qui équivaut, d'après le théorème de déduction, à

$$\vdash (P \implies \neg P) \implies \neg P$$

Exemple 5.5.75 (Théorème de Cantor)
Prouvons qu'il n'existe pas de surjection d'un ensemble E sur l'ensemble $\mathscr{P}(E)$ de ses parties, ce qui prouvera également qu'il n'existe pas de bijection de E dans $\mathscr{P}(E)$ (puisqu'une bijection est aussi une surjection) : on considère une fonction $E \xrightarrow{f} \mathscr{P}(E)$, dont on veut démontrer qu'elle n'est pas surjective, et l'ensemble

$$A :\equiv \{x \in E \mid x \notin f(x)\}$$

On fait l'hypothèse (P) que f est surjective. Il existe donc $a \in E$ tel que $f(a) = A$.

- Si $a \in A$ (hypothèse Q), alors par définition de A, $a \notin f(a)$, c'est-à-dire $a \notin A$ (proposition $\neg Q$). D'après le métathéorème précédent, la proposition $\neg Q$ est donc prouvable (dans le contexte Γ non précisé, dont fait partie la proposition P) : on a donc $a \notin A$.
- Alors, par définition de A, $a \in f(a)$, c'est-à-dire $a \in A$ (proposition Q).

On a déduit de l'hypothèse P une contradiction (Q et $\neg Q$). Par conséquent, f n'est pas surjective (proposition $\neg P$).

Théorème 5.5.76 (Principe de non-contradiction)
On ne peut pas avoir à la fois P et $\neg P$, ce qui se traduit par les propriétés équivalentes suivantes :

$$P, \neg P \vdash \bot$$
$$P \vdash \neg\neg P$$
$$\vdash P \implies \neg\neg P$$
$$P \land \neg P \vdash \bot$$
$$\vdash (P \land \neg P) \implies \bot$$
$$\vdash \neg(P \land \neg P)$$

Preuve

1	$P \vdash P$	Répétition
2	$\neg P \vdash \neg P$	Répétition

3 $P, \neg P \vdash \bot$ Règle d'élimination de la négation à partir de 1 et 2

Ce qui équivaut, par définition de la négation, à

$$P \vdash \neg\neg P$$

expression elle-même équivalente, d'après le théorème de déduction, à

$$\vdash P \implies \neg\neg P$$

Nous avons aussi vu que « $P, \neg P \vdash \bot$ » est équivalent à

$$P \wedge \neg P \vdash \bot$$

expression elle-même équivalente, d'après le théorème de déduction, à

$$\vdash (P \wedge \neg P) \implies \bot$$

et par définition de la négation, à

$$\vdash \neg(P \wedge \neg P)$$

D'après le principe de non-contradiction, on peut déduire $\neg\neg P$ de P. Par contre, on ne peut pas encore justifier la réciproque (déduire P de $\neg\neg P$) ; nous aurons pour cela besoin d'une autre règle, la règle d'élimination de la double négation (voir plus loin). Néanmoins, l'équivalence entre P et $\neg\neg P$ peut d'ores et déjà être prouvée dans certains cas particuliers, par exemple pour une contradiction (formule $\bot$) ou pour une formule de la forme $\neg P$:

Théorème 5.5.77 (Corollaire du principe de non-contradiction)

1. L'absurde équivaut à sa double négation :

$$\bot \equiv \neg\neg\bot$$

2. La négation d'une formule P équivaut à sa double négation (c'est-à-dire à la triple négation de P) :

$$\neg P \equiv \neg\neg\neg P$$

Preuve

1. On applique

$$P \vdash \neg\neg P$$

en remplaçant P par $\bot$:

$$\bot \vdash \neg\neg\bot$$

Réciproquement, prouvons

$$\neg\neg\bot \vdash \bot$$

1	$\neg\neg\bot, \bot \vdash \bot$	Répétition
2	$\neg\neg\bot \vdash \neg\bot$	Règle d'introduction de $\neg$
3	$\neg\neg\bot \vdash \neg\neg\bot$	Répétition
4	$\neg\neg\bot \vdash \bot$	Règle d'élimination de $\neg$ à partir de 2 et 3

On en déduit

$$\neg\neg\bot \equiv \bot$$

2. On applique

$$P \vdash \neg\neg P$$

en remplaçant P par $\neg P$:

$$\neg P \vdash \neg\neg\neg P$$

Réciproquement, prouvons

$$\neg\neg\neg P \vdash \neg P$$

1	$P \vdash \neg\neg P$	D'après ce qui précède (principe de non-contradiction)
2	$\neg\neg\neg P, P \vdash \neg\neg\neg P$	Répétition
3	$\neg\neg\neg P \vdash \neg P$	Règle d'introduction de $\neg$ à partir de 1 et 2

On en déduit

$$\neg P \equiv \neg\neg\neg P$$

Métathéorème 5.5.78 (Règle du modus tollens)
De $P \implies Q$ et $\neg Q$, on peut déduire $\neg P$:

$$\text{si} \quad \begin{cases} \Gamma & \vdash \neg Q \\ \Gamma' & \vdash P \implies Q \end{cases}$$
$$\text{alors} \quad \Gamma, \Gamma' \vdash \neg P$$

Preuve

1	$\Gamma, P \vdash \neg Q$	Hypothèse (et affaiblissement)
2	$\Gamma' \vdash P \implies Q$	Hypothèse
3	$P \vdash P$	Répétition
4	$\Gamma', P \vdash Q$	Modus ponens à partir de 2 et 3
5	$\Gamma, \Gamma' \vdash \neg P$	Règle d'introduction de $\neg$ à partir de 1 et 4

Remarque 5.5.79 : Dans le cas où les deux ensembles de formules sont identiques, on peut aussi écrire

$$\text{si} \quad \begin{cases} \Gamma & \vdash \neg Q \\ \Gamma & \vdash P \implies Q \end{cases}$$
$$\text{alors} \quad \Gamma \vdash \neg P$$

cette règle étant équivalente à la précédente (même raisonnement que pour la règle d'élimination de l'implication).

Théorème 5.5.80 (Corollaire : raisonnement par contraposition)
On peut déduire d'une implication $P \implies Q$ sa contraposée $\neg Q \implies \neg P$:

$$P \longrightarrow Q \vdash \neg Q \implies \neg P$$

ce qui équivaut, d'après le théorème de déduction, à

$$\vdash (P \implies Q) \implies (\neg Q \implies \neg P)$$

et à

$$P \implies Q, \neg Q \vdash \neg P$$

Preuve
Il suffit d'appliquer le théorème précédent aux ensembles $\{\neg Q\}$ et $\{P \implies Q\}$:

1	$\neg Q \vdash \neg Q$	Répétition
2	$P \implies Q \vdash P \implies Q$	Répétition
3	$\neg Q, P \implies Q \vdash \neg P$	Modus tollens à partir de 1 et 2

Remarque 5.5.81 (Vocabulaire) : On trouve aussi l'expression *raisonnement par contraposée* à la place de *raisonnement par contraposition* pour le théorème précédent. Cette propriété étant équivalente à la règle du modus tollens (la contraposition est une conséquence immédiate du modus tollens, et réciproquement de la contraposition et du modus ponens on peut déduire le modus tollens), les termes *contraposition* et *modus tollens* sont souvent pris comme synonymes. On évitera néanmoins de confondre la contraposition, qui est une règle d'inférence, avec la contraposée, qui est une proposition (la contraposée de la proposition $P \implies Q$ est la proposition $\neg Q \implies \neg P$).

Remarque 5.5.82 : La réciproque de cette propriété (de $\neg Q \implies \neg P$ on peut déduire $P \implies Q$) n'est pas encore prouvable avec les règles actuelles ; on aura pour cela besoin d'une règle supplémentaire (l'élimination de la double négation).

Exemple 5.5.83 (Parité d'un nombre et de son carré)
Soit n un entier. Prouvons que si n^2 est impair (proposition $\neg Q$), alors n est impair (proposition $\neg P$) :

- On fait l'hypothèse que l'entier n est pair (proposition P).
- Il existe donc un entier k, tel que $n = 2k$. On en déduit que $n^2 = 4k^2$, donc que n^2 est pair (proposition Q).
- On a donc prouvé la formule $P \implies Q$. On en déduit par contraposition la formule $\neg Q \implies \neg P$: si n^2 est impair, alors n impair.

Sachant que si un entier n'est pas impair alors il est pair, on peut démontrer de la même façon que si n^2 est pair, alors n est pair, en prenant cette fois pour P la proposition « n est impair » et pour Q la proposition« n^2 est impair », et en prouvant que si n est impair, alors n^2 est impair (si $n = 2k + 1$, alors $n^2 = 4k^2 + 4k + 1$). Ainsi, un entier et son carré ont la même parité (n est pair si et seulement si n^2 est pair, n est impair si et seulement si n^2 est impair).

Exemple 5.5.84 (Irrationnalité de $\sqrt{2}$)
Prouvons que $\sqrt{2}$ est un nombre irrationnel :

- On fait l'hypothèse (P) que $\sqrt{2}$ est rationnel.
- $\sqrt{2}$ peut donc s'écrire sous la forme d'une fraction irréductible : il existe des entiers premiers entre eux p et q tels que $\sqrt{2} = \frac{p}{q}$. On en déduit $p^2 = 2q^2$, ce qui prouve que p^2 est pair, donc que p est pair (voir l'exemple 5.5.83). Il existe donc un entier k tel que $p = 2k$. Par conséquent $p^2 = (2k)^2 = 4k^2$, et puisque $p^2 = 2q^2$, on en déduit $q^2 = 2k^2$, ce qui prouve que q^2 est pair, donc que q est pair. Puisque p et q sont pairs, ils ne sont pas premiers entre eux. Il y a contradiction.
- On en déduit la proposition $\neg P$ (règle d'introduction de la négation), autrement dit : $\sqrt{2}$ est un nombre irrationnel.

Remarque 5.5.85 : Contrairement à ce que l'on peut souvent lire, cette démonstration n'est pas un exemple de raisonnement par l'absurde, du moins en prenant la définition de cette expression en logique formelle. Dans le langage mathématique courant, le *raisonnement par l'absurde* peut désigner deux règles d'inférence différentes (voir aussi la remarque 5.5.93, p. 262), ce qui est acceptable quand on sait de quoi on parle, mais peut conduire à des confusions. Par exemple, la preuve de l'exemple précédent est valable en logique intuitionniste, mais cette logique rejette le raisonnement par l'absurde tel qu'il sera défini plus loin (et qui, du point de vue intuitionniste, est équivalent au tiers exclu ou à l'élimination de la double négation).

Métathéorème 5.5.86 (Conservation de l'équivalence par les connecteurs)
Les différents connecteurs conservent l'équivalence : si $P \equiv_\Gamma P'$ et $Q \equiv_\Gamma Q'$, alors

$$\neg P \equiv_\Gamma \neg P'$$
$$P \implies Q \equiv_\Gamma P' \implies Q'$$
$$P \wedge Q \equiv_\Gamma P' \wedge Q'$$
$$P \vee Q \equiv_\Gamma P' \vee Q'$$
$$P \iff Q \equiv_\Gamma P' \iff Q'$$

Preuve

- Si $P \equiv_\Gamma P'$, autrement dit

$$\begin{cases} \Gamma, P \vdash P' \\ \Gamma, P' \vdash P \end{cases}$$

alors

1	$\Gamma, P' \vdash P$	Hypothèse
2	$\neg P, P' \vdash \neg P$	Répétition
3	$\Gamma, \neg P \vdash \neg P'$	Règle d'introduction de la négation à partir de 1 et 2

On prouve de même $\Gamma \cup \{\neg P'\} \vdash \neg P$, et on en déduit

$$\neg P \equiv_\Gamma \neg P'$$

- On fait l'hypothèse que $P \equiv_\Gamma P'$ et $Q \equiv_\Gamma Q'$.

1	$\Gamma, P' \vdash P$	Hypothèse
2	$P \implies Q \vdash P \implies Q$	Répétition
3	$\Gamma, P \implies Q, P' \vdash Q$	Modus ponens à partir de 1 et 2
4	$\Gamma, Q \vdash Q'$	Hypothèse
5	$\Gamma, P \implies Q, P' \vdash Q'$	Coupure à partir de 3 et 4
6	$\Gamma, P \implies Q \vdash P' \implies Q'$	Règle d'introduction de l'implication

On prouve de même $\Gamma \cup \{P' \implies Q'\} \vdash P \implies Q$ et on en déduit

$$P \implies Q \equiv_\Gamma P' \implies Q'$$

- On fait l'hypothèse que $P \equiv_\Gamma P'$ et $Q \equiv_\Gamma Q'$.

1	$\Gamma, P \vdash P'$	Hypothèse
2	$\Gamma, Q \vdash Q'$	Hypothèse
3	$P \wedge Q \vdash P$	Règle d'élimination de la conjonction
4	$P \wedge Q \vdash Q$	Règle d'élimination de la conjonction
5	$\Gamma, P \wedge Q \vdash P'$	Coupure à partir de 3 et 1
6	$\Gamma, P \wedge Q \vdash Q'$	Coupure à partir de 4 et 2

7	$\Gamma, P \wedge Q \vdash P' \wedge Q'$	Règle d'introduction de la conjonction à partir de 5 et 6

On prouve de même $\Gamma \cup \{P' \wedge Q'\} \vdash P \wedge Q$ et on en déduit

$$P \wedge Q \equiv_\Gamma P' \wedge Q'$$

- On fait l'hypothèse que $P \equiv_\Gamma P'$ et $Q \equiv_\Gamma Q'$.

1	$\Gamma, P \vdash P'$	Hypothèse
2	$\Gamma, Q \vdash Q'$	Hypothèse
3	$P' \vdash P' \vee Q'$	Règle d'introduction de la disjonction
4	$Q' \vdash P' \vee Q'$	Règle d'introduction de la disjonction
5	$\Gamma, P \vdash P' \vee Q'$	Coupure à partir de 1 et 3
6	$\Gamma, Q \vdash P' \vee Q'$	Coupure à partir de 2 et 4
7	$P \vee Q \vdash P \vee Q$	Répétition
8	$\Gamma, P \vee Q \vdash P' \vee Q'$	Disjonction des cas à partir de 7, 5, 6

On prouve de même $\Gamma \cup \{P' \vee Q'\} \vdash P \vee Q$ et on en déduit

$$P \vee Q \equiv_\Gamma P' \vee Q'$$

- Ayant défini le connecteur équivalence par

$$P \iff Q \stackrel{\text{def}}{\equiv} (P \implies Q) \wedge (Q \implies P)$$

on a aussi directement le résultat pour $\iff$ à partir des résultats précédents : on fait l'hypothèse que $P \equiv_\Gamma P'$ et $Q \equiv_\Gamma Q'$. Alors comme l'équivalence est conservée par $\implies$

$$\begin{cases} P \implies Q \equiv_\Gamma P' \implies Q' \\ Q \implies P \equiv_\Gamma Q' \implies P' \end{cases}$$

et comme l'équivalence est conservée par $\wedge$

$$(P \implies Q) \wedge (Q \implies P) \equiv_\Gamma (P' \implies Q') \wedge (Q' \implies P')$$

Remarque 5.5.87 : Ce métathéorème reste valable quand on remplace $\equiv_\Gamma$ par $\equiv$ (il suffit de prendre pour Γ l'ensemble vide).

Métathéorème 5.5.88 (Remplacement d'une sous-formule par une formule équivalente)
Si, dans une formule P, on remplace une sous-formule par une formule équivalente (respectivement Γ-équivalente), le résultat obtenu est une formule équivalente (respectivement Γ-équivalente) à P.

Preuve
C'est la même démonstration que dans le cas sémantique, par induction structurelle sur les formules (théorème 2.6.25, p. 68), en utilisant les résultats du théorème précédent.

Élimination de la double négation

Les règles vues jusqu'à présent correspondent à ce qu'on appelle la *logique minimale*. Pour obtenir la logique dite *classique*, nous devons introduire une dernière règle, que l'on peut présenter sous trois formes équivalentes : la règle d'élimination de la double négation, le raisonnement par l'absurde, et la contraposition réciproque (réciproque du principe de contraposition). On pourra aussi en déduire de nouvelle règles : le principe du tiers exclu, la loi de Peirce, et la règle d'élimination de l'absurde (qui dit que toute formule est prouvable à partir d'une contradiction). Il existe aussi une logique dite *intuitionniste*, intermédiaire entre les deux précédentes, correspondant à la logique minimale à laquelle on ajoute la règle d'élimination de l'absurde. On obtient alors une logique proche de la logique classique, mais sans la règle d'élimination de la double négation, le raisonnement par l'absurde, la contraposition réciproque, le principe du tiers exclu, et la loi de Peirce. Je reviendrai plus loin sur les rapports entre la logique classique et ses deux variantes.

Règle d'inférence 5.5.89 (Règle d'élimination de la double négation)
De $\neg\neg P$, on peut déduire P :

$$\begin{array}{rl} \text{si} & \Gamma \vdash \neg\neg P \\ \text{alors} & \Gamma \vdash P \end{array}$$

Remarque 5.5.90 : De manière informelle, cette règle dit que si on peut réfuter la négation d'une formule, alors cette formule est prouvable. D'un point de vue sémantique, cela revient à dire que si la négation d'une formule est fausse, alors cette formule est vraie.

Théorème 5.5.91 (Corollaire de la règle d'élimination de la double négation)
Toute formule est équivalente à sa double négation :

$$P \equiv \neg\neg P$$

ce qui peut aussi s'écrire

$$\vdash P \iff \neg\neg P$$

Preuve
Nous savons déjà que $P \vdash \neg\neg P$. Réciproquement, puisque $\neg\neg P \vdash \neg\neg P$, on déduit de la règle d'élimination de la double négation (et par coupure)

$$\neg\neg P \vdash P$$

Par conséquent

$$P \equiv \neg\neg P$$

Par ailleurs, nous avons déjà vu que par définition de $\iff$, et d'après le théorème de déduction, l'expression précédente équivaut à

$$\vdash P \iff \neg\neg P$$

Métathéorème 5.5.92 (Raisonnement par l'absurde)
Si on fait l'hypothèse provisoire $\neg P$, et qu'on prouve une contradiction ($\perp$), on peut en déduire P :

$$\begin{array}{rl} \text{si} & \Gamma, \neg P \vdash \perp \\ \text{alors} & \Gamma \vdash P \end{array}$$

Preuve
C'est une conséquence immédiate de la règle d'introduction de la négation, et de la règle d'élimination de la double négation :

1	$\Gamma, \neg P \vdash \bot$	Hypothèse de départ
2	$\Gamma \vdash \neg\neg P$	Règle d'introduction de la négation
3	$\Gamma \vdash P$	Règle d'élimination de la double négation

Remarque 5.5.93 : Cette règle est très proche de la règle d'introduction de la négation, et l'usage courant en mathématiques veut que l'on appelle *raisonnement par l'absurde* ces deux règles, même si elles sont différentes. Cela vient du fait qu'en logique classique (non intuitionniste), on ne fait pas vraiment de différence entre P et $\neg\neg P$ (puisque ces formules sont équivalentes). Néanmoins, il est bon de réaliser que ces deux raisonnements, bien que proches, sont différents. On notera aussi que la démonstration usuelle de l'irrationnalité de $\sqrt{2}$ (voir l'exemple 5.5.84, p. 258), qui est souvent donnée comme archétype de raisonnement par l'absurde, utilise uniquement la règle d'introduction de la négation.

On peut noter que la règle précédente est réversible :

Théorème 5.5.94 (Corollaire du raisonnement par l'absurde)
On peut déduire P de Γ si et seulement si l'ajout de l'hypothèse $\neg P$ à Γ amène une contradiction.

$$\Gamma, \neg P \vdash \bot \qquad \text{si et seulement si} \qquad \Gamma \vdash P$$

Preuve
L'une des implications est le raisonnement par l'absurde : si $\Gamma \cup \{\neg P\} \vdash \bot$, alors $\Gamma \vdash P$. La réciproque est vraie même sans la règle d'élimination de la double négation : si $\Gamma \vdash P$, alors puisque $\neg P \vdash \neg P$, on déduit de la règle d'élimination de la négation

$$\Gamma, \neg P \vdash \bot$$

Remarque 5.5.95 : En particulier

$$\neg P \vdash \bot \qquad \text{équivaut à} \qquad \vdash P$$

On a aussi le théorème suivant, que l'on peut considérer comme une variante du raisonnement par l'absurde ne faisant pas appel au symbole $\bot$:

Métathéorème 5.5.96 (Variante du raisonnement par l'absurde)

$$\text{si} \quad \begin{cases} \Gamma, \neg P & \vdash Q \\ \Gamma', \neg P & \vdash \neg Q \end{cases}$$

$$\text{alors} \quad \Gamma, \Gamma' \vdash P$$

Preuve
Si

$$\begin{cases} \Gamma, \neg P & \vdash Q \\ \Gamma', \neg P & \vdash \neg Q \end{cases}$$

alors d'après la règle d'introduction de la négation, on a

$$\Gamma, \Gamma' \vdash \neg\neg P$$

donc (élimination de la double négation)

$$\Gamma, \Gamma' \vdash P$$

Remarque 5.5.97 (Vocabulaire) : Je pourrai aussi utiliser l'expression « raisonnement par l'absurde » pour évoquer le théorème précédent.

Remarque 5.5.98 : Dans le cas où les deux ensembles de formules sont identiques, on peut également écrire

$$\begin{array}{ll} \text{si} & \begin{cases} \Gamma, \neg P & \vdash Q \\ \Gamma, \neg P & \vdash \neg Q \end{cases} \\ \text{alors} & \Gamma \vdash P \end{array}$$

cette règle étant équivalente à la précédente (même raisonnement que pour la règle d'élimination de l'implication).

Exemple 5.5.99 (Axiome de Hilbert pour la négation)
Prouvons l'axiome de Hilbert

$$\vdash (\neg P \implies \neg Q) \implies ((\neg P \implies Q) \implies P)$$

1	$\neg P \implies \neg Q, \neg P \vdash \neg Q$	Modus ponens
2	$\neg P \implies Q, \neg P \vdash Q$	Modus ponens
3	$\neg P \implies \neg Q, \neg P \implies Q \vdash P$	Raisonnement par l'absurde à partir de 1 et 2
4	$\neg P \implies \neg Q \vdash (\neg P \implies Q) \implies P$	Règle d'introduction de l'implication
5	$\vdash (\neg P \implies \neg Q) \implies ((\neg P \implies Q) \implies P)$	Règle d'introduction de l'implication

Théorème 5.5.100 (Corollaire du raisonnement par l'absurde)

1. Si on fait l'hypothèse provisoire $\neg P$ et qu'on prouve P, alors on peut en déduire P :

$$\begin{array}{ll} \text{si} & \Gamma, \neg P \vdash P \\ \text{alors} & \Gamma \vdash P \end{array}$$

2. En particulier

$$\neg P \implies P \vdash P$$

ce qui équivaut aussi à

$$\vdash (\neg P \implies P) \implies P$$

Preuve
Puisqu'on a toujours $\Gamma \cup \{\neg P\} \vdash \neg P$ (par répétition), alors si $\Gamma \cup \{\neg P\} \vdash P$, on a

$$\begin{cases} \Gamma, \neg P \vdash P \\ \Gamma, \neg P \vdash \neg P \end{cases}$$

et on applique le théorème précédent pour conclure $\Gamma \vdash P$. Par ailleurs, on a par modus ponens

$$\neg P \implies P, \neg P \vdash P$$

On déduit alors de ce qui précède, en prenant $\Gamma :\equiv \{\neg P \implies P\}$

$$\neg P \implies P \vdash P$$

ce qui équivaut, d'après le théorème de déduction, à

$$\vdash (\neg P \implies P) \implies P$$

Théorème 5.5.101 (Règle d'élimination de l'absurde)
D'une contradiction, on peut déduire n'importe quelle formule P :

$$\bot \vdash P$$

ce qui équivaut aussi à

$$\vdash \bot \implies P$$

Preuve

1	$\bot, \neg P \vdash \bot$	Répétition
2	$\bot \vdash P$	Raisonnement par l'absurde

On a aussi la variante suivante ne faisant pas appel au symbole $\bot$:

Métathéorème 5.5.102 (Variante de la règle d'élimination de l'absurde)

$$\text{si} \begin{cases} \Gamma \vdash Q \\ \Gamma \vdash \neg Q \end{cases}$$
$$\text{alors} \quad \Gamma \vdash P$$

On en déduit les théorèmes équivalents suivants :

$$Q, \neg Q \vdash P$$
$$\vdash Q \implies (\neg Q \implies P)$$
$$\vdash \neg Q \implies (Q \implies P)$$
$$Q \wedge \neg Q \vdash P$$
$$\vdash (Q \wedge \neg Q) \implies P$$

Preuve
Si $\Gamma \vdash Q$ et $\Gamma \vdash \neg Q$, alors $\Gamma \vdash \bot$, donc d'après la règle d'élimination de l'absurde (et par coupure)

$$\Gamma \vdash P$$

Par répétition, on a

$$\begin{cases} Q, \neg Q \vdash Q \\ Q, \neg Q \vdash \neg Q \end{cases}$$

donc d'après ce qui précède

$$Q, \neg Q \vdash P$$

Cette propriété est équivalente à

$$Q \wedge \neg Q \vdash P$$

Le reste s'en déduit d'après le théorème de déduction.

Remarque 5.5.103 : Par définition de la conjonction, la condition

$$\begin{cases} \Gamma & \vdash Q \\ \Gamma & \vdash \neg Q \end{cases}$$

peut être remplacée par

$$\Gamma \vdash Q \wedge \neg Q$$

Remarque 5.5.104 : Puisque toute formule peut se déduire des formules de la forme « $P \wedge \neg P$ », on a en particulier pour toute formule P

$$\bot \equiv P \wedge \neg P$$

Notons aussi qu'on obtient un système déductif équivalent à celui que j'ai présenté, mais qui n'utilise pas la constante $\bot$, en remplaçant les deux règles d'introduction et d'élimination de la négation par la variante de la règle d'introduction de la négation, c'est-à-dire la règle

$$\begin{array}{ll} \text{si} & \begin{cases} \Gamma, P & \vdash Q \\ \Gamma', P & \vdash \neg Q \end{cases} \\ \text{alors} & \Gamma, \Gamma' \vdash \neg P \end{array}$$

On obtient alors comme précédemment, en utilisant la règle d'élimination de la double négation, le raisonnement par l'absurde et la règle d'élimination de l'absurde (variantes sans le symbole $\bot$). Pour avoir une équivalence complète avec le système précédent, on peut définir, en choisissant une formule quelconque Q

$$\bot \stackrel{\text{def}}{\equiv} Q \wedge \neg Q$$

On en déduit que pour toute formule P

$$\bot \equiv P \wedge \neg P$$

et que les deux règles de base faisant intervenir $\bot$ sont vérifiées :

- La règle d'introduction de la négation : si $\Gamma \vdash P$ et $\Gamma' \vdash \neg P$, alors d'après la règle d'introduction de la conjonction

  $$\Gamma, \Gamma' \vdash P \wedge \neg P$$

  donc

  $$\Gamma, \Gamma' \vdash \bot$$

- La règle d'élimination de la négation : si $\Gamma \cup \{P\} \vdash \bot$, alors d'après la règle d'élimination de la conjonction

$$\begin{cases} \Gamma, P \vdash Q \\ \Gamma, P \vdash \neg Q \end{cases}$$

  donc

$$\Gamma \vdash \neg P$$

Remarque 5.5.105 (Remarque historique) : Cette idée que l'on peut déduire n'importe quel énoncé d'une contradiction est à l'origine d'une anecdote que l'on attribue soit au mathématicien britannique Godfrey Harold Hardy (1877-1947), soit au mathématicien, logicien et philosophe britannique Bertrand Russell (1872-1970) :

- Le mathématicien, statisticien, géophysicien, et astronome britannique Harold Jeffreys (1891-1989) raconte en 1957 dans la seconde édition de *Scientific inference* [10] (l'anecdote n'apparaît pas dans la première édition datant de 1931), que le philosophe britannique John McTaggart (1866-1925), rejetant ce principe, aurait demandé à Hardy :

  > « Si 2 fois 2 est égal à 5, comment pouvez-vous prouver que je suis le Pape ? »

  Et Hardy aurait répondu :

  > « Si 2 fois 2 est égal à 5, alors $4 = 5$. On soustrait 3; donc $1 = 2$. Mais McTaggart et le pape sont deux. Par conséquent McTaggart et le pape ne font qu'un ».

- L'anecdote est aussi attribuée à Russell par le mathématicien américain Garrett Birkhoff (1911-1996), qui écrit en 1948 dans la seconde édition de *Lattice theory* [11] (l'anecdote n'apparaît pas non plus dans la première édition datant de 1940) :

  > « Russell est réputé avoir été mis au défi de prouver que l'hypothèse (fausse) $2+2 = 5$ impliquait qu'il était le Pape. Russell a répondu ainsi : vous admettez que $2 + 2 = 5$; mais je peux prouver que $2+2 = 4$; donc $5 = 4$. En retranchant deux de chaque côté, nous avons $3 = 2$; en retranchant encore un, $2 = 1$. Mais vous admettrez que le Pape et moi sommes deux. Par conséquent, le Pape et moi ne faisons qu'un, q.e.d. [12] »

Par ailleurs, il est intéressant de constater que Hardy et Russell ont tous les deux fréquenté, approximativement à la même période (vers 1890-1900), le *Trinity College*, l'un des 31 collèges de l'université de Cambridge, et qu'ils étaient tous les deux membres de la société des Apôtres de Cambridge (*Cambridge Apostles*), société secrète intellectuelle d'étudiants de l'Université de Cambridge, qui recrutait traditionnellement ses membres parmi les nouveaux étudiants des collèges St John, King, et Trinity. De plus, Jeffreys, qui raconte l'anecdote attribuée à Hardy, a fréquenté le collège St John de l'université de Cambridge, et Birkhoff, qui raconte l'anecdote attribuée à Russell, a fréquenté le collège Trinity. On peut lire aussi en 1955 dans *One Hundred Curious Mathematical Problems* [13] :

> « C'est l'un des théorèmes surprenants, prouvé dans la nouvelle logique symbolique, que d'une fausse supposition, toute conclusion quelle qu'elle soit, vraie ou fausse, peut être tirée par un raisonnement légitime. Le mathématicien, Hardy, a fait une fois cette déclaration à la table commune dans son université, après quoi un écossais incrédule s'est exclamé : "Balivernes ! Quatre est égal à six : prouvez que je suis le Pape". Hardy a répondu : "Voyons voir : $4 = 6$, divisez par 2, alors $2 = 3$; soustrayez 1 de chaque côté. Donc 1 est égal à 2. Maintenant, il est bien connu que le Pape et vous êtes 2, et par conséquent le Pape et vous ne faites qu'un !" »

10. Harold JEFFREYS. *Scientific inference*. 2e éd. Cambridge University Press, 1957, p. 18.
11. Garrett BIRKHOFF. *Lattice theory*. 2e éd. American Mathematical Society, 1948, p. 194.
12. *Quod erat demonstrandum*, c'est-à-dire « ce qu'il fallait démontrer » (CQFD).
13. William Richard RANSOM. *One Hundred Curious Mathematical Problems*. J. Weston Walch, 1955, p. 77.

et en 1958 dans *The Centennial Review of Arts & Science* [14] :

> « Il y a une histoire qui émane de la table haute à Trinity et qui est instructive à cet égard. G.H.Hardy, le mathématicien pur – à qui je dois tout ce que je sais des mathématiques pures – a remarqué ce fait remarquable, et quelqu'un l'a repris de l'autre côté de la table et a dit, "Voulez-vous dire, Hardy, que si je dis que deux et deux font cinq vous pourriez prouver toute autre proposition que vous voulez ?" Hardy a répondu, "Oui, je pense". "Eh bien, alors, prouvez que McTaggart est le Pape". "Eh bien", dit Hardy, "si deux et deux font cinq, alors cinq est égal à quatre. Si vous soustrayez trois, vous trouvez que deux est égal à un. McTaggart et le Pape sont deux ; par conséquent McTaggart et le Pape ne font qu'un". »

De nos jours, cette anecdote, parfois racontée avec une prémisse différente ($1 + 1 = 1, 1 = 2 \ldots$), est le plus souvent attribuée à Russell. Mais qu'elle soit réelle, ou que ce soit une légende urbaine propagée par les étudiants de Cambridge, il est possible que le protagoniste original soit Hardy, puis qu'elle ait été attribuée à Russell car il était un logicien (contrairement à Hardy), ou alors car il était plus célèbre que lui.

Théorème 5.5.106 (Contraposition réciproque)
On peut déduire $P \implies Q$ de $\neg Q \implies \neg P$

$$\neg Q \implies \neg P \vdash P \implies Q$$

ce qui équivaut, d'après le théorème de déduction, à

$$\vdash (\neg Q \implies \neg P) \implies (P \implies Q)$$

et à

$$\neg Q \implies \neg P, P \vdash Q$$

Preuve
C'est une conséquence des règles d'introduction et d'élimination de l'implication et du raisonnement par l'absurde :

1	$\neg Q, \neg Q \implies \neg P \vdash \neg P$	Modus ponens
2	$P, \neg Q \vdash P$	Répétition
3	$\neg Q \implies \neg P, P \vdash Q$	Raisonnement par l'absurde à partir de 1 et 2

Remarque 5.5.107 : Nous avons déjà vu (principe de contraposition)

$$P \implies Q \vdash \neg Q \implies \neg P$$

Par conséquent

$$P \implies Q \equiv \neg Q \implies \neg P$$

Remarque 5.5.108 (Vocabulaire) : J'utilise l'expression personnelle « contraposition réciproque » pour faire la différence avec le principe de contraposition vu précédemment. Même si en logique classique ces deux principes sont équivalents, nous venons de voir que ce dernier théorème est une conséquence de la règle d'élimination de la double négation. Mais je pourrai dans la suite employer le terme *contraposition* dans les deux cas, autrement dit nommer *contraposition* l'équivalence

$$P \implies Q \equiv \neg Q \implies \neg P$$

14. College of Science and Arts, Michigan State University, éd. *The Centennial Review of Arts & Science* 2 (1958), p. 269.

Exemple 5.5.109
Prouvons que le seul nombre réel dont la valeur absolue est inférieure à tout réel strictement positif est le nombre 0. C'est-à-dire prouvons que pour tout réel x

$$(\forall \varepsilon \in \mathbb{R}_+^*, |x| < \varepsilon) \implies x = 0$$

On fait l'hypothèse $x \neq 0$. Comme $|x| \in \mathbb{R}^{+*}$, cela réfute le fait que tout $\varepsilon \in \mathbb{R}_+^*$ soit tel que $|x| < \varepsilon$. On en déduit par contraposition (réciproque) que si tout réel strictement positif ε est tel que $|x| < \varepsilon$, alors $x = 0$.

Théorème 5.5.110 (Loi de Peirce)

$$(P \implies Q) \implies P \vdash P$$

ce qui équivaut aussi à

$$\vdash ((P \implies Q) \implies P) \implies P$$

Preuve

1	$\neg P \vdash P \implies Q$	Règle d'élimination de l'absurde
2	$(P \implies Q) \implies P \vdash (P \implies Q) \implies P$	Répétition
3	$(P \implies Q) \implies P, \neg P \vdash P$	Modus ponens à partir de 1 et 2
4	$\neg P \vdash \neg P$	Répétition
5	$(P \implies Q) \implies P \vdash P$	Raisonnement par l'absurde à partir de 3 et 4

Théorème 5.5.111 (Principe du tiers exclu)
Principe du tiers exclu :

$$\vdash P \vee \neg P$$

Preuve 1 (à partir de la règle d'élimination de la double négation)

1	$\neg(P \vee \neg P), P \vdash P \vee \neg P$	Règle d'introduction de la disjonction
2	$\neg(P \vee \neg P) \vdash \neg(P \vee \neg P)$	Répétition
3	$\neg(P \vee \neg P), P \vdash \neg(P \vee \neg P)$	Affaiblissement
4	$\neg(P \vee \neg P) \vdash \neg P$	Règle d'introduction de la négation à partir de 1 et 3
5	$\neg(P \vee \neg P) \vdash P \vee \neg P$	Règle d'introduction de la disjonction à partir de 4
6	$\vdash \neg(\neg(P \vee \neg P))$	Règle d'introduction de la négation à partir de 2 et 5
7	$\vdash P \vee \neg P$	Règle d'élimination de la double négation

Preuve 2 (à partir de la loi de Peirce)

1	$P \vdash P \vee \neg P$	Règle d'introduction de $\vee$
2	$(P \vee \neg P) \implies \bot \vdash (P \vee \neg P) \implies \bot$	Répétition
3	$(P \vee \neg P) \implies \bot, P \vdash \bot$	Modus ponens à partir de 1 et 2
4	$(P \vee \neg P) \implies \bot \vdash \neg P$	Règle d'introduction de $\neg$

5	$\neg P \vdash P \vee \neg P$	Règle d'introduction de $\vee$
6	$(P \vee \neg P) \Longrightarrow \bot \vdash P \vee \neg P$	Coupure à partir de 4 et 5
7	$\vdash ((P \vee \neg P) \Longrightarrow \bot) \Longrightarrow (P \vee \neg P)$	Règle d'introduction de $\Longrightarrow$
8	$\vdash (((P \vee \neg P) \Longrightarrow \bot) \Longrightarrow (P \vee \neg P)) \Longrightarrow (P \vee \neg P)$	Loi de Peirce (en prenant $P \vee \neg P$ pour P et $\bot$ pour Q)
9	$\vdash P \vee \neg P$	Modus ponens à partir de 7 et 8

On déduit du tiers exclu, et de la règle de disjonction des cas, la règle suivante :

Métathéorème 5.5.112 (Corollaire du principe du tiers exclu et de la règle de disjonction des cas)

$$\text{si } \begin{cases} \Gamma, P \vdash Q \\ \Gamma', \neg P \vdash Q \end{cases}$$
$$\text{alors} \quad \Gamma, \Gamma' \vdash Q$$

Preuve

1	$\vdash P \vee \neg P$	Tiers exclu
2	$\Gamma, P \vdash Q$	Hypothèse
3	$\Gamma', \neg P \vdash Q$	Hypothèse
4	$\Gamma, \Gamma' \vdash Q$	Disjonction des cas à partir de 1, 2, 3

Exemple 5.5.113

Prouvons la proposition Q suivante : il existe un nombre irrationnel qui, élevé à une puissance irrationnelle, donne un nombre rationnel, autrement dit : il existe des nombres irrationnels a et b tels que a^b soit rationnel. On considère le nombre $\sqrt{2}^{\sqrt{2}}$. Par principe du tiers exclu, $\sqrt{2}^{\sqrt{2}}$ est rationnel (proposition P), ou $\sqrt{2}^{\sqrt{2}}$ est irrationnel (proposition $\neg P$).

- Si $\sqrt{2}^{\sqrt{2}}$ est rationnel, alors on en déduit directement Q (puisque $\sqrt{2}$ est un nombre irrationnel).
- Si $\sqrt{2}^{\sqrt{2}}$ est irrationnel, alors $\left(\sqrt{2}^{\sqrt{2}}\right)^{\sqrt{2}}$ est un nombre rationnel, puisque

$$\left(\sqrt{2}^{\sqrt{2}}\right)^{\sqrt{2}} = \sqrt{2}^{2} = 2$$

  et on en déduit la proposition Q.

Ce qui prouve Q par disjonction des cas.

Remarque 5.5.114 : On notera que la démonstration de l'exemple précédent ne nécessite pas de savoir si

$\sqrt{2}^{\sqrt{2}}$ est rationnel ou irrationnel. Néanmoins, ce résultat est donné par le théorème de Gelfond-Schneider, démontré indépendamment en 1934 par le mathématicien russe Alexandre Gelfond (1906-1968), et le mathématicien allemand Theodor Schneider (1911-1988) :

> Si a est un nombre algébrique (un nombre qui est racine d'un polynôme non nul à coefficients rationnels) différent de 0 et de 1, et si b est un nombre algébrique irrationnel, alors a^b est un nombre transcendant (c'est-à-dire non algébrique).

Or $\sqrt{2}$ est un nombre algébrique irrationnel, et par conséquent $\sqrt{2}^{\sqrt{2}}$ est un nombre transcendant, donc irrationnel.

Théorème 5.5.115 (Lois de De Morgan)
Lois de De Morgan :

$$\neg(P \vee Q) \equiv \neg P \wedge \neg Q$$
$$\neg(P \wedge Q) \equiv \neg P \vee \neg Q$$

ce qui équivaut aussi à

$$\vdash \neg(P \vee Q) \iff (\neg P \wedge \neg Q)$$
$$\vdash \neg(P \wedge Q) \iff (\neg P \vee \neg Q)$$

Preuve

- Prouvons

$$\neg(P \vee Q) \vdash \neg P \wedge \neg Q$$

1	$\neg(P \vee Q) \vdash \neg(P \vee Q)$	Répétition
2	$P \vdash P \vee Q$	Règle d'introduction de la disjonction
3	$\neg(P \vee Q), P \vdash \bot$	Règle d'élimination de la négation à partir de 1 et 2
4	$\neg(P \vee Q) \vdash \neg P$	Règle d'introduction de la négation
5	$Q \vdash P \vee Q$	Règle d'introduction de la disjonction
6	$\neg(P \vee Q), Q \vdash \bot$	Règle d'élimination de la négation à partir de 1 et 5
7	$\neg(P \vee Q) \vdash \neg Q$	Règle d'introduction de la négation
8	$\neg(P \vee Q) \vdash \neg P \wedge \neg Q$	Règle d'introduction de la conjonction à partir de 4 et 7

- Prouvons

$$\neg P \wedge \neg Q \vdash \neg(P \vee Q)$$

1	$\neg P \wedge \neg Q, P \vee Q \vdash P \vee Q$	Répétition
2	$\neg P \wedge \neg Q, P \vee Q, P \vdash P$	Répétition
3	$\neg P \wedge \neg Q, P \vee Q, P \vdash \neg P$	Règle d'élimination de la conjonction
4	$\neg P \wedge \neg Q, P \vee Q, P \vdash \bot$	Règle d'élimination de la négation à partir de 2 et 3
5	$\neg P \wedge \neg Q, P \vee Q, Q \vdash Q$	Répétition
6	$\neg P \wedge \neg Q, P \vee Q, Q \vdash \neg Q$	Règle d'élimination de la conjonction
7	$\neg P \wedge \neg Q, P \vee Q, Q \vdash \bot$	Règle d'élimination de la négation à partir de 5 et 6
8	$\neg P \wedge \neg Q, P \vee Q \vdash \bot$	Par disjonction des cas, à partir de 1, 4, 7
9	$\neg P \wedge \neg Q \vdash \neg(P \vee Q)$	Par introduction de la négation

On en déduit

$$\neg(P \vee Q) \equiv \neg P \wedge \neg Q$$

- Prouvons

$$\neg P \vee \neg Q \vdash \neg(P \wedge Q)$$

1	$\neg P \vee \neg Q, P \wedge Q \vdash P$	Règle d'élimination de $\wedge$
2	$\neg P \vee \neg Q, P \wedge Q \vdash Q$	Règle d'élimination de $\wedge$
3	$\neg P \vee \neg Q, P \wedge Q \vdash \neg P \vee \neg Q$	Répétition
4	$\neg P \vee \neg Q, P \wedge Q, \neg P \vdash \neg P$	Répétition
5	$\neg P \vee \neg Q, P \wedge Q, \neg P \vdash \bot$	Règle d'élimination de $\neg$ à partir de 1 et 4
6	$\neg P \vee \neg Q, P \wedge Q, \neg Q \vdash \neg Q$	Répétition
7	$\neg P \vee \neg Q, P \wedge Q, \neg Q \vdash \bot$	Règle d'élimination de $\neg$ à partir de 2 et 6
8	$\neg P \vee \neg Q, P \wedge Q \vdash \bot$	Disjonction des cas à partir de 3, 5, 7
9	$\neg P \vee \neg Q \vdash \neg(P \wedge Q)$	Règle d'introduction de la négation

- Prouvons

$$\neg(P \wedge Q) \vdash \neg P \vee \neg Q$$

1	$\neg(P \wedge Q), \neg(\neg P \vee \neg Q) \vdash \neg(\neg P \vee \neg Q)$	Répétition
2	$\neg(\neg P \vee \neg Q) \vdash \neg\neg P \wedge \neg\neg Q$	Démontré dans la première partie des lois de De Morgan (on a remplacé P par $\neg P$ et Q par $\neg Q$)
3	$\neg(P \wedge Q), \neg(\neg P \vee \neg Q) \vdash \neg\neg P$	Règle d'élimination de $\wedge$ à partir de 2
4	$\neg(P \wedge Q), \neg(\neg P \vee \neg Q) \vdash \neg\neg Q$	Règle d'élimintaion de $\wedge$ à partir de 2
5	$\neg(P \wedge Q), \neg(\neg P \vee \neg Q) \vdash P$	Règle d'élimination de la double négation à partir de 3
6	$\neg(P \wedge Q), \neg(\neg P \vee \neg Q) \vdash Q$	Règle d'élimination de la double négation à partir de 4
7	$\neg(P \wedge Q), \neg(\neg P \vee \neg Q) \vdash P \wedge Q$	Règle d'introduction de $\wedge$ à partir de 5 et 6
8	$\neg(P \wedge Q), \neg(\neg P \vee \neg Q) \vdash \neg(P \wedge Q)$	Répétition
9	$\neg(P \wedge Q), \neg(\neg P \vee \neg Q) \vdash \bot$	Règle d'élimination de la négation à partir de 7 et 8
10	$\neg(P \wedge Q) \vdash (\neg P \vee \neg Q)$	Raisonnement par l'absurde

Autre démonstration de

$$\neg(P \wedge Q) \vdash \neg P \vee \neg Q$$

ne faisant pas appel à un résultat démontré dans la première partie des lois de De Morgan :

1	$P, Q \vdash P \wedge Q$	Règle d'introduction de $\wedge$
2	$\neg(P \wedge Q) \vdash \neg(P \wedge Q)$	Répétition
3	$\neg(P \wedge Q), P, Q \vdash \bot$	Règle d'élimination de $\neg$ à partir de 1 et 2
4	$\neg(P \wedge Q), P \vdash \neg Q$	Règle d'introduction de $\neg$ à partir de 3
5	$\neg(P \wedge Q), P \vdash \neg P \vee \neg Q$	Règle d'introduction de $\vee$ à partir de 4
6	$\neg(\neg P \vee \neg Q) \vdash \neg(\neg P \vee \neg Q)$	Répétition
7	$\neg(P \wedge Q), \neg(\neg P \vee \neg Q), P \vdash \bot$	Règle d'élimination de $\neg$ à partir de 5 et 6
8	$\neg(P \wedge Q), \neg(\neg P \vee \neg Q) \vdash \neg P$	Règle d'introduction de $\neg$
9	$\neg(P \wedge Q), \neg(\neg P \vee \neg Q) \vdash \neg P \vee \neg Q$	Règle d'introduction de $\vee$ à partir de 8
10	$\neg(P \wedge Q), \neg(\neg P \vee \neg Q) \vdash \bot$	Règle d'élimination de $\neg$ à partir de 9 et 6
11	$\neg(P \wedge Q) \vdash \neg P \vee \neg Q$	Raisonnement par l'absurde

On en déduit

$$\neg(P \wedge Q) \equiv \neg P \vee \neg Q$$

Remarque 5.5.116 : On notera que la démonstration de

$$\neg(P \wedge Q) \vdash \neg P \vee \neg Q$$

fait appel à la règle d'élimination de la double négation (via le raisonnement par l'absurde). Il est en effet possible de justifier que ce principe n'est pas valable en logique intuitionniste (c'est-à-dire sans l'élimination de la double négation) [15]. Par contre, comme le montre la démonstration, les autres lois de De Morgan

$$\neg(P \vee Q) \equiv \neg P \wedge \neg Q$$
$$\neg P \vee \neg Q \vdash \neg(P \wedge Q)$$

restent valables en logique intuitionniste (et même en logique minimale).

Exemple 5.5.117 (Exemple d'utilisation de plusieurs règles d'inférence)
Prouvons que si le produit des deux entiers naturels est égal à 1 (proposition P), alors ces entiers sont égaux à 1 (proposition Q). On se donne deux entiers n et p. On veut donc démontrer

$$np = 1 \implies (n = 1 \wedge p = 1)$$

On raisonne par contraposition (réciproque) : on fait l'hypothèse que $n \neq 1$ ou $p \neq 1$ (ce qui équivaut, d'après les lois de De Morgan, à la proposition $\neg Q$). Si $n \neq 1$, alors

- soit $n = 0$, donc $np = 0 \neq 1$;
- soit $n \geqslant 2$, et alors
  - — soit $p = 0$, et alors $np = 0 \neq 1$;
  - — soit $p \geqslant 1$, et alors $np \geqslant n \geqslant 2 \neq 1$.

Le raisonnement est semblable si $p \neq 1$. Par disjonction des cas, on en déduit $np \neq 1$ (proposition $\neg P$). On a démontré

$$n \neq 1 \vee p \neq 1 \implies np \neq 1$$

on en déduit par contraposition (réciproque)

$$np = 1 \implies n = 1 \wedge p = 1$$

Enfin, il est possible de retrouver les équivalences permettant de définir certains connecteurs à partir d'autres :

Métathéorème 5.5.118 (Expressions de connecteurs en fonction des autres)

1. Expression des connecteurs en fonction de $\neg$ et $\wedge$:
$$P \vee Q \equiv \neg(\neg P \wedge \neg Q)$$
$$P \implies Q \equiv \neg(P \wedge \neg Q)$$
2. Expression des connecteurs en fonction de $\neg$ et $\vee$:
$$P \wedge Q \equiv \neg(\neg P \vee \neg Q)$$
$$P \implies Q \equiv \neg P \vee Q$$
3. Expression des connecteurs en fonction de $\neg$ et $\implies$:
$$P \wedge Q \equiv \neg(P \implies \neg Q)$$
$$P \vee Q \equiv \neg P \implies Q$$

15. C'est un résultat de théorie des modèles intuitionniste.

Preuve
Prouvons

$$P \implies Q \vdash \neg(P \wedge \neg Q)$$

1	$P \wedge \neg Q \vdash P$	Règle d'élimination de la conjonction
2	$P \implies Q \vdash P \implies Q$	Répétition
3	$P \implies Q, P \wedge \neg Q \vdash Q$	Modus ponens à partir de 1 et 2
4	$P \implies Q, P \wedge \neg Q \vdash \neg Q$	Règle d'élimination de la conjonction
5	$P \implies Q, P \wedge \neg Q \vdash \bot$	Règle d'élimination de la négation à partir de 3 et 4
6	$P \implies Q \vdash \neg(P \wedge \neg Q)$	Règle d'introduction de la négation

Prouvons

$$\neg(P \wedge \neg Q) \vdash P \implies Q$$

1	$\neg(P \wedge \neg Q), P, \neg Q \vdash P \wedge \neg Q$	Règle d'introduction de la conjonction
2	$\neg(P \wedge \neg Q), \neg Q \vdash \neg(P \wedge \neg Q)$	Répétition
3	$\neg(P \wedge \neg Q), P \vdash Q$	Raisonnement par l'absurde à partir de 1 et 2
4	$\neg(P \wedge \neg Q) \vdash P \implies Q$	Règle d'introduction de l'implication

On en déduit

$$P \implies Q \equiv \neg(P \wedge \neg Q)$$

Les autres propriétés se déduisent des lois de De Morgan et du principe de double négation.

5.6 Variantes dans la présentation de la déduction naturelle

J'ai rédigé dans la section précédente les démonstrations sous une forme linéaire, ce qui correspond à l'usage pour des preuves mathématiques, mais la structure théorique la plus adaptée est arborescente. Il est ainsi possible de présenter les démonstrations sous la forme d'un arbre de preuve.

Exemple 5.6.1
La première étape de la démonstration précédente des lois de De Morgan, la preuve de

$$\neg(P \vee Q) \vdash \neg P \wedge \neg Q$$

peut se représenter par l'arbre suivant :

$$\dfrac{\dfrac{\dfrac{\dfrac{\dfrac{}{P \vdash P}\,\text{ax}}{P \vdash P \vee Q}\,\vee\text{i} \qquad \dfrac{}{\neg(P \vee Q) \vdash \neg(P \vee Q)}\,\text{ax}}{\neg(P \vee Q), P \vdash \bot}\,\neg\text{é}}{\neg(P \vee Q) \vdash \neg P}\,\neg\text{i} \qquad \dfrac{\dfrac{\dfrac{\dfrac{}{Q \vdash Q}\,\text{ax}}{Q \vdash P \vee Q}\,\vee\text{i} \qquad \dfrac{}{\neg(P \vee Q) \vdash \neg(P \vee Q)}\,\text{ax}}{\neg(P \vee Q), Q \vdash \bot}\,\neg\text{é}}{\neg(P \vee Q) \vdash \neg Q}\,\neg\text{i}}{\neg(P \vee Q) \vdash \neg P \wedge \neg Q}\,\wedge\text{i}$$

Par ailleurs, il existe une version équivalente de la déduction naturelle qui ne manipule pas de séquents. Dans ce système, on n'écrit pas le contexte à chaque étape, mais une seule fois au début. Une preuve de Q sous les hypothèses $P_1, \dots, P_n$ se représente sous la forme

$$\dfrac{\begin{matrix} P_1, \dots, P_n \\ \vdots \end{matrix}}{\text{Q}}$$

On retrouve toutes les règles de déduction naturelle :

La règle d'affaiblissement et l'axiome de répétition :

$$\dfrac{\begin{matrix}\vdots \\ Q\end{matrix} \quad P}{Q}\,\text{aff} \qquad\qquad \dfrac{P}{P}\,\text{ax}$$

La règle d'introduction et celle d'élimination de l'implication :

$$\dfrac{\begin{matrix}[P] \\ \vdots \\ Q\end{matrix}}{P \implies Q}\,{\implies}\text{i} \qquad\qquad \dfrac{\begin{matrix}\vdots \\ P \implies Q\end{matrix} \quad \begin{matrix}\vdots \\ P\end{matrix}}{Q}\,{\implies}\text{é}$$

La règle d'introduction de l'implication dit que si on fait l'hypothèse P et qu'on prouve Q, on en déduit une preuve de $P \implies Q$. Les hypothèses permettant d'obtenir cette dernière formule sont toutes les hypothèses précédentes, sauf la formule P (hypothèse provisoire). On dit alors qu'on a *déchargé* P, ce que l'on note $[P]$.

Les règles d'introduction et d'élimination (à gauche et à droite) de la conjonction :

$$\dfrac{\begin{matrix}\vdots \\ P\end{matrix} \quad \begin{matrix}\vdots \\ Q\end{matrix}}{P \wedge Q}\,\wedge\text{i} \qquad \dfrac{\begin{matrix}\vdots \\ P \wedge Q\end{matrix}}{P}\,\wedge\text{ég} \qquad \dfrac{\begin{matrix}\vdots \\ P \wedge Q\end{matrix}}{Q}\,\wedge\text{éd}$$

Les règles d'introduction (à gauche et à droite) et d'élimination de la disjonction :

$$\dfrac{\begin{matrix}\vdots \\ P\end{matrix}}{P \vee Q}\,\vee\text{ig} \qquad \dfrac{\begin{matrix}\vdots \\ Q\end{matrix}}{P \vee Q}\,\vee\text{id} \qquad \dfrac{\begin{matrix}\vdots \\ P \vee Q\end{matrix} \quad \begin{matrix}[P] \\ \vdots \\ R\end{matrix} \quad \begin{matrix}[Q] \\ \vdots \\ R\end{matrix}}{R}\,\vee\text{é}$$

Les règles d'introduction et d'élimination de la négation :

$$\dfrac{\begin{matrix}[P] \\ \vdots \\ \bot\end{matrix}}{\neg P}\,\neg\text{i} \qquad\qquad \dfrac{\begin{matrix}\vdots \\ \neg P\end{matrix} \quad \begin{matrix}\vdots \\ P\end{matrix}}{\bot}\,\neg\text{é}$$

La règle d'élimination de la double négation :

$$\dfrac{\begin{matrix}\vdots \\ \neg\neg P\end{matrix}}{P}\,\neg\neg\text{é}$$

Exemple 5.6.2

Reprenons par exemple, avec ce système, l'arbre qui prouve la première partie des lois de De Morgan

$$\neg(P \vee Q) \vdash \neg P \wedge \neg Q$$

$$\dfrac{\dfrac{\dfrac{\dfrac{[P]}{P \vee Q}\,\vee\text{ig} \quad \dfrac{\neg(P \vee Q)}{\neg(P \vee Q)}\,\text{ax}}{\bot}\,\neg\text{é}}{\neg P}\,\neg\text{i} \quad \dfrac{\dfrac{\dfrac{[Q]}{P \vee Q}\,\vee\text{id} \quad \dfrac{\neg(P \vee Q)}{\neg(P \vee Q)}\,\text{ax}}{\bot}\,\neg\text{é}}{\neg Q}\,\neg\text{i}}{\neg P \wedge \neg Q}\,\wedge\text{i}$$

On peut noter aussi que si une preuve se rédige en général des hypothèses vers la conclusion, du haut vers le bas sur un arbre, lorsque l'on souhaite trouver une démonstration, on peut être amené à procéder dans l'autre sens. En reprenant par exemple la preuve de

$$\neg(P \vee Q) \vdash \neg P \wedge \neg Q$$

on voit que l'on peut prouver $\neg P \wedge \neg Q$ (la « racine » de l'arbre, en bas) à l'aide de la règle d'introduction de $\wedge$, en prouvant d'une part $\neg P$, et d'autre part $\neg Q$ (cela correspond aux deux « branches » vers la gauche et vers la droite). Pour prouver $\neg P$, à l'aide de la règle d'introduction de $\neg$, on fait l'hypothèse P et on essaie d'obtenir une contradiction (de même pour prouver Q). Et ainsi de suite.

5.7 Ensemble non contradictoire de formules

On reste dans cette section dans le même cadre du système de déduction naturelle.

Définition 5.7.1 (Contradictoire, non contradictoire, cohérent)
On dit qu'un ensemble Γ de formules est *contradictoire* lorsqu'il vérifie les propriétés équivalentes suivantes :

1. $$\Gamma \vdash \bot$$
2. Pour toute formule P
$$\Gamma \vdash P$$
3. Il existe une formule Q telle que
$$\begin{cases} \Gamma \vdash Q \\ \Gamma \vdash \neg Q \end{cases}$$

On dit que Γ est *non contradictoire*, ou *cohérent*, dans le cas contraire.

Preuve (de l'équivalence des définitions)
Prouvons par implication circulaire l'équivalence des trois propriétés :

- Si
$$\Gamma \vdash \bot$$
alors pour toute formule P, d'après la règle d'élimination de l'absurde,
$$\Gamma \vdash P$$
- Si Γ prouve toutes les formules, alors pour tout P
$$\begin{cases} \Gamma \vdash P \\ \Gamma \vdash \neg P \end{cases}$$
et a fortiori il existe une telle formule Q (toutes conviennent).
- S'il existe une formule Q telle que
$$\begin{cases} \Gamma \vdash Q \\ \Gamma \vdash \neg Q \end{cases}$$
alors d'après la règle d'élimination de la négation
$$\Gamma \vdash \bot$$

Remarque 5.7.2 (Vocabulaire) : On peut trouver le terme *inconsistant* à la place de *contradictoire* (et *consistant* à la place de *cohérent*). J'ai employé ce terme pour désigner la propriété sémantique équivalente (Γ est inconsistant quand il existe une formule P telle que P et $\neg P$ soient des conséquences sémantiques de Γ). Comme je l'ai indiqué à cette occasion, nous verrons qu'il y a équivalence entre conséquence sémantique et conséquence syntaxique, et on peut ainsi considérer les termes *contradictoire* et *inconsistant* comme synonymes.

Remarque 5.7.3 : Il est possible avec ce vocabulaire de reformuler certains des théorèmes précédents :

1. La règle d'introduction de la négation peut s'exprimer ainsi : Γ prouve $\neg P$ si et seulement si $\Gamma \cup \{P\}$ est contradictoire.
2. Le raisonnement par l'absurde peut s'exprimer ainsi : Γ prouve P si et seulement si $\Gamma \cup \{\neg P\}$ est contradictoire.

Métathéorème 5.7.4 (Propriétés des ensembles non contradictoires de formules)
On considère un ensemble Γ de formules, et deux formules P et Q.

1. Si $\begin{cases} \Gamma \cup \{Q\} \text{ est non contradictoire} \\ \Gamma, Q \vdash P \end{cases}$, alors $\Gamma \cup \{P\}$ est non contradictoire.
2. Si Γ est non contradictoire, alors soit $\Gamma \cup \{P\}$ est non contradictoire, soit $\Gamma \cup \{\neg P\}$ est non contradictoire.

Preuve

1. On fait l'hypothèse

$$\begin{cases} \Gamma \cup \{Q\} \text{ est non contradictoire} \\ \Gamma, Q \vdash P \end{cases}$$

Si $\Gamma \cup \{P\}$ était contradictoire, alors puisque

$$\begin{cases} \Gamma, Q \vdash P \\ \Gamma, P \vdash \bot \end{cases}$$

on aurait par coupure

$$\Gamma, Q \vdash \bot$$

ce qui est contraire à l'hypothèse. Donc $\Gamma \cup \{P\}$ est non contradictoire.

2. On raisonne par contraposition, en faisant donc l'hypothèse que $\Gamma \cup \{P\}$ et $\Gamma \cup \{\neg P\}$ sont tous les deux contradictoires. Alors

$$\begin{cases} \Gamma, P \vdash \bot \\ \neg\neg P \vdash P \end{cases}$$

donc par coupure

$$\Gamma, \neg\neg P \vdash \bot$$

autrement dit $\Gamma \cup \{\neg\neg P\}$ est contradictoire, et par conséquent (raisonnement par l'absurde)

$$\Gamma \vdash \neg P$$

Comme par ailleurs $\Gamma \cup \{\neg P\}$ est par hypothèse contradictoire, on a aussi (raisonnement par l'absurde)

$$\Gamma \vdash P$$

Donc Γ est contradictoire. On en déduit par contraposition que si Γ est non contradictoire, alors $\Gamma \cup \{P\}$ et $\Gamma \cup \{\neg P\}$ ne peuvent pas être tous les deux contradictoires, c'est-à-dire que soit $\Gamma \cup \{P\}$ est non contradictoire, soit $\Gamma \cup \{\neg P\}$ est non contradictoire.

5.8 Logique minimale, logique intuitionniste, logique classique

On reste dans cette section dans le même cadre du système de déduction naturelle.

Définition 5.8.1 (Logique minimale, logique intuitionniste, logique classique)

1. On appelle *logique minimale* l'ensemble des règles vues avant la règle d'élimination de la double négation, c'est-à-dire l'axiome de répétition, la règle structurelle, et les règles d'introduction et d'élimination de l'implication, de la conjonction, de l'équivalence, de la disjonction, de la négation.
2. On appelle *logique intuitionniste* l'ensemble des règles de la logique minimale, auxquelles on rajoute la règle d'élimination de l'absurde.
3. On appelle *logique classique* l'ensemble des règles vues, c'est-à-dire les règles de la logique minimale auxquelles on rajoute la règle d'élimination de la double négation.

Métathéorème 5.8.2 (Comparaison des logiques minimale, intuitionniste, classique)

1. Si on se donne les règles de la logique minimale, alors les règles suivantes sont équivalentes :
   - la règle d'élimination de la double négation ;
   - le raisonnement par l'absurde ;
   - la contraposition réciproque.
2. Si on se donne les règles de la logique intuitionniste, alors les règles suivantes sont équivalentes :
   - la règle d'élimination de la double négation ;
   - le raisonnement par l'absurde ;
   - la contraposition réciproque ;
   - le tiers exclu ;
   - la loi de Peirce.

Preuve

1. Les preuves des théorèmes précédents montrent que l'on peut déduire le raisonnement par l'absurde de la règle d'élimination de la double négation, et la contraposition réciproque du raisonnement par l'absurde. Il suffit de prouver que l'on peut déduire la règle d'élimination de la double négation de la contraposition réciproque (à partir des règles de la logique minimale) pour avoir l'équivalence des trois principes. On fait donc l'hypothèse que pour toutes les formules P et Q

$$\neg Q \implies \neg P \vdash P \implies Q$$

et on suppose

$$\Gamma \vdash \neg\neg P$$

1	$\Gamma, \neg P \vdash \neg P$	Répétition
2	$\Gamma, \neg\neg P \vdash \neg\neg P$	Répétition
3	$\Gamma, \neg P, \neg\neg P \vdash \bot$	Règle d'élimination de $\neg$ à partir de 1 et 2
4	$\Gamma, \neg P \vdash \neg\neg\neg P$	Règle d'introduction de $\neg$
5	$\Gamma \vdash \neg P \implies \neg\neg\neg P$	Règle d'introduction de $\implies$
6	$\neg P \implies \neg\neg\neg P \vdash \neg\neg P \implies P$	Contraposition réciproque
7	$\Gamma \vdash \neg\neg P \implies P$	Coupure à partir de 5 et 6
8	$\Gamma \vdash \neg\neg P$	Hypothèse
9	$\Gamma \vdash P$	Modus ponens à partir de 7 et 8

2. Comme les règles de la logique intuitionniste comprennent celles de la logique minimale, ce qui précède montre que les trois premières propriétés sont équivalentes. Par ailleurs, les preuves des théorèmes précédents montrent que du raisonnement par l'absurde (et de la règle d'élimination de l'absurde) on peut déduire la loi de Peirce et que de la loi de Peirce on peut déduire le tiers exclu (on peut noter par ailleurs que cette dernière preuve est valable en logique minimale). Pour justifier l'équivalence des cinq règles, il suffit de prouver que du tiers exclu on peut déduire (en logique intuitionniste) le raisonnement par l'absurde : on suppose

$$\Gamma, \neg P \vdash \bot$$

1	$\Gamma, \neg P \vdash \bot$	Hypothèse
2	$\vdash \bot \implies P$	Règle d'élimination de l'absurde
3	$\Gamma, \neg P \vdash P$	Modus ponens à partir de 1 et 2
4	$\Gamma, P \vdash P$	Répétition
5	$\vdash P \vee \neg P$	Tiers exclu
6	$\Gamma \vdash P$	Disjonction des cas à partir de 5, 4, 3

On en déduit l'équivalence des cinq règles. Ce n'était pas nécessaire pour conclure, mais voici aussi une preuve directe d'une autre implication. Prouvons que l'on peut déduire (en logique intuitionniste) la loi de Peirce du principe du tiers exclu :

1	$\vdash P \vee \neg P$	Principe du tiers exclu
2	$P \vdash P$	Répétition
3	$\neg P \vdash P \implies Q$	Règle d'élimination de l'absurde
4	$(P \implies Q) \implies P \vdash (P \implies Q) \implies P$	Répétition
5	$(P \implies Q) \implies P, \neg P \vdash P$	Modus ponens à partir de 3 et 4
6	$(P \implies Q) \implies P \vdash P$	Disjonction des cas à partir de 1, 2, 5

Remarque 5.8.3 : Ainsi, on peut obtenir la logique classique

- à partir de la logique minimale, en ajoutant les trois règles équivalentes (élimination de la double négation, raisonnement par l'absurde, contraposition réciproque) ;
- à partir de la logique intuitionniste, en ajoutant les cinq règles équivalentes (élimination de la double négation, raisonnement par l'absurde, contraposition réciproque, tiers exclu, loi de Peirce).

Remarque 5.8.4 : Ces trois logiques ne sont pas équivalentes : on peut démontrer en théorie des modèles intuitionniste que la formule

$$\bot \implies P$$

n'est pas prouvable en logique minimale, alors qu'elle l'est en logique intuitionniste (règle d'élimination de l'absurde), et que la formule

$$P \vee \neg P$$

n'est pas prouvable en logique intuitionniste, alors qu'elle l'est en logique classique (tiers exclu).

Remarque 5.8.5 : La logique intuitionniste est constructive, dans le sens suivant : on ne peut prouver (sans hypothèse supplémentaire) une formule de la forme $P \vee Q$, qu'en prouvant P ou en prouvant Q (c'est un résultat de théorie des modèles intuitionniste). Ce n'est pas le cas en logique classique, où on peut par exemple toujours prouver

$$P \vee \neg P$$

(tiers exclu) sans prouver une des deux formules.

Remarque 5.8.6 : Pour la logique classique et la logique intuitionniste, il est possible de définir les différentes règles sans utiliser la formule $\bot$ (pas en logique minimale, ou $\bot$ est une proposition comme les autres, qui n'a pas de propriétés particulières). On ajoute aux règles sur les connecteurs binaires la règle « d'introduction de la négation »

$$\text{si} \quad \begin{cases} \Gamma, P & \vdash Q \\ \Gamma, P & \vdash \neg Q \end{cases}$$
$$\text{alors} \quad \Gamma \vdash \neg P$$

Ensuite

- Pour la logique classique, on ajoute au choix l'une des règles équivalentes suivantes :
  — le raisonnement par l'absurde :

$$\text{si} \quad \begin{cases} \Gamma, \neg P & \vdash Q \\ \Gamma, \neg P & \vdash \neg Q \end{cases}$$
$$\text{alors} \quad \Gamma \vdash P$$

  — la règle d'élimination de la double négation :

$$\text{si} \quad \Gamma \vdash \neg\neg P$$
$$\text{alors} \quad \Gamma \vdash P$$

  — la contraposition réciproque :

$$\neg Q \implies \neg P \vdash P \implies Q$$

- Pour la logique intuitionniste, on ajoute la règle d'élimination de l'absurde :

$$\text{si} \quad \begin{cases} \Gamma & \vdash Q \\ \Gamma & \vdash \neg Q \end{cases}$$
$$\text{alors} \quad \Gamma \vdash P$$

Je reviendrai sur les liens entre ces trois logiques dans la section 5.14 (après la présentation des règles supplémentaires de la logique des prédicats).

5.9 Calcul des séquents pour la logique des propositions

Dans cette section, je présente très brièvement le calcul des séquents, qui est une évolution du système de déduction naturelle « plus symétrique » que ce dernier. Les séquents sont de la forme

$$\Gamma \vdash \Delta$$

où Γ et Δ sont des suites finies de formules, l'interprétation informelle de

$$P_1, \ldots, P_n \vdash Q_1, \ldots, Q_p$$

étant que de la conjonction des P_i on peut déduire la disjonction des Q_i :

$$\text{si } P_1 \wedge \cdots \wedge P_n \quad \text{alors} \quad Q_1 \vee \cdots \vee Q_p$$

Plutôt que des suites de formules, Γ et Δ peuvent aussi être vus comme ce qu'on appelle des multi-ensembles, qui sont des ensembles pouvant contenir des répétitions ; par exemple le multi-ensemble $\{P, P, Q\}$ est différent de $\{P, Q\}$.

Le principe général des preuves est le même que pour le système de déduction naturelle (un séquent est prouvable lorsqu'il existe une suite finie de séquents tels que chacun soit un axiome ou soit déduit des précédents par une des règles).

Les règles sont les suivantes :

Règle d'inférence 5.9.1 (Règles structurelles)

1. Affaiblissement
   - à gauche :

$$\text{si } \Gamma \vdash \Delta \quad \text{alors } \Gamma, P \vdash \Delta$$

   - à droite :

$$\text{si } \Gamma \vdash \Delta \quad \text{alors } \Gamma \vdash P, \Delta$$

2. Contraction, ou diminution
   - à gauche :

$$\text{si } \Gamma, P, P \vdash \Delta \quad \text{alors } \Gamma, P \vdash \Delta$$

   - à droite :

$$\text{si } \Gamma \vdash P, P, \Delta \quad \text{alors } \Gamma \vdash P, \Delta$$

3. Échange
   - à gauche :

$$\text{si } \Gamma \vdash \Delta \quad \text{alors } \Gamma' \vdash \Delta$$

   où Γ' est une permutation quelconque des formules de Γ.
   - à droite :

$$\text{si } \Gamma \vdash \Delta \quad \text{alors } \Gamma \vdash \Delta'$$

   où Δ' est une permutation quelconque des formules de Δ.

Remarque 5.9.2 : La règle d'échange est inutile dans la variante où Γ et Δ sont des multi-ensembles.

Règle d'inférence 5.9.3 (Coupure)

$$\text{si } \begin{cases} \Gamma & \vdash P, \Delta \\ \Gamma', P & \vdash \Delta' \end{cases}$$

$$\text{alors } \Gamma, \Gamma' \vdash \Delta, \Delta'$$

Axiome 5.9.4 (Répétition)

$$P \vdash P$$

Règle d'inférence 5.9.5 (Règles pour la conjonction)

1. À gauche :

$$\text{si } \Gamma, P, Q \vdash \Delta$$
$$\text{alors } \Gamma, P \land Q \vdash \Delta$$

2. À droite :

$$\text{si } \begin{cases} \Gamma \vdash P, \Delta \\ \Gamma \vdash Q, \Delta \end{cases}$$
$$\text{alors } \Gamma \vdash P \land Q, \Delta$$

Règle d'inférence 5.9.6 (Règles pour la disjonction)

1. À gauche :

$$\text{si } \begin{cases} \Gamma, P \vdash \Delta \\ \Gamma, Q \vdash \Delta \end{cases}$$
$$\text{alors } \Gamma, P \lor Q \vdash \Delta$$

2. À droite :

$$\text{si } \Gamma \vdash P, Q, \Delta$$
$$\text{alors } \Gamma \vdash P \lor Q, \Delta$$

Règle d'inférence 5.9.7 (Règles pour la négation)

1. À gauche :

$$\text{si } \Gamma \vdash P, \Delta$$
$$\text{alors } \Gamma, \neg P \vdash \Delta$$

2. À droite :

$$\text{si } \Gamma, P \vdash \Delta$$

$$\text{alors } \Gamma \vdash \neg P, \Delta$$

Règle d'inférence 5.9.8 (Règles pour l'implication)

1. À gauche :

$$\text{si} \begin{cases} \Gamma \vdash P, \Delta \\ \Gamma, Q \vdash \Delta \end{cases}$$

$$\text{alors } \Gamma, P \implies Q \vdash \Delta$$

2. À droite :

$$\text{si } \Gamma, P \vdash Q, \Delta$$

$$\text{alors } \Gamma \vdash P \implies Q, \Delta$$

5.10 Méthode des tableaux sémantiques pour la logique des prédicats

Prérequis

La méthode des tableaux sémantiques pour la logique des propositions (section 5.2).

On reprend les règles utilisées pour la logique des propositions, en ajoutant les deux règles suivantes pour les deux quantificateurs, qui généralisent les règles pour $\wedge$ et $\vee$. Comme dans le cas de la logique des propositions, cette section est une rapide présentation informelle de la méthode.

- Règle pour $\exists x \mathscr{F}$:

$$\begin{array}{c} \exists x \mathscr{F} \\ | \\ \mathscr{F}(a) \end{array}$$

  a étant une nouvelle constante (qui n'apparaît pas déjà sur la branche).

- Règle pour $\forall x \mathscr{F}$:

$$\begin{array}{c} \forall x \mathscr{F} \\ | \\ \mathscr{F}(a) \\ | \\ \mathscr{F}(b) \\ | \\ \mathscr{F}(c) \\ | \\ \dots \end{array}$$

  $a, b, c, \dots$ étant des termes déjà introduits sur la branche. Il peut être nécessaire de reproduire cette opération après introduction d'une nouvelle constante.

Et on utilise pour les négations les équivalences classiques

$$\neg(\forall x \mathscr{F}) \equiv \exists x \neg \mathscr{F}$$

$$\neg(\exists x \mathscr{F}) \equiv \forall x \neg \mathscr{F}$$

Exemple 5.10.1
Prouvons

$$\forall x\mathscr{F} \vee \forall x\mathscr{G} \models \forall x, (\mathscr{F} \vee \mathscr{G})$$

On se donne donc

$$\begin{array}{c} \forall x\mathscr{F} \vee \forall x\mathscr{G} \\ \neg(\forall x, (\mathscr{F} \vee \mathscr{G})) \end{array}$$

L'arbre est

$$\begin{array}{ccc} & \forall x\mathscr{F} \vee \forall x\mathscr{G} & \\ & | & \\ & \exists x, \neg(\mathscr{F} \vee \mathscr{G}) & \\ & | & \\ & \neg(\mathscr{F}(a) \vee \mathscr{G}(a)) & \\ & | & \\ & \neg\mathscr{F}(a) & \\ & | & \\ & \neg\mathscr{G}(a) & \\ \swarrow & & \searrow \\ \forall x\mathscr{F} & & \forall x\mathscr{G} \\ | & & | \\ \mathscr{F}(a) & & \mathscr{G}(a) \\ | & & | \\ \bot & & \bot \end{array}$$

Dans le cas d'une théorie égalitaire (avec le prédicat d'égalité =), on peut ajouter les deux règles suivantes :

- Réflexivité de l'égalité :

$$\begin{array}{c} a = a \\ | \\ b = b \\ | \\ c = c \\ | \\ \dots \end{array}$$

  a, b, c étant des termes déjà introduits sur la branche.

- Si $a = b$, on peut remplacer a par b dans une formule :

$$\begin{array}{c} a = b \\ | \\ \mathscr{F}(a) \\ | \\ \mathscr{F}(b/a) \end{array}$$

  et de même, on peut remplacer b par a dans une formule : dans la règle précédente, on remplace $\mathscr{F}(a)$ par $\mathscr{F}(b)$ et $\mathscr{F}(b/a)$ par $\mathscr{F}(a/b)$.

Exemple 5.10.2 (Démonstration de la transitivité de l'égalité par la méthode des tableaux)
Démontrons la transitivité de l'égalité, c'est-à-dire la formule

$$\forall x\ y\ z, ((x = y \wedge y = z) \implies (x = z))$$

L'arbre est donc

$$\begin{array}{c}
\neg\forall x\ y\ z, ((x = y \land y = z) \implies (x = z)) \\
| \\
\exists x\ y\ z, \neg((x = y \land y = z) \implies (x = z)) \\
| \\
\neg((a = b \land b = c) \implies (a = c)) \\
| \\
a = b \land b = c \\
| \\
a \neq c \\
| \\
a = b \\
| \\
b = c \\
| \\
a = c \\
| \\
\bot
\end{array}$$

Pour l'avant-dernière ligne, on a remplacé b par a dans la formule $b = c$ (puisque $a = b$), ce qui permet d'obtenir une contradiction avec $a \neq c$.

5.11 Système de déduction à la Hilbert pour la logique des prédicats

Prérequis
Le système de déduction à la Hilbert pour la logique des propositions (section 5.4).

Quantificateurs

Ce système reprend et complète le système de déduction à la Hilbert du calcul des propositions. On ajoute à la règle du modus ponens

$$\text{si} \begin{cases} \mathscr{F} \\ \mathscr{F} \implies \mathscr{G} \end{cases}$$
$$\text{alors } \mathscr{G}$$

et aux trois axiomes du calcul des propositions

1. $AI_1 : \mathscr{F} \implies (\mathscr{G} \implies \mathscr{F})$
2. $AI_2 : (\mathscr{F} \implies (\mathscr{G} \implies \mathscr{H})) \implies ((\mathscr{F} \implies \mathscr{G}) \implies (\mathscr{F} \implies \mathscr{H}))$
3. $AN : (\neg\mathscr{F} \implies \neg\mathscr{G}) \implies ((\neg\mathscr{F} \implies \mathscr{G}) \implies \mathscr{F})$

qui restent valables (la règle et les axiomes ne s'appliquent plus aux formules de la logique des propositions, mais à celles de la logique des prédicats), les deux axiomes suivants pour le quantificateur universel :

Axiome 5.11.1 (Axiomes de Hilbert pour la logique des prédicats)
1. AU_1 : pour tout terme t
$$\forall x\mathscr{F} \implies \mathscr{F}(t/x)$$

2. AU_2 : avec la condition que dans la formule suivante, x n'est pas libre dans $\mathscr{F}$:

$$\forall x, (\mathscr{F} \implies \mathscr{G}) \implies (\mathscr{F} \implies \forall x \mathscr{G})$$

ainsi que la règle suivante :

Règle d'inférence 5.11.2 (Règle de généralisation)

$$\text{si} \quad \begin{cases} \mathscr{F} \\ x \text{ n'est pas libre dans l'ensemble } \Gamma \text{ des hypothèses de la preuve} \end{cases}$$
$$\text{alors} \quad \forall x \mathscr{F}$$

Remarque 5.11.3 : Je rappelle que $\mathscr{F}(t/x)$ représente la formule $\mathscr{F}$ dans laquelle toutes les occurrences libres de la variable x sont remplacées par le terme t, et que l'on considère implicitement qu'aucune variable apparaissant dans t n'a d'occurrence liée dans $\mathscr{F}$ (on renomme si besoin les variables liées).

Remarque 5.11.4 : Comme dans le cas de la logique des propositions, on pourrait désigner les axiomes précédents comme des *schémas d'axiomes*, car on obtient un axiome différent pour chacune des formules $\mathscr{F}, \mathscr{G}, \ldots$ du langage. Par exemple, l'axiome AU_1 appliqué à la formule

$$\mathscr{F} :\equiv x \geqslant 0$$

et au terme $y + z$ s'écrit

$$(\forall x, x \geqslant 0) \implies y + z \geqslant 0$$

Remarque 5.11.5 : On déduit de l'axiome AU_1, par modus ponens (et répétition)

$$\forall x \mathscr{F} \vdash \mathscr{F}(t/x)$$

On notera en particulier en prenant pour terme t la variable x, puisque $\mathscr{F}(x/x)$ est la formule $\mathscr{F}$

$$\forall x \mathscr{F} \vdash \mathscr{F}$$

De même, si la formule $\forall x \mathscr{F}$ apparaît dans une démonstration, on déduit de cet axiome et par modus ponens la formule $\mathscr{F}(t/x)$ (et le cas particulier $\mathscr{F}$). Je pourrai évoquer cette règle par une simple référence à l'axiome AU_1.

Il existe plusieurs variantes de systèmes à la Hilbert, avec plus ou moins d'axiomes et de règles. Mais quel que soit le système choisi, on retrouve toujours deux métathéorèmes importants, le principe de généralisation et le théorème de déduction qui était déjà présent dans la logique des propositions (il peut néanmoins y avoir de légères différences dans l'énoncé des théorèmes selon les variantes) :

Métathéorème 5.11.6 (Généralisation)

$$\text{si } \begin{cases} \Gamma \vdash \mathscr{F} \\ x \text{ n'est pas libre dans } \Gamma \end{cases}$$

$$\text{alors } \Gamma \vdash \forall x \mathscr{F}$$

Preuve
C'est une conséquence immédiate de la règle de généralisation. Si

$$\begin{cases} \Gamma \vdash \mathscr{F} \\ x \text{ n'est pas libre dans } \Gamma \end{cases}$$

alors il existe une preuve $\mathscr{F}_1, \ldots, \mathscr{F}_n$ (avec $\mathscr{F}_n = \mathscr{F}$) de $\mathscr{F}$ sous l'hypothèse Γ. Puisque x n'est pas libre dans Γ, on peut appliquer la règle de généralisation pour en déduire

$$\forall x \mathscr{F}$$

Remarque 5.11.7 : Si Γ est l'ensemble vide, ou une théorie (un ensemble de formules closes), alors la condition « x n'est pas libre dans Γ » est automatiquement vérifiée.

Métathéorème 5.11.8 (Théorème de déduction)
On considère un ensemble de formules Γ et deux formules $\mathscr{F}$ et $\mathscr{G}$.

$$\Gamma \vdash \mathscr{F} \implies \mathscr{G} \quad \text{si et seulement si} \quad \Gamma, \mathscr{F} \vdash \mathscr{G}$$

Preuve
On reprend la preuve du théorème de déduction de la logique des propositions (théorème 5.4.21, p. 220), qui reste intégralement valable. Il ne reste à traiter, dans le cadre de la récurrence, que le cas associé à la règle de généralisation. On considère donc une preuve $\mathscr{G}_1, \ldots \mathscr{G}_{n+1}$ de longueur $n + 1$, de

$$\Gamma, \mathscr{F} \vdash \mathscr{G}$$

avec $\mathscr{G}$ obtenu à partir d'une formule $\mathscr{G}'$ (qui est l'un des $\mathscr{G}_i$, avec $i \leqslant n$), par la règle de généralisation : x n'est pas libre dans les hypothèses (donc ni dans Γ ni dans $\mathscr{F}$), et $\mathscr{G}$ est la formule

$$\forall x \mathscr{G}'$$

On a donc

$$\Gamma, \mathscr{F} \vdash \mathscr{G}'$$

avec une preuve de longueur inférieure ou égale à n, donc par hypothèse de récurrence

$$\Gamma \vdash \mathscr{F} \implies \mathscr{G}'$$

on en déduit d'après la règle de généralisation (x n'est pas libre dans Γ)

$$\Gamma \vdash \forall x, (\mathscr{F} \implies \mathscr{G}')$$

Or d'après l'axiome AU_2 (puisque x n'est pas libre dans $\mathscr{F}$)

$$\Gamma \vdash (\forall x, (\mathscr{F} \implies \mathscr{G}')) \implies (\mathscr{F} \implies \forall x \mathscr{G}')$$

donc par modus ponens

$$\Gamma \vdash \mathscr{F} \implies \forall x \mathscr{G}'$$

autrement dit

$$\Gamma \vdash \mathscr{F} \implies \mathscr{G}$$

Remarque 5.11.9 : Grâce au théorème de déduction, à la règle du modus ponens, et aux axiomes portant sur les connecteurs, qui sont les mêmes que dans la logique des propositions, on retrouve toutes les propriétés démontrées dans le cadre de cette logique (théorèmes et métathéorèmes) : l'équivalence $\mathscr{F} \equiv \neg\neg\mathscr{F}$, le raisonnement par l'absurde et son corollaire (qui correspond à la règle d'introduction de la négation en déduction naturelle), le principe de contraposition

$$\mathscr{F} \implies \mathscr{G} \equiv \neg\mathscr{G} \implies \neg\mathscr{F}$$

la transitivité de l'implication ...

Prouvons une variante de l'axiome AU_2 :

Théorème 5.11.10 (Variante de l'axiome AU_2)
Pour toutes les formules $\mathscr{F}$ et $\mathscr{G}$

$$\vdash \forall x, (\mathscr{F} \implies \mathscr{G}) \implies (\forall x\mathscr{F} \implies \forall x\mathscr{G})$$

Preuve
Prouvons d'abord

$$\forall x(\mathscr{F} \implies \mathscr{G}), \forall x\mathscr{F} \vdash \mathscr{G}$$

1	$\forall x(\mathscr{F} \implies \mathscr{G})$	Hypothèse
2	$\forall x\mathscr{F}$	Hypothèse
3	$\mathscr{F} \implies \mathscr{G}$	Axiome AU_1 à partir de 1
4	$\mathscr{F}$	Axiome AU_1 à partir de 2
5	$\mathscr{G}$	Modus ponens à partir de 4 et 3

On en déduit par généralisation, puisque x n'est pas libre dans « $\forall x(\mathscr{F} \implies \mathscr{G})$ » ni dans « $\forall x\mathscr{F}$ »

$$\forall x(\mathscr{F} \implies \mathscr{G}), \forall x\mathscr{F} \vdash \forall x\mathscr{G}$$

et d'après le théorème de déduction (appliqué deux fois)

$$\vdash \forall x(\mathscr{F} \implies \mathscr{G}) \implies (\forall x\mathscr{F} \implies \forall x\mathscr{G})$$

On peut aussi reprendre les définitions des autres connecteurs, par axiomes ou de façon équivalente par les raccourcis suivants :

$$\mathscr{F} \vee \mathscr{G} \overset{\text{def}}{\equiv} \neg\mathscr{F} \implies \mathscr{G}$$

$$\mathscr{F} \wedge \mathscr{G} \overset{\text{def}}{\equiv} \neg(\mathscr{F} \implies \neg\mathscr{G})$$

et

$$\mathscr{F} \iff \mathscr{G} \overset{\text{def}}{\equiv} (\mathscr{F} \implies \mathscr{G}) \wedge (\mathscr{G} \implies \mathscr{F}) \overset{\text{def}}{\equiv} \neg((\mathscr{F} \implies \mathscr{G}) \implies \neg(\mathscr{G} \implies \mathscr{F}))$$

Le quantificateur existentiel $\exists$ est défini à partir de $\forall$, ou de manière équivalente par axiomes :

Définition 5.11.11 (Définition du quantificateur existentiel)

$$\exists x\mathscr{F} \overset{\text{def}}{\equiv} \neg(\forall x, \neg\mathscr{F})$$

Axiome 5.11.12 (Axiomes pour le quantificateur existentiel)

1. AE_1 : pour tout terme t
$$\mathscr{F}(t/x) \implies \exists x \mathscr{F}$$
2. AE_2 : avec la condition que x n'est pas libre dans $\mathscr{F}$
$$\forall x, (\mathscr{G} \implies \mathscr{F}) \implies (\exists x \mathscr{G} \implies \mathscr{F})$$

Métathéorème 5.11.13 (Équivalence des deux définitions du quantificateur existentiel)
Si on définit le quantificateur existentiel par
$$\exists x \mathscr{F} \overset{\text{def}}{\equiv} \neg(\forall x, \neg \mathscr{F})$$
alors $\exists$ vérifie les deux axiomes AE_1 et AE_2. Réciproquement, si $\exists$ vérifie ces axiomes, alors
$$\exists x \mathscr{F} \equiv \neg(\forall x, \neg \mathscr{F})$$

Preuve

1. On fait l'hypothèse que $\exists$ est défini par
$$\exists x \mathscr{F} \overset{\text{def}}{\equiv} \neg(\forall x, \neg \mathscr{F})$$
Vérifions l'axiome AE_1 :

1	$\forall x \neg \mathscr{F} \implies \neg \mathscr{F}(t/x)$	Axiome AU_1
2	$\neg\neg \mathscr{F}(t/x) \implies \neg \forall x \neg \mathscr{F}$	Contraposition
3	$\mathscr{F}(t/x) \implies \neg\neg \mathscr{F}(t/x)$	Équivalence $\neg\neg \mathscr{F}(t/x) \equiv \mathscr{F}(t/x)$
4	$\mathscr{F}(t/x) \implies \neg \forall x \neg \mathscr{F}$	Transitivité de l'implication à partir de 3 et 2

On considère une variable x qui n'est pas libre dans $\mathscr{F}$. Vérifions l'axiome AE_2, ce qui revient à démontrer
$$\forall x (\mathscr{G} \implies \mathscr{F}) \vdash \neg(\forall x \neg \mathscr{G}) \implies \mathscr{F}$$

1	$\forall x (\mathscr{G} \implies \mathscr{F})$	Hypothèse
2	$\forall x (\mathscr{G} \implies \mathscr{F}) \implies (\mathscr{G} \implies \mathscr{F})$	Axiome AU_1
3	$\mathscr{G} \implies \mathscr{F}$	Modus ponens à partir de 2 et 1
4	$\neg \mathscr{F} \implies \neg \mathscr{G}$	Contraposition
5	$\forall x (\neg \mathscr{F} \implies \neg \mathscr{G})$	Règle de généralisation à partir de 4 (x n'est pas libre dans l'hypothèse « $\forall x (\mathscr{G} \implies \mathscr{F})$ »)
6	$\forall x (\neg \mathscr{F} \implies \neg \mathscr{G}) \implies (\neg \mathscr{F} \implies \forall x \neg \mathscr{G})$	Axiome AU_2 (x n'est pas libre dans « $\neg \mathscr{F}$ »)
7	$\neg \mathscr{F} \implies \forall x \neg \mathscr{G}$	Modus ponens à partir de 6 et 5
8	$\neg(\forall x \neg \mathscr{G}) \implies \neg\neg \mathscr{F}$	Contraposition
9	$\neg\neg \mathscr{F} \implies \mathscr{F}$	Équivalence $\neg\neg \mathscr{F} \equiv \mathscr{F}$
10	$\neg(\forall x \neg \mathscr{G}) \implies \mathscr{F}$	Transitivité de l'implication à partir de 8 et 9

2. On fait l'hypothèse que $\exists$ vérifie les deux axiomes AE_1 et AE_2. Prouvons
$$\neg \forall x \neg \mathscr{F} \vdash \exists x \mathscr{F}$$
ce qui équivaut, par contraposition, à prouver
$$\neg(\exists x \mathscr{F}) \vdash \neg\neg \forall x \neg \mathscr{F}$$

et du fait de l'équivalence $\neg\neg\forall x\neg\mathcal{F} \equiv \forall x\neg\mathcal{F}$, cela revient à prouver

$$\neg(\exists x\mathcal{F}) \vdash \forall x\neg\mathcal{F}$$

D'après l'axiome AE_1, on a $\mathcal{F} \vdash \exists x\mathcal{F}$, donc

$$\begin{cases} \neg(\exists x\mathcal{F}), \mathcal{F} & \vdash \exists x\mathcal{F} \\ \neg(\exists x\mathcal{F}), \mathcal{F} & \vdash \neg(\exists x\mathcal{F}) \end{cases}$$

On en déduit (corollaire du raisonnement par l'absurde)

$$\neg(\exists x\mathcal{F}) \vdash \neg\mathcal{F}$$

et par généralisation (x n'est pas libre dans « $\neg(\exists x\mathcal{F})$ »)

$$\neg(\exists x\mathcal{F}) \vdash \forall x\neg\mathcal{F}$$

Réciproquement, prouvons

$$\exists x\mathcal{F} \vdash \neg\forall x\neg\mathcal{F}$$

1	$\exists x\mathcal{F}$	Hypothèse
2	$\forall x\neg\mathcal{F} \implies \neg\mathcal{F}$	Axiome AU_1
3	$\neg\neg\mathcal{F} \implies \neg(\forall x\neg\mathcal{F})$	Contraposition
4	$\mathcal{F} \implies \neg\neg\mathcal{F}$	Équivalence $\neg\neg\mathcal{F} \equiv \mathcal{F}$
5	$\mathcal{F} \implies \neg(\forall x\neg\mathcal{F})$	Transitivité de l'implication à partir de 4 et 3
6	$\forall x(\mathcal{F} \implies \neg(\forall x\neg\mathcal{F}))$	Par généralisation (x n'est pas libre dans l'hypothèse « $\exists x\mathcal{F}$ »)
7	$\forall x(\mathcal{F} \implies \neg(\forall x\neg\mathcal{F})) \implies (\exists x\mathcal{F} \implies \neg(\forall x\neg\mathcal{F}))$	Axiome AE_2 (x n'est pas libre dans « $\neg(\forall x\neg\mathcal{F})$ »)
8	$\exists x\mathcal{F} \implies \neg(\forall x\neg\mathcal{F})$	Modus ponens à partir de 7 et 6
9	$\neg\forall x\neg\mathcal{F}$	Modus ponens à partir de 8 et 1

Métathéorème 5.11.14 (Conservation de l'équivalence par les quantificateurs)
Si Γ est l'ensemble vide ou une théorie (autrement dit un ensemble de formules closes), les quantificateurs conservent la Γ-équivalence : si $\mathcal{F} \equiv_\Gamma \mathcal{F}'$, alors

$$\forall x\mathcal{F} \equiv_\Gamma \forall x\mathcal{F}'$$
$$\exists x\mathcal{F} \equiv_\Gamma \exists x\mathcal{F}'$$

Preuve
On fait l'hypothèse $\mathcal{F} \equiv_\Gamma \mathcal{F}'$. Prouvons

$$\Gamma, \forall x\mathcal{F} \vdash \forall x\mathcal{F}'$$

1	$\forall x\mathcal{F}$	Hypothèse
2	$\mathcal{F}$	Axiome AU_1 à partir de 1
3	$\mathcal{F}'$	Car par hypothèse $\Gamma \cup \{\mathcal{F}\} \vdash \mathcal{F}'$
4	$\forall x\mathcal{F}'$	Règle de généralisation (x n'est pas libre dans « $\forall x\mathcal{F}$ » ni dans Γ qui ne contient pas de variables libres)

On prouve de même (en permutant $\mathcal{F}$ et $\mathcal{F}'$) $\Gamma \cup \{\forall x\mathcal{F}'\} \vdash \forall x\mathcal{F}$, et par conséquent

$$\forall x\mathcal{F} \equiv_\Gamma \forall x\mathcal{F}'$$

On en déduit que $\exists$ conserve aussi l'équivalence : si $\mathcal{F} \equiv_\Gamma \mathcal{F}'$, alors

$$\neg\mathcal{F} \equiv_\Gamma \neg\mathcal{F}'$$

$$\forall x, \neg\mathcal{F} \equiv_\Gamma \forall x, \neg\mathcal{F}'$$
$$\neg(\forall x, \neg\mathcal{F})) \equiv_\Gamma \neg(\forall x, \neg\mathcal{F}')$$

donc

$$\exists x\mathcal{F} \equiv_\Gamma \neg(\forall x, \neg\mathcal{F}) \equiv_\Gamma \neg(\forall x, \neg\mathcal{F}') \equiv_\Gamma \exists x\mathcal{F}'$$

Remarque 5.11.15 : Ce métathéorème reste valable quand on remplace $\equiv_\Gamma$ par $\equiv$ (il suffit de prendre pour Γ l'ensemble vide).

Remarque 5.11.16 : Puisque la négation et les quantificateurs conservent l'équivalence, et puisque $\neg\neg\mathcal{F} \equiv \mathcal{F}$, on déduit de

$$\exists x\mathcal{F} \equiv \neg(\forall x, \neg\mathcal{F})$$

les équivalences suivantes :

$$\exists x\neg\mathcal{F} \equiv \neg(\forall x, \mathcal{F})$$
$$\neg(\exists x\mathcal{F}) \equiv \forall x, \neg\mathcal{F}$$
$$\neg(\exists x\neg\mathcal{F}) \equiv \forall x, \mathcal{F}$$

Métathéorème 5.11.17 (Remplacement d'une sous-formule par une formule équivalente)
Si, dans une formule $\mathcal{F}$, on remplace une sous-formule par une formule équivalente (respectivement Γ-équivalente pour une théorie Γ), le résultat obtenu est une formule équivalente (respectivement Γ-équivalente) à $\mathcal{F}$.

Preuve
C'est la même démonstration que dans le cas sémantique, par induction structurelle sur les formules (théorème 4.8.46, p. 173), en utilisant le fait que les connecteurs et les quantificateurs conservent l'équivalence.

Égalité

Nous avons aussi vu qu'en mathématiques, on utilise des langages dits égalitaires, c'est-à-dire que dans la signature on dispose du prédicat binaire =, qui est tel que :

1. Pour tout terme t, on a $t = t$.
2. Si $t = u$, on peut remplacer t par u dans toutes les formules.

Ce qui se traduit formellement par plusieurs axiomes, l'ensemble de ces axiomes formant ce qu'on peut appeler la théorie de l'égalité :

Axiome 5.11.18 (Théorie de l'égalité)
1. AEg_1 (Réflexivité) :
$$\forall x, x = x$$
2. AEg_2 : pour toute formule atomique $\mathcal{F}$ et toute variable z
$$\forall x\ y, (x = y \Longrightarrow (\mathcal{F}(x/z) \Longrightarrow \mathcal{F}(y/z)))$$

Remarque 5.11.19 : L'axiome AEg_2 (ou plus exactement le schéma d'axiomes AEg_2) signifie que si $x = y$, on peut déduire d'une formule $\mathscr{F}$ la formule obtenue en remplaçant une ou plusieurs occurrences de x par y. On ne remplace pas obligatoirement toutes les occurrences de x. Par exemple, si $x = y$, alors de la formule

$$x^2 + x > 1$$

on peut déduire la formule

$$y^2 + x > 1$$

en prenant

$$\mathscr{F} :\equiv z^2 + x > 1$$

En effet, on a

$$\begin{cases} \mathscr{F}(x/z) \overset{\text{def}}{\equiv} x^2 + x > 1 \\ \mathscr{F}(y/z) \overset{\text{def}}{\equiv} y^2 + x > 1 \end{cases}$$

Par conséquent l'instance de l'axiome AEg_2 avec cette formule s'écrit

$$\forall x\ y, (x = y \implies (x^2 + x > 1 \implies y^2 + x > 1))$$

On aurait donc pu rédiger l'axiome AEg_2 sous la forme équivalente suivante : pour toute formule atomique $\mathscr{F}$

$$\forall x\ y, (x = y \implies (\mathscr{F} \implies \mathscr{F}'))$$

où $\mathscr{F}'$ est la formule obtenue à partir de $\mathscr{F}$ en remplaçant une ou plusieurs occurrences de la variable x par y.

Théorème 5.11.20 (Corollaire)
Pour tous les termes t et u, toute formule atomique $\mathscr{F}$ et toute variable x

$$t = u, \mathscr{F}(t/x) \vdash \mathscr{F}(u/x)$$

Preuve
On déduit de l'axiome AEg_2, et de l'axiome AU_1 (appliqué deux fois, pour remplacer x par t et y par u) :

$$\vdash t = u \implies (F(t/x) \implies F(u/x))$$

donc d'après le théorème de déduction (appliqué deux fois)

$$t = u, F(t/x) \vdash F(u/x)$$

Remarque 5.11.21 : De la même façon, on peut dans une preuve déduire $\mathscr{F}(u/x)$ de $t = u$ et de $\mathscr{F}(t/x)$ (axiome AEg_2, axiome AU_1 appliqué deux fois, modus ponens appliqué deux fois). Je pourrai dans tous les cas employer aussi l'expression « axiome AEg_2 » pour évoquer ce principe.

Théorème 5.11.22 (Propriétés de l'égalité)
L'égalité est une relation d'équivalence, c'est-à-dire que les trois propriétés suivantes sont vérifiées :

1. Réflexivité : pour tout terme t

$$\vdash t = t$$

2. Symétrie : pour tous les termes t et u

$$t = u \vdash u = t$$

et aussi :

$$\vdash \forall x\ y, (x = y \implies y = x)$$

3. Transitivité : pour tous les termes u, u, v

$$t = u, u = v \vdash t = v$$

et aussi :

$$\vdash \forall x\ y\ z, (x = y \implies (y = z \implies x = z))$$

ce qui équivaut à

$$\vdash \forall x\ y\ z, ((x = y \land y = z) \implies x = z)$$

Preuve

1. Réflexivité : c'est une conséquence de l'axiome AEg_1 et de l'axiome AU_1.
2. Symétrie :

1	$t = u$	Hypothèse
2	$t = t$	Réflexivité
3	$u = t$	Axiome AEg_2, à partir de 1 et 2, avec $\mathscr{F}(x) :\equiv\ x = t$ donc $\mathscr{F}(t/x)$ est $t = t$ et $\mathscr{F}(u/x)$ est $u = t$

On en déduit, en appliquant cette propriété aux variables x et y (qui sont des termes particuliers)

$$x = y \vdash y = x$$

donc d'après le théorème de déduction

$$\vdash x = y \implies y = x$$

et par généralisation (deux fois)

$$\vdash \forall x\ y, (x = y \implies y = x)$$

3. Transitivité :

1	$t = u$	Hypothèse
2	$u = v$	Hypothèse
3	$t = v$	Axiome AEg_2, à partir de 2 et 1, avec $\mathscr{F}(x) :\equiv\ t = x$ donc $\mathscr{F}(u/x)$ est $t = u$ et $\mathscr{F}(v/x)$ est $t = v$

On en déduit, en appliquant cette propriété aux variables x, y, z (qui sont des termes particuliers)

$$x = y, y = z \vdash x = z$$

D'après le théorème de déduction (appliqué deux fois)

$$\vdash x = y \implies (y = z \implies x = z)$$

d'où on déduit par généralisation

$$\vdash \forall x\ y\ z, (x = y \implies (y = z \implies x = z))$$

Remarque 5.11.23 : Du fait de la symétrie, on a aussi pour tous les termes t et u et toute formule atomique $\mathscr{F}$

$$\begin{cases} t = u & \vdash u = t \\ u = t, \mathscr{F}(u/x) & \vdash \mathscr{F}(t/x) \end{cases}$$

donc

$$t = u, \mathscr{F}(u/x) \vdash F(t/x)$$

et de même

$$\forall x\ y, (x = y \implies (\mathscr{F}(x/z) \iff \mathscr{F}(y/z)))$$

Il était donc aussi possible de prendre cette dernière formule comme axiome équivalent à AEg_2.

Théorème 5.11.24 (Compatibilité de l'égalité avec les opérateurs et les prédicats)

1. Pour tout symbole de fonction f d'arité n du langage,

$$\vdash \forall x_1 \ \dots x_n, \forall y_1 \ \dots y_n, ((x_1 = y_1 \wedge \dots \wedge x_n = y_n) \implies f(x_1, \dots, x_n) = f(y_1, \dots, y_n))$$

2. Pour tout symbole de prédicat R d'arité n du langage,

$$\vdash \forall x_1 \ \dots x_n, \forall y_1 \ \dots y_n, ((x_1 = y_1 \wedge \dots \wedge x_n = y_n) \implies (R(x_1, \dots, x_n) \implies R(y_1, \dots, y_n)))$$

Preuve

1. Par réflexivité

$$f(x_1, x_2, \dots, x_n) = f(x_1, x_2, \dots, x_n)$$

De l'hypothèse $x_1 = y_1$ on déduit en remplaçant la deuxième occurrence de x_1 par y_1

$$f(x_1, x_2, \dots, x_n) = f(y_1, x_2, \dots, x_n)$$

En ajoutant l'hypothèse $x_2 = y_2$ on déduit de la formule précédente, en remplaçant la deuxième occurrence de x_2 par y_2,

$$f(x_1, x_2, \dots, x_n) = f(y_1, y_2, \dots, x_n)$$

et ainsi de suite (formellement, il s'agit d'une récurrence, que je ne détaille pas). On en déduit

$$x_1 = y_1, \dots, x_n = y_n \vdash f(x_1, x_2, \dots, x_n) = f(y_1, y_2, \dots, y_n)$$

ce qui équivaut aussi à

$$x_1 = y_1 \wedge \dots \wedge x_n = y_n \vdash f(x_1, x_2, \dots, x_n) = f(y_1, y_2, \dots, y_n)$$

donc d'après le théorème de déduction et par généralisation

$$\vdash \forall x_1 \ \dots x_n, \forall y_1 \ \dots y_n, ((x_1 = y_1 \wedge \dots \wedge x_n = y_n) \implies f(x_1, \dots, x_n) = f(y_1, \dots, y_n))$$

2. De même, on a

$$R(x_1, x_2, \dots, x_n) \implies R(x_1, x_2, \dots, x_n)$$

De l'hypothèse $x_1 = y_1$ on déduit en remplaçant la deuxième occurrence de x_1 par y_1

$$R(x_1, x_2, \dots, x_n) \implies R(y_1, x_2, \dots, x_n)$$

et ainsi de suite. On en déduit

$$x_1 = y_1, \dots, x_n = y_n \vdash R(x_1, x_2, \dots, x_n) \implies R(y_1, y_2, \dots, y_n)$$

et par conséquent

$$\vdash \forall x_1 \ \dots x_n, \forall y_1 \ \dots y_n, ((x_1 = y_1 \wedge \dots \wedge x_n = y_n) \implies (R(x_1, \dots, x_n) \implies R(y_1, \dots, y_n)))$$

Remarque 5.11.25 : Par symétrie de l'égalité, on a aussi

$$\forall x_1 \ \dots x_n, \forall y_1 \ \dots y_n, ((x_1 = y_1 \wedge \dots \wedge x_n = y_n) \implies (R(x_1, \dots, x_n) \iff R(y_1, \dots, y_n)))$$

puisqu'on peut déduire

$$y_1 = x_1, \dots, y_n = x_n$$

de

$$x_1 = y_1, \dots, x_n = y_n$$

Théorème 5.11.26 (Corollaire 1)

1. Pour tout symbole de fonction f d'arité n du langage, pour tous les termes $t_1, \dots, t_n, u_1, \dots, u_n$

$$t_1 = u_1, \dots, t_n = u_n \vdash f(t_1, \dots, t_n) = f(u_1, \dots, u_n)$$

2. Pour tout symbole de prédicat R d'arité n du langage, pour tous les termes $t_1, \dots, t_n, u_1, \dots, u_n$

$$t_1 = u_1, \dots, t_n = u_n \vdash R(t_1, \dots, t_n) \implies R(u_1, \dots, u_n)$$

Preuve
On applique plusieurs fois l'axiome AU_1 au théorème précédent pour avoir

$$\vdash (t_1 = u_1 \wedge \cdots \wedge t_n = u_n) \implies f(t_1, \dots, t_n) = f(u_1, \dots, u_n)$$

et

$$\vdash (t_1 = u_1 \wedge \cdots \wedge t_n = u_n) \implies (R(t_1, \dots, t_n) \implies R(u_1, \dots, u_n))$$

ce qui équivaut respectivement, à

$$t_1 = u_1, \dots, t_n = u_n \vdash f(t_1, \dots, t_n) = f(u_1, \dots, u_n))$$

et

$$t_1 = u_1, \dots, t_n = u_n \vdash R(t_1, \dots, t_n) \implies R(u_1, \dots, u_n)$$

Théorème 5.11.27 (Corollaire 2)
Pour tout terme t

$$x = y \vdash t(x/z) = t(y/z)$$

Preuve
On démontre le résultat par induction structurelle sur les termes :

- Si le terme t est une constante, ou une variable autre que z, alors $t(x/z)$ et $t(y/z)$ représentent t et on a

$$\vdash t = t$$

  De même, si t est la variable z, alors $t(x/z)$ représente x et $t(y/z)$ représente y et on a

$$x = y \vdash x = y$$

- On fait l'hypothèse d'induction pour les termes $t_1, \dots, t_n$, et on considère le terme $f(t_1, \dots, t_n)$. Si on fait l'hypothèse $x = y$, on déduit de l'hypothèse d'induction

$$t_1(x/z) = t_1(y/z) \quad \dots \quad t_n(x/z) = t_n(y/z)$$

  Donc d'après le théorème précédent

$$f(t_1(x/z), \dots, t_n(x/z)) = f(t_1(y/z), \dots, t_n(y/z))$$

  On a bien

$$x = y \vdash f(t_1, \dots, t_n)(x/z) = f(t_1, \dots, t_n)(y/z)$$

On déduit de ce qui précède une variante équivalente des axiomes de l'égalité, en remplaçant l'axiome AEg_2 par deux axiomes correspondants aux deux propriétés exposées dans le théorème 5.11.24 :

Axiome 5.11.28 (Théorie de l'égalité, variante)

1. AEg_1 (Réflexivité) :
$$\forall x, x = x$$
2. AEg_3 : pour tout symbole de fonction f d'arité n du langage,
$$\forall x_1 \dots x_n, \forall y_1 \dots y_n, ((x_1 = y_1 \wedge \dots \wedge x_n = y_n) \implies f(x_1, \dots, x_n) = f(y_1, \dots, y_n))$$
3. AEg_4 : pour tout symbole de prédicat R d'arité n du langage,
$$\forall x_1 \dots x_n, \forall y_1 \dots y_n, ((x_1 = y_1 \wedge \dots \wedge x_n = y_n) \implies (R(x_1, \dots, x_n) \implies R(y_1, \dots, y_n)))$$

Métathéorème 5.11.29 (Équivalence des deux séries d'axiomes pour l'égalité)
Les deux axiomes AEg_1 et AEg_2 sont équivalents aux trois axiomes AEg_1, AEg_3, AEg_4 (en présence des autres axiomes de Hilbert).

Preuve
Il reste à justifier que l'on peut déduire AEg_2 des axiomes AEg_1, AEg_3, AEg_4. On considère une formule atomique, donc de la forme $R(t_1, \dots, t_n)$, R étant un prédicat n-aire et $t_1, \dots, t_n$ des termes. Si on fait l'hypothèse $x = y$, on en déduit (conséquence des axiomes AEg_1 et AEg_3, d'après les preuves des corollaires précédents)

$$t_1(x/z) = t_1(y/z) \quad \dots \quad t_n(x/z) = t_n(y/z)$$

donc d'après l'axiome AEg_4

$$R(t_1(x/z), \dots, t_n(x/z)) \implies R(t_1(y/z), \dots, t_n(y/z))$$

Par conséquent

$$\vdash x = y \implies (R(t_1, \dots, t_n)(x/z) \implies R(t_1, \dots, t_n)(y/z))$$

donc par généralisation

$$\vdash \forall x\ y, (x = y \implies (R(t_1, \dots, t_n)(x/z) \implies R(t_1, \dots, t_n)(y/z))$$

Nous pouvons enfin généraliser l'axiome AEg_2 à une formule quelconque :

Théorème 5.11.30
Pour toute formule $\mathscr{F}$

$$\vdash \forall x\ y, (x = y \implies (\mathscr{F}(x/z) \iff \mathscr{F}(y/z)))$$

Preuve
Prouvons par induction structurelle sur les formules

$$x = y \vdash \mathscr{F}(x/z) \implies \mathscr{F}(y/z)$$

ce qui équivaut aussi, d'après le théorème de déduction, à

$$x = y, \mathscr{F}(x/z) \vdash \mathscr{F}(y/z)$$

On pourra alors en déduire, par symétrie de l'égalité

$$x = y \vdash \mathscr{F}(y/z) \implies \mathscr{F}(x/z)$$

donc

$$x = y \vdash \mathscr{F}(x/z) \iff \mathscr{F}(y/z)$$

et d'après le théorème de déduction et généralisation

$$\vdash \forall x\, y, (x = y \implies (\mathscr{F}(x/z) \iff \mathscr{F}(y/z)))$$

- Pour une formule atomique, le résultat est déjà connu (c'est l'axiome AEg_2).
- On fait l'hypothèse d'induction pour $\mathscr{F}$. Prouvons la propriété pour $\neg\mathscr{F}$. Par symétrie de l'égalité, on a

$$x = y \vdash \mathscr{F}(y/z) \implies \mathscr{F}(x/z)$$

donc par contraposition

$$x = y \vdash \neg\mathscr{F}(x/z) \implies \neg\mathscr{F}(y/z)$$

- On fait l'hypothèse d'induction pour $\mathscr{F}$ et $\mathscr{G}$. Prouvons la propriété pour $\mathscr{F} \wedge \mathscr{G}$. De

$$\begin{cases} \mathscr{F}(x/z) \wedge \mathscr{G}(x/z) & \vdash \mathscr{F}(x/z) \\ \mathscr{F}(x/z) \wedge \mathscr{G}(x/z) & \vdash \mathscr{G}(x/z) \end{cases}$$

et de l'hypothèse d'induction, on déduit

$$\begin{cases} x = y, \mathscr{F}(x/z) \wedge \mathscr{G}(x/z) & \vdash \mathscr{F}(y/z) \\ x = y, \mathscr{F}(x/z) \wedge \mathscr{G}(x/z) & \vdash \mathscr{G}(y/z) \end{cases}$$

donc

$$x = y, \mathscr{F}(x/z) \wedge \mathscr{G}(x/z) \vdash \mathscr{F}(y/z) \wedge \mathscr{G}(y/z)$$

- On fait l'hypothèse d'induction pour $\mathscr{F}$ et $\mathscr{G}$. Prouvons la propriété pour $\mathscr{F} \vee \mathscr{G}$. De

$$\begin{cases} x = y, \mathscr{F}(x/z) \vdash \mathscr{F}(y/z) \\ x = y, \mathscr{G}(x/z) \vdash \mathscr{G}(y/z) \end{cases}$$

et

$$\begin{cases} \mathscr{F}(y/z) & \vdash \mathscr{F}(y/z) \vee \mathscr{G}(y/z) \\ \mathscr{G}(y/z) & \vdash \mathscr{F}(y/z) \vee \mathscr{G}(y/z) \end{cases}$$

on déduit

$$\begin{cases} x = y \vdash \mathscr{F}(x/z) \implies (\mathscr{F}(y/z) \vee \mathscr{G}(y/z)) \\ x = y \vdash \mathscr{G}(x/z) \implies (\mathscr{F}(y/z) \vee \mathscr{G}(y/z)) \end{cases}$$

Or par propriété de la disjonction (corollaire de l'axiome AD_3)

$$\mathscr{F}(x/z) \vee \mathscr{G}(x/z), \mathscr{F}(x/z) \implies (\mathscr{F}(y/z) \vee \mathscr{G}(y/z)), \mathscr{G}(x/z) \implies (\mathscr{F}(y/z) \vee \mathscr{G}(y/z)) \vdash \mathscr{F}(y/z) \vee \mathscr{G}(y/z)$$

donc

$$x = y, \mathscr{F}(x/z) \vee \mathscr{G}(x/z) \vdash \mathscr{F}(y/z) \vee \mathscr{G}(y/z)$$

- On fait l'hypothèse d'induction pour $\mathscr{F}$ et $\mathscr{G}$. Prouvons la propriété pour $\mathscr{F} \implies \mathscr{G}$. Pour cela, nous allons démontrer

$$x = y, \mathscr{F}(x/z) \implies \mathscr{G}(x/z), \mathscr{F}(y/z) \vdash \mathscr{G}(y/z)$$

1	$x = y$	Hypothèse
2	$\mathscr{F}(x/z) \implies \mathscr{G}(x/z)$	Hypothèse
3	$\mathscr{F}(y/z)$	Hypothèse
4	$y = x$	Symétrie de l'égalité
5	$\mathscr{F}(x/z)$	Par hypothèse d'induction à partir de 4 et 3
6	$\mathscr{G}(x/z)$	Modus ponens à partir de 5 et 2
7	$\mathscr{G}(y/z)$	Par hypothèse d'induction à partir de 1 et 6

Par conséquent

$$x = y, \mathscr{F}(x/z) \implies \mathscr{G}(x/z) \vdash \mathscr{F}(y/z) \implies \mathscr{G}(y/z)$$

- On fait l'hypothèse d'induction pour $\mathcal{F}$. Prouvons la propriété pour $\forall a\mathcal{F}$. On considère que x et y ne sont pas liées dans $\forall a\mathcal{F}$ (pour pouvoir effectuer la substitution). Cela signifie en particulier que x et y sont des variables différentes de a, qui ne sont pas liées dans $\mathcal{F}$. Par hypothèse d'induction

$$x = y \vdash \mathcal{F}(x/z) \implies \mathcal{F}(y/z)$$

On en déduit par généralisation, puisque a n'est pas libre dans $x = y$ (a n'étant ni la variable x ni la variable y)

$$x = y \vdash \forall a, (\mathcal{F}(x/z) \implies \mathcal{F}(y/z))$$

Or

$$\forall a, (\mathcal{F}(x/z) \implies \mathcal{F}(y/z)) \vdash (\forall a\mathcal{F}(x/z)) \implies (\forall a\mathcal{F}(y/z))$$

On en déduit

$$x = y \vdash (\forall a\mathcal{F}(x/z)) \implies (\forall a\mathcal{F}(y/z))$$

- On fait l'hypothèse d'induction pour $\mathcal{F}$, d'où l'on déduit, d'après ce qui précède, que la propriété est aussi vérifiée par $\neg\mathcal{F}$ et $\forall a\neg\mathcal{F}$. Nous allons démontrer la propriété pour $\exists a\mathcal{F}$. Prouvons d'abord

$$x = y, \neg(\exists a\mathcal{F}(y/z)) \vdash \neg(\exists a\mathcal{F}(x/z))$$

1	$x = y$	Hypothèse
2	$\neg(\exists a, \mathcal{F}(y/z))$	Hypothèse
3	$y = x$	Par symétrie de l'égalité
4	$\forall a, \neg\mathcal{F}(y/z)$	Propriété de $\exists$, à partir de 2
5	$\forall a, \neg\mathcal{F}(x/z)$	Par hypothèse d'induction, à partir de 3 et 4
6	$\neg(\exists a, \mathcal{F}(x/z))$	Propriété de $\exists$, à partir de 5

On déduit du théorème de déduction

$$x = y \vdash \neg(\exists a\mathcal{F}(y/z)) \implies \neg(\exists a\mathcal{F}(x/z))$$

et par contraposition

$$x = y \vdash \exists a\mathcal{F}(x/z) \implies \exists a\mathcal{F}(y/z)$$

Remarque 5.11.31 : Je rappelle que dans les expressions $\mathcal{F}(x/z)$ et $\mathcal{F}(y/z)$, on suppose implicitement que les variables x et y n'ont pas d'occurrence liées dans $\mathcal{F}$.

Métathéorème 5.11.32 (Corollaire)
On considère des ensembles de formules Γ et Γ', une formule $\mathcal{F}$ et des termes t et u tels que

$$\begin{cases} \Gamma \vdash t = u \\ \Gamma' \vdash \mathcal{F}(t/x) \end{cases}$$

Alors

$$\Gamma, \Gamma' \vdash \mathcal{F}(u/x)$$

Preuve
On déduit du théorème précédent, et de l'axiome AU_1 (appliqué deux fois), que pour tous les termes t et u

$$\vdash t = u \implies (\mathcal{F}(t/x) \iff \mathcal{F}(u/x))$$

En particulier, et d'après le théorème de déduction,

$$t = u, \mathcal{F}(t/x) \vdash \mathcal{F}(u/x)$$

donc si

$$\begin{cases} \Gamma \vdash t = u \\ \Gamma' \vdash \mathscr{F}(t/x) \end{cases}$$

on en déduit

$$\Gamma, \Gamma' \vdash \mathscr{F}(u/x)$$

5.12 Système de déduction naturelle pour la logique des prédicats

Prérequis
Le système de déduction naturelle pour la logique des propositions (section 5.5).

Introduction

On reprend les règles de déduction du calcul des propositions que nous avons vues dans la section 5.5 (mais on les applique maintenant aux formules de la logique des prédicats, et plus à celles de la logique des propositions). À l'axiome, à la règle structurelle, et aux règles d'introduction et d'élimination portant sur les connecteurs, s'ajoutent d'autres règles pour les quantificateurs. Mais tout ce qui a été prouvé dans le cas du calcul des propositions reste valable. Par exemple le théorème de déduction

$$\Gamma \vdash \mathscr{F} \Longrightarrow \mathscr{G} \qquad \text{si et seulement si} \qquad \Gamma, \mathscr{F} \vdash \mathscr{G}$$

(dans un sens, il s'agit de la règle d'introduction de l'implication, et dans l'autre sens il s'agit de la règle d'élimination de l'implication, c'est-à-dire du modus ponens).

Dans ce qui suit, x est une variable, t un terme, $\mathscr{F}$ une formule, Γ et Γ' des ensembles de formules.

Quantificateur universel

Règle d'inférence 5.12.1 (Règle d'introduction du quantificateur universel, ou généralisation)
De la formule $\mathscr{F}$, où la variable x est arbitraire, c'est-à-dire que x n'a pas d'occurrence libre dans les hypothèses, on déduit $\forall x \mathscr{F}$:

$$\text{si} \quad \begin{cases} \Gamma \vdash \mathscr{F} \\ x \text{ n'a pas d'occurrence libre dans } \Gamma \end{cases}$$

$$\text{alors} \quad \Gamma \vdash \forall x \mathscr{F}$$

Remarque 5.12.2 : Le fait que x n'ait pas d'occurrence libre est important, sinon on pourrait démontrer des formules incorrectes. Par exemple, si on considère l'ensemble Γ des axiomes de Peano (dont un modèle est l'ensemble $\mathbb{N}$ des entiers naturels), de $x \geqslant 2$ on peut déduire $x \geqslant 1$:

$$\Gamma, x \geqslant 2 \vdash x \geqslant 1$$

Ce qui donnerait par application incorrecte de la règle (car x est libre dans $x \geqslant 2$), le résultat faux suivant :

$$\Gamma, x \geqslant 2 \vdash \forall x, x \geqslant 1$$

Remarque 5.12.3 : En appliquant cette règle à toutes les variables libres de $\mathscr{F}$, on a aussi, en notant $\mathscr{F}'$ la clôture universelle de $\mathscr{F}$ (on obtient $\mathscr{F}'$ en ajoutant devant $\mathscr{F}$ un quantificateur universel pour chaque variable libre) :

$$\text{si} \begin{cases} \Gamma \vdash \mathscr{F} \\ \text{les variables libres de } \mathscr{F} \text{ n'ont pas d'occurrence libre dans } \Gamma \end{cases}$$
$$\text{alors} \quad \Gamma \vdash \mathscr{F}'$$

Règle d'inférence 5.12.4 (Règle d'élimination du quantificateur universel)
De $\forall x\mathscr{F}$, on déduit $\mathscr{F}(t/x)$, où t est un terme quelconque :

$$\begin{array}{rl} \text{si} & \Gamma \vdash \forall x\mathscr{F} \\ \text{alors} & \Gamma \vdash \mathscr{F}(t/x) \end{array}$$

Remarque 5.12.5 : La règle s'applique en particulier si on prend x pour terme t, et comme $\mathscr{F}(x/x)$ est $\mathscr{F}$, on obtient la règle :

$$\begin{array}{rl} \text{si} & \Gamma \vdash \forall x\mathscr{F} \\ \text{alors} & \Gamma \vdash \mathscr{F} \end{array}$$

Remarque 5.12.6 : Dans la version sans séquent de la déduction naturelle, les règles d'introduction et d'élimination du quantificateur universel s'écrivent

$$\cfrac{\vdots \atop \mathscr{F}}{\forall x\mathscr{F}}\ \forall\text{i} \qquad\qquad \cfrac{\vdots \atop \forall x\mathscr{F}}{\mathscr{F}(t/x)}\ \forall\text{é}$$

avec la condition, pour la règle d'introduction, que x n'a pas d'occurrence libre dans les hypothèses qui précèdent $\mathscr{F}$.

Remarque 5.12.7 : Dans la règle d'introduction du quantificateur universel, le nom de la variable peut être quelconque, et on a aussi la variante équivalente suivante de cette règle :

$$\text{si} \begin{cases} \Gamma \vdash \mathscr{F}(a/x) \\ a \text{ n'a pas d'occurrence libre dans } \Gamma \text{ ni dans } \forall x\mathscr{F} \end{cases}$$
$$\text{alors} \quad \Gamma \vdash \forall x\mathscr{F}$$

La condition « a n'a pas d'occurrence libre dans $\forall x\mathscr{F}$ » équivaut à la condition suivante : a est soit la variable x (dans ce cas elle est automatiquement liée dans $\forall x\mathscr{F}$), soit une variable autre que x n'ayant pas d'occurrence libre dans $\mathscr{F}$. En prenant x comme variable, on retrouve alors la règle d'introduction du quantificateur universel, puisque $\mathscr{F}(x/x)$ est la formule $\mathscr{F}$. Réciproquement, si on se donne cette règle, et que l'on fasse l'hypothèse

$$\begin{cases} \Gamma \vdash \mathscr{F}(a/x) \\ a \text{ n'a pas d'occurrence libre dans } \Gamma \text{ ni dans } \forall x\mathscr{F} \end{cases}$$

alors on en déduit

$$\Gamma \vdash \forall a\mathscr{F}(a/x)$$

Soit a est la variable x, et alors on a directement le résultat, soit a est une variable autre que x, qui n'a pas d'occurrence libre dans $\mathscr{F}$, et dans ce cas les occurrences de a dans $\mathscr{F}(a/x)$ sont les mêmes que celles de x

dans $\mathcal{F}$, donc quand on remplace a par x dans $\mathcal{F}(a/x)$ on retrouve $\mathcal{F}$. On déduit alors de la règle d'élimination de $\forall$

$$\forall a\mathcal{F}(a/x) \vdash (\mathcal{F}(a/x))(x/a)$$
$$\forall a\mathcal{F}(a/x) \vdash \mathcal{F}$$

donc d'après la règle d'introduction de $\forall$, puisque x n'a pas d'occurrence libre dans « $\forall a\mathcal{F}(a/x)$ »,

$$\forall a\mathcal{F}(a/x) \vdash \forall x\mathcal{F}$$

Donc par coupure

$$\Gamma \vdash \forall x\mathcal{F}$$

Exemple 5.12.8 (Axiomes de Hilbert pour le quantificateur universel)
Prouvons les deux axiomes de Hilbert pour le quantificateur universel :

1. Prouvons que pour tout terme t

$$\vdash \forall x\mathcal{F} \implies \mathcal{F}(t/x)$$

1	$\forall x\mathcal{F} \vdash \forall x\mathcal{F}$	Répétition
2	$\forall x\mathcal{F} \vdash \mathcal{F}(t/x)$	Règle d'élimination de $\forall$
3	$\vdash \forall x\mathcal{F} \implies \mathcal{F}(t/x)$	Règle d'introduction de l'implication

2. Prouvons que si x n'est pas libre dans $\mathcal{F}$:

$$\vdash \forall x(\mathcal{F} \implies \mathcal{G}) \implies (\mathcal{F} \implies \forall x\mathcal{G})$$

1	$\forall x(\mathcal{F} \implies \mathcal{G}) \vdash \mathcal{F} \implies \mathcal{G}$	Règle d'élimination de $\forall$
2	$\mathcal{F} \vdash \mathcal{F}$	Répétition
3	$\forall x(\mathcal{F} \implies \mathcal{G}), \mathcal{F} \vdash \mathcal{G}$	Modus ponens à partir de 1 et 2
4	$\forall x(\mathcal{F} \implies \mathcal{G}), \mathcal{F} \vdash \forall x\mathcal{G}$	Règle d'introduction de $\forall$ (car x n'est pas libre dans $\mathcal{F}$ ni dans $\forall x(\mathcal{F} \implies \mathcal{G})$)
5	$\vdash \forall x(\mathcal{F} \implies \mathcal{G}) \implies (\mathcal{F} \implies \forall x\mathcal{G})$	Règle d'introduction de l'implication (deux fois)

Quantificateur existentiel

Règle d'inférence 5.12.9 (Règle d'introduction du quantificateur existentiel)
De $\mathcal{F}(t/x)$, on déduit $\exists x\mathcal{F}$:

$$\text{si} \quad \Gamma \vdash \mathcal{F}(t/x)$$
$$\text{alors} \quad \Gamma \vdash \exists x\mathcal{F}$$

Remarque 5.12.10 : La règle s'applique en particulier si on prend x pour terme t, et comme $\mathcal{F}(x/x)$ est $\mathcal{F}$, on obtient la règle :

$$\text{si} \quad \Gamma \vdash \mathcal{F}$$

$$\text{alors} \quad \Gamma \vdash \exists x \mathscr{F}$$

Règle d'inférence 5.12.11 (Règle d'élimination du quantificateur existentiel)
De $\exists x\mathscr{F}$, et si on peut déduire $\mathscr{G}$ de l'hypothèse $\mathscr{F}$, avec x sans occurrence libre dans $\mathscr{G}$ ni dans les hypothèses, alors on en déduit $\mathscr{G}$:

$$\text{si} \quad \begin{cases} \Gamma \vdash \exists x\mathscr{F} \\ \Gamma', \mathscr{F} \vdash \mathscr{G} \\ x \text{ n'a pas d'occurrence libre dans } \Gamma, \Gamma', \mathscr{G} \end{cases}$$
$$\text{alors} \quad \Gamma, \Gamma' \vdash \mathscr{G}$$

Remarque 5.12.12 : Dans le cas où les deux ensembles de formules sont identiques, on peut aussi écrire

$$\text{si} \quad \begin{cases} \Gamma \vdash \exists x\mathscr{F} \\ \Gamma, \mathscr{F} \vdash \mathscr{G} \\ x \text{ n'a pas d'occurrence libre dans } \Gamma, \mathscr{G} \end{cases}$$
$$\text{alors} \quad \Gamma \vdash \mathscr{G}$$

cette règle étant équivalente à la précédente (même raisonnement que pour la règle d'élimination de l'implication).

Remarque 5.12.13 : Le fait que x n'ait pas d'occurrence libre est important, sinon on pourrait par exemple démontrer des formules incorrectes de la forme

$$\exists x\mathscr{F} \implies \forall x\mathscr{F}$$

En effet, puisque

$$\begin{cases} \exists x\mathscr{F} & \vdash \exists x\mathscr{F} \\ \mathscr{F} & \vdash \mathscr{F} \end{cases}$$

l'application incorrecte de cette règle (x pouvant être libre dans $\mathscr{F}$) donnerait

$$\exists x\mathscr{F} \vdash \mathscr{F}$$

puis d'après la règle d'introduction du quantificateur universel

$$\exists x\mathscr{F} \vdash \forall x\mathscr{F}$$

donc

$$\vdash \exists x\mathscr{F} \implies \forall x\mathscr{F}$$

ce qui est faux. Par exemple, si on considère l'ensemble Γ des axiomes de Peano (dont un modèle est l'ensemble $\mathbb{N}$ des entiers naturels), on a

$$\Gamma \vdash \exists x, x \geqslant 1$$

Mais on a aussi, par répétition

$$x \geqslant 1 \vdash x \geqslant 1$$

Ce qui donnerait par application incorrecte de la règle (car x est libre dans la formule $x \geqslant 1$)

$$\Gamma \vdash x \geqslant 1$$

Donc d'après la règle d'introduction du quantificateur universel (x n'a pas d'occurrence libre dans Γ qui est un ensemble de formules closes)

$$\Gamma \vdash \forall x, x \geqslant 1$$

ce qui est faux.

Remarque 5.12.14 : Dans la version sans séquent de la déduction naturelle, les règles d'introduction et d'élimination du quantificateur existentiel s'écrivent

$$\dfrac{\begin{matrix}\vdots\\ \mathscr{F}(t/x)\end{matrix}}{\exists x\mathscr{F}}\ \exists\text{i} \qquad\qquad \dfrac{\begin{matrix}\\ \vdots\\ \exists x\mathscr{F}\end{matrix}\quad \begin{matrix}[\mathscr{F}]\\ \vdots\\ \mathscr{G}\end{matrix}}{\mathscr{G}}\ \exists\text{é}$$

Avec la condition, pour la règle d'élimination, que x n'a pas d'occurrence libre dans les hypothèses qui précèdent $\exists x\mathscr{F}$, dans celles qui précèdent $\mathscr{G}$ sous l'hypothèse $\mathscr{F}$, ni dans $\mathscr{G}$.

Remarque 5.12.15 : Dans la règle d'élimination du quantificateur existentiel, le nom de la variable est quelconque, et on a aussi la variante équivalente suivante de cette règle :

$$\text{si}\quad \begin{cases} \Gamma \vdash \exists x\mathscr{F} \\ \Gamma', \mathscr{F}(a/x) \vdash \mathscr{G} \\ a \text{ n'a pas d'occurrence libre dans } \Gamma, \Gamma', \exists x\mathscr{F}, \mathscr{G} \end{cases}$$

$$\text{alors}\quad \Gamma, \Gamma' \vdash \mathscr{G}$$

ce qui signifie, de façon informelle, qu'on peut utiliser une hypothèse de la forme « $\exists x\mathscr{F}$ » en « choisissant » une variable qui n'apparaît nulle part ailleurs dans l'environnement (qui n'est pas une variable libre). La justification de l'équivalence de la règle et de sa variante est semblable à celle vue pour la règle d'introduction du quantificateur universel : on obtient la règle à partir de la variante en prenant x comme variable a. Réciproquement, on se donne la règle d'élimination du quantificateur existentiel et on fait l'hypothèse

$$\begin{cases} \Gamma \vdash \exists x\mathscr{F} \\ \Gamma', \mathscr{F}(a/x) \vdash \mathscr{G} \\ a \text{ n'a pas d'occurrence libre dans } \Gamma, \Gamma', \exists x\mathscr{F}, \mathscr{G} \end{cases}$$

D'après la règle d'introduction de $\exists$

$$(\mathscr{F}(a/x))(x/a) \vdash \exists a\mathscr{F}(a/x)$$

Si a n'est pas la variable x, alors a n'a pas d'occurrence libre dans $\mathscr{F}$, donc $(\mathscr{F}(a/x))(x/a)$ est la formule $\mathscr{F}$, et on a

$$\begin{cases} \exists x\mathscr{F} \vdash \exists x\mathscr{F} \\ \mathscr{F} \vdash \exists a\mathscr{F}(a/x) \end{cases}$$

donc d'après la règle d'élimination de $\exists$, puisque x n'est pas libre dans « $\exists x\mathscr{F}$ » ni dans « $\exists a\mathscr{F}(a/x)$ »,

$$\exists x\mathscr{F} \vdash \exists a\mathscr{F}(a/x)$$

On en déduit

$$\begin{cases} \Gamma \vdash \exists a\mathscr{F}(a/x) \\ \Gamma', \mathscr{F}(a/x) \vdash \mathscr{G} \\ a \text{ n'a pas d'occurrence libre dans } \Gamma, \Gamma', \mathscr{G} \end{cases}$$

donc d'après la règle d'élimination de $\exists$

$$\Gamma, \Gamma' \vdash \mathscr{G}$$

Exemple 5.12.16
Prouvons

$$\vdash (\forall x \mathscr{F}) \implies (\exists x \mathscr{F})$$

1	$\forall x \mathscr{F} \vdash \forall x \mathscr{F}$	Répétition
2	$\forall x \mathscr{F} \vdash \mathscr{F}$	Règle d'élimination de $\forall$
3	$\forall x \mathscr{F} \vdash \exists x \mathscr{F}$	Règle d'introduction de $\exists$
4	$\vdash (\forall x \mathscr{F}) \implies (\exists x \mathscr{F})$	Règle d'introduction de l'implication

Nous verrons dans le chapitre 7 que les symboles $\vdash$ et $\models$ sont interchangeables ($\mathscr{F} \vdash \mathscr{G}$ si et seulement si $\mathscr{F} \models \mathscr{G}$) et ainsi l'équivalence syntaxique, que l'on a définie comme

$$\mathscr{F} \equiv \mathscr{G} \overset{\text{def}}{\equiv} \begin{cases} \mathscr{F} \vdash \mathscr{G} \\ \mathscr{G} \vdash \mathscr{F} \end{cases}$$

est équivalente à l'équivalence sémantique

$$\mathscr{F} \equiv \mathscr{G} \overset{\text{def}}{\equiv} \begin{cases} \mathscr{F} \models \mathscr{G} \\ \mathscr{G} \models \mathscr{F} \end{cases}$$

Il est donc normal de retrouver les théorèmes vus dans la partie sémantique :

Propriétés des quantificateurs

Théorème 5.12.17 (Conservation de l'équivalence par les quantificateurs)
Si Γ est l'ensemble vide ou une théorie, et si $\mathscr{F} \equiv_\Gamma \mathscr{F}'$ alors

$$\forall x \mathscr{F} \equiv_\Gamma \forall x \mathscr{F}'$$
$$\exists x \mathscr{F} \equiv_\Gamma \exists x \mathscr{F}'$$

Preuve
On considère deux formules $\mathscr{F} \equiv_\Gamma \mathscr{F}'$.

- Prouvons

$$\Gamma, \forall x \mathscr{F} \vdash \forall x \mathscr{F}'$$

1	$\Gamma, \mathscr{F} \vdash \mathscr{F}'$	Hypothèse
2	$\forall x \mathscr{F} \vdash \mathscr{F}$	Règle d'élimination de $\forall$
3	$\Gamma, \forall x \mathscr{F} \vdash \mathscr{F}'$	Coupure à partir de 1 et 2
4	$\Gamma, \forall x \mathscr{F} \vdash \forall x \mathscr{F}'$	Règle d'introduction de $\forall$ à partir de 3 (x n'est pas libre dans $\forall x \mathscr{F}$ ni dans Γ)

On prouve de la même manière (il suffit de permuter $\mathscr{F}$ et $\mathscr{F}'$)

$$\Gamma, \forall x \mathscr{F}' \vdash \forall x \mathscr{F}$$

et par conséquent $\forall x\mathscr{F} \equiv_\Gamma \forall x\mathscr{F}'$.

- Prouvons

$$\exists x\mathscr{F} \vdash \exists x\mathscr{F}'$$

1	$\Gamma, \mathscr{F} \vdash \mathscr{F}'$	Hypothèse
2	$\mathscr{F}' \vdash \exists x\mathscr{F}'$	Règle d'introduction de $\exists$
3	$\Gamma, \mathscr{F} \vdash \exists x\mathscr{F}'$	Coupure à partir de 1 et 2
4	$\exists x\mathscr{F} \vdash \exists x\mathscr{F}$	Répétition
5	$\Gamma, \exists x\mathscr{F} \vdash \exists x\mathscr{F}'$	Règle d'élimination de $\exists$ à partir de 4 et 3 (x n'est pas libre dans $\exists x\mathscr{F}$ ni dans Γ ni dans $\exists x\mathscr{F}'$)

On prouve de la même manière (il suffit de permuter $\mathscr{F}$ et $\mathscr{F}'$)

$$\Gamma, \exists x\mathscr{F}' \vdash \exists x\mathscr{F}$$

et par conséquent $\exists x\mathscr{F} \equiv_\Gamma \exists x\mathscr{F}'$.

Remarque 5.12.18 : Ce métathéorème reste valable quand on remplace $\equiv_\Gamma$ par $\equiv$ (il suffit de prendre pour Γ l'ensemble vide).

Métathéorème 5.12.19 (Remplacement d'une sous-formule par une formule équivalente)
Si, dans une formule $\mathscr{F}$, on remplace une sous-formule par une formule équivalente (respectivement Γ-équivalente pour une théorie Γ), le résultat obtenu est une formule équivalente (respectivement Γ-équivalente) à $\mathscr{F}$.

Preuve
C'est le même raisonnement que pour la logique des propositions, c'est-à-dire que l'on reprend la démonstration du théorème sémantique équivalent, par induction structurelle sur les formules (théorème 2.6.25, p. 68), en utilisant le fait que les connecteurs et les quantificateurs conservent l'équivalence.

Métathéorème 5.12.20 (distributivité de $\forall$ sur $\wedge$, distributivité de $\exists$ sur $\vee$)

1. Distributivité de $\forall$ sur $\wedge$:

$$\forall x, (\mathscr{F} \wedge \mathscr{G}) \equiv (\forall x\mathscr{F}) \wedge (\forall x\mathscr{G})$$

La formule précédente est fausse si on remplace $\wedge$ par $\vee$, mais

$$(\forall x\mathscr{F}) \vee (\forall x\mathscr{G}) \vdash \forall x, (\mathscr{F} \vee \mathscr{G})$$

2. Distributivité de $\exists$ sur $\vee$:

$$\exists x, (\mathscr{F} \vee \mathscr{G}) \equiv (\exists x\mathscr{F}) \vee (\exists x\mathscr{G})$$

La formule précédente est fausse si on remplace $\vee$ par $\wedge$, mais

$$\exists x, (\mathscr{F} \wedge \mathscr{G}) \vdash (\exists x\mathscr{F}) \wedge (\exists x\mathscr{G})$$

Preuve

1. Prouvons

$$\forall x, (\mathscr{F} \wedge \mathscr{G}) \vdash (\forall x\mathscr{F}) \wedge (\forall x\mathscr{G})$$

1	$\forall x, (\mathscr{F} \wedge \mathscr{G}) \vdash \forall x, (\mathscr{F} \wedge \mathscr{G})$	Répétition

2	$\forall x, (\mathscr{F} \wedge \mathscr{G}) \vdash \mathscr{F} \wedge \mathscr{G}$	Règle d'élimination de $\forall$ à partir de 1
3	$\forall x, (\mathscr{F} \wedge \mathscr{G}) \vdash \mathscr{F}$	Règle d'élimination de $\wedge$ à partir de 2
4	$\forall x, (\mathscr{F} \wedge \mathscr{G}) \vdash \mathscr{G}$	Règle d'élimination de $\wedge$ à partir de 2
5	$\forall x, (\mathscr{F} \wedge \mathscr{G}) \vdash \forall x \mathscr{F}$	Règle d'introduction de $\forall$ à partir de 3 (x n'est pas libre dans « $\forall x, (\mathscr{F} \wedge \mathscr{G})$ »)
6	$\forall x, (\mathscr{F} \wedge \mathscr{G}) \vdash \forall x \mathscr{G}$	Règle d'introduction de $\forall$ à partir de 4
7	$\forall x, (\mathscr{F} \wedge \mathscr{G}) \vdash (\forall x \mathscr{F}) \wedge (\forall x \mathscr{G})$	Règle d'introduction de $\wedge$ à partir de 5 et 6

Prouvons

$$(\forall x \mathscr{F}) \wedge (\forall x \mathscr{G}) \vdash \forall x, (\mathscr{F} \wedge \mathscr{G})$$

1	$(\forall x \mathscr{F}) \wedge (\forall x \mathscr{G}) \vdash (\forall x \mathscr{F}) \wedge (\forall x \mathscr{G})$	Répétition
2	$(\forall x \mathscr{F}) \wedge (\forall x \mathscr{G}) \vdash \forall x \mathscr{F}$	Règle d'élimination de $\wedge$ à partir de 1
3	$(\forall x \mathscr{F}) \wedge (\forall x \mathscr{G}) \vdash \forall x \mathscr{G}$	Règle d'élimination de $\wedge$ à partir de 1
4	$(\forall x \mathscr{F}) \wedge (\forall x \mathscr{G}) \vdash \mathscr{F}$	Règle d'élimination de $\forall$ à partir de 2
5	$(\forall x \mathscr{F}) \wedge (\forall x \mathscr{G}) \vdash \mathscr{G}$	Règle d'élimination de $\forall$ à partir de 3
6	$(\forall x \mathscr{F}) \wedge (\forall x \mathscr{G}) \vdash \mathscr{F} \wedge \mathscr{G}$	Règle d'introduction de $\wedge$ à partir de 4 et 5
7	$(\forall x \mathscr{F}) \wedge (\forall x \mathscr{G}) \vdash \forall x, (\mathscr{F} \wedge \mathscr{G})$	Règle d'introduction de $\forall$ (x n'est pas libre dans « $(\forall x \mathscr{F}) \wedge (\forall x \mathscr{G})$ »)

On en déduit la distributivité de $\forall$ sur $\wedge$:

$$\forall x, (\mathscr{F} \wedge \mathscr{G}) \equiv (\forall x \mathscr{F}) \wedge (\forall x \mathscr{G})$$

Prouvons

$$(\forall x \mathscr{F}) \vee (\forall x \mathscr{G}) \vdash \forall x, (\mathscr{F} \vee \mathscr{G})$$

1	$\forall x \mathscr{F} \vdash \forall x \mathscr{F}$	Répétition
2	$\forall x \mathscr{F} \vdash \mathscr{F}$	Règle d'élimination de $\forall$ à partir de 1
3	$\forall x \mathscr{F} \vdash \mathscr{F} \vee \mathscr{G}$	Règle d'introduction de $\vee$ à partir de 2
4	$\forall x \mathscr{F} \vdash \forall x, (\mathscr{F} \vee \mathscr{G})$	Règle d'introduction de $\forall$ à partir de 3 (x n'est pas libre dans « $\forall x \mathscr{F}$ »)
5	$\forall x \mathscr{G} \vdash \forall x \mathscr{G}$	Répétition
6	$\forall x \mathscr{G} \vdash \mathscr{G}$	Règle d'élimination de $\forall$ à partir de 5
7	$\forall x \mathscr{G} \vdash \mathscr{F} \vee \mathscr{G}$	Règle d'introduction de $\vee$ à partir de 6
8	$\forall x \mathscr{G} \vdash \forall x, (\mathscr{F} \vee \mathscr{G})$	Règle d'introduction de $\forall$ à partir de 7
9	$(\forall x \mathscr{F}) \vee (\forall x \mathscr{G}) \vdash (\forall x \mathscr{F}) \vee (\forall x \mathscr{G})$	Répétition
10	$\forall x \mathscr{F} \vee \forall x \mathscr{G} \vdash \forall x, (\mathscr{F} \vee \mathscr{G})$	Règle d'élimination de $\vee$ à partir de 9, 4, 8

2. Prouvons

$$\exists x (\mathscr{F} \vee \mathscr{G}) \vdash (\exists x \mathscr{F}) \vee (\exists x \mathscr{G})$$

1	$\exists x (\mathscr{F} \vee \mathscr{G}) \vdash \exists x (\mathscr{F} \vee \mathscr{G})$	Répétition
2	$\mathscr{F} \vee \mathscr{G} \vdash \mathscr{F} \vee \mathscr{G}$	Répétition
3	$\mathscr{F} \vdash \mathscr{F}$	Répétition
4	$\mathscr{F} \vdash \exists x \mathscr{F}$	Règle d'introduction de $\exists$ à partir de 3
5	$\mathscr{F} \vdash (\exists x \mathscr{F}) \vee (\exists x \mathscr{G})$	Règle d'introduction de $\vee$ à partir de 4
6	$\mathscr{G} \vdash \mathscr{G}$	Répétition
7	$\mathscr{G} \vdash \exists x \mathscr{G}$	Règle d'introduction de $\exists$ à partir de 6
8	$\mathscr{G} \vdash (\exists x \mathscr{F}) \vee (\exists x \mathscr{G})$	Règle d'introduction de $\vee$ à partir de 7
9	$\mathscr{F} \vee \mathscr{G} \vdash (\exists x \mathscr{F}) \vee (\exists x \mathscr{G})$	Règle d'élimination de $\vee$ à partir de 2, 5 et 8
10	$\exists x (\mathscr{F} \vee \mathscr{G}) \vdash (\exists x \mathscr{F}) \vee (\exists x \mathscr{G})$	Règle d'élimination de $\exists$ à partir de 1 et 9 (x n'est pas libre dans « $\exists x (\mathscr{F} \vee \mathscr{G})$ » ni dans « $(\exists x \mathscr{F}) \vee (\exists x \mathscr{G})$ »)

Prouvons

$$(\exists x \mathscr{F}) \vee (\exists x \mathscr{G}) \vdash \exists x (\mathscr{F} \vee \mathscr{G})$$

1	$(\exists x\mathscr{F}) \vee (\exists x\mathscr{G}) \vdash (\exists x\mathscr{F}) \vee (\exists x\mathscr{G})$	Répétition
2	$\exists x\mathscr{F} \vdash (\exists x\mathscr{F})$	Répétition
3	$\mathscr{F} \vdash \mathscr{F}$	Répétition
4	$\mathscr{F} \vdash \mathscr{F} \vee \mathscr{G}$	Règle d'introduction de $\vee$ à partir de 3
5	$\mathscr{F} \vdash \exists x, (\mathscr{F} \vee \mathscr{G})$	Règle d'introduction de $\exists$ à partir de 4
6	$\exists x\mathscr{F} \vdash \exists x, (\mathscr{F} \vee \mathscr{G})$	Règle d'élimination de $\exists$ à partir de 2 et 5 (x n'est pas libre dans « $\exists x\mathscr{F}$ » ni dans « $\exists x, (\mathscr{F} \vee \mathscr{G})$ »)
7	$(\exists x\mathscr{G}) \vdash (\exists x\mathscr{G})$	Répétition
8	$\mathscr{G} \vdash \mathscr{G}$	Répétition
9	$\mathscr{G} \vdash \mathscr{F} \vee \mathscr{G}$	Règle d'introduction de $\vee$ à partir de 8
10	$\mathscr{G} \vdash \exists x, (\mathscr{F} \vee \mathscr{G})$	Règle d'introduction de $\exists$ à partir de 9
11	$(\exists x\mathscr{G}) \vdash \exists x, (\mathscr{F} \vee \mathscr{G})$	Règle d'élimination de $\exists$ à partir de 7 et 10
12	$(\exists x\mathscr{F}) \vee (\exists x\mathscr{G}) \vdash \exists x, (\mathscr{F} \vee \mathscr{G})$	Règle d'élimination de $\vee$ à partir de 1, 6, 11

On en déduit la distributivité de $\exists$ sur $\vee$:

$$\exists x(\mathscr{F} \vee \mathscr{G}) \equiv (\exists x\mathscr{F}) \vee (\exists x\mathscr{G})$$

Prouvons

$$\exists x, (\mathscr{F} \wedge \mathscr{G}) \vdash ((\exists x\mathscr{F}) \wedge (\exists x\mathscr{G})$$

1	$\mathscr{F} \wedge \mathscr{G} \vdash \mathscr{F}$	Règle d'élimination de $\wedge$
2	$\mathscr{F} \wedge \mathscr{G} \vdash \exists x\mathscr{F}$	Règle d'introduction de $\exists$ à partir de 1
3	$\mathscr{F} \wedge \mathscr{G} \vdash \mathscr{G}$	Règle d'élimination de $\wedge$
4	$\mathscr{F} \wedge \mathscr{G} \vdash \exists x\mathscr{G}$	Règle d'introduction de $\exists$ à partir de 3
5	$\mathscr{F} \wedge \mathscr{G} \vdash (\exists x\mathscr{F}) \wedge (\exists x\mathscr{G})$	Règle d'introduction de $\wedge$ à partir de 2 et 4
6	$\exists x, (\mathscr{F} \wedge \mathscr{G}) \vdash \exists x, (\mathscr{F} \wedge \mathscr{G})$	Répétition
7	$\exists x, (\mathscr{F} \wedge \mathscr{G}) \vdash (\exists x\mathscr{F}) \wedge (\exists x\mathscr{G})$	Règle d'élimination de $\exists$ à partir de 6 et 5 (x n'est pas libre dans « $\exists x, (\mathscr{F} \wedge \mathscr{G})$ » ni dans « $(\exists x\mathscr{F}) \wedge (\exists x\mathscr{G})$ »)

Métathéorème 5.12.21 (Permutation des quantificateurs)

1. Dans une formule faisant intervenir le même quantificateur ($\forall$ ou $\exists$), on peut permuter les variables :

$$\forall x \forall y \mathscr{F} \equiv \forall y \forall x \mathscr{F}$$
$$\exists x \exists y \mathscr{F} \equiv \exists y \exists x \mathscr{F}$$

2. La formule précédente est fausse si les quantificateurs ne sont pas de même nature, mais

$$\exists x \forall y \mathscr{F} \vdash \forall y \exists x \mathscr{F}$$

Preuve

1. • Prouvons

$$\forall x \forall y \mathscr{F} \vdash \forall y \forall x \mathscr{F}$$

1	$\forall x \forall y \mathscr{F} \vdash \forall x \forall y \mathscr{F}$	Répétition
2	$\forall x \forall y \mathscr{F} \vdash \forall y \mathscr{F}$	Règle d'élimination de $\forall$ à partir de 1
3	$\forall x \forall y \mathscr{F} \vdash \mathscr{F}$	Règle d'élimination de $\forall$ à partir de 2
4	$\forall x \forall y \mathscr{F} \vdash \forall x \mathscr{F}$	Règle d'introduction de $\forall$ à partir de 3 (x n'est pas libre dans « $\forall x \forall y \mathscr{F}$ »)
5	$\forall x \forall y \mathscr{F} \vdash \forall y \forall x \mathscr{F}$	Règle d'introduction de $\forall$ à partir de 4

On obtient la déduction réciproque en permutant x et y, et on a donc

$$\forall x \forall y \mathscr{F} \equiv \forall y \forall x \mathscr{F}$$

- Prouvons

$$\exists x \exists y \mathscr{F} \vdash \exists y \exists x \mathscr{F}$$

1	$\exists x \exists y \mathscr{F} \vdash \exists x \exists y \mathscr{F}$	Répétition
2	$\exists y \mathscr{F} \vdash \exists y \mathscr{F}$	Répétition
3	$\mathscr{F} \vdash \mathscr{F}$	Répétition
4	$\mathscr{F} \vdash \exists x \mathscr{F}$	Règle d'introduction de ∃ à partir de 3
5	$\mathscr{F} \vdash \exists y \exists x, \mathscr{F}$	Règle d'introduction de ∃ à partir de 4
6	$\exists y \mathscr{F} \vdash \exists y \exists x \mathscr{F}$	Règle d'élimination de ∃ à partir de 2 et 5
7	$\exists x \exists y \mathscr{F} \vdash \exists y \exists x \mathscr{F}$	Règle d'élimination de ∃ à partir de 1 et 6

On obtient la déduction réciproque en permutant x et y, donc

$$\exists x \exists y \mathscr{F} \equiv \exists y \exists x \mathscr{F}$$

2. Prouvons

$$\exists x \forall y \mathscr{F} \vdash \forall y \exists x \mathscr{F}$$

1	$\exists x \forall y \mathscr{F} \vdash \exists x \forall y \mathscr{F}$	Répétition
2	$\forall y \mathscr{F} \vdash \mathscr{F}$	Règle d'élimination de ∀
3	$\mathscr{F} \vdash \exists x \mathscr{F}$	Règle d'introduction de ∃
4	$\forall y \mathscr{F} \vdash \exists x \mathscr{F}$	Coupure à partir de 3 et 2
5	$\exists x \forall y \mathscr{F} \vdash \exists x \mathscr{F}$	Règle d'élimination de ∃ à partir de 1 et 4
6	$\exists x \forall y \mathscr{F} \vdash \forall y \exists x \mathscr{F}$	Règle d'introduction de ∀ à partir de 5

Métathéorème 5.12.22 (Négation d'une formule avec quantificateurs)

1. La négation de $\forall x \mathscr{F}$ équivaut à $\exists x \neg \mathscr{F}$:

$$\neg(\forall x \mathscr{F}) \equiv \exists x, \neg \mathscr{F}$$

2. La négation de $\exists x \mathscr{F}$ équivaut à $\forall x \neg \mathscr{F}$:

$$\neg(\exists x \mathscr{F}) \equiv \forall x, \neg \mathscr{F}$$

Preuve

1. • Prouvons

$$\neg(\forall x \mathscr{F}) \vdash (\exists x, \neg \mathscr{F})$$

1	$\neg \mathscr{F} \vdash \neg \mathscr{F}$	Répétition
2	$\neg \mathscr{F} \vdash \exists x, \neg \mathscr{F}$	Règle d'introduction de ∃ à partir de 1
3	$\neg(\exists x, \neg \mathscr{F}) \vdash \neg(\exists x, \neg \mathscr{F})$	Répétition
4	$\neg(\exists x, \neg \mathscr{F}), (\neg \mathscr{F}) \vdash \bot$	Règle d'élimination de la négation à partir de 2 et 3
5	$\neg(\exists x, \neg \mathscr{F}) \vdash \mathscr{F}$	Raisonnement par l'absurde à partir de 4
6	$\neg(\exists x, \neg \mathscr{F}) \vdash \forall x \mathscr{F}$	Règle d'introduction de ∀ à partir de 5
7	$\neg(\forall x \mathscr{F}) \vdash \neg(\forall x \mathscr{F})$	Répétition
8	$\neg(\forall x \mathscr{F}), \neg(\exists x, \neg \mathscr{F}) \vdash \bot$	Règle d'élimination de la négation à partir de 6 et 7
9	$\neg(\forall x \mathscr{F}) \vdash \exists x, \neg \mathscr{F}$	Raisonnement par l'absurde à partir de 8

- Prouvons

$$(\exists x, \neg \mathscr{F}) \vdash \neg(\forall x \mathscr{F})$$

1	$\exists x, \neg \mathscr{F} \vdash \exists x, \neg \mathscr{F}$	Répétition
2	$\neg \mathscr{F} \vdash \neg \mathscr{F}$	Répétition
3	$\forall x \mathscr{F} \vdash \mathscr{F}$	Règle d'élimination de $\forall$
4	$(\forall x \mathscr{F}), \neg \mathscr{F} \vdash \bot$	Règle d'élimination de $\neg$ à partir de 2 et 3
5	$(\exists x, \neg \mathscr{F}), (\forall x \mathscr{F}) \vdash \bot$	Règle d'élimination de $\exists$ à partir de 1 et 4
6	$\exists x, \neg \mathscr{F} \vdash \neg(\forall x \mathscr{F})$	Règle d'introduction de $\neg$

2. • Prouvons

$$\neg(\exists x \mathscr{F}) \vdash \forall x, \neg \mathscr{F}$$

1	$\mathscr{F} \vdash \mathscr{F}$	Répétition
2	$\mathscr{F} \vdash \exists x \mathscr{F}$	Introduction de $\exists$ à partir de 1
3	$\neg(\exists x \mathscr{F}) \vdash \neg(\exists x \mathscr{F})$	Répétition
4	$\neg(\exists x \mathscr{F}), \mathscr{F} \vdash \bot$	Élimination de la négation à partir de 2 et de 3
5	$\neg(\exists x \mathscr{F}) \vdash \neg \mathscr{F}$	Introduction de la négation à partir de 4
6	$\neg(\exists x \mathscr{F}) \vdash \forall x, \neg \mathscr{F}$	Introduction de $\forall$ à partir de 5

- Prouvons

$$\forall x, \neg \mathscr{F} \vdash \neg(\exists x \mathscr{F})$$

1	$\forall x, \neg \mathscr{F} \vdash \forall x, \neg \mathscr{F}$	Répétition
2	$\forall x, \neg \mathscr{F} \vdash \neg \mathscr{F}$	Règle d'élimination de $\forall$ à partir de 1
3	$\mathscr{F} \vdash \mathscr{F}$	Répétition
4	$(\forall x, \neg \mathscr{F}), \mathscr{F} \vdash \bot$	Règle d'élimination de la négation à partir de 2 et 3
5	$\exists x \mathscr{F} \vdash \exists x \mathscr{F}$	Répétition
6	$(\forall x, \neg \mathscr{F}), (\exists x \mathscr{F}) \vdash \bot$	Règle d'élimination de $\exists$ à partir de 5 et 4
7	$\forall x, \neg \mathscr{F} \vdash \neg(\exists x \mathscr{F})$	Règle d'introduction de la négation à partir de 6

Remarque 5.12.23 : De façon générale, la négation d'une formule faisant intervenir une succession de quantificateurs suivie d'une formule $\mathscr{F}$, consiste à échanger les symboles $\forall$ et $\exists$, et à écrire la négation de $\mathscr{F}$. Par exemple

$$\neg(\forall x \exists y \mathscr{F}) \equiv \exists x \forall y, \neg \mathscr{F}$$

Remarque 5.12.24 : Le principe de négation des quantificateurs et le principe de double négation permettent d'exprimer chaque quantificateur en fonction de l'autre :

$$\exists x \mathscr{F} \equiv \neg(\forall x, \neg \mathscr{F})$$
$$\forall x \mathscr{F} \equiv \neg(\exists x, \neg \mathscr{F})$$

Remarque 5.12.25 (Principe du contre-exemple pour infirmer une formule) : C'est l'utilisation d'un quantificateur existentiel pour prouver qu'un énoncé de la forme $\forall x \mathscr{F}$ n'est pas un théorème. En effet, on sait que

$$\neg(\forall x \mathscr{F}) \equiv \exists x, \neg \mathscr{F}$$

Affirmer l'existence de x tel que $\neg \mathscr{F}$ prouve que l'énoncé $\forall x \mathscr{F}$ n'est pas un théorème, puisque sa négation est prouvable.

Exemple 5.12.26
Il n'est pas vrai que tous les nombres premiers sont impairs. En effet, il existe un nombre premier pair (le nombre 2).

Voici un autre exemple d'utilisation de la négation avec des quantificateurs :

Exemple 5.12.27 (Paradoxe du buveur)
On trouve ce paradoxe dans *What is the Name of this Book? The Riddle of Dracula and Other Logical Puzzles* [16], du logicien, mathématicien et magicien américain Raymond Smullyan (1919-2017). Il peut s'exprimer de la façon suivante :

> Dans un bar non vide, il y a toujours quelqu'un tel que, s'il boit, alors tout le monde dans le bar boit.

Malgré l'aspect paradoxal de cette phrase, elle est vraie. Elle s'appuie sur les particularités de l'implication contraires au sens commun : d'un point de vue sémantique, $\mathscr{F} \implies \mathscr{G}$ est en particulier *vrai* si $\mathscr{F}$ est *faux* (quelle que soit la valeur de vérité de $\mathscr{G}$), ou si $\mathscr{G}$ est *vrai* (quelle que soit la valeur de vérité de $\mathscr{F}$). De manière informelle, on peut justifier le paradoxe ainsi :

- Si tout le monde boit dans le bar : pour un individu quelconque de ce bar, la phrase

  « s'il boit, alors tout le monde dans le bar boit »

  est vraie (on est dans le cas où $\mathscr{F} \implies \mathscr{G}$ est *vrai* car $\mathscr{G}$ est *vrai*).
- Sinon, il existe au moins une personne qui ne boit pas. Pour cette personne, la phrase

  « s'il boit, alors tout le monde dans le bar boit »

  est aussi vraie (on est dans le cas où $\mathscr{F} \implies \mathscr{G}$ est *vrai* car $\mathscr{F}$ est *faux*).

On peut aussi formaliser ce principe avec une relation unaire R (Rx signifiant « x boit »), par l'énoncé suivant :

$$\exists x, (Rx \implies \forall y Ry)$$

Prouvons cet énoncé :

1	$\forall y\ Ry, Rx \vdash \forall y Ry$	Répétition
2	$\forall y Ry \vdash Rx \implies \forall y Ry$	Règle d'introduction de l'implication
3	$\forall y Ry \vdash \exists x, (Rx \implies \forall y Ry)$	Règle d'introduction de $\exists$
4	$\forall x Rx \vdash Ry$	Règle d'élimination de $\forall$
5	$\forall x Rx \vdash \forall y Ry$	Règle d'introduction de $\forall$ (y n'est pas libre dans « $\forall x Rx$ »)
6	$\forall x Rx \vdash \exists x, (Rx \implies \forall y Ry)$	Coupure à partir de 3 et 5
7	$\neg Rx, Rx \vdash \forall y Ry$	Règle d'élimination de l'absurde
8	$\neg Rx \vdash Rx \implies \forall y Ry$	Règle d'introduction de l'implication
9	$\neg Rx \vdash \exists x, (Rx \implies \forall y Ry)$	Règle d'introduction de $\exists$
10	$\exists x, \neg Rx \vdash \exists x, \neg Rx$	Répétition
11	$\exists x, \neg Rx \vdash \exists x, (Rx \implies \forall y Ry)$	Règle d'élimination de $\exists$ à partir de 10 et 9, car x n'est

16. Raymond SMULLYAN. *What is the Name of this Book? The Riddle of Dracula and Other Logical Puzzles*. Prentice Hall, 1978. Version française : Quel est le titre de ce livre (Dunod. 1981), p. 209-211.

		pas libre dans « $\exists x \neg Rx$ » ni dans « $\exists x, (Rx \implies \forall y Ry)$ »
12	$\neg(\forall x Rx) \vdash \exists x, \neg Rx$	Équivalence entre $\neg(\forall x Rx)$ et $\exists x, \neg Rx$
13	$\neg(\forall x Rx) \vdash \exists x, (Rx \implies \forall y Ry)$	Coupure à partir de 11 et 12
14	$\vdash (\forall x Rx) \vee \neg(\forall x Rx)$	Tiers exclu
15	$\vdash \exists x, (Rx \implies \forall y Ry)$	Disjonction des cas à partir de 14, 6, 13

En logique des prédicats intuitionniste, les règles associées aux quantificateurs sont les mêmes que celles de la logique classique (autrement dit celles présentées dans cette section), mais du fait de l'absence de la règle d'élimination de la double négation (ou de façon équivalente, de l'absence du tiers exclu, du raisonnement par l'absurde, ...), certaines des propriétés vues ne sont plus valables. C'est par exemple le cas de la propriété

$$\neg(\forall x \mathscr{F}) \vdash \exists x, \neg \mathscr{F}$$

autrement dit on ne peut pas déduire « $\exists x, \neg \mathscr{F}$ » de « $\neg(\forall x \mathscr{F})$ ». On peut noter que dans la démonstration des différentes équivalences faisant intervenir la négation des quantificateurs, la preuve de cette propriété faisait appel au raisonnement par l'absurde, mais pas les autres, donc on a toujours, en logique intuitionniste

$$\exists x, \neg \mathscr{F} \vdash \neg(\forall x \mathscr{F})$$
$$\neg(\exists x \mathscr{F}) \equiv \forall x, \neg \mathscr{F}$$

De façon générale, le quantificateur $\exists$, en logique intuitionniste, vérifie les principes constructivistes (c'est un résultat de théorie des modèles intuitionniste) : on ne peut prouver (sans hypothèse supplémentaire) une formule de la forme $\exists x \mathscr{F}$ qu'en construisant un terme t vérifiant la formule $\mathscr{F}$.

Égalité

Dans le cas d'un langage égalitaire, on utilise les règles d'introduction et d'élimination de l'égalité suivantes :

Règle d'inférence 5.12.28 (Règle d'introduction de l'égalité)
Pour tout terme t

$$\Gamma \vdash t = t$$

Règle d'inférence 5.12.29 (Règle d'élimination de l'égalité)
Pour tous les termes t et u, et toute formule $\mathscr{F}$

$$\text{si} \begin{cases} \Gamma & \vdash t = u \\ \Gamma' & \vdash \mathscr{F}[t/x] \end{cases}$$
$$\text{alors} \quad \Gamma, \Gamma' \vdash \mathscr{F}[u/x]$$

Remarque 5.12.30 : Dans le cas où les deux ensembles de formules sont identiques, on peut aussi écrire

$$\text{si} \begin{cases} \Gamma & \vdash t = u \\ \Gamma & \vdash \mathscr{F}[t/x] \end{cases}$$

$$\text{alors} \quad \Gamma \vdash \mathscr{F}[u/x]$$

cette règle étant équivalente à la précédente (même raisonnement que pour la règle d'élimination de l'implication).

Remarque 5.12.31 : Comme dans les systèmes à la Hilbert, la règle d'élimination signifie que si $t = u$, on peut remplacer dans une formule n'importe quelle occurrence de t par u, mais on ne remplace pas obligatoirement toutes les occurrences.

Remarque 5.12.32 : Dans la version sans séquent de la déduction naturelle, les règles d'introduction et d'élimination de l'égalité s'écrivent

$$\frac{}{t = t}\ {=}\text{i} \qquad\qquad \frac{\begin{matrix}\vdots \\ t = u\end{matrix} \qquad \begin{matrix}\vdots \\ \mathscr{F}[t/x]\end{matrix}}{\mathscr{F}[u/x]}\ {=}\text{é}$$

Théorème 5.12.33 (Propriétés de l'égalité)
L'égalité est une relation d'équivalence, c'est-à-dire que les propriétés suivantes sont vérifiées :

1. Réflexivité : pour tout terme t
$$\vdash t = t$$
2. Symétrie : Pour tous les termes t, u
$$t = u \vdash u = t$$
On en déduit aussi le théorème
$$\vdash \forall x\ y, (x = y \implies y = x)$$
3. Transitivité : Pour tous les termes t, u, v
$$t = u, u = v \vdash t = v$$
On en déduit aussi le théorème
$$\vdash \forall x\ y\ z, (x = y \implies (y = z \implies x = z))$$
également équivalent à
$$\vdash \forall x\ y\ z, ((x = y \wedge y = z) \implies x = z)$$

Preuve
1. Réflexivité : c'est la règle d'introduction de l'égalité.
2. Symétrie

1	$t = u \vdash t = u$	Répétition
2	$\vdash t = t$	Introduction de l'égalité
3	$t = u \vdash u = t$	Par élimination de l'égalité à partir de 1 et 2 : avec $\mathscr{F}(x) :\equiv x = t$ $\mathscr{F}(t/x)$ est $t = t$ et $\mathscr{F}(u/x)$ est $u = t$

On en déduit, en appliquant cette propriété aux variables x, y (qui sont des termes particuliers) :

1	$x = y \vdash y = x$	D'après ce qui précède
2	$\vdash x = y \implies y = x$	Règle d'introduction de l'implication

3	$\vdash \forall y, (x = y \implies y = x)$	Règle d'introduction de $\forall$
4	$\vdash \forall x\ y, (x = y \implies y = x)$	Règle d'introduction de $\forall$

3. Transitivité

1	$u = v \vdash u = v$	Répétition
2	$t = u \vdash t = u$	Répétition
3	$t = u, u = v \vdash t = v$	Par élimination de l'égalité à partir de 1 et de 2 : avec $\mathscr{F}(x) :\equiv\ t = x$ $F(u/x)$ est $t = u$ et $\mathscr{F}(v/x)$ est $t = v$

On en déduit, en appliquant cette propriété aux variables x, y, z :

1	$x = y, y = z \vdash x = z$	D'après ce qui précède
2	$x = y \vdash y = z \implies x = z$	Règle d'introduction de l'implication
3	$\vdash x = y \implies (y = z \implies x = z)$	Règle d'introduction de l'implication
4	$\vdash \forall z, (x = y \implies (y = z \implies x = z))$	Règle d'introduction de $\forall$
5	$\vdash \forall y\ z, (x = y \implies (y = z \implies x = z))$	Règle d'introduction de $\forall$
6	$\vdash \forall x\ y\ z, (x = y \implies (y = z \implies x = z))$	Règle d'introduction de $\forall$

Remarque 5.12.34 : Comme pour toute formule $\mathscr{F}$, on a

$$\forall x \mathscr{F} \vdash \exists x \mathscr{F}$$

on déduit de

$$\vdash \forall x, x = x$$

le théorème

$$\vdash \exists x, x = x$$

Cette formule permet de justifier, dans toute théorie égalitaire, le fait qu'il existe au moins un objet.

Dans un langage égalitaire, on peut définir la notation

$$\exists ! x, \mathscr{F}$$

signifiant de façon informelle qu'il existe un unique x vérifiant la formule $\mathscr{F}$, autrement dit que x vérifie $\mathscr{F}$ et que si y vérifie $\mathscr{F}$, alors x et y sont égaux :

Définition 5.12.35 (Notation ∃!)
On note

$$\exists ! x, \mathscr{F} \overset{\text{def}}{\equiv} \exists x \begin{cases} \mathscr{F} \\ \forall y, (\mathscr{F}(y/x) \implies y = x) \end{cases}$$

On généralisera aussi à plusieurs variables ainsi :

Définition 5.12.36 (Généralisation de la notation ∃!)
On note

$$\exists!(x_1, \ldots, x_n), \mathscr{F} \overset{\text{def}}{\equiv} \exists x_1 \ldots x_n, \begin{cases} \mathscr{F} \\ \forall y_1 \ldots y_n, (\mathscr{F}(y_1/x_1, \ldots, y_n/x_n) \implies (y_1 = x_1 \wedge \cdots \wedge y_n = x_n)) \end{cases}$$

Voyons pour finir quelques exemples d'applications des différentes règles.

Exemple 5.12.37 (Axiomes de Hilbert pour l'égalité)
Prouvons les deux axiomes de Hilbert pour l'égalité :

1. On déduit de la réflexivité, appliquée au terme x et de la règle d'introduction de ∀

$$\vdash \forall x, x = x$$

2. Prouvons que pour toute formule (a fortiori pour toute formule atomique)

$$\vdash \forall x\ y, (x = y \implies (\mathscr{F}(x/z) \implies \mathscr{F}(y/z)))$$

1	$x = y \vdash x = y$	Répétition
2	$\mathscr{F}(x/z) \vdash \mathscr{F}(x/z)$	Répétition
3	$x = y, \mathscr{F}(x/z) \vdash \mathscr{F}(y/z)$	Règle d'élimination de l'égalité à partir de 1 et 2, avec $t :\equiv x$ et $u :\equiv y$
4	$\vdash x = y \implies (\mathscr{F}(x/z) \implies \mathscr{F}(y/z))$	Règle d'introduction de l'implication (appliquée deux fois)
5	$\vdash \forall x\ y, (x = y \implies (\mathscr{F}(x/z) \implies \mathscr{F}(y/z)))$	Règle d'introduction de ∀ (appliquée deux fois)

Exemple 5.12.38
Démontrons, à la fois de façon formelle et informelle, que toute fonction involutive est bijective. On considère un langage égalitaire avec un symbole f de fonction unaire, et les définitions suivantes :

- On dit que f est injective lorsque la formule *inj*(f) suivante est vérifiée

$$inj(f) :\equiv \forall x\ y, (f(x) = f(y) \implies x = y)$$

- On dit que f est surjective lorsque la formule *sur*(f) suivante est vérifiée

$$sur(f) :\equiv \forall y \exists x, f(x) = y$$

- On dit que f est bijective lorsqu'elle est injective et surjective, autrement dit quand la formule *bij*(f) suivante est vérifiée

$$bij(f) :\equiv inj(f) \wedge sur(f)$$

- On dit que f est involutive lorsque la formule $inv(f)$ suivante est vérifiée

$$inv(f) :\equiv \forall x, f(f(x)) = x$$

Je rédige en même temps une démonstration informelle, comme on peut en trouver dans un ouvrage de mathématiques, et la formalisation de cette démonstration.

- Prouvons que si f est involutive, alors f est injective : on considère f involutive, et x et y tels que $f(x) = f(y)$. On a donc

$$f(f(x)) = f(f(y))$$

Puisque f est involutive

$$\begin{cases} f(f(x)) & = x \\ f(f(y)) & = y \end{cases}$$

Donc $x = y$, ce qui prouve que f est injective. Formellement :

1	$f(x) = f(y) \vdash f(x) = f(y)$	Répétition (hypothèse)
2	$\vdash f(f(x)) = f(f(x))$	Règle d'introduction de =
3	$f(x) = f(y) \vdash f(f(x)) = f(f(y))$	Règle d'élimination de = à partir de 1 et 2 avec les termes $f(x)$ et $f(y)$ et la formule $\mathscr{F}(z) :\equiv f(f(x)) = f(z)$
4	$inv(f) \vdash inv(f)$	Répétition (hypothèse)
5	$inv(f) \vdash f(f(x)) = x$	Règle d'élimination de $\forall$ à partir de 4
6	$inv(f) \vdash f(f(y)) = y$	Règle d'élimination de $\forall$ à partir de 4 (on remplace la variable x par le terme y)
7	$inv(f), f(x) = f(y) \vdash x = f(f(y))$	Règle d'élimination de = à partir de 5 et 3
8	$inv(f), f(x) = f(y) \vdash x = y$	Règle d'élimination de = à partir de 6 et 7
9	$inv(f) \vdash f(x) = f(y) \implies x = y$	Règle d'introduction de $\implies$
10	$inv(f) \vdash inj(f)$	Règle d'introduction de $\forall$ (deux fois)

- Prouvons que si f est involutive, alors f est surjective : on considère y quelconque. Puisque f est involutive

$$f(f(y)) = y$$

Il existe bien $x :\equiv f(y)$ tel que $f(x) = y$, ce qui prouve que f est surjective. Formellement :

11	$inv(f) \vdash inv(f)$	Répétition (hypothèse)
12	$inv(f) \vdash f(f(y)) = y$	Règle d'élimination de $\forall$
13	$inv(f) \vdash \exists x, f(x) = y$	Règle d'introduction de $\exists$ à partir de 12 (appliquée au terme $f(y)$)
14	$inv(f) \vdash sur(f)$	Règle d'introduction de $\forall$

- On en déduit qu'une fonction involutive est bijective. Formellement :

15	$inv(f) \vdash bij(f)$	Règle d'introduction de $\wedge$ à partir de 10 et 14

5.13 Calcul des séquents pour la logique des prédicats

Prérequis
Le calcul des séquents pour la logique des propositions (section 5.9).

Comme pour la section consacrée au calcul des séquents pour la logique des propositions, je présente ici très brièvement les règles pour la logique des prédicats. On ajoute aux règles de la logique des propositions les règles suivantes pour les quantificateurs :

Règle d'inférence 5.13.1 (Règles pour le quantificateur universel)

1. À gauche :

$$\text{si } \Gamma, \mathscr{F}[t/x] \vdash \Delta$$
$$\text{alors } \Gamma, \forall x \mathscr{F} \vdash \Delta$$

2. À droite, avec la condition que la variable x n'est pas libre dans $\Gamma \cup \Delta$:

$$\text{si } \Gamma \vdash \mathscr{F}, \Delta$$
$$\text{alors } \Gamma \vdash \forall x \mathscr{F}, \Delta$$

Règle d'inférence 5.13.2 (Règles pour le quantificateur existentiel)

1. À gauche, avec la condition que la variable x n'est pas libre dans $\Gamma \cup \Delta$:

$$\text{si } \Gamma, \mathscr{F} \vdash \Delta$$
$$\text{alors } \Gamma, \exists x \mathscr{F} \vdash \Delta$$

2. À droite :

$$\text{si } \Gamma \vdash \mathscr{F}[t/x], \Delta$$
$$\text{alors } \Gamma \vdash \exists x \mathscr{F}, \Delta$$

5.14 Logique minimale, logique intuitionniste, logique classique (transformations de preuves)

Prérequis
Le système de déduction naturelle (sections 5.5 à 5.8 et 5.12).

Comme les règles de la logique minimale sont incluses dans celles de la logique intuitionniste, qui elles-mêmes sont incluses dans celles de la logique classique, une démonstration en logique minimale, ou en logique intuitionniste, reste valable en logique classique. La réciproque n'est pas vraie, mais il est possible de transformer une preuve classique en preuve intuitionniste (ou en logique minimale), selon différentes techniques consistant essentiellement à utiliser des doubles-négations. Parmi les transformations les plus répandues, on trouve celles de Gödel[17] et de Kuroda[18], que j'expose dans cette section[19].

Je noterai toujours $\vdash$ la déduction en logique classique (et $\equiv$ l'équivalence associée), $\vdash_m$ la déduction en logique minimale, $\vdash_i$ la déduction en logique intuitionniste, ainsi que $\equiv_m$ l'équivalence en logique minimale et $\equiv_i$ l'équivalence en logique intuitionniste, ce que l'on peut définir par

$$\mathscr{F} \equiv_m \mathscr{G} \overset{\text{def}}{\equiv} \begin{cases} \mathscr{F} & \vdash_m \mathscr{G} \\ \mathscr{G} & \vdash_m \mathscr{F} \end{cases} \qquad \mathscr{F} \equiv_i \mathscr{G} \overset{\text{def}}{\equiv} \begin{cases} \mathscr{F} & \vdash_i \mathscr{G} \\ \mathscr{G} & \vdash_i \mathscr{F} \end{cases}$$

ou de manière équivalente par

$$\mathscr{F} \equiv_m \mathscr{G} \overset{\text{def}}{\equiv} \vdash_m \mathscr{F} \iff \mathscr{G} \qquad \mathscr{F} \equiv_i \mathscr{G} \overset{\text{def}}{\equiv} \vdash_i \mathscr{F} \iff \mathscr{G}$$

Commençons par un lemme donnant quelques résultats en rapport avec la double négation pour les logiques minimale et intuitionniste.

Théorème 5.14.1 (Lemme)
Pour toutes les formules $\mathscr{F}$ et $\mathscr{G}$

$$\neg\neg(\mathscr{F} \wedge \mathscr{G}) \equiv_m \neg\neg\mathscr{F} \wedge \neg\neg\mathscr{G}$$
$$\neg\neg(\mathscr{F} \implies \mathscr{G}) \vdash_m \neg\neg\mathscr{F} \implies \neg\neg\mathscr{G}$$
$$\neg\neg(\mathscr{F} \implies \mathscr{G}) \equiv_i \neg\neg\mathscr{F} \implies \neg\neg\mathscr{G}$$
$$\neg\neg\forall x\mathscr{F} \vdash_m \forall x\neg\neg\mathscr{F}$$

Preuve

- Prouvons

$$\neg\neg(\mathscr{F} \wedge \mathscr{G}) \vdash_m \neg\neg\mathscr{F} \wedge \neg\neg\mathscr{G}$$

1	$\mathscr{F} \wedge \mathscr{G} \vdash_m \mathscr{F}$	Règle d'élimination de $\wedge$
2	$\neg\mathscr{F} \vdash_m \neg\mathscr{F}$	Répétition
3	$\neg\mathscr{F}, \mathscr{F} \wedge \mathscr{G} \vdash_m \bot$	Règle d'élimination de $\neg$ à partir de 1 et 2
4	$\neg\mathscr{F} \vdash_m \neg(\mathscr{F} \wedge \mathscr{G})$	Règle d'introduction de $\neg$
5	$\neg\neg(\mathscr{F} \wedge \mathscr{G}) \vdash_m \neg\neg(\mathscr{F} \wedge \mathscr{G})$	Répétition
6	$\neg\neg(\mathscr{F} \wedge \mathscr{G}), \neg\mathscr{F} \vdash_m \bot$	Règle d'élimination de $\neg$ à partir de 4 et 5
7	$\neg\neg(\mathscr{F} \wedge \mathscr{G}) \vdash_m \neg\neg\mathscr{F}$	Règle d'introduction de $\neg$

On prouve de même (il suffit de permuter $\mathscr{F}$ et $\mathscr{G}$)

$$\neg\neg(\mathscr{F} \wedge \mathscr{G}) \vdash_m \neg\neg\mathscr{G}$$

On en déduit d'après la règle d'introduction de $\wedge$

$$\neg\neg(\mathscr{F} \wedge \mathscr{G}) \vdash_m \neg\neg\mathscr{F} \wedge \neg\neg\mathscr{G}$$

- Prouvons

$$\neg\neg\mathscr{F} \wedge \neg\neg\mathscr{G} \vdash_m \neg\neg(\mathscr{F} \wedge \mathscr{G})$$

17. Du nom du logicien et mathématicien austro-américain Kurt Gödel (1906-1978).
18. Du nom du mathématicien japonais Sigekatu Kuroda (1905-1972).
19. Les preuves de cette section sont adaptées de : René DAVID, Karim NOUR et Christophe RAFFALI. *Introduction à la logique*. 2e éd. Dunod, 2003.

d'où l'on déduira, d'après ce qui précède

$$\neg\neg(\mathscr{F} \wedge \mathscr{G}) \equiv_m \neg\neg\mathscr{F} \wedge \neg\neg\mathscr{G}$$

1	$\mathscr{F}, \mathscr{G} \vdash_m \mathscr{F} \wedge \mathscr{G}$	Règle d'introduction de $\wedge$
2	$\neg(\mathscr{F} \wedge \mathscr{G}) \vdash_m \neg(\mathscr{F} \wedge \mathscr{G})$	Répétition
3	$\neg(\mathscr{F} \wedge \mathscr{G}), \mathscr{F}, \mathscr{G} \vdash_m \bot$	Règle d'élimination de $\neg$ à partir de 1 et 2
4	$\neg(\mathscr{F} \wedge \mathscr{G}), \mathscr{G} \vdash_m \neg\mathscr{F}$	Règle d'introduction de $\neg$
5	$\neg\neg\mathscr{F} \wedge \neg\neg\mathscr{G} \vdash_m \neg\neg\mathscr{F}$	Règle d'élimination de $\wedge$
6	$\neg\neg\mathscr{F} \wedge \neg\neg\mathscr{G}, \neg(\mathscr{F} \wedge \mathscr{G}), \mathscr{G} \vdash_m \bot$	Règle d'élimination de $\neg$ à partir de 4 et 5
7	$\neg\neg\mathscr{F} \wedge \neg\neg\mathscr{G}, \neg(\mathscr{F} \wedge \mathscr{G}) \vdash_m \neg\mathscr{G}$	Règle d'introduction de $\neg$
8	$\neg\neg\mathscr{F} \wedge \neg\neg\mathscr{G} \vdash_m \neg\neg\mathscr{G}$	Règle d'élimination de $\wedge$
9	$\neg\neg\mathscr{F} \wedge \neg\neg\mathscr{G}, \neg(\mathscr{F} \wedge \mathscr{G}) \vdash_m \bot$	Règle d'élimination de $\neg$ à partir de 7 et 8
10	$\neg\neg\mathscr{F} \wedge \neg\neg\mathscr{G} \vdash_m \neg\neg(\mathscr{F} \wedge \mathscr{G})$	Règle d'introduction de $\neg$

- Prouvons

$$\neg\neg(\mathscr{F} \Longrightarrow \mathscr{G}) \vdash_m \neg\neg\mathscr{F} \Longrightarrow \neg\neg\mathscr{G}$$

1	$\mathscr{F} \Longrightarrow \mathscr{G}, \mathscr{F} \vdash_m \mathscr{G}$	Modus ponens
2	$\neg\mathscr{G} \vdash_m \neg\mathscr{G}$	Répétition
3	$\neg\mathscr{G}, \mathscr{F} \Longrightarrow \mathscr{G}, \mathscr{F} \vdash_m \bot$	Règle d'élimination de $\neg$ à partir de 1 et 2
4	$\neg\mathscr{G}, \mathscr{F} \Longrightarrow \mathscr{G} \vdash_m \neg\mathscr{F}$	Règle d'introduction de $\neg$
5	$\neg\neg\mathscr{F} \vdash_m \neg\neg\mathscr{F}$	Répétition
6	$\neg\neg\mathscr{F}, \neg\mathscr{G}, \mathscr{F} \Longrightarrow \mathscr{G} \vdash_m \bot$	Règle d'élimination de $\neg$ à partir de 4 et 5
7	$\neg\neg\mathscr{F}, \neg\mathscr{G} \vdash_m \neg(\mathscr{F} \Longrightarrow \mathscr{G})$	Règle d'introduction de $\neg$
8	$\neg\neg(\mathscr{F} \Longrightarrow \mathscr{G}) \vdash_m \neg\neg(\mathscr{F} \Longrightarrow \mathscr{G})$	Répétition
9	$\neg\neg(\mathscr{F} \Longrightarrow \mathscr{G}), \neg\neg\mathscr{F}, \neg\mathscr{G} \vdash_m \bot$	Règle d'élimination de $\neg$ à partir de 7 et 8
10	$\neg\neg(\mathscr{F} \Longrightarrow \mathscr{G}), \neg\neg\mathscr{F} \vdash_m \neg\neg\mathscr{G}$	Règle d'introduction de $\neg$
11	$\neg\neg(\mathscr{F} \Longrightarrow \mathscr{G}) \vdash_m \neg\neg\mathscr{F} \Longrightarrow \neg\neg G$	Règle d'introduction de $\Longrightarrow$

- Prouvons

$$\neg\neg\mathscr{F} \Longrightarrow \neg\neg\mathscr{G} \vdash_i \neg\neg(\mathscr{F} \Longrightarrow \mathscr{G})$$

On en déduira, à l'aide du résultat précédent, et sachant que les règles de la logique intuitionniste comprennent celles de la logique minimale,

$$\neg\neg\mathscr{F} \Longrightarrow \neg\neg\mathscr{G} \equiv_i \neg\neg(\mathscr{F} \Longrightarrow \mathscr{G})$$

1	$\mathscr{F} \vdash_i \neg\neg\mathscr{F}$	Principe de non-contradiction
2	$\neg\neg\mathscr{F} \Longrightarrow \neg\neg\mathscr{G} \vdash_i \neg\neg\mathscr{F} \Longrightarrow \neg\neg\mathscr{G}$	Répétition
3	$\neg\neg\mathscr{F} \Longrightarrow \neg\neg\mathscr{G}, \mathscr{F} \vdash_i \neg\neg\mathscr{G}$	Modus ponens à partir de 1 et 2
4	$\mathscr{G} \vdash_i \mathscr{F} \Longrightarrow \mathscr{G}$	Déjà démontré (répétition et règle d'introduction de $\Longrightarrow$)
5	$\neg(\mathscr{F} \Longrightarrow \mathscr{G}) \vdash_i \neg(\mathscr{F} \Longrightarrow \mathscr{G})$	Répétition
6	$\neg(\mathscr{F} \Longrightarrow \mathscr{G}), \mathscr{G} \vdash_i \bot$	Règle d'élimination de $\neg$ à partir de 4 et 5
7	$\neg(\mathscr{F} \Longrightarrow \mathscr{G}) \vdash_i \neg\mathscr{G}$	Règle d'introduction de $\neg$
8	$\neg\neg\mathscr{F} \Longrightarrow \neg\neg\mathscr{G}, \neg(\mathscr{F} \Longrightarrow \mathscr{G}), \mathscr{F} \vdash_i \bot$	Règle d'élimination de $\neg$ à partir de 3 et 7
9	$\neg\neg\mathscr{F} \longrightarrow \neg\neg\mathscr{G}, \neg(\mathscr{F} \longrightarrow \mathscr{G}), \mathscr{F} \vdash_i \mathscr{G}$	Règle d'élimination de l'absurde
10	$\neg\neg\mathscr{F} \Longrightarrow \neg\neg\mathscr{G}, \neg(\mathscr{F} \Longrightarrow \mathscr{G}) \vdash_i \mathscr{F} \Longrightarrow \mathscr{G}$	Règle d'introduction de $\Longrightarrow$
11	$\neg(\mathscr{F} \Longrightarrow \mathscr{G}) \vdash_i \neg(\mathscr{F} \Longrightarrow \mathscr{G})$	Répétition
12	$\neg\neg\mathscr{F} \Longrightarrow \neg\neg\mathscr{G}, \neg(\mathscr{F} \Longrightarrow \mathscr{G}) \vdash_i \bot$	Règle d'élimination de $\neg$ à partir de 10 et 11
13	$\neg\neg\mathscr{F} \Longrightarrow \neg\neg\mathscr{G} \vdash_i \neg\neg(\mathscr{F} \Longrightarrow \mathscr{G})$	Règle d'introduction de $\neg$

- Prouvons

$$\neg\neg\forall x\mathscr{F} \vdash_m \forall x\neg\neg\mathscr{F}$$

1	$\forall x\mathscr{F} \vdash_m \mathscr{F}$	Règle d'élimination de $\forall$
2	$\neg\mathscr{F} \vdash_m \neg\mathscr{F}$	Répétition
3	$\neg\mathscr{F}, \forall x\mathscr{F} \vdash_m \bot$	Règle d'élimination de $\neg$ à partir de 1 et 2
4	$\neg\mathscr{F} \vdash_m \neg\forall x\mathscr{F}$	Règle d'introduction de $\neg$
5	$\neg\neg\forall x\mathscr{F} \vdash_m \neg\neg\forall x\mathscr{F}$	Répétition
6	$\neg\neg\forall x\mathscr{F}, \neg\mathscr{F} \vdash_m \bot$	Règle d'élimination de $\neg$ à partir de 4 et 5
7	$\neg\neg\forall x\mathscr{F} \vdash_m \neg\neg\mathscr{F}$	Règle d'introduction de $\neg$
8	$\neg\neg\forall x\mathscr{F} \vdash_m \forall x\neg\neg\mathscr{F}$	Règle d'introduction de $\forall$ (x n'est pas libre dans « $\neg\neg\forall x\mathscr{F}$ »)

On appelle *traduction de Gödel* d'une formule $\mathscr{F}$, ce que je noterai $\mathscr{F}^G$, la formule obtenue en faisant les transformations suivantes : on ajoute une double négation ($\neg\neg$) devant

- les formules atomiques (autres que $\bot$) ;
- les formules de la forme $\mathscr{G} \vee \mathscr{H}$;
- les formules de la forme $\exists x\mathscr{G}$.

Ce qui se traduit formellement par la définition récursive suivante :

Définition 5.14.2 (Traduction de Gödel)

1. On appelle *traduction de Gödel* d'une formule $\mathscr{F}$, la formule $\mathscr{F}^G$ définie par récursion ainsi :
   - Si $\mathscr{F}$ est la formule $\bot$
   $$\mathscr{F}^G = \bot$$
   - Si $\mathscr{F}$ est une formule atomique autre que $\bot$
   $$\mathscr{F}^G = \neg\neg\mathscr{F}$$
   - Si $\mathscr{F}$ est de la forme $\neg\mathscr{G}$
   $$\mathscr{F}^G = \neg\mathscr{G}^G$$
   - Si $\mathscr{F}$ est de la forme $\mathscr{G} \wedge \mathscr{H}$
   $$\mathscr{F}^G = \mathscr{G}^G \wedge \mathscr{H}^G$$
   - Si $\mathscr{F}$ est de la forme $\mathscr{G} \vee \mathscr{H}$
   $$\mathscr{F}^G = \neg\neg(\mathscr{G}^G \vee \mathscr{H}^G)$$
   - Si $\mathscr{F}$ est de la forme $\mathscr{G} \implies \mathscr{H}$
   $$\mathscr{F}^G = \mathscr{G}^G \implies \mathscr{H}^G$$
   - Si $\mathscr{F}$ est de la forme $\forall x\mathscr{G}$
   $$\mathscr{F}^G = \forall x\mathscr{G}^G$$
   - Si $\mathscr{F}$ est de la forme $\exists x\mathscr{G}$
   $$\mathscr{F}^G = \neg\neg\exists x\mathscr{G}^G$$
2. Pour tout ensemble Γ de formules, je noterai Γ^G l'ensemble des formules $\mathscr{F}^G$ où $\mathscr{F}$ parcourt l'ensemble Γ :
   $$\Gamma^G \stackrel{\text{def}}{\equiv} \{\mathscr{F}^G \mid \mathscr{F} \in \Gamma\}$$

Exemple 5.14.3 (Exemples de traductions de Gödel)
On considère des formules atomiques $\mathscr{F}$ et $\mathscr{G}$.

$$(\neg(\mathscr{F} \wedge \mathscr{G}))^G = \neg(\neg\neg\mathscr{F} \wedge \neg\neg\mathscr{G})$$
$$((\mathscr{F} \vee \mathscr{G}) \implies \forall x\mathscr{F})^G = \neg\neg(\neg\neg\mathscr{F} \vee \neg\neg\mathscr{G}) \implies \forall x\neg\neg\mathscr{F}$$
$$(\exists x\mathscr{F} \implies \exists x\mathscr{G})^G = (\neg\neg\exists x\neg\neg\mathscr{F}) \implies (\neg\neg\exists x\neg\neg\mathscr{G})$$

Remarque 5.14.4 : La traduction de Gödel ne modifie pas les variables (libres et liées) d'une formule, puisqu'elle ne fait qu'ajouter par endroit des doubles négations. En particulier, pour toute formule $\mathscr{F}$, toute variable libre x de $\mathscr{F}$, et tout terme t (dont les variables n'ont pas d'occurrence liée dans $\mathscr{F}$, pour que la substitution soit correcte)

$$(\mathscr{F}(t/x))^G = \mathscr{F}^G(t/x)$$

(je ne détaille pas la justification formelle, qui se fait par induction structurelle sur l'ensemble des formules).

En logique classique il y a équivalence entre une formule et sa traduction de Gödel :

Théorème 5.14.5 (Équivalence classique entre une formule et sa traduction de Gödel)
Pour toute formule $\mathscr{F}$

$$\mathscr{F} \equiv \mathscr{F}^G$$

Preuve
On démontre ce résultat par induction structurelle sur les formules, en utilisant essentiellement des propriétés de la logique classique :

- Pour la formule $\bot$, on a immédiatement $\bot \equiv \bot$, et pour une formule atomique $\mathscr{F}$, on a vu qu'en logique classique
$$\mathscr{F} \equiv \neg\neg\mathscr{F}$$
- On fait l'hypothèse d'induction pour $\mathscr{F}$, c'est-à-dire qu'on suppose $\mathscr{F} \equiv \mathscr{F}^G$. On en déduit
$$\begin{cases} \neg\mathscr{F} & \equiv \neg\mathscr{F}^G = (\neg\mathscr{F})^G \\ \forall x\mathscr{F} & \equiv \forall x\mathscr{F}^G = (\forall x\mathscr{F})^G \end{cases}$$
- On fait l'hypothèse d'induction pour $\mathscr{F}$ et $\mathscr{G}$. Alors
$$\begin{cases} \mathscr{F} \wedge \mathscr{G} & \equiv \mathscr{F}^G \wedge \mathscr{G}^G = (\mathscr{F} \wedge \mathscr{G})^G \\ \mathscr{F} \implies \mathscr{G} & \equiv \mathscr{F}^G \implies \mathscr{G}^G = (\mathscr{F} \implies \mathscr{G})^G \end{cases}$$
- On fait l'hypothèse d'induction pour $\mathscr{F}$ et $\mathscr{G}$. On a
$$\mathscr{F} \vee \mathscr{G} \equiv \mathscr{F}^G \vee \mathscr{G}^G \equiv \neg\neg(\mathscr{F}^G \vee \mathscr{G}^G) = (\mathscr{F} \vee \mathscr{G})^G$$
- On fait l'hypothèse d'induction pour $\mathscr{F}$. On a
$$\exists x\mathscr{F} \equiv \exists x\mathscr{F}^G \equiv \neg\neg\exists x\mathscr{F}^G = (\exists x\mathscr{F})^G$$

En logique minimale ou intuitionniste, ce n'est plus le cas, mais nous allons justifier qu'alors toute traduction de Gödel est équivalente à sa double négation :

Théorème 5.14.6 (Équivalence entre une formule de Gödel et sa double négation)
Pour toute formule $\mathscr{F}$

$$\neg\neg\mathscr{F}^G \equiv_m \mathscr{F}^G$$

Preuve
Nous avons déjà, pour toute formule $\mathscr{F}$, $\mathscr{F} \vdash_m \neg\neg\mathscr{F}$. Il reste à justifier la réciproque, dans le cas d'une traduction de Gödel d'une formule. On démontre ce résultat par induction structurelle sur les formules :

- Pour la formule $\bot$, on a $\bot^G = \bot$, et nous savons déjà $\neg\neg\bot \vdash_m \bot$. Si $\mathscr{F}$ est une formule atomique autre que $\bot$, $\mathscr{F}^G = \neg\neg\mathscr{F}$, qui est une formule de la forme $\neg\mathscr{G}$, et on a vu que la propriété est vraie pour cette catégorie de formules :

$$\neg\neg(\neg\mathscr{G}) \vdash_m \neg\mathscr{G}$$

- On fait l'hypothèse d'induction pour $\mathscr{F}$. Les formules $(\neg\mathscr{F})^G$ et $(\exists x\mathscr{F})^G$ sont aussi de la forme $\neg\mathscr{G}$ donc on a aussi (sans utiliser l'hypothèse d'induction)

$$\begin{cases} \neg\neg(\neg\mathscr{F})^G & \vdash_m (\neg\mathscr{F})^G \\ \neg\neg(\exists x\mathscr{F})^G & \vdash_m (\exists x\mathscr{F})^G \end{cases}$$

- On fait l'hypothèse d'induction pour $\mathscr{F}$ et $\mathscr{G}$. La formule $(\mathscr{F} \vee \mathscr{G})^G$ est de la forme $\neg\mathscr{H}$, donc on a de même

$$\neg\neg(\mathscr{F} \vee \mathscr{G})^G \vdash_m (\mathscr{F} \vee \mathscr{G})^G$$

- On fait l'hypothèse d'induction pour $\mathscr{F}$ et $\mathscr{G}$. Prouvons la propriété pour la formule $(\mathscr{F} \wedge \mathscr{G})^G$, qui est égale par définition à $\mathscr{F}^G \wedge \mathscr{G}^G$. D'après le lemme

$$\neg\neg(\mathscr{F}^G \wedge \mathscr{G}^G) \vdash_m \neg\neg\mathscr{F}^G \wedge \neg\neg\mathscr{G}^G$$

  Or par hypothèse d'induction, $\neg\neg\mathscr{F}^G \vdash_m \mathscr{F}^G$ et $\neg\neg\mathscr{G}^G \vdash_m \mathscr{G}^G$. On en déduit (règles d'introduction et d'élimination de $\wedge$, coupure)

$$\neg\neg(\mathscr{F}^G \wedge \mathscr{G}^G) \vdash_m (\mathscr{F}^G \wedge \mathscr{G}^G)$$

- On fait l'hypothèse d'induction pour $\mathscr{F}$ et $\mathscr{G}$. Prouvons la propriété pour la formule $(\mathscr{F} \implies \mathscr{G})^G$, qui est égale par définition à $\mathscr{F}^G \implies \mathscr{G}^G$:

1	$\neg\neg(\mathscr{F}^G \implies \mathscr{G}^G) \vdash_m \neg\neg\mathscr{F}^G \implies \neg\neg\mathscr{G}^G$	D'après le lemme
2	$\mathscr{F}^G \vdash_m \neg\neg\mathscr{F}^G$	Principe de non-contradiction
3	$\neg\neg(\mathscr{F}^G \implies \mathscr{G}^G), \mathscr{F}^G \vdash_m \neg\neg\mathscr{G}^G$	Modus ponens à partir de 1 et 2
4	$\neg\neg\mathscr{G}^G \vdash_m \mathscr{G}^G$	Par hypothèse d'induction
5	$\neg\neg(\mathscr{F}^G \implies \mathscr{G}^G), \mathscr{F}^G \vdash_m \mathscr{G}^G$	Coupure à partir de 3 et 4
6	$\neg\neg(\mathscr{F}^G \implies \mathscr{G}^G) \vdash_m \mathscr{F}^G \implies \mathscr{G}^G$	Règle d'introduction de $\implies$

- On fait l'hypothèse d'induction pour $\mathscr{F}$. Prouvons la propriété pour la formule $(\forall x\mathscr{F})^G$, qui est égale par définition à $\forall x\mathscr{F}^G$:

1	$\neg\neg\forall x\mathscr{F}^G \vdash_m \forall x\neg\neg\mathscr{F}^G$	D'après le lemme
2	$\neg\neg\forall x\mathscr{F}^G \vdash_m \neg\neg\mathscr{F}^G$	Règle d'élimination de $\forall$
3	$\neg\neg\mathscr{F}^G \vdash_m \mathscr{F}^G$	Par hypothèse d'induction
4	$\neg\neg\forall x\mathscr{F}^G \vdash_m \mathscr{F}^G$	Coupure à partir de 2 et 3
5	$\neg\neg\forall x\mathscr{F}^G \vdash_m \forall x\mathscr{F}^G$	Règle d'introduction de $\forall$ (x n'est pas libre dans « $\neg\neg\forall x\mathscr{F}^G$ »)

Théorème 5.14.7 (Traduction de Gödel d'une déduction en logique classique)
1. Cas d'un langage sans égalité : pour toute formule $\mathscr{F}$ et tout ensemble de formules Γ

$$\Gamma \vdash \mathscr{F} \quad \text{si et seulement si} \quad \Gamma^G \vdash_m \mathscr{F}^G$$

2. Cas d'un langage égalitaire : notons $\mathscr{E}$ la formule

$$\mathscr{E} :\equiv \forall x\, y, (\neg\neg x = y \Longrightarrow x = y)$$

Pour toute formule $\mathscr{F}$ et tout ensemble de formules Γ

$$\Gamma \vdash \mathscr{F} \qquad \text{si et seulement si} \qquad \Gamma^G, \mathscr{E} \vdash_m \mathscr{F}^G$$

Preuve

1. Pour éviter des confusions, je reprends la notation $\Gamma \Vdash \mathscr{F}$ pour les séquents. L'un des sens de l'équivalence est simple : on fait l'hypothèse $\Gamma^G \vdash_m \mathscr{F}^G$. Cela signifie qu'il existe une preuve (en logique minimale) d'un séquent $\mathscr{G}_1^G, \ldots, \mathscr{G}_p^G \Vdash \mathscr{F}^G$, où les $\mathscr{G}_i$ sont des formules de Γ. Cette preuve reste valable en logique classique, puisque les règles de la logique minimale sont incluses dans celles de la logique classique. Par ailleurs, pour tout i entre 1 et p, puisque $\mathscr{G}_i \vdash \mathscr{G}_i^G$, on peut prouver (en logique classique) le séquent
$$\mathscr{G}_1, \ldots, \mathscr{G}_p \Vdash \mathscr{G}_i^G$$
On obtient alors par coupure une preuve du séquent
$$\mathscr{G}_1, \ldots, \mathscr{G}_p \Vdash \mathscr{F}^G$$
Enfin, puisque $\mathscr{F}^G \vdash \mathscr{F}$, en ajoutant une preuve du séquent $\mathscr{F}^G \Vdash \mathscr{F}$ on obtient par coupure une preuve du séquent
$$\mathscr{G}_1, \ldots, \mathscr{G}_p \Vdash \mathscr{F}$$
et par conséquent
$$\Gamma \vdash \mathscr{F}$$
Réciproquement, montrons par récurrence forte sur n que s'il existe une preuve (en logique classique) $\Gamma_1 \Vdash \mathscr{F}_1, \ldots, \Gamma_n \Vdash \mathscr{F}_n$ de $\Gamma \Vdash \mathscr{F}$, alors $\Gamma^G \vdash_m \mathscr{F}^G$:
   - Au rang $n = 1$, la preuve se réduit à la seule règle sans prémisses, l'axiome de répétition, de la forme $\Gamma \cup \{\mathscr{F}\} \vdash \mathscr{F}$; on a donc aussi
   $$\Gamma^G, \mathscr{F}^G \vdash_m \mathscr{F}^G$$
   - On fait l'hypothèse de récurrence au rang n (autrement dit : s'il existe une preuve classique de taille $k \leqslant n$ de $\Gamma \Vdash \mathscr{F}$, alors $\Gamma^G \vdash_m \mathscr{F}^G$), et on considère une preuve classique de taille $n+1$ de $\Gamma \Vdash \mathscr{F}$. Si le dernier séquent est l'axiome de répétition, on a comme ci-dessus directement $\Gamma^G \cup \{\mathscr{F}^G\} \vdash_m \mathscr{F}^G$. Sinon on étudie les différents cas selon la règle utilisée pour obtenir le séquent $\Gamma \Vdash \mathscr{F}$.

   — La dernière règle utilisée est la règle d'introduction de l'implication : la prémisse est de la forme « $\Delta, \mathscr{G} \Vdash \mathscr{H}$ », et la conclusion $(\Gamma_{n+1} \Vdash \mathscr{F}_{n+1})$ de la forme « $\Delta \Vdash \mathscr{G} \Longrightarrow \mathscr{H}$ ». Par hypothèse de récurrence, le séquent « $\Delta^G, \mathscr{G}^G \Vdash \mathscr{H}^G$ » est prouvable en logique minimale. On en déduit (règle d'introduction de l'implication, valable en logique minimale) une preuve de
   $$\Delta^G \Vdash \mathscr{G}^G \Longrightarrow \mathscr{H}^G$$
   c'est-à-dire que l'on peut prouver en logique minimale le séquent $\Gamma_{n+1}^G \Vdash \mathscr{F}_{n+1}^G$, donc
   $$\Gamma_{n+1}^G \vdash_m \mathscr{F}_{n+1}^G$$
   Le raisonnement est semblable pour la règle d'élimination de l'implication, pour les règles d'introduction et d'élimination de la conjonction, de la négation, et du quantificateur universel (on applique l'hypothèse de récurrence, ce qui revient à remplacer dans les prémisses toutes les formules par leur traduction de Gödel, puis on applique la règle).

   — La dernière règle utilisée est la règle d'introduction de la disjonction : la prémisse est de la forme $\Delta \Vdash \mathscr{G}$ et la conclusion $\Delta \Vdash \mathscr{G} \vee \mathscr{H}$ (le raisonnement est semblable pour la deuxième règle d'introduction). On déduit de l'hypothèse de récurrence une preuve (en logique minimale) de $\Delta^G \Vdash \mathscr{G}^G$, et on a la preuve suivante (logique minimale) :

1	$\Delta^G \Vdash \mathscr{G}^G \vee \mathscr{H}^G$	Règle d'introduction de $\vee$
2	$\mathscr{G}^G \vee \mathscr{H}^G \Vdash \neg\neg(\mathscr{G}^G \vee \mathscr{H}^G)$	Principe de non-contradiction (valable en logique minimale)
3	$\Delta^G \Vdash \neg\neg(\mathscr{G}^G \vee \mathscr{H}^G)$	Coupure à partir de 2 et 1

   Par conséquent
   $$\Delta^G \vdash_m (\mathscr{G} \vee \mathscr{H})^G$$

— La dernière règle utilisée est la règle d'élimination de la disjonction : les prémisses sont de la forme

$$\begin{cases} \Delta \Vdash \mathscr{G} \vee \mathscr{G}' \\ \Delta, \mathscr{G} \Vdash \mathscr{H} \\ \Delta, \mathscr{G}' \Vdash \mathscr{H} \end{cases}$$

On a la preuve suivante (en logique minimale) :

1	$\Delta^G, \mathscr{G}^G \Vdash \mathscr{H}^G$	Par hypothèse de récurrence
2	$\neg\mathscr{H}^G \Vdash \neg\mathscr{H}^G$	Répétition
3	$\Delta^G, \neg\mathscr{H}^G, \mathscr{G}^G \Vdash \bot$	Règle d'élimination de $\neg$ à partir de 1 et 2
4	$\Delta^G, \neg\mathscr{H}^G, \mathscr{G}'^G \Vdash \bot$	Même raisonnement que pour la ligne précédente
5	$\mathscr{G}^G \vee \mathscr{G}'^G \Vdash \mathscr{G}^G \vee \mathscr{G}'^G$	Répétition
6	$\Delta^G, \neg\mathscr{H}^G, \mathscr{G}^G \vee \mathscr{G}'^G \Vdash \bot$	Disjonction des cas à partir de 5, 3, 4
7	$\Delta^G, \neg\mathscr{H}^G \Vdash \neg(\mathscr{G}^G \vee \mathscr{G}'^G)$	Règle d'introduction de $\neg$
8	$\Delta^G \Vdash \neg\neg(\mathscr{G}^G \vee \mathscr{G}'^G)$	Hypothèse de récurrence, avec $(\mathscr{G} \vee \mathscr{G}')^G = \neg\neg(\mathscr{G}^G \vee \mathscr{G}'^G)$
9	$\Delta^G, \neg\mathscr{H}^G \Vdash \bot$	Règle d'élimination de $\neg$ à partir de 7 et 8
10	$\Delta^G \Vdash \neg\neg\mathscr{H}^G$	Règle d'introduction de $\neg$
11	$\neg\neg\mathscr{H}^G \Vdash \mathscr{H}^G$	Propriété des transformations de Gödel
12	$\Delta^G \Vdash \mathscr{H}^G$	Coupure à partir de 11 et 10

— La dernière règle utilisée est la règle d'introduction du quantificateur existentiel : la prémisse est de la forme $\Delta \Vdash \mathscr{G}(t/x)$ et la conclusion $\Delta \Vdash \exists x\mathscr{G}$. On déduit de l'hypothèse de récurrence une preuve (en logique minimale) de $\Delta^G \Vdash \mathscr{G}^G(t/x)$, et on a la preuve suivante (logique minimale) :

1	$\Delta^G \Vdash \exists x\mathscr{G}^G$	Règle d'introduction de $\exists$
2	$\Delta^G \Vdash \neg\neg(\exists x\mathscr{G}^G)$	Principe de non-contradiction (valable en logique minimale)

— La dernière règle utilisée est la règle d'élimination du quantificateur existentiel : les prémisses sont de la forme

$$\begin{cases} \Delta \Vdash \exists x\mathscr{G} \\ \Delta, \mathscr{G} \Vdash \mathscr{H} \\ x \text{ n'a pas d'occurrence libre dans } \Delta \text{ ni } \mathscr{H} \end{cases}$$

On a la preuve suivante (en logique minimale) :

1	$\Delta^G, \mathscr{G}^G \Vdash \mathscr{H}^G$	Par hypothèse de récurrence
2	$\exists x\mathscr{G}^G \Vdash \exists x\mathscr{G}^G$	Répétition
3	$\Delta^G, \exists x\mathscr{G}^G \Vdash \mathscr{H}^G$	Règle d'élimination de $\exists$
4	$\neg\mathscr{H}^G \Vdash \neg\mathscr{H}^G$	Répétition
5	$\Delta^G, \exists x\mathscr{G}^G, \neg\mathscr{H}^G \Vdash \bot$	Règle d'élimination de $\neg$ à partir de 3 et 4
6	$\Delta^G, \neg\mathscr{H}^G \Vdash \neg\exists x\mathscr{G}^G$	Règle d'introduction de $\neg$
7	$\Delta^G \Vdash \neg\neg\exists x\mathscr{G}^G$	Hypothèse de récurrence, avec $(\exists x\mathscr{G})^G = \neg\neg(\exists x\mathscr{G}^G)$
8	$\Delta^G, \neg\mathscr{H}^G \Vdash \bot$	Règle d'élimination de $\neg$ à partir de 6 et 7
9	$\Delta^G \Vdash \neg\neg\mathscr{H}^G$	Règle d'introduction de $\neg$
10	$\neg\neg\mathscr{H}^G \Vdash \mathscr{H}^G$	Propriété des transformations de Gödel
10	$\Delta^G \Vdash \mathscr{H}^G$	Coupure à partir de 10 et 9

— La dernière règle utilisée est la règle d'élimination de la double négation : la prémisse est de la forme $\Delta \Vdash \neg\neg\mathscr{G}$, d'où l'on déduit par hypothèse de récurrence une preuve de $\Delta^G \Vdash \neg\neg\mathscr{G}^G$ et puisque $\neg\neg\mathscr{G}^G \vdash_m \mathscr{G}^G$, on en déduit $\Delta^G \vdash_m \mathscr{G}^G$.

2. Dans le cas d'un langage avec égalité, si $\Gamma^G \cup \mathscr{E} \vdash_m \mathscr{F}^G$, alors puisque $\mathscr{E}$ est un théorème de la logique classique, on prouve $\Gamma \vdash \mathscr{F}$ comme dans le cas non égalitaire. Réciproquement, tout ce qui précède reste valable. Il ne reste à étudier, dans le cadre de la récurrence, que les cas associés aux deux règles pour l'égalité :

- La dernière règle utilisée est la règle d'introduction de l'égalité (en particulier dans le cas $n = 1$, puisqu'il s'agit d'une règle sans prémisse) : on a $\Gamma \vdash t = t$, et aussi $\Gamma^G \vdash_m t = t$, d'où l'on déduit $\Gamma^G \vdash_m \neg\neg(t = t)$, autrement dit

$$\Gamma^G \vdash_m (t = t)^G$$

- La dernière règle utilisée est la règle d'élimination de l'égalité. Les prémisses sont de la forme

$$\begin{cases} \Delta \Vdash t = u \\ \Delta \Vdash \mathscr{G}(t/x) \end{cases}$$

On a

1	$\Delta^G \Vdash \neg\neg(t = u)$	Par hypothèse de récurrence
2	$\Delta^G \Vdash \mathscr{G}^G(t/x)$	Par hypothèse de récurrence, et car $(\mathscr{G}(t/x))^G = \mathscr{G}^G(t/x)$
3	$\mathscr{E} \Vdash \neg\neg(t = u) \implies t = u$	Répétition (de $\mathscr{E}$) et règle d'élimination de $\forall$ (deux fois)
4	$\Delta^G, \mathscr{E} \Vdash t = u$	Modus ponens à partir de 3 et 1
5	$\Delta^G, \mathscr{E} \Vdash \mathscr{G}^G(u/x)$	Règle d'élimination de = à partir de 4 et 2

Une autre transformation classique d'une formule $\mathscr{F}$ est celle de Kuroda, qui consiste à prendre la double négation de la formule obtenue en remplaçant dans $\mathscr{F}$ toutes les sous-formules de la forme

$$\forall x \mathscr{G}$$

par

$$\forall x, \neg\neg\mathscr{G}$$

Ce qui se traduit formellement par la définition récursive suivante :

Définition 5.14.8 (Traduction de Kuroda)

1. On appelle *traduction de Kuroda* d'une formule $\mathscr{F}$, ce que je noterai $\mathscr{F}^K$, la formule $\neg\neg\mathscr{F}^{K'}$, où $\mathscr{F}^{K'}$ est définie par récursion ainsi :
   - Si $\mathscr{F}$ est une formule atomique
   $$\mathscr{F}^{K'} = \mathscr{F}$$
   - Si $\mathscr{F}$ est de la forme $\neg\mathscr{G}$
   $$\mathscr{F}^{K'} = \neg\mathscr{G}^{K'}$$
   - Si $\mathscr{F}$ est de la forme $\mathscr{G} \wedge \mathscr{H}$
   $$\mathscr{F}^{K'} = \mathscr{G}^{K'} \wedge \mathscr{H}^{K'}$$
   - Si $\mathscr{F}$ est de la forme $\mathscr{G} \vee \mathscr{H}$
   $$\mathscr{F}^{K'} = \mathscr{G}^{K'} \vee \mathscr{H}^{K'}$$
   - Si $\mathscr{F}$ est de la forme $\mathscr{G} \implies \mathscr{H}$
   $$\mathscr{F}^{K'} = \mathscr{G}^{K'} \implies \mathscr{H}^{K'}$$
   - Si $\mathscr{F}$ est de la forme $\forall x \mathscr{G}$
   $$\mathscr{F}^{K'} = \forall x \neg\neg\mathscr{G}^{K'}$$
   - Si $\mathscr{F}$ est de la forme $\exists x \mathscr{G}$
   $$\mathscr{F}^{K'} = \exists x \mathscr{G}^{K'}$$

2. Pour tout ensemble Γ de formules, je noterai Γ^K l'ensemble des formules $\mathscr{F}^K$ où $\mathscr{F}$ parcourt l'ensemble Γ :

$$\Gamma^K \overset{\text{def}}{\equiv} \{\mathscr{F}^K \mid \mathscr{F} \in \Gamma\}$$

Exemple 5.14.9 (Exemples de traduction de Kuroda)
On considère des formules atomiques $\mathscr{F}, \mathscr{G}, \mathscr{H}$.

$$\neg(\mathscr{F} \wedge \mathscr{G})^K = \neg\neg\neg(\mathscr{F} \wedge \mathscr{G})$$
$$((\forall x, (\mathscr{F} \wedge \mathscr{G})) \vee \mathscr{H})^K = \neg\neg((\forall x, \neg\neg(\mathscr{F} \wedge G)) \vee \mathscr{H})$$

Théorème 5.14.10 (Équivalence entre traductions de Gödel et de Kuroda)
Pour toute formule $\mathscr{F}$

$$\mathscr{F}^G \equiv_i \mathscr{F}^K$$

Preuve
On prouve ce résultat par induction structurelle sur les formules :

- Pour la formule $\perp$, on a $\perp^G = \perp$ et $\perp^K = \neg\neg\perp$, et on sait que $\perp \equiv_i \neg\neg\perp$. Pour une formule atomique $\mathscr{F}$ autre que $\perp$, on a $\mathscr{F}^G = \mathscr{F}^K = \neg\neg\mathscr{F}$, d'où $\mathscr{F}^G \equiv_i \mathscr{F}^K$.
- On fait l'hypothèse d'induction pour $\mathscr{F}$, autrement dit $\mathscr{F}^G \equiv_i \neg\neg\mathscr{F}^{K'}$. On en déduit $\neg\mathscr{F}^G \equiv_i \neg\neg\neg\mathscr{F}^{K'}$, autrement dit
$$(\neg\mathscr{F})^G \equiv_i (\neg\mathscr{F})^K$$
- On fait l'hypothèse d'induction pour $\mathscr{F}$ et $\mathscr{G}$, autrement dit $\mathscr{F}^G \equiv_i \neg\neg\mathscr{F}^{K'}$ et $\mathscr{G}^G \equiv_i \neg\neg\mathscr{G}^{K'}$. Donc d'après le lemme
$$(\mathscr{F} \wedge \mathscr{G})^G = \mathscr{F}^G \wedge \mathscr{G}^G \equiv_i \neg\neg\mathscr{F}^{K'} \wedge \neg\neg\mathscr{G}^{K'} \equiv_i \neg\neg(\mathscr{F}^{K'} \wedge \mathscr{G}^{K'}) = (\mathscr{F} \wedge \mathscr{G})^K$$
- On fait l'hypothèse d'induction pour $\mathscr{F}$ et $\mathscr{G}$. Donc d'après le lemme
$$(\mathscr{F} \implies \mathscr{G})^G = \mathscr{F}^G \implies \mathscr{G}^G \equiv_i \neg\neg\mathscr{F}^{K'} \implies \neg\neg\mathscr{G}^{K'} \equiv_i \neg\neg(\mathscr{F}^{K'} \implies \mathscr{G}^{K'}) = (\mathscr{F} \implies \mathscr{G})^K$$
- On fait l'hypothèse d'induction pour $\mathscr{F}$ et $\mathscr{G}$. Donc
$$(\mathscr{F} \vee \mathscr{G})^G = \neg\neg(\mathscr{F}^G \vee \mathscr{G}^G) \equiv_i \neg\neg(\neg\neg\mathscr{F}^{K'} \vee \neg\neg\mathscr{G}^{K'})$$
On utilise la partie des lois de Morgan valables en logique intuitionniste et l'équivalence $\neg\mathscr{H} \equiv_i \neg\neg\neg\mathscr{H}$:
$$(\mathscr{F} \vee \mathscr{G})^G \equiv_i \neg(\neg\neg\neg\mathscr{F}^{K'} \wedge \neg\neg\neg\mathscr{G}^{K'}) \equiv_i \neg(\neg\mathscr{F}^{K'} \wedge \neg\mathscr{G}^{K'}) \equiv_i \neg\neg(\mathscr{F}^{K'} \vee \mathscr{F}^{K'}) = (\mathscr{F} \vee \mathscr{G})^K$$
- On fait l'hypothèse d'induction pour $\mathscr{F}$. On a
$$(\forall x\mathscr{F})^G = \forall x\mathscr{F}^G \equiv_i \forall x\neg\neg\mathscr{F}^{K'}$$
Or d'après le lemme
$$\neg\neg\forall x\neg\neg\mathscr{F}^{K'} \vdash_i \forall x\neg\neg\neg\neg\mathscr{F}^{K'}$$
avec
$$\neg\neg\neg\neg\mathscr{F}^{K'} \equiv_i \neg\neg\mathscr{F}^{K'}$$
On en déduit
$$\neg\neg\forall x\neg\neg\mathscr{F}^{K'} \vdash_i \forall x\neg\neg\mathscr{F}^{K'}$$
Par ailleurs, d'après le principe de non-contradiction
$$\forall x\neg\neg\mathscr{F}^{K'} \vdash_i \neg\neg\forall x\neg\neg\mathscr{F}^{K'}$$
Donc
$$(\forall x\mathscr{F})^G \equiv_i \forall x\neg\neg\mathscr{F}^{K'} \equiv_i \neg\neg\forall x\neg\neg\mathscr{F}^{K'} = (\forall x\mathscr{F})^K$$

- On fait l'hypothèse d'induction pour $\mathscr{F}$. On a

$$(\exists x \mathscr{F})^G = \neg\neg\exists x \mathscr{F}^G \equiv_i \neg\neg\exists x \neg\neg \mathscr{F}^{K'}$$

On utilise la négation de $\exists$ (propriété valable en logique intuitionniste) :

$$(\exists x \mathscr{F})^G \equiv_i \neg(\forall x \neg\neg\neg \mathscr{F}^{K'}) \equiv_i \neg(\forall x \neg \mathscr{F}^{K'}) \equiv_i \neg\neg(\exists x \mathscr{F}^{K'}) = (\exists x \mathscr{F})^K$$

Théorème 5.14.11 (Traduction de Kuroda d'une déduction en logique classique)
Notons

$$\mathscr{E} :\equiv \forall x\, y, (\neg\neg x = y \implies x = y)$$
$$\mathscr{E}' :\equiv \forall x\, y, (x = y \vee \neg x = y)$$

Pour toute formule $\mathscr{F}$ et tout ensemble de formules Γ, les trois propriétés suivantes sont équivalentes :

$$\Gamma \vdash \mathscr{F}$$
$$\Gamma^K, \mathscr{E} \vdash_i \mathscr{F}^K$$
$$\Gamma^K, \mathscr{E}' \vdash_i \mathscr{F}^K$$

Preuve
Vérifions l'équivalence des trois inférences par implications circulaires :

- On fait l'hypothèse $\Gamma \vdash \mathscr{F}$. On en déduit

$$\Gamma^G, \mathscr{E} \vdash_m \mathscr{F}^G$$

donc aussi

$$\Gamma^G, \mathscr{E} \vdash_i \mathscr{F}^G$$

Puisqu'en logique intuitionniste on peut déduire de Γ^K toutes les formules de Γ^G (d'après le théorème précédent), on a aussi $\Gamma^K \cup \{\mathscr{E}\} \vdash_i \mathscr{F}^G$, et puisqu'on peut déduire $\mathscr{F}^K$ de $\mathscr{F}^G$, on a

$$\Gamma^K, \mathscr{E} \vdash_i \mathscr{F}^K$$

- On fait l'hypothèse $\Gamma^K \cup \{\mathscr{E}\} \vdash_i \mathscr{F}^K$. Vérifions d'abord qu'en logique intuitionniste, on a $\mathscr{E}' \vdash_i \mathscr{E}$:

1	$\mathscr{E}' \Vdash x = y \vee \neg x = y$	Règle d'élimination de $\forall$ (deux fois)
2	$x = y \Vdash x = y$	Répétition
3	$\neg\neg x = y, \neg x = y \Vdash \bot$	Règle d'élimination de $\neg$
4	$\neg\neg x = y, \neg x = y \Vdash x = y$	Règle d'élimination de l'absurde
5	$\mathscr{E}', \neg\neg x = y \Vdash x = y$	Règle d'élimination de $\vee$ à partir de 1, 2, 4
6	$\mathscr{E}' \Vdash \neg\neg x = y \implies x = y$	Règle d'introduction de $\implies$
7	$\mathscr{E}' \Vdash \forall x\, y, (\neg\neg x = y \implies x = y)$	Règle d'introduction de $\forall$ (deux fois)

Par conséquent, on a aussi

$$\Gamma^K, \mathscr{E}' \vdash_i \mathscr{F}^K$$

- On fait l'hypothèse $\Gamma^K \cup \{\mathscr{E}'\} \vdash_i \mathscr{F}^K$. Puisque la formule $\mathscr{E}'$ est un théorème de la logique classique (c'est un cas particulier du tiers exclu), on prouve $\Gamma \vdash \mathscr{F}$ de la même façon qu'on a démontré $\Gamma \vdash \mathscr{F}$ à partir de $\Gamma^G \cup \{\mathscr{E}\} \vdash_m \mathscr{F}^G$.

Dans le cas de la logique des propositions, on peut déduire de ce qui précède une façon simple de traduire une démonstration de la logique classique en démonstration de logique intuitionniste : la formule P est une conséquence de l'ensemble de formules Γ, en logique classique, si et seulement si $\neg\neg P$ est une conséquence, en logique intuitionniste, de l'ensemble formé à partir de Γ en remplaçant toutes les formules Q de Γ par

$\neg\neg Q$. C'est le théorème de Glivenko, du nom du mathématicien ukrainien Valery Glivenko (1897 [20]-1940).

Théorème 5.14.12 (Théorème de Glivenko)
On considère une formule P et un ensemble de formules Γ de la logique des propositions. Notons $\neg\neg\Gamma$ l'ensemble des formules $\neg Q$ où Q parcourt Γ. Alors

$$\Gamma \vdash P \quad \text{si et seulement si} \quad \neg\neg\Gamma \vdash_i \neg\neg P$$

Preuve
On peut appliquer le principe de la traduction de Kuroda à la logique des propositions (on supprime les formules et les règles faisant appel aux quantificateurs). La traduction de Kuroda d'une formule est alors sa double négation ($P^K = \neg\neg P$), et on déduit le résultat du théorème précédent (ou plus exactement, on peut reproduire, dans la logique des propositions, la preuve de ce théorème).

Théorème 5.14.13 (Corollaire)
On considère une formule P et un ensemble de formules Γ de la logique des propositions. Alors

$$\Gamma \vdash \neg P \quad \text{si et seulement si} \quad \Gamma \vdash_i \neg P$$

Preuve

- Si $\Gamma \vdash_i \neg P$, alors puisque les règles de la logique intuitionniste sont comprises dans celles de la logique classique, $\Gamma \vdash \neg P$.
- Réciproquement, si $\Gamma \vdash \neg P$, alors d'après le théorème de Glivenko, $\neg\neg\Gamma \vdash_i \neg\neg\neg P$. Or pour toute formule Q

$$Q \vdash_i \neg\neg Q$$

donc on peut déduire de Γ (en logique intuitionniste) toutes les formules de $\neg\neg\Gamma$ et par conséquent

$$\Gamma \vdash_i \neg\neg\neg P$$

et comme on a toujours

$$\neg\neg\neg P \equiv_i \neg P$$

on en déduit

$$\Gamma \vdash_i \neg P$$

5.15 Équivalence des systèmes de déduction

Prérequis
Le système de déduction naturelle (sections 5.5 à 5.7 et 5.12) et le système de déduction à la Hilbert présenté dans les sections 5.4 et 5.11.

Nous allons démontrer dans cette section l'équivalence entre le système de déduction à la Hilbert que j'ai présenté, et le système de déduction naturelle, pour la logique (classique) des prédicats. Je noterai $\vdash$ la relation apparaissant dans un séquent, $\vdash_H$ la relation de déduction dans le système à la Hilbert (je pourrai aussi utiliser ce symbole comme raccourci pour « système de déduction à la Hilbert ») et $\vdash_N$ la relation de déduction dans le système de déduction naturelle (je pourrai aussi utiliser ce symbole comme raccourci pour « système de déduction naturelle »). Pour ne pas alourdir les démonstrations, je considérerai un langage (avec

20. 1896 selon le calendrier Julien en place en Ukraine à cette époque.

égalité) dont les seuls connecteurs sont la négation et l'implication, et le seul quantificateur le quantificateur universel (nous avons vu que l'on peut définir les autres connecteurs, et le quantificateur existentiel, à partir de ces éléments) ; je prendrai aussi la variante de la déduction naturelle ne faisant pas appel au symbole $\bot$ (que je n'ai pas utilisé dans le système à la Hilbert).

En résumé, pour toute formule $\mathscr{F}$ et tout ensemble de formules Γ :

1. $\Gamma \vdash_H \mathscr{F}$ si et seulement si il existe un entier non nul n et des formules $\mathscr{F}_1, \ldots, \mathscr{F}_n$ telles que $\mathscr{F}_n$ est la formule $\mathscr{F}$ et pour tout k entre 1 et n :
   - soit $\mathscr{F}_k$ est un axiome (de $\vdash_H$) ;
   - soit $\mathscr{F}_k$ appartient à Γ ;
   - soit il existe une règle (de $\vdash_H$) qui permet d'inférer $\mathscr{F}_k$ à partir des $\mathscr{F}_i$ (pour $i < k$).

   Les axiomes étant
   - les deux axiomes pour l'implication (AI_1, AI_2) ;
   - l'axiome pour la négation (AN).
   - les deux axiomes pour le quantificateur universel (AU_1, AU_2) ;
   - les deux axiomes pour l'égalité (AEg_1 et AEg_2) ;

   et les règles étant
   - le modus ponens ;
   - la règle de généralisation.
2. $\Gamma \vdash_N \mathscr{F}$ si et seulement si il existe un sous-ensemble fini Γ' de Γ, un entier non nul n et des séquents $\Gamma_1 \vdash \mathscr{F}_1, \ldots, \Gamma_n \vdash \mathscr{F}_n$, tels que $\mathscr{F}_n$ est la formule $\mathscr{F}$, Γ_n est l'ensemble Γ', et pour tout k entre 1 et n
   - soit $\Gamma_k \vdash \mathscr{F}_k$ est un axiome (de $\vdash_N$) ;
   - soit il existe une règle (de $\vdash_N$) qui permet d'inférer $\Gamma_k \vdash \mathscr{F}_k$ à partir des $\Gamma_i \vdash \mathscr{F}_i$ (pour $i < k$).

   Le seul axiome étant :
   - l'axiome de répétition ;

   et les règles étant
   - les règles d'introduction et d'élimination de l'implication ;
   - la règle d'introduction de la négation et le raisonnement par l'absurde ;
   - les règles d'introduction et d'élimination du quantificateur universel ;
   - les règles d'introduction et d'élimination de l'égalité.

L'objectif est de prouver que $\Gamma \vdash_H \mathscr{F}$ si et seulement si $\Gamma \vdash_N \mathscr{F}$. Commençons par un lemme :

Métathéorème 5.15.1 (Lemme)

1. Pour tout axiome A de $\vdash_H$, et toute famille de formules Γ, on a $\Gamma \vdash_N A$.
2. Pour toute règle de $\vdash_H$, de prémisses $\mathscr{F}_1, \ldots, \mathscr{F}_n$ et de conclusion $\mathscr{F}$, et toute famille de formules Γ,

$$\text{si} \begin{cases} \Gamma \vdash_N \mathscr{F}_1 \\ \ldots \\ \Gamma \vdash_N \mathscr{F}_n \end{cases}$$

alors $\Gamma \vdash_N \mathscr{F}$

3. Pour tout axiome $\Gamma \vdash \mathscr{F}$ de $\vdash_N$, on a $\Gamma \vdash_H \mathscr{F}$.
4. Pour toute règle de $\vdash_N$, de prémisses $\Gamma_1 \vdash \mathscr{F}_1, \dots, \Gamma_n \vdash \mathscr{F}_n$, et de conclusion $\Gamma \vdash \mathscr{F}$,

$$\text{si} \begin{cases} \Gamma_1 \vdash_H \mathscr{F}_1 \\ \dots \\ \Gamma_n \vdash_H \mathscr{F}_n \end{cases}$$

alors $\Gamma \vdash_H \mathscr{F}$

Preuve

1. Nous avons vu que pour tout axiome A de $\vdash_H$, on a $\vdash_N A$ (exemples 5.5.20 p. 238, 5.5.99 p. 263, 5.12.8 p. 300, 5.12.37, p. 313), et par conséquent

$$\Gamma \vdash_N A$$

2. Les règles du système à la Hilbert sont aussi vérifiées en déduction naturelle :
   - Modus ponens :

$$\text{si} \begin{cases} \Gamma \vdash_N \mathscr{F} \implies \mathscr{G} \\ \Gamma \vdash_N \mathscr{F} \end{cases}$$

alors $\Gamma \vdash_N \mathscr{G}$

   - Généralisation :

$$\text{si} \begin{cases} \Gamma \vdash_N \mathscr{F} \\ x \text{ n'a pas d'occurrence libre dans } \Gamma \end{cases}$$

alors $\quad \Gamma \vdash_N \forall x \mathscr{F}$

3. L'axiome de répétition est vérifié par le système à la Hilbert :

$$\Gamma, \mathscr{F} \vdash_H \mathscr{F}$$

4. Vérifions que les règles de $\vdash_N$ sont aussi des règles de $\vdash_H$. Tout a déjà été prouvé :
   - Règle d'introduction de l'implication : d'après le théorème de déduction, si $\Gamma \cup \{\mathscr{F}\} \vdash_H \mathscr{G}$, alors $\Gamma \vdash_H \mathscr{F} \implies \mathscr{G}$.
   - Règle d'élimination de l'implication : par modus ponens (métathéorème), si

$$\begin{cases} \Gamma \vdash_H \mathscr{F} \implies \mathscr{G} \\ \Gamma' \vdash_H \mathscr{F} \end{cases}$$

alors

$$\Gamma, \Gamma' \vdash_H \mathscr{G}$$

   - Règle d'introduction de la négation : si

$$\begin{cases} \Gamma, \mathscr{F} \vdash_H \mathscr{G} \\ \Gamma, \mathscr{F} \vdash_H \neg \mathscr{G} \end{cases}$$

alors

$$\Gamma \vdash_H \neg \mathscr{F}$$

   - Raisonnement par l'absurde : si

$$\begin{cases} \Gamma, \neg \mathscr{F} \vdash_H \mathscr{G} \\ \Gamma, \neg \mathscr{F} \vdash_H \neg \mathscr{G} \end{cases}$$

alors

$$\Gamma \vdash_H \mathscr{F}$$

- Règle d'introduction du quantificateur universel : d'après le principe de généralisation, si

$$\begin{cases} \Gamma \vdash_H \mathscr{F} \\ x \text{ n'a pas d'occurrence libre dans } \Gamma \end{cases}$$

alors

$$\Gamma \vdash_H \forall x \mathscr{F}$$

- Règle d'élimination du quantificateur universel : si $\Gamma \vdash_H \forall x \mathscr{F}$, alors $\Gamma \vdash_H \mathscr{F}(t/x)$.
- Règle d'introduction de l'égalité : pour tout terme t, $\Gamma \vdash_H t = t$.
- Règle d'élimination de l'égalité : si

$$\begin{cases} \Gamma \vdash_H t = u \\ \Gamma' \vdash_H \mathscr{F}(t/x) \end{cases}$$

alors

$$\Gamma, \Gamma' \vdash_H \mathscr{F}(u/x)$$

Métathéorème 5.15.2 (Équivalence entre système à la Hilbert et déduction naturelle)
Pour tout ensemble de formules Γ, et toute formule $\mathscr{F}$, $\Gamma \vdash_H \mathscr{F}$ si et seulement si $\Gamma \vdash_N \mathscr{F}$.

Preuve
On considère un ensemble de formules Γ.

1. Démontrons par récurrence (forte) sur n, que s'il existe une preuve de longueur n de $\Gamma \vdash_H \mathscr{F}$ alors il existe une preuve de $\Gamma \vdash_N \mathscr{F}$.
   - Au rang $n = 1$:
     — soit $\mathscr{F}$ est un axiome de $\vdash_H$, et alors d'après le lemme, $\Gamma \vdash_N \mathscr{F}$.
     — soit $\mathscr{F}$ appartient à Γ, et alors $\Gamma \vdash_N \mathscr{F}$.
   - On fait l'hypothèse de récurrence pour tout $k \leqslant n$, et on considère une preuve $\mathscr{F}_1, \ldots, \mathscr{F}_{n+1}$ de $\Gamma \vdash_H \mathscr{F}$.
     — Si $\mathscr{F}$ est un axiome de $\vdash_H$ ou appartient à Γ, on peut conclure comme précédemment que $\Gamma \vdash_N \mathscr{F}$.
     — Sinon, $\mathscr{F}$ est la conclusion d'une règle de $\vdash_H$ d'hypothèses $\mathscr{F}_{i_1}, \ldots, \mathscr{F}_{i_k}$ (avec $i_1, \ldots, i_k$ entre 1 et n). Chacun de ces $\mathscr{F}_j$ est le dernier terme d'une preuve (dans $\vdash_H$) de taille inférieure ou égale à n de $\Gamma \vdash_H \mathscr{F}_j$, donc par hypothèse de récurrence, $\Gamma \vdash_N \mathscr{F}_j$. On déduit du lemme $\Gamma \vdash_N \mathscr{F}$.
2. Démontrons par récurrence (forte) sur n, que s'il existe une preuve de longueur n de $\Gamma \vdash_N \mathscr{F}$ (autrement dit une preuve du séquent $\Gamma' \vdash \mathscr{F}$, avec Γ' sous-ensemble fini de Γ), alors il existe une preuve de $\Gamma \vdash_H \mathscr{F}$.
   - Au rang $n = 1$: $\Gamma' \vdash \mathscr{F}$ est un axiome de $\vdash_N$, donc d'après le lemme $\Gamma' \vdash_H \mathscr{F}$ et a fortiori $\Gamma \vdash_H \mathscr{F}$.
   - On fait l'hypothèse de récurrence pour tout $k \leqslant n$, et on considère une preuve $\Gamma_1 \vdash \mathscr{F}_1, \ldots, \Gamma_n \vdash \mathscr{F}_{n+1}$ de $\Gamma' \vdash \mathscr{F}$.
     — Si $\Gamma' \vdash \mathscr{F}$ est un axiome de $\vdash_N$, on peut conclure comme précédemment $\Gamma \vdash_H \mathscr{F}$.
     — Sinon $\Gamma' \vdash \mathscr{F}$ est la conclusion d'une règle de $\vdash_N$ d'hypothèses $\Gamma_{i_1} \vdash \mathscr{F}_{i_1}, \ldots, \Gamma_{i_k} \vdash \mathscr{F}_{i_k}$ (avec $i_1, \ldots, i_k$ entre 1 et n). Chacun de ces $\Gamma_j \vdash \mathscr{F}_j$ est le dernier terme d'une preuve (dans $\vdash_N$) de taille inférieure ou égale à n de $\Gamma_j \vdash_N \mathscr{F}_j$, donc par hypothèse de récurrence, $\Gamma_j \vdash_H \mathscr{F}_j$. On déduit du lemme $\Gamma' \vdash_H \mathscr{F}$, donc $\Gamma \vdash_H \mathscr{F}$.

Remarque 5.15.3 : Grâce à l'équivalence entre les deux systèmes de déduction, toutes les propriétés de l'inférence que nous avons démontrées pour le système à la Hilbert sont valables pour le système de déduction naturelle, et inversement. Je pourrai dans la suite utiliser librement l'un ou l'autre système, et toutes leurs propriétés.

5.16 Synthèse (raisonnements mathématiques)

Voici une liste des règles et règles déduites (en déduction naturelle), rédigées de façon informelle, et qui correspondent à la plupart des raisonnements logiques que l'on peut effectuer en mathématiques :

- Règle d'introduction de l'implication : si on fait l'hypothèse provisoire $\mathscr{F}$, et qu'on prouve $\mathscr{G}$, alors on en déduit

$$\mathscr{F} \implies \mathscr{G} \quad (\text{« si } \mathscr{F} \text{ alors } \mathscr{G} \text{ »})$$

- Règle d'élimination de l'implication / règle du modus ponens : de

$$\begin{cases} \mathscr{F} \implies \mathscr{G} \\ \mathscr{F} \end{cases}$$

  on peut déduire $\mathscr{G}$.

- Transitivité de l'implication : de

$$\begin{cases} \mathscr{F} \implies \mathscr{G} \\ \mathscr{G} \implies \mathscr{H} \end{cases}$$

  on peut déduire $\mathscr{F} \implies \mathscr{H}$.

- Règle d'introduction de la conjonction (règle « naturelle » qui exprime l'idée que le connecteur $\wedge$ représente le mot *et* du métalangage) : de

$$\begin{cases} \mathscr{F} \\ \mathscr{G} \end{cases}$$

  on peut déduire

$$\mathscr{F} \wedge \mathscr{G} \quad (\text{« } \mathscr{F} \text{ et } \mathscr{G} \text{ »})$$

- Règle d'élimination de la conjonction (règle « naturelle » qui exprime l'idée que le connecteur $\wedge$ représente le mot « et » du métalangage) : de

$$\mathscr{F} \wedge \mathscr{G}$$

  on peut déduire $\mathscr{F}$, et déduire $\mathscr{G}$.

- Définition de l'équivalence :

$$\mathscr{F} \iff \mathscr{G} \overset{\text{def}}{\equiv} (\mathscr{F} \implies \mathscr{G}) \wedge (\mathscr{G} \implies \mathscr{F})$$

- Raisonnement par analyse-synthèse : pour trouver l'ensemble des solutions d'un problème donné, on procède
  - par analyse, en cherchant les propriétés que doit vérifier une solution éventuelle du problème;
  - par synthèse, en ne gardant parmi les éléments trouvés précédemment, que ceux qui sont solution du problème.

- Démonstration d'une série d'équivalences : de

$$\mathscr{F}_1 \iff \mathscr{F}_2, \mathscr{F}_2 \iff \mathscr{F}_3, \dots, \mathscr{F}_{n-1} \iff \mathscr{F}_n, \mathscr{F}_n \iff \mathscr{F}_1$$

  on peut déduire que pour tout i et j entre 1 et n

$$\mathscr{F}_i \iff \mathscr{F}_j$$

- Démonstration d'une série d'équivalences par implications circulaires : de

$$\mathscr{F}_1 \Longrightarrow \mathscr{F}_2, \mathscr{F}_2 \Longrightarrow \mathscr{F}_3, \dots, \mathscr{F}_{n-1} \Longrightarrow \mathscr{F}_n, \mathscr{F}_n \Longrightarrow \mathscr{F}_1$$

on peut déduire que pour tout i et j entre 1 et n

$$\mathscr{F}_i \Longleftrightarrow \mathscr{F}_j$$

- Règle d'introduction de la disjonction (règle « naturelle » qui exprime l'idée que le connecteur $\vee$ représente le mot « ou » du métalangage) : de $\mathscr{F}$, ou de $\mathscr{G}$, on peut déduire

$$\mathscr{F} \vee \mathscr{G} \quad (\text{« } \mathscr{F} \text{ ou } \mathscr{G} \text{ »})$$

- Règle d'élimination de la disjonction, ou règle de disjonction des cas : de

$$\begin{cases} \mathscr{F} \vee \mathscr{G} \\ \mathscr{F} \Longrightarrow \mathscr{H} \\ \mathscr{G} \Longrightarrow \mathscr{H} \end{cases}$$

on peut déduire $\mathscr{H}$.

- Règle d'élimination de la négation : de

$$\begin{cases} \mathscr{F} \\ \neg\mathscr{F} \end{cases}$$

on peut déduire une contradiction ($\perp$).

- Règle d'introduction de la négation : si on fait l'hypothèse provisoire $\mathscr{F}$, et qu'on prouve une contradiction, autrement dit si on prouve

$$\begin{cases} \mathscr{G} \\ \neg\mathscr{G} \end{cases}$$

alors on peut en déduire $\neg\mathscr{F}$.

- Conséquences des deux règles précédentes : si on fait l'hypothèse provisoire $\mathscr{F}$ et qu'on prouve $\neg\mathscr{F}$, alors on peut en déduire $\neg\mathscr{F}$.
- Principe de non-contradiction : on ne peut pas avoir à la fois $\mathscr{F}$ et $\neg\mathscr{F}$:

$$\neg(\mathscr{F} \wedge \neg\mathscr{F})$$

ce qui peut aussi s'exprimer ainsi : de $\mathscr{F}$, on peut déduire la négation de la négation de $\mathscr{F}$ ($\neg\neg\mathscr{F}$).

- Règle du modus tollens : de

$$\begin{cases} \mathscr{F} \Longrightarrow \mathscr{G} \\ \neg\mathscr{G} \end{cases}$$

on peut déduire $\neg\mathscr{F}$ (règle valable en logique classique et intuitionniste), et de

$$\begin{cases} \neg\mathscr{G} \Longrightarrow \neg\mathscr{F} \\ \mathscr{F} \end{cases}$$

on peut déduire $\mathscr{G}$ (valable en logique classique uniquement).

- Raisonnement par contraposition :

$$\mathscr{F} \implies \mathscr{G} \equiv \neg\mathscr{G} \implies \neg\mathscr{F}$$

En logique intuitionniste, on a uniquement : de

$$\mathscr{F} \implies \mathscr{G}$$

on peut déduire

$$\neg\mathscr{G} \implies \neg\mathscr{F}$$

- Règle d'élimination de la double négation (logique classique uniquement) : de la négation de la négation de $\mathscr{F}$ ($\neg\neg\mathscr{F}$), on peut déduire $\mathscr{F}$, et ainsi

$$\neg\neg\mathscr{F} \equiv \mathscr{F}$$

- Raisonnement par l'absurde (logique classique uniquement) : si on fait l'hypothèse provisoire $\neg\mathscr{F}$, et qu'on prouve une contradiction, autrement dit si on prouve

$$\begin{cases} \mathscr{G} \\ \neg\mathscr{G} \end{cases}$$

alors on peut en déduire $\mathscr{F}$.

- Lois de De Morgan :

$$\neg(\mathscr{F} \vee \mathscr{G}) \equiv \neg\mathscr{F} \wedge \neg\mathscr{G}$$
$$\neg(\mathscr{F} \wedge \mathscr{G}) \equiv \neg\mathscr{F} \vee \neg\mathscr{G}$$

En logique intuitionniste on ne peut pas déduire $\neg\mathscr{F} \vee \neg\mathscr{G}$ de $\neg(\mathscr{F} \wedge \mathscr{G})$, mais les autres déductions restent valables :

$$\neg(\mathscr{F} \vee \mathscr{G}) \equiv \neg\mathscr{F} \wedge \neg\mathscr{G}$$
$$\neg\mathscr{F} \vee \neg\mathscr{G} \vdash \neg(\mathscr{F} \wedge \mathscr{G})$$

- Principe du tiers exclu (logique classique uniquement) :

$$\mathscr{F} \vee \neg\mathscr{F}$$

- Règle d'élimination de l'absurde (valable en logique classique et intuitionniste) : d'une contradiction, on peut déduire n'importe quelle formule $\mathscr{F}$.
- Règle d'introduction du quantificateur universel : de $\mathscr{F}(x)$, avec x quelconque, on peut déduire

$$\forall x \mathscr{F}(x)$$

- Règle d'élimination du quantificateur universel : de $\forall x \mathscr{F}(x)$, on peut déduire pour tout terme t la formule $\mathscr{F}(t)$.
- Règle d'introduction du quantificateur existentiel : de $\mathscr{F}(t)$, où t est un terme quelconque, on peut déduire

$$\exists x \mathscr{F}(x)$$

- Règle d'élimination du quantificateur existentiel : de $\exists x \mathscr{F}$, et de $\mathscr{F} \implies \mathscr{G}$ (x étant quelconque), on peut déduire $\mathscr{G}$.

- Négation des quantificateurs :

$$\neg(\forall x \mathscr{F}) \equiv \exists x, \neg\mathscr{F}$$
$$\neg(\exists x \mathscr{F}) \equiv \forall x, \neg\mathscr{F}$$

En logique intuitionniste, on ne peut pas déduire « $\exists x \neg\mathscr{F}$ » de « $\neg(\forall x \mathscr{F})$ », mais les autres déductions restent valables :

$$\exists x, \neg\mathscr{F} \vdash \neg(\forall x \mathscr{F})$$
$$\neg(\exists x \mathscr{F}) \equiv \forall x, \neg\mathscr{F}$$

- Règle d'introduction de l'égalité : pour tout terme t

$$t = t$$

- Règle d'élimination de l'égalité : si $t = u$, on peut remplacer dans une formule n'importe quelle occurrence de t par u.
- L'égalité est une relation d'équivalence, c'est-à-dire qu'elle est réflexive ($t = t$), symétrique (si $t = u$, alors $u = t$), et transitive (si $t = u$ et $u = v$, alors $t = v$).

D'autres raisonnements classiques faisant intervenir divers objets mathématiques (par exemple, le raisonnement par récurrence, qui fait appel aux nombres entiers) seront détaillés plus loin.

5.17 Éléments de logique traditionnelle : introduction aux syllogismes

Un *syllogisme* est un mode de raisonnement logique à deux propositions (ou prémisses), conduisant à une conclusion, que le philosophe grec Aristote (384 AEC-322 AEC [21]) a été le premier à étudier. Un syllogisme classique est le suivant :

> Tous les hommes sont mortels. Tous les Grecs sont des hommes. Donc tous les Grecs sont mortels.

En utilisant le vocabulaire de la logique des prédicats, on pourrait le formaliser de la façon suivante : on considère les relations

- H(x) :≡ x est un homme.
- M(x) :≡ x est mortel.
- G(x) :≡ x est grec.

À partir des hypothèses

$$\begin{cases} \forall x, (H(x) \implies M(x)) \\ \forall x, (G(x) \implies H(x)) \end{cases}$$

on peut déduire (règle d'élimination de $\forall$, transitivité de l'implication, règle d'introduction de $\forall$)

$$\forall x, (G(x) \implies M(x))$$

Les techniques vues dans les chapitres précédents permettent de résoudre aussi facilement d'autres syllogismes. Leur usage en mathématiques est bien entendu anachronique ; je ne rédige cette section que pour l'intérêt historique de cette notion (l'étude des syllogismes pouvant être considérée comme l'ancêtre de la logique moderne), et comme exemple d'utilisation des techniques de la logique des prédicats pour résoudre des problèmes issus de la logique traditionnelle.

Dans un syllogisme, on trouve deux prémisses, chacune mettant en relation un *sujet* S (ce de quoi on parle) avec un *prédicat* P (ce que l'on dit du sujet), et qui sont de l'une des quatre formes suivantes, désignées traditionnellement par l'une des lettres A, E, I, O :

21. Voir la note 4, p. 8.

- A (*Affirmative universelle*) : tout S est P :

$$\forall x, (S(x) \implies P(x))$$

- E (*Négative universelle*) : aucun S n'est P :

$$\forall x, (S(x) \implies \neg P(x))$$

- I (*Affirmative particulière*) : certains S sont P :

$$\exists x, (S(x) \land P(x))$$

- O (*Négative particulière*) : certains S ne sont pas P :

$$\exists x, (S(x) \land \neg P(x))$$

On distingue de plus

- la *prémisse majeure* (ou juste *majeure*), mettant en relation ce qu'on appelle le *moyen terme* avec ce qu'on appelle le *terme majeur* (qui sera aussi le prédicat de la conclusion) ;
- la *prémisse mineure* (ou juste *mineure*), mettant en relation ce qu'on appelle le *terme mineur* (qui sera aussi le sujet de la conclusion), avec le *moyen terme* ;
- la conclusion, mettant en relation le terme mineur (sujet), et le terme majeur (prédicat).

Par ailleurs, dans chacune des deux prémisses, le moyen terme M peut être en position de sujet ou de prédicat, et il existe donc quatre situations différentes, que l'on appelle des *figures* :

- Figure 1 : M est le sujet de la majeure et le prédicat de la mineure ;
- Figure 2 : M est le prédicat de la majeure et de la mineure ;
- Figure 3 : M est le sujet de la majeure et de la mineure ;
- Figure 4 : M est le prédicat de la majeure et le sujet de la mineure.

Cette répartition en quatre catégories suppose que le syllogisme est écrit sous forme dite *normale*, où la prémisse majeure précède la prémisse mineure. Mais permuter les deux prémisses ne change pas la conclusion, et dans ce cas on peut ne garder que les trois premières figures (M est le sujet de l'une des prémisses et le prédicat de l'autre, ou M est le sujet des deux, ou M est le prédicat des deux) [22]. Dans l'exemple précédent

- « Tous les hommes sont mortels » est la prémisse majeure, le moyen terme est « hommes », le terme majeur est « mortels ».
- « Tous les Grecs sont des hommes » est la prémisse mineure, le terme mineur est « Grecs », le moyen terme est « hommes ».
- « Donc tous les Grecs sont mortels » est la conclusion.

Il s'agit d'une figure 1, puisque le moyen terme est le sujet de la majeure et le prédicat de la mineure.

On notera que ce qui est peut-être le syllogisme le plus classique :

Tous les hommes sont mortels. Or Socrate est un homme. Donc Socrate est mortel.

n'est pas l'exemple le plus adapté car sa prémisse mineure, « Socrate est un homme », est plutôt ce qu'on appelle une *affirmative singulière*, de la forme « S est P », plutôt qu'une *affirmative universelle* (« tout S est P »). On peut néanmoins se ramener à la même structure que dans l'exemple précédent, avec la formalisation suivante :

22. D'ailleurs la figure 4 n'était pas prise en compte par Aristote.

- H(x) :≡ x est un homme.
- M(x) :≡ x est mortel.
- S(x) :≡ x est Socrate (ou « x est identique à Socrate »).

Ce qui donne

$$\begin{cases} \forall x, (H(x) \implies M(x)) \\ \forall x, (S(x) \implies H(x)) \end{cases}$$

Donc :

$$\forall x, (S(x) \implies M(x))$$

La conclusion est alors littéralement « tout ce qui est Socrate est mortel », ou plus simplement « Socrate est mortel ». Une autre possibilité est de formaliser ainsi :

- H(x) :≡ x est un homme.
- M(x) :≡ x est mortel.
- S constante représentant Socrate.

Ce qui donne

$$\begin{cases} \forall x, (H(x) \implies M(x)) \\ H(S) \end{cases}$$

Donc d'après la règle d'élimination de ∀ (on remplace x par S), et par modus ponens, on obtient $M(S)$.

En plus des techniques vues dans les chapitres précédents pour la logique des prédicats, on peut aussi étudier les syllogismes à l'aide de diagrammes logiques, comme les diagrammes d'Euler, de Venn, ou de Carroll. Concernant ces deux derniers :

- Les techniques vues dans la section 2.8 s'appliquent aux énoncés universels (avec le symbole ∀).
- Pour les énoncés existentiels (avec le symbole ∃), on ajoute la notation suivante : on place sur le diagramme, dans la ou les zones associées, une croix. Par exemple, pour un énoncé de la forme « $\exists x, (P(x) \land Q(x))$ », on place une croix dans la zone associée à P/Q (P *vrai*, Q *vrai*).

Exemple 5.17.1
Voici un exemple du romancier et mathématicien britannique Lewis Carroll (1832-1898)[23].

- Tous les aigles peuvent voler.
- Quelques cochons ne peuvent pas voler.
- Conclusion : quelques cochons ne sont pas des aigles.

Notons

- $A(x)$:≡ x est un aigle.
- $V(x)$:≡ x peut voler.
- $C(x)$:≡ x est un cochon.

L'énoncé se traduit par

- $\forall x, (A(x) \implies V(x))$, ou encore : $\forall x, \neg(A(x) \land \neg(V(x))$
- $\exists x, (C(x) \land \neg V(x))$

23. Lewis CARROLL. « La logique symbolique ». Dans : *Œuvres*. Trad. par Jean GATTÉGNO. 4e éd. Gallimard, 1990, p. 1485-1629. Première publication : 1897.

La conclusion est immédiate, puisque par contraposition, $A(x) \implies V(x)$ équivaut à : $\neg V(x) \implies \neg A(x)$. Donc :

$$\exists x, (C(x) \wedge \neg A(x))$$

Mais on peut aussi raisonner à l'aide d'un diagramme logique. Je présente ci-dessous la résolution à partir des diagrammes de Venn et Carroll.

$$\forall x, \neg(A(x) \wedge \neg V(x))$$

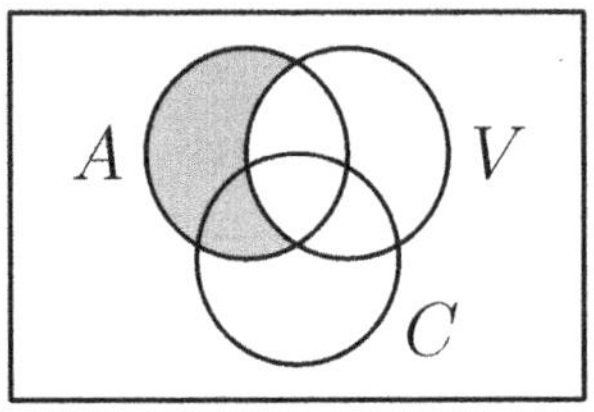

Diagramme de Venn

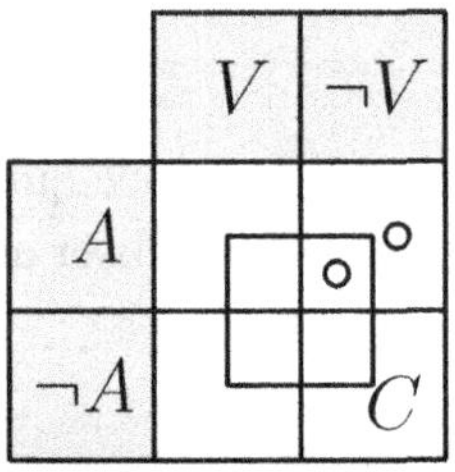

Diagramme de Carroll

$$\exists x, (C(x) \wedge \neg V(x))$$

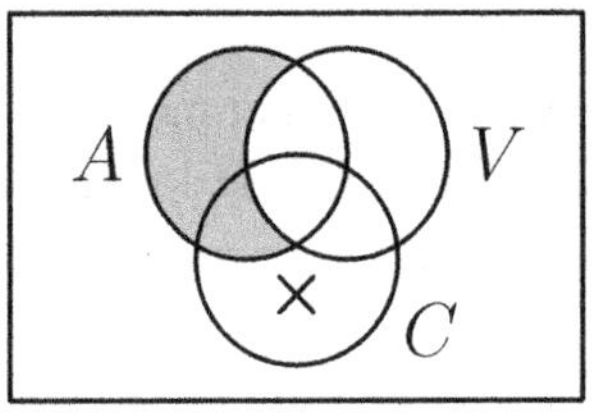

Diagramme de Venn

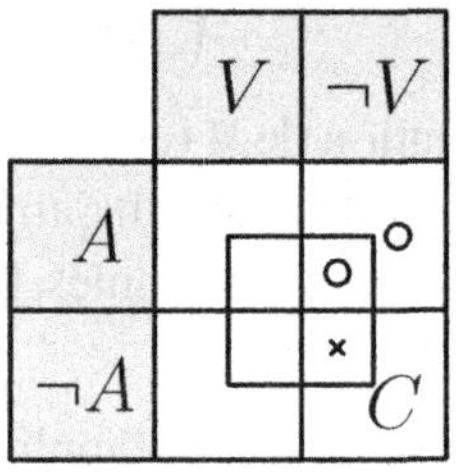

Diagramme de Carroll

On a placé une croix dans la zone correspondant à $C/\neg V$, formée des deux cellules $A/\neg V/C$ et $\neg A/\neg V/C$. Sans information supplémentaire, on pourrait placer une croix à la frontière des deux cellules, mais puisque la zone $A/\neg V/C$ est vide, on place une croix dans la cellule $\neg A/\neg V/C$ uniquement.

Conclusion :

$$\exists x, (C(x) \wedge \neg A(x))$$

« Il existe au moins un cochon qui n'est pas un aigle », ou encore : « Quelques cochons ne sont pas des aigles ».

Sachant qu'il y a quatre formes possibles pour la prémisse majeure, pour la prémisse mineure, et pour la conclusion, soit $4^3 (= 64)$ possibilités, et pour chacune d'elles 4 figures, il y a en tout $4 \times 64 (= 256)$ syllogismes possibles, mais la plupart ne sont pas corrects. Il existe 24 syllogismes valides. La tradition leur donne un nom à chacun [24], dans lequel chaque voyelle reprend l'une des quatre formes A-E-I-O. Par exemple **Barbara** signifie que les deux prémisses et la conclusion sont du type A (affirmative universelle), et **Ferio** signifie que la prémisse majeure est de type E (Négative universelle), la prémisse mineure de type I (Affirmative particulière), et la conclusion de type O (Négative particulière). Voici la liste de ces syllogismes, où S représente le terme mineur (le sujet de la conclusion), P le terme majeur (le prédicat de la conclusion), et

24. Mais qui peuvent légèrement varier selon les sources.

M le moyen terme [25] :

Nom	Barbara	Celarent	Darii	Ferio
Prémisses	Tous les M sont P. Tous les S sont M.	Aucun M n'est P. Tous les S sont M.	Tous les M sont P. Certains S sont M.	Aucun M n'est P. Certains S sont M.
Formellement	$\forall x, (M(x) \implies P(x))$ $\forall x, (S(x) \implies M(x))$	$\forall x, (M(x) \implies \neg P(x))$ $\forall x, (S(x) \implies M(x))$	$\forall x, (M(x) \implies P(x))$ $\exists x, (S(x) \wedge M(x))$	$\forall x, (M(x) \implies \neg P(x))$ $\exists x, (S(x) \wedge M(x))$
Conclusion	Tous les S sont P.	Aucun S n'est P.	Certains S sont P.	Certains S ne sont pas P.
Formellement	$\forall x, (S(x) \implies P(x))$	$\forall x, (S(x) \implies \neg P(x))$	$\exists x, (S(x) \wedge P(x))$	$\exists x, (S(x) \wedge \neg P(x))$

TABLE 5.1 – Les 24 syllogismes valides 1/6.

Nom	Barbari	Celaront	Cesare	Camestres
Prémisses	Tous les M sont P. Tous les S sont M. Il existe des S.	Aucun M n'est P. Tous les S sont M. Il existe des S	Aucun P n'est M. Tous les S sont M.	Tous les P sont M. Aucun S n'est M.
Formellement	$\forall x, (M(x) \implies P(x))$ $\forall x, (S(x) \implies M(x))$ $\exists x, S(x)$	$\forall x, (M(x) \implies \neg P(x))$ $\forall x, (S(x) \implies M(x))$ $\exists x, S(x)$	$\forall x, (P(x) \implies, \neg M(x))$ $\forall x, (S(x) \implies M(x))$	$\forall x, (P(x) \implies M(x))$ $\forall x, (S(x) \implies \neg M(x))$
Conclusion	Certains S sont P.	Certains S ne sont pas P.	Aucun S n'est P.	Aucun S n'est P.
Formellement	$\exists x, (S(x) \wedge P(x))$	$\exists x, (S(x) \wedge \neg P(x))$	$\forall x, (S(x) \implies \neg P(x))$	$\forall x, (S(x) \implies \neg P(x))$

TABLE 5.2 – Les 24 syllogismes valides 2/6.

Nom	Festino	Baroco	Cesaro	Camestros
Prémisses	Aucun P n'est M. Certains S sont M.	Tous les P sont M. Certains S ne sont pas M.	Aucun P n'est M. Tous les S sont M. Il existe des S.	Tous les P sont M. Aucun S n'est M. Il existe des S
Formellement	$\forall x, (P(x) \implies \neg M(x))$ $\exists x, (S(x) \wedge M(x))$	$\forall x, (P(x) \implies M(x))$ $\exists x, (S(x) \wedge \neg M(x))$	$\forall x, (P(x) \implies \neg M(x))$ $\forall x, (S(x) \implies M(x))$ $\exists x, S(x)$	$\forall x, (P(x) \implies M(x))$ $\forall x, (S(x) \implies \neg M(x))$ $\exists x, S(x)$
Conclusion	Certains S ne sont pas P.	Certains S ne sont pas P.	Certains S ne sont pas P.	Certains S ne sont pas P.
Formellement	$\exists x, (S(x) \wedge \neg P(x))$	$\exists x, (S(x) \wedge \neg P(x))$	$\exists x, (S(x) \wedge \neg P(x))$	$\exists x, (S(x) \wedge \neg P(x))$

TABLE 5.3 – Les 24 syllogismes valides 3/6.

Nom	Datisi	Disamis	Ferison	Bocardo
Prémisses	Tous les M sont P. Certains M sont S.	Certains M sont P. Tous les M sont S.	Aucun M n'est P. Certains M sont S.	Certains M ne sont pas P. Tous les M sont S.
Formellement	$\forall x, (M(x) \implies P(x))$ $\exists x, (M(x) \wedge S(x))$	$\exists x, (M(x) \wedge P(x))$ $\forall x, (M(x) \implies S(x))$	$\forall x, (M(x) \implies \neg P(x))$ $\exists x, (M(x) \wedge S(x))$	$\exists x, (M(x) \wedge \neg P(x))$ $\forall x, (M(x) \implies S(x))$
Conclusion	Certains S sont P.	Certains S sont P.	Certains S ne sont pas P.	Certains S ne sont pas P.
Formellement	$\exists x, (S(x) \wedge P(x))$	$\exists x, (S(x) \wedge P(x))$	$\exists x, (S(x) \wedge \neg P(x))$	$\exists x, (S(x) \wedge \neg P(x))$

TABLE 5.4 – Les 24 syllogismes valides 4/6.

Nom	Felapton	Darapti	Camenes	Dimatis
Prémisses	Aucun M n'est P. Tous les M sont S. Il existe des M.	Tous les M sont P. Tous les M sont S. Il existe des M	Tous les P sont M. Aucun M n'est S.	Certains P sont M. Tous les M sont S.
Formellement	$\forall x, (M(x) \implies \neg P(x))$ $\forall x, (M(x) \implies S(x))$ $\exists x, M(x)$	$\forall x, (M(x) \implies P(x))$ $\forall x, (M(x) \implies S(x))$ $\exists x, M(x)$	$\forall x, (P(x) \implies M(x))$ $\forall x, (M(x) \implies \neg S(x))$	$\exists x, (P(x) \wedge M(x))$ $\forall x, (M(x) \implies S(x))$
Conclusion	Certains S ne sont pas P.	Certains S sont P.	Aucun S n'est P.	Certains S sont P.
Formellement	$\exists x, (S(x) \wedge \neg P(x))$	$\exists x, (S(x) \wedge P(x))$	$\forall x, (S(x) \implies \neg P(x))$	$\exists x, (S(x) \wedge P(x))$

TABLE 5.5 – Les 24 syllogismes valides 5/6.

25. Pour Aristote, quand on affirme la véracité d'une expression comme « Tous les S sont P », il est implicite qu'il existe au moins un S. Mais pour rendre le raisonnement formellement correct, une condition d'existence est parfois ajoutée, de la forme « Il existe des S ».

Nom	Fresison	Calemos	Fesapo	Bamalip
Prémisses	Aucun P n'est M. Certains M sont S.	Tous les P sont M. Aucun M n'est S. Il existe des S.	Aucun P n'est M. Tous les M sont S. Il existe des M	Tous les P sont M. Tous les M sont S. Il existe des P
Formellement	$\forall x, (P(x) \implies \neg M(x))$ $\exists x, (M(x) \wedge S(x))$	$\forall x, (P(x) \implies M(x))$ $\forall x, (M(x) \implies \neg S(x))$ $\exists x, S(x)$	$\forall x, (P(x) \implies \neg M(x))$ $\forall x, (M(x) \implies S(x))$ $\exists x, M(x)$	$\forall x, (P(x) \implies M(x))$ $\forall x, (M(x) \implies S(x))$ $\exists x, P(x)$
Conclusion	Certains S ne sont pas P.	Certains S ne sont pas P.	Certains S ne sont pas P.	Certains S sont P.
Formellement	$\exists x, (S(x) \wedge \neg P(x))$	$\exists x, (S(x) \wedge \neg P(x))$	$\exists x, (S(x) \wedge \neg P(x))$	$\exists x, (S(x) \wedge P(x))$

TABLE 5.6 – Les 24 syllogismes valides 6/6.

Exemple 5.17.2

L'exemple suivant de Lewis Carroll [26] est ce qu'on appelle un sorite ou un polysyllogisme (chaîne de syllogismes reliés entre eux). Il s'agit de trouver la conclusion déduite des trois prémisses suivantes :

- Les bébés sont illogiques.
- Nul n'est méprisé quand il peut venir à bout d'un crocodile.
- Les gens illogiques sont méprisés.

Notons

- $B(x) :\equiv$ x est un bébé.
- $M(x) :\equiv$ x est méprisé.
- $C(x) :\equiv$ x peut venir à bout d'un crocodile.
- $I(x) :\equiv$ x est illogique.

L'énoncé peut alors se traduire par

$$\begin{cases} \forall x, (B(x) \implies I(x)) \\ \forall x, (C(x) \implies \neg M(x)) \\ \forall x, (I(x) \implies M(x)) \end{cases}$$

La conclusion (« Les bébés ne peuvent venir à bout des crocodiles. ») est immédiate, puisque par contraposition, $C(x) \implies \neg M(x)$ équivaut à $M(x) \implies \neg C(x)$, donc par transitivité :

$$\forall x, (B(x) \implies \neg C(x))$$

On peut aussi utiliser un diagramme :

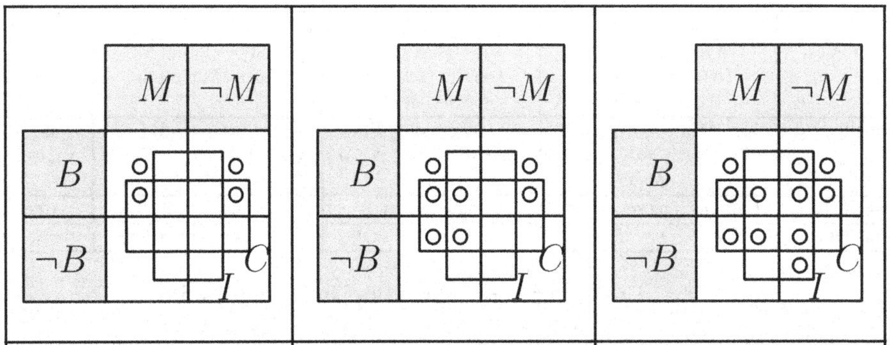

$\forall x, (B(x) \implies I(x))$	$\forall x, (C(x) \implies \neg M(x))$	$\forall x, (I(x) \implies M(x))$

26. Lewis CARROLL. « La logique symbolique ». Dans : *Œuvres*. Trad. par Jean GATTÉGNO. 4e éd. Gallimard, 1990, p. 1485-1629. Première publication : 1897.

On voit sur la dernière figure que toutes les cellules à l'intersection de B et C sont vides. La conclusion est :

$$\forall x, \neg(B(x) \wedge C(x))$$

ou encore :

$$\forall x, (B(x) \implies \neg C(x))$$

Autrement dit : « Les bébés ne peuvent venir à bout des crocodiles. ».

Chapitre 6

Sophismes et paralogismes

6.1 Introduction

Un *paralogisme* est un raisonnement incorrect (étymologiquement, un « raisonnement à côté »). Ce terme est en général employé quand l'erreur est involontaire, faite de bonne foi, ce qui le distingue du *sophisme*, qui est un paralogisme fallacieux, c'est-à-dire prononcé dans l'intention de tromper. Étymologiquement, les sophismes sont les arguments employés par les *sophistes*, qui étaient des orateurs de la Grèce antique, utilisant des techniques dont le seul objectif était la persuasion de leur auditoire. Ils n'hésitaient donc pas à employer des raisonnements incorrects, mais qui, par leur éloquence, pouvaient passer pour corrects. [1]

On distingue en général les paralogismes formels, que l'on peut identifier en étudiant uniquement la structure de l'argument, des paralogismes informels, qui dépendent du contenu. La section qui suit cette introduction sera consacrée aux premiers, et les autres sections aux paralogismes informels, que je classerai en trois catégories :

- Ceux en rapport avec le raisonnement déductif, c'est-à-dire dans lequel la conclusion se déduit de façon certaine des prémisses (c'est le type de raisonnement que l'on trouve en logique formelle, donc dans les mathématiques).
- Ceux en rapport avec le raisonnement inductif, dans lequel l'étude des prémisses montre que la conclusion est uniquement probable. Ce type de raisonnement ne se trouve pas en logique formelle, mais est employé en sciences. Il consiste par exemple à chercher des lois générales à partir de l'observation de faits particuliers. Il est important de ne pas confondre le raisonnement inductif avec le principe d'induction que nous avons vu. Le même terme est utilisé mais ces deux cas n'ont rien à voir. Comme toutes les autres règles mathématiques, l'induction fait partie des raisonnements de type déductif. Par ailleurs, même si le raisonnement inductif n'est pas utilisé dans une preuve mathématique formelle, une erreur en rapport avec ce type de raisonnement reste possible dans une démonstration « humaine » (par exemple la généralisation abusive d'une propriété).
- Les autres, que je désignerai par le terme *irrationnel* (dans le sens où l'erreur commise n'est plus directement liée à un raisonnement de type déductif ou inductif).

Je précise enfin que l'objectif de cette classification n'est pas de réaliser une étude épistémologique savante, et que ce chapitre me permet juste de présenter une liste (non exhaustive) de paralogismes classiques, que l'on peut rencontrer dans différents domaines (je ne me limite pas aux mathématiques). [2]

1. Les définitions peuvent varier selon les auteurs. Je préfère considérer le sophisme comme une sous-catégorie de paralogisme, ce qui est plus simple que d'employer le terme *paralogisme* uniquement quand l'erreur est involontaire. Sinon il n'existe pas de mot pour désigner l'erreur de raisonnement elle-même, indépendamment de l'intention du locuteur (ce que les anglophones nomment *fallacy*).

2. Les différents types de paralogismes et les exemples présentés dans ce chapitre s'appuient notamment sur les sources suivantes :

6.2 Paralogismes formels

Paralogisme 6.2.1 (Confusion entre implication et implication réciproque)
Cette erreur consiste à confondre une implication $P \implies Q$ et sa réciproque ($Q \implies P$), ce qui revient à confondre implication et équivalence, et peut aussi conduire à deux autres erreurs :

- l'*affirmation du conséquent*, où l'on déduit P de $P \implies Q$ et Q, ce qui est correct étant de déduire P de $Q \implies P$ et Q (modus ponens);
- la *négation de l'antécédent*, où l'on déduit $\neg Q$ de $P \implies Q$ et $\neg P$, ce qui est correct étant de déduire $\neg Q$ de $Q \implies P$ et $\neg P$ (modus tollens).

Exemple 6.2.2 (Exemples d'implications mathématiques vraies dont la réciproque est fausse)

- Tous les carrés sont des parallélogrammes, mais tous les parallélogrammes ne sont pas des carrés.
- Tous les nombres premiers sont supérieurs ou égaux à 2, mais tous les entiers supérieurs ou égaux à 2 ne sont pas premiers.
- Toutes les fonctions dérivables sont continues, mais toutes les fonctions continues ne sont pas dérivables.

Exemple 6.2.3
Exemples d'affirmation du conséquent et de négation de l'antécédent, pour lesquels les prémisses sont vraies, mais la conclusion absurde, ce qui illustre la non-validité de ce type de raisonnement :

- Exemple d'affirmation du conséquent :
  Tous les chiens ont quatre pattes.
  Un chat a quatre pattes.
  Donc un chat est un chien.
- Exemple de négation de l'antécédent :
  Tous les chiens ont quatre pattes.
  Un chat n'est pas un chien.
  Donc un chat n'a pas quatre pattes.
- Exemple d'affirmation du conséquent :
  Si vous habitez à Paris, alors vous vivez en France.
  Vous vivez en France.
  Donc vous habitez à Paris.
- Exemple de négation de l'antécédent :
  Si vous habitez à Paris, alors vous vivez en France.
  Vous n'habitez pas à Paris.
  Donc vous ne vivez pas en France.

- Normand BAILLARGEON. *Petit cours d'autodéfense intellectuelle*. Lux Éditeur, 2006.
- Patrick J. HURLEY. *A Concise Introduction to Logic*. 12e éd. Cengage Learning, 2015.
- Encyclopédie Wikipedia (anglophone et francophone).

Exemple 6.2.4 (Exemple d'erreur dans un raisonnement mathématique)
On considère dans $\mathbb{R}$ l'équation

$$x^2 + x + 1 = 0$$

Comme 0 n'est pas solution de cette équation, celle-ci est équivalente, en multipliant par x, à

$$x^3 + x^2 + x = 0$$

Or $x^2 + x + 1 = 0$, donc $x^2 + x = -1$. On en déduit $x^3 - 1 = 0$, soit : $x^3 = 1$. La seule solution de cette équation est $x = 1$. Donc, en remplaçant dans l'équation de départ x par 1, on obtient

$$1 + 1 + 1 = 0$$
$$3 = 0$$

Où est l'erreur ?

L'erreur est la suivante : il est vrai que si x est un nombre réel tel que $x^2 + x + 1 = 0$, alors $x = 1$, mais la réciproque n'est pas vraie (1 n'est pas solution de l'équation). Le raisonnement précédent montre juste que cette équation n'a pas de solution réelle (elle a deux solutions complexes).

Exemple 6.2.5 (Paradoxe des trois coiffeurs, de Lewis Carroll)
Le paradoxe suivant apparaît dans l'histoire *A logical paradox* du romancier et mathématicien britannique Lewis Carroll (1832-1898) [3], publiée en juillet 1894 dans la revue *Mind*. Dans un salon de coiffure travaillent trois coiffeurs, Allen, Brown et Carr. Au moins l'un des coiffeurs doit être présent pour tenir le salon et, par ailleurs, Allen a tellement peur de sortir seul qu'il emmène toujours Brown avec lui. On démontre par l'absurde que Carr est forcément présent dans le salon. Supposons en effet que Carr soit absent.

- Si Allen est absent, alors Brown est présent (puisqu'il doit y avoir au moins un coiffeur présent).
- Si Allen est absent, alors Brown est absent (puisque Allen emmène toujours Brown avec lui).

Les deux propositions précédentes sont contradictoires. Donc Carr est présent.

Ce raisonnement est visiblement incorrect, puisqu'on peut se trouver dans la situation suivante, compatible avec les conditions de l'énoncé : Carr est absent, Allen et Brown sont présents. Où est l'erreur ?

L'erreur est ici de penser que les propositions « Si Allen est absent, alors Brown est présent » et « Si Allen est absent, alors Brown est absent » sont contradictoires. Cela peut revenir, d'une certaine façon, à considérer les deux implications comme des équivalences (« Allen est absent si et seulement si Brown est présent » et « Allen est absent si et seulement si Brown est absent » serait contradictoire). La seule chose que l'on peut conclure est que Allen est présent (la contradiction n'apparaît que s'il est absent).

Paralogisme 6.2.6 (Confusion entre *ou inclusif* et *ou exclusif*)
C'est la confusion entre la disjonction logique (*ou*) et la disjonction exclusive (*ou exclusif*). $P \vee Q$

3. Lewis CARROLL. « La logique symbolique ». Dans : *Œuvres*. Trad. par Jean GATTÉGNO. 4e éd. Gallimard, 1990, p. 1485-1629. Première publication : 1897. Traduit sous le titre : *Les trois coiffeurs*.

est *vrai* en particulier quand P et Q sont simultanément *vrai*, ce qui n'est pas le cas de « P oux Q ». Cette erreur peut conduire par exemple à déduire $\neg Q$ à partir de $P \lor Q$ et P, ce qui est correct étant de déduire Q de $P \lor Q$ et $\neg P$ (syllogisme disjonctif).

Exemple 6.2.7
En français, la disjonction *ou* peut être inclusive ou exclusive. Un exemple classique est l'expression sur la carte d'un restaurant, « Fromage ou dessert ». Dans ce cas, le terme *ou* représente un *ou exclusif*, et pas le *ou* logique, qui est inclusif. Dans cette même situation, le *et* de « Fromage et dessert » représente cette fois plutôt le connecteur *ou* logique ($\lor$), car on peut supposer que le restaurateur n'oblige pas son client à prendre à la fois le fromage et le dessert.

6.3 Paralogismes en rapport avec le raisonnement déductif

Paralogisme 6.3.1 (Argument circulaire, pétition de principe)

- Dans la *pétition de principe*, on considère comme vrai, dans les hypothèses d'une démonstration, ce que l'on doit démontrer.
- Dans l'*argument circulaire* (ou *raisonnement circulaire*), on justifie une proposition P en la déduisant d'une proposition Q, qui elle-même se déduit de P. Cela revient à justifier que P et Q sont des propositions équivalentes, et en déduire leur validité, ce qui est incorrect : la proposition P n'est pas nécessairement vraie ; on peut juste dire qu'elle est vraie si et seulement si Q est vraie.

Exemple 6.3.2

1. Exemple de pétition de principe (cet exemple est dans le troisième intermède du *Malade imaginaire* de Molière) : pourquoi l'opium fait-il dormir ? Parce qu'il a une vertu dormitive.
2. Exemple d'argument circulaire : voler est illégal car il ne faut pas voler. Il ne faut pas voler car c'est illégal.

Ces exemples sont triviaux mais ce type de faux raisonnement peut être caché dans une démonstration.

Paralogisme 6.3.3 (Faux dilemme, fausse dichotomie)
Le *faux dilemme* consiste à présenter plusieurs options comme les seules possibles, alors qu'il peut y en avoir d'autres. Dans le cas où deux options sont présentées, ce paralogisme porte aussi le nom de *fausse dichotomie*.

Exemple 6.3.4 (Exemple de fausse dichotomie)
« Si tu n'es pas avec moi, tu es contre moi ».

Paralogisme 6.3.5 (Appel à l'ignorance, ou *argumentum ad ignorantiam*)
Ce paralogisme consiste à conclure qu'un énoncé est vrai parce qu'on ne peut pas démontrer qu'il est faux (ou qu'il est faux parce qu'on ne peut pas démontrer qu'il est vrai).

Exemple 6.3.6 (Exemples d'appel à l'ignorance)
- Personne n'a pu prouver que les extraterrestres n'existent pas. Donc ils existent.
- Personne n'a pu prouver que les extraterrestres existent. Donc ils n'existent pas.

Exemple 6.3.7 (La théière de Russell)
La théière de Russell est une analogie du mathématicien, logicien et philosophe britannique Bertrand Russell (1872-1970), pour contester l'idée que c'est au sceptique de réfuter les bases invérifiables de la religion. Dans l'article *Is there a God ?* commandé par la revue *Illustrated Magazine* en 1952, mais qui ne fut jamais publié (on peut trouver l'article dans *The Collected Papers of Bertrand Russell*[4]), Russell écrit :

> « Si je suggérais qu'entre la Terre et Mars il y a une théière en porcelaine tournant autour du Soleil sur une orbite elliptique, personne ne serait capable de réfuter mon affirmation pour peu que j'aie pris la précaution d'ajouter que la théière est trop petite pour être détectée même par nos plus puissants télescopes. Mais si je continuais en disant que, comme mon affirmation ne peut être réfutée, il n'est pas tolérable pour la raison humaine d'en douter, on considérerait à juste titre que je raconte n'importe quoi. Cependant, si l'existence de cette théière était affirmée dans des livres anciens, enseignée comme une vérité sacrée tous les dimanches et inculquée aux enfants à l'école, alors toute hésitation à croire en son existence deviendrait une marque d'excentricité et vaudrait au sceptique les soins d'un psychiatre à une époque éclairée, ou de l'Inquisiteur en des temps plus anciens. »

6.4 Paralogismes en rapport avec le raisonnement inductif

Paralogisme 6.4.1 (Attribuer à un objet une propriété qu'il n'a pas)
On peut distinguer en particulier
- le paralogisme de division (attribuer une propriété du tout à la partie) ou de composition (attribuer une propriété de la partie au tout) ;
- la généralisation incorrecte ;
- la mauvaise analogie.

Ce type d'erreur est à la source de démonstrations mathématiques erronées (c'est en particulier le cas de raisonnements mathématiques dans lesquels on utilise un théorème alors que toutes les hypothèses ne sont pas vérifiées). En voici quelques unes.

4. Bertrand RUSSELL. *The collected papers of Bertrand Russell. Last philosophical testament 1947-68*. Sous la dir. de John SLATER et Peter KÖLLNER. 11 t. 1997, p. 547-548.

Exemple 6.4.2 (Exemple d'erreur dans un raisonnement mathématique)
On va faussement démontrer que $1 = 2$. On considère deux nombres réels non nuls égaux $a = b$. On multiplie par b, on soustrait a^2 et on factorise :

$$\begin{aligned} ab &= b^2 \\ ab - a^2 &= b^2 - a^2 \\ a(b-a) &= (b-a)(b+a) \end{aligned}$$

On divise par $b - a$:

$$a = b + a$$

Puisque $a = b$, on peut remplacer b par a :

$$\begin{aligned} a &= a + a = 2a \\ 1 \times a &= 2 \times a \end{aligned}$$

On divise par a :

$$1 = 2$$

Où est l'erreur ?

L'erreur consiste ici à diviser par $b - a$ qui est nul (puisque $a = b$).

Exemple 6.4.3 (Exemple d'erreur dans un raisonnement mathématique)

1. On se place dans l'ensemble des nombres complexes, en notant $\sqrt{-1}$ le nombre i (puisque $\mathrm{i}^2 = -1$). On en déduit
$$1 = \sqrt{1} = \sqrt{(-1) \times (-1)} = \sqrt{-1} \times \sqrt{-1} = \mathrm{i} \times \mathrm{i} = \mathrm{i}^2 = -1$$
Donc $1 = -1$. Où est l'erreur ?

   L'erreur vient de l'application de la propriété
$$\sqrt{a \times b} = \sqrt{a} \times \sqrt{b}$$
qui n'est valable que pour des nombres réels positifs.

2. Dans le même ordre d'idée :
$$-1 = -1^1 = (-1)^{2 \times \frac{1}{2}} = ((-1)^2)^{\frac{1}{2}} = 1^{\frac{1}{2}} = 1$$

   L'erreur vient de l'application de la propriété $(a^b)^c = a^{b \times c}$ qui n'est pas valable si $a < 0$.

Exemple 6.4.4 (Erreur dans un raisonnement mathématique : tous les triangles sont isocèles)
L'exemple qui suit est attribué à Lewis Carroll. On va faire la fausse démonstration que tout triangle est un triangle isocèle. Soit un triangle ABC. Notons D le milieu de $[BC]$. Si la médiatrice de $[BC]$ et la bissectrice de l'angle $\widehat{BAC}$ sont parallèles, alors le triangle ABC est isocèle en A (et ces deux droites sont confondues). Sinon, notons E l'intersection de ces deux droites, F le projeté orthogonal

de E sur $[AB]$, et G le projeté orthogonal de E sur $[AC]$.

- Les triangles AFE et AGE sont isométriques, car ce sont des triangles rectangles avec une même hypoténuse et un angle de même mesure ($\widehat{EAF} = \widehat{EAG}$). Donc $AF = AG$, et $FE = GE$.
- $EB = EC$, puisque E appartient à la médiatrice de $[BC]$.
- Les triangles EBF et ECG sont isométriques, car ce sont des triangles rectangles avec une hypoténuse de même longueur ($EB = EC$), et un côté de même longueur ($FE = GE$). Donc $FB = GC$.
- On en déduit

$$AB = AF + FB = AG + GC = AC$$

Par conséquent, le triangle est isocèle en A. Quelle est l'erreur dans le raisonnement ?

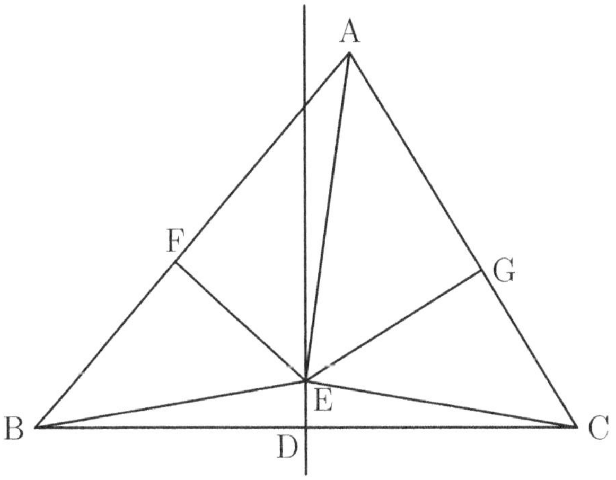

La seule erreur est dans la dernière étape, car le point E ne se situe pas à l'intérieur du triangle, comme sur la figure (fausse) mais à l'extérieur, et l'un des projetés F ou G n'appartient pas au côté du triangle. Plus précisément, si $AC < AB$, comme sur la figure ci-dessus, alors G n'appartient pas au segment $[AC]$ et $AC \neq AG + GC$, et si $AB < AC$, alors F n'appartient pas au segment $[AB]$, et $AB \neq AF + FB$.

Exemple 6.4.5 (Exemple d'erreur dans un raisonnement mathématique)
Pour tout nombre entier non nul x, on a : $x^2 = x \times x$. Donc :

$$x^2 = \underbrace{x + x + \cdots + x}_{x \text{ termes}}$$

On dérive par rapport à x :

$$2x = \underbrace{1 + 1 + \cdots + 1}_{x \text{ termes}}$$

Donc $2x = x$, et puisque x est non nul, on peut diviser par x et on obtient $2 = 1$. Où est l'erreur ?

Ici l'erreur est de dériver, ce qui n'a pas de sens car x est un entier.

Exemple 6.4.6 (Exemple d'erreur dans un raisonnement mathématique)
Où est l'erreur dans le raisonnement suivant ?
On sait que pour tout entier n :

$$1 + 2 + 3 + \cdots + n = \frac{n(n+1)}{2}$$

On écrit cette égalité en remplaçant n par n -1 :

$$1 + 2 + 3 + \cdots + n - 1 = \frac{(n-1)n}{2}$$

On ajoute 1 de chaque côté de l'égalité :

$$1 + 2 + 3 + \cdots + n - 1 + 1 = \frac{(n-1)n}{2} + 1 = \frac{(n-1)n + 2}{2}$$

Puisque $n - 1 + 1 = n$, on a :

$$1 + 2 + 3 + \cdots + n = \frac{(n-1)n + 2}{2}$$

Donc :

$$\frac{n(n+1)}{2} = \frac{(n-1)n + 2}{2}$$

On en déduit :

$$n(n+1) = (n-1)n + 2$$
$$n^2 + n = n^2 - n + 2$$
$$2n = 2$$
$$n = 1$$

Donc tout entier est égal à 1. Où est l'erreur ?

L'erreur se situe dans l'utilisation abusive des points de suspension :

$$1 + 2 + 3 + \cdots + n - 1$$

représente ici la somme des $n - 1$ premiers entiers non nuls, et

$$1 + 2 + 3 + \cdots + n - 1 + 1$$

qui peut s'écrire

$$1 + 2 + 3 + \cdots + (n-2) + (n-1) + 1$$

représente

$$1 + 2 + 3 + \cdots + (n-2) + n$$

ce qui n'est pas la somme des n premiers entiers non nuls (il manque le terme $n - 1$).

Exemple 6.4.7 (Exemple d'erreur dans un raisonnement mathématique)
On considère la somme infinie suivante :

$$S :\equiv 1 - 1 + 1 - 1 + 1 - 1 \cdots$$

En regroupant deux à deux les termes :

$$S = (1-1) + (1-1) + (1-1) \cdots = 0 + 0 + 0 \cdots = 0$$

En regroupant deux à deux les termes à partir du deuxième :

$$S = 1 + (-1+1) + (-1+1) + \cdots = 1 + 0 + 0 \cdots = 1$$

Donc $0 = 1$. Où est l'erreur ?

L'erreur est ici d'appliquer des propriétés d'une somme (finie) à une série (c'est-à-dire une somme infinie).

Exemple 6.4.8 (Exemple d'erreur dans un raisonnement mathématique)
On considère un nombre réel a quelconque, et une série réelle :

$$x_1 + x_2 + x_3 + x_4 + x_5 + x_6 + \cdots$$

On peut même supposer (ce qui n'était pas le cas de $1 - 1 + 1 - 1 \cdots$) que la série est absolument convergente. On sait alors que la convergence et la somme de la série ne dépendent pas de l'ordre ni du regroupement des termes. Alors

$$\begin{aligned}
x_1 &= a + (x_1 - a)\\
x_2 &= -(x_1 - a) + (x_1 + x_2 - a)\\
x_3 &= -(x_1 + x_2 - a) + (x_1 + x_2 + x_3 - a)\\
x_4 &= -(x_1 + x_2 + x_3 - a) + (x_1 + x_2 + x_3 + x_4 - a)\\
&\dots
\end{aligned}$$

On fait la somme, et comme les parenthèses se simplifient deux à deux, on obtient

$$x_1 + x_2 + x_3 + x_4 + x_5 + x_6 + \cdots = a$$

Ce qui est absurde puisque a est un réel choisi de façon arbitraire. Où est l'erreur ?

Une simplification serait possible si on manipulait des séries convergentes, mais ce n'est pas le cas. En effet, les membres de gauche de chaque égalité (les x_i) correspondent au terme général d'une série convergente, mais pas les différentes parenthèses (de la forme $x_1 + x_2 + \cdots - a$), car ces termes ne convergent même pas vers 0 (en général). En résumé, l'erreur est ici d'appliquer à des séries divergentes des propriétés valables pour des sommes finies ou des séries convergentes.

Une généralisation incorrecte peut conduire un mathématicien à énoncer une conjecture fausse, comme dans l'exemple historique suivant :

Exemple 6.4.9
Le mathématicien français Pierre de Fermat (1601/1608 [5]-1665) remarque que les nombres de la forme $F_n :\equiv 2^{2^n} + 1$ (que l'on appelle maintenant nombres de Fermat) sont premiers pour n égal à 0, 1, 2, 3, 4. Il généralise le résultat et conjecture que tout nombre de la forme $2^{2^n} + 1$ est premier. Pourtant, le mathématicien suisse Leonhard Euler (1707-1783) réfute cette conjecture en montrant en 1732 que

$$F_5 = 4\,294\,967\,297 = 641 \times 6\,700\,417$$

Aujourd'hui, on conjecture plutôt que si $n \geqslant 5$, $2^{2^n} + 1$ n'est pas un nombre premier. À la date du 27 mars 2019, on connaît une factorisation complète des nombres de Fermat de $n :\equiv 5$ à $n :\equiv 11$, on sait que les nombres de Fermat jusqu'à $n :\equiv 32$ ne sont pas premiers, et que le plus petit nombre

5. La date de naissance retenue en général est 1601 mais elle est contestée, en particulier à cause de l'épitaphe sur sa tombe indiquant qu'il est mort à 57 ans, ce qui indiquerait une naissance en 1607 ou 1608.

de Fermat dont le statut (nombre premier ou composé) est inconnu est F_{33} (mais on connaît d'autres nombres de Fermat plus grands dont on sait qu'ils sont composés)[6].

Exemple 6.4.10 (Exemple d'erreur dans un raisonnement mathématique)
Voici un exemple d'erreur dans les calculs de taux d'évolution : penser qu'une évolution d'un taux t_1 suivi d'une évolution d'un taux t_2 équivaut à une évolution d'un taux $t_1 + t_2$, ou penser que l'évolution réciproque d'un taux t est le taux $-t$. Par exemple, une augmentation de 10% suivie d'une augmentation de 20% n'est pas équivalente à une augmentation de 30%, et l'évolution réciproque d'une augmentation de 50% n'est pas une diminution de 50%. En effet, une évolution d'un taux t équivaut à une multiplication par $(1 + t)$, donc une évolution d'un taux t_1 suivie d'une évolution d'un taux t_2 équivaut à une multiplication par

$$(1 + t_1) \cdot (1 + t_2) = 1 + t_1 + t_2 + t_1 t_2$$

donc à une évolution de

$$t_1 + t_2 + t_1 t_2$$

et de même l'évolution réciproque d'un taux t équivaut à une multiplication par $\frac{1}{1+t}$, donc à une évolution du taux

$$\frac{1}{1+t} - 1 = \frac{-t}{1+t}$$

Ainsi une augmentation de 10% suivie d'une augmentation de 20% équivaut à une augmentation de 32% $(0,1+0,2+0,1\times 0,2)$, et l'évolution réciproque d'une augmentation de 50 % est une diminution d'environ 33% $\left(\frac{-0,5}{1+0,5}\right)$.

Remarque 6.4.11 : On retrouve cette erreur dans le slogan de France Télécom, repérée dans l'article *Télé-mathématiques* du journal Le Monde du 28 avril 1990 :

« Dès 18 heures, le téléphone est 30% moins cher, soit 30% de temps en plus. »

Si le prix d'un appel et sa durée sont proportionnels, la diminution de 30% signifie qu'à prix constant, la durée d'un appel a subi l'évolution réciproque de la diminution de 30%, c'est-à-dire une augmentation de $\frac{0,3}{1-0,3}$ soit environ 43%. À noter que dans l'article du Monde, France Télécom ne niait pas l'inexactitude du slogan, mais précisait que la publicité n'était pas mensongère puisque l'augmentation réelle de la durée était supérieure aux 30% indiqués !

Paralogisme 6.4.12 (Affirmation de l'existence)
Cette erreur consiste à considérer (parfois implicitement) qu'un certain objet existe, ou encore qu'un certain ensemble n'est pas vide, alors que ce n'est pas le cas.

6. Source : Wilfrid KELLER. *Prime factors $k \times 2^n + 1$ of Fermat numbers F_m and complete factoring status.* URL : `http://www.prothsearch.com/fermat.html` (compilation de résultats connus sur la factorisation des nombres de Fermat, effectuée par Wilfrid Keller).

Exemple 6.4.13 (Exemple d'erreur dans un raisonnement mathématique)
On va faire la fausse démonstration que 1 est le plus grand nombre entier non nul : soit m le plus grand nombre entier non nul. Si $m > 1$, alors $m^2 > m$, ce qui est impossible car m est le plus grand entier. Donc $m = 1$, autrement dit : 1 est le plus grand nombre entier non nul. Où est l'erreur ?

L'erreur est de supposer l'existence d'un plus grand nombre entier (un tel nombre n'existe pas).

Exemple 6.4.14
Certains syllogismes classiques sont faux si on n'ajoute pas une condition d'existence. Par exemple, pour Aristote, on suppose implicitement dans la prémisse « Tous les M sont P » qu'il existe des M, tandis qu'en logique moderne, puisque la proposition $M \implies P$ est vraie quand M est faux, on considère qu'une expression comme « Tous les éléments de l'ensemble vide vérifient la propriété $\mathscr{P}$ » est (trivialement) vraie. Ainsi pour que le syllogisme suivant soit correct :

Tous les M sont P.
Tous les M sont S.
Donc certains S sont P.

on doit ajouter la condition « Il existe des M ». Sinon on obtient un raisonnement incorrect, comme le suivant :

Tous les dragons crachent du feu.
Tous les dragons sont des animaux.
Donc certains animaux crachent du feu.

On pourrait aussi considérer que c'est cette erreur qui est commise quand on essaie d'attribuer une valeur de vérité à certaines phrases paradoxales, comme le paradoxe du menteur.

Exemple 6.4.15 (Paradoxe de Curry)

1. Le paradoxe de Curry, présenté en 1942 par le mathématicien Haskell Curry (1900 - 1982) [7] permet d'obtenir n'importe quelle conclusion à partir d'une phrase auto-référentielle [8]. Une formulation en langage naturel est par exemple :

   « Si cette phrase est vraie, alors le père Noël existe »

   Dans le langage de la logique des propositions, une telle proposition P peut s'écrire : $P \implies Q$, où Q représente n'importe quelle proposition, et

$$P \overset{\text{def}}{\equiv} P \implies Q$$

   Si P est *vrai*, alors $P \implies Q$ est *vrai* (puisque P a été défini comme $P \implies Q$), et si P est faux, alors $P \implies Q$ est *vrai* (propriété de l'implication). On en déduit que P est *vrai*, et par modus ponens, Q est *vrai*. Ce qui est absurde, Q étant une proposition quelconque. Une façon simple d'éliminer le paradoxe est, comme pour le paradoxe du menteur (voir l'exemple 2.1.3, p. 30), de considérer que l'expression « Si cette phrase est vraie, alors le père Noël existe » n'est pas une proposition atomique : on ne peut pas lui attribuer une valeur de vérité binaire (*vrai*/*faux*).

7. Haskell CURRY. « The inconsistency of certain formal logics ». Dans : *Journal of Symbolic Logic* 7 (1942), p. 115-117.
8. À ne pas confondre avec le paradoxe de Curry, ou paradoxe du carré manquant, du magicien amateur Paul Curry (1917-1986), qui est un paradoxe géométrique.

2. Une variante applique ce paradoxe à la théorie naïve des ensembles : on considère une proposition Q quelconque, et l'ensemble

$$E :\equiv \{x \mid (x \in x) \implies Q\}$$

Alors

$$(E \in E) \iff ((E \in E) \implies Q)$$

et le raisonnement précédent montre que l'on peut en déduire que Q est *vrai* (ce qui est absurde, Q étant une proposition quelconque).

Paralogisme 6.4.16 (Fausses causes)
Cette erreur de raisonnement consiste à établir un faux lien de causalité entre deux événements. On peut en particulier distinguer les deux paralogismes suivants :

- *Post hoc ergo procter hoc*, « après ceci, donc à cause de ceci ». Cette erreur consiste à penser qu'un événement A est la cause d'un événement B parce que B se produit après A.
- Confusion entre corrélation et causalité, ou *cum hoc ergo propter hoc*, « avec ceci, donc à cause de ceci ». Une corrélation statistique entre deux variables (par exemple, une corrélation affine, qui se traduit par un alignement approximatif du nuage de points représentant les deux variables), ne signifie pas qu'il y a automatiquement un rapport de cause à effet entre les deux variables. Une corrélation entre A et B peut s'expliquer de différentes façons :

— A est la cause de B, ou B est la cause de A.

— A et B ont une cause commune.

— Il n'y a pas de relation entre A et B, et la corrélation est une coïncidence.

Exemple 6.4.17 (Exemples de post hoc ergo procter hoc)

1. Le soleil se lève juste après le chant du coq, donc c'est le coq qui cause le lever du soleil.
2. Ce paralogisme est souvent à l'origine de croyances et superstitions. Par exemple, un événement se produisant juste après une éclipse, une pleine lune, ou le passage d'une comète, peut donner l'impression qu'il a été causé par ce phénomène naturel.

Exemple 6.4.18 (Exemples de confusion entre corrélation et causalité)

1. Il y a une corrélation entre la vitesse de rotation d'un moulin à vent et le vent : plus le moulin à vent tourne vite, plus il y a de vent. « Donc » le vent est causé par le moulin à vent. Dans cet exemple, l'erreur est bien entendu d'inverser les effets et les causes : c'est le vent qui fait tourner les ailes du moulin à vent.
2. Il y a une corrélation entre le nombre de vente de glaces et le nombre de décès par noyade : plus le nombre de vente de glace augmente, plus le nombre de noyades augmente. « Donc » la consommation de glace cause la noyade. Dans cet exemple, on peut supposer que les deux événements ont pour cause l'augmentation de température : les ventes de glace sont plus importantes l'été par temps chaud, ainsi que le nombre de baignades, augmentant aussi automatiquement le nombre de noyades.

6.5 Paralogismes irrationnels

Paralogisme 6.5.1 (Ambiguïté)
L'*ambiguïté* est la propriété d'un concept ou d'une déclaration d'avoir plusieurs sens possibles. On peut aussi distinguer l'*équivoque* qui est l'usage de termes pouvant prendre plusieurs sens, et l'*amphibologie* qui est une construction grammaticale permettant à une phrase d'avoir plusieurs sens différents.

Exemple 6.5.2 (Exemple d'amphibologie)
« Il croit cet enfant menteur ». On peut comprendre : « il croit cet enfant, qui est menteur », ou « il croit que cet enfant est menteur ».

Exemple 6.5.3 (Paradoxe du gruyère, ou du fromage à trous [9])
L'énoncé de ce paradoxe est le suivant :
Plus il y a de gruyère, plus il y a de trous.
Or plus il y a de trous, moins il y a de gruyère.
Donc plus il y a de gruyère, moins il y a de gruyère.

Le paradoxe vient du terme *gruyère* qui est ambigu, et ne désigne pas le même objet dans la première et la deuxième phrase (le gruyère est soit le produit fini, trous compris, soit la matière uniquement, sans les trous).

Exemple 6.5.4 (Paradoxe sorite [10], ou paradoxe du tas)
Ce paradoxe, attribué au philosophe grec Eubulide (IVe siècle AEC [11]), a plusieurs variantes.

- L'un des énoncés de ce paradoxe est le suivant :
  Un grain isolé ne constitue pas un tas.
  L'ajout d'un grain à ce qui n'est pas un tas, n'en fait pas un tas.
  Donc par récurrence, on ne peut pas constituer un tas par l'accumulation des grains.
- On trouve aussi le paradoxe inverse :
  1 000 000 de grains forment un tas.
  Si on retire un grain d'un tas, c'est toujours un tas.
  Donc, par récurrence, en enlevant un par un les grains, on aura toujours un tas.
- Une autre variante :
  Quand on a 1 euro, on n'est pas riche.
  Si on n'est pas riche, et que l'on gagne 1 euro, on n'est toujours pas riche.
  Donc par récurrence, on ne peut jamais être riche en augmentant son capital d'un euro, quel que

9. On signale parfois que le terme *emmental* serait plus approprié que le terme *gruyère* (on confond souvent ces deux fromages) mais le gruyère français a des trous (contrairement au gruyère suisse), donc la dénomination classique de ce paradoxe est acceptable.
10. Du grec *sôros*, tas.
11. Voir la note 4, p. 8.

soit le nombre d'augmentations.

Les conclusions sont visiblement fausses. Par exemple, dans la dernière variante, si on gagne 1 euro par seconde, on aura gagné au bout d'un an plus de 31,5 millions d'euros ! L'erreur est dans l'ambiguïté des termes utilisés (*tas*, *riche*) qui ne sont pas définis précisément. Si on remplace « constituer un tas » par « être formé d'au moins *n* grains », ou « être riche » par « avoir au moins *n* euros » (*n* pouvant être un nombre entier quelconque), le paradoxe disparaît.

Exemple 6.5.5 (Paradoxe de l'interrogation surprise)

Une version classique de ce paradoxe est la suivante : un professeur annonce à ses étudiants qu'une interrogation surprise aura lieu la semaine suivante, c'est-à-dire qu'ils ne pourront pas connaître à l'avance le jour où l'examen se déroulera. Les étudiants font alors le raisonnement suivant (on suppose que les cours ont lieu tous les jours du lundi au vendredi) : si l'interrogation a lieu vendredi, comme elle n'aura pas encore eu lieu jeudi soir, les étudiants sauront à ce moment qu'elle doit avoir lieu le lendemain (vendredi), et ce ne sera plus une interrogation surprise. Donc l'interrogation ne peut pas avoir lieu vendredi. Si l'interrogation a lieu jeudi, les étudiants sauront mercredi soir que l'interrogation aura lieu le jeudi puisqu'elle ne peut pas avoir lieu vendredi. Ce n'est pas possible non plus puisque l'interrogation doit être surprise et ainsi le jeudi doit être aussi éliminé. Par un raisonnement analogue, ils éliminent le mercredi, mardi et lundi, et la conclusion est que l'interrogation surprise ne peut pas avoir lieu. Pourtant, il est tout à fait possible pour le professeur de faire l'interrogation par exemple le mercredi, et les étudiants ne s'y attendent pas. D'où le paradoxe.

Ce paradoxe aurait été découvert par le mathématicien suédois Lennart Ekbom pendant la seconde guerre mondiale, alors que les autorités suédoises diffusaient à la radio une annonce selon laquelle un exercice de défense civile devait avoir lieu la semaine suivante, mais précisant que, pour qu'il se déroule correctement, personne ne connaîtrait à l'avance la date de l'exercice. Lennart Ekbom aurait mis en lumière le paradoxe et l'aurait exposé à ses étudiants. Le paradoxe a alors connu une large diffusion à travers le monde. Il est imprimé pour la première fois en 1948 dans l'article « Pragmatic paradoxes » de D.J. O'Connor, paru dans le journal de philosophie *Mind* [12], sous la forme d'un exercice d'entraînement militaire. On retrouve aussi ce paradoxe sous d'autres formes, en particulier celle de la pendaison surprise d'un condamné à mort.

De nombreuses solutions pour résoudre ce paradoxe ont été proposées, et il existe une littérature très nombreuse sur le sujet [13], sans qu'il y ait vraiment de consensus sur la solution, avec des approches parfois extrêmement complexes. Voici ma proposition (simple) : on peut comprendre l'expression *interrogation surprise* de différentes façons. Si on comprend l'énoncé comme : « Il y aura une interrogation un des jours de la semaine prochaine, et quel que soit ce jour il sera impossible de le connaître à l'avance (et avec certitude) », alors le raisonnement précédent montre que c'est impossible, aucun jour de la semaine n'est envisageable, une telle interrogation surprise ne peut pas avoir lieu. Mais il y a une différence entre le dernier jour de la semaine et les précédents. Si l'énoncé devient : « Il y aura une interrogation un des jours de la semaine prochaine, et il sera impossible de connaître ce jour à l'avance sauf si c'est vendredi », il n'y a plus de paradoxe, et c'est bien ce qu'il se passe dans la réalité quand le professeur donne son interrogation et que les étudiants sont surpris. Si l'interrogation a lieu entre lundi et jeudi, les étudiants ne peuvent pas savoir à l'avance qu'elle va avoir lieu. Par contre, si elle a lieu le dernier jour (vendredi), ils le savent la veille.

12. D.J. O'CONNOR. « Pragmatic paradoxes ». Dans : *Mind* 57 (1948), p. 358-359.
13. Timothy Y.Chow a essayé de compiler une bibliographie exhaustive sur le sujet : Timothy Y. CHOW. *The Surprise Examination*

Paralogisme 6.5.6 (Prémisses sans rapport avec la conclusion)
Considérer une proposition comme vraie, ou fausse, en tenant compte d'éléments non pertinents comme la source de cette proposition (qui l'énonce ?), n'est pas un argument rationnel. On peut distinguer

- l'argument d'autorité (*argumentum ab auctoritate*), ou l'appel à l'autorité, qui consiste à évoquer une autorité pour légitimer une proposition ;
- l'appel au peuple (*argumentum ad populum*), qui consiste à accepter une proposition parce qu'elle est acceptée par le peuple, la majorité...
- l'appel à la tradition (*argumentum ad antiquitatem*) ;
- l'*argumentum ad hominem*, qui consiste à opposer aux arguments d'une personne ses propres actes ou paroles (en relevant par exemple ses contradictions), et l'*argumentum ad personam* (ou attaque personnelle), qui consiste à attaquer la personne elle-même (sans rapport avec les arguments avancés) ou à la discréditer (les deux expressions sont souvent confondues).

Remarque 6.5.7 : Je ne rentre pas dans le détail de ces paralogismes, dont l'application serait à nuancer. Par exemple, faire appel aux propos d'un médecin réputé pour justifier une affirmation en rapport avec les sciences économiques est un argument d'autorité ; utiliser les propos de ce même médecin pour justifier une affirmation en rapport avec son domaine de compétences n'est pas une preuve, dans le sens logique du terme, mais c'est probablement un argument raisonnable. De même critiquer le *raisonnement* d'un individu car il est un menteur avéré est une attaque personnelle (le fait que le raisonnement soit correct ou incorrect n'a rien à voir avec la personne qui l'énonce), mais la critique du *témoignage* de ce même individu lors d'un procès est fondée.

or Unexpected Hanging Paradox. 2011. URL : `http://www-math.mit.edu/~tchow/unexpected.pdf`.

Chapitre 7

Propriétés de la logique des propositions et de la logique des prédicats

7.1 Correction et complétude de la logique des propositions

Prérequis
Le chapitre 2 sur la logique des propositions (au moins les sections 2.4 à 2.7 et 2.9), les systèmes de déduction à la Hilbert (section 5.4), et les propriétés des ensembles non contradictoires de formules (section 5.7).

Nous avons vu que la double approche de la logique, sémantique et syntaxique, amène deux notions de conséquence :

- La formule P est une conséquence sémantique de l'ensemble de formules Γ lorsque P est vraie dans tout modèle de Γ, ce que l'on note
$$\Gamma \models P$$
- La formule P est une conséquence syntaxique de l'ensemble de formules Γ lorsqu'on peut déduire P de Γ, ce que l'on note
$$\Gamma \vdash P$$

Nous allons prouver que ces deux notions coïncident, c'est-à-dire que les symboles $\vdash$ et $\models$ sont interchangeables. Nous utiliserons comme système de déduction le système à la Hilbert décrit dans la section 5.4 (mais d'après les résultats de la section 5.15, il serait équivalent d'utiliser le système de déduction naturelle).

La première partie du théorème principal de ce chapitre est ce qu'on appelle la correction (ou adéquation) de la logique des propositions :

Métathéorème 7.1.1 (Théorème de correction de la logique des propositions)
Les deux versions suivantes de ce théorème sont équivalentes :

1. Si P est une conséquence syntaxique de Γ, alors P est une conséquence sémantique de Γ :
$$\text{si } \Gamma \vdash P$$
$$\text{alors } \Gamma \models P$$
2. Si Γ admet un modèle, alors Γ est non contradictoire.

Preuve

1. Prouvons d'abord l'équivalence entre les deux énoncés de ce théorème :
   - On fait l'hypothèse de l'énoncé 1. Pour démontrer l'énoncé 2, prouvons la contraposée : on suppose que Γ est contradictoire. Il existe donc une formule P telle que
   $$\begin{cases} \Gamma \vdash P \\ \Gamma \vdash \neg P \end{cases}$$
   D'après l'énoncé 1, on a donc
   $$\begin{cases} \Gamma \models P \\ \Gamma \models \neg P \end{cases}$$
   On en déduit que Γ est inconsistant, donc Γ n'admet pas de modèle.
   - On fait l'hypothèse de l'énoncé 2. Prouvons l'énoncé 1 : si $\Gamma \vdash P$, on en déduit que $\Gamma \cup \{\neg P\}$ est contradictoire, donc par contraposition de l'énoncé 2, $\Gamma \cup \{\neg P\}$ n'admet pas de modèle, et par conséquent $\Gamma \models P$.
2. Prouvons l'énoncé 1 : on constate d'abord à l'aide des tables de vérité que les trois axiomes AI_1, AI_2, AN sont des tautologies. On va démontrer par récurrence forte sur l'entier $n \geqslant 1$, que pour tout Γ et tout P, s'il existe une preuve de longueur n de $\Gamma \vdash P$, alors $\Gamma \models P$.
   - Au rang 1 : $\Gamma \vdash P$ signifie :
   — Soit P est un axiome, donc une tautologie, et par conséquent $\Gamma \models P$.
   — Soit P est un élément de Γ, donc $\Gamma \models P$.
   - On fait l'hypothèse de récurrence que pour tout Γ et tout P, et pour toute preuve de longueur $k \leqslant n$ de $\Gamma \vdash P$, alors $\Gamma \models P$. On considère une preuve
   $$P_1, P_2, \ldots, P_{n+1} (= P)$$
   de longueur $n + 1$. Si P est un axiome ou un élément de Γ, on a directement comme précédemment : $\Gamma \models P$. Sinon, P s'obtient par application du modus ponens à partir de deux éléments de $P_1, P_2, \ldots, P_n$, c'est-à-dire qu'il existe deux entiers i et j entre 1 et n tels que l'on infère P par application du modus ponens à P_i et $P_j (= P_i \implies P)$. Puisqu'il existe des preuves de longueur inférieure ou égale à n, de $\Gamma \vdash P_i$ et de $\Gamma \vdash P_j$, on a par hypothèse de récurrence :
   $$\begin{cases} \Gamma \models P_i \\ \Gamma \models P_i \implies P \end{cases}$$
   Pour toute valuation v qui satisfait Γ, on a donc $v(P_i) = 1$ et $v(P_i \implies P) = 1$, donc $v(P) = 1$. On en déduit
   $$\Gamma \models P$$

Remarque 7.1.2 : On notera que le théorème précédent est vérifié en particulier si Γ est un ensemble vide de formules : si $\vdash P$, alors $\models P$, c'est-à-dire que tout théorème de la logique des propositions est une tautologie.

Pour prouver la réciproque de la correction, ce qu'on appelle le théorème de complétude (si P est une conséquence sémantique de Γ, alors P est une conséquence syntaxique de Γ), nous allons d'abord démontrer que toute tautologie est prouvable, ce qu'on appelle parfois le théorème de complétude faible. Prouvons d'abord un lemme :

Métathéorème 7.1.3 (Lemme du théorème de complétude faible)
On considère les propositions atomiques $p_1, p_2, \ldots, p_n$, et on note E l'ensemble de toutes les formules pouvant être définies à partir de ces propositions atomiques. On considère une valuation v, et la fonction φ (qui dépend de v) définie de E dans E de la façon suivante :

$$\varphi(P) = \begin{cases} P & \text{si } v(P) = 1 \\ \neg P & \text{si } v(P) = 0 \end{cases}$$

Alors pour toute formule P de E

$$\varphi(p_1), \dots, \varphi(p_n) \vdash \varphi(P)$$

Preuve

On considère une valuation v et la fonction φ associée. Démontrons par induction structurelle sur E

$$\varphi(p_1), \dots, \varphi(p_n) \vdash \varphi(P)$$

Notons d'abord que cette propriété est conservée pour des formules qui sont à la fois sémantiquement et syntaxiquement équivalentes. En effet, si $\models P \iff Q$ et $\vdash P \iff Q$, alors $\varphi(P) = P$ si et seulement si $\varphi(Q) = Q$, et on peut prouver P (respectivement $\neg P$) si et seulement si on peut prouver Q (respectivement $\neg Q$). Par conséquent, il suffit de justifier l'étape inductive pour les connecteurs $\neg$ et $\implies$ uniquement.

- Si P est une proposition atomique, il existe k entre 1 et n tel que $P = p_k$, donc $\varphi(P) = \varphi(p_k)$ et

$$\varphi(p_1), \dots, \varphi(p_n) \vdash \varphi(P)$$

- On fait l'hypothèse d'induction

$$\varphi(p_1), \dots, \varphi(p_n) \vdash \varphi(Q)$$

On veut prouver la propriété pour $P :\equiv \neg Q$.

— Si $v(Q) = 0$, alors

$$\varphi(Q) = \neg Q = P = \varphi(P)$$

donc par hypothèse d'induction

$$\varphi(p_1), \dots, \varphi(p_n) \vdash \varphi(P)$$

— Si $v(Q) = 1$, alors $\varphi(Q) = Q$ et $\varphi(P) = \neg\neg Q$. Par hypothèse d'induction,

$$\varphi(p_1), \dots, \varphi(p_n) \vdash Q$$

De plus

$$\vdash Q \implies \neg\neg Q$$

Donc par modus ponens

$$\varphi(p_1), \dots, \varphi(p_n) \vdash \neg\neg Q$$

Autrement dit

$$\varphi(p_1), \dots, \varphi(p_n) \vdash \varphi(P)$$

- On fait l'hypothèse d'induction

$$\begin{cases} \varphi(p_1), \dots, \varphi(p_n) \vdash \varphi(Q) \\ \varphi(p_1), \dots, \varphi(p_n) \vdash \varphi(R) \end{cases}$$

On veut prouver la propriété pour $P :\equiv Q \implies R$.

— Premier cas : si $v(Q) = 0$, alors $\varphi(Q) = \neg Q$, et $v(Q \implies R) = 1$, donc $\varphi(P) = P = Q \implies R$. On a

$$\begin{cases} \varphi(p_1), \dots, \varphi(p_n) \vdash \neg Q \\ \vdash \neg Q \implies (Q \implies R) \end{cases}$$

Donc par modus ponens

$$\varphi(p_1), \dots, \varphi(p_n) \vdash Q \implies R$$

— Deuxième cas : si $v(Q) = 1$ et $v(R) = 1$, alors $\varphi(R) = R$ et $\varphi(P) = P = Q \implies R$. On a donc

$$\begin{cases} \varphi(p_1), \dots, \varphi(p_n) \vdash R \\ \vdash R \implies (Q \implies R) \end{cases}$$

donc par modus ponens

$$\varphi(p_1), \dots, \varphi(p_n) \vdash Q \implies R$$

— Troisième cas : si $v(Q) = 1$ et $v(R) = 0$, alors $v(P) = 0$ et $\varphi(P) = \neg(Q \implies R)$. On a

$$\begin{cases} \varphi(p_1), \dots, \varphi(p_n) \vdash Q \\ \varphi(p_1), \dots, \varphi(p_n) \vdash \neg R \\ \vdash Q \implies (\neg R \implies \neg(Q \implies R)) \quad \text{(Exemple 5.4.29, p.224)} \end{cases}$$

Donc par modus ponens (deux fois)

$$\varphi(p_1), \dots, \varphi(p_n) \vdash \neg(Q \implies R)$$

Nous pouvons maintenant prouver le théorème de complétude faible.

Métathéorème 7.1.4 (Théorème de complétude faible)
Si la formule P est une tautologie, alors P est prouvable :

$$\text{si } \models P$$
$$\text{alors } \vdash P$$

Preuve
On considère une tautologie P. Alors en reprenant les notations du théorème précédent, pour toute valuation v, $\varphi(P) = P$ et donc

$$\varphi(p_1), \dots, \varphi(p_n) \vdash P$$

Notons k le plus petit entier non nul tel que pour toute valuation v

$$\varphi(p_1), \dots, \varphi(p_k) \vdash P$$

Ceci est en particulier vrai pour toute valuation v telle que $v(p_k) = 1$, et pour toute valuation v telle que $v(p_k) = 0$. Par conséquent, si $k > 1$, alors pour toute valuation v

$$\begin{cases} \varphi(p_1), \dots, \varphi(p_{k-1}), p_k \vdash P \\ \varphi(p_1), \dots, \varphi(p_{k-1}), \neg p_k \vdash P \end{cases}$$

donc par disjonction des cas

$$\varphi(p_1), \dots, \varphi(p_{k-1}) \vdash P$$

en contradiction avec la définition de k. Par conséquent $k = 1$ (négation de l'hypothèse $k > 1$), ce qui signifie que pour toute valuation v

$$\varphi(p_1) \vdash P$$

On en déduit

$$\begin{cases} p_1 \vdash P \\ \neg p_1 \vdash P \end{cases}$$

Par conséquent (toujours par disjonction des cas)

$$\vdash P$$

Le théorème précédent permet de démontrer le théorème de complétude pour un ensemble fini de formules :

Métathéorème 7.1.5 (Théorème de complétude fini)
On considère un ensemble fini Γ de formules, et P une formule.

$$\text{si } \Gamma \models P$$
$$\text{alors } \Gamma \vdash P$$

Preuve
On démontre par récurrence sur le nombre de formules n de Γ, que pour toute formule P, si $\Gamma \models P$ alors $\Gamma \vdash P$.

- Pour $n = 0$, c'est le théorème de complétude faible démontré ci-dessus.
- On fait l'hypothèse de récurrence au rang $n \geqslant 0$, et on considère un ensemble de formules $\Gamma :\equiv \{P_1, \dots, P_{n+1}\}$, tel que $\Gamma \models P$. Soit Γ' l'ensemble des formules $P_1, \dots, P_n$ (si $n = 0$, Γ' est un ensemble vide). On a donc

$$\Gamma', P_{n+1} \models P$$

D'après le théorème de déduction (sémantique)

$$\Gamma' \models P_{n+1} \implies P$$

On en déduit par hypothèse de récurrence

$$\Gamma' \vdash P_{n+1} \implies P$$

donc d'après le théorème de déduction (syntaxique)

$$\Gamma', P_{n+1} \vdash P$$

autrement dit

$$P_1, \dots, P_{n+1} \vdash P$$

Nous pouvons enfin étendre le théorème précédent à un ensemble quelconque de formules (pas nécessairement fini), à l'aide du théorème de compacité que nous avons vu précédemment (métathéorème 2.7.35, p. 80).

Métathéorème 7.1.6 (Théorème de complétude de la logique des propositions)
Les deux versions suivantes de ce théorème sont équivalentes :

1. Si la formule P est une conséquence sémantique de l'ensemble de formules Γ, alors P est une conséquence syntaxique de Γ :

$$\text{si } \Gamma \models P$$
$$\text{alors } \Gamma \vdash P$$

2. Si l'ensemble de formules Γ est non contradictoire, alors Γ admet un modèle.

Preuve

1. Vérifions d'abord l'équivalence des deux énoncés :
   - On suppose l'énoncé 1 vérifié. Démontrons la contraposée de l'énoncé 2 : soit Γ un ensemble de formules qui n'admet pas de modèle. Alors il existe une formule P telle que

     $$\begin{cases} \Gamma \models P \\ \Gamma \models \neg P \end{cases}$$

     D'après l'énoncé 1 du théorème de complétude, on en déduit

     $$\begin{cases} \Gamma \vdash P \\ \Gamma \vdash \neg P \end{cases}$$

     donc Γ est contradictoire.
   - Réciproquement, on suppose l'énoncé 2 vérifié, et on considère une formule P et un ensemble de formules Γ tels que $\Gamma \models P$. Alors $\Gamma \cup \{\neg P\}$ n'a pas de modèle donc, d'après l'énoncé 2 du théorème de complétude, $\Gamma \cup \{\neg P\}$ est contradictoire, et par conséquent (raisonnement par l'absurde)

     $$\Gamma \vdash P$$

2. Démontrons l'énoncé 1 : soit un ensemble de formules Γ et une formule P tels que $\Gamma \models P$. D'après le théorème de compacité, il existe un sous-ensemble fini Γ' de Γ tel que $\Gamma' \models P$. On en déduit, d'après le théorème de complétude fini, que $\Gamma' \vdash P$, et par conséquent $\Gamma \vdash P$.

Remarque 7.1.7 (Remarque historique) : La complétude de la logique des propositions a été démontrée de façon indépendante en 1921 par Emil Leon Post (1897-1954), mathématicien américain, et en 1926 par Paul

Bernays (1888-1977), mathématicien suisse.

Les théorèmes précédents montrent donc l'équivalence entre conséquence sémantique et conséquence syntaxique, et entre existence d'un modèle et non-contradiction :

- $\Gamma \models P$ si et seulement si $\Gamma \vdash P$.
- Γ admet un modèle si et seulement si Γ est non contradictoire.

Remarque 7.1.8 : C'est parfois cette équivalence entre conséquence sémantique et conséquence syntaxique que l'on nomme *complétude* de la logique, et pas juste l'une des implications, puisque l'implication réciproque (la *correction* de la logique) est de toute façon une condition nécessaire pour un système de déduction (ils sont tous construits pour avoir cette propriété). En effet, un système de déduction qui pourrait prouver des formules fausses n'aurait de toute façon pas d'intérêt.

7.2 Complétude d'une théorie (logique des prédicats)

Prérequis
Le système de déduction à la Hilbert (sections 5.4 et 5.11) et les propriétés des ensembles non contradictoires de formules (section 5.7).

Définition 7.2.1 (Complétude d'une théorie, énoncé indépendant)

1. On dit qu'une théorie $\mathscr{T}$ non contradictoire est *complète* lorsque toute formule close peut être prouvée ou réfutée, c'est-à-dire que pour toute formule close $\mathscr{F}$

$$\mathscr{T} \vdash \mathscr{F} \qquad \text{ou} \qquad \mathscr{T} \vdash \neg\mathscr{F}$$

2. On dit qu'une théorie $\mathscr{T}$ non contradictoire est *incomplète* dans le cas contraire, autrement dit quand il existe au moins une formule close $\mathscr{F}$ qui ne peut être ni prouvée, ni réfutée :

$$\mathscr{T} \nvdash \mathscr{F} \qquad \text{et} \qquad \mathscr{T} \nvdash \neg\mathscr{F}$$

On dit d'une telle formule qu'elle est *indépendante*, ou *indécidable*.

Remarque 7.2.2 (Vocabulaire) : Certains auteurs ne mettent pas dans la définition d'une théorie complète la condition de non-contradiction; mais de toute façon la notion de complétude n'a d'intérêt que pour une théorie cohérente puisque dans une théorie contradictoire, toute formule est prouvable.

Remarque 7.2.3 (Vocabulaire) : La notion de complétude d'une théorie (pouvant prouver ou réfuter toute formule), qui est une notion purement syntaxique, n'est pas la même que celle de complétude d'une logique (tout ce qui est vrai est prouvable), qui est une notion faisant intervenir syntaxe et sémantique. Une théorie de la logique des prédicats peut être incomplète, même si, par définition, elle s'appuie sur une logique qui est, comme nous allons le voir, complète.

Remarque 7.2.4 (Vocabulaire) : Le terme *indécidable* est sans doute à éviter car la décidabilité désigne aussi deux notions distinctes, la décidabilité logique (c'est le terme utilisé ici), et la décidabilité algorithmique, ce qui est source de confusion.

Le fait qu'il existe des énoncés indépendants n'est pas surprenant. Par exemple, dans la théorie des anneaux (voir la section 8.4), avec le langage $\{0, 1, +, \times\}$, la formule

$$\forall x, (x \neq 0 \implies \exists y, x \times y = 1)$$

est indépendante, car elle admet un modèle dans lequel elle est vraie (par exemple $\mathbb{Q}$, puisque tout nombre rationnel non nul est inversible), et un modèle dans lequel elle est fausse (par exemple $\mathbb{Z}$), et en raison de la correction de la logique des prédicats (que nous verrons un peu plus loin), cela signifie que cette formule n'est ni prouvable ni réfutable dans la théorie des anneaux. De la même manière, dans la théorie des groupes (voir la section 8.2), avec le langage $\{e, *\}$, la formule

$$\forall x\ y, x * y = y * x$$

est indépendante, puisqu'il y a des groupes commutatifs (pour lesquels l'énoncé est vrai), et d'autres qui ne le sont pas.

Par contre, ce qui est plus étonnant est ceci : on pourrait penser que si une théorie est incomplète, c'est que les axiomes sont mal choisis, et que prendre d'autres axiomes, ou en ajouter des nouveaux, pourrait permettre de rendre la théorie complète (si on reprend l'exemple précédent, il suffit d'ajouter l'énoncé comme axiome pour qu'il devienne, de fait, prouvable). Mais ce n'est pas le cas : le logicien et mathématicien austro-américain Kurt Gödel (1906-1978) a prouvé en 1931, que toute théorie non contradictoire suffisamment élaborée pour pouvoir modéliser l'arithmétique, et telle que l'on puisse reconnaître ses axiomes de façon algorithmique, est incomplète. C'est par exemple le cas pour l'arithmétique de Robinson ou l'arithmétique de Peano (voir le chapitre 9), ou la théorie des ensembles de Zermelo-Fraenkel (voir le volume 2). Ainsi, même en ajoutant de nouveaux axiomes aux théories précédentes, les théories obtenues seront encore incomplètes, et il existera toujours des énoncés dont la théorie ne peut rien dire.

Métathéorème 7.2.5 (Caractérisations d'une théorie complète)
On considère une théorie non contradictoire $\mathcal{T}$ d'un langage L. Alors les conditions suivantes sont équivalentes :

1. $\mathcal{T}$ est complète, c'est-à-dire que toute formule close $\mathcal{F}$ peut être prouvée ou réfutée

$$\mathcal{T} \vdash \mathcal{F} \quad \text{ou} \quad \mathcal{T} \vdash \neg\mathcal{F}$$

2. Pour toute formule close $\mathcal{F}$

$$\mathcal{T} \vdash \neg\mathcal{F} \quad \text{si et seulement si} \quad \mathcal{T} \nvdash \mathcal{F}$$

3. Pour tous les formules closes $\mathcal{F}$ et $\mathcal{G}$

$$\mathcal{T} \vdash \mathcal{F} \vee \mathcal{G} \quad \text{si et seulement si} \quad \mathcal{T} \vdash \mathcal{F} \text{ ou } \mathcal{T} \vdash \mathcal{G}$$

Preuve
Démontrons l'équivalence par implications circulaires :

1. On fait l'hypothèse que la théorie $\mathcal{T}$ est complète, et on considère une formule close $\mathcal{F}$.
   - Si $\mathcal{T} \vdash \neg\mathcal{F}$, alors $\mathcal{T} \nvdash \mathcal{F}$ puisque la théorie est non contradictoire.
   - Réciproquement, si $\mathcal{T} \nvdash \mathcal{F}$, alors $\mathcal{T} \vdash \neg\mathcal{F}$ puisque la théorie est complète.
2. On fait l'hypothèse que $\mathcal{T}$ prouve $\neg\mathcal{F}$ si et seulement si $\mathcal{T}$ ne prouve pas $\mathcal{F}$.
   - Si $\mathcal{T} \vdash \mathcal{F} \vee \mathcal{G}$, alors
     — soit $\mathcal{T} \vdash \mathcal{F}$

— soit $\mathcal{T} \nvdash \mathcal{F}$ et alors par hypothèse $\mathcal{T} \vdash \neg\mathcal{F}$, donc $\mathcal{T} \vdash \mathcal{G}$.

On en déduit : $\mathcal{T} \vdash \mathcal{F}$ ou $\mathcal{T} \vdash \mathcal{G}$.

- La réciproque est toujours vérifiée (que la théorie soit complète ou pas) : on fait l'hypothèse que $\mathcal{T} \vdash \mathcal{F}$ ou $\mathcal{T} \vdash \mathcal{G}$.

— Si $\mathcal{T} \vdash \mathcal{F}$, alors $\mathcal{T} \vdash \mathcal{F} \vee \mathcal{G}$.

— Si $\mathcal{T} \vdash \mathcal{G}$, alors $\mathcal{T} \vdash \mathcal{F} \vee \mathcal{G}$.

Donc $\mathcal{T} \vdash \mathcal{F} \vee \mathcal{G}$.

3. On fait l'hypothèse que pour toute formule close $\mathcal{F}$ et $\mathcal{G}$

$$\mathcal{T} \vdash \mathcal{F} \vee \mathcal{G} \quad \text{si et seulement si} \quad \mathcal{T} \vdash \mathcal{F} \text{ ou } \mathcal{T} \vdash \mathcal{G}$$

Pour toute formule close $\mathcal{F}$, on a par tiers exclu

$$\mathcal{T} \vdash \mathcal{F} \vee \neg\mathcal{F}$$

Donc par hypothèse

$$\mathcal{T} \vdash \mathcal{F} \text{ ou } \mathcal{T} \vdash \neg\mathcal{F}$$

7.3 Correction et complétude de la logique des prédicats

Prérequis

Le chapitre 4 sur la logique des prédicats (en particulier les propriétés sémantiques des sections 4.8 à 4.10), les systèmes de déduction à la Hilbert (sections 5.4 et 5.11), et la complétude d'une théorie (section 7.2).

Dans la logique des prédicats, comme dans la logique des propositions, les deux notions de conséquence (sémantique et syntaxique) coïncident, c'est-à-dire que les symboles $\vdash$ et $\models$ sont interchangeables. Nous utiliserons dans ce qui suit le système à la Hilbert décrit dans la section 5.11.

Métathéorème 7.3.1 (Théorème de correction de la logique des prédicats)

Les deux versions suivantes de ce théorème sont équivalentes :

1. Si la formule $\mathcal{F}$ est une conséquence syntaxique de la théorie Γ, alors $\mathcal{F}$ est une conséquence sémantique de Γ :

$$\text{si } \Gamma \vdash \mathcal{F}$$
$$\text{alors } \Gamma \models \mathcal{F}$$

2. Si la théorie Γ admet un modèle, alors Γ est non contradictoire.

Preuve 1 (preuve de l'équivalence uniquement)

Vérifions l'équivalence des deux versions :

- On suppose la version 1 vérifiée. Démontrons la contraposée de la version 2 : si Γ est une théorie contradictoire, alors pour toute formule $\mathcal{F}$, on a $\Gamma \vdash \mathcal{F}$, donc d'après la version 1 du théorème, $\Gamma \models \mathcal{F}$. On en déduit que Γ n'a pas de modèle.
- On suppose la version 2 vérifiée, et on considère Γ et $\mathcal{F}$ tels que $\Gamma \vdash \mathcal{F}$. Puisque Γ est une théorie (donc sans variables libres), la clôture universelle $\mathcal{F}'$ de $\mathcal{F}$ est aussi telle que $\Gamma \vdash \mathcal{F}'$. Donc $\Gamma \cup \{\neg\mathcal{F}'\}$ est une théorie contradictoire. On en déduit d'après la version 2 du théorème (et par contraposition), que $\Gamma \cup \{\neg\mathcal{F}'\}$ n'admet pas de modèle, donc $\Gamma \models \mathcal{F}'$. Par conséquent, $\Gamma \models \mathcal{F}$.

Preuve 2 (preuve du théorème)
Démontrons la première version du théorème, par récurrence forte sur la taille des preuves, autrement dit démontrons que pour tout entier non nul n, s'il existe une preuve $\mathscr{P}_1, \ldots, \mathscr{P}_n$ de la formule $\mathscr{F}$ à partir de la théorie Γ, alors $\Gamma \models \mathscr{F}$.

- Au rang $n = 1$:

— Si $\mathscr{F}$ appartient à Γ, alors $\Gamma \models \mathscr{F}$.

— Si $\mathscr{F}$ est un axiome associé à un connecteur, $\mathscr{F}$ est une tautologie donc est universellement valide : $\models \mathscr{F}$ (et par conséquent $\Gamma \models \mathscr{F}$).

— Si $\mathscr{F}$ est l'axiome AU_1 : prouvons que pour tout terme t

$$\forall x \mathscr{F} \models \mathscr{F}(t/x)$$

On considère une structure $\mathscr{M}$ et une assignation A telles que $\mathscr{M} \models_A \forall x \mathscr{F}$. Par définition de $\forall$, la x-variante A' de A telle que $A'(x) = V_A(t)$ est telle que

$$\mathscr{M} \models_{A'} \mathscr{F}$$

et on a vu (métathéorème 4.8.27, p. 163) que cela équivaut à

$$\mathscr{M} \models_A \mathscr{F}(t/x)$$

On en déduit

$$\forall x \mathscr{F} \models \mathscr{F}(t/x)$$

et d'après le théorème de déduction

$$\models \forall x \mathscr{F} \implies \mathscr{F}(t/x)$$

— Si $\mathscr{F}$ est l'axiome AU_2 : nous avons déjà vu (métathéorème 4.10.17, p. 197) que si x est libre dans $\mathscr{F}$

$$\forall x, (\mathscr{F} \implies \mathscr{G}) \equiv \mathscr{F} \implies (\forall x \mathscr{G})$$

donc a fortiori

$$\forall x, (\mathscr{F} \implies \mathscr{G}) \models \mathscr{F} \implies (\forall x \mathscr{G})$$

ce qui équivaut à

$$\models \forall x, (\mathscr{F} \implies \mathscr{G}) \implies (\mathscr{F} \implies \forall x \mathscr{G})$$

— Si $\mathscr{F}$ est l'axiome AE_1 : prouvons

$$\mathscr{F}(t/x) \models \exists x \mathscr{F}$$

On considère une structure $\mathscr{M}$ et une assignation A telle que $\mathscr{M} \models_A \mathscr{F}(t/x)$. On a vu que la x-variante A' de A telle que $A'(x) = V_A(t)$ est telle que

$$\mathscr{M} \models_{A'} \mathscr{F}$$

Donc par définition de $\exists$

$$\mathscr{M} \models_A \exists x \mathscr{F}$$

On en déduit

$$\mathscr{F}(t/x) \models \exists x \mathscr{F}$$

et d'après le théorème de déduction

$$\models \mathscr{F}(t/x) \implies \exists x \mathscr{F}$$

— Si $\mathscr{F}$ est l'axiome AE_2 : nous avons déjà vu que si x est libre dans $\mathscr{F}$

$$\forall x, (\mathscr{G} \implies \mathscr{F}) \equiv \exists x \mathscr{G} \implies \mathscr{F}$$

donc a fortiori

$$\forall x, (\mathscr{G} \implies \mathscr{F}) \models \exists x \mathscr{G} \implies \mathscr{F}$$

ce qui équivaut à

$$\models \forall x, (\mathscr{G} \implies \mathscr{F}) \implies (\exists x \mathscr{G} \implies \mathscr{F})$$

— Si $\mathscr{F}$ est l'axiome AEg_1 : prouvons

$$\models \forall x, x = x$$

On considère une structure $\mathscr{M}$ et une assignation A quelconque. On a

$$V_A(x) = V_A(x)$$

(égalité dans la métathéorie) donc

$$\models_A x = x$$

On en déduit

$$\models x = x$$

et par généralisation

$$\models \forall x, x = x$$

— Si $\mathscr{F}$ est l'axiome AEg_3 : prouvons que pour tout symbole de fonction f d'arité n

$$x_1 = y_1, \dots, x_n = y_n \models f(x_1, \dots, x_n) = f(y_1, \dots, y_n)$$

On considère une structure $\mathscr{M}$ et une assignation A quelconque, telle que pour tout i entre 1 et n

$$\mathscr{M} \models_A x_i = y_i$$

On en déduit

$$V_A(x_i) = V_A(y_i)$$

donc

$$V_A(f(x_1, \dots, x_n)) = f_{\mathscr{M}}(V_A(x_1), \dots, V_A(x_n)) = f_{\mathscr{M}}(V_A(y_1), \dots, V_A(y_n)) = V_A(f(y_1, \dots, y_n))$$

et par conséquent

$$\mathscr{M} \models_A f(x_1, \dots, x_n) = f(y_1, \dots, y_n)$$

On en déduit

$$x_1 = y_1, \dots, x_n = y_n \models f(x_1, \dots, x_n) = f(y_1, \dots, y_n)$$

donc d'après le théorème de déduction

$$\models (x_1 = y_1 \wedge \dots \wedge x_n = y_n) \implies f(x_1, \dots, x_n) = f(y_1, \dots, y_n)$$

et par généralisation

$$\models \forall x_1 \dots x_n, \forall y_1 \dots y_n, ((x_1 = y_1 \wedge \dots \wedge x_n = y_n) \implies f(x_1, \dots, x_n) = f(y_1, \dots, y_n))$$

— Si $\mathscr{F}$ est l'axiome AEg_4 : prouvons que pour tout symbole de prédicat R d'arité n

$$x_1 = y_1, \dots, x_n = y_n, R(x_1, \dots, x_n) \models R(y_1, \dots, y_n)$$

On considère une structure $\mathscr{M}$ et une assignation A, telle que pour tout i entre 1 et n

$$V_A(x_i) = V_A(y_i)$$

et telle que

$$\mathscr{M} \models_A R(x_1, \dots, x_n)$$

ce qui signifie

$$(V_A(x_1), \dots, V_A(x_n)) \in R_{\mathscr{M}}$$

On en déduit

$$(V_A(y_1), \dots, V_A(y_n)) \in R_{\mathscr{M}}$$

donc

$$\mathscr{M} \models_A R(y_1, \dots, y_n)$$

Par conséquent

$$x_1 = y_1, \dots, x_n = y_n, R(x_1, \dots, x_n) \models R(y_1, \dots, y_n)$$

donc d'après le théorème de déduction

$$x_1 = y_1, \dots, x_n = y_n \models R(x_1, \dots, x_n) \implies R(y_1, \dots, y_n)$$

et encore d'après le théorème de déduction

$$\models (x_1 = y_1 \wedge \dots \wedge x_n = y_n) \implies (R(x_1, \dots, x_n) \implies R(y_1, \dots, y_n))$$

et par généralisation

$$\models \forall x_1 \dots x_n, \forall y_1 \dots y_n, ((x_1 = y_1 \wedge \dots \wedge x_n = y_n) \implies (R(x_1, \dots, x_n) \implies R(y_1, \dots, y_n)))$$

- On fait l'hypothèse de récurrence que la propriété est vérifiée pour tous les entiers non nuls $k \leqslant n$, et on considère une preuve $\mathscr{P}_1, \dots, \mathscr{P}_{n+1}$ de $\mathscr{F}$ à partir de Γ.

— Si $\mathscr{F}$ (c'est-à-dire $\mathscr{P}_{n+1}$) appartient à Γ, ou est un axiome, on démontre comme précédemment $\Gamma \models \mathscr{F}$.

— Si $\mathscr{F}$ s'obtient par modus ponens à partir de $\mathscr{P}_i \implies \mathscr{F}$ et de $\mathscr{P}_i$ (avec $i \leqslant n$), on a par hypothèse de récurrence

$$\begin{cases} \Gamma \models \mathscr{P}_i \implies \mathscr{F} \\ \Gamma \models \mathscr{P}_i \end{cases}$$

Donc par modus ponens (sémantique)

$$\Gamma \models \mathscr{F}$$

— Si $\mathcal{F}$ s'obtient par généralisation : $\mathcal{F}$ est de la forme $\forall x \mathcal{G}$ avec x variable qui n'est pas libre dans Γ (ce qui est de toute façon automatique puisque Γ est une théorie). Par hypothèse de récurrence

$$\Gamma \models \mathcal{G}$$

Donc d'après le théorème de généralisation (sémantique)

$$\Gamma \models \forall x \mathcal{G}$$

Le théorème de complétude est la réciproque du théorème précédent, et peut aussi s'exprimer sous les deux formes :

- Si $\mathcal{F}$ est une conséquence sémantique de Γ, alors $\mathcal{F}$ est une conséquence syntaxique de Γ.
- Si Γ est non contradictoire, alors Γ admet un modèle.

Contrairement au théorème de correction, c'est la deuxième version du théorème de complétude qui sera démontrée. Pour expliciter la construction d'un modèle d'une théorie non contradictoire, nous allons d'abord démontrer que cela est possible dans un cas particulier où la théorie s'exprime dans un langage qui possède « suffisamment » de constantes pour que l'on puisse construire le modèle en prenant l'ensemble de tous les termes définis à partir de ces constantes.

Remarque 7.3.2 (Remarque historique) : La complétude de la logique des prédicats a été démontrée en 1929 par Kurt Gödel (1906-1978), logicien et mathématicien austro-américain. Le principe de la démonstration qui suit est dû au logicien Leon Henkin (1921-2006) [1].

Définition 7.3.3 (Témoins de Henkin)
On dit qu'une théorie $\mathcal{T}$ admet des *témoins de Henkin* lorsque pour toute formule $\mathcal{F}[x]$ à une seule variable libre x, si

$$\mathcal{T} \vdash \exists x \mathcal{F}(x)$$

alors il existe un symbole de constante c tel que

$$\mathcal{T} \vdash \mathcal{F}(c)$$

Remarque 7.3.4 : On trouve aussi la variante suivante de la définition : pour toute formule $\mathcal{F}[x]$ à une seule variable libre x, il existe un symbole de constante c tel que

$$\mathcal{T} \vdash (\exists x \mathcal{F}(x)) \implies \mathcal{F}(c)$$

ainsi que des variantes faisant appel au quantificateur universel $\forall$, comme : pour toute formule $\mathcal{F}[x]$ à une seule variable libre x, il existe un symbole de constante c tel que

$$\mathcal{T} \vdash \neg(\forall x \mathcal{F}(x)) \implies \neg \mathcal{F}(c)$$

L'idée est que pour une théorie complète et admettant des témoins de Henkin, on peut construire un modèle en prenant tous les termes définis à partir des constantes uniquement (autrement dit les termes ne faisant pas intervenir de variables), mais avec une difficulté quand le langage est égalitaire : dans ce cas, deux termes syntaxiquement différents t et t' peuvent être égaux (dans la théorie). Il est donc nécessaire de

1. Leon HENKIN. « The completeness of the first-order functional calculus ». Dans : *The Journal of Symbolic Logic* 14 (3 1949), p. 159-166.

« regrouper » les termes égaux, c'est-à-dire de considérer l'ensemble quotient de la relation d'équivalence définie sur l'ensemble des termes par

$$t \sim t' \overset{\text{def}}{\equiv} \mathcal{T} \vdash t = t'$$

Métathéorème 7.3.5

On considère une théorie $\mathcal{T}$ complète, admettant des témoins de Henkin, et la relation $\sim$, définie sur l'ensemble $\mathcal{C}$ de tous les termes sans variables par

$$t \sim t' \overset{\text{def}}{\equiv} \mathcal{T} \vdash t = t'$$

Alors $\sim$ est une relation d'équivalence compatible avec les opérations et relations de la signature, c'est-à-dire

- Pour tout symbole d'opération f d'arité n et tous les termes $t_1, \dots, t_n, t'_1, \dots, t'_n$, si

$$\begin{cases} t_1 \sim t'_1 \\ \dots \\ t_n \sim t'_n \end{cases}$$

  alors

$$f(t_1, \dots t_n) \sim f(t'_1, \dots, t'_n)$$

- Pour tout symbole de relation R d'arité n et tous les termes $t_1, \dots, t_n, t'_1, \dots, t'_n$, si

$$\begin{cases} t_1 \sim t'_1 \\ \dots \\ t_n \sim t'_n \end{cases}$$

  alors

$$\mathcal{T} \vdash R(t_1, \dots t_n) \iff R(t'_1, \dots, t'_n)$$

Preuve

- Notons d'abord que l'ensemble $\mathcal{C}$ n'est pas vide, puisque

$$\mathcal{T} \vdash \exists x, x = x$$

  et puisque $\mathcal{T}$ admet des témoins de Henkin, il existe une constante c (appartenant donc à $\mathcal{C}$) telle que

$$\mathcal{T} \vdash c = c$$

- Le fait que $\sim$ soit une relation d'équivalence est une conséquence immédiate du fait que l'égalité en est une : on considère trois termes u, v, w.
  - Réflexivité : puisque $\vdash u = u$, on a

$$\mathcal{T} \vdash u = u$$

  - Symétrie : si $\mathcal{T} \vdash u = v$, alors puisque

$$u = v \vdash v = u$$

    on a aussi

$$\mathcal{T} \vdash v = u$$

  - Transitivité : si $\mathcal{T} \vdash u = v$ et $\mathcal{T} \vdash v = w$, alors puisque

$$u = v, v = w \vdash u = w$$

    on a aussi

$$\mathcal{T} \vdash u = w$$

- On considère un symbole d'opération f d'arité n, un symbole de relation R d'arité n, et les termes $t_1, \dots, t_n, t'_1, \dots, t'_n$ tels que

$$\begin{cases} \mathcal{T} \vdash t_1 = t'_1 \\ \dots \\ \mathcal{T} \vdash t_n = t'_n \end{cases}$$

On en déduit

$$\mathcal{T} \vdash (t_1 = t'_1) \wedge \cdots \wedge (t_n = t'_n)$$

Or d'après les axiomes de l'égalité

$$\begin{cases} \vdash (t_1 = t'_1) \wedge \cdots \wedge (t_n = t'_n) \implies f(t_1, \dots, t_n) = f(t'_1, \dots, t'_n) \\ \vdash (t_1 = t'_1) \wedge \cdots \wedge (t_n = t'_n) \implies (R(t_1, \dots, t_n) \iff R(t'_1, \dots, t'_n)) \end{cases}$$

Par conséquent

$$\begin{cases} \mathcal{T} \quad \vdash f(t_1, \dots, t_n) = f(t'_1, \dots, t'_n) \\ \mathcal{T} \quad \vdash R(t_1, \dots, t_n) \iff R(t'_1, \dots, t'_n) \end{cases}$$

Métathéorème 7.3.6
Si la théorie $\mathcal{T}$ est complète et admet des témoins de Henkin, alors $\mathcal{T}$ a un modèle.

Preuve

1. On considère une théorie $\mathcal{T}$ complète et admettant des témoins de Henkin (dans un langage L), l'ensemble $\mathscr{C}$ de tous les termes sans variables et la relation d'équivalence définie précédemment

$$t \sim t' \overset{\text{def}}{\equiv} \mathcal{T} \vdash t = t'$$

On définit la structure $\mathcal{M}$ suivante, dont nous allons démontrer que c'est un modèle de $\mathcal{T}$:

- Le domaine M est l'ensemble quotient $\mathscr{C} / \sim$, autrement dit l'ensemble de toutes les classes d'équivalence de la relation $\sim$ (dans le cas d'un langage non égalitaire, il suffit de prendre pour M l'ensemble $\mathscr{C}$).
- Pour tout symbole c de constante

$$c_{\mathcal{M}} \overset{\text{def}}{\equiv} [c] \text{ (classe d'équivalence de } c \text{ pour } \sim)$$

- Pour tout symbole f d'opération d'arité n

$$f_{\mathcal{M}} : \begin{cases} M^n & \longrightarrow M \\ ([t_1], \dots, [t_n]) & \longmapsto [f(t_1, \dots, t_n)] \end{cases}$$

Du fait de la compatibilité de $\sim$ avec les symboles d'opérations, les fonctions $f_{\mathcal{M}}$ sont bien définies (le résultat ne dépend pas des représentants des classes d'équivalence).

- Pour tout symbole R de relation, d'arité n

$$R_{\mathcal{M}}([t_1], \dots, [t_n]) \overset{\text{def}}{\equiv} \mathcal{T} \vdash R(t_1, \dots, t_n)$$

Du fait de la compatibilité de $\sim$ avec les symboles de relations, les relations $R_{\mathcal{M}}$ sont bien définies (le résultat ne dépend pas des représentants des classes d'équivalence).

Par induction structurelle sur les termes sans variables, on en déduit que la valeur d'un tel terme t (indépendante de toute assignation puisque t ne contient pas de variables) est sa classe d'équivalence. En effet, pour une constante c

$$V_{\mathcal{M}}(c) = c_{\mathcal{M}} = [c]$$

et si la propriété est vérifiée pour les termes $t_1, \dots, t_n$, alors

$$V_{\mathcal{M}}(f(t_1, \dots, t_n)) = f_{\mathcal{M}}(V_{\mathcal{M}}(t_1), \dots, V_{\mathcal{M}}(t_n)) = f_{\mathcal{M}}([t_1], \dots, [t_n]) = [f(t_1, \dots, t_n)]$$

Par conséquent pour tout terme t sans variables

$$V_{\mathcal{M}}(t) = [t]$$

2. Démontrons que si $\mathscr{F}$ est une formule close, alors

$$\mathscr{M} \models \mathscr{F} \quad \text{si et seulement si} \quad \mathscr{T} \vdash \mathscr{F}$$

Comme cette propriété est conservée pour des formules équivalentes (sémantiquement et syntaxiquement), il suffit de la vérifier pour des formules faisant intervenir uniquement les connecteurs $\neg$ et $\wedge$ et le quantificateur $\forall$. On prouve la propriété par récurrence forte sur la hauteur des formules. Une formule close de hauteur 0 est une formule atomique $\mathscr{F}$, qui s'exprime donc sous la forme d'une relation entre plusieurs termes (sans variables), avec le cas particulier de la relation d'égalité :

- soit $\mathscr{F}$ est de la forme $t = t'$, et alors les propriétés suivantes sont équivalentes

$$\mathscr{M} \models t = t'$$
$$V_{\mathscr{M}}(t) = V_{\mathscr{M}}(t')$$
$$[t] = [t']$$
$$t \sim t'$$
$$\mathscr{T} \vdash t = t'$$

- soit $\mathscr{F}$ est de la forme $R(t_1, \dots, t_n)$, et alors par définition de $R_{\mathscr{M}}$

$$\mathscr{M} \models R(t_1, \dots, t_n) \quad \text{si et seulement si} \quad \mathscr{T} \vdash R(t_1, \dots, t_n)$$

On fait l'hypothèse de récurrence que la propriété est vérifiée pour les formules de hauteur inférieure ou égale à un entier n, et on considère une formule close de hauteur $n + 1$.

- Si la formule est de la forme $\neg\mathscr{F}$ (alors $\mathscr{F}$ est aussi une formule close, de hauteur n) :

— Si $\mathscr{T} \vdash \neg\mathscr{F}$, alors comme la théorie est non contradictoire

$$\mathscr{T} \nvdash \mathscr{F}$$

Donc par hypothèse de récurrence, $\mathscr{M} \not\models \mathscr{F}$, et par conséquent $\mathscr{M} \models \neg\mathscr{F}$.

— Réciproquement, si $\mathscr{M} \models \neg\mathscr{F}$, alors $\mathscr{M} \not\models \mathscr{F}$, donc par hypothèse de récurrence $\mathscr{T} \nvdash \mathscr{F}$. Puisque $\mathscr{T}$ est une théorie complète

$$\mathscr{T} \vdash \neg\mathscr{F}$$

- Si la formule est de la forme $\mathscr{F} \wedge \mathscr{G}$ (donc $\mathscr{F}$ et $\mathscr{G}$ sont aussi des formules closes, de hauteur inférieure ou égale à n).

— Si

$$\mathscr{T} \vdash \mathscr{F} \wedge \mathscr{G}$$

alors puisque $\mathscr{F} \wedge \mathscr{G} \vdash \mathscr{F}$ et $\mathscr{F} \wedge \mathscr{G} \vdash \mathscr{G}$, on en déduit $\mathscr{T} \vdash \mathscr{F}$ et $\mathscr{T} \vdash \mathscr{G}$. Par hypothèse de récurrence, $\mathscr{M} \models \mathscr{F}$ et $\mathscr{M} \models \mathscr{G}$, donc

$$\mathscr{M} \models \mathscr{F} \wedge \mathscr{G}$$

— Réciproquement, si

$$\mathscr{M} \models \mathscr{F} \wedge \mathscr{G}$$

alors $\mathscr{M} \models \mathscr{F}$ et $\mathscr{M} \models \mathscr{G}$. Par hypothèse de récurrence, $\mathscr{T} \vdash \mathscr{F}$ et $\mathscr{T} \vdash \mathscr{G}$, donc

$$\mathscr{T} \vdash \mathscr{F} \wedge \mathscr{G}$$

- Si la formule est de la forme $\forall x\mathscr{F}$ (donc $\mathscr{F}$ est de hauteur n) : si $\mathscr{F}$ est une formule close, alors $\forall x\mathscr{F}$ équivaut à $\mathscr{F}$, et la propriété est vérifiée. On considère dans la suite que $\mathscr{F}$ n'est pas une formule close ; c'est donc une formule ayant x comme seule variable libre (puisque $\forall x\mathscr{F}$ est une formule close).

— On fait l'hypothèse

$$\mathscr{T} \vdash \forall x\mathscr{F}$$

et on considère un terme sans variables t. D'après l'axiome

$$(\forall x\mathscr{F}) \implies \mathscr{F}(t)$$

on en déduit $\mathscr{T} \vdash \mathscr{F}(t)$. On peut alors appliquer l'hypothèse de récurrence, puisque $\mathscr{F}(t)$ est une formule close de hauteur inférieure ou égale à n (c'est pour cela qu'on a fait une récurrence sur la hauteur des formules, plutôt qu'une induction structurelle). Par conséquent $\mathscr{M} \models \mathscr{F}(t)$. Ceci étant vrai pour tout terme t sans variables, on en déduit (par construction de $\mathscr{M}$)

$$\mathscr{M} \models \forall x\mathscr{F}$$

— Réciproquement, et par contraposition, on fait l'hypothèse

$$\mathcal{T} \nvdash \forall x \mathcal{F}$$

Puisque $\mathcal{T}$ est une théorie complète, $\mathcal{T} \vdash \neg(\forall x \mathcal{F})$, donc

$$\mathcal{T} \vdash \exists x \neg \mathcal{F}$$

et puisque $\mathcal{T}$ admet des témoins de Henkin, il existe un symbole c de constante tel que

$$\mathcal{T} \vdash \neg \mathcal{F}(c)$$

Par hypothèse de récurrence, $\mathcal{F}(c)$ vérifie la propriété, donc $\neg \mathcal{F}(c)$ aussi et par conséquent $\mathcal{M} \models \neg \mathcal{F}(c)$, donc

$$\mathcal{M} \not\models \forall x \mathcal{F}$$

3. Puisque toute formule $\mathcal{F}$ de $\mathcal{T}$ est une formule close telle que $\mathcal{T} \vdash \mathcal{F}$, on en déduit

$$\mathcal{M} \models \mathcal{F}$$

Par conséquent, $\mathcal{M}$ est un modèle de $\mathcal{T}$.

Il reste à prouver qu'il est toujours possible de ramener une théorie non contradictoire à une théorie complète et admettant des témoins de Henkin, en « augmentant » à la fois la signature du langage et la théorie. Commençons par quelques lemmes.

Métathéorème 7.3.7 (Lemme 1)
Si la signature d'un langage est dénombrable, alors l'ensemble des termes, l'ensemble des formules, l'ensemble des formules closes, sont infinis et dénombrables.

Preuve
L'ensemble des termes est infini (car il contient les variables), l'ensemble des formules est infini (il contient pour toute variable x la formule « $x = x$ »), l'ensemble des formules closes est infini (il contient pour toute variable x la formule « $\forall x, x = x$ »). De plus ces ensembles sont inclus dans l'ensemble infini dénombrable formé par les suites finies de symboles appartenant au langage. Ces ensembles sont donc infinis et dénombrables.

Métathéorème 7.3.8 (Lemme 2)
On considère une théorie $\mathcal{T}$, une preuve $\mathcal{F}_1, \dots, \mathcal{F}_p$ de $\mathcal{T} \vdash \mathcal{F}_p$, des constantes $c_1, \dots, c_n$ n'apparaissant pas dans $\mathcal{T}$, et des variables $x_1, \dots, x_n$ n'apparaissant dans aucune des formules $\mathcal{F}_i$. Pour tout i entre 1 et n, notons $\mathcal{F}'_i$ la formule obtenue en remplaçant respectivement $c_1, \dots, c_n$ par $x_1, \dots, x_n$ dans $\mathcal{F}_i$. Alors $\mathcal{F}'_1, \dots, \mathcal{F}'_p$ est une preuve de $\mathcal{T} \vdash \mathcal{F}'_p$.

Preuve
Notons d'abord que puisque les variables $x_1, \dots, x_n$ n'apparaissent pas dans les $\mathcal{F}_i$, il n'y a pas de problème de capture de variable quand on remplace $c_1, \dots, c_n$ par $x_1, \dots, x_n$. Vérifions que $\mathcal{F}'_1, \dots, \mathcal{F}'_p$ est une preuve de $\mathcal{T} \vdash \mathcal{F}'_p$. Pour tout i entre 1 et p

- si $\mathcal{F}_i$ est un axiome, il en est de même pour $\mathcal{F}'_i$;
- si $\mathcal{F}_i$ appartient à $\mathcal{T}$, alors puisque les c_j n'apparaissent pas dans $\mathcal{T}$ par hypothèse, $\mathcal{F}'_i$ est la formule $\mathcal{F}_i$ (donc $\mathcal{F}'_i$ appartient à $\mathcal{T}$) ;
- si $\mathcal{F}_i$ est obtenu par modus ponens à partir de $\mathcal{F}_j$ et $\mathcal{F}_k$, alors $\mathcal{F}'_i$ est obtenu par modus ponens à partir de $\mathcal{F}'_j$ et $\mathcal{F}'_k$;
- si $\mathcal{F}_i$ est obtenu par généralisation, $\mathcal{F}_i$ est de la forme

$$\forall y \mathcal{F}_j$$

avec une variable y différente des variables $x_1, \dots, x_n$ (puisque ces dernières n'apparaissent pas dans $\mathscr{F}_i$), donc on peut obtenir $\mathscr{F}'_i$ par généralisation à partir de $\mathscr{F}'_j$.

Métathéorème 7.3.9 (Lemme 3)
On considère une théorie $\mathscr{T}$ non contradictoire d'un langage L, et L' le langage obtenu en ajoutant à L des symboles de constantes. Alors $\mathscr{T}$ est une théorie non contradictoire de L'.

Preuve
Par contraposition, on fait l'hypothèse que $\mathscr{T}$ est une théorie contradictoire de L', c'est-à-dire qu'elle prouve à la fois une formule $\mathscr{F}$ et sa négation : il existe une preuve $\mathscr{F}_1, \dots, \mathscr{F}_p$ de $\mathscr{F}$ et une preuve $\mathscr{G}_1, \dots, \mathscr{G}_q$ de $\neg\mathscr{F}$ ($\mathscr{G}_q$ est donc la formule $\neg\mathscr{F}_p$), à partir de $\mathscr{T}$, dans L'. Les symboles de constantes de L' n'appartenant pas à L, apparaissant dans ces preuves, sont en nombre fini. On les note $c_1, \dots, c_n$ (n pouvant être égal à 0 si l'ensemble de ces constantes est vide) ; ces constantes n'apparaissent pas dans $\mathscr{T}$ puisqu'elles n'appartiennent pas au langage L. On considère des variables $x_1, \dots, x_n$ n'apparaissant pas dans ces preuves. Pour tout i entre 1 et p (respectivement pour tout i entre 1 et q), notons $\mathscr{F}'_i$ (respectivement $\mathscr{G}'_i$) la formule obtenue en remplaçant dans $\mathscr{F}_i$ (respectivement $\mathscr{G}_i$) chaque constante c_k (pour k entre 1 et n) par la variable x_k. Alors $\mathscr{F}'_1, \dots, \mathscr{F}'_p$ et $\mathscr{G}'_1, \dots, \mathscr{G}'_q$ sont des preuves dans le langage L, à partir de $\mathscr{T}$ (d'après le lemme 2), avec

$$\mathscr{G}'_q = \neg\mathscr{F}'_p$$

Donc $\mathscr{T}$ est une théorie contradictoire de L.

Métathéorème 7.3.10 (Lemme 4)
On considère une théorie $\mathscr{T}$, une formule $\mathscr{F}[x]$ ayant une seule variable libre, et un symbole c de constante n'apparaissant ni dans $\mathscr{F}$ ni dans $\mathscr{T}$.

1.
$$\text{si } \mathscr{T} \vdash \mathscr{F}(c)$$
$$\text{alors } \mathscr{T} \vdash \forall x\mathscr{F}$$

2. Si $\mathscr{T} \cup \{\exists x\mathscr{F}\}$ est non contradictoire, il en est de même de $\mathscr{T} \cup \{\mathscr{F}(c)\}$ et de $\mathscr{T} \cup \{\exists x\mathscr{F}, \mathscr{F}(c)\}$.

Preuve
1. On considère une preuve $\mathscr{F}_1, \dots, \mathscr{F}_n$ de $\mathscr{F}(c)$ à partir de $\mathscr{T}$, et une variable y n'apparaissant dans aucune des formules $\mathscr{F}_i$. Pour tout i entre 1 et n, notons $\mathscr{F}'_i$ la formule obtenue en remplaçant c par y dans $\mathscr{F}_i$. D'après le lemme 2, $\mathscr{F}'_1, \dots, \mathscr{F}'_n$ est une preuve à partir de $\mathscr{T}$. De plus $\mathscr{F}'_n$ est la formule $\mathscr{F}(y)$; en effet c n'apparaît pas dans $\mathscr{F}$, donc on obtient $\mathscr{F}(y)$ quand à partir de $\mathscr{F}(x)$ on remplace x par c puis c par y. On en déduit $\mathscr{T} \vdash \mathscr{F}(y)$, donc par généralisation
$$\mathscr{T} \vdash \forall y\mathscr{F}(y)$$
Et on peut se ramener à la variable x : on déduit de ce qui précède $\mathscr{T} \vdash \mathscr{F}(x)$, donc par généralisation
$$\mathscr{T} \vdash \forall x\mathscr{F}(x)$$
2. Si $\mathscr{T} \cup \{\mathscr{F}(c)\}$ est contradictoire, alors $\mathscr{T}$ prouve $\neg\mathscr{F}(c)$ (corollaire du raisonnement par l'absurde), donc d'après le point précédent
$$\mathscr{T} \vdash \forall x\neg\mathscr{F}$$
Or
$$\forall x\neg\mathscr{F} \equiv \neg(\exists x\mathscr{F})$$
donc
$$\mathscr{T} \vdash \neg(\exists x\mathscr{F})$$
Par conséquent $\mathscr{T} \cup \{\exists x\mathscr{F}\}$ est contradictoire (cet ensemble de formules prouve à la fois $\exists x\mathscr{F}$ et sa négation). On en déduit par contraposition que si $\mathscr{T} \cup \{\exists x\mathscr{F}\}$ est non contradictoire, alors $\mathscr{T} \cup \{\mathscr{F}(c)\}$ est non contradictoire. Enfin puisque
$$\mathscr{F}(c) \vdash \exists x\mathscr{F}$$

d'après l'axiome

$$\vdash \mathscr{F}(t/x) \implies \exists x\mathscr{F}$$

alors si $\mathscr{T} \cup \{\exists x\mathscr{F}, \mathscr{F}(c)\}$ est contradictoire, $\mathscr{T} \cup \{\mathscr{F}(c)\}$ est contradictoire, donc $\mathscr{T} \cup \{\exists x\mathscr{F}\}$ est contradictoire.

Métathéorème 7.3.11 (Théorème de complétude de la logique des prédicats)
Les deux versions suivantes de ce théorème sont équivalentes :

1. Si la formule $\mathscr{F}$ est une conséquence sémantique de la théorie $\mathscr{T}$, alors $\mathscr{F}$ est une conséquence syntaxique de $\mathscr{T}$:

$$\text{si } \mathscr{T} \vDash \mathscr{F}$$
$$\text{alors } \mathscr{T} \vdash \mathscr{F}$$

2. Si la théorie $\mathscr{T}$ est non contradictoire, alors $\mathscr{T}$ admet un modèle.

Preuve 1 (preuve de l'équivalence uniquement)
Vérifions l'équivalence des deux versions :

- On suppose la version 1 vérifiée. Démontrons la contraposée de la version 2 : on considère une théorie $\mathscr{T}$ n'ayant pas de modèle. Alors pour toute formule $\mathscr{F}$, on a $\mathscr{T} \vDash \mathscr{F}$, donc (d'après la version 1 du théorème) $\mathscr{T} \vdash \mathscr{F}$. On en déduit que $\mathscr{T}$ est contradictoire.
- Réciproquement, on suppose la version 2 vérifiée. Soit $\mathscr{T}$ et $\mathscr{F}$ tels que $\mathscr{T} \vDash \mathscr{F}$. La clôture universelle $\mathscr{F}'$ de $\mathscr{F}$ est aussi telle que $\mathscr{T} \vDash \mathscr{F}'$. Donc $\mathscr{T} \cup \{\neg\mathscr{F}'\}$ est une théorie qui n'admet pas de modèle. On en déduit, d'après la version 2 du théorème de complétude, que $\mathscr{T} \cup \{\neg\mathscr{F}'\}$ est contradictoire, donc (raisonnement par l'absurde) $\mathscr{T} \vdash \mathscr{F}'$ et par conséquent

$$\mathscr{T} \vdash \mathscr{F}$$

Preuve 2 (preuve de l'énoncé 2)
On considère une théorie non contradictoire $\mathscr{T}$ sur une signature L qui est un ensemble dénombrable. Prouvons qu'il existe une signature L', qui est un ensemble infini dénombrable incluant L, et une théorie $\mathscr{T}'$ de L', complète, admettant des témoins de Henkin, incluant $\mathscr{T}$. Le résultat sera alors établi, puisque $\mathscr{T}'$ admet un modèle $\mathscr{M}'$, d'où on déduit un modèle $\mathscr{M}$ de $\mathscr{T}$ en enlevant les éléments de L' n'appartenant pas à L.

- On définit L' comme la signature obtenue en ajoutant à L un ensemble $\mathscr{C}$ infini dénombrable de symboles de constantes (qui n'apparaissent pas déjà dans L). L'ensemble des formules closes de L' est alors infini dénombrable (d'après le lemme 1). Notons $(\mathscr{F}_k)_{k\in\mathbb{N}}$ une suite (bijective) de ces formules.
- L'idée est, à partir de $\mathscr{T}$, de construire par récurrence une suite de théories non contradictoires, en ajoutant pour toute formule $\mathscr{F}_n$ construite avec le langage L', soit la formule $\mathscr{F}_n$, soit la formule $\neg\mathscr{F}_n$ (ce qui permettra d'obtenir une théorie complète), et en ajoutant pour toutes les formules de la forme $\exists x\mathscr{G}$ une formule $\mathscr{G}(c)$, à l'aide de l'ensemble de constantes que l'on a ajoutées à L (ce qui permettra d'obtenir une théorie admettant des témoins de Henkin). On construit donc par récurrence une suite $(\mathscr{T}_k)_{k\in\mathbb{N}}$ de théories de L', de la façon suivante (je justifie aussi en même temps, par récurrence, que ces théories sont non contradictoires) :

$$\mathscr{T}_0 = \mathscr{T}$$

  Puisque $\mathscr{T}$ est une théorie de L non contradictoire, $\mathscr{T}_0$ est une théorie de L' non contradictoire (d'après le lemme 3, puisque L' a été obtenu à partir de L en ajoutant des symboles de constantes). Pour tout entier n

  — Si la théorie $\mathscr{T}_n \cup \{\mathscr{F}_n\}$ est contradictoire

$$\mathscr{T}_{n+1} = \mathscr{T}_n \cup \{\neg\mathscr{F}_n\}$$

  $\mathscr{T}_{n+1}$ est une théorie non contradictoire car $\mathscr{T}_n$ est non contradictoire, et $\mathscr{T}_n \cup \{\mathscr{F}_n\}$ est contradictoire.

  — Si la théorie $\mathscr{T}_n \cup \{\mathscr{F}_n\}$ n'est pas contradictoire, et si $\mathscr{F}_n$ n'est pas de la forme $\exists x\mathscr{G}(x)$ (avec $\mathscr{G}$ formule à une seule variable libre)

$$\mathscr{T}_{n+1} = \mathscr{T}_n \cup \{\mathscr{F}_n\}$$

  — Si la théorie $\mathscr{T}_n \cup \{\mathscr{F}_n\}$ n'est pas contradictoire, et si $\mathscr{F}_n$ est de la forme $\exists x\mathscr{G}(x)$

$$\mathscr{T}_{n+1} = \mathscr{T}_n \cup \{\mathscr{F}_n, \mathscr{G}(c)\}$$

où c est une constante de $\mathscr{C}$ n'apparaissant pas dans $\mathscr{T}_n \cup \{\mathscr{F}_n\}$ (ce qui est possible puisque l'ensemble des symboles apparaissant dans $\mathscr{T}_n \cup \{\mathscr{F}_n\}$ est fini). D'après le lemme 4 $\mathscr{T}_{n+1}$ est non contradictoire.

- On obtient ainsi une suite croissante (pour l'inclusion) $(\mathscr{T}_n)_{n\in\mathbb{N}}$ de théories non contradictoires. Notons $\mathscr{T}'$ la réunion de tous les $\mathscr{T}_n$, c'est-à-dire l'ensemble des formules $\mathscr{F}$ telles qu'il existe $n \in \mathbb{N}$ tel que $\mathscr{F} \in \mathscr{T}_n$, autrement dit avec les notations usuelles de la théorie des ensembles
$$\mathscr{T}' :\equiv \bigcup_{n\in\mathbb{N}} \mathscr{T}_n$$
Vérifions que $\mathscr{T}'$ est une théorie non contradictoire : on fait l'hypothèse contraire que $\mathscr{T}'$ est contradictoire. Par conséquent il existe une formule $\mathscr{F}$ prouvable, ainsi que sa négation, à partir de $\mathscr{T}'$. Il existe donc un sous-ensemble fini $\{\mathscr{G}_1, \ldots, \mathscr{G}_p\}$ de $\mathscr{T}'$ qui prouve $\mathscr{F}$ et un sous-ensemble fini $\{\mathscr{G}'_1, \ldots, \mathscr{G}'_q\}$ de $\mathscr{T}'$ qui prouve $\neg\mathscr{F}$. Tous les $\mathscr{G}_i$ (i entre 1 et p) et tous les $\mathscr{G}'_j$ (j entre 1 et q) appartiennent à l'un des $\mathscr{T}_k$ ($k \in \mathbb{N}$). Puisque $(\mathscr{T}_k)_{k\in\mathbb{N}}$ est croissante, en notant m le maximum de tous ces indices k, tous les $(\mathscr{G}_i)$ et $(\mathscr{G}'_j)$ sont dans $\mathscr{T}_m$. Par conséquent $\mathscr{T}_m$ prouve $\mathscr{F}$ et $\neg\mathscr{F}$, ce qui est impossible puisque tous les $\mathscr{T}_k$ sont non contradictoires. On en déduit que $\mathscr{T}'$ est une théorie non contradictoire.
- Vérifions que $\mathscr{T}'$ est une théorie complète : on considère une formule close $\mathscr{F}$ de L'. Il existe un entier n tel que $\mathscr{F}$ est la formule $\mathscr{F}_n$. Par construction, $\mathscr{F}_n$ ou $\neg\mathscr{F}_n$ appartient à $\mathscr{T}_{n+1}$, donc à $\mathscr{T}'$. A fortiori
$$\mathscr{T}' \vdash \mathscr{F} \qquad \text{ou} \qquad \mathscr{T}' \vdash \neg\mathscr{F}$$
Autrement dit $\mathscr{T}'$ est une théorie complète.
- Vérifions que $\mathscr{T}'$ admet des témoins de Henkin : on considère une formule $\mathscr{F}[x]$ à une seule variable libre x, telle que
$$\mathscr{T}' \vdash \exists x \mathscr{F}(x)$$
Il existe un entier n tel que
$$\mathscr{F}_n = \exists x \mathscr{F}(x)$$
La théorie $\mathscr{T}_n \cup \{\mathscr{F}_n\}$ est non contradictoire, car sinon, par construction, $\neg\mathscr{F}_n$ appartient à $\mathscr{T}_{n+1}$, donc à $\mathscr{T}'$, ce qui est contraire à l'hypothèse que $\mathscr{T}'$ prouve $\mathscr{F}_n$. Donc, toujours par construction, il existe une constante c telle que
$$\mathscr{T}_{n+1} = \mathscr{T}_n \cup \{\mathscr{F}_n, \mathscr{F}(c)\}$$
En particulier, $\mathscr{F}(c)$ appartient à $\mathscr{T}_{n+1}$, donc à $\mathscr{T}'$. A fortiori
$$\mathscr{T}' \vdash \mathscr{F}(c)$$
Par conséquent $\mathscr{T}'$ admet des témoins de Henkin.

Remarque 7.3.12 : On déduit du théorème de correction et du théorème de complétude l'équivalence entre conséquence sémantique et conséquence syntaxique, et l'équivalence entre non-contradiction (notion syntaxique) et existence d'un modèle (notion sémantique) :

- La formule $\mathscr{F}$ est une conséquence sémantique de la théorie $\mathscr{T}$, si et seulement si $\mathscr{F}$ est une conséquence syntaxique de $\mathscr{T}$.
- La théorie $\mathscr{T}$ est non contradictoire si et seulement si $\mathscr{T}$ admet un modèle.

Remarque 7.3.13 : La démonstration précédente n'est valable que dans le cas où la signature du langage est dénombrable, ce qui n'est pas une conséquence de la définition (l'ensemble des symboles peut être non dénombrable), mais qui est le cas des théories simples classiques, où la signature est même finie (théorie des groupes, théorie des anneaux, théorie de l'arithmétique de Peano, théorie des ensembles de Zermelo-Fraenkel, ...). Néanmoins, la preuve peut être adaptée, en utilisant des techniques de théorie des ensembles (en rapport avec l'axiome du choix), pour qu'elle soit valable dans tous les cas.

Métathéorème 7.3.14 (Corollaire des théorèmes de correction et de complétude)

1. Pour toute formule $\mathscr{F}$
$$\vdash \mathscr{F} \qquad \text{si et seulement si} \qquad \models \mathscr{F}$$

2. Pour toutes les formules $\mathscr{F}$ et $\mathscr{G}$

$$\mathscr{F} \vdash \mathscr{G} \qquad \text{si et seulement si} \qquad \mathscr{F} \vDash \mathscr{G}$$

Preuve

1. Il suffit d'appliquer le théorème de correction et de complétude à la théorie $\mathscr{T}$ formée d'un ensemble vide de formules.
2. On utilise le théorème de déduction (sémantique et syntaxique) et ce qui précède. Les lignes suivantes sont équivalentes :

$$\begin{array}{r} \mathscr{F} \vdash \mathscr{G} \\ \vdash \mathscr{F} \Longrightarrow \mathscr{G} \\ \vDash \mathscr{F} \Longrightarrow \mathscr{G} \\ \mathscr{F} \vDash \mathscr{G} \end{array}$$

Remarque 7.3.15 : Ce qui précède justifie a posteriori l'utilisation du même symbole pour noter l'équivalence sémantique et l'équivalence syntaxique : pour toutes les formules $\mathscr{F}$ et $\mathscr{G}$, les six propriétés suivantes sont équivalentes

$$\begin{cases} \mathscr{F} \vdash \mathscr{G} \\ \mathscr{G} \vdash \mathscr{F} \end{cases} \qquad \begin{cases} \vdash \mathscr{F} \Longrightarrow \mathscr{G} \\ \vdash \mathscr{G} \Longrightarrow \mathscr{F} \end{cases} \qquad \vdash \mathscr{F} \Longleftrightarrow \mathscr{G} \qquad \vDash \mathscr{F} \Longleftrightarrow \mathscr{G} \qquad \begin{cases} \vDash \mathscr{F} \Longrightarrow \mathscr{G} \\ \vDash \mathscr{G} \Longrightarrow \mathscr{F} \end{cases} \qquad \begin{cases} \mathscr{F} \vDash \mathscr{G} \\ \mathscr{G} \vDash \mathscr{F} \end{cases}$$

ce que j'ai noté

$$\mathscr{F} \equiv \mathscr{G}$$

De même, pour toute théorie $\mathscr{T}$, les six propriétés suivantes sont équivalentes

$$\begin{array}{ccc} \begin{cases} \mathscr{T}, \mathscr{F} \vdash \mathscr{G} \\ \mathscr{T}, \mathscr{G} \vdash \mathscr{F} \end{cases} & \begin{cases} \mathscr{T} \vdash \mathscr{F} \Longrightarrow \mathscr{G} \\ \mathscr{T} \vdash \mathscr{G} \Longrightarrow \mathscr{F} \end{cases} & \mathscr{T} \vdash \mathscr{F} \Longleftrightarrow \mathscr{G} \\ \begin{cases} \mathscr{T}, \mathscr{F} \vDash \mathscr{G} \\ \mathscr{T}, \mathscr{G} \vDash \mathscr{F} \end{cases} & \begin{cases} \mathscr{T} \vDash \mathscr{F} \Longrightarrow \mathscr{G} \\ \mathscr{T} \vDash \mathscr{G} \Longrightarrow \mathscr{F} \end{cases} & \mathscr{T} \vDash \mathscr{F} \Longleftrightarrow \mathscr{G} \end{array}$$

ce que j'ai noté

$$\mathscr{F} \equiv_{\mathscr{T}} \mathscr{G}$$

mais que je pourrai aussi noter de la même façon, c'est-à-dire

$$\mathscr{F} \equiv \mathscr{G}$$

si la théorie $\mathscr{T}$ est implicite. Cela me permettra en particulier d'écrire des expressions comme

$$\mathscr{F} \equiv \mathscr{G} \equiv \mathscr{H}$$

pour signifier

$$\begin{cases} \mathscr{T} \vdash \mathscr{F} \Longleftrightarrow \mathscr{G} \\ \mathscr{T} \vdash \mathscr{G} \Longleftrightarrow \mathscr{H} \end{cases}$$

me permettant d'éviter la formulation incorrecte

$$\mathscr{F} \Longleftrightarrow \mathscr{G} \Longleftrightarrow \mathscr{H}$$

qui représente une formule de la théorie, et non pas une série d'équivalences dans la métathéorie. Je pourrai aussi noter de la même façon une série de conséquences (syntaxiques ou sémantiques), c'est-à-dire écrire par exemple

$$\mathscr{F} \vdash \mathscr{G} \vdash \mathscr{H}$$

pour

$$\begin{cases} \mathscr{T}, \mathscr{F} \vdash \mathscr{G} \\ \mathscr{T}, \mathscr{G} \vdash \mathscr{H} \end{cases}$$

ce qui équivaut à

$$\begin{cases} \mathscr{T} \vdash \mathscr{F} \Longrightarrow \mathscr{G} \\ \mathscr{T} \vdash \mathscr{G} \Longrightarrow \mathscr{H} \end{cases}$$

7.4 Théorème de compacité de la logique des prédicats

Contrairement à la logique des propositions où on déduisait le théorème de complétude du théorème de compacité, nous pouvons ici déduire le théorème de compacité du théorème de complétude[2] :

Métathéorème 7.4.1 (Théorème de compacité de la logique des prédicats)
Les deux versions suivantes du théorème de compacité sont équivalentes :

1. La théorie $\mathscr{T}$ admet un modèle si et seulement si tout sous-ensemble fini de $\mathscr{T}$ admet un modèle.
2. Soit $\mathscr{F}$ une formule et $\mathscr{T}$ une théorie. Alors $\mathscr{T} \models \mathscr{F}$ si et seulement si il existe un sous-ensemble fini $\mathscr{T}'$ de $\mathscr{T}$ tel que $\mathscr{T}' \models \mathscr{F}$.

Preuve 1 (Preuve de l'équivalence entre les deux versions uniquement)
Notons tout d'abord que pour chacun des deux énoncés, l'un des sens de l'équivalence est immédiat :

- Si $\mathscr{T}$ admet un modèle, alors tout sous-ensemble fini de $\mathscr{T}$ admet un modèle (on peut prendre le même).
- S'il existe un sous-ensemble fini $\mathscr{T}'$ de $\mathscr{T}$ tel que $\mathscr{T}' \models \mathscr{F}$, alors $\mathscr{T} \models \mathscr{F}$, puisque tout modèle de $\mathscr{T}$ est a fortiori un modèle de $\mathscr{T}'$.

Prouvons maintenant l'équivalence entre les deux versions du théorème :

- On suppose l'énoncé 1 vérifié. Si $\mathscr{T} \models \mathscr{F}$, alors en notant $\mathscr{F}'$ la clôture universelle de $\mathscr{F}$ on a aussi $\mathscr{T} \models \mathscr{F}'$, donc $\mathscr{T} \cup \{\neg\mathscr{F}'\}$ n'a pas de modèle. D'après l'énoncé 1, il existe donc un sous-ensemble fini $\mathscr{T}'$ de $\mathscr{T}$ tel que $\mathscr{T}' \cup \{\neg\mathscr{F}'\}$ n'a pas de modèle (un sous-ensemble fini de $\mathscr{T} \cup \{\neg\mathscr{F}'\}$ ne contient pas nécessairement $\neg\mathscr{F}'$, mais si $\mathscr{T}'$ n'a pas de modèle, a fortiori $\mathscr{T}' \cup \{\neg\mathscr{F}'\}$ n'a pas de modèle). Donc $\mathscr{T}' \models \mathscr{F}'$, et par conséquent $\mathscr{T}' \models \mathscr{F}$.
- Réciproquement, supposons l'énoncé 2 vérifié. Prouvons que si tout sous-ensemble fini de $\mathscr{T}$ admet un modèle, alors $\mathscr{T}$ admet un modèle. Par contraposition, cela revient à démontrer que si $\mathscr{T}$ n'a pas de modèle, alors il existe un sous-ensemble fini de $\mathscr{T}$ qui n'a pas de modèle. Soit $\mathscr{T}$ une théorie qui n'a pas de modèle. Il existe donc une formule $\mathscr{F}$ telle que

$$\begin{cases} \mathscr{T} \models \mathscr{F} \\ \mathscr{T} \models \neg\mathscr{F} \end{cases}$$

D'après l'énoncé 2, il existe deux sous-ensembles finis de $\mathscr{T}$, $\mathscr{T}'$ et $\mathscr{T}''$ tels que

$$\begin{cases} \mathscr{T}' \models \mathscr{F} \\ \mathscr{T}'' \models \neg\mathscr{F} \end{cases}$$

Donc

$$\begin{cases} \mathscr{T}', \mathscr{T}'' \models \mathscr{F} \\ \mathscr{T}', \mathscr{T}'' \models \neg\mathscr{F} \end{cases}$$

Par conséquent $\mathscr{T}' \cup \mathscr{T}''$ est un sous-ensemble fini de $\mathscr{T}$ qui n'a pas de modèle.

2. Il est toutefois possible de faire la même chose en logique des propositions, c'est-à-dire de prouver d'abord le théorème de complétude et d'en déduire le théorème de compacité, et il est possible en logique des prédicats de prouver le théorème de compacité indépendamment du théorème de complétude.

Preuve 2 (Preuve du théorème)
Nous allons prouver l'énoncé 1 du théorème :

- Nous avons déjà vu que l'une des implications est immédiate : si $\mathscr{T}$ admet un modèle, alors tout sous-ensemble fini de $\mathscr{T}$ admet ce même modèle.
- Réciproquement, et par contraposition : si $\mathscr{T}$ n'a pas de modèle, alors d'après le théorème de complétude, $\mathscr{T}$ est contradictoire, donc il existe une formule $\mathscr{F}$ telle que
$$\mathscr{T} \vdash \mathscr{F} \wedge \neg\mathscr{F}$$
Par conséquent il existe un sous-ensemble fini $\mathscr{T}'$ de $\mathscr{T}$ tel que
$$\mathscr{T}' \vdash \mathscr{F} \wedge \neg\mathscr{F}$$
Donc d'après le théorème de correction,
$$\mathscr{T}' \models \mathscr{F} \wedge \neg\mathscr{F}$$
On en déduit que $\mathscr{T}'$ n'a pas de modèle.

Nous allons justifier l'une des applications classiques du théorème de compacité : aucune théorie ne peut caractériser les ensembles finis, c'est-à-dire qu'il n'existe aucune théorie $\mathscr{T}$ telle que $\mathscr{M}$ soit fini si et seulement si $\mathscr{M}$ est un modèle de $\mathscr{T}$ (je fais le raccourci consistant à écrire indifféremment $\mathscr{M}$ pour la L-structure ou pour son ensemble de base).

Définition 7.4.2 (Propriété axiomatisable)
On considère un langage L et une propriété $\mathscr{P}$, portant sur les L-structures.

1. On dit que $\mathscr{P}$ est *axiomatisable* lorsqu'il existe une théorie $\mathscr{T}$ telle que
$$\mathscr{M} \text{ vérifie } \mathscr{P} \quad \text{si et seulement si} \quad \mathscr{M} \models \mathscr{T}$$
2. On dit que $\mathscr{P}$ est *finiment axiomatisable* lorsque $\mathscr{P}$ est axiomatisable par une théorie finie (autrement dit par un ensemble fini de formules closes).

Remarque 7.4.3 : Une propriété est finiment axiomatisable si et seulement si elle peut être axiomatisée par une unique formule. En effet, une théorie formée d'une seule formule est une théorie finie, et réciproquement, si la théorie $\mathscr{T}$ est formée des formules $\mathscr{F}_1, \dots, \mathscr{F}_n$, alors
$$\mathscr{M} \models \mathscr{T} \quad \text{si et seulement si} \quad \mathscr{M} \models \mathscr{F}_1 \wedge \cdots \wedge \mathscr{F}_n$$
On en déduit aussi que si une propriété est finiment axiomatisable, sa négation est aussi finiment axiomatisable. En effet, si on peut axiomatiser la propriété $\mathscr{P}$ par
$$\mathscr{F}_1 \wedge \cdots \wedge \mathscr{F}_n$$
on peut axiomatiser la négation de $\mathscr{P}$ par
$$\neg\mathscr{F}_1 \vee \cdots \vee \neg\mathscr{F}_n$$

Exemple 7.4.4 (Exemples de propriétés axiomatisables)
1. La propriété « être un ensemble ayant au moins n éléments » est finiment axiomatisable, par une

formule $\mathscr{F}_n$. Par exemple

$$\mathscr{F}_2 :\equiv \exists a\, b, a \neq b$$
$$\mathscr{F}_3 :\equiv \exists a\, b\, c, a \neq b \wedge a \neq c \wedge b \neq c$$

2. La propriété « être un ensemble ayant au plus n éléments » est finiment axiomatisable, par

$$\neg \mathscr{F}_{n+1}$$

3. La propriété « être un ensemble ayant exactement n éléments » est finiment axiomatisable, par

$$\mathscr{F}_n \wedge \neg \mathscr{F}_{n+1}$$

ou directement, par une formule exprimant l'idée qu'il existe n éléments, qu'ils sont tous deux à deux distincts, et que tout élément est l'un de ces n éléments : par exemple tout modèle de la formule

$$\exists a \exists b, \begin{cases} a \neq b \\ \forall x, (x = a \vee x = b) \end{cases}$$

est un ensemble ayant exactement deux éléments.

4. La propriété « être un ensemble infini » est axiomatisable : on considère la théorie Γ obtenue en prenant l'ensemble de toutes les formules $\mathscr{F}_n$ (Γ est un ensemble infini). Si un ensemble E est infini, alors pour tout entier n, il est vrai que E admet au moins n éléments, et réciproquement si E est un modèle de Γ, il est infini (car s'il est fini, ayant n élément, il ne peut pas être un modèle de la formule $\mathscr{F}_{n+1}$).

Nous pouvons maintenant justifier, à l'aide du théorème de compacité, et en reprenant les notations de l'exemple précédent, que la propriété « être un ensemble fini » n'est pas axiomatisable (même par une théorie infinie). Supposons en effet qu'il existe une telle théorie Δ, c'est-à-dire que $\mathscr{M}$ est un modèle de Δ si et seulement si $\mathscr{M}$ est un ensemble fini. On considère la théorie $\mathscr{T}$ obtenue en prenant la réunion des formules de Δ et de Γ :

$$\mathscr{T} :\equiv \Delta \cup \Gamma$$

Tout sous-ensemble fini $\mathscr{T}'$ de $\mathscr{T}$ admet un modèle : en effet, il suffit de choisir un ensemble fini ayant un nombre d'éléments supérieur à tous les entiers n apparaissant dans les formules $\mathscr{F}_n$ de $\mathscr{T}'$. D'après le théorème de compacité, $\mathscr{T}$ admet un modèle, qui doit être à la fois fini (c'est un modèle de Δ), et infini (c'est un modèle de Γ), ce qui est contradictoire. Par conséquent, il n'existe pas de théorie Δ pouvant axiomatiser la propriété « être un ensemble fini ».

On en déduit aussi que la propriété « être un ensemble infini » n'est pas finiment axiomatisable, car sinon la propriété « être un ensemble fini » le serait aussi. En résumé

- Les propriétés « être un ensemble ayant au moins n éléments », « être un ensemble ayant au plus n éléments », « être un ensemble ayant exactement n éléments », sont finiment axiomatisables.
- La propriété « être un ensemble infini » est axiomatisable (mais pas par une théorie finie).
- La propriété « être un ensemble fini » n'est pas axiomatisable.

7.5 Compléments sur les théories, introduction aux théorèmes d'incomplétude de Gödel

Définition 7.5.1 (Extension conservative)
On considère une théorie $\mathscr{T}$ dans un langage L.

1. On appelle *extension* de $\mathscr{T}$ toute théorie $\mathscr{T}'$, dans un langage L' qui enrichit L, telle que toute formule de $\mathscr{T}$ est aussi une formule de $\mathscr{T}'$.
2. On appelle *extension conservative* de $\mathscr{T}$ toute extension telle que tout théorème de $\mathscr{T}'$ exprimé dans le langage L est aussi un théorème de $\mathscr{T}$, autrement dit pour toute L-formule $\mathscr{F}$

$$\text{si} \quad \mathscr{T}' \vdash \mathscr{F} \quad \text{alors} \quad \mathscr{T} \vdash \mathscr{F}$$

Remarque 7.5.2 : Si $\mathscr{T}'$ est une extension de $\mathscr{T}$, les formules de $\mathscr{T}$ sont des formules de $\mathscr{T}'$, donc si $\mathscr{T} \vdash \mathscr{F}$ alors $\mathscr{T}' \vdash \mathscr{F}$. On en déduit que si $\mathscr{T}'$ est une extension conservative de $\mathscr{T}$ et $\mathscr{F}$ une formule dans le langage de $\mathscr{T}$

$$\mathscr{T}' \vdash \mathscr{F} \qquad \text{si et seulement si} \qquad \mathscr{T} \vdash \mathscr{F}$$

Une extension conservative d'une théorie $\mathscr{T}$ prouve donc exactement les mêmes formules (que l'on peut exprimer dans le langage de $\mathscr{T}$) que $\mathscr{T}$. Elle peut aussi bien entendu prouver d'autres formules s'exprimant dans le langage enrichi (mais pas dans le langage de départ), qui ne sont pas « accessibles » à la théorie $\mathscr{T}$ (la question de savoir si $\mathscr{T}$ prouve ou pas ces autres formules n'a pas de sens, puisqu'elles s'expriment dans un langage différent de celui de $\mathscr{T}$).

Une pratique mathématique courante consiste à étudier une théorie en définissant des nouveaux symboles (de constante, de prédicat, d'opération), modifiant ainsi la signature du langage, mais permettant d'écrire des formules où ces nouveaux symboles servent de « raccourcis » pour des formules plus longues exprimées dans le langage de base. Par exemple on peut définir une relation d'ordre à partir d'un symbole de prédicat binaire $\leqslant$ associé à plusieurs axiomes (voir la section 8.1), puis définir dans ce cadre une relation d'ordre strict par

$$x < y \overset{\text{def}}{\equiv} x \leqslant y \wedge x \neq y$$

(x est *strictement inférieur* à y lorsque x est *inférieur ou égal* à y et *différent* de y). Le métathéorème suivant permet de justifier que ce genre de définitions ne modifie pas la théorie, dans le sens où la nouvelle théorie (dans le langage enrichi par les nouveaux symboles, avec les nouveaux axiomes définissant ces symboles) est une extension conservative de la théorie de départ, et que les formules écrites avec les nouveaux symboles sont équivalentes aux formules associées dans le langage de départ (où chaque nouveau symbole a été remplacé par sa définition).

Métathéorème 7.5.3 (Définitions de nouveaux symboles dans une théorie)

1. On considère une théorie $\mathscr{T}$ dans un langage L, et une L-formule $\mathscr{R}[x_1, \ldots, x_n]$.
   - Notons L' le langage obtenu en ajoutant à L un symbole de prédicat n-aire R.
   - Notons $\mathscr{T}'$ la théorie (du langage L') obtenue en ajoutant à $\mathscr{T}$ la formule close

$$\forall x_1 \ldots x_n, (R(x_1, \ldots, x_n) \iff \mathscr{R}(x_1, \ldots, x_n))$$

   - Pour toute L'-formule $\mathscr{F}$, notons $\varphi(\mathscr{F})$ la L-formule obtenue en remplaçant dans $\mathscr{F}$ toutes les sous-formules de la forme $R(t_1, \ldots, t_n)$ par $\mathscr{R}(t_1, \ldots, t_n)$.

Alors

- Les formules $\mathscr{F}$ et $\varphi(\mathscr{F})$ sont équivalentes (dans la théorie $\mathscr{T}'$) : pour toute L'-formule $\mathscr{F}$

$$\mathscr{T}' \vdash \mathscr{F} \iff \varphi(\mathscr{F})$$

- $\mathscr{T}'$ est une extension conservative de $\mathscr{T}$: pour toute L-formule $\mathscr{F}$

$$\mathscr{T}' \vdash \mathscr{F} \quad \text{si et seulement si} \quad \mathscr{T} \vdash \mathscr{F}$$

- On en déduit aussi que pour toute L'-formule $\mathscr{F}$

$$\mathscr{T}' \vdash \mathscr{F} \quad \text{si et seulement si} \quad \mathscr{T} \vdash \varphi(\mathscr{F})$$

2. On considère une théorie $\mathscr{T}$ dans un langage L, et une L-formule $\Gamma[x_1, \ldots, x_n, y]$ telle que

$$\mathscr{T} \vdash \forall x_1 \ldots x_n, \exists! y, \Gamma(x_1, \ldots, x_n, y)$$

- Notons L' le langage obtenu en ajoutant à L un symbole d'opération n-aire f.
- Notons $\mathscr{T}'$ la théorie obtenue en ajoutant à $\mathscr{T}$ la formule close

$$\forall x_1 \ldots x_n\, y, (y = f(x_1, \ldots, x_n) \iff \Gamma(x_1, \ldots, x_n, y))$$

- On considère une opération définie sur les L'-formules $\mathscr{F}$ de la façon suivante : on remplace dans $\mathscr{F}$ la sous-formule atomique $\mathscr{A}$ dans laquelle apparaît la dernière occurrence de f dans $\mathscr{F}$ (si f n'apparaît pas, on ne modifie pas la formule $\mathscr{F}$), associée au terme $f(t_1, \ldots, t_n)$, par

$$\exists y, (\Gamma(t_1, \ldots, t_n, y) \wedge \mathscr{A}(y))$$

où y est une variable n'ayant pas d'occurrence dans $\mathscr{F}$, et $\mathscr{A}(y)$ représente la formule $\mathscr{A}$ dans laquelle on a remplacé $f(t_1, \ldots, t_n)$ par y. Notons $\varphi(\mathscr{F})$ la formule obtenue en répétant l'opération précédente jusqu'à l'obtention d'une formule ne contenant plus le symbole f.

Alors

- Les formules $\mathscr{F}$ et $\varphi(\mathscr{F})$ sont équivalentes (dans la théorie $\mathscr{T}'$) : pour toute L'-formule $\mathscr{F}$

$$\mathscr{T}' \vdash \mathscr{F} \iff \varphi(\mathscr{F})$$

- $\mathscr{T}'$ est une extension conservative de $\mathscr{T}$: pour toute L-formule $\mathscr{F}$

$$\mathscr{T}' \vdash \mathscr{F} \quad \text{si et seulement si} \quad \mathscr{T} \vdash \mathscr{F}$$

- On en déduit aussi que pour toute L'-formule $\mathscr{F}$

$$\mathscr{T}' \vdash \mathscr{F} \quad \text{si et seulement si} \quad \mathscr{T} \vdash \varphi(\mathscr{F})$$

Preuve ([3])

1. Preuve du premier point (définition d'un symbole de prédicat) :

3. Preuve adaptée de : George TOURLAKIS. *Lectures in logic and set theory*. 1 t. Cambridge University Press, 2003.

- L'ajout de la formule indiquée pour obtenir la théorie $\mathcal{T}'$ montre que pour tous les termes $t_1, \dots, t_n$

$$\mathcal{T}' \vdash R(t_1, \dots, t_n) \iff \mathcal{R}(t_1, \dots, t_n)$$

Puisqu'on obtient $\varphi(\mathcal{F})$ à partir de $\mathcal{F}$ en remplaçant certaines sous-formules par des formules équivalentes, on en déduit

$$\mathcal{T}' \vdash \mathcal{F} \iff \varphi(\mathcal{F})$$

- On considère une L-formule $\mathcal{F}$. D'après le théorème de complétude, prouver que $\mathcal{T}'$ est une extension conservative de $\mathcal{F}$ équivaut à prouver que si $\mathcal{T}' \models \mathcal{F}$, alors $\mathcal{T} \models \mathcal{F}$. On fait donc l'hypothèse $\mathcal{T}' \models \mathcal{F}$, et on considère un modèle $\mathcal{M}$ de $\mathcal{T}$. On considère l'enrichissement $\mathcal{M}'$ de $\mathcal{M}$, dans le langage L', obtenu avec l'interprétation $R_{\mathcal{M}}$ de R définie, pour tout $(a_1, \dots, a_n) \in M^n$ (M étant l'ensemble de base associé à la structure $\mathcal{M}$), par

$$(a_1, \dots, a_n) \in R_{\mathcal{M}} \overset{\text{def}}{\equiv} \mathcal{M} \models \mathcal{R}(a_1, \dots, a_n)$$

Je rappelle que je note $\mathcal{M} \models \mathcal{R}(a_1, \dots, a_n)$ pour signifier $\mathcal{M} \models_A \mathcal{R}(x_1, \dots, x_n)$, où A est l'assignation qui à chaque x_i associe a_i. On en déduit que pour tout $(a_1, \dots, a_n) \in M^n$

$$\mathcal{M}' \models R(a_1, \dots, a_n) \qquad \text{si et seulement si} \qquad \mathcal{M}' \models \mathcal{R}(a_1, \dots, a_n)$$

autrement dit pour toute affectation les formules $R(x_1, \dots, x_n)$ et $\mathcal{R}(x_1, \dots, x_n)$ ont la même valeur de vérité (dans $\mathcal{M}'$), et par conséquent $\mathcal{M}'$ est un modèle du nouvel axiome :

$$\mathcal{M}' \models \forall x_1 \dots x_n, (R(x_1, \dots, x_n) \iff \mathcal{R}(x_1, \dots, x_n))$$

De plus, $\mathcal{M} \models \mathcal{T}$ par hypothèse, donc $\mathcal{M}' \models \mathcal{T}$ et par conséquent

$$\mathcal{M}' \models \mathcal{T}'$$

Or par hypothèse $\mathcal{T}' \models \mathcal{F}$, donc $\mathcal{M}' \models \mathcal{F}$, et puisque l'interprétation de $\mathcal{F}$ dans $\mathcal{M}'$ est la même que dans $\mathcal{M}$, on a $\mathcal{M} \models \mathcal{F}$, et par conséquent $\mathcal{T} \models \mathcal{F}$.

- On déduit des deux points précédents que pour toute L'-formule $\mathcal{F}$, $\mathcal{T}' \vdash \mathcal{F}$ si et seulement si $\mathcal{T}' \vdash \varphi(\mathcal{F})$, et puisque $\varphi(\mathcal{F})$ est une L-formule, $\mathcal{T}' \vdash \varphi(\mathcal{F})$ si et seulement si $\mathcal{T} \vdash \varphi(\mathcal{F})$.

2. Preuve du deuxième point (définition d'un symbole d'opération) :

- On reprend les notations de l'énoncé.

— On considère une formule $\mathcal{F}$ dont la dernière occurrence du symbole f est associée au terme $f(t_1, \dots t_n)$, que je noterai t (le symbole f n'apparaît donc pas dans les t_i). Notons $\mathcal{A}$ la sous-formule atomique dans laquelle apparaît ce terme, et $\mathcal{A}(y)$ la formule obtenue quand on remplace t par y. Puisque y n'a pas d'occurrence libre dans $\mathcal{F}$, on retrouve $\mathcal{A}$ quand on remplace dans $\mathcal{A}(y)$ toutes les occurrences de y par t (il n'y a qu'une occurrence), autrement dit la formule $\mathcal{A}(y)(t/y)$ est la formule $\mathcal{A}$, que je noterai aussi $\mathcal{A}(t)$. La substitution de y par t est autorisée car aucune variable apparaissant dans t n'est liée dans $\mathcal{A}$ (puisque $\mathcal{A}$ est une formule atomique). Prouvons

$$\vdash \mathcal{A}(t) \iff \exists y, (y = t \wedge \mathcal{A}(y))$$

Puisque $\vdash t = t$, on a

$$\mathcal{A}(t) \vdash t = t \wedge \mathcal{A}(t)$$

ce qui peut s'écrire

$$\mathcal{A}(t) \vdash (y = t \wedge \mathcal{A}(y))(t/y)$$

Donc d'après la règle d'introduction de $\exists$

$$\mathcal{A}(t) \vdash \exists y, (y = t \wedge \mathcal{A}(y))$$

De plus par propriété de l'égalité

$$y = t \wedge \mathcal{A}(y) \vdash \mathcal{A}(t)$$

donc d'après la règle d'élimination de $\exists$ (puisque y n'est pas libre dans $\mathcal{A}(t)$)

$$\exists y, (y = t \wedge \mathcal{A}(y)) \vdash \mathcal{A}(t)$$

On en déduit

$$\vdash \mathcal{A}(t) \iff \exists y, (y = t \wedge \mathcal{A}(y))$$

— D'après la formule ajoutée à $\mathcal{T}$ pour obtenir $\mathcal{T}'$

$$\mathcal{T}' \vdash y = t \iff \Gamma(t_1, \ldots, t_n, y)$$

On déduit alors du résultat précédent, en remplaçant $y = t$ par la formule équivalente $\Gamma(t_1, \ldots, t_n, y)$,

$$\mathcal{T}' \vdash \mathcal{A}(t) \iff \exists y, (\Gamma(t_1, \ldots, t_n, y) \wedge \mathcal{A}(y))$$

Par conséquent, en notant $\psi(\mathcal{F})$ la formule obtenue à partir de $\mathcal{F}$ en remplaçant $\mathcal{A}$ par la formule équivalente

$$\exists y, (\Gamma(t_1, \ldots, t_n, y) \wedge \mathcal{A}(y))$$

on a

$$\mathcal{T}' \vdash \mathcal{F} \iff \psi(\mathcal{F})$$

— En répétant l'opération jusqu'à élimination du symbole f, on obtient une suite de formules équivalentes à $\mathcal{F}$, d'où l'on déduit

$$\mathcal{T}' \vdash \mathcal{F} \iff \varphi(\mathcal{F})$$

- On considère une L-formule $\mathcal{F}$. D'après le théorème de complétude, prouver que $\mathcal{T}'$ est une extension conservative de $\mathcal{T}$ équivaut à prouver que si $\mathcal{T}' \vDash \mathcal{F}$, alors $\mathcal{T} \vDash \mathcal{F}$. On fait donc l'hypothèse $\mathcal{T}' \vDash \mathcal{F}$, et on considère un modèle $\mathcal{M}$ de $\mathcal{T}$. Puisque

$$\mathcal{T} \vdash \forall x_1 \ldots x_n, \exists! y, \Gamma(x_1, \ldots, x_n, y)$$

on en déduit

$$\mathcal{M} \vDash \forall x_1 \ldots x_n, \exists! y, \Gamma(x_1, \ldots, x_n, y)$$

Par conséquent il existe une fonction F de M^n dans M telle que pour tout n-uplet $(a_1, \ldots, a_n)$ d'éléments de M et tout élément b de M

$$b = F(a_1, \ldots, a_n) \quad \text{si et seulement si} \quad \mathcal{M} \vDash \Gamma(a_1, \ldots, a_n, b)$$

On considère la L'-structure $\mathcal{M}'$ qui enrichit $\mathcal{M}$, en interprétant le symbole f par la fonction F. Puisque $\mathcal{M} \vDash \mathcal{T}$, on a aussi $\mathcal{M}' \vDash \mathcal{T}$ (puisque les formules de $\mathcal{T}$ ne contiennent pas le symbole f). Pour tous les éléments $a_1, \ldots, a_n, b$ de M, les propriétés suivantes sont alors équivalentes :

$\mathcal{M}' \vDash b = f(a_1, \ldots, a_n)$	
$b = F(a_1, \ldots, a_n)$	par définition de l'interprétation du symbole f (et de l'interprétation de l'égalité)
$\mathcal{M} \vDash \Gamma(a_1, \ldots, a_n, b)$	par définition de F (voir plus haut)
$\mathcal{M}' \vDash \Gamma(a_1, \ldots, a_n, b)$	car l'interprétation de $\Gamma(x_1, \ldots, x_n, y)$ est la même dans $\mathcal{M}$ et $\mathcal{M}'$

Donc

$$\mathcal{M}' \vDash \forall x_1 \ldots x_n\, y, (y = f(x_1, \ldots, x_n) \iff \Gamma(x_1, \ldots, x_n, y))$$

Ainsi $\mathcal{M}'$ est un modèle de la formule ajoutée à $\mathcal{T}$ pour obtenir $\mathcal{T}'$. Puisque $\mathcal{M}'$ est aussi un modèle de $\mathcal{T}$, on en déduit que $\mathcal{M}'$ est un modèle de $\mathcal{T}'$. Or $\mathcal{T}' \vDash \mathcal{F}$, donc $\mathcal{M}' \vDash \mathcal{F}$, et puisque le symbole f n'apparaît pas dans $\mathcal{F}$, on a $\mathcal{M} \vDash \mathcal{F}$, et par conséquent $\mathcal{T} \vDash \mathcal{F}$.

- On déduit le troisième point des deux premiers comme précédemment (troisième point de la première partie du théorème).

Remarque 7.5.4 : Ce qui précède reste valable pour les symboles de constantes, que l'on considère comme des fonctions d'arité 0. Les hypothèses sont donc adaptées de la façon suivante : on considère une théorie $\mathcal{T}$ dans un langage L, et une formule $\Gamma[y]$ telle que

$$\mathcal{T} \vdash \exists! y, \Gamma(y)$$

- Notons L' le langage obtenu en ajoutant à L un symbole de constante c.
- Notons $\mathcal{T}'$ la théorie obtenue en ajoutant à $\mathcal{T}$ la formule close

$$\forall y, (y = c \iff \Gamma(y))$$

- Pour toute L'-formule $\mathcal{F}$, notons $\mathcal{F}(y)$ la formule obtenue en partir de $\mathcal{F}$ en remplaçant toutes les occurrences de c par une variable y n'ayant pas d'occurrence dans $\mathscr{F}$, et

$$\varphi(\mathscr{F}) \stackrel{\text{def}}{\equiv} \exists y, (\Gamma(y) \wedge \mathscr{F}(y))$$

Exemple 7.5.5 (Exemple de calcul de la formule $\varphi(\mathscr{F})$)
Considérons une théorie $\mathscr{T}$ et une formule $\Gamma[x, y, z]$ telle que

$$\mathscr{T} \vdash \forall x\ y, \exists! z, \Gamma(x, y, z)$$

On peut alors définir une opération binaire f en ajoutant l'axiome

$$\forall x\ y\ z, (z = f(x, y) \iff \Gamma(x, y, z))$$

Supposons maintenant que le langage de départ dispose d'un prédicat unaire R. On peut par exemple construire dans le langage enrichi la formule

$$R(f(x, f(y, z)))$$

Pour obtenir une formule équivalente sans le symbole f, on commence par éliminer la dernière occurrence de f, associée au terme $f(y, z)$, que l'on remplace par une variable y_1 : la formule de départ équivaut à

$$\exists y_1, (\Gamma(y, z, y_1) \wedge R(f(x, y_1)))$$

On élimine ensuite le terme $f(x, y_1)$ que l'on remplace par une variable y_2, pour obtenir la formule suivante, équivalente à la formule de départ :

$$\exists y_1, (\Gamma(y, z, y_1) \wedge \exists y_2, (\Gamma(x, y_1, y_2) \wedge R(y_2)))$$

Exemple 7.5.6 (Définition de nouveaux symboles en théorie des ensembles)
Nous verrons dans le volume 2 la théorie des ensembles de Zermelo-Fraenkel, exprimée dans le langage n'ayant qu'un prédicat binaire $\in$, et dans laquelle on peut par exemple définir les nouveaux symboles suivants :

- On ajoute le symbole de prédicat binaire $\subseteq$ avec l'axiome

$$\forall A\ B, (A \subseteq B \iff \forall x, (x \in A \implies x \in B))$$

- On ajoute le symbole de constante $\varnothing$ avec l'axiome

$$\forall x, (x = \varnothing \iff \forall y, y \notin x)$$

- On ajoute le symbole d'opération unaire $\bigcup$ avec l'axiome

$$\forall E\ F, (F = \bigcup E \iff \forall x, (x \in F \iff \exists A \in E, x \in A))$$

- On ajoute le symbole d'opération binaire $\cup$ avec l'axiome

$$\forall A\ B\ E, (E = A \cup B \iff \forall x, (x \in E \iff x \in A \text{ ou } x \in B))$$

Définition 7.5.7 (Théorie d'une structure)
On appelle théorie d'une L-structure $\mathcal{M}$ l'ensemble des formules closes dont $\mathcal{M}$ est un modèle. On la note

$$Th(\mathcal{M})$$

C'est une théorie complète.

Preuve (de la complétude)
Prouvons que $Th(\mathcal{M})$ est une théorie complète. Pour toute formule close $\mathcal{F}$

- soit $\mathcal{M} \models \mathcal{F}$, et alors par définition $\mathcal{F}$ appartient à $Th(\mathcal{M})$, donc $Th(\mathcal{M}) \vdash \mathcal{F}$;
- soit $\mathcal{M} \not\models \mathcal{F}$, donc $\mathcal{M} \models \neg\mathcal{F}$, et alors par définition $\neg\mathcal{F}$ appartient à $Th(\mathcal{M})$, donc $Th(\mathcal{M}) \vdash \neg\mathcal{F}$.

Remarque 7.5.8 : On peut aussi définir de la même manière la théorie d'une classe $\mathcal{C}$ de L-structures, comme l'ensemble de toutes les formules closes dont les structures de $\mathcal{C}$ sont des modèles.

Remarque 7.5.9 : Pour toutes L-structures $\mathcal{M}$ et $\mathcal{N}$, $\mathcal{N} \models Th(\mathcal{M})$ signifie par définition que pour toute formule close $\mathcal{F}$, si $\mathcal{M} \models \mathcal{F}$ alors $\mathcal{N} \models \mathcal{F}$.

Définition 7.5.10 (Équivalence de théories, équivalence élémentaire de modèles)

1. On dit que deux théories $\mathcal{T}$ et $\mathcal{T}'$ (d'un même langage L) sont équivalentes, ce que je noterai

$$\mathcal{T} \equiv \mathcal{T}'$$

lorsqu'elles ont les mêmes modèles, c'est-à-dire lorsque pour toute L-structure $\mathcal{M}$

$$\mathcal{M} \models \mathcal{T} \quad \text{si et seulement si} \quad \mathcal{M} \models \mathcal{T}'$$

autrement dit lorsque toute formule de $\mathcal{T}'$ est conséquence sémantique de $\mathcal{T}$ et toute formule de $\mathcal{T}$ est conséquence sémantique de $\mathcal{T}'$.

2. On considère un langage L et deux L-structures $\mathcal{M}$ et $\mathcal{N}$. On dit que $\mathcal{M}$ et $\mathcal{N}$ sont *élémentairement équivalentes*, ce que je noterai

$$\mathcal{M} \equiv \mathcal{N}$$

lorsqu'elles sont modèles des mêmes énoncés, c'est-à-dire lorsque pour toute formule close $\mathcal{F}$ de L,

$$\mathcal{M} \models \mathcal{F} \quad \text{si et seulement si} \quad \mathcal{N} \models \mathcal{F}$$

autrement dit lorsque

$$Th(\mathcal{M}) = Th(\mathcal{N})$$

Preuve (de l'équivalence des différentes définitions)

1. Dire que pour toute L-structure $\mathcal{M}$, $\mathcal{M} \models \mathcal{T}$ implique $\mathcal{M} \models \mathcal{T}'$, équivaut à dire que pour toute L-structure $\mathcal{M}$, si $\mathcal{M}$ est un modèle de $\mathcal{T}$ alors $\mathcal{M}$ est un modèle de toutes les formules de $\mathcal{T}'$, autrement dit : toute formule de $\mathcal{T}'$ est conséquence sémantique de $\mathcal{T}$.
2. Dire que $\mathcal{M} \models \mathcal{F}$ si et seulement si $\mathcal{N} \models \mathcal{F}$ équivaut à dire que $Th(\mathcal{M}) = Th(\mathcal{N})$, puisque $Th(\mathcal{M})$ est par définition l'ensemble des formules closes $\mathcal{F}$ telles que $\mathcal{M} \models \mathcal{F}$.

Remarque 7.5.11 : La notation pour l'équivalence de théories est cohérente avec celle introduite pour désigner l'équivalence de formules. En effet, si $\mathcal{T}$ et $\mathcal{T}'$ sont des théories n'ayant qu'une formule (respectivement

$\{\mathscr{F}\}$ et $\{\mathscr{F}'\}$), leur équivalence signifie que pour toute L-structure $\mathscr{M}$, $\mathscr{M} \models \mathscr{F}$ si et seulement si $\mathscr{M} \models \mathscr{F}'$, autrement dit $\mathscr{F}$ et $\mathscr{F}'$ ont la même valeur de vérité dans toutes les structures. Les théories $\{\mathscr{F}\}$ et $\{\mathscr{F}'\}$ sont donc équivalentes si et seulement si les formules $\mathscr{F}$ et $\mathscr{F}'$ sont équivalentes, ce que l'on a noté

$$\mathscr{F} \equiv \mathscr{F}'$$

Métathéorème 7.5.12 (Caractérisations de théories complètes)
On considère une théorie non contradictoire $\mathscr{T}$ d'un langage L. Alors les conditions suivantes sont équivalentes :

1. $\mathscr{T}$ est complète, c'est-à-dire que toute formule close $\mathscr{F}$ peut être prouvée ou réfutée

   $$\mathscr{T} \vdash \mathscr{F} \quad \text{ou} \quad \mathscr{T} \vdash \neg\mathscr{F}$$

   ce qui équivaut aussi à dire que soit $\mathscr{F}$ soit $\neg\mathscr{F}$ est une conséquence sémantique de $\mathscr{T}$:

   $$\mathscr{T} \models \mathscr{F} \quad \text{ou} \quad \mathscr{T} \models \neg\mathscr{F}$$

   autrement dit soit $\mathscr{F}$ est vraie dans tout modèle de $\mathscr{T}$, soit $\mathscr{F}$ est fausse dans tout modèle de $\mathscr{T}$.
2. Pour toute formule close $\mathscr{F}$

   $$\mathscr{T} \vdash \neg\mathscr{F} \quad \text{si et seulement si} \quad \mathscr{T} \nvdash \mathscr{F}$$

   ce qui équivaut aussi à dire

   $$\mathscr{T} \models \neg\mathscr{F} \quad \text{si et seulement si} \quad \mathscr{T} \not\models \mathscr{F}$$

3. Pour toutes les formules closes $\mathscr{F}$ et $\mathscr{G}$

   $$\mathscr{T} \vdash \mathscr{F} \vee \mathscr{G} \quad \text{si et seulement si} \quad \mathscr{T} \vdash \mathscr{F} \text{ ou } \mathscr{T} \vdash \mathscr{G}$$

   ce qui équivaut aussi à dire

   $$\mathscr{T} \models \mathscr{F} \vee \mathscr{G} \quad \text{si et seulement si} \quad \mathscr{T} \models \mathscr{F} \text{ ou } \mathscr{T} \models \mathscr{G}$$

4. Tous les modèles de $\mathscr{T}$ sont élémentairement équivalents, autrement dit une formule close est vraie dans un modèle si et seulement si elle est vraie dans un autre modèle : pour tous les modèles $\mathscr{M}$ et $\mathscr{N}$ de $\mathscr{T}$, et pour toutes les formules closes $\mathscr{F}$

   $$\mathscr{M} \models \mathscr{F} \quad \text{si et seulement si} \quad \mathscr{N} \models \mathscr{F}$$

5. $\mathscr{T}$ est équivalente à la théorie de tous ses modèles : pour tout modèle $\mathscr{M}$ de $\mathscr{T}$

   $$\mathscr{T} \equiv Th(\mathscr{M})$$

   autrement dit pour tout modèle $\mathscr{M}$ de $\mathscr{T}$ et toute L-structure $\mathscr{N}$, $\mathscr{N}$ est un modèle de $\mathscr{T}$ si et seulement si $\mathscr{N}$ est un modèle de $Th(\mathscr{M})$.
6. Pour toute formule close $\mathscr{F}$, on peut prouver $\mathscr{F}$ ($\mathscr{F}$ est une conséquence de $\mathscr{T}$) si et seulement si il existe un modèle de $\mathscr{T}$ dans lequel $\mathscr{F}$ est vraie :

   $$\mathscr{T} \vdash \mathscr{F} \quad \text{si et seulement si il existe un modèle } \mathscr{M} \text{ de } \mathscr{T} \text{ tel que} \quad \mathscr{M} \models \mathscr{F}$$

Preuve
Le fait que les trois premiers points caractérisent la complétude d'une théorie non contradictoire a déjà été prouvé, et l'équivalence avec les caractérisations sémantiques se déduit des théorèmes de correction et complétude. Il reste à prouver les autres équivalences.

- Prouvons que la propriété 4 caractérise les théories complètes : si la théorie est complète, alors pour toute formule close $\mathscr{F}$, soit $\mathscr{F}$ est vraie dans tout modèle de $\mathscr{T}$, soit $\mathscr{F}$ est fausse dans tout modèle de $\mathscr{T}$, donc si $\mathscr{M}$ et $\mathscr{N}$ sont deux modèles de $\mathscr{T}$
$$\mathscr{M} \models \mathscr{F} \quad \text{si et seulement si} \quad \mathscr{N} \models \mathscr{F}$$
Réciproquement, si la propriété 4 est vérifiée, alors pour toute formule $\mathscr{F}$, soit $\mathscr{F}$ est vraie dans tout modèle de $\mathscr{T}$, soit $\mathscr{F}$ est fausse dans tout modèle de $\mathscr{T}$, autrement dit $\mathscr{T}$ est complète.
- Prouvons l'équivalence des propriétés 4 et 5. Il s'agit essentiellement d'une reformulation de la même propriété :
  - Si tous les modèles de $\mathscr{T}$ sont élémentairement équivalents, alors si $\mathscr{M}$ et $\mathscr{N}$ sont des modèles de $\mathscr{T}$, toute formule close vraie dans $\mathscr{M}$ est vraie dans $\mathscr{N}$, autrement dit $\mathscr{N} \models Th(\mathscr{M})$. Et réciproquement, si $\mathscr{M}$ est un modèle de $\mathscr{T}$ et si $\mathscr{N} \models Th(\mathscr{M})$, alors $\mathscr{N}$ est aussi un modèle de $\mathscr{T}$ (puisque les formules closes vraies dans $\mathscr{M}$ sont vraies dans $\mathscr{N}$).
  - Si la propriété 5 est vérifiée, cela signifie en particulier que pour tous les modèles $\mathscr{M}$ et $\mathscr{N}$ de $\mathscr{T}$, si la formule close $\mathscr{F}$ est vraie dans $\mathscr{M}$ alors $\mathscr{F}$ est vraie dans $\mathscr{N}$. Autrement dit les modèles de $\mathscr{T}$ sont élémentairement équivalents.
- Prouvons que la propriété 6 caractérise les théories complètes.
  - On fait l'hypothèse que la théorie est complète. Si $\mathscr{T} \vdash \mathscr{F}$, alors puisque $\mathscr{T}$ n'est pas contradictoire, elle admet un modèle $\mathscr{M}$, qui est tel que $\mathscr{M} \models \mathscr{F}$. Et réciproquement, s'il existe un modèle $\mathscr{M}$ de $\mathscr{T}$ tel que $\mathscr{M} \models \mathscr{F}$, alors $\mathscr{F}$ est vraie dans tous les modèles de $\mathscr{T}$ (puisque $\mathscr{T}$ est complète) donc $\mathscr{T} \models \mathscr{F}$ et par conséquent $\mathscr{T} \vdash \mathscr{F}$.
  - Réciproquement, si la propriété 6 est vérifiée, alors pour toute formule close $\mathscr{F}$, soit $\mathscr{T} \vdash \mathscr{F}$, soit $\mathscr{T} \nvdash \mathscr{F}$ et alors pour tout modèle $\mathscr{M}$ de $\mathscr{T}$
  $$\mathscr{M} \not\models \mathscr{F}$$
  donc $\mathscr{M} \models \neg\mathscr{F}$. Par conséquent $\mathscr{T} \models \neg\mathscr{F}$, ce qui équivaut à $\mathscr{T} \vdash \neg\mathscr{F}$. La théorie est donc complète.

Remarque 7.5.13 : Une théorie (non contradictoire) est donc *incomplète* lorsqu'il existe au moins un énoncé indépendant, c'est-à-dire une formule close $\mathscr{F}$ qui ne peut être ni prouvée ni réfutée (autrement dit on ne peut pas prouver $\neg\mathscr{F}$). Ce qui revient à dire qu'il existe au moins un modèle de $\mathscr{T}$ dans lequel $\mathscr{F}$ est vraie et un modèle dans lequel $\mathscr{F}$ est fausse (on sait que $\mathscr{T}$ admet au moins un modèle, car la théorie a été supposée non contradictoire).

Remarque 7.5.14 : Dans tout modèle d'une théorie incomplète (et non contradictoire), il existe un énoncé vrai qui n'est pas prouvable : en effet, si $\mathscr{F}$ est une formule close indépendante, alors dans un modèle donné, soit $\mathscr{F}$ est vraie, soit $\neg\mathscr{F}$ est vraie (et ni $\mathscr{F}$ ni $\neg\mathscr{F}$ ne sont prouvables).

Remarque 7.5.15 : Les différents statuts possibles d'une formule close $\mathscr{F}$ d'une théorie $\mathscr{T}$ incomplète (et non contradictoire) sont donc les suivants :

- $\mathscr{F}$ est une conséquence sémantique de $\mathscr{T}$ et prouvable à partir de $\mathscr{T}$:
$$\begin{cases} \mathscr{T} \models \mathscr{F} \\ \mathscr{T} \vdash \mathscr{F} \end{cases}$$
On peut prouver $\mathscr{F}$ (donc on ne peut pas prouver $\neg\mathscr{F}$ puisqu'on a supposé la théorie non contradictoire), et $\mathscr{F}$ est vraie (donc $\neg\mathscr{F}$ est fausse) dans tout modèle de $\mathscr{T}$.
- $\neg\mathscr{F}$ est une conséquence sémantique de $\mathscr{T}$ et prouvable dans $\mathscr{T}$:
$$\begin{cases} \mathscr{T} \models \neg\mathscr{F} \\ \mathscr{T} \vdash \neg\mathscr{F} \end{cases}$$
On peut prouver $\neg\mathscr{F}$ (donc on ne peut pas prouver $\mathscr{F}$), et $\neg\mathscr{F}$ est vraie (donc $\mathscr{F}$ est fausse) dans tout modèle de $\mathscr{T}$.

- $\mathscr{F}$ est indépendante de $\mathscr{T}$: on ne peut prouver ni $\mathscr{F}$, ni $\neg\mathscr{F}$. Il existe un modèle de $\mathscr{T}$ où $\mathscr{F}$ est vraie, et un modèle de $\mathscr{T}$ où $\mathscr{F}$ est fausse.

Et par conséquent :

- Si $\mathscr{T} \cup \{\mathscr{F}\}$ est non contradictoire (ce qui revient à dire que $\mathscr{T} \cup \{\mathscr{F}\}$ admet un modèle), alors $\mathscr{T}$ ne prouve pas $\neg\mathscr{F}$, donc : soit $\mathscr{T}$ prouve $\mathscr{F}$ (ce qui revient à dire que $\mathscr{F}$ est vraie dans tous les modèles de $\mathscr{T}$), soit $\mathscr{F}$ est indépendant de $\mathscr{T}$.
- Si $\mathscr{T} \cup \{\neg\mathscr{F}\}$ est non contradictoire (ce qui revient à dire que $\mathscr{T} \cup \{\neg\mathscr{F}\}$ admet un modèle), alors $\mathscr{T}$ ne prouve pas $\mathscr{F}$: soit $\mathscr{T}$ prouve $\neg\mathscr{F}$ (ce qui revient à dire que $\mathscr{F}$ est faux dans tous les modèles de $\mathscr{T}$), soit $\mathscr{F}$ est indépendante de $\mathscr{T}$.
- Si $\mathscr{T} \cup \{\mathscr{F}\}$ et $\mathscr{T} \cup \{\neg\mathscr{F}\}$ sont non contradictoires (ce qui revient à dire que $\mathscr{T} \cup \{\mathscr{F}\}$ et $\mathscr{T} \cup \{\neg\mathscr{F}\}$ admettent un modèle), alors $\mathscr{F}$ est indépendante de $\mathscr{T}$.

Dans la suite de cette section, je donnerai quelques définitions qui ne sont pas complètement formelles, en faisant en particulier appel à la notion d'*algorithme*, avec le sens intuitif suivant : un algorithme est une suite finie d'instructions systématiques permettant de résoudre par un calcul, de manière mécanique, en un nombre fini d'étapes, un problème donné. On peut aussi voir un algorithme comme un problème que l'on peut résoudre, ou un calcul que l'on peut faire, à l'aide d'un programme informatique. La notion d'algorithme sera formalisée dans le chapitre d'introduction à la calculabilité (volume 3). Je ferai aussi référence aux théories de l'arithmétique de Peano et Robinson (voir le chapitre 9).

Définition 7.5.16 (Finiment axiomatisable, récursivement axiomatisable, décidable)

1. Une théorie est *finiment axiomatisable* lorsqu'elle est équivalente à une théorie ayant un nombre fini d'axiomes.
2. Une théorie $\mathscr{T}$ est *récursivement axiomatisable* lorsqu'elle est équivalente à une théorie $\mathscr{T}'$ telle qu'il existe un algorithme permettant de déterminer, à partir de n'importe quelle formule close, si c'est un axiome de $\mathscr{T}'$ ou pas.
3. Une théorie est *décidable* lorsqu'il existe un algorithme qui puisse déterminer, à partir de n'importe quelle formule close, si elle est prouvable ou pas.

Remarque 7.5.17 : Si une théorie est finiment axiomatisable, alors elle est récursivement axiomatisable, mais la réciproque n'est pas vraie. Par exemple la théorie des groupes et la théorie des anneaux (voir le chapitre 8) sont finiment axiomatisables, mais la théorie de l'arithmétique de Peano (voir le chapitre 9) ou la théorie des ensembles de Zermelo-Fraenkel (voir le volume 2) sont récursivement axiomatisables, mais pas finiment axiomatisables.

Dans une théorie récursivement axiomatisable, et comme une preuve se déduit des axiomes à l'aide d'un nombre fini de règles, en un nombre fini d'étapes, il est possible de produire toutes les preuves, donc tous les théorèmes (les énoncés prouvables) de façon algorithmique et de les dénombrer (théorème 1, théorème 2, ...). Il y a un nombre infini de théorèmes, mais tout théorème peut être trouvé, par cet algorithme théorique, au bout d'un certain temps. Dans une telle théorie, on peut imaginer le procédé (théorique) suivant pour savoir si une formule close $\mathscr{F}$ est prouvable : on la compare à la liste de tous les théorèmes. Si $\mathscr{F}$ est prouvable, le procédé s'arrête après un nombre fini d'étapes. Si $\mathscr{F}$ est réfutable (c'est-à-dire si on peut prouver sa négation), $\neg\mathscr{F}$ apparaît dans la liste des théorèmes (ce qui montre que $\mathscr{F}$ n'est pas prouvable) et le procédé s'arrête aussi après un nombre fini d'étapes. Mais si la formule est indépendante des axiomes (ni $\mathscr{F}$ ni $\neg\mathscr{F}$ ne sont prouvables), le procédé ne s'arrête jamais. Un algorithme (qui doit conclure en un nombre fini d'étapes) ne permet donc pas de déterminer si $\mathscr{F}$ est prouvable ou pas. Autrement dit, une théorie récursivement axiomatisable n'est pas automatiquement décidable. Mais elle le devient si on ajoute l'hypothèse de complétude :

Métathéorème 7.5.18
Toute théorie (sur un langage dénombrable) complète et récursivement axiomatisable est décidable.

Preuve (informelle)
La théorie $\mathscr{T}$ étant complète, pour toute formule close $\mathscr{F}$

$$\mathscr{T} \vdash \mathscr{F} \quad \text{ou} \quad \mathscr{T} \vdash \neg\mathscr{F}$$

La théorie étant récursivement axiomatisable, on peut de façon algorithmique obtenir une « liste » de tous les théorèmes, parmi lesquels on trouve soit $\mathscr{F}$ (auquel cas $\mathscr{F}$ est prouvable) soit $\neg\mathscr{F}$ (auquel cas $\mathscr{F}$ n'est pas prouvable).

Métathéorème 7.5.19 (Premier théorème d'incomplétude de Gödel)
Toute théorie non contradictoire, récursivement axiomatisable, pouvant modéliser l'arithmétique de Robinson, est incomplète.

Preuve
Ce théorème est provisoirement admis (voir le volume 3).

Exemple 7.5.20
La théorie de l'arithmétique de Peano, et la théorie des ensembles ZFC, sont incomplètes (en les supposant non contradictoires).

Remarque 7.5.21 : Ce résultat ne signifie pas que $\mathbb{N}$ (avec sa structure naturelle associée au langage de l'arithmétique) ne peut être le modèle d'aucune théorie complète. Par exemple, la théorie formée de toutes les formules closes vraies dans $\mathbb{N}$ (la théorie $Th(\mathbb{N})$) est complète, et par définition $\mathbb{N}$ est un modèle de cette théorie. Mais elle n'est pas récursivement axiomatisable. D'un point de vue calculatoire (théorie de la démonstration), cette théorie n'est pas utilisable, puisqu'on ne peut pas reconnaître ses axiomes de façon algorithmique.

Gödel a prouvé son théorème en construisant artificiellement un énoncé qui n'est ni prouvable ni réfutable (c'est un énoncé qui reprend d'une certaine manière le paradoxe du menteur, et qui exprime l'idée « Je ne suis pas démontrable »). On pourrait penser que l'indépendance est réservée à des énoncés artificiels de ce genre, mais ce n'est pas le cas, et certains problèmes classiques des mathématiques sont indépendants :

Exemple 7.5.22 (Exemples d'énoncés indépendants)
Voici quelques exemples d'énoncés indépendants :

- dans la théorie des ensembles de Zermelo-Fraenkel (théorie ZF) : l'axiome du choix ;
- dans la théorie des ensembles de Zermelo-Fraenkel avec axiome du choix (théorie ZFC) :

— l'hypothèse du continu ;
— l'hypothèse généralisée du continu.

Exemple 7.5.23 (Théorème de Goodstein)
On construit, à partir de tout entier a, la suite $(g_n)_{n\in\mathbb{N}^*}$ suivante, dite suite de Goodstein (de Reuben Goodstein (1912-1985), mathématicien britannique) :

- Le premier terme de la suite est égal à a :

$$g_1 = a$$

- Si $g_1 = 0$, alors $g_2 = 0$. Sinon, pour construire g_2, on commence par effectuer ce qu'on appelle le *développement itéré (ou héréditaire) en base 2* de g_1 : on développe d'abord g_1 en base 2, puis les exposants apparaissant dans la décomposition sont aussi décomposés en base 2, et ainsi de suite jusqu'à ce que tous les nombres apparaissant dans l'expression soient inférieurs à 2. Par exemple
  — Le développement de 9 en base 2 est

$$9 = 2^3 + 1$$

  et comme le développement de 3 en base 2 est

$$3 = 2 + 1$$

  on en déduit que le développement itéré en base 2 de 9 est

$$9 = 2^3 + 1 = 2^{2+1} + 1$$

  — Le développement de 645 en base 2 est

$$645 = 2^9 + 2^7 + 2^2 + 1$$

  donc le développement itéré en base 2 est

$$645 = 2^9 + 2^7 + 2^2 + 1 = 2^{2^3+1} + 2^{2^2+2+1} + 2^2 + 1 = 2^{2^{2+1}+1} + 2^{2^2+2+1} + 2^2 + 1$$

  g_2 s'obtient en remplaçant, dans le développement itéré en base 2 de g_1, tous les 2 par des 3, puis en enlevant 1 au résultat obtenu. Par exemple, si $g_1 = 9$

$$g_1 = 2^{2^1+1} + 1 \implies g_2 = (3^{3^1+1} + 1) - 1 = 81$$

- Si $g_2 = 0$, alors $g_3 = 0$. Sinon, on procède de la même façon pour obtenir g_3, mais en base 3 : on fait le développement itéré en base 3 de g_2, on remplace les 3 par des 4, et on enlève 1. Par exemple, avec $g_2 = 81$:

$$g_2 = 81 = 3^4 = 3^{3^1+1} \implies g_3 = 4^{4^1+1} - 1 = 1023$$

- Les termes suivants s'obtiennent de la même manière, en considérant successivement les développements itérés en base 4, 5 ...

g_n	Valeur	Décomposition en base $n+1$ itérée
g_1	9	$2^{2+1} + 1$
g_2	$3^{3+1} = 81$	3^{3+1}
g_3	$4^{4+1} - 1 = 1023$	$4^4 \times 3 + 4^3 \times 3 + 4^2 \times 3 + 4 \times 3 + 3$
g_4	$5^5 \times 3 + 5^3 \times 3 + 5^2 \times 3 + 5 \times 3 + 2 = 9842$	$5^5 \times 3 + 5^3 \times 3 + 5^2 \times 3 + 5 \times 3 + 2$

L'étude des premiers termes de ce genre de suite donne l'impression qu'elle est en général strictement croissante (et souvent avec une croissance extrêmement rapide). Néanmoins, on peut prouver dans la théorie ZF le théorème suivant, dit de Goodstein (la démonstration, qui fait appel aux ordinaux, sera donnée dans le volume 3) : toute suite de Goodstein se termine par 0. Autrement dit, quel que soit l'entier g_1, il existe un entier n tel que

$$g_n = 0$$

Mais en 1982 les mathématiciens britanniques Laurence Kirby (1952-) et Jeff Paris (1944-) ont démontré [4] que ce théorème n'est pas prouvable dans l'arithmétique de Peano (du premier ordre). Par ailleurs, il ne peut pas être réfuté, car si l'arithmétique de Peano prouvait la négation du théorème, ZF prouverait aussi cette négation, ce qui n'est pas le cas (sauf si ZF est contradictoire). Ainsi le théorème de Goodstein est prouvable dans ZF, mais indépendant dans l'arithmétique de Peano (il y a donc des modèles des axiomes de Peano dans lesquels il est vrai, et des modèles dans lesquels il est faux).

Un autre problème qui se pose est celui de la cohérence d'une théorie. On pourrait imaginer que l'on puisse démontrer, à partir d'une théorie, sa non-contradiction. Mais Gödel a aussi montré que c'était impossible :

Métathéorème 7.5.24 (Deuxième théorème d'incomplétude de Gödel)
Toute théorie non contradictoire, récursivement axiomatisable, pouvant modéliser l'arithmétique de Peano, ne permet pas de prouver sa non-contradiction.

Preuve
Ce théorème est provisoirement admis (voir le volume 3).

Si une théorie ne peut pas prouver sa propre non-contradiction, il est par contre possible de déduire sa non-contradiction d'une théorie plus forte (en faisant l'hypothèse de la non-contradiction de cette dernière).

Exemple 7.5.25
Si la théorie ZFC est non contradictoire, alors l'arithmétique de Peano (PA) est non contradictoire, puisqu'on peut construire (dans ZFC) l'ensemble ω qui, avec sa structure associée, est un modèle de PA (voir le volume 2).

4. Laurie KIRBY et Jeff PARIS. « Accessible independence results for Peano arithmetic ». Dans : *Bulletin of the London Mathematical Society* 14 (1982), p. 285-293.

Chapitre 8

Exemples de théories axiomatiques en logique des prédicats

8.1 Relations d'ordre

Définition 8.1.1 (Relation d'ordre)
On appelle *relation d'ordre* toute relation binaire $\leqslant$ vérifiant les axiomes suivants :

1. Réflexivité : pour tout x
$$x \leqslant x$$
2. Antisymétrie : pour tout x, y
$$(x \leqslant y \text{ et } y \leqslant x) \implies x = y$$
3. Transitivité : pour tout x, y, z
$$(x \leqslant y \text{ et } y \leqslant z) \implies x \leqslant z$$

On appelle *ensemble ordonné* tout modèle E des axiomes précédents, dans le langage de signature $\{\leqslant\}$. On peut le noter $(E, \leqslant)$, ou uniquement E s'il n'y a pas ambiguïté. On note aussi

$$x \nleqslant y \overset{\text{def}}{\equiv} \neg(x \leqslant y)$$
$$x \leqslant y \leqslant z \overset{\text{def}}{\equiv} x \leqslant y \text{ et } y \leqslant z$$

Définition 8.1.2 (Ordre total)
On appelle relation d'*ordre total* toute relation d'ordre telle que tous les éléments soient *comparables*, c'est-à-dire que l'on ajoute l'axiome suivant : pour tout x et y

$$x \leqslant y \text{ ou } y \leqslant x$$

ce qui équivaut aussi à

$$x \nleqslant y \implies y \leqslant x$$

Définition 8.1.3 (Relation de préordre)
On appelle *relation de préordre* toute relation binaire $\leqslant$ vérifiant les axiomes suivants :

1. Réflexivité : pour tout x
$$x \leqslant x$$
2. Transitivité : pour tout x, y, z
$$(x \leqslant y \text{ et } y \leqslant z) \implies x \leqslant z$$

On appelle *ensemble préordonné* tout modèle E des axiomes précédents, dans le langage de signature $\{\leqslant\}$.

Remarque 8.1.4 : Une relation d'ordre est donc une relation de préordre antisymétrique.

Remarque 8.1.5 (Notations) : Je rappelle que je peux utiliser indifféremment « et » et $\wedge$ pour noter le symbole de conjonction (de même, je peux utiliser « ou » et $\vee$ pour noter le symbole de disjonction). Dans ce chapitre qui ne traite pas de logique pure mais qui est une application à l'expression formelle de théories mathématiques, ce sont plutôt les termes « et » et « ou » qui seront privilégiés.

Remarque 8.1.6 : J'introduis les axiomes précédents par des expressions comme « pour tout x, y, z » pour signifier que l'on prend la clôture universelle des trois formules, c'est-à-dire qu'on rajoute devant chacune des formules un quantificateur universel pour chaque variable libre. Autrement dit, la forme complète des trois axiomes pour une relation d'ordre, sans variable libre, est

$$\begin{cases} \forall x, x \leqslant x \\ \forall x\ y, ((x \leqslant y \text{ et } y \leqslant x) \implies x = y) \\ \forall x\ y\ z, ((x \leqslant y \text{ et } y \leqslant z) \implies x \leqslant z) \end{cases}$$

Je pourrai dans la suite procéder de la même façon sans plus de précision.

Remarque 8.1.7 (Vocabulaire) : Lorsque $x \leqslant y$, on peut dire que x est *plus petit* que y, ou que y est *plus grand* que x, ou que x est *inférieur* (ou *inférieur ou égal*) à y, ou que y est *supérieur* (ou *supérieur ou égal*) à x. On trouve aussi, pour décrire cette situation, les expressions « x minore y » et « y majore x », mais ces termes sont ambigus, car on dit aussi que x *minore* l'ensemble A quand x est inférieur à tous les éléments de A, et que x *majore* l'ensemble A quand x est supérieur à tous les éléments de A.

Remarque 8.1.8 (Vocabulaire) : On trouve aussi le terme *ordre linéaire* à la place de *ordre total.*

Remarque 8.1.9 (Vocabulaire) : On appelle parfois *relation d'ordre partiel* une relation d'ordre qui n'est pas une relation d'ordre total. Mais ce vocabulaire peut être source de confusion, sachant qu'en anglais, on appelle généralement *partial order* (relation d'ordre partiel) toute relation d'ordre, et *partially ordered set* (ensemble partiellement ordonné) ou *poset*, tout ensemble muni d'une relation d'ordre (qui peut être un ordre total ou pas). Il semble que certains francophones utilisent l'anglicisme *poset* ; cet usage est très minoritaire, mais curieusement il a existé pendant longtemps une page Wikipédia (en français) dénommée *poset*, au lieu du beaucoup plus classique *ensemble ordonné* [1].

Remarque 8.1.10 : On peut remarquer qu'une relation binaire vérifiant la formule

$$\forall x\ y, (x \leqslant y \text{ ou } y \leqslant x)$$

1. Cette page, créée en 2008, a été renommée *ensemble partiellement ordonné* en 2018, ce qui est un peu mieux, mais n'est pas encore complètement cohérent (à partir du moment où l'on munit un ensemble d'une *relation d'ordre*, il est plus logique de le dénommer *ensemble ordonné* que *ensemble partiellement ordonné*).

vérifie aussi la réflexivité (pour tout x, $x \leqslant x$), donc on peut définir une relation d'ordre total avec uniquement les trois axiomes suivants :

1. Totalité :
$$\forall x\ y, (x \leqslant y \text{ ou } y \leqslant x)$$
2. Antisymétrie :
$$\forall x\ y, ((x \leqslant y \text{ et } y \leqslant x) \implies x = y)$$
3. Transitivité :
$$\forall x\ y\ z, ((x \leqslant y \text{ et } y \leqslant z) \implies x \leqslant z)$$

Exemple 8.1.11 (Exemples de relations d'ordre et de préordre)

1. L'ordre usuel $\leqslant$ sur les nombres entiers (voir le chapitre 9 pour une définition formelle de cet ordre). C'est une relation d'ordre total.
2. L'ordre usuel $\leqslant$ sur l'ensemble des entiers relatifs $\mathbb{Z}$, sur l'ensemble des nombres rationnels $\mathbb{Q}$, sur l'ensemble des nombres réels $\mathbb{R}$. Ce sont aussi des ordres totaux.
3. La relation de divisibilité sur les nombres entiers, que l'on note souvent $\mid$ ($n \mid p$ signifie n divise p ; par exemple $2 \mid 6$), est une relation d'ordre. Ce n'est pas un ordre total, comme le montre le contre-exemple suivant : 2 et 3 ne sont pas comparables (2 ne divise pas 3, et 3 ne divise pas 2).
4. Par contre la relation de divisibilité sur les entiers relatifs n'est pas une relation d'ordre, car elle n'est pas antisymétrique (n divise $-n$ et $-n$ divise n, mais si $n \neq 0$, alors $n \neq -n$), mais c'est une relation de préordre.
5. Plus généralement, la relation de divisibilité sur un anneau commutatif est une relation de préordre.
6. Si E est un ensemble, la relation d'inclusion $\subseteq$ sur l'ensemble $\mathscr{P}(E)$ des sous-ensembles de E, est une relation d'ordre. Par exemple, l'ensemble $\{1, 2\}$ est inclus dans l'ensemble $\{1, 2, 3\}$, puisque tous les éléments de $\{1, 2\}$ appartiennent à $\{1, 2, 3\}$:
$$\{1, 2\} \subseteq \{1, 2, 3\}$$
Ce n'est pas un ordre total (dès que E contient plus d'un élément). Par exemple, si $x \neq y$, alors $\{x\}$ n'est pas inclus dans $\{y\}$ et $\{y\}$ n'est pas inclus dans $\{x\}$.
7. En particulier sur l'ensemble des relations définies sur le produit cartésien $A \times B$, c'est-à-dire l'ensemble des parties de $A \times B$, on dit qu'une relation $\mathscr{R}$ est plus fine (ou plus forte) qu'une relation $\mathscr{S}$ lorsque
$$\mathscr{R} \subseteq \mathscr{S}$$
La relation « être plus fine » est une relation d'ordre sur l'ensemble de toutes les relations définies sur $A \times B$.
8. Si P et P' sont deux partitions d'un ensemble E (une partition de E étant un ensemble de parties non vides de E, deux à deux disjointes, dont la réunion est égale à E), on dit que P est plus fine que P', ce que l'on peut noter $P \leqslant P'$, lorsque tous les éléments de P sont inclus dans un élément de P' :
$$P \leqslant P' \overset{\text{def}}{\equiv} \forall X \in P, \exists X' \in P', X \subseteq X'$$
La relation $\leqslant$ est une relation d'ordre sur l'ensemble des partitions de E.
9. Sur l'ensemble des fonctions de $\mathbb{R}$ dans $\mathbb{R}$, la relation suivante est une relation d'ordre (non total) :
$$f \leqslant g \overset{\text{def}}{\equiv} \forall x \in \mathbb{R}, f(x) \leqslant g(x)$$

10. Dans l'ensemble des normes d'un espace vectoriel, la relation « être plus fine que » est une relation de préordre.
11. La relation de domination, pour des fonctions de $\mathbb{R}$ dans $\mathbb{R}$, est une relation de préordre.

Sur un ensemble fini d'éléments, on peut représenter un ordre à l'aide d'un diagramme de Hasse, du nom du mathématicien allemand Helmut Hasse (1898-1979), même s'il n'est pas le premier à utiliser ce type de diagramme (on trouve par exemple un diagramme de ce genre dans *Leçons sur la résolution algébrique des équations*[2], de Henri Vogt (1864-1927)[3], professeur à la faculté des Sciences de Nancy). On représente les différents éléments par des points, et si $x \leqslant y$, on place y plus haut que x et on relie les deux points par un segment. Il est inutile d'orienter le segment avec une flèche (l'élément le plus grand est au-dessus). On évite de surcharger le diagramme en ne représentant pas les relations qui découlent de la réflexivité (donc pas de boucle d'un élément sur lui-même), ou de la transitivité (si on trace un segment entre x et y, et entre y et z, il est inutile d'en tracer un entre x et z puisque « $x \leqslant z$ » est une conséquence de la transitivité).

Exemple 8.1.12 (Exemples de diagrammes de Hasse)
Voici trois exemples de diagrammes de Hasse, représentant respectivement la relation d'ordre usuelle sur les nombres entiers, la relation de divisibilité sur l'ensemble des nombres entiers compris entre 1 et 9, et la relation d'inclusion sur l'ensemble des parties de l'ensemble à trois éléments $\{x, y, z\}$.

Ordre usuel sur les nombres entiers	Relation de divisibilité sur les nombres entiers de 0 à 9	Relation d'inclusion sur l'ensemble des parties de l'ensemble à trois éléments$\{x, y, z\}$
	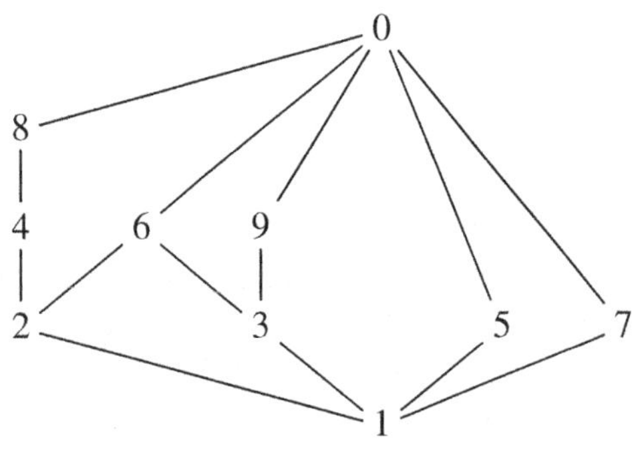	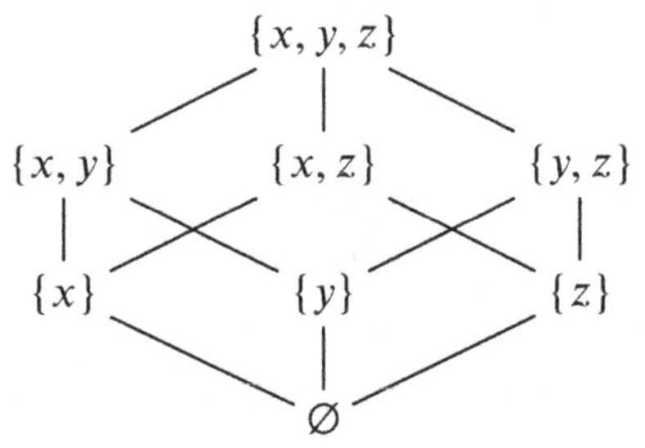

TABLE 8.1 – Exemples de diagrammes de Hasse.

2. Henri VOGT. *Leçons sur la résolution algébrique des équations*. 1895, p. 91.
3. Ce sont les dates qui apparaissent sur le site officiel du Lycée régional Henri Vogt de Commercy, que l'on trouve aussi dans sa notice bibliographique sur le catalogue général de la Bibliothèque nationale de France (ce mathématicien étant peu connu, il n'y a pas beaucoup de sources) : `http://catalogue.bnf.fr/ark:/12148/cb10517056j`.

Remarque 8.1.13 : Il est possible de décrire simplement un ordre total sur un ensemble fini par une succession d'inégalités, sans tenir compte de la réflexivité ni de la transitivité, à la manière d'un diagramme de Hasse. Par exemple, sur l'ensemble $\{a, b, c\}$ on peut définir une relation d'ordre total par

$$a \leqslant b \leqslant c$$

ce qui correspond à l'ordre alphabétique des trois variables. Cela signifie

$$\begin{cases} a \leqslant b \\ b \leqslant c \end{cases}$$

Il est inutile de préciser les autres cas, qui s'en déduisent : par réflexivité, on a aussi

$$\begin{cases} a \leqslant a \\ b \leqslant b \\ c \leqslant c \end{cases}$$

et par transitivité

$$a \leqslant c$$

De même, dans le sous-ensemble des entiers naturels $\{0, 1, 2, 3\}$, la relation d'ordre usuelle peut être définie par

$$0 \leqslant 1 \leqslant 2 \leqslant 3$$

Définition 8.1.14 (Min, max)
Si $\leqslant$ est une relation d'ordre total, on note $\min(x, y)$ le plus petit de x ou y, autrement dit

$$\min(x, y) \overset{\text{def}}{\equiv} \begin{cases} x \text{ si } x \leqslant y \\ y \text{ si } y \leqslant x \end{cases}$$

et $\max(x, y)$ le plus grand de x ou y, autrement dit

$$\max(x, y) \overset{\text{def}}{\equiv} \begin{cases} x \text{ si } y \leqslant x \\ y \text{ si } x \leqslant y \end{cases}$$

Remarque 8.1.15 : Cette définition a bien un sens car pour tout x et y, $x \leqslant y$ ou $y \leqslant x$ (puisque l'ordre est total) et n'est pas contradictoire car si $x \leqslant y$ et $y \leqslant x$ alors $x = y$ et les deux cas de la définition coïncident.

Définition 8.1.16 (Relation d'ordre strict)
On appelle relation d'*ordre strict* toute relation binaire $<$ vérifiant les axiomes suivants :

1. Transitivité : pour tout x, y, z
$$(x < y \text{ et } y < z) \implies x < z$$
2. Antiréflexivité : pour tout x
$$\neg(x < x)$$

ce que l'on note aussi

$$x \not< x$$

L'antiréflexivité peut être remplacée par l'asymétrie :

3. Asymétrie : on ne peut pas avoir à la fois $x < y$ et $y < x$: pour tout x, y

$$\neg(x < y \text{ et } y < x)$$

ce qui équivaut à

$$(x < y) \implies y \not< x$$

On note aussi

$$x \not< y \overset{\text{def}}{\equiv} \neg(x < y)$$
$$x < y < z \overset{\text{def}}{\equiv} x < y \text{ et } y < z$$

Preuve (équivalence de transitivité + antiréflexivité et de transitivité + asymétrie)
Il y a dans la définition précédente une affirmation qui demande à être prouvée : nous allons démontrer qu'il y a équivalence entre d'une part les deux axiomes de transitivité et antiréflexivité, et d'autre part les deux axiomes de transitivité et asymétrie.

- On suppose la transitivité et l'antiréflexivité. Si

$$x < y \text{ et } y < x$$

alors par transitivité $x < x$, en contradiction avec l'antiréflexivité. On en déduit (par négation de l'hypothèse)

$$\neg(x < y \text{ et } y < x)$$

- Réciproquement, l'antiréflexivité est une conséquence immédiate de l'asymétrie : on suppose l'asymétrie, que l'on applique en remplaçant y par x :

$$\neg(x < x \text{ et } x < x)$$

c'est-à-dire

$$\neg(x < x)$$

Remarque 8.1.17 : La présentation de la preuve précédente n'est pas complètement formelle, comme c'est l'usage dans les ouvrages de mathématiques (hors logique pure). Les différentes étapes et les règles de déduction utilisées sont souvent implicites. Mais le raisonnement précédent peut être complètement formalisé. Détaillons par exemple la première partie de la preuve précédente. Notons $\mathcal{T}$ l'ensemble formé des deux axiomes de transitivité et réflexivité :

$$\mathcal{T} :\equiv \{\forall x\ y\ z, ((x < y \text{ et } y < z) \implies x < z) \quad ; \quad \forall x, \neg(x < x)\}$$

On veut démontrer

$$\mathcal{T} \vdash \forall x\ y, \neg(x < y \text{ et } y < x)$$

« Si $x < y$ et $y < x$, alors par transitivité $x < x$ » :

1	$\mathcal{T} \vdash \forall x\ y\ z, ((x < y \text{ et } y < z) \implies x < z)$	Répétition (hypothèse de transitivité)
2	$\mathcal{T} \vdash (x < y \text{ et } y < x) \implies x < x$	Règle d'élimination de $\forall$ (trois fois)
3	$\mathcal{T}; (x < y \text{ et } y < x) \vdash x < x$	Modus ponens à partir de 2

« En contradiction avec l'antiréflexivité » :

4	$\mathcal{T} \vdash \forall x, \neg(x < x)$	Répétition (hypothèse d'antiréflexivité)
5	$\mathcal{T} \vdash \neg(x < x)$	Règle d'élimination de $\forall$

6	$\mathscr{T}; (x < y \text{ et } y < x) \vdash \bot$	Règle d'élimination de $\neg$ à partir de 3 et 5
	« On en déduit $\neg(x < y \text{ et } y < x)$ » :	
7	$\mathscr{T} \vdash \neg(x < y \text{ et } y < x)$	Règle d'introduction de $\neg$ à partir de 6
8	$\mathscr{T} \vdash \forall x\ y, \neg(x < y \text{ et } y < x)$	Règle d'introduction de $\forall$ (deux fois)

Définition 8.1.18
Si $\leqslant$ est une relation d'ordre, on note

$$x \geqslant y \overset{\text{def}}{\equiv} y \leqslant x$$
$$x \not\geqslant y \overset{\text{def}}{\equiv} \neg(x \geqslant y)$$

et si $<$ est une relation d'ordre strict, on note

$$x > y \overset{\text{def}}{\equiv} y < x$$
$$x \not> y \overset{\text{def}}{\equiv} \neg(x > y)$$

De plus, $\geqslant$ est une relation d'ordre, et $>$ est une relation d'ordre strict.

Preuve
Le fait que $\geqslant$ est une relation d'ordre est immédiat par définition de la relation d'ordre $\leqslant$, puisque

$$x \geqslant x \iff x \leqslant x$$
$$(x \geqslant y \text{ et } y \geqslant x) \iff (y \leqslant x \text{ et } x \leqslant y)$$
$$(x \geqslant y \text{ et } y \geqslant z) \iff (y \leqslant x \text{ et } z \leqslant y)$$

et le fait que $>$ est une relation d'ordre strict est immédiat par définition de la relation d'ordre strict $>$, puisque

$$(x > y \text{ et } y > z) \iff (y < x \text{ et } z < y)$$
$$\neg(x > x) \iff \neg(x < x)$$

Remarque 8.1.19 (Origine des notations) : Les symboles $<$ et $>$ apparaissent pour la première fois dans *Artis Analyticae Praxis ad Aequationes Algebraicas Resolvendas* [Les arts analytiques appliqués à la résolution des équations algébriques], du mathématicien et astronome anglais Thomas Harriot (1560-1621), publié à titre posthume en 1631. Néanmoins, ces symboles ne sont pas présents dans les manuscrits connus rédigés par Harriot, et il est possible que leur invention soit due à quelqu'un d'autre (peut-être Walter Warner, qui est à l'origine de la publication du *Praxis*).

En 1670, le mathématicien anglais John Wallis (1616-1703) utilise dans la revue scientifique *The Philosophical Transactions of the Royal Society* les symboles $\overline{<}$ et $\overline{>}$ pour respectivement « inférieur ou égal » et « supérieur ou égal ». Les symboles $\leqq$ et $\geqq$ (d'où dérivent $\leqslant$ et $\geqslant$, et les variantes $\leq$ et $\geq$, dont l'origine exacte n'est pas connue) dateraient de 1734 ; ils sont attribués au mathématicien et physicien français Pierre Bouguer (1698-1758).

Remarque 8.1.20 (Notations) : En plus des symboles $<$ et $\leqslant$ (et sa variante $\leq$), on trouve d'autres variantes classiques pour indiquer des relations d'ordre ou d'ordre strict, comme

$$\prec \quad \preceq \quad \preccurlyeq$$

Une relation d'ordre strict n'est jamais une relation d'ordre car elle ne peut pas être réflexive (on ne peut pas avoir $x < x$). Par contre, il existe un rapport entre ces deux notions. Une relation d'ordre pour laquelle on ajoute la condition $x \neq y$ devient une relation d'ordre strict, et réciproquement une relation d'ordre strict pour laquelle on ajoute la possibilité $x = y$ devient une relation d'ordre. Plus précisément :

Théorème 8.1.21 (Relations d'ordre et d'ordre strict associées)

1. Soit une relation d'ordre $\leqslant$, et $<$ la relation définie par tout x et y par

$$x < y \overset{\text{def}}{\equiv} (x \leqslant y \text{ et } x \neq y)$$

   Alors la relation $<$ est une relation d'ordre strict.

2. Soit une relation d'ordre strict $<$, et $\leqslant$ la relation définie pour tout x et y, par

$$x \leqslant y \overset{\text{def}}{\equiv} (x < y \text{ ou } x = y)$$

   Alors la relation $\leqslant$ est une relation d'ordre.

Preuve

1. On se donne une relation d'ordre $\leqslant$. Vérifions que la relation $<$ associée est une relation d'ordre strict :
   - La transitivité est vérifiée par transitivité de $\leqslant$: si $x < y$ et $y < z$, alors $x \leqslant y$ et $y \leqslant z$, donc $x \leqslant z$. De plus, $x \neq z$, car sinon on a $x < y$ et $y < x$, donc $x \leqslant y$ et $y \leqslant x$, ce qui implique $x = y$, en contradiction avec la définition de $x < y$.
   - L'antiréflexivité est vérifiée, puisque si $x < y$, alors par définition $x \neq y$. Or $x = x$, donc $x \not< x$.
2. On se donne une relation d'ordre strict $<$. Vérifions que la relation associée $\leqslant$ est une relation d'ordre :
   - Réflexivité : $x \leqslant x$ par définition de $x \leqslant y$ puisque $x = x$.
   - Antisymétrie : soient x et y tels que $x \leqslant y$ et $y \leqslant x$. Si $x \neq y$, alors $x < y$ et $y < x$, ce qui n'est pas possible. Donc $x = y$.
   - Transitivité : soient x et y tels que $x \leqslant y$ et $y \leqslant z$. Si $x = y$, alors $x \leqslant z$. Sinon, on a $x < y$. Vérifions qu'alors $x \leqslant z$:
     — Si $y < z$, alors $x < z$ par transitivité de $<$, donc $x \leqslant z$.
     — Si $y = z$, alors $x < z$ (car $x < y$), donc $x \leqslant z$.
     On en déduit $x \leqslant z$ par disjonction des cas.

Remarque 8.1.22 : Par convention, si on définit une relation d'ordre $\leqslant$, alors $<$ désignera la relation d'ordre strict associée (obtenue par la méthode indiquée dans le théorème précédent). De même pour définir $\leqslant$ à partir de $<$. De plus, on dira qu'une relation d'ordre strict est une *relation d'ordre strict total* lorsque la relation d'ordre associée l'est. Il n'y a pas ambiguïté dans la mesure où la propriété dite de *totalité* ne peut pas s'appliquer à la relation d'ordre strict elle-même, à cause de l'antiréflexivité d'un ordre strict (pour tout x, $x \not< x$).

Remarque 8.1.23 : Que $\leqslant$ soit la relation déduite de $<$, ou $<$ la relation déduite de $\leqslant$, on a pour tout x et y

$$x < y \Longrightarrow x \leqslant y$$

Exemple 8.1.24

À tous les exemples de relations d'ordre vus précédemment correspond un ordre strict. Certains ont un symbole naturellement associé (l'ordre strict $<$ sur les entiers naturels, la relation d'inclusion stricte $\subset$ sur $\mathscr{P}(E)$, ...), d'autres non, comme par exemple la relation d'ordre strict associée à la relation de divisibilité sur $\mathbb{N}$, définie par

$$n\mathscr{R}p \overset{\text{def}}{\equiv} (n \mid p) \text{ et } (n \neq p)$$

Exemple 8.1.25
La relation d'ordre strict associée à l'ordre suivant, défini sur l'ensemble des fonctions de $\mathbb{R}$ dans $\mathbb{R}$

$$f \leqslant g \overset{\text{def}}{\equiv} \forall x \in \mathbb{R}, f(x) \leqslant g(x)$$

est

$$f < g \overset{\text{def}}{\equiv} (\forall x \in \mathbb{R}, f(x) \leqslant g(x)) \text{ et } f \neq g$$

autrement dit

$$f < g \overset{\text{def}}{\equiv} (\forall x \in \mathbb{R}, f(x) \leqslant g(x)) \text{ et } (\exists x \in \mathbb{R}, f(x) \neq g(x))$$

On notera que cette relation *n'est pas* la relation $\prec$ suivante

$$f \prec g \overset{\text{def}}{\equiv} \forall x \in \mathbb{R}, f(x) < g(x)$$

qui est par ailleurs une autre relation d'ordre strict sur l'ensemble des fonctions de $\mathbb{R}$ dans $\mathbb{R}$, associée à la relation d'ordre

$$f \preceq g \overset{\text{def}}{\equiv} (\forall x \in \mathbb{R}, f(x) < g(x)) \text{ ou } (\forall x \in \mathbb{R}, f(x) = g(x))$$

Exemple 8.1.26
Sur un ensemble A d'individus, la relation « être un descendant de »

$$x < y \overset{\text{def}}{\equiv} x \text{ est un descendant de } y$$

est une relation d'ordre strict. Elle est en effet transitive (si x est un descendant de y, et y un descendant de z, alors x est un descendant de z) et antiréflexive (un individu n'est pas un descendant de lui-même).

Exemple 8.1.27
Si deux ensembles A et B sont munis respectivement d'une relation d'ordre $\leqslant_A$ et $\leqslant_B$, alors on peut définir sur le produit cartésien $A \times B$, c'est-à-dire l'ensemble des couples (a, b) où $a \in A$ et $b \in B$,

- la relation d'ordre dite *produit* par

$$(a, b) \leqslant (a', b') \overset{\text{def}}{\equiv} (a \leqslant_A a') \text{ et } (b \leqslant_B b')$$

- la relation d'ordre dite *lexicographique* $\leqslant_{\mathscr{L}}$ par

$$(a, b) \leqslant_{\mathscr{L}} (a', b') \overset{\text{def}}{\equiv} a <_A a' \text{ ou } (a = a' \text{ et } b \leqslant_B b')$$

- la relation d'ordre que je nommerai *antilexicographique*[4] $\leqslant_{\mathscr{A}}$:

$$(a, b) \leqslant_{\mathscr{A}} (a', b') \overset{\text{def}}{\equiv} b <_B b' \text{ ou } (b = b' \text{ et } a \leqslant_A a')$$

On trouvera plus de détails sur ces trois types d'ordre dans le volume 2.

4. La dénomination de cet ordre n'est pas standardisée.

On notera que l'on a étendu la signature de la théorie en ajoutant un nouveau symbole. Si le langage initial est formé du prédicat binaire $\leqslant$ vérifiant les trois axiomes des relations d'ordre, on définit un nouveau symbole de prédicat binaire $<$ tel que dans toutes les formules, toute expression de la forme

$$x < y$$

doit être remplacée par

$$x \leqslant y \text{ et } x \neq y$$

et si le langage initial est formé du prédicat binaire $<$ vérifiant les deux axiomes des relations d'ordre strict, on définit un nouveau symbole de prédicat binaire $\leqslant$ tel que dans toutes les formules, toute expression de la forme

$$x \leqslant y$$

doit être remplacée par

$$x < y \text{ ou } x = y$$

Par exemple le premier théorème, disant que $<$ est une relation d'ordre strict, pourrait se traduire en revenant à la signature initiale, par

$$\begin{cases} \forall x\ y\ z, (((x \leqslant y \text{ et } x \neq y) \text{ et } (y \leqslant z \text{ et } y \neq z)) \implies (x \leqslant z \text{ et } x \neq z)) \\ \forall x, \neg(x \leqslant x \text{ et } x \neq x) \end{cases}$$

Théorème 8.1.28
Soit $\leqslant$ une relation d'ordre, et $<$ une relation d'ordre strict, associées, c'est-à-dire que $<$ est la relation d'ordre strict déduite de $\leqslant$, ou que $\leqslant$ est la relation d'ordre déduite de $<$. Alors pour tout x et y

$$x < y \implies y \nleqslant x$$

Ce qui équivaut aussi, par contraposition, à

$$y \leqslant x \implies x \nless y$$

ce qui est aussi équivalent à

$$\neg(x < y \text{ et } y \leqslant x)$$

ou encore à

$$x \nless y \text{ ou } y \nleqslant x$$

Preuve

- 1er cas : on déduit $<$ de $\leqslant$. On fait l'hypothèse que x et y sont tels que $x < y$. Par définition, cela signifie $x \leqslant y$ et $x \neq y$. Si $y \leqslant x$, alors $x = y$ par antisymétrie d'une relation d'ordre, ce qui contredit $x \neq y$. Donc $y \nleqslant x$.
- 2e cas : on déduit $\leqslant$ de $<$. Démontrons la contraposée de la première implication du théorème : on fait l'hypothèse que x et y sont tels que $y \leqslant x$. Par définition, cela signifie $y < x$ ou $y = x$.
  — Si $y < x$, alors $x \nless y$ par asymétrie d'un ordre strict.
  — Si $y = x$, alors $x \nless y$ par antiréflexivité d'un ordre strict.
  On en déduit $x \nless y$ par disjonction des cas.

Remarque 8.1.29 : L'implication réciproque, dans le théorème précédent, est en général fausse, c'est-à-dire que $y \nleqslant x$ n'implique pas $x < y$. Par contre, elle est vérifiée si l'ordre est total, autrement dit lorsque tous les éléments sont comparables (voir la justification plus loin).

Remarque 8.1.30 : On notera que lorsqu'on écrit dans le théorème

$$\forall x\, y, (x < y \implies y \nleqslant x)$$

cela sous-entend que cette formule est déduite des axiomes de la relation d'ordre (ou de ceux de la relation d'ordre strict, suivant le point de départ choisi), ou encore, ce qui revient au même, que cette formule est vraie dans tout modèle des axiomes de la relation d'ordre. En toute rigueur, en notant $\mathscr{T}$ l'ensemble de ces axiomes, on devrait écrire

$$\mathscr{T} \vdash \forall x\, y, (x < y \implies y \nleqslant x)$$

ou

$$\mathscr{T} \models \forall x\, y, (x < y \implies y \nleqslant x)$$

Mais dans un texte mathématique, ces formulations complètes sont en général implicites. C'est cet usage que je suivrai la plupart du temps, sans plus de précision.

Théorème 8.1.31
Soit $\leqslant$ une relation d'ordre, et $<$ une relation d'ordre strict, associées. Alors pour tout x, y, z

$$(x \leqslant y \text{ et } y < z) \implies x < z$$
$$(x < y \text{ et } y \leqslant z) \implies x < z$$

Preuve
- Si $x \leqslant y$ et $y < z$, alors $x \leqslant z$ (par transitivité de $\leqslant$, puisque $y < z \implies y \leqslant z$), et $x \neq z$, car sinon $z \leqslant y$ et $y < z$, ce qui est impossible.
- De même, si $x < y$ et $y \leqslant z$, alors $x \leqslant z$ et $x \neq z$ car sinon $z < y$ et $y \leqslant z$.

Théorème 8.1.32 (Propriété de trichotomie d'un ordre strict total)
Pour toute relation d'ordre total $\leqslant$, pour tout x et y

$$x < y \iff y \nleqslant x$$

ce qui peut aussi s'exprimer par la propriété dite de *trichotomie* de l'ordre strict : pour tout x et y, une et une seule des propriétés suivantes est vraie

$$x < y \qquad y < x \qquad x = y$$

ce qui équivaut aussi à : pour tout x et y, une et une seule des propriétés suivantes est vraie

$$x \leqslant y \qquad y < x$$

ou encore à : pour tout x et y, une et une seule des propriétés suivantes est vraie

$$x < y \qquad y \leqslant x$$

Preuve
- L'une des implications est toujours vérifiée (que l'ordre soit total ou pas) :

$$x < y \implies y \nleqslant x$$

Prouvons l'implication réciproque : puisque la relation d'ordre est totale alors pour tout x et y

$$x \leqslant y \text{ ou } y \leqslant x$$

donc si $y \nleqslant x$, on en déduit $x \leqslant y$. De plus, $x \neq y$ (car sinon $y \leqslant x$) donc $x < y$.

- La définition de la relation d'ordre total

$$x \leqslant y \text{ ou } y \leqslant x$$

peut se traduire par

$$x < y \text{ ou } x = y \text{ ou } y < x \text{ ou } y = x$$

autrement dit on est dans un des ces trois cas

$$x < y \quad y < x \quad x = y$$

et chacune des ces propriétés exclut les deux autres.

Remarque 8.1.33 : De la même façon que pour une relation d'ordre, il est possible de définir un ordre total par une succession d'inégalités strictes. En reprenant les exemples précédents, on peut définir une relation d'ordre total sur l'ensemble $\{a, b, c\}$ par

$$a < b < c$$

ce qui correspond à l'ordre alphabétique des trois variables. De même, dans le sous-ensemble des entiers naturels $\{0, 1, 2, 3\}$, la relation d'ordre usuelle peut être définie par

$$0 < 1 < 2 < 3$$

Définition 8.1.34 (Notations)
Pour toute formule $\mathscr{F}$, on pourra utiliser les raccourcis suivants :

$$\forall x \leqslant y, \mathscr{F} \overset{\text{def}}{\equiv} \forall x, (x \leqslant y \Longrightarrow \mathscr{F})$$
$$\exists x \leqslant y, \mathscr{F} \overset{\text{def}}{\equiv} \exists x, (x \leqslant y \text{ et } \mathscr{F})$$

De même si on remplace $\leqslant$ par un des symboles

$$\geqslant \quad < \quad >$$

Métathéorème 8.1.35 (Négation de quantificateurs bornés)
Pour toute formule $\mathscr{F}$

$$\neg(\forall x \leqslant y, \mathscr{F}) \equiv \exists x \leqslant y, \neg\mathscr{F}$$
$$\neg(\exists x \leqslant y, \mathscr{F}) \equiv \forall x \leqslant y, \neg\mathscr{F}$$

De même si on remplace $\leqslant$ par un des symboles

$$\geqslant \quad < \quad >$$

Preuve
Ce métathéorème a déjà été démontré pour une relation binaire quelconque (métathéorème 4.12.3, p. 204).

Exemple 8.1.36
On se place sur l'ensemble des nombres réels $\mathbb{R}$, et on se donne une fonction f de $\mathbb{R}$ dans $\mathbb{R}$. « f est continue en a » s'écrit

$$\forall \epsilon > 0, \exists \alpha > 0, \forall x, (|x - a| \leqslant \alpha \implies |f(x) - f(a)| \leqslant \epsilon)$$

donc « f n'est pas continue en a » s'écrit

$$\exists \epsilon > 0, \forall \alpha > 0, \exists x, (|x - a| \leqslant \alpha \text{ et } |f(x) - f(a)| > \epsilon)$$

Définition 8.1.37 (Plus petit élément, plus grand élément)
On considère une relation d'ordre $\leqslant$.

1. On appelle *plus petit élément*, ou *minimum*, tout élément m tel que

$$\forall x, m \leqslant x$$

2. On appelle *plus grand élément*, ou *maximum*, tout élément M tel que

$$\forall x, M \geqslant x$$

Remarque 8.1.38 : S'il existe un plus petit élément, il est unique. En effet, deux éléments m et m' vérifiant la définition, sont tels que

$$\begin{cases} m \leqslant m' & \text{(puisque } m \text{ est plus petit élément)} \\ m' \leqslant m & \text{(puisque } m' \text{ est plus petit élément)} \end{cases}$$

donc par antisymétrie, $m = m'$. De même pour un plus grand élément. Par contre il peut n'y avoir ni plus petit élément, ni plus grand élément.

Remarque 8.1.39 : En toute rigueur, il y a dans ce qui précède des confusions entre les approches sémantique et syntaxique. Le fait de parler d'*élément* suggère implicitement que l'on se place dans un ensemble ordonné (un modèle des axiomes de relation d'ordre). Pour traiter ce sujet de façon un peu plus proche des déductions formelles, on peut par exemple définir la formule

$$ppe(m) \stackrel{\text{def}}{\equiv} \forall x, m \leqslant x$$

représentant le fait que la variable m vérifie le prédicat « être le plus petit élément ». L'unicité du plus petit élément se traduit par la formule (prouvable à partir des axiomes de la relation d'ordre comme le montre la remarque précédente, qui peut être traduite en une preuve formelle)

$$\forall m\, m', ((ppe(m) \text{ et } ppe(m')) \implies m = m')$$

Voir aussi la remarque 8.1.43, p. 405.

Définition 8.1.40 (Élément minimal, élément maximal)
On considère une relation d'ordre $\leqslant$.

1. On appelle *élément minimal* tout élément m tel qu'aucun élément ne lui soit strictement inférieur :

$$\neg(\exists x, x < m)$$

autrement dit

$$\forall x, x \not< m$$

Cela revient à dire que le seul élément inférieur ou égal à m est m lui-même :

$$\forall x, (x \leqslant m \implies x = m)$$

ce qui peut aussi s'écrire

$$\forall x \leqslant m, x = m$$

2. On appelle *élément maximal* tout élément M tel qu'aucun élément ne lui soit strictement supérieur :

$$\neg(\exists x, x > M)$$

autrement dit

$$\forall x, x \not> M$$

Cela revient à dire que le seul élément supérieur ou égal à M est M lui-même :

$$\forall x, (x \geqslant M \implies x = M)$$

ce qui peut aussi s'écrire

$$\forall x \geqslant M, x = M$$

Preuve (de l'équivalence des définitions)
Si $x \not< m$ (le raisonnement est semblable pour $x \not> M$), cela signifie $x \nleqslant m$ ou $x = m$, c'est-à-dire que si $x \leqslant m$ alors $x = m$.
De manière formelle, les formules suivantes sont équivalentes (par propriétés logiques des connecteurs) :

$$x \not< m$$
$$\neg(x \leqslant m \text{ et } x \neq m)$$
$$x \nleqslant m \text{ ou } x = m$$
$$x \leqslant m \implies x = m$$

Il peut n'exister ni élément minimal, ni élément maximal, et il peut y avoir plusieurs éléments minimaux, ou plusieurs éléments maximaux (voir les exemples ci-dessous). Mais s'il existe un plus petit élément m, alors m est aussi un élément minimal. La réciproque est fausse dans le cas général (un élément minimal n'est pas obligatoirement le plus petit élément puisqu'il peut y avoir plusieurs éléments minimaux), mais elle est vraie lorsque l'ordre est total. Cette remarque reste valable si on remplace *plus petit élément* par *plus grand élément* et *minimal* par *maximal* :

Théorème 8.1.41 (Comparaison entre élément minimal/maximal et plus petit/grand élément)
On considère une relation d'ordre $\leqslant$.

1. • Si m est le plus petit élément alors m est un élément minimal.

- Si M est le plus grand élément alors M est un élément maximal.

2. Si de plus l'ordre est total :
   - m est le plus petit élément si et seulement si m est élément minimal.
   - M est le plus grand élément si et seulement si M est élément maximal.

Preuve

- Un plus petit élément m vérifie
$$\forall x, m \leqslant x$$
donc
$$\forall x, x \nless m$$
ce qui signifie que m est un élément minimal (que l'ordre soit total ou pas).
- Un élément minimal m est tel que
$$\forall x, x \nless m$$
Si l'ordre est total
$$x \nless m \iff m \leqslant x$$
On en déduit
$$\forall x, m \leqslant x$$
ce qui signifie que m est le plus petit élément.

La preuve est semblable pour les éléments maximaux et les plus grands éléments.

Exemple 8.1.42

1. Dans l'ensemble $\mathbb{N}$ des entiers muni de l'ordre usuel, 0 est le plus petit élément. Il n'y a pas de plus grand élément, ni d'élément maximal (pour tout entier, il existe un entier strictement supérieur).
2. Dans l'ensemble $\mathbb{N}$ des entiers muni de la relation de divisibilité, 1 est le plus petit élément (puisque tout entier est divisible par 1), 0 est le plus grand élément puisque 0 est divisible par tout entier, autrement dit 0 est un multiple de tout entier (pour tout n, $n \times 0 = 0$). Dans un diagramme de Hasse (voir l'exemple 8.1.12, p. 394), cela se traduit par le fait que le nombre 1 est en bas du diagramme, et 0 en haut. On notera aussi sur ce diagramme que la ligne juste au-dessus de 1 est formée des nombres premiers. Quand on se restreint à l'ensemble des nombres entiers supérieurs ou égaux à 2, il n'y a pas de plus petit élément, et les éléments minimaux sont les nombres premiers. Il y a donc alors une infinité d'éléments minimaux.
3. Dans l'ensemble des sous-ensembles d'un ensemble E muni de l'inclusion, l'ensemble vide est le plus petit élément (puisque l'ensemble vide est inclus dans tout sous-ensemble) et E est le plus grand élément. Dans l'ensemble des sous-ensembles de E sans l'ensemble vide, il n'y a pas de plus petit élément, mais les singletons (ensembles à un élément) sont des éléments minimaux, puisque aucun autre ensemble n'est inclus strictement dans un singleton (voir l'exemple 8.1.12, p. 394).

Remarque 8.1.43 : Reprenons une des remarques précédentes : il y a dans ce qui précède des confusions entre les approches sémantique et syntaxique (le fait de parler d'*élément* suggère implicitement que l'on se place dans un ensemble ordonné). Pour traiter ce sujet de façon un peu plus proche des déductions formelles, on peut par exemple définir les formules

$$ppe(m) \overset{\text{def}}{\equiv} \forall x, m \leqslant x$$
$$em(m) \overset{\text{def}}{\equiv} \forall x, x \nless m$$

représentant le fait que la variable m vérifie respectivement les prédicats « être le plus petit élément » et « être un élément minimal ». La première propriété du théorème précédent se traduit alors par la formule (prouvable à partir des axiomes de la relation d'ordre)

$$\forall m, (ppe(m) \implies em(m))$$

et le cas de l'ordre total se traduit par la formule (prouvable à partir des axiomes de la relation d'ordre total)

$$\forall m, (ppe(m) \iff em(m))$$

ou par la formule (prouvable à partir des axiomes de la relation d'ordre)

$$(\forall x\ y, (x \leqslant y \text{ ou } y \leqslant x)) \implies \forall m, (ppe(m) \iff em(m))$$

Dans la suite, je pourrai continuer à mélanger sémantique et syntaxe (comme c'est en général le cas dans les ouvrages de mathématiques, hors logique pure), et énoncer les théorèmes de façon plus ou moins formelle selon les situations, sans plus de précision.

Définition 8.1.44 (Densité)
On dit qu'une relation d'ordre (ou d'ordre strict) est *dense* lorsque pour tout x et y

$$x < y \implies \exists z, x < z < y$$

Définition 8.1.45 (Ordres totaux denses sans extrémités)
On appelle *théorie des ordres totaux denses sans extrémités* la théorie des ordres stricts denses et totaux, n'ayant ni minimum ni maximum, autrement dit la théorie formée des axiomes suivants :

1. Transitivité : pour tout x et y
$$(x < y \text{ et } y < z) \implies x < z$$
2. Antiréflexivité : pour tout x
$$x \not< x$$
3. Totalité : pour tout x et y
$$x < y \text{ ou } x = y \text{ ou } y < x$$
4. Densité : pour tout x et y
$$x < y \implies \exists z, x < z < y$$
5. Pas de maximum :
$$\forall x \exists y, x < y$$
6. Pas de minimum :
$$\forall x \exists y, y < x$$

Remarque 8.1.46 : Cette théorie a la particularité d'être complète ce qui signifie que toute formule close (dans le langage formé du prédicat $<$) peut être prouvée ou réfutée. Cela signifie aussi que tous les modèles de cette théorie satisfont les mêmes formules closes, et aussi qu'une formule close est prouvable si et seulement si il existe un modèle de la théorie dans lequel la formule est vraie.

Remarque 8.1.47 : $(\mathbb{Q}, <)$ et $(\mathbb{R}, <)$ sont des modèles de cette théorie. Puisqu'elle est complète, cela signifie en particulier qu'ils satisfont les mêmes énoncés. Autrement dit, toute formule close de la logique des prédicats sur la signature $\{<\}$ est vraie dans $\mathbb{Q}$ si et seulement si elle est vraie dans $\mathbb{R}$. Les propriétés de $<$ qui sont différentes dans $\mathbb{Q}$ et dans $\mathbb{R}$ ne sont donc pas exprimables par une formule du premier ordre, portant sur les éléments des ensembles (par exemple, le fait que toute partie non vide majorée de $\mathbb{R}$ possède une borne supérieure, qui est une propriété faisant intervenir des sous-ensembles de $\mathbb{R}$).

8.2 Monoïdes et groupes

Définition 8.2.1 (Commutativité, associativité)
On considère un langage disposant d'une opération binaire $*$.

1. On dit que les éléments x et y *commutent* lorsque
$$x * y = y * x$$
2. On dit que l'opération est *commutative* lorsque tous les éléments commutent, c'est-à-dire lorsque pour tout x et y
$$x * y = y * x$$
3. On dit que l'opération est *associative* lorsque pour tout x, y, z
$$(x * y) * z = x * (y * z)$$

Définition 8.2.2 (Monoïde)
On appelle *monoïde* tout modèle des axiomes suivants, dans le langage de signature $\{*, e\}$:

1. Associativité de $*$: pour tout x, y, z
$$(x * y) * z = x * (y * z)$$
2. e est élément neutre : pour tout x
$$x * e = e * x = x$$

Définition 8.2.3 (Monoïde commutatif)
On appelle *monoïde commutatif* tout monoïde dont la loi est commutative, autrement dit tel que pour tout x et y
$$x * y = y * x$$

Remarque 8.2.4 : L'élément neutre d'un monoïde est unique : en effet, si deux éléments e et e' vérifient la définition de l'élément neutre, alors

$$\begin{aligned} e &= e * e' && \text{(car } e' \text{ est élément neutre)} \\ &= e' && \text{(car } e \text{ est élément neutre)} \end{aligned}$$

Remarque 8.2.5 (Notations) : Dans un monoïde, puisque l'opération $*$ est associative, on peut écrire sans ambiguïté

$$x * y * z$$

qui représente indifféremment $(x * y) * z$, ou $x * (y * z)$. De manière générale, si l'opération binaire $*$ est associative, une expression de la forme

$$x_1 * x_2 * \cdots * x_n$$

ne dépend pas de la façon dont sont placées les parenthèses. Par exemple

$$\begin{aligned}(x_1 * x_2) * (x_3 * x_4) &= x_1 * (x_2 * (x_3 * x_4)) \\ &= x_1 * ((x_2 * x_3) * x_4)\end{aligned}$$

et de même

$$\begin{aligned}(x_1 * x_2) * (x_3 * x_4) &= ((x_1 * x_2) * x_3) * x_4 \\ &= (x_1 * (x_2 * x_3)) * x_4\end{aligned}$$

Donc

$$(x_1 * x_2) * (x_3 * x_4) = x_1 * (x_2 * x_3 * x_4) = (x_1 * x_2 * x_3) * x_4 = x_1 * (x_2 * x_3) * x_4$$

Justifions le cas général (de manière informelle) par récurrence forte (dans la métathéorie) sur n :

- Si $n = 3$, les deux façons de placer les parenthèses sont

  $$(x_1 * x_2) * x_3 \qquad \text{et} \qquad x_1 * (x_2 * x_3)$$

  et on a par associativité

  $$(x_1 * x_2) * x_3 = x_1 * (x_2 * x_3)$$

- On fait l'hypothèse de récurrence que pour tout $p \leqslant n$ (avec $p \geqslant 3$) une expression de la forme « $x_1 * \cdots * x_p$ » ne dépend pas de la façon dont sont placées les parenthèses. Dans une expression de la forme

  $$(x_1 * \cdots * x_k) * (x_{k+1} * \cdots * x_n * x_{n+1})$$

  le calcul de chacune des deux parenthèses ne dépend pas de la façon dont sont placées les autres parenthèses (par hypothèse de récurrence). Il reste à justifier que le résultat ne dépend pas de k : en effet en utilisant l'associativité et l'hypothèse de récurrence

  $$\begin{aligned}&(x_1 * \cdots * x_k) * (x_{k+1} * \cdots * x_n * x_{n+1}) \\ &= (x_1 * \cdots * x_k) * ((x_{k+1} * \cdots * x_n) * x_{n+1}) && \text{par hypothèse de récurrence} \\ &= ((x_1 * \cdots * x_k) * (x_{k+1} * \cdots * x_n)) * x_{n+1} && \text{par associativité} \\ &= (x_1 * \cdots * x_n) * x_{n+1} && \text{par hypothèse de récurrence}\end{aligned}$$

Remarque 8.2.6 (Notations) : Un monoïde est caractérisé par un ensemble de base E, une opération binaire $*$ et un élément particulier e, ce que l'on peut noter par le triplet $(E, *, e)$. Mais on peut aussi, par abus de notation, et selon le contexte, le noter uniquement $(E, *)$, voire juste E, s'il n'y a pas d'ambiguïté.

Remarque 8.2.7 (Vocabulaire et notations) :

1. Quand on utilise le symbole $\times$ à la place de $*$, l'opération binaire s'appelle une *multiplication* et le résultat de la multiplication un *produit*. L'élément neutre se note alors souvent 1.

2. Quand on utilise le symbole $+$ à la place de $*$, l'opération binaire s'appelle une *addition* et le résultat de l'addition une *somme*. L'élément neutre se note alors souvent 0. La notation additive (+) est en général réservée au cas où l'opération est commutative.

L'origine de ces deux symboles particuliers est traitée dans la section 8.4.

Remarque 8.2.8 (Notations) : Si l'opération n'est pas additive, et s'il n'y a pas d'ambiguïté, on peut la noter par un point $(x \cdot y)$ ou même sans aucun symbole par simple juxtaposition des termes : on note alors xy pour $x * y$. C'est cette convention que j'emploierai le plus souvent.

Exemple 8.2.9 (Ensembles de nombres usuels)

1. L'ensemble des entiers naturels $\mathbb{N}$, l'ensemble des entiers relatifs $\mathbb{Z}$, l'ensemble des rationnels $\mathbb{Q}$, l'ensemble des réels $\mathbb{R}$, l'ensemble des complexes $\mathbb{C}$, munis de leur addition usuelle, sont des monoïdes commutatifs, d'élément neutre 0.
2. L'ensemble des entiers naturels $\mathbb{N}$, l'ensemble des entiers relatifs $\mathbb{Z}$, l'ensemble des rationnels $\mathbb{Q}$, l'ensemble des réels $\mathbb{R}$, l'ensemble des complexes $\mathbb{C}$, munis de leur multiplication usuelle, sont des monoïdes commutatifs, d'élément neutre 1.
3. L'ensemble $\mathbb{Z}$ des entiers relatifs muni de la soustraction ne peut pas être un monoïde, puisque cette opération n'est pas associative : en général

$$x - (y - z) \neq (x - y) - z$$

Cette opération n'est pas non plus commutative puisqu'en général

$$x - y \neq y - x$$

4. L'ensemble des entiers naturels $\mathbb{N}$ muni de l'opération

$$x * y = x^y$$

ne peut pas être un monoïde, puisque cette opération n'est pas associative : par exemple

$$2^{(2^3)} = 2^8 = 256$$

mais

$$(2^2)^3 = 4^3 = 64$$

5. L'ensemble $\{-1, 1\}$, muni de la multiplication usuelle sur $\mathbb{Z}$, est un monoïde commutatif d'élément neutre 1.
6. L'ensemble $\mathbb{U}$ des nombres complexes de module 1, muni de la multiplication, est un monoïde commutatif d'élément neutre 1.
7. L'ensemble $\mathbb{U}_n$ des racines n-ièmes de l'unité (nombres complexes z tels que $z^n = 1$), muni de la multiplication, est un monoïde commutatif d'élément neutre 1.
8. L'ensemble $\mathbb{Z}/n\mathbb{Z}$ des entiers modulo n munis de l'addition (avec $n > 1$), est un monoïde commutatif d'élément neutre 0.
9. L'ensemble $\mathbb{Z}/n\mathbb{Z}$ des entiers modulo n munis de la multiplication (avec $n > 1$), est un monoïde commutatif d'élément neutre 1.

Exemple 8.2.10 (Ensembles de fonctions)

1. L'ensemble des fonctions d'un ensemble E dans lui-même, muni de la composition des fonctions $\circ$, est un monoïde non commutatif, d'élément neutre la fonction identité $(x \mapsto x)$.
2. L'ensemble des permutations d'un ensemble E (les bijections de E dans E), muni de la composition des fonctions $\circ$, est un monoïde non commutatif, d'élément neutre la fonction identité $(x \mapsto x)$.

Exemple 8.2.11 (Ensembles d'ensembles)

On peut munir $\mathscr{P}(E)$, ensemble des sous-ensembles de E, de différentes opérations :

1. $\mathscr{P}(E)$ muni de la réunion $\cup$, est un monoïde commutatif, d'élément neutre $\varnothing$.
2. $\mathscr{P}(E)$ muni de l'intersection $\cap$, est un monoïde commutatif, d'élément neutre E.
3. $\mathscr{P}(E)$ muni de la différence symétrique Δ :

$$A \Delta B = (A \cup B) \setminus (A \cap B)$$

est un monoïde commutatif, d'élément neutre $\varnothing$.

Exemple 8.2.12 (Géométrie)

1.

L'ensemble des isométries du plan (les transformations qui conservent les longueurs) laissant invariant un triangle équilatéral ABC, muni de la composition $\circ$, est un monoïde non commutatif, d'élément neutre l'identité. Les 6 éléments de ce monoïde sont (en notant O le centre du triangle)

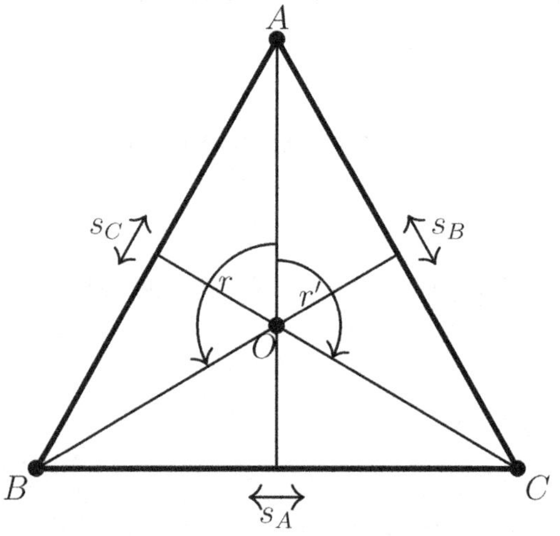

FIGURE 8.1 – Isométries du plan laissant invariant un triangle équilatéral.

- L'identité id.
- La rotation r de centre O et d'angle 120° dans le sens inverse des aiguilles d'une montre (sens trigonométrique).
- La rotation r' de centre O et d'angle 120° dans le sens des aiguilles d'une montre.
- La symétrie orthogonale (ou réflexion) s_A par rapport à la médiatrice du segment $[BC]$.
- La symétrie orthogonale (ou réflexion) s_B par rapport à la médiatrice du segment $[AC]$.
- La symétrie orthogonale (ou réflexion) s_C par rapport à la médiatrice du segment $[AB]$.

2.

L'ensemble des isométries du plan laissant invariant un carré $ABCD$, muni de la composition $\circ$, est un monoïde non commutatif, d'élément neutre l'identité. Les 8 éléments de ce monoïde sont (en notant O le centre du carré)

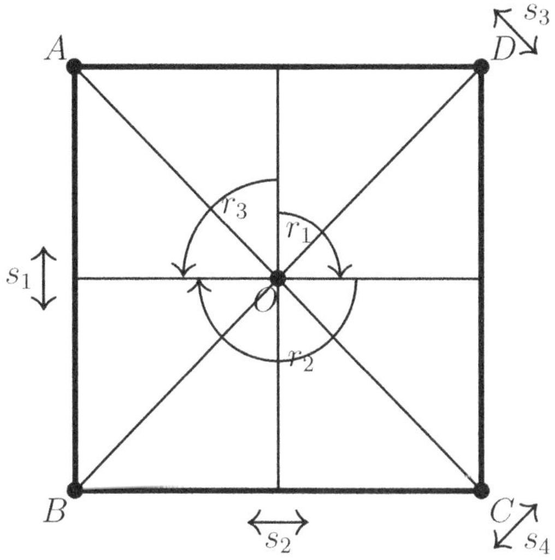

FIGURE 8.2 – Isométries du plan laissant invariant un carré.

- L'identité id.
- La rotation r_1 de centre O et d'angle 90° dans le sens des aiguilles d'une montre.
- La rotation r_2 de centre O et d'angle 180°.
- La rotation r_3 de centre O et d'angle 90° dans le sens inverse des aiguilles d'une montre.
- La symétrie orthogonale s_1 par rapport à la médiatrice du segment $[AB]$.
- La symétrie orthogonale s_2 par rapport à la médiatrice du segment $[BC]$.
- La symétrie orthogonale s_3 par rapport à la diagonale $[BD]$.
- La symétrie orthogonale s_4 par rapport à la diagonale $[AC]$.

Exemple 8.2.13 (Ensembles de matrices)

1. L'ensemble des matrices réelles carrées de taille n (avec $n > 1$), muni de l'addition usuelle de matrices, est un monoïde commutatif, d'élément neutre la matrice nulle.
   Par exemple, si $n = 2$, l'élément neutre est $\begin{pmatrix} 0 & 0 \\ 0 & 0 \end{pmatrix}$.
2. L'ensemble des matrices réelles carrées de taille n (avec $n > 1$), muni de la multiplication usuelle de matrices, est un monoïde non commutatif, d'élément neutre la matrice identité.
   Par exemple, si $n = 2$, l'élément neutre est $\begin{pmatrix} 1 & 0 \\ 0 & 1 \end{pmatrix}$. L'opération n'est pas commutative, puisque, par exemple
   $$\begin{pmatrix} 0 & 1 \\ 1 & 0 \end{pmatrix} \cdot \begin{pmatrix} 0 & 1 \\ 0 & 0 \end{pmatrix} = \begin{pmatrix} 0 & 0 \\ 0 & 1 \end{pmatrix}$$
   mais
   $$\begin{pmatrix} 0 & 1 \\ 0 & 0 \end{pmatrix} \cdot \begin{pmatrix} 0 & 1 \\ 1 & 0 \end{pmatrix} = \begin{pmatrix} 1 & 0 \\ 0 & 0 \end{pmatrix}$$

Exemple 8.2.14 (Alphabet)

- On appelle *alphabet* tout ensemble fini A, dont les éléments s'appellent des *lettres*, ou *symboles*.
- On appelle *mot* sur A toute suite finie $a_1 \dots a_n$ de lettres de A. L'entier n s'appelle la *longueur* du mot.
- Le *mot vide*, noté ϵ, ou 1, correspond à l'unique mot de longueur 0.
- On appelle *langage* sur l'alphabet A tout ensemble de mots.
- La *concaténation* des deux mots $a :\equiv a_1 \dots a_n$ et $b :\equiv b_1 \dots b_p$, est le mot noté $a \cdot b$, ou ab, égal à

$$a_1 \dots a_n b_1 \dots b_p$$

  obtenu par juxtaposition des lettres.
- L'ensemble de tous les mots sur l'alphabet A, noté A^*, muni de l'opération de concaténation, est un monoïde (non commutatif s'il y a au moins deux lettres dans A), d'élément neutre le mot vide ϵ.

Lorsqu'une structure munie d'une opération binaire admet un nombre fini d'éléments, on peut représenter tous les résultats de la loi $*$ dans un tableau à double entrée, que l'on appelle *table de Cayley*, du nom du mathématicien britannique Arthur Cayley (1821-1895). Par exemple pour trois éléments a, b, c, les résultats des différentes opérations possibles sont représentés de la façon suivante :

$*$	a	b	c
a	$a * a$	$a * b$	$a * c$
b	$b * a$	$b * b$	$b * c$
c	$c * a$	$c * b$	$c * c$

Certaines propriétés se voient facilement sur une table de Cayley, comme la présence d'un élément neutre ou le fait que l'opération soit commutative ou pas. D'autres, comme l'associativité, sont plus difficiles à repérer.

Exemple 8.2.15 (Exemple de table de Cayley ne correspondant pas à un monoïde)

On considère la table de Cayley suivante :

$*$	a	b	c
a	a	b	c
b	c	a	b
c	b	c	a

La loi $*$ n'a pas d'élément neutre, donc $(\{a, b, c\}, *)$ n'est pas un monoïde.

Exemple 8.2.16 (Exemples de tables de Cayley pour différents monoïdes)

1. La table de Cayley pour le monoïde $\{-1, 1\}$ muni de la multiplication usuelle sur $\mathbb{Z}$, est

$\times$	1	-1
1	1	-1
-1	-1	1

TABLE 8.2 – Table de Cayley de $(\{-1,1\},\times)$.

2. La table de Cayley pour le monoïde $(\mathbb{Z}/3\mathbb{Z},+)$, est

$+$	0	1	2
0	0	1	2
1	1	2	0
2	2	0	1

TABLE 8.3 – Table de Cayley de $(\mathbb{Z}/3\mathbb{Z},+)$.

3. La table de Cayley pour le monoïde $(\mathbb{Z}/3\mathbb{Z},\times)$, est

$\times$	1	2	0
1	1	2	0
2	2	1	0
0	0	0	0

TABLE 8.4 – Table de Cayley de $(\mathbb{Z}/3\mathbb{Z},\times)$.

4. La table de Cayley pour l'ensemble des isométries laissant invariant le triangle équilatéral ABC (on reprend les notations précédentes), est

$\circ$	id	r	r'	s_A	s_B	s_C
id	id	r	r'	s_A	s_B	s_C
r	r	r'	id	s_C	s_A	s_B
r'	r'	id	r	s_B	s_C	s_A
s_A	s_A	s_B	s_C	id	r	r'
s_B	s_B	s_C	s_A	r'	id	r
s_C	s_C	s_A	s_B	r	r'	id

TABLE 8.5 – Table de Cayley de l'ensemble des isométries laissant invariant un triangle équilatéral.

5. La table de Cayley pour l'ensemble des isométries laissant invariant le carré $ABCD$ (on reprend les notations précédentes), est

$\circ$	id	r_1	r_2	r_3	s_1	s_2	s_3	s_4
id	id	r_1	r_2	r_3	s_1	s_2	s_3	s_4
r_1	r_1	r_2	r_3	id	s_4	s_3	s_1	s_2
r_2	r_2	r_3	id	r_1	s_2	s_1	s_4	s_3
r_3	r_3	id	r_1	r_2	s_3	s_4	s_2	s_1
s_1	s_1	s_3	s_2	s_4	id	r_2	r_1	r_3
s_2	s_2	s_4	s_1	s_3	r_2	id	r_3	r_1
s_3	s_3	s_2	s_4	s_1	r_3	r_1	id	r_2
s_4	s_4	s_1	s_3	s_2	r_1	r_3	r_2	id

TABLE 8.6 – Table de Cayley de l'ensemble des isométries laissant invariant un carré.

6. La table de Cayley pour le monoïde $(\mathscr{P}(E),\cup)$, avec $E :\equiv \{a,b\}$ (et $a \neq b$), est

$\cup$	$\varnothing$	$\{a\}$	$\{b\}$	$\{a,b\}$
$\varnothing$	$\varnothing$	$\{a\}$	$\{b\}$	$\{a,b\}$
$\{a\}$	$\{a\}$	$\{a\}$	$\{a,b\}$	$\{a,b\}$
$\{b\}$	$\{b\}$	$\{a,b\}$	$\{b\}$	$\{a,b\}$
$\{a,b\}$	$\{a,b\}$	$\{a,b\}$	$\{a,b\}$	$\{a,b\}$

TABLE 8.7 – Table de Cayley de $(\mathscr{P}(\{a,b\}),\cup)$.

7. La table de Cayley pour le monoïde $(\mathscr{P}(E),\cap)$, avec $E :\equiv \{a,b\}$ (et $a \neq b$), est

$\cap$	$\varnothing$	$\{a\}$	$\{b\}$	$\{a,b\}$
$\varnothing$	$\varnothing$	$\varnothing$	$\varnothing$	$\varnothing$
$\{a\}$	$\varnothing$	$\{a\}$	$\varnothing$	$\{a\}$
$\{b\}$	$\varnothing$	$\varnothing$	$\{b\}$	$\{b\}$
$\{a,b\}$	$\varnothing$	$\{a\}$	$\{b\}$	$\{a,b\}$

TABLE 8.8 – Table de Cayley de $(\mathscr{P}(\{a,b\}),\cap)$.

8. La table de Cayley pour le monoïde $(\mathscr{P}(E),\Delta)$, avec $E :\equiv \{a,b\}$ (et $a \neq b$), est

Δ	$\varnothing$	$\{a\}$	$\{b\}$	$\{a,b\}$
$\varnothing$	$\varnothing$	$\{a\}$	$\{b\}$	$\{a,b\}$
$\{a\}$	$\{a\}$	$\varnothing$	$\{a,b\}$	$\{b\}$
$\{b\}$	$\{b\}$	$\{a,b\}$	$\varnothing$	$\{a\}$
$\{a,b\}$	$\{a,b\}$	$\{b\}$	$\{a\}$	$\varnothing$

TABLE 8.9 – Table de Cayley de $(\mathscr{P}(\{a,b\}),\Delta)$.

Définition 8.2.17 (Puissance)

1. On considère un monoïde d'opération binaire $*$ et d'élément neutre e. Pour tout x on note

$$\begin{aligned} x^0 &\stackrel{\text{def}}{\equiv} e \\ x^1 &\stackrel{\text{def}}{\equiv} x \\ x^2 &\stackrel{\text{def}}{\equiv} x * x \\ x^3 &\stackrel{\text{def}}{\equiv} x * x * x \\ x^4 &\stackrel{\text{def}}{\equiv} x * x * x * x \\ &\dots \end{aligned}$$

et de manière générale, on peut définir x^n par récurrence sur n (dans la métathéorie) :

$$\begin{cases} x^0 & = e \\ x^{n+1} & = x^n * x \end{cases}$$

2. Dans le cas où l'opération $*$ est notée additivement (+), on note nx à la place de x^n :

$$0x \stackrel{\text{def}}{\equiv} e$$

$$1x \overset{\text{def}}{\equiv} x$$
$$2x \overset{\text{def}}{\equiv} x + x$$
$$3x \overset{\text{def}}{\equiv} x + x + x$$
$$4x \overset{\text{def}}{\equiv} x + x + x + x$$
$$\ldots$$

et pour tout entier naturel n

$$\begin{cases} 0x & = e \\ (n+1)x & = nx + x \end{cases}$$

Remarque 8.2.18 : Dans le volume 2, nous redéfinirons ces notations de façon « interne » dans la théorie des ensembles, c'est-à-dire que les entiers n et la récurrence seront formalisés dans la théorie, ce qui n'est pas le cas ici (n est un entier du métalangage et la récurrence s'effectue dans la métathéorie, pas dans la théorie des monoïdes). En particulier, l'entier 0 est sans rapport avec l'élément neutre e du monoïde, qui par ailleurs peut aussi parfois être indiqué par le même symbole (0), notamment quand l'opération est notée additivement (ce que je n'ai pas fait dans le deuxième point de la définition, pour éviter la confusion).

Théorème 8.2.19
Dans un monoïde, si x et y commutent alors

$$(xy)^2 = x^2y^2$$

Preuve
Pour tout x et y (qui commutent)

$$\begin{aligned} (xy)^2 &= (xy)(xy) && \text{par définition} \\ &= x(yx)y && \text{par associativité} \\ &= x(xy)y && \text{par commutativité} \\ &= (xx)(yy) && \text{par associativité} \\ &= x^2y^2 && \text{par définition} \end{aligned}$$

Remarque 8.2.20 : Cette formule peut être généralisée (à d'autres puissances et à plus de deux variables). Je ne donne ici que cette propriété simple, car je serai amené à l'utiliser plus loin. Les propriétés des puissances dans un monoïde seront détaillées dans le volume 2.

Définition 8.2.21 (Idempotent)
On considère une théorie disposant d'une opération binaire. On dit qu'un élément a est *idempotent* lorsque

$$a^2 = a \qquad \text{(autrement dit } aa = a\text{)}$$

Remarque 8.2.22 (Origine du vocabulaire) : Le terme *idempotent* est utilisé en 1870 par le mathématicien américain Benjamin Peirce (1809-1880), dans son mémoire *Linear Associative Algebra*, lu devant la *National*

Academy of Sciences [l'Académie Nationale des Sciences] [5] :

> « Lorsqu'une expression élevée au carré ou à toute puissance supérieure, disparaît, on peut l'appeler *nilpotente* ; mais lorsque, élevée à un carré ou à une puissance supérieure, elle se donne elle-même comme résultat, on peut l'appeler *idempotente*. L'équation définissant les expressions nilpotentes et idempotentes sont respectivement $A^n = 0$, et $A^n = A$; mais en référence aux expressions idempotentes, il sera toujours supposé qu'elles sont de forme
>
> $$A^2 = A$$
>
> à moins qu'il n'en soit clairement indiqué autrement. »

Exemple 8.2.23 (Exemples d'éléments idempotents dans un monoïde)

1. Si e est élément neutre, alors e est idempotent.
2. Dans le monoïde $(\mathscr{P}(E), \cup)$, tous les éléments sont idempotents, car pour tout sous-ensemble A de E
$$A \cup A = A$$
3. Dans le monoïde $(\mathscr{P}(E), \cap)$, tous les éléments sont idempotents, car pour tout sous-ensemble A de E
$$A \cap A = A$$
4. Dans le monoïde multiplicatif des matrices réelles 2×2, $\begin{pmatrix} 3 & -6 \\ 1 & -2 \end{pmatrix}$ est une matrice idempotente, car
$$\begin{pmatrix} 3 & -6 \\ 1 & -2 \end{pmatrix} \cdot \begin{pmatrix} 3 & -6 \\ 1 & -2 \end{pmatrix} = \begin{pmatrix} 3 \times 3 + 1 \times (-6) & -6 \times 3 + (-2) \times (-6) \\ 3 \times 1 + 1 \times (-2) & -6 \times 1 + (-2) \times (-2) \end{pmatrix} = \begin{pmatrix} 3 & -6 \\ 1 & -2 \end{pmatrix}$$
5. Dans le monoïde multiplicatif $(\mathbb{Z}/6\mathbb{Z}, \times)$, en notant $[n]$ la classe d'équivalence de n modulo 6, $[3]$ est un élément idempotent car
$$[3][3] = [9] = [3]$$

Définition 8.2.24 (Absorbant)

On considère une théorie disposant d'une opération binaire.

1. On dit qu'un élément a est *absorbant à gauche* lorsque pour tout x
$$ax = a$$
2. On dit qu'un élément a est *absorbant à droite* lorsque pour tout x
$$xa = a$$
3. On dit qu'un élément a est *absorbant* lorsqu'il est absorbant à gauche et à droite.

5. La même année, Peirce fait circuler des copies parmi ses amis. Le texte est aussi publié en 1881 dans le volume 4 de l'*American Journal of Mathematics*, et repris en 1882 dans *Linear Associative Algebra* (nouvelle édition avec notes supplémentaires, édité par D. Van Nostrand).

Exemple 8.2.25 (Exemples d'éléments absorbants dans un monoïde)

1. Dans le monoïde $(\mathbb{N}, \times)$, 0 est élément absorbant, car pour tout entier n

$$n \times 0 = 0$$

2. Dans le monoïde $(\mathscr{P}(E), \cup)$, E est un élément absorbant, car pour tout sous-ensemble A de E

$$A \cup E = E$$

3. Dans le monoïde $(\mathscr{P}(E), \cap)$, $\varnothing$ est un élément absorbant, car pour tout sous-ensemble A de E

$$A \cap \varnothing = \varnothing$$

Définition 8.2.26 (Symétrisable, symétrique)
On considère une théorie disposant d'une opération binaire et d'un élément neutre e.

1. On dit que a est *symétrisable à gauche* lorsque

$$\exists x, xa = e$$

   On dit alors que x est un symétrique à gauche de a.

2. On dit que a est *symétrisable à droite* lorsque

$$\exists x, ax = e$$

   On dit alors que x est un symétrique à droite de a.

3. On dit que a est *symétrisable* lorsque

$$\exists x, xa = ax = e$$

   On dit alors que x est un *symétrique* de a.

Remarque 8.2.27 : L'élément neutre e d'un monoïde est toujours symétrisable, puisque $ee = e$.

Un élément peut avoir plusieurs symétriques à gauche, plusieurs symétriques à droite, et plusieurs symétriques. Par contre si l'opération est associative (par exemple dans un monoïde) il ne peut exister qu'un seul symétrique :

Théorème 8.2.28 (Unicité du symétrique dans un monoïde)
Si un élément a d'un monoïde admet un symétrique à droite, et un symétrique à gauche, alors ils sont égaux. En particulier si a admet un symétrique celui-ci est unique ; on le note alors a^{-1}.

Preuve
Soit e l'élément neutre, et soit a un élément qui admet un symétrique à gauche x et un symétrique à droite y. Vérifions que $x = y$:

$$xa = e \quad \text{car } x \text{ est symétrique à gauche de } a$$

Donc en multipliant à droite par y

$$(xa)y = ey = y$$
$$x(ay) = y \quad \text{par associativité}$$

Or $ay = e$ car y est symétrique à droite de a, donc

$$xe = y$$
$$x = y$$

On en déduit aussi qu'un symétrique dans un monoïde est unique puisque si x et y sont des symétriques de a, alors x est un symétrique à droite de a et y un symétrique à gauche, donc $x = y$.

Remarque 8.2.29 : Du fait de la symétrie de la définition du symétrique ($xa = ax = e$), lorsque a admet un symétrique a^{-1}, alors a^{-1} admet pour symétrique a puisque $aa^{-1} = a^{-1}a = e$.

Remarque 8.2.30 : Dans un monoïde, si on sait que x admet un symétrique, alors pour justifier que y est *le* symétrique de x, il suffit de vérifier que y est symétrique à droite (ou à gauche). C'est une conséquence du fait qu'un symétrique à droite et un symétrique à gauche sont égaux, ce que l'on peut aussi justifier directement : si par exemple $xy = e$, alors

$$(x^{-1}x)y = x^{-1}$$

Donc $y = x^{-1}$.

Remarque 8.2.31 (Vocabulaire et notations) : On peut aussi trouver le terme *inverse* à la place de *symétrique*, et *inversible* à la place de *symétrisable* (*inversible à gauche*, *inversible à droite*, *inversible*), en particulier quand l'opération est notée multiplicativement ($\times$ à la place de $*$). Quand l'opération est notée additivement ($+$ à la place de $*$), on utilise en général le terme *opposé* pour le symétrique, et on note $-x$ l'opposé de x. On peut alors aussi noter

$$y - x \overset{\text{def}}{\equiv} y + (-x)$$

Exemple 8.2.32 (Exemples de symétriques dans un monoïde)

1. Dans le monoïde $(\mathbb{N}, +, 0)$, seul l'élément neutre (0) admet un opposé (c'est-à-dire un symétrique), car la somme de deux entiers, dont l'un au moins est différent de 0, n'est jamais égale à 0.
2. Dans le monoïde $(\mathbb{Z}, +, 0)$, tous les éléments ont un opposé. Par exemple 1 a pour opposé -1 et 2 a pour opposé -2.
3. Dans le monoïde $(\mathbb{Z}, \times, 1)$, seuls 1 et -1 ont un symétrique (1 et -1 sont leur propre symétrique, car $1 \times 1 = 1$ et $(-1) \times (-1) = 1$). Par exemple, 2 n'a pas de symétrique car il n'existe aucun entier relatif n tel que $2 \times n = 1$.
4. Dans le monoïde $(\mathbb{R}, \times, 1)$, tous les nombres différents de 0 ont un symétrique. Par exemple, 2 a pour symétrique $\frac{1}{2}$, car $2 \times \frac{1}{2} = 1$.
5. Dans le monoïde des bijections d'un ensemble E dans lui-même, muni de la composition de fonctions, tout élément f a pour symétrique sa bijection réciproque, puisque
$$f \circ f^{-1} = f^{-1} \circ f = \mathrm{id}_E$$
6. Dans le monoïde des isométries laissant invariant le triangle ABC (on reprend les notations précédentes), tous les éléments ont un symétrique : r' est le symétrique de r (car $r \circ r' = r' \circ r = \mathrm{id}$), et les symétries orthogonales sont leur propre symétrique ($s_A \circ s_A = \mathrm{id}$, $s_B \circ s_B = \mathrm{id}$, $s_C \circ s_C = \mathrm{id}$).

7. Dans le monoïde des parties d'un ensemble, muni de la réunion, seul l'élément neutre ($\emptyset$) a un symétrique, car la réunion de deux ensembles, dont l'un au moins est différent de $\emptyset$, n'est pas vide.
8. Dans le monoïde des matrices réelles carrées de taille n (avec $n > 1$), muni de l'addition, tous les éléments sont symétrisables. Mais dans le monoïde des matrices réelles carrées de taille n (avec $n > 1$), muni de la multiplication, seules les matrices inversibles ont (par définition) un symétrique.

Théorème 8.2.33 (Propriétés du symétrique dans un monoïde)

1. On considère dans un monoïde un élément symétrisable x et un élément y tels que x et y commutent. Alors x^{-1} et y commutent aussi.
2. On considère dans un monoïde deux éléments symétrisables x et y. Alors xy est symétrisable, et

$$(xy)^{-1} = y^{-1}x^{-1}$$

Si de plus x et y commutent, alors x^{-1} et y^{-1} commutent aussi.

Preuve

1. Si x a un symétrique, et si x et y commutent, alors x^{-1} et y commutent aussi car en multipliant par x^{-1} à gauche et à droite on obtient :

$xy = yx$	par commutativité
$x^{-1}(xy)x^{-1} = x^{-1}(yx)x^{-1}$	
$(x^{-1}x)yx^{-1} = x^{-1}y(xx^{-1})$	par associativité
$eyx^{-1} = x^{-1}ye$	par propriété du symétrique
$yx^{-1} = x^{-1}y$	par propriété de l'élément neutre

2. Soit e l'élément neutre. Par associativité et propriété de l'élément neutre

$$(y^{-1}x^{-1})(xy) = y^{-1}x^{-1}xy = y^{-1}ey = y^{-1}y = e$$

De même

$$(xy)(y^{-1}x^{-1}) = xyy^{-1}x^{-1} = xex^{-1} = xx^{-1} = e$$

Par conséquent xy est symétrisable et

$$(xy)^{-1} = y^{-1}x^{-1}$$

On en déduit que si x et y commutent, alors x^{-1} et y^{-1} aussi puisqu'on a alors

$$x^{-1}y^{-1} = (yx)^{-1} = (xy)^{-1} = y^{-1}x^{-1}$$

Remarque 8.2.34 : On peut généraliser la formule du théorème à plus de deux éléments :

$$(xyz)^{-1} = z^{-1}y^{-1}x^{-1}$$
$$(xyzt)^{-1} = t^{-1}z^{-1}y^{-1}x^{-1}$$

et de façon générale

$$(x_1x_2 \dots x_n)^{-1} = x_n^{-1} \dots x_2^{-1}x_1^{-1}$$

Remarque 8.2.35 : En notation additive, on a

$$-(x + y) = (-y) + (-x)$$

et si de plus l'addition est commutative (ce qui est en général le cas)

$$-(x + y) = (-y) + (-x) = (-x) + (-y)$$

autrement dit l'opposé d'une somme est la somme des opposés.

Définition 8.2.36 (Simplifiable)
On considère un langage disposant d'une opération binaire.

1. On dit que a est *simplifiable à gauche* lorsque pour tout x, y
$$ax = ay \implies x = y$$
2. On dit que a est *simplifiable à droite* lorsque pour tout x, y
$$xa = ya \implies x = y$$
3. On dit que a est *simplifiable* lorsqu'il est simplifiable à droite et à gauche : pour tout x, y
$$\begin{cases} ax = ay & \implies x = y \\ xa = ya & \implies x = y \end{cases}$$

Remarque 8.2.37 (Vocabulaire) : On trouve aussi le terme *régulier*, à la place de *simplifiable*.

Exemple 8.2.38
Dans $\mathbb{N}$, tous les éléments sont simplifiables pour l'addition, et tous les éléments non nuls sont simplifiables pour la multiplication.

Théorème 8.2.39 (Éléments symétrisables et simplifiables dans un monoïde)
Tout élément symétrisable d'un monoïde est simplifiable.

Preuve
On considère l'élément symétrisable a dont le symétrique (unique) est a^{-1}. Soient x et y tels que $ax = ay$. On en déduit
$$\begin{aligned} a^{-1}(ax) &= a^{-1}(ay) \\ (a^{-1}a)x &= (a^{-1}a)y \quad \text{par associativité} \\ ex &= ey \\ x &= y \end{aligned}$$
Donc a est simplifiable à gauche. On démontre de même que a est simplifiable à droite : si $xa = ya$, alors
$$\begin{aligned} xaa^{-1} &= yaa^{-1} \\ x &= y \end{aligned}$$

Remarque 8.2.40 : L'élément neutre e d'un monoïde est simplifiable, puisqu'il est symétrisable (il est par ailleurs évident que e est simplifiable, car si $ex = ey$, ou si $xe = ye$, alors on a trivialement $x = y$ par définition de e).

Remarque 8.2.41 : La réciproque du théorème précédent est fausse (c'est-à-dire qu'un élément simplifiable n'est pas obligatoirement symétrisable), comme le montre l'exemple des entiers naturels : tout entier est simplifiable pour l'addition, mais la plupart des entiers n'ont pas d'opposé (seul 0 admet un opposé, c'est-à-dire un symétrique pour l'addition, qui est 0 lui-même). De même, tout entier non nul est simplifiable pour la multiplication, mais la plupart des entiers non nuls ne sont pas inversibles (seul 1 admet un inverse, c'est-à-dire un symétrique pour la multiplication, qui est 1 lui-même).

Théorème 8.2.42 (Éléments simplifiables dans un monoïde)
Soient deux éléments a et b d'un monoïde.

1. • Si a est simplifiable à droite, alors il existe au plus un x tel que

$$xa = b$$

   • Si a est simplifiable à gauche, alors il existe au plus un x tel que

$$ax = b$$

2. En particulier, si a est symétrisable, alors pour tout x

$$xa = b \iff x = ba^{-1}$$
$$ax = b \iff x = a^{-1}b$$

Preuve

1. Si a est simplifiable à droite et si

$$\begin{cases} xa = b \\ x'a = b \end{cases}$$

alors

$$xa = x'a$$

donc par régularité à droite de a

$$x = x'$$

Le raisonnement est semblable si a est simplifiable à gauche.

2. Si a est symétrisable et si $xa = b$, alors

$$\begin{aligned} (xa)a^{-1} &= ba^{-1} \\ x(aa^{-1}) &= ba^{-1} \\ xe &= ba^{-1} \\ x &= ba^{-1} \end{aligned}$$

et réciproquement

$$(ba^{-1})a = b(a^{-1}a) = be = b$$

Le raisonnement est semblable pour démontrer

$$ax = b \iff x = a^{-1}b$$

Remarque 8.2.43 : Une expression comme « il existe au plus un x tel que $xa = b$ » est formalisable par une formule :

$$\forall x\ y, ((xa = b \text{ et } ya = b) \implies x = y)$$

La première propriété peut donc par exemple être formalisée par la formule

$$\forall a\ b, (\underbrace{(\forall x\ y, (xa = ya \implies x = y))}_{a \text{ est simplifiable à droite}} \implies \underbrace{(\forall x\ y, ((xa = b \text{ et } ya = b) \implies x = y))}_{\text{il existe au plus un } x \text{ tel que } xa=b})$$

Définition 8.2.44 (Quotient, différence)
On considère deux éléments a et b d'un monoïde commutatif, avec a simplifiable.

1. On note
$$\frac{b}{a}$$
l'unique élément x, *s'il existe*, tel que
$$ax = xa = b$$
et que l'on peut appeler le *quotient* de a et b. En particulier, si a est symétrisable, $\frac{b}{a}$ est toujours défini, et on a
$$\frac{b}{a} = ba^{-1} = a^{-1}b$$
2. Dans le cas où l'opération est notée de façon additive (+), on note
$$b - a$$
l'unique élément x, *s'il existe*, tel que
$$a + x = x + a = b$$
et que l'on peut appeler la *différence* de a et b. En particulier, si a admet un opposé, $b-a$ est toujours défini, et on a
$$b - a = b + (-a) = (-a) + b$$

Remarque 8.2.45 : Dans un monoïde commutatif d'élément neutre e, puisque $ae = a$, alors comme e est toujours simplifiable
$$\frac{a}{e} = a$$
et si a est simplifiable, alors
$$\frac{a}{a} = e$$
Si l'élément neutre est noté 1 (comme par exemple l'élément neutre de la multiplication de nombres réels)
$$\frac{a}{1} = a \qquad \text{et} \qquad \frac{a}{a} = 1$$
et dans le cas d'une notation additive, l'élément neutre étant noté 0, on a
$$a - 0 = a \qquad \text{et} \qquad a - a = 0$$

Remarque 8.2.46 : Dans un monoïde commutatif d'élément neutre e, si a est symétrisable
$$\frac{e}{a} = a^{-1}$$
et si l'élément neutre est noté 1
$$\frac{1}{a} = a^{-1}$$
Dans le cas d'une notation additive, l'élément neutre étant noté 0, on a
$$0 - a = -a$$

Remarque 8.2.47 (Origine des notations) : Ce sont les Arabes qui introduisent la notation des fractions avec une barre horizontale, à partir de la notation Hindou (deux nombres l'un au dessus de l'autre, mais sans la barre). On la trouve au XIIe siècle, chez le mathématicien arabe Al-Hassar, et en 1202 en Europe dans le *Liber Abaci* de Leonard de Pise, dit Fibonacci (v. 1170-v. 1250), influencé par des auteurs arabes.

Exemple 8.2.48
On se place dans le monoïde $\mathbb{N}$ des entiers naturels. Tous les entiers sont simplifiables pour l'addition et tous les entiers non nuls sont simplifiables pour la multiplication. Donc si a, b, c sont des entiers non nuls tels que que $ab = c$, alors

$$a = \frac{c}{b} \qquad \text{et} \qquad b = \frac{c}{a}$$

et si a, b, c sont des entiers tels que que $a + b = c$, alors

$$a = c - b \qquad \text{et} \qquad b = c - a$$

Par exemple

$$\frac{6}{2} = 3 \quad \text{et} \quad \frac{6}{3} = 2 \qquad \text{car } 2 \times 3 = 6$$

et

$$6 - 2 = 4 \quad \text{et} \quad 6 - 4 = 2 \qquad \text{car } 2 + 4 = 6$$

Mais comme tous les entiers n'ont pas nécessairement un opposé ou un inverse, les expressions « $\frac{b}{a}$ » et « $b-a$ » peuvent ne pas être définies. Par exemple, aucun multiple de 2 n'est égal à 7, donc l'expression « $\frac{7}{2}$ » n'est pas définie, et la somme d'un entier et de 4 n'est jamais égale à 2, donc l'expression « $2-4$ » n'est pas définie.

Théorème 8.2.49 (Propriétés du quotient et de la différence)
1. On considère trois éléments a, b, c d'un monoïde commutatif dans lequel tous les éléments sont simplifiables.
   - Si $\frac{a}{b}$ et $\frac{b}{c}$ sont définis, alors $\frac{a}{\frac{b}{c}}$ est défini et

$$\frac{a}{\frac{b}{c}} = \frac{a}{b}c$$

     En particulier

$$\frac{a}{\frac{a}{c}} = c$$

   - Si $\frac{b}{c}$ est défini, alors $\frac{ab}{c}$ est défini et

$$a\frac{b}{c} = \frac{ab}{c}$$

   - Si $\frac{b}{c}$ est défini, alors $\frac{ab}{ac}$ est défini, et

$$\frac{ab}{ac} = \frac{b}{c}$$

- Si $\frac{a}{b}$ est défini et symétrisable, alors $\frac{b}{a}$ est défini, et

$$\left(\frac{a}{b}\right)^{-1} = \frac{b}{a}$$

2. En notation additive :

- Si $a - b$ et $b - c$ sont définis, alors $a - (b - c)$ est défini et

$$a - (b - c) = (a - b) + c$$

En particulier

$$a - (a - c) = c$$

- Si $b - c$ est défini, alors $(a + b) - c$ est défini et

$$a + (b - c) = (a + b) - c$$

- Si $b - c$ est défini, alors $(a + b) - (a + c)$ est défini, et

$$(a + b) - (a + c) = b - c$$

- Si $a - b$ est défini et admet un opposé, alors $b - a$ est défini, et

$$-(a - b) = b - a$$

Preuve

1. On a par définition

$$\frac{b}{c}\frac{a}{b}c = \frac{a}{b}\frac{b}{c}c = \frac{a}{b}b = a$$

donc par unicité

$$\frac{a}{\frac{b}{c}} = \frac{a}{b}c$$

En particulier si $b = a$

$$\frac{a}{\frac{a}{c}} = \frac{a}{a}c = ec = c$$

2. Par définition

$$b = \frac{b}{c}c$$

$$ab = a\frac{b}{c}c$$

donc par unicité

$$\frac{ab}{c} = a\frac{b}{c}$$

3. Par définition

$$\frac{b}{c}c = b$$

donc

$$\frac{b}{c}(ac) = a\frac{b}{c}c = ab$$

et par unicité

$$\frac{b}{c} = \frac{ab}{ac}$$

4. Par définition

$$\frac{a}{b}b = a$$

donc

$$\left(\frac{a}{b}\right)^{-1}\frac{a}{b}b = \left(\frac{a}{b}\right)^{-1}a$$
$$b = \left(\frac{a}{b}\right)^{-1}a$$

Par unicité

$$\frac{b}{a} = \left(\frac{a}{b}\right)^{-1}$$

Définition 8.2.50 (Groupe)
On appelle *groupe* tout monoïde pour lequel tout élément admet un symétrique, c'est-à-dire tout modèle des axiomes suivants, dans le langage de signature $\{*, e\}$:

1. Associativité de * : pour tout x, y, z
$$(xy)z = x(yz)$$
2. e est élément neutre : pour tout x
$$xe = ex = x$$
3. Existence d'un symétrique pour la loi $*$:
$$\forall x \exists y, yx = xy = e$$

Définition 8.2.51 (Groupe commutatif)
On appelle *groupe commutatif* tout groupe dans lequel l'opération est commutative, autrement dit tel que pour tout x et y
$$xy = yx$$

Exemple 8.2.52 (Groupe trivial)
L'ensemble à un seul élément $\{e\}$ muni de la seule loi possible est un groupe, appelé *groupe trivial.*

Exemple 8.2.53 (Ensembles de nombres usuels)
1. L'ensemble des entiers naturels $\mathbb{N}$ muni de l'addition usuelle n'est pas un groupe, puisque seul 0 admet un symétrique.
2. L'ensemble des entiers relatifs $\mathbb{Z}$, l'ensemble des rationnels $\mathbb{Q}$, l'ensemble des réels $\mathbb{R}$, l'ensemble des complexes $\mathbb{C}$, munis de leur addition usuelle, sont des groupes commutatifs, d'élément neutre 0.
3. L'ensemble des éléments de $\mathbb{Z}$ qui admettent un symétrique pour la multiplication (c'est-à-dire $\{-1, 1\}$), l'ensemble des éléments non nuls de $\mathbb{Q}$, l'ensemble des éléments non nuls de $\mathbb{R}$, l'ensemble des éléments non nuls de $\mathbb{C}$, munis de leur multiplication usuelle, sont des groupes commutatifs, d'élément neutre 1.
4. L'ensemble $\mathbb{U}$ des nombres complexes de module 1, muni de la multiplication, est un groupe commutatif d'élément neutre 1.

5. L'ensemble $\mathbb{U}_n$ des racines n-ièmes de l'unité, muni de la multiplication, est un groupe commutatif d'élément neutre 1.
6. $\mathbb{Z}/n\mathbb{Z}$, avec $n > 1$, muni de l'addition est un groupe commutatif d'élément neutre 0.
7. Si n est un nombre premier, $\mathbb{Z}/n\mathbb{Z}^*$, muni de la multiplication, est un groupe commutatif d'élément neutre 1.

Exemple 8.2.54 (Autres exemples et contre-exemples de groupes)

1. L'ensemble des fonctions de E dans E, muni de la composition, n'est en général pas un groupe car seules les fonctions bijectives admettent un symétrique. Par contre, l'ensemble des permutations d'un ensemble E (les bijections de E dans E), muni de la composition des fonctions $\circ$, est un groupe non commutatif (dit *groupe symétrique*), d'élément neutre la fonction identité ($x \mapsto x$).
2. L'ensemble des isométries du plan laissant invariant un triangle équilatéral ABC, muni de la composition $\circ$, est un groupe non commutatif (dit *groupe diédral* d'ordre 6), d'élément neutre l'identité.
3. L'ensemble des isométries du plan laissant invariant un carré $ABCD$, muni de la composition $\circ$, est un groupe non commutatif (dit *groupe diédral* d'ordre 8), d'élément neutre l'identité.
4. De façon générale, l'ensemble des isométries du plan laissant invariant un polygone régulier à n côtés est un groupe non commutatif (si $n > 2$), dit *groupe diédral* d'ordre $2n$, noté D_n ou D_{2n} (il a $2n$ éléments).
5. $\mathscr{P}(E)$, ensemble des sous-ensembles de E, muni de la différence symétrique Δ

$$A\Delta B \stackrel{\text{def}}{\equiv} (A \cup B) \setminus (A \cap B)$$

   est un groupe commutatif d'élément neutre $\emptyset$.
6. L'ensemble des matrices réelles carrées de taille n (avec $n > 1$) muni de l'addition usuelle de matrices, est un groupe commutatif, d'élément neutre la matrice nulle.
7. L'ensemble des matrices réelles carrées de taille n (avec $n > 1$) muni de la multiplication usuelle de matrices, n'est pas un groupe, car toutes les matrices n'admettent pas un symétrique pour la multiplication (c'est-à-dire ne sont pas inversibles). Mais l'ensemble des matrices réelles carrées inversibles de taille n, muni de la multiplication, est un groupe (dit *groupe linéaire*, noté $\mathrm{GL}_n(\mathbb{R})$). De même, l'ensemble des matrices réelles carrées de déterminant 1 et de taille n, muni de la multiplication, est un groupe (dit *groupe spécial linéaire*, noté $\mathrm{SL}_n(\mathbb{R})$).
8. Si E est un ensemble et $(G, *, e)$ un groupe, on peut munir de façon naturelle l'ensemble des fonctions de E dans G, d'une opération $\star$ qui en fasse un groupe :

$$(f \star g)(x) \stackrel{\text{def}}{\equiv} f(x) * g(x)$$

   L'élément neutre est la fonction constante égale à e. On peut éventuellement se dispenser du symbole $\star$ et noter avec le même symbole les opérations $*$ et $\star$ puisqu'il n'y a normalement pas d'ambiguïté : entre deux fonctions de E dans G, l'opération est $\star$, entre deux éléments de G l'opération est $*$.

Remarque 8.2.55 (Remarque historique[6]) : Le concept abstrait de groupe est né de façon indépendante dans trois domaines des mathématiques :

6. Source : *MacTutor History of Mathematics archive*. URL : `http://www-history.mcs.st-and.ac.uk/`.

- L'étude des équations algébriques, à la fin du XVIIIe siècle, à l'aide de groupes de permutations de leurs racines. On peut citer les travaux du mathématicien et astronome français d'origine italienne Joseph-Louis Lagrange (1736-1813), du mathématicien italien Paolo Ruffini (1765-1822), qui est le premier à démontrer (mais de manière imparfaite) qu'une équation de degré 5 ou plus n'est pas résoluble par radicaux (c'est-à-dire que pour ces équations, il n'existe pas de formule générale donnant toutes les solutions, comme il en existe par exemple pour les équations du second degré), du mathématicien français Augustin Louis Cauchy (1789-1857), du mathématicien norvégien Niels Henrik Abel (1802-1829), qui est le premier à donner une preuve correcte de l'impossibilité de résoudre par radicaux une équation de degré 5, du mathématicien français Évariste Galois (1811-1832), crédité d'avancées significatives de la théorie des groupes (importance des sous-groupes normaux, propriétés des groupes alternés, ...), du mathématicien italien Enrico Betti (1823-1892), du mathématicien français Camille Jordan (1838-1922).
- La théorie des nombres (l'étude des nombres entiers), à la fin du XVIIIe siècle, et plus particulièrement l'arithmétique modulaire, faisant intervenir les groupes des entiers modulo n (les entiers qui ont le même reste dans la division euclidienne par n). On peut citer dans ce domaine les travaux du mathématicien suisse Leonhard Euler (1707-1783) et du mathématicien, astronome et physicien allemand Carl Friedrich Gauss (1777-1855).
- La géométrie, au début du XIXe siècle, qui devient de plus en plus abstraite et s'éloigne de la géométrie euclidienne classique dans le plan ou l'espace :
  - Étude en dimension n quelconque.
  - Étude des propriétés projectives : on peut citer les travaux du mathématicien français Gaspard Monge (1746-1818), du mathématicien, physicien, général et homme politique français Lazare Carnot (1753-1823), et du mathématicien ingénieur et général français Jean-Victor Poncelet (1788-1867).
  - Étude de géométries non-euclidiennes : on peut citer les travaux du mathématicien et philosophe suisse Jean-Henri Lambert (1728-1777), du mathématicien, astronome et physicien allemand Carl Friedrich Gauss (1777-1855), du mathématicien russe Nikolaï Ivanovitch Lobatchevski (1792-1856), et du mathématicien hongrois János Bolyai (1802-1860).

  L'étude du comportement de diverses figures sous l'action de transformations conduit à classer différentes géométries, en fonction de différents groupes : on peut citer les travaux du mathématicien et astronome August Ferdinand Möbius (1790-1868), du mathématicien britannique Arthur Cayley (1821-1895), et surtout du mathématicien allemand Félix Klein (1849-1925), qui achève la classification des géométries connues à cette époque (à partir de la géométrie projective et du concept de groupe) dans ce qu'il appelle le *programme d'Erlangen* et qu'il publie en 1872.

Progressivement, le concept abstrait de groupe, généralisant chacune des situations précédentes, a émergé. Citons les travaux du mathématicien britannique Arthur Cayley (1821-1895), du mathématicien allemand Ferdinand Georg Frobenius (1849-1917), du mathématicien allemand Eugen Netto (1848-1919), du mathématicien allemand Walther von Dyck (1856-1934), et les ouvrages *Lehrbuch der Algebra* (2 volumes en 1895 et 1896) du mathématicien allemand Heinrich Weber (1842-1913), et *Theory of groups of finite order* (1897) du mathématicien britannique William Burnside (1852-1927), qui ont contribué au développement de la théorie des groupes.

Remarque 8.2.56 (Origine du vocabulaire) : Le mot *groupe* apparaît (« groupe de l'équation ») dans le *Mémoire sur les conditions de résolubilité des équations par radicaux* d'Évariste Galois (écrit en 1830, mais publié en 1846), dans un sens plus restreint que le sens moderne (il s'agit d'un sous-groupe du groupe des permutations des racines d'un polynôme donné). On le retrouve dans un sens plus général dans un article de Arthur Cayley, qui introduit aussi l'expression *théorie des groupes* :

> « Un ensemble de symboles, $1, \alpha, \beta, \ldots$, tous différents, et tels que le produit de deux d'entre eux (quel que soit l'ordre), ou le produit de l'un d'entre eux avec lui-même, appartient à l'ensemble,

s'appelle un groupe. »[7]

Remarque 8.2.57 (Origine du vocabulaire) : Pour nommer un groupe commutatif, on trouve aussi l'expression *groupe abélien*, en l'honneur d'Abel (dont les travaux sur les équations algébriques sont en rapport avec des groupes commutatifs). Le mathématicien allemand Leopold Kronecker (1823-1891) introduit le terme *équation abélienne* en 1856[8] pour désigner des équations polynomiales dont ce qu'on appelle (en termes modernes) le groupe de Galois (un groupe associé au polynôme correspondant à l'équation) est cyclique (un groupe cyclique étant un cas particulier de groupe commutatif). En 1870, Camille Jordan reprend cette définition[9] en la modifiant légèrement (il définit une équation abélienne comme une équation pour laquelle le groupe de Galois est commutatif). Il parle aussi de *groupe abélien* dans le même ouvrage, mais dans un sens complètement différent de celui qui nous intéresse. Enfin l'expression *groupe abélien*, pour désigner un groupe commutatif, apparaît en 1882 dans un article[10] de Heinrich Weber.

Remarque 8.2.58 : Puisque dans un groupe tous les éléments sont symétrisables, on peut aussi définir un groupe, de manière équivalente, en ajoutant à la signature un symbole d'opération unaire (pour le symétrique). Un groupe est donc un modèle des axiomes suivants, dans le langage de signature $\{*, ^{-1}, e\}$:

1. Associativité de $*$: pour tout x, y, z
$$(xy)z = x(yz)$$
2. e est élément neutre : pour tout x
$$xe = ex = x$$
3. x^{-1} est le symétrique de x : pour tout x
$$x^{-1}x = xx^{-1} = e$$

Remarque 8.2.59 : Puisqu'un groupe est un monoïde particulier, tout ce qui a été vu pour les monoïdes s'applique aux groupes, avec la particularité que tous les éléments admettent un (unique) symétrique. En particulier, pour justifier que y est *le* symétrique de x, il suffit de vérifier que y est symétrique à gauche ou à droite : si

$$xy = e \quad (y \text{ est symétrique à droite})$$

ou si

$$yx = e \quad (y \text{ est symétrique à gauche})$$

alors x est *le* symétrique de y et y est *le* symétrique de x.

Remarque 8.2.60 : Puisque les éléments d'un groupe ont tous un symétrique, ils sont simplifiables, et on a aussi pour tout a, b, x

$$xa = b \iff x = ba^{-1}$$
$$ax = b \iff x = a^{-1}b$$

En notation additive

$$x + a = b \iff x = b + (-a)$$
$$a + x = b \iff x = (-a) + b$$

7. Arthur CAYLEY. « On the theory of groups, as depending on the symbolic equation $\theta^n = 1$ ». Dans : *Philosophical Magazine* 7 (1854), p. 40-47.

8. Dans l'article *Über die algebraisch auflösbren Gleichungen (II)* [À propos des équations résolubles algébriquement].

9. Dans son *Traité des substitutions et des équations algébriques*.

10. *Beweis des Satzes, dass jede eigentlich primitive quadratische Form unendlich viele Primzahlen darzustellen fähig ist* [Preuve de la proposition selon laquelle toute forme quadratique primitive est capable de représenter une infinité de nombres premiers].

Remarque 8.2.61 : Dans un groupe commutatif, l'expression $\frac{a}{b}$ est définie pour tout a et b, et on a

$$\frac{a}{b} = ab^{-1} = b^{-1}a$$

avec toutes les propriétés associées :

$$\begin{aligned}
\frac{a}{b}b &= a \\
\frac{a}{\frac{b}{c}} &= \frac{a}{b}c \\
a\frac{b}{c} &= \frac{ab}{c} \\
\frac{ab}{ac} &= \frac{b}{c} \\
\left(\frac{a}{b}\right)^{-1} &= \frac{b}{a}
\end{aligned}$$

En notation additive

$$a - b = a + (-b) = (-b) + a$$

et

$$\begin{aligned}
(a - b) + b &= a \\
a - (b - c) &= (a - b) + c \\
a + (b - c) &= (a + b) - c \\
(a + b) - (a + c) &= b - c \\
-(a - b) &= b - a
\end{aligned}$$

On aurait pu aussi ne définir $\frac{a}{b}$ et $a - b$ que pour des groupes commutatifs (dans ce cas ces expressions sont définies pour tout a et b), par

$$\begin{aligned}
\frac{a}{b} &\overset{\text{def}}{\equiv} ab^{-1} \\
a - b &\overset{\text{def}}{\equiv} a + (-b)
\end{aligned}$$

Théorème 8.2.62

Dans un groupe $(G, *, e)$, les deux propriétés suivantes sont équivalentes :

- Tout élément est son propre symétrique : pour tout x

$$x = x^{-1}$$

- Le produit d'un élément par lui même est égal à l'élément neutre : pour tout x

$$xx = e$$

et alors le groupe est commutatif.

Preuve
Pour tout x, les égalités suivantes sont équivalentes :

$$x = x^{-1}$$
$$xx = x^{-1}x \qquad \text{multiplication par } x \text{ à droite}$$
$$xx = e$$

De plus, si cette propriété est vérifiée, on a alors pour tout x et y

$$xy = (xy)^{-1} = y^{-1}x^{-1} = yx$$

autrement dit le groupe est commutatif. On pouvait aussi prouver la commutativité en utilisant l'autre propriété équivalente :

$$xyxy = e$$
$$xxyxyy = xy \qquad \text{multiplication par } x \text{ à gauche et par } y \text{ à droite}$$
$$eyxe = xy$$
$$yx = xy$$

8.3 Groupes ordonnés

Prérequis
Les groupes (section 8.2) et les relations d'ordre (section 8.1).

Définition 8.3.1 (Groupe ordonné)
On appelle *groupe ordonné* tout groupe commutatif $(G, +)$ muni d'une relation d'ordre $\leqslant$ vérifiant l'axiome suivant (compatibilité avec l'addition), qui s'ajoute aux trois axiomes de la relation d'ordre et aux trois axiomes de groupe : pour tout x, y, z

$$x \leqslant y \implies x + z \leqslant y + z$$

Remarque 8.3.2 : La condition de commutativité n'est pas toujours présente dans la définition d'un groupe ordonné. Par ailleurs, j'utilise une notation additive pour la loi de groupe, ce qui est classique, mais n'importe quelle autre notation convient.

Théorème 8.3.3 (Propriétés d'un groupe ordonné)
1. Compatibilité de la relation d'ordre et de l'addition : pour tout x, y, z

$$x \leqslant y \iff x + z \leqslant y + z$$
$$x < y \iff x + z < y + z$$

2. Addition terme à terme de deux inégalités : pour tout x, y, x', y'

$$\begin{cases} x \leqslant y \\ x' \leqslant y' \end{cases} \implies x + x' \leqslant y + y'$$

$$\begin{cases} x \leqslant y \\ x' < y' \end{cases} \implies x + x' < y + y'$$

$$\begin{cases} x < y \\ x' < y' \end{cases} \implies x + x' < y + y'$$

3. Passage à l'opposé : pour tout x, y

$$x \leqslant y \iff -y \leqslant -x$$
$$x < y \iff -y < -x$$

Preuve

1. L'implication

$$x \leqslant y \implies x + z \leqslant y + z$$

est la définition d'un groupe ordonné. Réciproquement si $x + z \leqslant y + z$, alors par compatibilité de l'addition avec $\leqslant$

$$x + z + (-z) \leqslant y + z + (-z)$$
$$x \leqslant y$$

L'équivalence est aussi vérifiée pour l'ordre strict : si $x < y$ alors en particulier $x \leqslant y$ donc

$$x + z \leqslant y + z$$

De plus $x + z \neq y + z$ car sinon on a par simplification $x = y$, en contradiction avec $x < y$. Donc

$$x + z < y + z$$

La réciproque se justifie comme dans le cas d'une relation d'ordre : si $x + z < y + z$, alors

$$x + z + (-z) < y + z + (-z)$$
$$x < y$$

2. Si $x \leqslant y$ et $x' \leqslant y'$, alors par compatibilité de l'addition avec la relation d'ordre

$$\begin{cases} x + x' \leqslant y + x' \\ y + x' \leqslant y + y' \end{cases}$$

donc par transitivité de $\leqslant$

$$x + x' \leqslant y + y'$$

De même si $x \leqslant y$ et $x' < y'$ alors

$$\begin{cases} x + x' \leqslant y + x' \\ y + x' < y + y' \end{cases}$$

donc

$$x + x' < y + y'$$

La dernière propriété de l'addition terme à terme est un cas particulier du précédent, puisque si $x < y$ et $x' < y'$, alors on a aussi $x \leqslant y$ et $x' < y'$.

3. Si $x \leqslant y$, alors en ajoutant successivement $-x$ et $-y$:

$$x - x \leqslant y - x$$
$$0 - y \leqslant y - x - y$$
$$-y \leqslant -x$$

Réciproquement, en appliquant la propriété qui vient d'être démontrée à $-x$ et $-y$: si $-y \leqslant -x$ alors

$$-(-x) \leqslant -(-y)$$
$$x \leqslant y$$

La preuve est semblable pour l'ordre strict.

8.4 Anneaux et corps

Définition 8.4.1 (Anneau)
On appelle *anneau* tout ensemble A, muni d'une addition $+$ et d'une constante 0 telles que $(A, +, 0)$ soit un groupe commutatif, muni d'une multiplication $\times$ et d'une constante 1 telles que $(A, \times, 1)$ soit un monoïde, et tel que la multiplication soit distributive sur l'addition. Un anneau est donc un modèle des axiomes suivants, dans le langage de signature $\{+, \times, 0, 1\}$:

1. Associativité de l'addition et de la multiplication : pour tout x, y, z

$$(x+y)+z = x+(y+z)$$
$$(x \times y) \times z = x \times (y \times z)$$

2. Commutativité de l'addition : pour tout x, y

$$x+y = y+x$$

3. Distributivité de la multiplication sur l'addition : pour tout x, y, z

$$x \times (y+z) = x \times y + x \times z$$
$$(y+z) \times x = y \times x + z \times x$$

4. Élément neutre pour l'addition et la multiplication : pour tout x

$$x+0 = 0+x = x$$
$$x \times 1 = 1 \times x = x$$

5. Tout élément admet un opposé (un symétrique pour l'addition) :

$$\forall x \exists x', x' + x = x + x' = 0$$

De plus l'opposé de x est unique (propriété d'un monoïde) ; on le note $-x$.

Définition 8.4.2 (Anneau commutatif)
On appelle *anneau commutatif* tout anneau dans lequel la multiplication est commutative.

Remarque 8.4.3 : Puisque dans un anneau tout élément admet un opposé, on peut aussi définir de façon équivalente un anneau dans le langage de signature $(+, \times, -, 0, 1)$, en remplaçant l'axiome 5 (pour l'opposé) par :

$-x$ est l'opposé de x : pour tout x

$$(-x) + x = x + (-x) = 0$$

Remarque 8.4.4 (Notations) : Dans un anneau, comme précédemment dans un monoïde, la multiplication peut aussi souvent se noter $x \cdot y$ à la place de $x \times y$, ou directement sans symbole (xy). Ce raccourci n'est par contre pas employé avec le symbole $+$.

Remarque 8.4.5 (Notations) : Dans les axiomes précédents, les symboles 0 et 1 représentent respectivement l'élément neutre pour l'addition, et l'élément neutre pour la multiplication, dans un anneau A, et pas nécessairement les entiers naturels 0 et 1. En cas d'ambiguïté, on peut les noter respectivement 0_A et 1_A. Par exemple, si A est l'anneau des matrices réelles 2×2, 0_A représente la matrice $\begin{pmatrix} 0 & 0 \\ 0 & 0 \end{pmatrix}$, et 1_A représente la matrice $\begin{pmatrix} 1 & 0 \\ 0 & 1 \end{pmatrix}$. De même, d'autres symboles que $\times$ et $+$ peuvent être employés (voir plus loin les exemples d'anneaux).

Remarque 8.4.6 (Vocabulaire) : Pour certains auteurs, l'élément neutre pour la multiplication n'est pas inclus dans la définition d'un anneau, et on peut faire alors la distinction avec ce qu'on appelle un *anneau unitaire* ou *anneau unifère*, dans lequel il existe un tel élément.

Remarque 8.4.7 (Origine des notations) : L'origine du symbole + serait une abréviation du mot latin *et*; celle du symbole − est plus incertaine, de nombreuses explications ayant été avancées, mais sans preuve. On trouve le symbole + comme abréviation de *et* dans un manuscrit de *Algorismus proportionum*, du mathématicien Nicole (ou Nicolas) Oresme (v. 1320-1382), qui daterait du XIVe siècle, mais il est possible que ce soit l'œuvre d'un copiste. L'abréviation + pour le mot *et* est par ailleurs avérée dans un manuscrit latin de 1417. La première apparition dans un ouvrage imprimé des symboles + et − se produit en 1489, dans *Mercantile Arithmetic or Behende und hüpsche Rechenung auff allen Kauffmanschafft*, du mathématicien allemand Johannes Widmann (v. 1460-v. 1500). Dans cet ouvrage, ils ne désignent pas les opérations arithmétiques, mais des bénéfices ou des déficits dans des problèmes commerciaux, et sont aussi utilisés pour d'autres usages (+ à la place de *et*, − comme séparateur). Il est probable que Widmann ait emprunté ces notations à des manuscrits datant des années 1480, dans lesquels elles apparaissent comme symboles d'opérations. On retrouve ensuite les symboles + et −, toujours dans leur sens moderne (comme symboles d'opérations), dans *Een sonderlinghe boeck in dye edel conste Arithmetica* publié en 1514 par Giel Vander Hoecke, et dans *Ayn new Kunstlich Buech* publié en 1518 par Henricus Grammateus.

Vers la même époque (à la fin du XVe siècle) ont aussi été introduits les symboles concurrents $\bar{p}$ (pour plus) et $\bar{m}$ (pour moins), originaires d'Italie. Les symboles actuels + et − ont été progressivement utilisés par la communauté mathématique, en particulier après leur adoption en 1557 en Angleterre par le mathématicien et médecin Robert Recorde (v. 1510-1558), et en France par le logicien et philosophe Pierre de la Ramée (v. 1515-1572) et le mathématicien François Viète (1540-1603).

Remarque 8.4.8 (Origine des notations) : Le symbole × pour noter la multiplication apparaît en 1631 dans *Clavis Mathematicae* [La clé des mathématiques], du mathématicien et théologien anglais William Oughtred (1574-1660), et en 1618 dans une annexe anonyme de la traduction par Edward Wright de *Descriptio*, du mathématicien, physicien et astronome John Napier (ou Neper) (1550-1617), annexe probablement rédigée par Oughtred. Auparavant, le symbole × était utilisé dans des textes mathématiques, mais avec d'autres sens.

Le point comme symbole de multiplication a été introduit par le philosophe et mathématicien Gottfried Wilhelm Leibniz (1646-1716). Il écrit le 29 juillet 1698 au mathématicien suisse Jean Bernoulli (1667-1748) :

> « Je n'aime pas × comme symbole pour la multiplication, car on peut le confondre facilement avec x [...] je relie souvent simplement deux quantités par un point intercalaire et j'indique une multiplication par $ZC \cdot LM$. »[11]

On peut aussi trouver le symbole du point dans des ouvrages antérieurs, *Analyticae Praxis ad Aequationes Algebraicas Resolvendas* du mathématicien et astronome anglais Thomas Harriot (1560-1621), publié à titre posthume en 1631, et *Syntaxis mathematica* de Thomas Gibson, en 1655, mais il n'est pas sûr qu'ils l'utilisaient véritablement comme symbole de multiplication (plutôt comme séparateur après un coefficient). L'adoption en Europe du point comme symbole de multiplication est due en grande partie au philosophe

11. Cité par : Florian CAJORI. *A history of mathematical notations*. The Open Court Publishing Co., 1928-1929 (vol 1, p267).

et mathématicien allemand Christian Wolff (1679-1754). Il a aussi été utilisé par le mathématicien suisse Leonhard Euler (1707-1783) et le mathématicien écossais James Stirling (1692-1770).

Le fait d'indiquer une multiplication par simple juxtaposition des deux nombres se rencontre dans un manuscrit indien datant du VIIIe, IXe ou Xe siècle. On trouve aussi cette méthode dans des manuscrits du XVe siècle, et en 1544 dans *Arithmetica integra*, du moine mathématicien allemand Michael Stifel (v. 1487-1567).

Remarque 8.4.9 (Remarque historique [12]) : L'origine de la théorie des anneaux découle de la volonté de généraliser les principes de l'arithmétique des nombres entiers, venant essentiellement de tentatives pour prouver ce qu'on appelle le *dernier théorème de Fermat* (ou *grand théorème de Fermat*, ou depuis peu *théorème de Fermat-Wiles*). Ce théorème, énoncé par le mathématicien Pierre de Fermat (1601/1608 [13]-1665), dit qu'il n'existe pas de nombres entiers non nuls x, y, z tels que

$$x^n + y^n = z^n$$

dès que n est un entier naturel strictement supérieur à 2. La preuve de ce théorème mettra en échec les mathématiciens pendant des siècles : même si des cas particuliers sont démontrés (le cas $n = 4$ par Fermat lui-même, le cas $n = 3$ par Euler en 1760, le cas $n = 5$ en 1825 par Legendre et Dirichlet, ...), ce n'est qu'en mai 1995 qu'est publiée la preuve complète, par le mathématicien anglais Andrew Wiles (1953-) [14].

Au milieu du XIXe siècle, le mathématicien allemand Ernst Kummer (1810-1893) crée le concept de *nombre idéal* (désignant des nombres qui permettent d'avoir, pour certains ensembles de nombres complexes intervenant dans l'étude de l'équation ci-dessus, l'équivalent de la décomposition unique d'un entier en facteurs premiers) [15] [16], grâce auquel il peut prouver le théorème de Fermat pour presque tous les entiers $n < 100$ (à l'exception des nombres 37, 59, 67, 74). C'est à partir de ce concept que le mathématicien allemand Richard Dedekind (1831-1916) introduit en 1871 celui d'*idéal* (voir le volume 2) et celui d'*anneau*, dans un supplément de son ouvrage basé sur les cours du mathématicien allemand Peter Gustav Lejeune Dirichlet (1805-1859) [17] [18]. C'est par ailleurs le mathématicien allemand David Hilbert (1862-1943) qui crée l'expression « anneau de nombres » (*Zahlring*), et le mathématicien allemand Abraham Fraenkel (1891-1965) qui donne en 1914 la première définition axiomatique d'un anneau [19] (un peu différente de la définition ci-dessus). La théorie des anneaux (commutatifs) évoluera alors dans les années 1920, en particulier à travers les travaux de la mathématicienne allemande Emmy Noether (1882-1935), qui introduit la définition axiomatique actuelle d'un anneau commutatif, et ceux du mathématicien allemand Wolfgang Krull (1899-1971).

L'étude des anneaux non commutatifs commence en parallèle à partir des années 1840, en particulier grâce aux travaux du mathématicien, physicien et astronome irlandais William Rowan Hamilton (1805-1865) (créateur des quaternions, qui généralisent les nombres complexes), du mathématicien britannique Arthur Cayley (1821-1895) (créateur de la théorie des matrices), du mathématicien américain Benjamin Peirce (1809-1880) et du mathématicien écossais Joseph Wedderburn (1882-1948). Les deux théories (anneaux commutatifs et non commutatifs) se rejoignent dans les années 1930.

---

12. Source : *MacTutor History of Mathematics archive*. URL : `http://www-history.mcs.st-and.ac.uk/`.

13. Voir la note 5, p. 349.

14. Andrew Wiles présente sa démonstration lors d'une série de conférences du 21 au 23 juin 1993, mais suite à la découverte d'une erreur, il doit reprendre son travail, et la version définitive (correcte) sera publiée deux ans plus tard.

15. Ernst KUMMER. « Zur Theorie der complexen Zahlen *[Sur la théorie des nombres complexes]* ». Dans : *Journal für die reine und angewandte Mathematik* 12 (1847), p. 319-326.

16. Ernst KUMMER. « Ueber die Zerlegung der aus Wurzeln der Einheit gebildeten complexen Zahlen in ihre Primfactoren *[À propos de la décomposition en facteurs premiers des nombres complexes formés à partir des racines de l'unité]* ». Dans : *Journal für die reine und angewandte Mathematik* 12 (1847), p. 327-367.

17. Peter Gustav Lejeune DIRICHLET. *Vorlesungen über Zahlentheorie* [Cours sur la théorie des nombres]. Sous la dir. de Richard DEDEKIND. 2e éd. Vieweg und Sohn, 1871.

18. La notion d'idéal apparaît à partir de la seconde édition de cet ouvrage (la première date de 1863).

19. Abraham FRAENKEL. « Über die Teiler der Null und die Zerlegung von Ringen *[À propos des diviseurs de zéro et de la décomposition des anneaux]* ». Dans : *Journal für die reine und angewandte Mathematik* 145 (1914), p. 139.

Définition 8.4.10 (Élément nul)
On dit qu'un élément est *nul* s'il est égal à 0, non nul dans le cas contraire.

Théorème 8.4.11 (Élément absorbant dans un anneau)
Dans un anneau, 0 est élément absorbant pour la multiplication : pour tout x

$$x \times 0 = 0 \times x = 0$$

Preuve
Par distributivité

$$x \cdot (0+0) = x \cdot 0 + x \cdot 0$$

Or $0+0=0$, donc

$$x \cdot 0 = x \cdot 0 + x \cdot 0$$

On en déduit par régularité de l'addition (propriété du groupe additif $(A, +, 0)$)

$$x \cdot 0 = 0$$

On montre de même que $0 \cdot x = 0$ en développant $(0+0) \cdot x$.

Dans un anneau, les deux éléments neutres (0 pour l'addition, 1 pour la multiplication) peuvent être égaux, comme le montre l'exemple suivant : l'ensemble à un seul élément $\{e\}$ muni des opérations

$$e + e = e$$
$$e \times e = e$$

est un anneau commutatif, appelé *anneau nul*, ou *anneau trivial*. On notera que dans ce cas l'unique élément e est élément neutre à la fois pour l'addition et pour la multiplication ($e = 0 = 1$). Le théorème précédent montre que c'est le seul cas pour lequel $0 = 1$, et que si l'anneau admet au moins deux éléments distincts, alors $0 \neq 1$. En effet, pour tout x

$$\begin{cases} 1 \times x = x \\ 0 \times x = 0 \end{cases}$$

donc si $1 = 0$, on en déduit que $x = 0$, donc tous les éléments sont identiques. Et par contraposition, s'il existe au moins deux éléments distincts, alors $1 \neq 0$. En résumé :

Définition 8.4.12 (Anneau trivial)
1. On appelle *anneau trivial* tout anneau vérifiant les propriétés équivalentes suivantes :
   - Il n'y a qu'un élément (autrement dit tous les éléments sont égaux).
   - $0 = 1$.
2. Donc un anneau est *non trivial* si et seulement si il vérifie les propriétés équivalentes suivantes :
   - Il y a au moins deux éléments distincts.
   - $0 \neq 1$.

Remarque 8.4.13 : Dans un anneau non trivial, 0 ne peut pas avoir de symétrique pour la multiplication (si un tel symétrique existe, alors $1 = 0$).

Dans un anneau, tout élément admet un symétrique pour l'addition, mais pas nécessairement pour la multiplication, d'où les définitions suivantes :

Définition 8.4.14 (Corps gauche, corps)

1. On appelle *corps gauche*, ou *anneau à division*, tout anneau non trivial dans lequel tout élément non nul est inversible (admet un symétrique pour la multiplication).
2. On appelle *corps* tout corps gauche commutatif, autrement dit tout anneau commutatif non trivial dans lequel tout élément non nul est inversible.

Remarque 8.4.15 (Vocabulaire) : Les définitions précédentes sont usuelles, mais dans de nombreux ouvrages, le terme *corps* est employé même si la multiplication n'est pas obligatoirement commutative (ce que j'ai appelé un *corps gauche*), et dans ce cas lorsque la multiplication est commutative on parle de *corps commutatif.* En français, l'usage hésite entre inclure ou pas la commutativité de la multiplication dans la définition d'un corps, mais cette ambiguïté n'existe en général pas dans les autres langues : par exemple, dans les définitions des termes équivalents à « corps » en anglais (*field*) et allemand (*körper*), la multiplication est commutative.

Remarque 8.4.16 (Origine du vocabulaire) : L'expression « corps de nombres » (*Zahlenkörper*) est due au mathématicien allemand Richard Dedekind (1831-1916), dans des conférences en 1858, mais n'a commencé à être en usage qu'à partir des années 1890. Par ailleurs, Dedekind l'utilisait pour désigner un corps gauche infini (c'est-à-dire que la commutativité de la multiplication n'était pas exigée, et que l'ensemble devait être infini). Le premier à avoir utilisé le mot *corps* (*field* en anglais) dans son acception moderne semble être le mathématicien américain Eliakim Hastings Moore (1862-1932), dans un article du *Bulletin of the New York Mathematical Society* en 1893.

Remarque 8.4.17 : On obtient donc les axiomes définissant un corps en ajoutant les trois axiomes suivants à ceux des anneaux :

$$0 \neq 1$$
$$\forall x\ y, x \times y = y \times x$$
$$\forall x, (x \neq 0 \implies \exists y, x \times y = y \times x = 1)$$

Remarque 8.4.18 : Comme pour les groupes et les anneaux, on peut inclure dans la signature un symbole d'opérateur unaire $^{-1}$ et remplacer le dernier des axiomes précédents par

$$\forall x, (x \neq 0 \implies x \times x^{-1} = x^{-1} \times x = 1)$$

même si la situation est un peu différente des précédentes. En effet, l'opérateur unaire s'applique à toutes les variables (alors que l'inverse de 0 n'est normalement pas défini) mais ce n'est pas très grave, car l'axiome précise la condition d'utilisation de x^{-1} ($x \neq 0$). D'une certaine façon, on donne une valeur arbitraire à 0^{-1} mais sans jamais utiliser ce terme.

Exemple 8.4.19 (Exemples et contre-exemples d'anneaux et de corps)

1. L'ensemble des entiers relatifs $\mathbb{Z}$ (muni de l'addition et de la multiplication usuelles) est un anneau commutatif, mais pas un corps puisque seuls 1 et -1 admettent un symétrique pour la multiplication.

2. L'ensemble des nombres rationnels $\mathbb{Q}$ et l'ensemble des nombres réels $\mathbb{R}$, munis de leur addition et de leur multiplication usuelles, sont des corps.
3. L'ensemble $\mathbb{Z}/n\mathbb{Z}$ des entiers modulo n (avec $n > 1$) muni de son addition et sa multiplication, est un anneau commutatif; c'est aussi un corps si et seulement si n est un nombre premier.
4. L'ensemble des matrices réelles carrées de taille n (avec $n > 1$) muni de l'addition et de la multiplication usuelles de matrices, est un anneau non commutatif.
5. L'ensemble des quaternions (extension des nombres complexes), muni de son addition et de sa multiplication, est un corps gauche (c'est l'exemple le plus classique et le plus simple de corps gauche).
6. L'ensemble des polynômes dont les coefficients sont à valeurs dans un anneau commutatif, muni de l'addition et la multiplication de polynômes, est un anneau.
7. Si E est un ensemble et A un anneau, l'ensemble des fonctions de E dans A, muni des opérations suivantes, est un anneau :

$$(f + g)(x) = f(x) + g(x)$$
$$(f \times g)(x) = f(x) \times g(x)$$

L'élément neutre pour l'addition est la fonction constante égale à 0, et l'élément neutre pour la multiplication est la fonction constante égale à 1. J'ai ici noté avec les mêmes symboles les opérations entre fonctions, et les opérations dans A, car il n'y a pas d'ambiguïté, mais il faut garder à l'esprit qu'il ne s'agit pas de la même opération ($f + g$: opération entre fonctions, $f(x) + g(x)$: opération entre deux éléments de A). Cet anneau des fonctions de E dans A est commutatif si l'anneau A est commutatif, mais peut ne pas être un corps même si A est un corps. Par exemple, l'anneau des fonctions de $\mathbb{R}$ dans $\mathbb{R}$ n'est pas un corps, puisque la fonction $x \mapsto x$ n'a pas d'inverse (la fonction $x \mapsto \frac{1}{x}$ n'est pas définie sur $\mathbb{R}$).
8. Si A et B sont des anneaux, alors le produit cartésien $A \times B$, c'est-à-dire l'ensemble des couples (a, b) où $a \in A$ et $b \in B$, muni des opérations suivantes, est un anneau :

$$(a, b) + (a', b') \overset{\text{def}}{\equiv} (a + a', b + b')$$
$$(a, b) \times (a', b') \overset{\text{def}}{\equiv} (aa', bb')$$

L'élément neutre pour l'addition est $(0_A, 0_B)$ et l'élément neutre pour la multiplication est $(1_A, 1_B)$. Comme dans l'exemple précédent j'ai noté de la même façon les opérations mais il n'y a pas d'ambiguïté. Par exemple dans la définition

$$(a, b) + (a', b') \overset{\text{def}}{\equiv} (a + a', b + b')$$

le premier symbole $+$ qui apparaît représente l'addition sur $A \times B$, le deuxième représente l'addition sur A et le troisième représente l'addition sur B.

Exemple 8.4.20 (Exemples d'applications des règles de calcul dans un anneau commutatif)
Le principe de distributivité permet par exemple de justifier les identités remarquables classiques suivantes : pour tous les éléments a et b d'un anneau commutatif

$$(a + b)^2 = (a + b)(a + b) = a(a + b) + b(a + b) = aa + ab + ba + bb = a^2 + 2ab + b^2$$

$$\begin{aligned}(a+b)^3 &= (a+b)(a+b)^2 = a(a^2+2ab+b^2)+b(a^2+2ab+b^2)\\ &= a^3+2a^2b+ab^2+ba^2+2ab^2+b^3\\ &= a^3+3a^2b+3ab^2+b^3\\ (a+b)^4 &= (a+b)(a+b)^3 = (a+b)(a^3+3a^2b+3ab^2+b^3)\\ &= a^4+3a^3b+3a^2b^2+ab^3+ba^3+3a^2b^2+3ab^3+b^4\\ &= a^4+4a^3b+6a^2b^2+4ab^3+b^4\end{aligned}$$

Nous verrons la généralisation de ces formules dans le volume 3.

Théorème 8.4.21 (Règles des signes dans un anneau)
Pour tout x et y

$$\begin{aligned}(-x)y = x(-y) &= -(xy)\\ (-x)(-y) &= xy\end{aligned}$$

donc en particulier

$$\begin{aligned}(-1)\times x = x\times(-1) &= -x\\ (-1)\times(-1) &= 1\end{aligned}$$

Preuve

- $-x$ est par définition l'opposé de x, donc
$$0 = x + (-x)$$
On en déduit en multipliant à droite par y
$$0 = (x+(-x))\cdot y = x\cdot y + (-x)\cdot y$$
Ce qui signifie que $(-x)\cdot y$ est l'opposé de $x\cdot y$, donc
$$(-x)\cdot y = -(x\cdot y)$$
On montre de même
$$x\cdot(-y) = -(x\cdot y)$$
à partir de
$$0 = x\cdot(y+(-y)) = x\cdot y + x\cdot(-y)$$
- On déduit de ce qui précède, en remplaçant y par $-y$
$$(-x)(-y) = x(-(-y)) = xy$$
- On applique la première formule en remplaçant x par 1 et y par x, puis en remplaçant uniquement y par -1 : pour tout x
$$\begin{cases}(-1)\cdot x &= -(1\cdot x) = -x\\ x\cdot(-1) &= -(x\cdot 1) = -x\end{cases}$$
et on applique la deuxième formule en remplaçant x et y par 1 :
$$(-1)\cdot(-1) = 1\cdot 1 = 1$$

Théorème 8.4.22 (Corollaire)
Si x est inversible (pour la multiplication), alors $(-x)$ est aussi inversible, et

$$(-x)^{-1} = -x^{-1}$$

Preuve
On a

$$\begin{cases} (-x)(-x^{-1}) = xx^{-1} = 1 \\ (-x^{-1})(-x) = x^{-1}x = 1 \end{cases}$$

Nous avons vu que 0 est un élément absorbant pour la multiplication ($x \cdot 0 = 0 \cdot x = 0$), mais il n'y a pas de réciproque dans la mesure où le produit de deux éléments peut être nul sans qu'un des deux soit nul, d'où le concept de diviseur de zéro :

Définition 8.4.23 (Diviseur de zéro)

1. On appelle *diviseur de zéro à gauche* tout élément a non nul tel qu'il existe x non nul tel que

$$ax = 0$$

2. On appelle *diviseur de zéro à droite* tout élément a non nul tel qu'il existe x non nul tel que

$$xa = 0$$

3. On appelle *diviseur de zéro* tout élément qui est diviseur de zéro à gauche, ou diviseur de zéro à droite.

Remarque 8.4.24 : Puisque a est diviseur de zéro quand il est diviseur de zéro à gauche *ou* à droite, a n'est pas diviseur de zéro si et seulement si a n'est pas diviseur de zéro à gauche *et* a n'est pas diviseur de zéro à droite.

Remarque 8.4.25 : Certains auteurs n'ajoutent pas la condition que a est non nul (et incluent donc 0 dans les diviseurs de zéro).

Exemple 8.4.26 (Exemples de diviseurs de zéro)

1. Dans l'anneau $\mathbb{Z} \times \mathbb{Z}$ les éléments $(0, 1)$ et $(1, 0)$ sont des diviseurs de zéro puisque ce sont des éléments non nuls (l'élément neutre pour l'addition est $(0, 0)$) tels que

$$(0, 1) \times (1, 0) = (0 \times 1, 1 \times 0) = (0, 0)$$

2. Dans l'anneau des matrices réelles carrées de taille 2, $\begin{pmatrix} 1 & 0 \\ 0 & 0 \end{pmatrix}$ et $\begin{pmatrix} 0 & 0 \\ 0 & 1 \end{pmatrix}$ sont des diviseurs de zéro, puisque

$$\begin{pmatrix} 1 & 0 \\ 0 & 0 \end{pmatrix} \times \begin{pmatrix} 0 & 0 \\ 0 & 1 \end{pmatrix} = \begin{pmatrix} 0 & 0 \\ 0 & 0 \end{pmatrix}$$

3. Dans $\mathbb{Z}/4\mathbb{Z}$, l'élément [2] (la classe de 2 modulo 4) est un diviseur de zéro, puisque

$$[2] \times [2] = [4] = [0]$$

Théorème 8.4.27 (Éléments simplifiables et diviseurs de zéro dans un anneau)
On considère un élément a non nul dans un anneau.

1. a est simplifiable à gauche (pour la multiplication) si et seulement si a n'est pas diviseur de zéro à gauche (et par conséquent a n'est pas simplifiable à gauche si et seulement si a est diviseur de zéro à gauche).
2. a est simplifiable à droite (pour la multiplication) si et seulement si a n'est pas diviseur de zéro à droite (et par conséquent a n'est pas simplifiable à droite si et seulement si a est diviseur de zéro à droite).
3. Donc a est simplifiable si et seulement si a n'est pas diviseur de zéro (et par conséquent a n'est pas simplifiable si et seulement si a est diviseur de zéro). En particulier, si a est inversible, alors a n'est pas diviseur de zéro (et par contraposition, si a est diviseur de zéro, alors a n'est pas inversible).

Preuve

- Si a est simplifiable à gauche, alors si
$$a \cdot x = 0 = a \cdot 0$$
on en déduit $x = 0$, ce qui signifie que a n'est pas diviseur de zéro à gauche.
- Réciproquement, si a n'est pas diviseur de zéro à gauche, et si
$$ax = ay$$
alors
$$ax - ay = 0$$
$$a(x - y) = 0$$
donc $x - y = 0$ (puisque a n'est pas diviseur de zéro à gauche), et par conséquent $x = y$, ce qui signifie que a est simplifiable à gauche.

Le raisonnement est semblable à droite. On en déduit que a est simplifiable si et seulement si a n'est pas diviseur de zéro à gauche et n'est pas diviseur de zéro à droite, autrement dit si et seulement si a n'est pas diviseur de zéro.

Définition 8.4.28 (Anneau intègre)
On appelle *anneau intègre* tout anneau commutatif non trivial n'ayant aucun diviseur de zéro, autrement dit tout anneau commutatif non trivial tel que pour tout x et y

$$xy = 0 \iff x = 0 \text{ ou } y = 0$$

Preuve (de la caractérisation par la formule)
Notons d'abord que l'implication
$$x = 0 \text{ ou } y = 0 \implies xy = 0$$
est toujours vraie dans un anneau puisque 0 est élément absorbant. Justifions qu'il n'y a aucun diviseur de zéro si et seulement si pour tout x et y
$$xy = 0 \implies x = 0 \text{ ou } y = 0$$
Par définition, il existe un diviseur de zéro si et seulement si il existe x et y différents de 0 tels que $xy = 0$. Donc il n'existe

pas de diviseur de zéro si et seulement si pour tout x et y

$$xy \neq 0 \text{ ou } x = 0 \text{ ou } y = 0$$
$$xy = 0 \implies (x = 0 \text{ ou } y = 0)$$

Tout corps est automatiquement un anneau intègre, puisque ses éléments non nuls sont inversibles, donc il n'y a pas de diviseur de zéro dans un corps. La réciproque est fausse, c'est-à-dire qu'un anneau intègre n'est pas nécessairement un corps. Par ailleurs, un anneau peut ne pas être intègre.

Exemple 8.4.29 (Exemples et contre-exemples d'anneaux intègres)

1. L'ensemble $\mathbb{Q}$ des nombres rationnels, l'ensemble $\mathbb{R}$ des nombres réels (munis de leur addition et multiplication usuelles), sont des corps, donc ce sont aussi des anneaux intègres.
2. $(\mathbb{Z}, +, \times)$ est un anneau intègre qui n'est pas un corps.
3. L'anneau $Z \times \mathbb{Z}$ n'est pas un anneau intègre, puisqu'il existe des diviseurs de zéro.
4. L'anneau des matrices réelles carrées de taille 2 n'est pas un anneau intègre, puisqu'il existe des diviseurs de zéro.

Théorème 8.4.30 (Simplification pour la multiplication dans un anneau intègre)
Dans un anneau intègre, les éléments non nuls sont simplifiables pour la multiplication : pour tout x, y, z

$$\begin{cases} x \neq 0 \\ xy = xz \end{cases} \implies y = z$$

et

$$\begin{cases} x \neq 0 \\ yx = zx \end{cases} \implies y = z$$

Preuve
Par définition, les éléments non nuls d'un anneau intègre ne sont pas diviseurs de zéro, donc sont simplifiables.

Remarque 8.4.31 : On en déduit que dans un anneau intègre, les seuls éléments idempotents sont 0 et 1, puisque si $x \times x = x = x \times 1$, alors soit $x = 0$, soit $x = 1$.

8.5 Anneaux et corps ordonnés

Prérequis
Les anneaux et corps (section 8.4), les relations d'ordre (section 8.1), et les groupes ordonnés (section 8.3).

Il est possible d'ajouter une relation d'ordre à une structure d'anneau, à la condition que cet ordre vérifie une certaine compatibilité avec les opérations de l'anneau pour avoir des propriétés intéressantes. On obtient ce qu'on appelle un anneau ordonné :

Définition 8.5.1 (Anneau ordonné)
On appelle *anneau ordonné* tout anneau muni d'une relation d'ordre $\leqslant$ vérifiant les deux axiomes supplémentaires suivants (qui s'ajoutent aux 3 axiomes de la relation d'ordre et aux 8 axiomes des anneaux) :

1. Compatibilité de la relation d'ordre et de l'addition : pour tout x, y, z

$$x \leqslant y \Longrightarrow x + z \leqslant y + z$$

2. Stabilité des éléments positifs par multiplication : pour tout x, y

$$\begin{cases} x \geqslant 0 \\ y \geqslant 0 \end{cases} \Longrightarrow xy \geqslant 0$$

Le deuxième axiome peut être remplacé par l'un des deux axiomes équivalents suivants :

3. Compatibilité de la relation d'ordre et de la multiplication à droite par un élément positif : pour tout x, y, z

$$\begin{cases} x \leqslant y \\ z \geqslant 0 \end{cases} \Longrightarrow xz \leqslant yz$$

4. Compatibilité de la relation d'ordre et de la multiplication à gauche par un élément positif : pour tout x, y, z

$$\begin{cases} x \leqslant y \\ z \geqslant 0 \end{cases} \Longrightarrow zx \leqslant zy$$

Preuve (de l'équivalence)

- On suppose que les axiomes 1 et 2 sont vérifiés ; prouvons les axiomes 3 et 4. On considère $x \leqslant y$ et $z \geqslant 0$. Par compatibilité avec l'addition, on obtient en ajoutant $-x$

$$x + (-x) \leqslant y + (-x)$$

Donc $y - x \geqslant 0$, et en appliquant l'axiome 2

$$\begin{cases} z(y - x) \geqslant 0 \\ (y - x)z \geqslant 0 \end{cases}$$

On en déduit

$$\begin{cases} zy - zx \geqslant 0 \\ yz - xz \geqslant 0 \end{cases}$$

et en appliquant de nouveau l'axiome 1

$$\begin{cases} zy \geqslant zx \\ yz \geqslant xz \end{cases}$$

- On suppose que l'axiome 3 ou l'axiome 4 est vérifié, et on considère $x \geqslant 0$ et $y \geqslant 0$. Si l'axiome 3 est vérifié, on l'applique à la formule $x \geqslant 0$ en multipliant à droite par y, et si l'axiome 4 est vérifié, on l'applique à la formule $y \geqslant 0$ en multipliant à gauche par x. On obtient donc dans tous les cas

$$xy \geqslant 0$$

Remarque 8.5.2 : Dans un anneau ordonné, on dit qu'un élément x est positif quand $x \geqslant 0$ et négatif quand $x \leqslant 0$ (on notera que si l'ordre n'est pas total, un élément peut n'être ni positif ni négatif).

Remarque 8.5.3 : La définition est valable en particulier pour un corps : un corps ordonné est donc un corps muni d'une relation d'ordre compatible avec l'addition et la multiplication par des éléments positifs.

Remarque 8.5.4 : Par définition, si $(A, +, \times, 0, 1)$ est un anneau ordonné, alors le groupe additif sous-jacent $(A, +, 0)$ est un groupe ordonné.

Théorème 8.5.5 (Propriétés d'un anneau ordonné)

1. Compatibilité de la relation d'ordre et de l'addition : pour tout x, y, z

$$x \leqslant y \iff x+z \leqslant y+z$$
$$x < y \iff x+z < y+z$$

2. Addition terme à terme de deux inégalités : pour tout x, y, x', y'

$$\begin{cases} x \leqslant y \\ x' \leqslant y' \end{cases} \implies x+x' \leqslant y+y'$$
$$\begin{cases} x \leqslant y \\ x' < y' \end{cases} \implies x+x' < y+y'$$
$$\begin{cases} x < y \\ x' < y' \end{cases} \implies x+x' < y+y'$$

3. Passage à l'opposé : pour tout x, y

$$x \leqslant y \iff -y \leqslant -x$$
$$x < y \iff -y < -x$$

4. Règle des signes : pour tout x, y

$$\begin{cases} x \geqslant 0 \\ y \geqslant 0 \end{cases} \implies xy \geqslant 0$$
$$\begin{cases} x \leqslant 0 \\ y \leqslant 0 \end{cases} \implies xy \geqslant 0$$
$$\begin{cases} x \geqslant 0 \\ y \leqslant 0 \end{cases} \implies \begin{cases} xy \leqslant 0 \\ yx \leqslant 0 \end{cases}$$

   Si l'anneau est intègre, les trois formules précédentes restent valables quand on remplace $\leqslant$ par $<$ et $\geqslant$ par $>$.

5. Compatibilité de la relation d'ordre et de la multiplication : pour tout x, y, z
   - Si $z \geqslant 0$

$$x \leqslant y \implies \begin{cases} xz \leqslant yz \\ zx \leqslant zy \end{cases}$$

   - Si $z \leqslant 0$

$$x \leqslant y \implies \begin{cases} yz \leqslant xz \\ zy \leqslant zx \end{cases}$$

   Si l'anneau est intègre, les deux points précédents restent valables quand on remplace $\leqslant$ par $<$ et $\geqslant$ par $>$.

6. Multiplication terme à terme de deux inégalités dont les éléments sont positifs : pour tout x, y, x', y'

$$\begin{cases} x \leqslant y \\ x' \leqslant y' \\ (x \geqslant 0 \text{ et } y' \geqslant 0) \text{ ou } (x' \geqslant 0 \text{ et } y \geqslant 0) \end{cases} \Longrightarrow xx' \leqslant yy'$$

Preuve

Les trois premières propriétés sont celles de groupe ordonné déjà démontrées. Prouvons les trois autres.

1. Règle des signes : le fait que le produit de deux éléments positifs est positif, est dans la définition d'un anneau ordonné. Le reste s'en déduit : si $x \leqslant 0$ et $y \leqslant 0$ alors

$$\begin{cases} -x \geqslant 0 \\ -y \geqslant 0 \end{cases}$$

donc

$$xy = (-x)(-y) \geqslant 0$$

Si $x \geqslant 0$ et $y \leqslant 0$, alors $-y \geqslant 0$ donc

$$\begin{cases} x(-y) \geqslant 0 \\ (-y)x \geqslant 0 \end{cases}$$

On en déduit

$$\begin{cases} xy = -x(-y) \leqslant 0 \\ yx = -(-y)x \leqslant 0 \end{cases}$$

On fait l'hypothèse supplémentaire que l'anneau est intègre. Si $x > 0$ et $y > 0$ alors on a aussi $x \geqslant 0$ et $y \geqslant 0$ donc $xy \geqslant 0$. De plus, $xy \neq 0$ puisque l'anneau est intègre et x et y sont différents de 0, donc $xy > 0$. Le raisonnement est semblable pour les deux autres cas.

2. La propriété liée à la multiplication (à droite ou à gauche) par un élément positif est dans la définition d'un anneau ordonné. Voyons le cas de la multiplication par un élément négatif (on notera que l'on n'est pas nécessairement dans un de ces deux cas : si l'ordre n'est pas total, un élément peut n'être ni positif ni négatif) : si $x \leqslant y$ et $z \leqslant 0$, alors $-z \geqslant 0$ donc

$$\begin{cases} x(-z) \leqslant y(-z) \\ (-z)x \leqslant (-z)y \end{cases}$$

On en déduit

$$\begin{cases} yz = -y(-z) \leqslant -x(-z) = xz \\ zy = -(-z)y \leqslant -(-z)x = zx \end{cases}$$

Si l'anneau est intègre et si $x < y$ et $z > 0$, alors on a aussi $x \leqslant y$ et $z \geqslant 0$, donc $xz \leqslant yz$, ce qui équivaut à $(x - y)z \leqslant 0$. Or $x - y \neq 0$ et $z \neq 0$ donc $(x - y)z \neq 0$ (puisque l'anneau est intègre). On en déduit $(x - y)z < 0$, et par conséquent $xz < yz$. Le raisonnement est semblable dans les autres cas.

3. Multiplication terme à terme de deux inégalités : on suppose $x \leqslant y$, $x' \leqslant y'$ et

$$(x \geqslant 0 \text{ et } y' \geqslant 0) \text{ ou } (x' \geqslant 0 \text{ et } y \geqslant 0)$$

- Si $x \geqslant 0$ et $y' \geqslant 0$ alors en multipliant $x' \leqslant y'$ par x à gauche, et $x \leqslant y$ par y' à droite, on obtient

$$\begin{cases} xx' \leqslant xy' \\ xy' \leqslant yy' \end{cases}$$

donc par transitivité $xx' \leqslant yy'$.

- Si $x' \geqslant 0$ et $y \geqslant 0$ alors en multipliant $x \leqslant y$ par x' à droite, et $x' \leqslant y'$ par y à gauche, on obtient

$$\begin{cases} xx' \leqslant yx' \\ yx' \leqslant yy' \end{cases}$$

donc par transitivité $xx' \leqslant yy'$.

On en déduit par disjonction des cas

$$xx' \leqslant yy'$$

Des propriétés supplémentaires sont obtenues quand l'ordre est total. Certains auteurs considèrent dans la définition d'un anneau ordonné que l'ordre est total, ce que je n'ai pas fait, d'où la définition suivante :

Définition 8.5.6 (Anneau totalement ordonné)
On appelle *anneau totalement ordonné* tout anneau ordonné par une relation d'ordre total.

Remarque 8.5.7 : La définition s'applique aussi aux corps : un corps totalement ordonné est un corps ordonné par une relation d'ordre total.

On se place dans la suite dans un anneau totalement ordonné.

Théorème 8.5.8 (Propriétés d'un anneau totalement ordonné)

1. Tout carré est positif : pour tout x

$$x^2 \geqslant 0$$

2. Comparaison des éléments neutres de l'addition et de la multiplication (dans un anneau non trivial) :

$$1 > 0$$
$$-1 < 0$$

3. Passage à l'inverse : pour tout x et y inversibles

$$0 < x < y \Longrightarrow y^{-1} < x^{-1}$$
$$0 < x \leqslant y \Longrightarrow y^{-1} \leqslant x^{-1}$$

4. Multiplication et relation d'ordre strict : si l'anneau est intègre, alors pour tout x, y, z
   - Si $z > 0$

$$x < y \Longleftrightarrow xz < yz$$
$$x < y \Longleftrightarrow zx < zy$$

   - Si $z < 0$

$$x < y \Longleftrightarrow yz < xz$$
$$x < y \Longleftrightarrow zy < zx$$

Preuve

1. Pour tout x, puisque l'ordre est total,
   - soit $x \leqslant 0$, et alors $-x \geqslant 0$ donc d'après la règle des signes

$$(-x)(-x) \geqslant 0$$
$$xx \geqslant 0$$

   - soit $x \geqslant 0$ donc d'après la règle des signes

$$xx \geqslant 0$$

   On a bien par disjonction des cas

$$x^2 = xx \geqslant 0$$

2. D'après ce qui précède
$$1 = 1^2 \geqslant 0$$
et puisque $1 \neq 0$ dans un anneau non trivial
$$1 > 0$$
On en déduit par passage à l'opposé
$$-1 < 0$$
3. On considère x et y inversibles tels que
$$0 < x < y$$
Si $y^{-1} \geqslant x^{-1}$, alors en multipliant à gauche par y et à droite par x :
$$yy^{-1}x \geqslant yx^{-1}x$$
$$x \geqslant y$$
ce qui est contradictoire avec $x < y$. Donc, l'ordre étant total,
$$y^{-1} < x^{-1}$$
On en déduit la deuxième formule : si
$$0 < x \leqslant y$$
alors
   - soit $x < y$, et alors d'après ce qui précède
   $$y^{-1} < x^{-1}$$
   donc on a aussi a fortiori
   $$y^{-1} \leqslant x^{-1}$$
   - soit $x = y$, donc $y^{-1} = x^{-1}$ et on a aussi a fortiori
   $$y^{-1} \leqslant x^{-1}$$
4. On fait de plus l'hypothèse que l'anneau est intègre. Si $x < y$ et $z > 0$ nous savons déjà que $xz < yz$ (cette propriété est vraie même si l'ordre n'est pas total). Démontrons la réciproque par contraposition. On fait l'hypothèse $x \not< y$, ce qui signifie, puisque l'ordre est total, $y \leqslant x$. On en déduit $yz \leqslant xz$ et par conséquent $xz \not< yz$. On en déduit par contraposition : si $xz < yz$, alors $x < y$. Le raisonnement est semblable dans les autres cas.

Remarque 8.5.9 : Ce qui précède est en particulier vrai dans un corps. On a alors dans ce cas, puisque tout élément non nul est inversible
$$\forall x\ y, (0 < x < y \Longrightarrow y^{-1} < x^{-1})$$

Remarque 8.5.10 : Puisque tout carré est positif, on en déduit par récurrence que la somme de carrés est positive : pour tout $x_1, \dots, x_n$
$$x_1^2 + \cdots + x_n^2 \geqslant 0$$

Remarque 8.5.11 : Dans un anneau totalement ordonné non trivial, puisque $0 < 1$, on en déduit $0+1 < 1+1$, donc
$$0 < 1 < 1 + 1$$
(en particulier $1 + 1 \neq 0$), et de façon générale
$$0 < \underbrace{1 + \cdots + 1}_{n \text{ fois}}$$

Exemple 8.5.12 (Relations d'ordre sur $\mathbb{C}$)
Le corps $\mathbb{C}$ des nombres complexes ne peut pas être totalement ordonné, puisque $\mathrm{i}^2 = -1$, alors que dans un corps totalement ordonné, tout carré est positif et -1 est strictement négatif. Ce qui ne signifie pas qu'on ne puisse pas définir de relation d'ordre $\leqslant$ sur $\mathbb{C}$. Mais si l'ordre est compatible avec les opérations (c'est-à-dire si $(\mathbb{C}, \leqslant)$ est un corps ordonné), il ne peut pas être total, et si l'ordre est total, il ne peut pas être compatible avec les opérations.

1. Exemple de relation d'ordre sur $\mathbb{C}$ qui n'est ni un ordre total ni un ordre compatible avec les opérations : l'ordre produit
$$x + \mathrm{i}y \leqslant x' + \mathrm{i}y' \overset{\text{def}}{\equiv} x \leqslant x' \text{ et } y \leqslant y'$$
$\mathbb{C}$ muni de cet ordre n'est pas un corps ordonné car $0 = 0 + 0\mathrm{i} \leqslant 0 + 1\mathrm{i} = \mathrm{i}$ mais
$$\mathrm{i}^2 = -1 + 0\mathrm{i} < 0 + 0\mathrm{i} = 0$$
L'ordre n'est pas total car par exemple 1 et i ne sont pas comparables.
2. Exemple de relation d'ordre total sur $\mathbb{C}$ (donc non compatible avec les opérations) : l'ordre lexicographique
$$x + \mathrm{i}y \leqslant x' + \mathrm{i}y' \overset{\text{def}}{\equiv} x < x' \text{ ou } (x = x' \text{ et } y \leqslant y')$$
L'ordre est total car celui sur $\mathbb{R}$ est total :
   - soit $x < x'$, et alors $x + \mathrm{i}y \leqslant x' + \mathrm{i}y'$;
   - soit $x' < x$, et alors $x' + \mathrm{i}y' \leqslant x + \mathrm{i}y$;
   - soit $x = x'$, et alors soit $y \leqslant y'$, donc $x + \mathrm{i}y \leqslant x' + \mathrm{i}y'$, soit $y' \leqslant y$, donc $x' + \mathrm{i}y' \leqslant x + \mathrm{i}y$.
3. Exemple de relation d'ordre compatible sur $\mathbb{C}$ (donc ordre non total) : la relation
$$z \leqslant z' \overset{\text{def}}{\equiv} \exists x \in \mathbb{R}_+, z' = z + x$$
ce qui revient à définir
$$z \leqslant z' \overset{\text{def}}{\equiv} \mathfrak{I}(z) = \mathfrak{I}(z') \text{ et } \mathfrak{R}(z) \leqslant \mathfrak{R}(z')$$
où $\mathfrak{R}(z)$ et $\mathfrak{I}(z)$ représentent respectivement la partie réelle et la partie imaginaire de z. Dans ce cas, deux complexes ne sont comparables que s'ils ont la même partie imaginaire, et on se ramène à l'ordre usuel sur $\mathbb{R}$ (pour comparer leur partie réelle). Cette relation d'ordre est compatible avec les deux opérations, car :
   - Si $z \leqslant z'$, autrement dit si $\mathfrak{I}(z) = \mathfrak{I}(z')$ et $\mathfrak{R}(z) \leqslant \mathfrak{R}(z')$, alors
   $$\mathfrak{I}(z + z'') = \mathfrak{I}(z) + \mathfrak{I}(z'') = \mathfrak{I}(z') + \mathfrak{I}(z'') = \mathfrak{I}(z' + z'')$$
   et
   $$\mathfrak{R}(z + z'') = \mathfrak{R}(z) + \mathfrak{R}(z'') \leqslant \mathfrak{R}(z') + \mathfrak{R}(z'') = \mathfrak{R}(z' + z'')$$
   donc $z + z'' \leqslant z' + z''$.
   - Si $z \geqslant 0$ et $z' \geqslant 0$, cela signifie
   $$\begin{cases} \mathfrak{I}(z) = \mathfrak{I}(z') = 0 \\ \mathfrak{R}(z) \geqslant 0 \\ \mathfrak{R}(z') \geqslant 0 \end{cases}$$
   donc
   $$\begin{cases} \mathfrak{I}(zz') = 0 \\ \mathfrak{R}(zz') \geqslant 0 \end{cases}$$
   autrement dit $zz' \geqslant 0$.

Théorème 8.5.13 (Densité de l'ordre dans un corps totalement ordonné)
Dans un corps totalement ordonné, la relation d'ordre est dense, autrement dit : pour tout x et y

$$x < y \Longrightarrow \exists z, x < z < y$$

Preuve
On considère x et y tels que $x < y$. Puisque dans un corps totalement ordonné l'élément $1+1$, que l'on notera 2, est différent de 0, il est inversible, ce qui permet de définir

$$\frac{x+y}{2} \overset{\text{def}}{\equiv} (x+y) \cdot 2^{-1}$$

Vérifions

$$x < \frac{x+y}{2} < y$$

On a

$$\begin{aligned} x &< y \\ x + x &< x + y \\ 2x &< x + y \\ x &< \frac{x+y}{2} \end{aligned}$$

L'autre inégalité se prouve de la même manière. On en déduit que la relation d'ordre est dense.

Définition 8.5.14 (Valeur absolue)
Pour tout élément x d'un anneau totalement ordonné, on définit la *valeur absolue* de x, notée $|x|$, par

$$|x| \overset{\text{def}}{\equiv} \max(x, -x)$$

ce qui équivaut aussi à

$$|x| \overset{\text{def}}{\equiv} \begin{cases} x & \text{si } x \geqslant 0 \\ -x & \text{si } x \leqslant 0 \end{cases}$$

$$(\text{si x} = 0 : \quad |0| = 0 = -0)$$

Preuve
Vérifions l'équivalence des deux définitions : puisque l'ordre est total, alors pour tout x

- soit $x \geqslant 0$, et alors $-x \leqslant 0$ donc
$$-x \leqslant 0 \leqslant x$$
  et on en déduit
$$\max(x, -x) = x$$
- soit $x \leqslant 0$, et alors $-x \geqslant 0$ donc
$$x \leqslant 0 \leqslant -x$$
  et on en déduit
$$\max(x, -x) = -x$$

Remarque 8.5.15 : Comme les valeurs de x et $-x$ coïncident quand $x = 0$, on pouvait aussi définir la valeur absolue par

$$|x| \overset{\text{def}}{\equiv} \begin{cases} x & \text{si } x \geqslant 0 \\ -x & \text{si } x < 0 \end{cases} \quad \text{ou} \quad |x| \overset{\text{def}}{\equiv} \begin{cases} x & \text{si } x > 0 \\ -x & \text{si } x \leqslant 0 \end{cases}$$

Remarque 8.5.16 (Origine du vocabulaire et des notations) : La valeur absolue s'emploie principalement dans le corps $\mathbb{R}$ des nombres réels. En 1801, dans ses *Disquisitiones arithmeticae* [Investigations arithmétiques], le mathématicien, astronome et physicien allemand Carl Friedrich Gauss (1777-1855) utilise l'expression *magnitudo absoluta*, soit l'équivalent latin de *valeur absolue*. On trouve l'expression en français en 1807 dans la traduction française des *Éléments d'algèbre* du mathématicien suisse Leonhard Euler (1707-1783).

Le mathématicien allemand Karl Weierstrass (1815-1897) désigne par *valeur absolue* le module d'un nombre complexe, et c'est lui qui utilise le symbole | | pour la noter. La valeur absolue d'un réel étant un cas particulier de module d'un nombre complexe, la même notation peut s'utiliser sans problème dans les deux cas (la définition précédente généralise ce concept de valeur absolue à des anneaux totalement ordonnés quelconques). Dans son mémoire *Zur Theorie der eindeutigen analytischen Functionen* [Théorie des fonctions analytiques non ambiguës] (1876, republié en 1895 dans le deuxième volume de *Mathematische Werke* [Travaux mathématiques]), il écrit :

> « Je désigne la valeur absolue du nombre complexe x par $|x|$. »

Weierstrass utilise pour la première fois cette notation dans un essai de 1841, mais qui n'est publié qu'en 1894 dans le premier volume de *Mathematische Werke*.

Théorème 8.5.17 (Propriétés de la valeur absolue)

1. Pour tout x

$$|-x| = |x|$$
$$|x| \geqslant 0$$
$$-|x| \leqslant x \leqslant |x|$$
$$|x| = 0 \iff x = 0$$

2. Pour tout x, y

$$|xy| = |x||y|$$

3. Inégalité triangulaire : pour tout x, y

$$|x+y| \leqslant |x| + |y|$$

4. Deuxième inégalité triangulaire : pour tout x, y

$$||x| - |y|| \leqslant |x - y|$$

5. Pour tout x, y, z

$$|x - y| \leqslant z \iff y - z \leqslant x \leqslant y + z$$

en particulier

$$|x| \leqslant z \iff -z \leqslant x \leqslant z$$

Preuve

1.
   - Le fait que $|-x| = |x|$ est immédiat d'après la définition.
   - Pour tout x, l'ordre étant total, soit $x \geqslant 0$, et alors $|x| = x \geqslant 0$, soit $x \leqslant 0$ et alors $|x| = -x \geqslant 0$.
   - Puisque $|x| = \max(x, -x)$ on a $x \leqslant |x|$ et $-x \leqslant |x|$ donc $-|x| \leqslant x$.
   - Par définition $|0| = 0$ et réciproquement si $|x| = 0$, alors d'après ce qui précède

$$-|x| \leqslant x \leqslant |x|$$

autrement dit

$$0 \leqslant x \leqslant 0$$

donc $x = 0$.

2. On peut vérifier les quatre cas :
   - Si $x \leqslant 0$ et $y \leqslant 0$ alors $xy \geqslant 0$ donc $|xy| = xy$ et $|x||y| = (-x)(-y) = xy$.
   - Si $x \leqslant 0$ et $y \geqslant 0$ alors $xy \leqslant 0$ donc $|xy| = -xy$ et $|x||y| = (-x)y = -xy$.
   - Si $x \geqslant 0$ et $y \geqslant 0$ alors $xy \geqslant 0$ donc $|xy| = xy$ et $|x||y| = xy$.
   - Si $x \geqslant 0$ et $y \leqslant 0$ alors $xy \leqslant 0$ donc $|xy| = -xy$ et $|x||y| = x(-y) = -xy$.
3. Inégalité triangulaire : on a $x \leqslant |x|$ et $y \leqslant |y|$ donc

$$x + y \leqslant |x| + |y|$$

De même, $-x \leqslant |x|$ et $-y \leqslant |y|$ donc

$$-(x + y) = -x + (-y) \leqslant |x| + |y|$$

Or $|x + y| = \max(x + y, -(x + y))$, donc par disjonction des cas

$$|x + y| \leqslant |x| + |y|$$

4. D'après l'inégalité triangulaire

$$|x| = |x - y + y| \leqslant |x - y| + |y|$$

donc

$$|x| - |y| \leqslant |x - y|$$

De même, on obtient en permutant x et y

$$|y| - |x| \leqslant |y - x| = |x - y|$$

Or $|y| - |x| = -(|x| - |y|)$, et $||x| - |y|| = \max(|x| - |y|, -(|x| - |y|))$, donc par disjonction des cas

$$||x| - |y|| \leqslant |x - y|$$

5. Notons d'abord

$$y - z \leqslant x \leqslant y + z \iff -z \leqslant x - y \leqslant z$$

Par ailleurs, si $|x - y| \leqslant z$ alors comme

$$-|x - y| \leqslant x - y \leqslant |x - y|$$

on en déduit

$$-z \leqslant x - y \leqslant z$$

et réciproquement si

$$-z \leqslant x - y \leqslant z$$

alors par passage à l'opposé

$$-z \leqslant -(x - y) \leqslant z$$

donc

$$\begin{cases} x - y \leqslant z \\ -(x - y) \leqslant z \end{cases}$$

et par conséquent

$$|x - y| \leqslant z$$

Remarque 8.5.18 : Puisque tout x est inférieur ou égal à $|x|$, on déduit de la première inégalité triangulaire

$$x + y \leqslant |x + y| \leqslant |x| + |y|$$

et de la deuxième

$$|x| - |y| \leqslant ||x| - |y|| \leqslant |x - y|$$

8.6 Corps réels clos

Prérequis
Les anneaux et corps (sections 8.4 et 8.5).

Définition 8.6.1 (Corps formellement réel)
On appelle *corps formellement réel* (ou juste *corps réel*) tout corps vérifiant les deux axiomes équivalents suivants :

1. -1 n'est pas une somme de carrés :

$$\forall x_1 \dots x_n, x_1^2 + \dots + x_n^2 \neq -1$$

2. Si une somme de carrés d'éléments est nulle, alors tous les éléments sont nuls :

$$\forall x_1 \dots x_n, (x_1^2 + \dots + x_n^2 = 0 \implies x_1 = 0 \text{ et } \dots \text{ et } x_n = 0)$$

Preuve (de l'équivalence des deux propriétés)

- On fait l'hypothèse que la première propriété est vérifiée. On considère $x_1, \dots, x_n$ tels que

$$x_1^2 + \dots + x_n^2 = 0$$

On fait l'hypothèse que l'un des $x_1, \dots, x_n$ est non nul ; on considère dans la suite des explications que $x_n \neq 0$ (le raisonnement est le même pour les autres variables). x_n est donc inversible et en multipliant par $(x_n^{-1})^2$ on obtient (puisque la multiplication est commutative)

$$(x_1 x_n^{-1})^2 + \dots + (x_{n-1} x_n^{-1})^2 + (x_n x_n^{-1})^2 = 0$$
$$(x_1 x_n^{-1})^2 + \dots + (x_{n-1} x_n^{-1})^2 + 1 = 0$$
$$(x_1 x_n^{-1})^2 + \dots + (x_{n-1} x_n^{-1})^2 = -1$$

en contradiction avec la première propriété. On en déduit

$$x_1 = 0 \text{ et } \dots \text{ et } x_n = 0$$

- Réciproquement, on fait l'hypothèse que la deuxième propriété est vérifiée. Une somme de carrés ne peut pas être égale à -1, car sinon

$$x_1^2 + \dots + x_n^2 + 1 = 0$$

ce qui est impossible puisque

$$1^2 = 1 \neq 0$$

Remarque 8.6.2 : Chacun des deux axiomes précédents n'est pas vraiment *un* axiome, mais ce qu'on appelle un *schéma d'axiomes*. Il y en a une infinité, un par entier naturel (du métalangage) non nul n. Par exemple, le premier schéma d'axiomes correspond aux axiomes suivants :

- pour $n = 1$:

$$\forall x_1, x_1^2 \neq -1$$

- pour $n = 2$:

$$\forall x_1\ x_2, x_1^2 + x_2^2 \neq -1$$

- pour $n = 3$:

$$\forall x_1\ x_2\ x_3, x_1^2 + x_2^2 + x_3^2 \neq -1$$

et ainsi de suite.

Théorème 8.6.3
Tout corps totalement ordonné est formellement réel.

Preuve
Dans un corps totalement ordonné, tout carré est positif, donc la somme de carrés est positive. Par conséquent cette somme ne peut pas être égale à -1 puisque $-1 < 0$.

Remarque 8.6.4 : La réciproque de ce théorème est vraie, dans le sens où tout corps formellement réel peut être muni d'une relation d'ordre qui en fasse un corps totalement ordonné, mais la justification de ce résultat sort du cadre de l'axiomatisation des corps dans un langage du premier ordre.

Définition 8.6.5 (Corps euclidien)
On dit qu'un corps totalement ordonné est *euclidien* lorsqu'il vérifie les deux propriétés équivalentes suivantes :

- Tout élément positif est un carré :

$$\forall x, (x \geqslant 0 \implies \exists y, x = y^2)$$

- Tout élément est soit un carré soit l'opposé d'un carré :

$$\forall x \exists y, (x = y^2 \text{ ou } x = -y^2)$$

Preuve (de l'équivalence des deux propriétés dans un corps totalement ordonné)

- On fait l'hypothèse que tout élément positif est un carré. Pour tout x, puisque l'ordre est total
  — soit $x \geqslant 0$, et alors il existe y tel que $x = y^2$;
  — soit $x \leqslant 0$, et alors $-x \geqslant 0$, donc il existe y tel que $-x = y^2$ et par conséquent $x = -y^2$.
- On fait l'hypothèse que tout élément est soit un carré soit l'opposé d'un carré, et on considère $x \geqslant 0$. Alors il existe y tel que $x = y^2$ ou $x = -y^2$. Si $x = -y^2$, alors puisque $y^2 \geqslant 0$, on en déduit $x \leqslant 0$. Or $x \geqslant 0$, donc $x = 0$. Par conséquent $y = 0$, donc on a aussi $x = y^2$. On en déduit par disjonction des cas que x est un carré.

Remarque 8.6.6 : Dans un corps euclidien, la réciproque

$$\forall x, ((\exists y, x = y^2) \implies x \geqslant 0)$$

est aussi vraie, comme dans tout corps totalement ordonné (tout carré est positif).

Définition 8.6.7 (Corps pré-euclidien)
J'appellerai corps *pré-euclidien* tout corps formellement réel, tel que tout élément est soit un carré soit l'opposé d'un carré, autrement dit tel que

$$\forall x \exists y, (x = y^2 \text{ ou } x = -y^2)$$

Remarque 8.6.8 (Vocabulaire) : L'expression *corps pré-euclidien* est personnelle (je l'emploie pour simplifier les énoncés des théorèmes qui suivent).

Théorème 8.6.9
Tout corps pré-euclidien totalement ordonné est euclidien, et tout corps euclidien est pré-euclidien.

Preuve
Par définition, tout corps pré-euclidien totalement ordonné est euclidien, et puisque tout corps totalement ordonné est aussi un corps formellement réel, alors tout corps euclidien est pré-euclidien.

Théorème 8.6.10 (Somme de deux carrés dans un corps pré-euclidien)
Dans tout corps pré-euclidien, la somme de deux carrés est un carré :

$$\forall x\ y\ \exists z, x^2 + y^2 = z^2$$

Preuve
Par hypothèse (de corps pré-euclidien) : pour tout x et y il existe z tel que

- soit $x^2 + y^2 = z^2$;
- soit $x^2 + y^2 = -z^2$, et alors
$$x^2 + y^2 + z^2 = 0$$
donc en particulier $z = 0$ (propriété des corps formellement réels) et on a aussi $x^2 + y^2 = 0 = z^2$.

Théorème 8.6.11 (Caractérisation de la relation d'ordre dans un corps euclidien)
Dans un corps euclidien, la relation d'ordre est caractérisée, pour tout x et y, par

$$x \leqslant y \iff \exists z, y - x = z^2$$

Preuve
- Si $x \leqslant y$, alors $y - x \geqslant 0$ donc il existe z tel que $y - x = z^2$.
- Réciproquement, s'il existe z tel que $y - x = z^2$, alors $y - x \geqslant 0$ donc $x \leqslant y$.

Métathéorème 8.6.12 (Corollaire : relation d'ordre dans un corps pré-euclidien)
Dans un corps pré-euclidien, il existe une unique relation d'ordre qui en fasse un corps totalement ordonné (donc un corps euclidien). Cette relation est définie par

$$x \leqslant y \overset{\text{def}}{\equiv} \exists z, y - x = z^2$$

Preuve
Puisque dans un corps totalement ordonné tel que tout élément est soit un carré soit l'opposé d'un carré (autrement dit dans un corps euclidien) la relation d'ordre vérifie

$$x \leqslant y \iff \exists z, y - x = z^2$$

on en déduit que la seule relation d'ordre possible est définie par

$$x \leqslant y \overset{\text{def}}{\equiv} \exists z, y - x = z^2$$

Il reste à justifier que cette formule définit bien, dans un corps pré-euclidien, une relation d'ordre qui en fasse un corps totalement ordonné.

- Prouvons que la formule définit une relation d'ordre :

— La réflexivité est immédiate, puisque $x - x = 0 = 0^2$.

— Antisymétrie : si $x \leqslant y$ et $y \leqslant x$ il existe z et z' tels que

$$\begin{cases} y - x = z^2 \\ x - y = z'^2 \end{cases}$$

donc par addition $z^2 + z'^2 = 0$, et par propriété des corps formellement réels $z = z' = 0$ donc $x = y$.

— Transitivité : si $x \leqslant y$ et $y \leqslant z$ il existe t et t' tels que

$$\begin{cases} y - x = t^2 \\ z - y = t'^2 \end{cases}$$

donc par addition

$$z - x = t^2 + t'^2$$

Or dans un corps pré-euclidien la somme de deux carrés est un carré : il existe t'' tel que $z - x = t''^2$ donc

$$x \leqslant z$$

- Prouvons que l'ordre est total : pour tout x et y il existe z tel que $y - x = z^2$ (et alors $x \leqslant y$), ou $y - x = -z^2$ (et alors $x - y = z^2$, donc $y \leqslant x$).
- Prouvons enfin que le corps est ordonné :

— Compatibilité avec l'addition : si $x \leqslant y$ alors il existe t tel que $y - x = t^2$ donc pour tout z

$$(y + z) - (x + z) = y + z - x - z = y - x = t^2$$

donc $x + z \leqslant y + z$.

— Stabilité des éléments positifs par multiplication : si $x \geqslant 0$ et $y \geqslant 0$, il existe z et z' tels que $x = z^2$ et $y = z'^2$, donc

$$xy = z^2 z'^2 = (zz')^2$$

et par conséquent $xy \geqslant 0$.

Remarque 8.6.13 : Je désigne le théorème précédent comme un *métathéorème* car il ne s'agit pas d'un théorème de la théorie des corps totalement ordonnés, ou des corps pré-euclidiens (dans le sens formel de ce terme, c'est-à-dire d'une formule prouvable à partir de ces théories), mais d'un (méta)théorème qui porte sur les théories elles-mêmes.

Définition 8.6.14 (Corps réel clos)

On appelle *corps réel clos* tout corps pré-euclidien tel que tout polynôme de degré impair admet au moins une racine, c'est-à-dire tout corps vérifiant les axiomes supplémentaires suivants :

1. C'est un corps formellement réel, autrement dit -1 n'est pas une somme de carrés :

$$\forall x_1 \dots x_n, x_1^2 + \dots + x_n^2 \neq -1$$

ce qui équivaut aussi à :

$$\forall x_1 \dots x_n, (x_1^2 + \dots + x_n^2 = 0 \implies x_1 = 0 \text{ et } \cdots \text{ et } x_n = 0)$$

2. Tout élément est soit un carré soit l'opposé d'un carré :

$$\forall x \exists y, (x = y^2 \text{ ou } x = -y^2)$$

3. Tout polynôme de degré impair admet au moins une racine :

$$\forall x_0 \dots x_{2n} \exists y, y^{2n+1} + x_{2n} y^{2n} + \dots + x_0 y^0 = 0$$

Remarque 8.6.15 : Le troisième « axiome » est un schéma d'axiomes, un par entier naturel :

- Pour $n = 0$:

$$\forall x_0 \exists y, y^1 + x_0 y^0 = 0$$

- Pour $n = 1$:

$$\forall x_0\ x_1\ x_2\ \exists y, y^3 + x_2 y^2 + x_1 y^1 + x_0 y^0 = 0$$

- Pour $n = 2$:

$$\forall x_0\ x_1\ x_2\ x_3\ x_4\ \exists y, y^5 + x_4 y^4 + x_3 y^3 + x_2 y^2 + x_1 y^1 + x_0 y^0 = 0$$

et ainsi de suite.

Métathéorème 8.6.16 (Corps totalement ordonnés et corps réels clos)

1. Dans un corps réel clos, il existe une unique relation d'ordre qui en fasse un corps totalement ordonné. Cette relation est définie par

$$x \leqslant y \overset{\text{def}}{\equiv} \exists z, y - x = z^2$$

2. Réciproquement, un corps totalement ordonné est un corps réel clos si et seulement si il vérifie les deux propriétés suivantes :
   - Il est euclidien, autrement dit tout élément positif est un carré :

   $$\forall x, (x \geqslant 0 \implies \exists y, x = y^2)$$

   ce qui équivaut aussi à : tout élément est soit un carré soit l'opposé d'un carré :

   $$\forall x \exists y, (x = y^2 \text{ ou } x = -y^2)$$

   - Tout polynôme de degré impair admet au moins une racine :

   $$\forall x_0 \dots x_{2n}, \exists y, y^{2n+1} + x_{2n} y^{2n} + \dots + x_0 y^0 = 0$$

Preuve

1. Un corps réel clos étant aussi un corps pré-euclidien, la première propriété a déjà été démontrée.
2. Prouvons la deuxième propriété :
   - Si un corps totalement ordonné est un corps réel clos, alors par définition tout polynôme de degré impair admet au moins une racine, et il est pré-euclidien, donc euclidien (car il est totalement ordonné).
   - Réciproquement, on considère un corps totalement ordonné vérifiant les deux propriétés. Alors c'est un corps réel clos, puisque c'est un corps euclidien (donc aussi pré-euclidien) tel que tout polynôme de degré impair admet au moins une racine.

Remarque 8.6.17 : Il est donc possible de définir de façon équivalente un corps réel clos comme un corps euclidien tel que tout polynôme de degré impair admet au moins une racine, c'est-à-dire de le définir avec le langage des corps ordonnés, de signature $\{+, \times, -, 0, 1, \leqslant\}$, en ajoutant aux axiomes de corps totalement ordonné l'axiome et le schéma d'axiomes suivants :

1. Tout élément positif est un carré :

$$\forall x, (x \geqslant 0 \implies \exists y, x = y^2)$$

ou de manière équivalente : tout élément est soit un carré soit l'opposé d'un carré :

$$\forall x \exists y, (x = y^2 \text{ ou } x = -y^2)$$

2. Tout polynôme de degré impair admet au moins une racine :

$$\forall x_0 \dots x_{2n}, \exists y, y^{2n+1} + x_{2n}y^{2n} + \cdots + x_0y^0 = 0$$

Remarque 8.6.18 : Il existe d'autres caractérisations des corps réels clos. En particulier, un corps est un corps réel clos si et seulement si il peut être totalement ordonné de telle sorte que le théorème des valeurs intermédiaires soit vérifié par tous les polynômes.

Les axiomes des corps réels clos, dans le langage de signature $\{+, \times, -, 0, 1, \leqslant\}$, ont pour modèle le corps $\mathbb{R}$ des nombres réels. Par ailleurs cette théorie des corps réels clos est complète. Cela signifie en particulier que toutes les formules (du premier ordre, avec cette signature) vraies dans $\mathbb{R}$ sont prouvables. Ce résultat peut sembler paradoxal car les théories usuelles des nombres entiers (par exemple l'arithmétique de Peano) sont incomplètes : il existe des formules vraies dans $\mathbb{N}$ qui ne sont pas prouvables, alors que les nombres entiers forment un sous-ensemble des nombres réels. L'explication de ce qui semble être un paradoxe est la suivante : la théorie des corps réels clos, comme toutes les théories du premier ordre, ne porte que sur un type d'objet, par exemple les nombres réels, et on ne peut pas, par une formule du premier ordre, caractériser les nombres entiers parmi ces réels.

8.7 Treillis, algèbres de Boole, algèbres de Heyting

Prérequis
Les relations d'ordre (section 8.1).

Treillis

Un treillis est une structure qui peut être définie de façon équivalente

- comme un ensemble muni de deux opérations binaires ayant certaines propriétés ;
- comme un ensemble muni d'une relation d'ordre ayant certaines propriétés.

Pour différencier les deux notions, je pourrai utiliser les expressions *treillis algébrique* et *treillis ordonné*, même si la distinction n'est pas courante (en général seul le terme *treillis* est employé dans les deux cas). L'équivalence des deux définitions sera justifiée plus loin.

Définition 8.7.1 (Treillis algébrique)
On appelle *treillis algébrique* tout modèle des axiomes suivants, dans le langage de signature $\{\wedge, \vee\}$:

1. Commutativité : pour tout x, y

$$x \wedge y = y \wedge x$$
$$x \vee y = y \vee x$$

2. Associativité : pour tout x, y, z

$$(x \wedge y) \wedge z = x \wedge (y \wedge z)$$
$$(x \vee y) \vee z = x \vee (y \vee z)$$

3. Lois d'absorption : pour tout x, y

$$x \wedge (x \vee y) = x$$

$$x \vee (x \wedge y) = x$$

Remarque 8.7.2 : Les égalités sont toutes duales : à partir d'un des axiomes on en obtient un autre en permutant $\wedge$ avec $\vee$. Cela signifie que pour toute formule close prouvable, la formule duale (obtenue en permutant $\wedge$ avec $\vee$) est aussi prouvable.

Théorème 8.7.3 (Propriétés d'un treillis algébrique)
Idempotence : pour tout x

$$x \wedge x = x$$
$$x \vee x = x$$

Preuve
D'après les lois d'absorption

$$x = x \vee (x \wedge (x \vee x)) = x \vee x$$

et de même

$$x = x \wedge (x \vee (x \wedge x)) = x \wedge x$$

Définition 8.7.4 (Treillis ordonné)
On appelle *treillis ordonné* tout ensemble ordonné dans lequel chaque paire d'éléments possède une borne supérieure et une borne inférieure, c'est-à-dire, dans le langage de signature $\{\leqslant\}$, tout modèle des axiomes des relations d'ordre auxquels on ajoute les axiomes suivants :

1. Toute paire $\{x, y\}$ admet ce qu'on appelle une *borne supérieure* M, ce qui signifie que M est le plus petit des éléments supérieurs à x et y (autrement dit M est supérieur à x et y et tout élément supérieur à x et y est supérieur à M) : pour tout x, y

$$\exists M, \begin{cases} x \leqslant M \\ y \leqslant M \\ \forall t, ((x \leqslant t \text{ et } y \leqslant t) \implies M \leqslant t) \end{cases}$$

   ce qui équivaut aussi à

$$\exists M, \forall t, ((x \leqslant t \text{ et } y \leqslant t) \iff M \leqslant t)$$

   De plus M est unique ; on le note $\sup(x, y)$, ou $x \vee y$.

2. Toute paire $\{x, y\}$ admet ce qu'on appelle une *borne inférieure* m, ce qui signifie que m est le plus grand des éléments inférieurs à x et y (autrement dit m est inférieur à x et y et tout élément inférieur à x et y est inférieur à m) : pour tout x, y

$$\exists m, \begin{cases} m \leqslant x \\ m \leqslant y \\ \forall t, ((t \leqslant x \text{ et } t \leqslant y) \implies t \leqslant m) \end{cases}$$

   ce qui équivaut aussi à

$$\exists m, \forall t, ((t \leqslant x \text{ et } t \leqslant y) \iff t \leqslant m)$$

   De plus m est unique ; on le note $\inf(x, y)$, ou $x \wedge y$.

Preuve (de l'équivalence et de l'unicité)

1. Équivalence des deux formules exprimant le fait que M est la borne supérieure de $\{x, y\}$: si M est tel que $x \leqslant M, y \leqslant M$ et tel que
$$\forall t, ((x \leqslant t \text{ et } y \leqslant t) \implies M \leqslant t)$$
alors pour tout t, si $M \leqslant t$ alors
$$\begin{cases} x \leqslant M \leqslant t \\ y \leqslant M \leqslant t \end{cases}$$
ce qui donne l'autre sens de l'implication donc
$$\forall t, ((x \leqslant t \text{ et } y \leqslant t) \iff M \leqslant t)$$
Réciproquement, si cette formule est vérifiée, alors puisque $M \leqslant M$, on en déduit en replaçant t par M, $x \leqslant M$ et $y \leqslant M$. Il y a bien équivalence entre les deux formules caractérisant la borne supérieure. Le raisonnement est semblable pour la borne inférieure.
2. Unicité de la borne supérieure : si M et M' sont tels que
$$\begin{cases} \forall t, ((x \leqslant t \text{ et } y \leqslant t) \iff M \leqslant t) \\ \forall t, ((x \leqslant t \text{ et } y \leqslant t) \iff M' \leqslant t) \end{cases}$$

alors puisque $x \leqslant M$ et $y \leqslant M$, on déduit de la deuxième formule $M' \leqslant M$, et puisque $x \leqslant M'$ et $y \leqslant M'$, on déduit de la première formule $M \leqslant M'$, donc
$$M = M'$$
Le raisonnement est semblable pour la borne inférieure.

Remarque 8.7.5 : L'unicité justifie aussi le vocabulaire et les notations utilisés : par exemple pour tout x et y, il existe un unique élément M, que l'on appelle *la* borne supérieure de $\{x, y\}$, et que l'on note $\sup(x, y)$, ou $x \vee y$. Il était aussi possible d'ajouter deux opérations binaires sup (ou $\vee$) et inf (ou $\wedge$) dans la signature du langage, et d'adapter la formulation des axiomes pour les bornes supérieure et inférieure :

- L'axiome 1 (borne supérieure) est remplacé par : pour tout x et y
$$\begin{cases} x \leqslant \sup(x, y) \\ y \leqslant \sup(x, y) \\ \forall t, ((x \leqslant t \text{ et } y \leqslant t) \implies \sup(x, y) \leqslant t) \end{cases} \quad \text{équivalent à} \quad \forall t, ((x \leqslant t \text{ et } y \leqslant t) \iff \sup(x, y) \leqslant t)$$
- L'axiome 2 (borne inférieure) est remplacé par : pour tout x et y
$$\begin{cases} \inf(x, y) \leqslant x \\ \inf(x, y) \leqslant y \\ \forall t, ((t \leqslant x \text{ et } t \leqslant y) \implies t \leqslant \inf(x, y)) \end{cases} \quad \text{équivalent à} \quad \forall t, ((t \leqslant x \text{ et } t \leqslant y) \iff t \leqslant \inf(x, y))$$

Remarque 8.7.6 (Notations) : Les symboles $\wedge$ et $\vee$ pour respectivement la borne inférieure et la borne supérieure sont les mêmes que ceux des connecteurs logiques pour la conjonction et la disjonction, mais il n'y a pas d'ambiguïté dans une formule : suivant le cas, ces symboles apparaissent entre deux termes (quand il s'agit d'une opération binaire) ou entre deux formules (quand il s'agit des connecteurs logiques).

Remarque 8.7.7 : Tout ensemble muni d'un ordre total est un treillis, puisque si deux éléments sont toujours comparables, la paire $\{x, y\}$ admet comme borne supérieure le plus grand des deux éléments, et comme borne inférieure le plus petit, autrement dit $\inf(x, y) = \min(x, y)$ et $\sup(x, y) = \max(x, y)$.

Exemple 8.7.8 (Exemples de treillis qui ne sont pas des ensembles totalement ordonnés)

1. L'ensemble des entiers non nuls $\mathbb{N}^*$ muni de la relation de divisibilité $|$ est un treillis. La borne inférieure de $\{x, y\}$ est le pgcd de ces deux nombres, et la borne supérieure est leur ppcm :

$$\text{pgcd}(x, y) = \inf(x, y)$$
$$\text{ppcm}(x, y) = \sup(x, y)$$

car

$$\begin{cases} (t \mid x \text{ et } t \mid y) & \iff t \mid \text{pgcd}(x, y) \\ (x \mid t \text{ et } y \mid t) & \iff \text{ppcm}(x, y) \mid t \end{cases}$$

2. Pour tout ensemble E, l'ensemble $\mathscr{P}(E)$ de ses parties, muni de la relation d'inclusion $\subseteq$, est un treillis. La borne inférieure de $\{A, B\}$ est l'intersection de ces deux ensembles, la borne supérieure est leur réunion :

$$A \cap B = \inf(A, B)$$
$$A \cup B = \sup(A, B)$$

car

$$\begin{cases} (C \subseteq A \text{ et } C \subseteq B) & \iff C \subseteq A \cap B \\ (A \subseteq C \text{ et } B \subseteq C) & \iff A \cup B \subseteq C \end{cases}$$

Remarque 8.7.9 (Origine du vocabulaire) : C'est le mathématicien américain Garrett Birkhoff (1911-1996) qui a introduit le terme *treillis* en 1933 [20], et l'a popularisé dans son livre *Lattice Theory* en 1940. Ce terme évoque la forme du diagramme de Hasse associé, dans lequel, même si deux points ne sont pas reliés par un chemin (c'est-à-dire même s'ils ne sont pas comparables), ils sont toujours reliés à un même point situé au-dessus d'eux (la borne supérieure), et à un même point situé au-dessous (la borne inférieure). Cela peut par exemple se voir sur le diagramme du treillis de l'ensemble des parties de $\{x, y, z\}$:

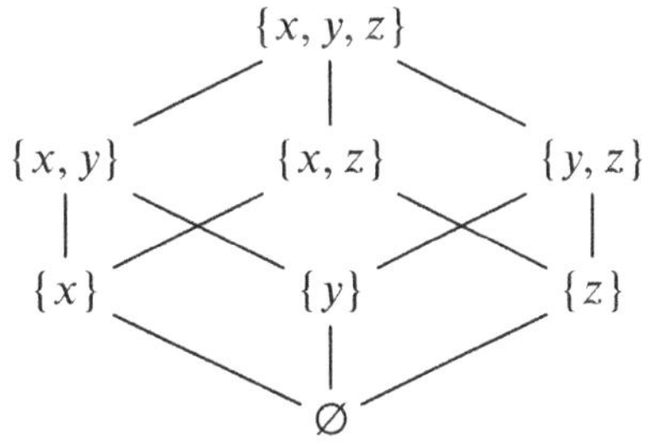

Théorème 8.7.10 (Propriétés d'un treillis ordonné)

1. Pour tout x et y

$$x \leqslant y \equiv \inf(x, y) = x \equiv \sup(x, y) = y$$

autrement dit, avec l'autre notation,

$$x \leqslant y \equiv x \wedge y = x \equiv x \vee y = y$$

20. Garrett Birkhoff. « On the combination of subalgebras ». Dans : *Proceedings of the Cambridge Philosophical Society* 29 (1933), p. 441-464.

2. Compatibilité de $\leqslant$ avec inf et sup : pour tout x, y, z

$$x \leqslant y \Longrightarrow \begin{cases} \inf(x, z) \leqslant \inf(y, z) \\ \sup(x, z) \leqslant \sup(y, z) \end{cases}$$

On en déduit que pour tout x, y, z, t

$$\begin{cases} x \leqslant y \\ z \leqslant t \end{cases} \Longrightarrow \begin{cases} \inf(x, z) \leqslant \inf(y, t) \\ \sup(x, z) \leqslant \sup(y, t) \end{cases}$$

autrement dit, avec l'autre notation,

$$x \leqslant y \Longrightarrow \begin{cases} x \wedge z \leqslant y \wedge z \\ x \vee z \leqslant y \vee z \end{cases}$$

et

$$\begin{cases} x \leqslant y \\ z \leqslant t \end{cases} \Longrightarrow \begin{cases} x \wedge z \leqslant y \wedge t \\ x \vee z \leqslant y \vee t \end{cases}$$

Preuve

1. Si $x \leqslant y$, alors

$$\begin{cases} x \leqslant x \\ x \leqslant y \end{cases}$$

donc $x \leqslant \inf(x, y)$ et puisqu'on a aussi $\inf(x, y) \leqslant x$, on en déduit

$$\inf(x, y) = x$$

De même

$$\begin{cases} x \leqslant y \\ y \leqslant y \end{cases}$$

donc $\sup(x, y) \leqslant y$, et puisqu'on a aussi $y \leqslant \sup(x, y)$, on en déduit

$$\sup(x, y) = y$$

Réciproquement, si $\inf(x, y) = x$, alors

$$x = \inf(x, y) \leqslant y$$

et si $\sup(x, y) = y$, alors

$$x \leqslant \sup(x, y) = y$$

2. Si $x \leqslant y$, alors

$$\begin{cases} \inf(x, z) \leqslant x \leqslant y \\ \inf(x, z) \leqslant z \end{cases}$$

donc $\inf(x, z) \leqslant \inf(y, z)$, et de même

$$\begin{cases} x \leqslant y \leqslant \sup(y, z) \\ z \leqslant \sup(y, z) \end{cases}$$

donc $\sup(x, z) \leqslant \sup(y, z)$. Enfin, si

$$\begin{cases} x \leqslant y \\ z \leqslant t \end{cases}$$

alors d'après ce qui précède

$$\begin{cases} \inf(x, z) \leqslant \inf(y, z) \leqslant \inf(y, t) \\ \sup(x, z) \leqslant \sup(y, z) \leqslant \sup(y, t) \end{cases}$$

Comme annoncé en introduction, j'ai utilisé les expressions *treillis algébrique* et *treillis ordonné* pour différencier les deux notions, mais le plus souvent seul le terme *treillis* est utilisé dans les deux cas, ce qui est justifié car les deux définitions sont équivalentes :

Métathéorème 8.7.11 (Équivalence des deux définitions d'un treillis)

1. On considère un treillis algébrique $(E, \wedge, \vee)$, et la relation binaire $\leqslant$ définie de la façon suivante :

$$x \leqslant y \overset{\text{def}}{\equiv} x \vee y = y$$

ce qui équivaut aussi à la définition :

$$x \leqslant y \overset{\text{def}}{\equiv} x \wedge y = x$$

Alors
   - $(E, \leqslant)$ est un treillis ordonné.
   - l'opération inf correspond à $\wedge$: $\inf(x, y) = x \wedge y$.
   - l'opération sup correspond à $\vee$: $\sup(x, y) = x \vee y$.
2. On considère un treillis ordonné $(E, \leqslant)$, et les opérations binaires $\wedge$ et $\vee$ définies de la façon suivante : pour tout x et y

$$x \vee y \overset{\text{def}}{\equiv} \sup(x, y) \quad \text{(borne supérieure de } \{x, y\})$$
$$x \wedge y \overset{\text{def}}{\equiv} \inf(x, y) \quad \text{(borne inférieure de } \{x, y\})$$

Alors $(E, \wedge, \vee)$ est un treillis algébrique.

Preuve

1. On considère un treillis algébrique $(E, \wedge, \vee)$. Vérifions d'abord l'équivalence des deux définitions de la relation d'ordre, c'est-à-dire que

$$x \vee y = y \iff x \wedge y = x$$

Si $x \vee y = y$, alors d'après les lois d'absorption

$$x \wedge y = x \wedge (x \vee y) = x$$

Réciproquement, si $x \wedge y = x$, alors d'après les lois d'absorption

$$x \vee y = (x \wedge y) \vee y = y \vee (y \wedge x) = y$$

Vérifions que la relation

$$x \leqslant y \overset{\text{def}}{\equiv} x \vee y = y$$

est une relation d'ordre telle que toute paire $\{x, y\}$ admette $x \vee y$ comme borne supérieure et $x \wedge y$ comme borne inférieure :

   - Réflexivité : nous avons vu que dans un treillis algébrique

$$x \vee x = x$$

   donc par définition $x \leqslant x$.
   - Antisymétrie : soient x et y tels que $x \leqslant y$ et $y \leqslant x$. Par commutativité de $\vee$, on a

$$y = x \vee y = y \vee x = x$$

   - Transitivité : soient x, y, z tels que $x \leqslant y$ et $y \leqslant z$. Par associativité de $\vee$

$$x \vee z = x \vee (y \vee z) = (x \vee y) \vee z = y \vee z = z$$

   donc par définition $x \leqslant z$.

- Démontrons que $x \vee y$ est la borne supérieure de x et y :

$$x \vee (x \vee y) = (x \vee x) \vee y = x \vee y$$

donc par définition $x \leqslant x \vee y$, et

$$y \vee (x \vee y) = y \vee (y \vee x) = (y \vee y) \vee x = y \vee x = x \vee y$$

donc par définition $y \leqslant x \vee y$. Soit enfin t supérieur à x et y, donc

$$\begin{cases} x \vee t = t \\ y \vee t = t \end{cases}$$

On en déduit

$$(x \vee y) \vee t = x \vee (y \vee t) = x \vee t = t$$

donc par définition $x \vee y \leqslant t$.

- On peut démontrer de la même façon que $x \wedge y$ est la borne inférieure de x et y, ou utiliser le fait que

$$x \vee y = y \iff x \wedge y = x$$

donc la justification précédente du fait que $x \vee y$ est la borne supérieure de x et y, équivaut au fait que $x \wedge y$ est la borne inférieure de x et y.

2. On considère un treillis ordonné $(E, \leqslant)$. Vérifions les propriétés des lois $\wedge$ et $\vee$ définies pour tout x et y par

$$x \vee y \overset{\text{def}}{\equiv} \sup(x, y)$$
$$x \wedge y \overset{\text{def}}{\equiv} \inf(x, y)$$

- Commutativité : il est immédiat que $\sup(x, y) = \sup(y, x)$ puisque la définition est symétrique (on peut permuter x et y), et il en est de même pour la borne inférieure.
- Associativité :

$$\sup(\sup(x, y), z) = \sup(x, y, z) = \sup(x, \sup(y, z))$$

Plus précisément, on vérifie que $\sup(\sup(x, y), z)$ et $\sup(x, \sup(y, z))$ sont tous les deux des éléments s (correspondant à la borne supérieure de x, y, z), vérifiant

$$\forall xy, \begin{cases} x \leqslant s \\ y \leqslant s \\ z \leqslant s \\ \forall t, (x \leqslant t \text{ et } y \leqslant t \text{ et } z \leqslant t) \implies s \leqslant t \end{cases}$$

De même pour la borne inférieure.

- Lois d'absorption : on a $x \leqslant \sup(x, y)$ et puisque $a \leqslant b$ équivaut à $\inf(a, b) = a$:

$$\inf(x, \sup(x, y)) = x$$

De même, $\inf(x, y) \leqslant x$, donc

$$\sup(x, \inf(x, y)) = x$$

Définition 8.7.12 (Treillis distributif)

On appelle *treillis distributif* tout treillis pour lequel les deux propriétés équivalentes suivantes sont vérifiées :

1. L'opération $\vee$ (sup) est distributive par rapport à l'opération $\wedge$ (inf) : pour tout x, y, z

$$x \vee (y \wedge z) = (x \vee y) \wedge (x \vee z)$$

2. l'opération $\wedge$ (inf) est distributive par rapport à l'opération $\vee$ (sup) : pour tout x, y, z

$$x \wedge (y \vee z) = (x \wedge y) \vee (x \wedge z)$$

Preuve (de l'équivalence)
On fait l'hypothèse que l'opération $\vee$ (sup) est distributive par rapport à l'opération $\wedge$ (inf). Alors pour tout x, y, z

$$\begin{aligned}
(x \wedge y) \vee (x \wedge z) &= (x \vee (x \wedge z)) \wedge (y \vee (x \wedge z)) && \text{distributivité de } \vee \text{ sur } \wedge \\
&= x \wedge (y \vee (x \wedge z)) && \text{lois d'absorption} \\
&= x \wedge ((y \vee x) \wedge (y \vee z)) && \text{distributivité de } \vee \text{ sur } \wedge \\
&= (x \wedge (x \vee y)) \wedge (y \vee z) && \text{associativité de } \wedge \text{ et commutativité de } \vee \\
&= x \wedge (y \vee z) && \text{lois d'absorption}
\end{aligned}$$

On prouve la réciproque par dualité (il suffit dans la démonstration précédente de permuter $\wedge$ et $\vee$).

Définition 8.7.13 (Treillis borné, treillis complémenté)

1. On appelle *treillis borné* tout treillis qui possède un plus petit élément (que l'on note souvent 0 ou $\perp$) et un plus grand élément (que l'on note souvent 1 ou $\top$), autrement dit pour tout x

$$0 \leqslant x \leqslant 1$$

2. On appelle *treillis complémenté* tout treillis borné tel que pour tout x, il existe un élément x' tel que

$$\begin{cases} x \vee x' = 1 \\ x \wedge x' = 0 \end{cases}$$

On dit que x' est un complément de x.

Exemple 8.7.14
L'ensemble des entiers non nuls muni de la relation de divisibilité est un treillis distributif, avec 1 comme plus petit élément (tout entier est divisible par 1), mais n'ayant pas de plus grand élément.

Théorème 8.7.15 (Éléments neutres et absorbants dans un treillis borné)
Dans un treillis borné

- 0 est élément neutre pour $\vee$ et élément absorbant pour $\wedge$: pour tout x

$$x \vee 0 = 0 \vee x = x$$
$$x \wedge 0 = 0 \wedge x = 0$$

- 1 est élément neutre pour $\wedge$ et élément absorbant pour $\vee$: pour tout x

$$x \wedge 1 = 1 \wedge x = x$$
$$x \vee 1 = 1 \wedge x = 1$$

Preuve
Ces résultats sont des conséquences immédiates de la définition de 0 et 1 comme plus petit et plus grand élément et de la caractérisation de la relation d'ordre avec $\wedge$ ou $\vee$. Puisque pour tout x et y

$$x \leqslant y \equiv x \wedge y = x \equiv x \vee y = y$$

Pour tout x, on déduit de

$$0 \leqslant x \leqslant 1$$

les formules

$$\begin{cases} 0 \vee x = x \\ x \vee 1 = 1 \end{cases} \qquad \begin{cases} 0 \wedge x = 0 \\ x \wedge 1 = x \end{cases}$$

Remarque 8.7.16 : Comme indiqué dans la preuve, ces formules sont des conséquences immédiates de la définition de 0 et 1 comme plus petit et plus grand élément, ce qui peut être mis en évidence en prenant l'autre notation : pour tout x

$$\begin{aligned} \sup(x, 0) &= \sup(0, x) = x \\ \inf(x, 0) &= \inf(0, x) = 0 \\ \inf(x, 1) &= \inf(1, x) = x \\ \sup(x, 1) &= \sup(1, x) = 1 \end{aligned}$$

Algèbres de Boole

On peut définir une algèbre de Boole de la même manière qu'un treillis, avec deux approches :

- comme un ensemble muni de deux opérations binaires ayant certaines propriétés ;
- comme un ensemble muni d'une relation d'ordre ayant certaines propriétés.

Comme pour les treillis, je pourrai utiliser les termes *algèbre de Boole* et *algèbre de Boole ordonnée*, pour rendre compte des deux approches, même si la distinction n'est pas courante (on utilise en général le terme *algèbre de Boole* dans les deux cas). L'équivalence des deux définitions sera prouvée plus loin.

Définition 8.7.17 (Algèbre de Boole ordonnée)
On appelle *algèbre de Boole ordonnée* tout treillis ordonné distributif et complémenté, c'est-à-dire tout modèle, dans le langage de signature $\{\leqslant, 0, 1\}$, des axiomes des relations d'ordre auxquels on ajoute les axiomes suivants :

1. Toute paire admet une borne supérieure : pour tout x, y

$$\exists M, \begin{cases} x \leqslant M \\ y \leqslant M \\ \forall t, ((x \leqslant t \text{ et } y \leqslant t) \implies M \leqslant t) \end{cases}$$

ce qui équivaut aussi à

$$\exists M, \forall t, ((x \leqslant t \text{ et } y \leqslant t) \iff M \leqslant t)$$

De plus M est unique, et s'appelle la borne supérieure de la paire $\{x, y\}$. On peut la noter $\sup(x, y)$, ou $x \vee y$.

2. Toute paire admet une borne inférieure : pour tout x, y

$$\exists m, \begin{cases} m \leqslant x \\ m \leqslant y \\ \forall t, ((t \leqslant x \text{ et } t \leqslant y) \implies t \leqslant m) \end{cases}$$

ce qui équivaut aussi à

$$\exists m, \forall t, ((t \leqslant x \text{ et } t \leqslant y) \iff t \leqslant m)$$

De plus m est unique, et s'appelle la borne inférieure de la paire $\{x, y\}$. On peut la noter $\inf(x, y)$, ou $x \wedge y$.

3. Distributivité de $\wedge$ et sur $\vee$ et de $\vee$ sur $\wedge$: pour tout x, y, z

$$x \vee (y \wedge z) = (x \vee y) \wedge (x \vee z)$$
$$x \wedge (y \vee z) = (x \wedge y) \vee (x \wedge z)$$

4. 0 est le plus petit élément et 1 le plus grand : pour tout x

$$0 \leqslant x \leqslant 1$$

5. Complément : pour tout x

$$\exists x', \begin{cases} x \vee x' &= 1 \\ x \wedge x' &= 0 \end{cases}$$

Remarque 8.7.18 : On peut noter que les propriétés de distributivité ne sont pas écrites exactement dans le langage $\{\leqslant, 0, 1\}$, mais il est possible d'exprimer strictement les propriétés des bornes supérieures et inférieures dans la signature choisie, en considérant les deux formules suivantes exprimant le fait que M (respectivement m) est la borne supérieure (respectivement la borne inférieure) de x et y :

$$BS(x, y, M) :\equiv \forall t, ((x \leqslant t \text{ et } y \leqslant t) \iff M \leqslant t)$$
$$BI(x, y, m) :\equiv \forall t, ((t \leqslant x \text{ et } t \leqslant y) \iff t \leqslant m)$$

Les propriétés de distributivité pourraient alors s'écrire, par exemple pour la première

$$\forall x\ y\ z\ \forall a\ b\ c\ \forall t, ((BI(y, z, a) \text{ et } BS(x, y, b) \text{ et } BS(x, z, c)) \implies (BS(x, a, t) \iff BI(b, c, t)))$$

Ou alors, comme indiqué précédemment pour les treillis ordonnés, on peut ajouter inf (ou $\wedge$) et sup (ou $\vee$) à la signature ce qui permet une expression formelle plus simple (détaillée après le théorème qui suit).

Théorème 8.7.19 (Unicité du complément dans une algèbre de Boole ordonnée)
Dans une algèbre de Boole ordonnée, le complément est unique :

$$\forall x \exists ! x', \begin{cases} x \vee x' = 1 \\ x \wedge x' = 0 \end{cases}$$

Preuve
Soient x, x', x'' tels que

$$(x \vee x' = 1) \text{ et } (x \wedge x' = 0) \text{ et } (x \vee x'' = 1) \text{ et } (x \wedge x'' = 0)$$

Alors

$$x'' = 0 \vee x'' = (x \wedge x') \vee x'' = (x \vee x'') \wedge (x' \vee x'') = 1 \wedge (x' \vee x'') = x' \vee x''$$

et par conséquent $x' \leqslant x''$. Par un raisonnement analogue, $x'' \leqslant x'$, et on en déduit $x' = x''$.

Remarque 8.7.20 (Notations) : Pour indiquer le complément de x, on peut trouver d'autres notations comme $\neg x$ ou $\bar{x}$.

Remarque 8.7.21 : Du fait de l'unicité du complément on peut, comme pour $\vee$ et $\wedge$, ajouter à la signature un symbole d'opérateur unaire $^-$, et définir ainsi de façon équivalente une algèbre de Boole ordonnée dans le langage de signature $\{\leqslant, 0, 1, \wedge, \vee, ^-\}$, par les axiomes des relations d'ordre auxquels on ajoute les axiomes suivants :

1. Toute paire admet une borne supérieure : pour tout x, y

$$\begin{cases} x \leqslant x \vee y \\ y \leqslant x \vee y \\ \forall t, ((x \leqslant t \text{ et } y \leqslant t) \implies x \vee y \leqslant t) \end{cases}$$

   ce qui équivaut aussi à

$$\forall t, ((x \leqslant t \text{ et } y \leqslant t) \iff x \vee y \leqslant t)$$

2. Toute paire admet une borne inférieure : pour tout x, y

$$\begin{cases} x \wedge y \leqslant x \\ x \wedge y \leqslant y \\ \forall t, ((t \leqslant x \text{ et } t \leqslant y) \implies t \leqslant x \wedge y) \end{cases}$$

   ce qui équivaut aussi à

$$\forall t, ((t \leqslant x \text{ et } t \leqslant y) \iff t \leqslant x \wedge y)$$

3. Distributivité de $\wedge$ et sur $\vee$ et de $\vee$ sur $\wedge$: pour tout x, y, z

$$x \vee (y \wedge z) = (x \vee y) \wedge (x \vee z)$$
$$x \wedge (y \vee z) = (x \wedge y) \vee (x \wedge z)$$

4. 0 est le plus petit élément et 1 le plus grand : pour tout x

$$0 \leqslant x \leqslant 1$$

5. Complément : pour tout x

$$\begin{cases} x \vee \bar{x} &= 1 \\ x \wedge \bar{x} &= 0 \end{cases}$$

Exemple 8.7.22 (Exemple d'algèbre de Boole ordonnée)
La structure définie dans le calcul booléen (voir la section 3.1) est une algèbre de Boole ordonnée : on peut la formaliser comme l'ensemble à deux éléments

$$\mathbb{B} :\equiv \{0, 1\}$$

muni de la relation d'ordre définie par

$$0 < 1$$

$\vee$ et $\wedge$ correspondant respectivement à la borne supérieure et la borne inférieure pour la relation d'ordre (ce qui correspond ici, puisque l'ordre est total, au maximum et au minimum), et le complémentaire étant défini par

$$\begin{cases} \bar{0} = 1 \\ \bar{1} = 0 \end{cases}$$

En utilisant les opérations sur les nombres entiers, on pourrait aussi écrire, que pour tout x

$$\bar{x} \overset{\text{def}}{\equiv} 1 - x$$

Définition 8.7.23 (Algèbre de Boole)
On appelle *algèbre de Boole* tout treillis algébrique avec un élément neutre 0 pour $\vee$, un élément neutre 1 pour $\wedge$, tel que les deux opérations soient distributives l'une sur l'autre, et muni d'une opération unaire qui, à tout élément, associe son complément. Autrement dit une algèbre de Boole est un modèle des axiomes suivants, dans le langage de signature $\{\wedge, \vee, \bar{\ }, 0, 1\}$:

1. Commutativité : pour tout x, y

$$x \wedge y = y \wedge x$$
$$x \vee y = y \vee x$$

2. Associativité : pour tout x, y, z

$$(x \wedge y) \wedge z = x \wedge (y \wedge z)$$
$$(x \vee y) \vee z = x \vee (y \vee z)$$

3. Lois d'absorption : pour tout x, y

$$x \wedge (x \vee y) = x$$
$$x \vee (x \wedge y) = x$$

4. Élément neutre : pour tout x

$$x \vee 0 = 0 \vee x = x$$
$$x \wedge 1 = 1 \wedge x = x$$

5. Distributivité de $\wedge$ sur $\vee$ et de $\vee$ sur $\wedge$: pour tout x, y, z

$$x \vee (y \wedge z) = (x \vee y) \wedge (x \vee z)$$
$$x \wedge (y \vee z) = (x \wedge y) \vee (x \wedge z)$$

6. Complément : pour tout x

$$x \vee \bar{x} = 1$$
$$x \wedge \bar{x} = 0$$

Remarque 8.7.24 : Les égalités sont toutes duales : à partir d'un des axiomes on en obtient un autre en permutant $\wedge$ avec $\vee$ et 0 avec 1. Cela signifie que pour toute formule close prouvable, la formule duale (obtenue en permutant $\wedge$ avec $\vee$ et 0 avec 1) est aussi prouvable.

On déduit de la définition d'une algèbre de Boole les propriétés suivantes :

Théorème 8.7.25 (Propriétés d'une algèbre de Boole)
Les propriétés suivantes sont vérifiées :

1. Idempotence : pour tout x

$$x \wedge x = x$$
$$x \vee x = x$$

2. Élément absorbant : pour tout x

$$x \vee 1 = 1 \vee x = 1$$
$$x \wedge 0 = 0 \wedge x = 0$$

3. Unicité du complément : pour tout x et x'

$$\begin{cases} x \vee x' = 1 \\ x \wedge x' = 0 \end{cases} \implies x' = \bar{x}$$

On en déduit en particulier

$$\bar{0} = 1$$
$$\bar{1} = 0$$

4. Involutivité du complément : pour tout x

$$\overline{(\bar{x})} = x$$

5. Lois de De Morgan : pour tout x, y

$$\overline{x \vee y} = \bar{x} \wedge \bar{y}$$
$$\overline{x \wedge y} = \bar{x} \vee \bar{y}$$

Preuve

1. L'idempotence est vérifiée puisqu'une algèbre de Boole est un treillis particulier (l'idempotence est une conséquence immédiate des lois d'absorption). On peut aussi prouver cette propriété à partir des propriétés de l'élément neutre, la

distributivité et le complément :

$$\begin{aligned} x \vee x &= (x \vee x) \wedge 1 && \text{car 1 est élément neutre pour } \wedge \\ &= (x \vee x) \wedge (x \vee \bar{x}) && \text{propriété du complément} \\ &= x \vee (x \wedge \bar{x}) && \text{par distributivité de } \vee \text{ sur } \wedge \\ &= x \vee 0 && \text{propriété du complément} \\ &= x && \text{car 0 est élément neutre pour } \vee \end{aligned}$$

On prouve de même par dualité (il suffit, dans la démonstration, de permuter $\wedge$ avec $\vee$ et 0 avec 1)

$$x \wedge x = x$$

2. 1 est élément absorbant pour $\vee$:

$$\begin{aligned} x \vee 1 &= (x \vee 1) \wedge 1 && \text{car 1 est élément neutre pour } \wedge \\ &= (x \vee 1) \wedge (x \vee \bar{x}) && \text{propriété du complément} \\ &= x \vee (1 \wedge \bar{x}) && \text{par distributivité de } \vee \text{ sur } \wedge \\ &= x \vee \bar{x} && \text{car 1 est élément neutre pour } \wedge \\ &= 1 && \text{propriété du complément} \end{aligned}$$

et par commutativité

$$1 \vee x = x \vee 1 = 1$$

De même, par dualité, 0 est élément absorbant pour $\wedge$ (il suffit, dans la démonstration, de permuter $\wedge$ avec $\vee$ et 0 avec 1).

3. Unicité du complément : si $x \vee x' = 1$ et $x \wedge x' = 0$, alors

$$\begin{aligned} x' &= x' \wedge 1 && \text{car 1 est élément neutre pour } \wedge \\ &= x' \wedge (x \vee \bar{x}) && \text{propriété du complément} \\ &= (x' \wedge x) \vee (x' \wedge \bar{x}) && \text{par distributivité de } \wedge \text{ sur } \vee \\ &= 0 \vee (x' \wedge \bar{x}) && \text{par hypothèse (et commutativité)} \\ &= (x \wedge \bar{x}) \vee (x' \wedge \bar{x}) && \text{propriété du complément} \\ &= (x \vee x') \wedge \bar{x} && \text{par commutativité et distributivité de } \wedge \text{ sur } \vee \\ &= 1 \wedge \bar{x} && \text{propriété du complément} \\ &= \bar{x} && \text{car 1 est élément neutre pour } \wedge \end{aligned}$$

En particulier, puisque

$$\begin{cases} 0 \vee 1 = 1 \\ 0 \wedge 1 = 0 \end{cases}$$

on en déduit par unicité du complément

$$\begin{cases} \bar{0} = 1 \\ \bar{1} = 0 \end{cases}$$

4. Involutivité du complément :

$$\begin{cases} \bar{x} \vee x = 1 \\ \bar{x} \wedge x = 0 \end{cases}$$

donc par unicité du complément, x est le complément de $\bar{x}$:

$$x = \bar{\bar{x}}$$

5. Lois de De Morgan : pour démontrer

$$\overline{x \vee y} = \bar{x} \wedge \bar{y}$$

il suffit, par unicité du complément, de prouver

$$\begin{cases} (x \vee y) \vee (\bar{x} \wedge \bar{y}) = 1 \\ (x \vee y) \wedge (\bar{x} \wedge \bar{y}) = 0 \end{cases}$$

- On a

$$\begin{aligned}(x \vee y) \vee (\bar{x} \wedge \bar{y}) &= ((x \vee y) \vee \bar{x}) \wedge ((x \vee y) \vee \bar{y}) && \text{par distributivité de } \vee \text{ sur } \wedge\\ &= (x \vee \bar{x} \vee y) \wedge (x \vee y \vee \bar{y}) && \text{par associativité et commutativité de } \vee\\ &= (1 \vee y) \wedge (x \vee 1) && \text{propriété du complément}\\ &= 1 \wedge 1 && \text{car 1 est élément absorbant pour } \vee\\ &= 1 && \text{car 1 est élément neutre pour } \wedge\end{aligned}$$

- On prouve de même par dualité (il suffit de permuter dans la démonstration $\wedge$ avec $\vee$, et 0 avec 1)

$$(x \wedge y) \wedge (\bar{x} \vee \bar{y}) = 0$$

Cette égalité étant vraie pour tout x et y, on peut l'appliquer en remplaçant x par $\bar{x}$ et y par $\bar{y}$:

$$(\bar{x} \wedge \bar{y}) \wedge (\bar{\bar{x}} \vee \bar{\bar{y}}) = 0$$

et puisque $\bar{\bar{x}} = x$ et $\bar{\bar{y}} = y$, on obtient

$$(x \vee y) \wedge (\bar{x} \wedge \bar{y}) = 0$$

On en déduit

$$\overline{x \vee y} = \bar{x} \wedge \bar{y}$$

Pour démontrer la deuxième loi de De Morgan, il suffit d'invoquer le principe de dualité, ou d'utiliser celle qui vient d'être prouvée (appliquée à $\bar{x}$ et $\bar{y}$) et l'involutivité du complément :

$$\overline{\bar{x} \vee \bar{y}} = \bar{\bar{x}} \wedge \bar{\bar{y}} = x \wedge y$$

$$\overline{\overline{\bar{x} \vee \bar{y}}} = \overline{x \wedge y}$$

$$\bar{x} \vee \bar{y} = \overline{x \wedge y}$$

6. Lois de De Morgan (autre démonstration ne faisant pas appel à l'associativité). Prouvons d'abord la formule

$$x \vee (\bar{x} \vee y) = 1$$

On a

$$\begin{aligned}x \vee (\bar{x} \vee y) &= 1 \wedge (x \vee (\bar{x} \vee y)) && \text{car 1 est élément neutre pour } \wedge\\ &= (x \vee \bar{x}) \wedge (x \vee (\bar{x} \vee y)) && \text{propriété du complément}\\ &= x \vee (\bar{x} \wedge (\bar{x} \vee y)) && \text{par distributivité de } \vee \text{ sur } \wedge\\ &= x \vee \bar{x} && \text{lois d'absorption}\\ &= 1 && \text{propriété du complément}\end{aligned}$$

On peut alors reprendre la démonstration précédente des lois de De Morgan :

$$\begin{aligned}(x \vee y) \vee (\bar{x} \wedge \bar{y}) &= ((x \vee y) \vee \bar{x}) \wedge ((x \vee y) \vee \bar{y}) && \text{par distributivité de } \vee \text{ sur } \wedge\\ &= (\bar{x} \vee (x \vee y)) \wedge (\bar{y} \vee (y \vee x)) && \text{par commutativité}\\ &= (\bar{x} \vee (\bar{\bar{x}} \vee y)) \wedge (\bar{y} \vee (\bar{\bar{y}} \vee x)) && \text{par involutivité du complément}\\ &= 1 \wedge 1 && \text{d'après le résultat précédent}\\ &= 1 && \text{car 1 est élément neutre pour } \wedge\end{aligned}$$

Le reste de la démonstration est semblable à ce qui a été fait précédemment.

Il existe plusieurs caractérisations équivalentes des algèbres de Boole. En particulier, on peut retirer de la définition les lois d'absorption et l'associativité, car elles se déduisent des quatre autres propriétés (commutativité, distributivité, éléments neutres, complément) :

Théorème 8.7.26

1. Les lois d'absorption se déduisent de la distributivité, de la commutativité, des propriétés des éléments neutres et du complément.
2. L'associativité se déduit de la distributivité, de la commutativité, des propriétés des éléments neutres et du complément.

Preuve

1. Nous allons justifier que les lois d'absorption se déduisent de la distributivité et des propriétés des éléments neutres et des éléments absorbants. Comme la propriété des éléments absorbants se déduit (d'après la preuve du théorème précédent) des quatre propriétés (distributivité, commutativité, éléments neutres, complément) le résultat sera alors établi :

$$\begin{aligned} x \vee (x \wedge y) &= (x \wedge 1) \vee (x \wedge y) && \text{car 1 est neutre pour } \wedge \\ &= x \wedge (1 \vee y) && \text{par distributivité de } \wedge \text{ sur } \vee \\ &= x \wedge 1 && \text{car 1 est absorbant pour } \vee \\ &= x && \text{car 1 est neutre pour } \wedge \end{aligned}$$

On prouve l'autre égalité par dualité (il suffit de permuter dans la démonstration $\wedge$ avec $\vee$, et 0 avec 1).

2. En ce qui concerne l'associativité, notons d'abord que les preuves du théorème précédent montrent que l'on peut déduire des quatre propriétés (distributivité, commutativité, éléments neutres, compléments) toutes celles de ce théorème (idempotence, élément absorbant, unicité du complément, involutivité du complément, lois de De Morgan). Par ailleurs, ce qui précède montre que l'on peut aussi en déduire les lois d'absorption. Nous pouvons ainsi utiliser toutes ces propriétés dans la suite.

- Lemme 1 : nous avons déjà prouvé dans la démonstration des lois de De Morgan (sans associativité) la formule

$$x \vee (\bar{x} \vee y) = 1$$

On en déduit par dualité (en permutant $\wedge$ avec $\vee$, et 0 avec 1)

$$x \wedge (\bar{x} \wedge y) = 0$$

On en déduit aussi, par commutativité et double négation

$$(x \vee (y \vee z)) \vee \bar{x} = \bar{x} \vee (\bar{\bar{x}} \vee (y \vee z)) = 1$$

- Lemme 2 : prouvons

$$y \wedge (x \vee (y \vee z)) = y$$

$$\begin{aligned} y \wedge (x \vee (y \vee z)) &= (y \wedge x) \vee (y \wedge (y \vee z)) && \text{par distributivité de } \wedge \text{ sur } \vee \\ &= (y \wedge x) \vee y && \text{lois d'absorption} \\ &= y && \text{commutativité et lois d'absorption} \end{aligned}$$

On en déduit par dualité (en permutant $\wedge$ avec $\vee$, et 0 avec 1)

$$y \vee (x \wedge (y \wedge z)) = y$$

- Lemme 3 : prouvons

$$(x \vee (y \vee z)) \vee \bar{y} = 1$$

$$\begin{aligned} (x \vee (y \vee z)) \vee \bar{y} &= 1 \wedge (\bar{y} \vee (x \vee (y \vee z))) && \text{par commutativité et car 1 est élément neutre pour } \wedge \\ &= (\bar{y} \vee y) \wedge (\bar{y} \vee (x \vee (y \vee z))) && \text{propriété du complément} \\ &= \bar{y} \vee (y \wedge (x \vee (y \vee z))) && \text{par distributivité de } \vee \text{ sur } \wedge \\ &= \bar{y} \vee y && \text{lemme 2} \\ &= 1 && \text{propriété du complément} \end{aligned}$$

- Lemme 4 : prouvons

$$\overline{(x \vee y) \vee z} \wedge x = 0$$

$$\begin{aligned}
\overline{(x \vee y) \vee z} \wedge x &= ((\bar{x} \wedge \bar{y}) \wedge \bar{z}) \wedge x && \text{lois de De Morgan} \\
&= 0 \vee (x \wedge ((\bar{x} \wedge \bar{y}) \wedge \bar{z})) && \text{par commutativité et car 0 est élément neutre pour } \vee \\
&= (x \wedge \bar{x}) \vee (x \wedge ((\bar{x} \wedge \bar{y}) \wedge \bar{z})) && \text{propriété du complément} \\
&= x \wedge (\bar{x} \vee ((\bar{x} \wedge \bar{y}) \wedge \bar{z})) && \text{par distributivité de } \wedge \text{ sur } \vee \\
&= x \wedge (\bar{x} \vee (\bar{z} \wedge (\bar{x} \wedge \bar{y}))) && \text{par commutativité} \\
&= x \wedge \bar{x} && \text{lemme 2 (deuxième formule, en remplaçant } y \text{ par } \bar{x}, x \text{ par } \bar{z}, z \text{ par } \bar{y}) \\
&= 0 && \text{propriété du complément}
\end{aligned}$$

Prouvons enfin l'associativité : l'objectif est de prouver

$$x \vee (y \vee z) = (x \vee y) \vee z$$

en justifiant que les complémentaires sont égaux, ce qui équivaut, par unicité, à prouver

$$\begin{cases} (x \vee (y \vee z)) \vee \overline{(x \vee y) \vee z} = 1 \\ (x \vee (y \vee z)) \wedge \overline{(x \vee y) \vee z} = 0 \end{cases}$$

- Prouvons

$$(x \vee (y \vee z)) \vee \overline{(x \vee y) \vee z} = 1$$

$$\begin{aligned}
(x \vee (y \vee z)) \vee \overline{(x \vee y) \vee z} &= (x \vee (y \vee z)) \vee ((\bar{x} \wedge \bar{y}) \wedge \bar{z}) && \text{lois de De Morgan} \\
&= ((x \vee (y \vee z)) \vee (\bar{x} \wedge \bar{y})) \wedge ((x \vee (y \vee z)) \vee \bar{z}) && \text{distributivité} \\
&= (((x \vee (y \vee z)) \vee \bar{x}) \quad \wedge \quad ((x \vee (y \vee z)) \vee \bar{y})) \quad \wedge \quad ((x \vee (y \vee z)) \vee \bar{z}) && \text{distributivité}
\end{aligned}$$

avec, d'après le lemme 1

$$(x \vee (y \vee z)) \vee \bar{x} = 1$$

et d'après le lemme 3

$$(x \vee (y \vee z)) \vee \bar{y} = 1$$

et

$$(x \vee (y \vee z)) \vee \bar{z} = (x \vee (z \vee y)) \vee \bar{z} = 1$$

Donc

$$(x \vee (y \vee z)) \vee \overline{(x \vee y) \vee z} = (1 \wedge 1) \wedge 1 = 1$$

- Prouvons

$$(x \vee (y \vee z)) \wedge \overline{(x \vee y) \vee z} = 0$$

$$\begin{aligned}
(x \vee (y \vee z)) \wedge \overline{(x \vee y) \vee z} &= \overline{(x \vee y) \vee z} \wedge (x \vee (y \vee z)) && \text{commutativité} \\
&= (\overline{(x \vee y) \vee z} \wedge x) \vee (\overline{(x \vee y) \vee z} \wedge (y \vee z)) && \text{distributivité} \\
&= (\overline{(x \vee y) \vee z} \wedge x) \quad \vee \quad (\overline{(x \vee y) \vee z} \wedge y) \quad \vee \quad (\overline{(x \vee y) \vee z} \wedge z) && \text{distributivité}
\end{aligned}$$

avec d'après le lemme 4

$$\overline{(x \vee y) \vee z} \wedge x = 0$$

et

$$\overline{(x \vee y) \vee z} \wedge y = \overline{(y \vee x) \vee z} \wedge y = 0$$

et avec

$$\begin{aligned}
\overline{(x \vee y) \vee z} \wedge z &= (\overline{x \vee y} \wedge \bar{z}) \wedge z && \text{lois de De Morgan} \\
&= z \wedge (\bar{z} \wedge \overline{x \vee y}) && \text{commutativité} \\
&= 0 && \text{lemme 1}
\end{aligned}$$

Donc

$$(x \vee (y \vee z)) \wedge \overline{(x \vee y) \vee z} = 0 \vee (0 \vee 0) = 0$$

On en déduit par unicité du complément, puis par involutivité du complément

$$\overline{(x \vee y) \vee z} = \overline{x \vee (y \vee z)}$$

$$(x \vee y) \vee z = x \vee (y \vee z)$$

Remarque 8.7.27 : Comme les lois d'absorption se déduisent facilement des autres propriétés d'une algèbre de Boole, je pourrai dans la suite les retirer de la définition (en les considérant comme une conséquence). Il est en théorie possible de faire la même chose pour l'associativité, mais étant donné la longueur de la justification (voir le théorème précédent), il est probablement plus « raisonnable » de garder l'associativité dans la définition d'une algèbre de Boole.

Remarque 8.7.28 : J'aurais pu désigner le théorème précédent comme un *métathéorème*, mais on peut le formaliser comme un théorème d'une théorie du premier ordre : si on note par exemple Γ l'ensemble des formules (dans le langage des algèbres de Boole) correspondant aux quatre propriétés de commutativité, éléments neutres, distributivité, complément, alors le premier point du théorème précédent signifie

$$\Gamma \vdash \forall x\ y, \begin{cases} x \wedge (x \vee y) & = x \\ x \vee (x \wedge y) & = x \end{cases}$$

Comme pour les treillis, les deux définitions des algèbres de Boole sont équivalentes :

Métathéorème 8.7.29 (Équivalence des deux définitions d'une algèbre de Boole)

1. On considère une algèbre de Boole $(E, \wedge, \vee, \bar{\ }, 0, 1)$ et la relation binaire $\leqslant$ définie de la façon suivante :

$$x \leqslant y \overset{\text{def}}{\equiv} x \vee y = y$$

ce qui équivaut aussi à la définition

$$x \leqslant y \overset{\text{def}}{\equiv} x \wedge y = x$$

Alors $(E, \leqslant, 0, 1)$ est une algèbre de Boole ordonnée, avec
   - l'opération inf correspond à $\wedge$;
   - l'opération sup correspond à $\vee$;
   - 1 est le plus grand élément ;
   - 0 est le plus petit élément.
2. On considère une algèbre de Boole ordonnée $(E, \leqslant, 0, 1)$. On note

$$x \wedge y \overset{\text{def}}{\equiv} \inf(x, y)$$
$$x \vee y \overset{\text{def}}{\equiv} \sup(x, y)$$

et pour tout x on note $\bar{x}$ l'unique élément vérifiant

$$\begin{cases} x \vee \bar{x} = 1 \\ x \wedge \bar{x} = 0 \end{cases}$$

Alors $(E, \wedge, \vee, \bar{\ }, 0, 1)$ est une algèbre de Boole.

Preuve

1. On se donne une algèbre de Boole $(E, \wedge, \vee, \bar{\ }, 0, 1)$. Alors on sait que la relation $\leqslant$ permet de définir un treillis ordonné

$(E, \leqslant)$ où $\wedge$ est l'opération inf et $\vee$ l'opération sup. La distributivité montre que le treillis est distributif. Le fait que 0 est élément neutre pour $\vee$ signifie que c'est le minimum, le fait que 1 est élément neutre pour $\wedge$ signifie que c'est le maximum. Enfin, tout élément admet un complément. Donc $(E, \leqslant, 0, 1)$ est un treillis ordonné distributif et complémenté, c'est-à-dire une algèbre de Boole ordonnée.

2. On se donne une algèbre de Boole ordonnée $(E, \leqslant, 0, 1)$. Nous avons vu que les opérations $\wedge$ et $\vee$ permettent de définir un treillis algébrique $(E, \wedge, \vee)$. Le complément et la distributivité sont donnés par les axiomes de l'algèbre de Boole ordonnée, le fait que 0 et 1 soient respectivement le plus petit et le plus grand élément donnent les propriétés de l'élément neutre et de l'élément absorbant :

$$x \vee 0 = x \equiv 0 \leqslant x \equiv x \wedge 0 = 0$$
$$x \wedge 1 = x \equiv x \leqslant 1 \equiv x \vee 1 = 1$$

En résumé, les deux approches d'une algèbre de Boole définissent donc une structure sur un ensemble E, avec une relation d'ordre $\leqslant$, deux éléments particuliers 0 et 1, deux opérations binaires $\wedge$ et $\vee$, et une opération unaire $^-$, tels que :

1. 0 est le plus petit élément, et 1 le plus grand élément.
2. Pour tout x et y : $x \vee y$ est la borne supérieure, $x \wedge y$ la borne inférieure, de la paire $\{x, y\}$: pour tout t

$$(x \leqslant t \text{ et } y \leqslant t) \iff x \vee y \leqslant t$$
$$(t \leqslant x \text{ et } t \leqslant y) \iff t \leqslant x \wedge y$$

3. On a pour tout x et y

$$x \leqslant y \equiv x \vee y = y \equiv x \wedge y = x$$

4. Les opérations $\wedge$ et $\vee$ sont commutatives, associatives, distributives l'une sur l'autre : pour tout x, y, z

$$x \vee (y \wedge z) = (x \vee y) \wedge (x \vee z)$$
$$x \wedge (y \vee z) = (x \wedge y) \vee (x \wedge z)$$

et vérifient les lois d'absorption : pour tout x, y

$$x \wedge (x \vee y) = x$$
$$x \vee (x \wedge y) = x$$

5. Tous les éléments sont idempotents pour chaque opération : pour tout x

$$x \wedge x = x$$
$$x \vee x = x$$

6. L'opération $\vee$ admet 0 comme élément neutre et 1 comme élément absorbant : pour tout x

$$x \vee 0 = x$$
$$x \vee 1 = 1$$

7. L'opération $\wedge$ admet 1 comme élément neutre et 0 comme élément absorbant : pour tout x

$$x \wedge 1 = x$$
$$x \wedge 0 = 0$$

8. $\bar{x}$ est le complément de x : pour tout x

$$x \vee \bar{x} = 1$$
$$x \wedge \bar{x} = 0$$

et on a

$$\bar{\bar{x}} = x$$

ainsi que les lois de De Morgan : pour tout x, y

$$\overline{x \vee y} = \bar{x} \wedge \bar{y}$$
$$\overline{x \wedge y} = \bar{x} \vee \bar{y}$$

Exemple 8.7.30 (Exemple d'algèbre de Boole)
Pour tout ensemble E, $(\mathscr{P}(E), \subseteq, \varnothing, E, \cap, \cup, \complement)$ est une algèbre de Boole :

- La relation d'ordre est la relation d'inclusion $\subseteq$.
- $\varnothing$ est le plus petit élément, E le plus grand élément.
- La borne supérieure est la réunion, la borne inférieure l'intersection :

$$A \cup B = \sup(A, B)$$
$$A \cap B = \inf(A, B)$$

- $\complement A$, c'est-à-dire

$$\{x \in E \mid x \notin A\}$$

  est le complément de A.

En résumé on a la correspondance suivante :

0	1	$\wedge$	$\vee$	$\bar{A}$	$\leqslant$
$\varnothing$	E	$\cap$	$\cup$	$\complement_E A$	$\subseteq$

Exemple 8.7.31 (Exemple d'algèbre de Boole)
L'algèbre de Boole définie dans la section 3.1 (calcul booléen), c'est-à-dire l'ensemble $\{0, 1\}$ muni des trois opérations suivantes

a	$\bar{a}$
0	1
1	0

a	b	$a+b$
0	0	0
0	1	1
1	0	1
1	1	1

a	b	$a \times b$ ou $a \cdot b$
0	0	0
0	1	0
1	0	0
1	1	1

est une algèbre de Boole :

- La relation d'ordre est définie par

$$x \leqslant y \equiv x + y = y \equiv x \times y = x$$

  et peut être caractérisée par

$$0 < 1$$

- La borne inférieure est $x \times y$, la borne supérieure $x + y$.

En résumé on a la correspondance suivante :

0	1	$\wedge$	$\vee$	$\bar{a}$	$\leqslant$
0	1	$\times$	$+$	$\bar{a}$	$0 < 1$

Définition 8.7.32 (Atome)
On appelle *atome* d'une algèbre de Boole tout élément a n'admettant que 0 comme minorant strict :

$$a \text{ est un atome } \overset{\text{def}}{\equiv} \begin{cases} 0 < a \\ \forall x, (x < a \implies x = 0) \end{cases}$$

ce qui équivaut à

$$a \text{ est un atome } \overset{\text{def}}{\equiv} \forall x, (x < a \iff x = 0)$$

Remarque 8.7.33 : Une algèbre de Boole n'admet pas nécessairement d'atomes.

Remarque 8.7.34 : Si a est un atome et $b \leqslant a$, alors $b = 0$ ou $b = a$. Si de plus b est un atome, alors $b = a$ (puisque $b \neq 0$).

Exemple 8.7.35 (Exemple d'atomes)
Dans l'algèbre de Boole des parties d'un ensemble $(\mathscr{P}(E), \subseteq)$, les singletons sont des atomes : pour tout singleton $\{a\}$

$$\begin{cases} \varnothing \subset \{a\} \\ \forall X \subseteq E, (X \subset \{a\} \implies X = \varnothing) \end{cases}$$

autrement dit il n'existe aucun ensemble non vide strictement inclus dans un singleton.

Théorème 8.7.36 (Caractérisation de l'égalité de deux atomes)
Dans une algèbre de Boole, deux atomes sont distincts si et seulement si leur borne inférieure est égale à 0 : pour tous les atomes a et b

$$a \neq b \iff a \wedge b = 0$$

et par conséquent deux atomes sont égaux si et seulement si leur borne inférieure est différente de 0 :

$$a = b \iff a \wedge b \neq 0$$

Preuve
- Comme a est un atome et $a \wedge b \leqslant a$, on en déduit $a \wedge b = 0$ ou $a \wedge b = a$. De plus $a \wedge b = a$ équivaut à $a \leqslant b$, et donc à $a = b$. On en déduit que si $a \neq b$, alors $a \wedge b = 0$.
- Réciproquement, si $a = b$ alors $a \wedge b = a \neq 0$ donc par contraposition si $a \wedge b = 0$ alors $a \neq b$.

Dans l'algèbre de Boole des parties d'un ensemble E, la différence des ensembles A et B, c'est-à-dire l'ensemble des éléments de A n'appartenant pas à B, est égal à l'intersection de A et du complémentaire de

B. Voyons quelques propriétés de l'opération équivalente dans une algèbre de Boole quelconque.

Théorème 8.7.37 (Différence)
Dans une algèbre de Boole, je noterai

$$x - y \stackrel{\text{def}}{\equiv} x \wedge \bar{y}$$

On a alors pour tout x et y

$$x - (x \wedge y) = x - y$$
$$(x - y) \vee (x \wedge y) = x$$
$$(x - y) \wedge (x \wedge y) = 0$$

et

$$x \leqslant y \iff x - y = 0$$

Preuve

- On a
$$x - (x \wedge y) = x \wedge \overline{x \wedge y} = x \wedge (\bar{x} \vee \bar{y}) = (x \wedge \bar{x}) \vee (x \wedge \bar{y}) = 0 \vee (x \wedge \bar{y}) = x \wedge \bar{y} = x - y$$
- On a
$$(x-y)\vee(x\wedge y) = (x\wedge\bar{y})\vee(x\wedge y) = (x\vee(x\wedge y))\wedge(\bar{y}\vee(x\wedge y)) = x\wedge((\bar{y}\vee x)\wedge(\bar{y}\vee y)) = x\wedge((\bar{y}\vee x)\wedge 1) = x\wedge(x\vee\bar{y}) = x$$
- On a
$$(x - y) \wedge (x \wedge y) = (x \wedge \bar{y}) \wedge (x \wedge y) = x \wedge (\bar{y} \wedge y) \wedge x = x \wedge 0 \wedge x = 0$$
- Si $x \leqslant y$, alors
$$x - y = x \wedge \bar{y} \leqslant y \wedge \bar{y} = 0$$
donc $x - y = 0$. Réciproquement, si $x - y = 0$, alors
$$x = x \wedge 1 = x \wedge (y \vee \bar{y}) = (x \wedge y) \vee (x \wedge \bar{y}) = (x \wedge y) \vee (x - y) = (x \wedge y) \vee 0 = x \wedge y$$
donc $x \leqslant y$.

Définition 8.7.38 (Anneau de Boole)
On appelle *anneau de Boole* tout anneau idempotent pour la multiplication, c'est-à-dire tout modèle des axiomes suivants, dans le langage de signature $\{+, \times, -, 0, 1\}$:

1. Associativité : pour tout x, y, z
$$(x + y) + z = x + (y + z)$$
$$(x \times y) \times z = x \times (y \times z)$$
2. Commutativité de l'addition : pour tout x, y
$$x + y = y + x$$
3. Élément neutre : pour tout x
$$x + 0 = x$$
$$x \times 1 = x$$

4. Opposé : pour tout x

$$x + (-x) = 0$$

5. Distributivité : pour tout x, y, z

$$x \times (y + z) = x \times y + x \times z$$
$$(y + z) \times x = y \times x + z \times x$$

6. Idempotence (pour la multiplication) : pour tout x

$$x \times x = x$$

Exemple 8.7.39 (Exemple d'anneau de Boole)
Soit un ensemble E et $\mathscr{P}(E)$ l'ensemble de ses sous-ensembles. Alors $(\mathscr{P}(E), \Delta, \cap, \emptyset, E)$ est un anneau de Boole. Avec $\cap$ symbole de l'intersection et Δ symbole de la différence symétrique :

$$A \Delta B \overset{\text{def}}{\equiv} (A \cup B) \setminus (A \cap B)$$

Théorème 8.7.40 (Propriétés d'un anneau de Boole)
1. Tout élément est son propre opposé : pour tout x

$$x + x = 0$$

2. Tout anneau de Boole est commutatif : pour tout x, y

$$x \times y = y \times x$$

Preuve
1. On a

$$x + x = (x + x) \times (x + x) = xx + xx + xx + xx = x + x + x + x$$

On en déduit $x + x = 0$ par régularité de l'addition.

2. On a

$$x + y = (x + y) \times (x + y) = xx + xy + yx + yy = x + xy + yx + y = x + y + xy + yx$$

On en déduit $xy + yx = 0$ par régularité de l'addition, et par conséquent, d'après la propriété précédente (et par unicité de l'opposé), $xy = yx$.

Il existe une « équivalence » entre algèbre de Boole et anneau de Boole, dans la mesure où l'on peut munir toute algèbre de Boole d'une structure d'anneau de Boole, et réciproquement, on peut munir tout anneau de Boole d'une structure d'algèbre de Boole :

Métathéorème 8.7.41 (Équivalence entre algèbre de Boole et anneau de Boole)
1. On considère une algèbre de Boole $(E, \wedge, \vee, \bar{\ }, 0, 1)$, et l'opération binaire Δ telle que :

$$x \Delta y \overset{\text{def}}{\equiv} (x - y) \vee (y - x) \overset{\text{def}}{\equiv} (x \wedge \bar{y}) \vee (\bar{x} \wedge y)$$

Alors $(E, \Delta, \wedge, 0, 1)$ est un anneau de Boole.

2. On considère un anneau de Boole $(E, +, \times, 0, 1)$, les opérations binaires $\wedge$ et $\vee$, et l'opération unaire $\bar{}$ définies par :

$$\begin{aligned} x \vee y &\stackrel{\text{def}}{\equiv} x + y + x \times y \\ x \wedge y &\stackrel{\text{def}}{\equiv} x \times y \\ \bar{x} &\stackrel{\text{def}}{\equiv} 1 + x \end{aligned}$$

Alors $(E, \wedge, \vee, \bar{}, 0, 1)$ est une algèbre de Boole.

Preuve

1. On considère une algèbre de Boole $(E, \wedge, \vee, \bar{}, 0, 1)$ et l'opération binaire Δ telle que :

$$x \Delta y \stackrel{\text{def}}{\equiv} (x \wedge \bar{y}) \vee (\bar{x} \wedge y)$$

Prouvons que $(E, \Delta, \wedge, 0, 1)$ est un anneau de Boole. On sait déjà que $\wedge$ est associative (et commutative), admet 1 comme élément neutre, et que la propriété d'idempotence est vérifiée. Il reste à démontrer les autres propriétés.

- La commutativité de Δ est une conséquence immédiate de celle de $\wedge$ et $\vee$:

$$x \Delta y = (x \wedge \bar{y}) \vee (\bar{x} \wedge y) = (y \wedge \bar{x}) \vee (\bar{y} \wedge x) = y \Delta x$$

- Associativité de Δ :

$$x \Delta (y \Delta z) = (x \wedge \overline{y \Delta z}) \vee (\bar{x} \wedge (y \Delta z))$$

avec

$$\begin{aligned} \overline{y \Delta z} &= \overline{(y \wedge \bar{z}) \vee (\bar{y} \wedge z)} \\ &= \overline{(y \wedge \bar{z})} \wedge \overline{(\bar{y} \wedge z)} \\ &= (\bar{y} \vee z) \wedge (y \vee \bar{z}) \\ &= (\bar{y} \wedge y) \vee (\bar{y} \wedge \bar{z}) \vee (z \wedge y) \vee (z \wedge \bar{z}) \\ &= 0 \vee (\bar{y} \wedge \bar{z}) \vee (z \wedge y) \vee 0 \\ &= (y \wedge z) \vee (\bar{y} \wedge \bar{z}) \end{aligned}$$

et

$$\begin{aligned} \bar{x} \wedge (y \Delta z) &= \bar{x} \wedge ((y \wedge \bar{z}) \vee (\bar{y} \wedge z)) \\ &= (\bar{x} \wedge (y \wedge \bar{z})) \vee (\bar{x} \wedge (\bar{y} \wedge z)) \\ &= (\bar{x} \wedge y \wedge \bar{z}) \vee (\bar{x} \wedge \bar{y} \wedge z) \end{aligned}$$

donc

$$\begin{aligned} x \Delta (y \Delta z) &= (x \wedge ((y \wedge z) \vee (\bar{y} \wedge \bar{z}))) \vee ((\bar{x} \wedge y \wedge \bar{z}) \vee (\bar{x} \wedge \bar{y} \wedge z)) \\ &= (x \wedge y \wedge z) \vee (x \wedge \bar{y} \wedge \bar{z}) \vee (\bar{x} \wedge y \wedge \bar{z}) \vee (\bar{x} \wedge \bar{y} \wedge z) \end{aligned}$$

On peut vérifier qu'on obtient la même expression en développant $(x \Delta y) \Delta z$. Une autre possibilité est de remarquer que cette expression est invariante par permutation de x, y, z ($x \mapsto y, y \mapsto z, z \mapsto x$, ou encore $x \mapsto z, z \mapsto y, y \mapsto x$) ; on en déduit

$$x \Delta (y \Delta z) = z \Delta (x \Delta y)$$

donc par commutativité de Δ

$$x \Delta (y \Delta z) = (x \Delta y) \Delta z$$

- 0 est élément neutre pour Δ :

$$x \Delta 0 = (x \wedge \bar{0}) \vee (\bar{x} \wedge 0) = (x \wedge 1) \vee 0 = x \vee 0 = x$$

- x est l'opposé de x :

$$x \Delta x = (x \wedge \bar{x}) \vee (\bar{x} \wedge x) = 0 \vee 0 = 0$$

- $\wedge$ est distributive sur Δ. Puisque $\wedge$ est commutative, il suffit de vérifier une seule des égalités :

$$\begin{aligned}(x \wedge y)\Delta(x \wedge z) &= ((x \wedge y) \wedge \overline{x \wedge z}) \vee (\overline{x \wedge y} \wedge (x \wedge z))\\ &= (x \wedge y \wedge (\bar{x} \vee \bar{z})) \vee ((\bar{x} \vee \bar{y}) \wedge x \wedge z)\\ &= (y \wedge ((x \wedge \bar{x}) \vee (x \wedge \bar{z}))) \vee (((\bar{x} \wedge x) \vee (\bar{y} \wedge x)) \wedge z)\\ &= (y \wedge (0 \vee (x \wedge \bar{z}))) \vee ((0 \vee (\bar{y} \wedge x)) \wedge z)\\ &= (y \wedge (x \wedge \bar{z})) \vee ((\bar{y} \wedge x) \wedge z)\\ &= x \wedge ((y \wedge \bar{z}) \vee (\bar{y} \wedge z))\\ &= x \wedge (y \Delta z)\end{aligned}$$

2. On considère un anneau de Boole $(E, +, \times, 0, 1)$ et les opérations

$$\begin{aligned} x \vee y &\stackrel{\text{def}}{\equiv} x + y + x \times y\\ x \wedge y &\stackrel{\text{def}}{\equiv} x \times y\\ \bar{x} &\stackrel{\text{def}}{\equiv} 1 + x\end{aligned}$$

Prouvons que $(E, \wedge, \vee, ^{-}, 0, 1)$ est une algèbre de Boole. On utilise la caractérisation sans les lois d'absorption (qui se déduisent des autres propriétés) :

- La commutativité de $\wedge$ est celle de $\times$ et la commutativité de $\vee$ est immédiate car

$$x \vee y = x + y + xy = y + x + yx = y \vee x$$

- L'associativité de $\wedge$ est celle de $\times$ et l'associativité de $\vee$ se déduit des règles de calcul dans un anneau :

$$\begin{aligned} x \vee (y \vee z) &= x + (y \vee z) + x(y \vee z)\\ &= x + (y + z + yz) + x(y + z + yz)\\ &= x + y + z + yz + xy + xz + xyz\\ &= (x + y + xy) + z + (x + y + xy)z\\ &= (x \vee y) \vee z\end{aligned}$$

- 0 est élément neutre pour $\vee$ et 1 est élément neutre pour $\wedge$:

$$\begin{cases} x \wedge 1 = x \times 1 = x\\ x \vee 0 = x + 0 + x \times 0 = x\end{cases}$$

- $\vee$ est distributive sur $\wedge$ car

$$\begin{aligned}(x \vee y) \wedge (x \vee z) &= (x + y + xy)(x + z + xz)\\ &= xx + xz + xxz + yx + yz + yxz + xyx + xyz + xyxz\\ &= x + (xz + xz) + (xy + xy) + yz + xyz + xyz + xyz\\ &= x + 0 + 0 + yz + 0 + xyz\\ &= x + yz + xyz\\ &= x \vee (y \wedge z)\end{aligned}$$

et $\wedge$ est distributive sur $\vee$:

$$(x \wedge y) \vee (x \wedge z) = xy + xz + xyxz = xy + xz + xyz = x(y + z + yz) = x \wedge (y \vee z)$$

- Propriété du complément :

$$\begin{cases} x \wedge \bar{x} = x\bar{x} = x(1 + x) = x \times 1 + xx = x + x = 0\\ x \vee \bar{x} = x + \bar{x} + x\bar{x} = x + (1 + x) + x(1 + x) = x + 1 + x + x + xx = x + x + x + x + 1 = 0 + 0 + 1 = 1\end{cases}$$

Algèbres de Heyting

Comme pour les treillis et les algèbres de Boole, on peut définir de façon équivalente les algèbres de Heyting comme des structures algébriques ou des structures ordonnées. Commençons par la définition à partir d'une relation d'ordre.

Définition 8.7.42 (Algèbre de Heyting)
On appelle algèbre de Heyting tout treillis borné tel que pour tout x et y il existe un plus grand élément z tel que $x \wedge z \leqslant y$, autrement dit pour tout x et y

$$\exists z, \begin{cases} x \wedge z \leqslant y \\ \forall t, (x \wedge t \leqslant y \implies t \leqslant z) \end{cases}$$

ce qui équivaut aussi à : pour tout x et y

$$\exists z \forall t, (x \wedge t \leqslant y \iff t \leqslant z)$$

De plus, z est unique ; on le note $x \to y$. On a donc pour tout x et y, et pour tout t

$$x \wedge t \leqslant y \iff t \leqslant x \to y$$

Preuve

1. Prouvons l'équivalence des définitions : on fait l'hypothèse que pour tout x et y il existe z tel que

$$\begin{cases} x \wedge z \leqslant y \\ \forall t, (x \wedge t \leqslant y \implies t \leqslant z) \end{cases}$$

Si t tel que $t \leqslant z$, on a

$$x \wedge t \leqslant x \wedge z \leqslant y$$

Par conséquent on obtient la deuxième implication (la première est vraie par hypothèse), donc on a :

$$\forall t, (x \wedge t \leqslant y \iff t \leqslant z)$$

Réciproquement, on fait l'hypothèse que pour tout x et y il existe z tel que

$$\forall t, (x \wedge t \leqslant y \iff t \leqslant z)$$

Puisque $z \leqslant z$, on a bien $x \wedge z \leqslant y$.

2. Prouvons l'unicité : si z et z' sont tels que

$$\begin{cases} \forall t, (x \wedge t \leqslant y \iff t \leqslant z) \\ \forall t, (x \wedge t \leqslant y \iff t \leqslant z') \end{cases}$$

alors puisque $x \wedge z \leqslant y$ et $x \wedge z' \leqslant y$, on en déduit $z \leqslant z'$ et $z' \leqslant z$, donc $z = z'$.

Remarque 8.7.43 : On peut ainsi définir une algèbre de Heyting, dans le langage de signature $\{\leqslant, 0, 1, \wedge, \vee, \to\}$ (avec $\to$ opération binaire), par les axiomes des relations d'ordre auxquels on ajoute les axiomes suivants :

1. Toute paire admet une borne supérieure et une borne inférieure : pour tout x, y

$$\begin{cases} x \leqslant x \vee y \\ y \leqslant x \vee y \\ \forall t, ((x \leqslant t \text{ et } y \leqslant t) \implies x \vee y \leqslant t) \end{cases} \quad \text{et} \quad \begin{cases} x \wedge y \leqslant x \\ x \wedge y \leqslant y \\ \forall t, ((t \leqslant x \text{ et } t \leqslant y) \implies t \leqslant x \wedge y) \end{cases}$$

ce qui équivaut aussi à : pour tout t

$$(x \leqslant t \text{ et } y \leqslant t) \iff x \vee y \leqslant t \qquad \text{et} \qquad (t \leqslant x \text{ et } t \leqslant y) \iff t \leqslant x \wedge y$$

2. 0 est le plus petit élément et 1 le plus grand : pour tout x

$$0 \leqslant x \leqslant 1$$

3. Pour tout x et y

$$\begin{cases} x \wedge (x \to y) \leqslant y \\ \forall t, (x \wedge t \leqslant y \implies t \leqslant x \to y) \end{cases}$$

ce qui équivaut aussi à : pour tout t

$$x \wedge t \leqslant y \iff t \leqslant x \to y$$

Théorème 8.7.44 (Définition équivalente d'une algèbre de Heyting)
Un treillis borné, muni d'une opération binaire $\to$, est une algèbre de Heyting si et seulement si $\to$ vérifie les propriétés suivantes :

1. Pour tout x
$$x \to x = 1$$
2. Pour tout x et y
$$x \wedge (x \to y) = x \wedge y$$
3. Pour tout x et y
$$y \wedge (x \to y) = y$$
ce qui équivaut à
$$y \leqslant x \to y$$
4. Distributivité à gauche de $\to$ sur $\wedge$: Pour tout x, y, z
$$x \to (y \wedge z) = (x \to y) \wedge (x \to z)$$

Preuve

1. Vérifions que dans une algèbre de Heyting, $\to$ vérifie les quatre propriétés.
   - Pour tout x, on a $x \wedge 1 = x \leqslant x$ donc
   $$1 \leqslant x \to x$$
   et puisque 1 est le plus grand élément on a aussi $x \to x \leqslant 1$ donc
   $$x \to x = 1$$
   - On a
   $$x \wedge (x \wedge y) = (x \wedge x) \wedge y = x \wedge y \leqslant y$$
   donc
   $$x \wedge y \leqslant x \to y$$
   $$x \wedge y = x \wedge (x \wedge y) \leqslant x \wedge (x \to y)$$
   De plus
   $$x \wedge (x \to y) \leqslant y$$

$$x \wedge (x \rightarrow y) = x \wedge (x \wedge (x \rightarrow y)) \leqslant x \wedge y$$

donc

$$x \wedge (x \rightarrow y) = x \wedge y$$

- On a $x \wedge y \leqslant y$ donc

$$y \leqslant x \rightarrow y$$

ce qui équivaut à

$$y \wedge (x \rightarrow y) = y$$

- D'après la deuxième propriété

$$x \wedge (x \rightarrow (y \wedge z)) = x \wedge (y \wedge z) \leqslant y$$

On en déduit $x \rightarrow (y \wedge z) \leqslant x \rightarrow y$ et on prouve de même $x \rightarrow (y \wedge z) \leqslant x \rightarrow z$. On en déduit

$$x \rightarrow (y \wedge z) \leqslant (x \rightarrow y) \wedge (x \rightarrow z) \tag{8.1}$$

Par ailleurs

$$\begin{cases} x \wedge (x \rightarrow y) \leqslant y \\ x \wedge (x \rightarrow z) \leqslant z \end{cases}$$

donc

$$\begin{cases} x \wedge (x \rightarrow y) \wedge (x \rightarrow z) \leqslant x \wedge (x \rightarrow y) \leqslant y \\ x \wedge (x \rightarrow y) \wedge (x \rightarrow z) \leqslant x \wedge (x \rightarrow z) \leqslant z \end{cases}$$

et par conséquent

$$x \wedge (x \rightarrow y) \wedge (x \rightarrow z) \leqslant y \wedge z$$

donc

$$(x \rightarrow y) \wedge (x \rightarrow z) \leqslant x \rightarrow (y \wedge z) \tag{8.2}$$

On déduit de 8.1 et 8.2

$$(x \rightarrow y) \wedge (x \rightarrow z) = x \rightarrow (y \wedge z)$$

2. Réciproquement, on considère un treillis borné muni d'une opération $\rightarrow$ vérifiant les quatre propriétés. Si $t \leqslant x \rightarrow y$ alors d'après la propriété 2

$$x \wedge t = t \wedge x \leqslant (x \rightarrow y) \wedge x = x \wedge (x \rightarrow y) = x \wedge y \leqslant y$$

Il reste à prouver l'implication réciproque.

- Justifions d'abord que pour tout x, y, z

$$y \leqslant z \implies x \rightarrow y \leqslant x \rightarrow z$$

Si $y \leqslant z$, alors $y \wedge z = y$ donc d'après la propriété 4 (distributivité de $\rightarrow$)

$$(x \rightarrow y) \wedge (x \rightarrow z) = x \rightarrow (y \wedge z) = x \rightarrow y$$

Par conséquent

$$x \rightarrow y \leqslant x \rightarrow z$$

- On considère x, y, t tels que $x \wedge t \leqslant y$. On a (propriété 3)

$$t = t \wedge (x \rightarrow t) \leqslant x \rightarrow t = 1 \wedge (x \rightarrow t)$$

De plus (propriétés 1 et 4)

$$1 \wedge (x \rightarrow t) = (x \rightarrow x) \wedge (x \rightarrow t) = x \rightarrow (x \wedge t)$$

Or par hypothèse $x \wedge t \leqslant y$, donc d'après le point précédent

$$x \rightarrow (x \wedge t) \leqslant x \rightarrow y$$

Par conséquent

$$t \leqslant 1 \wedge (x \rightarrow t) = x \rightarrow (x \wedge t) \leqslant x \rightarrow y$$

Remarque 8.7.45 : J'aurais pu désigner le théorème précédent comme un métathéorème, mais on peut le considérer comme un théorème (dans le sens formel) de la théorie des treillis bornés. En effet, considérons le langage des treillis bornés auquel on ajoute l'opération binaire $\rightarrow$; notons $\mathscr{T}$ la théorie des treillis bornés et

$\mathscr{F}$ la conjonction des formules correspondant aux quatre propriétés du théorème. Ce théorème s'écrit alors

$$\mathscr{T} \vdash (\forall x\ y\ t, (x \wedge t \leqslant y \iff t \leqslant x \to y)) \quad \iff \quad \mathscr{F}$$

Théorème 8.7.46 (Propriétés d'une algèbre de Heyting)

1. Toute algèbre de Heyting est un treillis distributif, c'est-à-dire que les deux propriétés suivantes (équivalentes dans un treillis) sont vérifiées : pour tout x, y, z

$$x \vee (y \wedge z) = (x \vee y) \wedge (x \vee z)$$
$$x \wedge (y \vee z) = (x \wedge y) \vee (x \wedge z)$$

2. Pour tout x, y, z

$$x \wedge y \leqslant x \to y$$
$$x \to y \leqslant x \to (y \vee z)$$
$$(x \vee z) \to y \leqslant x \to y$$

Preuve

1. Prouvons qu'une algèbre de Heyting est un treillis distributif : pour tout x, y, z, t les lignes suivantes sont équivalentes :

$$(x \vee y) \wedge z \leqslant t$$
$$(x \vee y) \leqslant z \to t$$
$$x \leqslant z \to t \text{ et } y \leqslant z \to t$$
$$x \wedge z \leqslant t \text{ et } y \wedge z \leqslant t$$
$$(x \wedge z) \vee (y \wedge z) \leqslant t$$

Or $(x \vee y) \wedge z \leqslant (x \vee y) \wedge z$, donc en remplaçant dans ce qui précède t par $(x \vee y) \wedge z$, on obtient

$$(x \wedge z) \vee (y \wedge z) \leqslant (x \vee y) \wedge z$$

De même, $(x \wedge z) \vee (y \wedge z) \leqslant (x \wedge z) \vee (y \wedge z)$ donc

$$(x \vee y) \wedge z \leqslant (x \wedge z) \vee (y \wedge z)$$

On en déduit

$$(x \vee y) \wedge z = (x \wedge z) \vee (y \wedge z)$$

2. • D'après la propriété 2 du théorème précédent, $x \wedge y = x \wedge (x \to y)$ donc $x \wedge y \leqslant x \to y$.
   • On a

$$x \wedge (x \to y) = x \wedge y \leqslant y \leqslant y \vee z$$

   donc

$$x \to y \leqslant x \to (y \vee z)$$

   • Pour tout t

$$x \wedge t \leqslant (x \wedge t) \vee (z \wedge t) = (x \vee z) \wedge t$$

   donc en choisissant $t :\equiv (x \vee z) \to y$,

$$x \wedge ((x \vee z) \to y) \leqslant (x \vee z) \wedge ((x \vee z) \to y) \leqslant y$$

   On en déduit

$$(x \vee z) \to y \leqslant x \to y$$

Théorème 8.7.47 (Algèbres de Boole et de Heyting)
Toute algèbre de Boole est une algèbre de Heyting, avec

$$x \to y \overset{\text{def}}{\equiv} \bar{x} \vee y$$

Preuve
Prouvons que dans une algèbre de Boole, pour tout x, y, t

$$x \wedge t \leqslant y \iff t \leqslant \bar{x} \vee y$$

- Si x, y, t sont tels que $x \wedge t \leqslant y$, alors

$$t = 1 \wedge t = (\bar{x} \vee x) \wedge t \leqslant (\bar{x} \vee x) \wedge (\bar{x} \vee t) = \bar{x} \vee (x \wedge t) \leqslant \bar{x} \vee y$$

- Réciproquement, si x, y, t sont tels que $t \leqslant \bar{x} \vee y$, alors

$$x \wedge t \leqslant x \wedge (\bar{x} \vee y) = (x \wedge \bar{x}) \vee (x \wedge y) = 0 \vee (x \wedge y) = x \wedge y \leqslant y$$

Définition 8.7.48 (Pseudo-complément)
On définit dans toute algèbre de Heyting, pour tout x

$$\bar{x} \overset{\text{def}}{\equiv} x \to 0$$

$\bar{x}$ s'appelle le pseudo-complément de x.

Remarque 8.7.49 : Dans le cas d'une algèbre de Boole, qui est donc aussi une algèbre de Heyting, la notation $\bar{x}$ désigne à la fois le complément de x et le pseudo-complément de x, mais ce n'est pas un problème car les deux coïncident : en effet, le complément $\bar{x}$ de x est tel que

$$x \to 0 = \bar{x} \vee 0 = \bar{x}$$

c'est-à-dire que $\bar{x}$ est aussi le pseudo-complément de x.

Théorème 8.7.50 (Propriétés du pseudo-complément dans une algèbre de Heyting)

1. 0 et 1 sont les pseudo-compléments l'un de l'autre :
$$\bar{0} = 1$$
$$\bar{1} = 0$$
2. La fonction pseudo-complément est décroissante : pour tout x et y
$$x \leqslant y \implies \bar{y} \leqslant \bar{x}$$
3. Pour tout x et y :
$$x \wedge \bar{x} = 0$$
$$\overline{x \vee y} = \bar{x} \wedge \bar{y}$$
$$x \leqslant \bar{\bar{x}}$$
$$\bar{\bar{\bar{x}}} = \bar{x}$$

Preuve

1. On a
$$\bar{0} = 0 \to 0 = 1$$
et
$$\bar{1} = 1 \wedge \bar{1} = 1 \wedge (1 \to 0) = 1 \wedge 0 = 0$$
2. On a
$$(x \vee y) \to 0 \leqslant x \to 0$$
autrement dit
$$\overline{x \vee y} \leqslant \bar{x}$$
Donc si $x \leqslant y$ (ce qui équivaut à $x \vee y = y$)
$$\bar{y} = \overline{x \vee y} \leqslant \bar{x}$$
3. • On a
$$x \wedge \bar{x} = x \wedge (x \to 0) = x \wedge 0 = 0$$
   • Prouvons
$$\overline{x \vee y} = \bar{x} \wedge \bar{y}$$
   Nous avons vu précédemment $\overline{x \vee y} \leqslant \bar{x}$ et de même $\overline{x \vee y} \leqslant \bar{y}$ donc
$$\overline{x \vee y} \leqslant \bar{x} \wedge \bar{y}$$
   Par ailleurs
$$(\bar{x} \wedge \bar{y}) \wedge (x \vee y) = (\bar{x} \wedge \bar{y} \wedge x) \vee (\bar{x} \wedge \bar{y} \wedge y) = (0 \wedge \bar{y}) \vee (\bar{x} \wedge 0) = 0$$
   donc
$$\bar{x} \wedge \bar{y} \leqslant (x \vee y) \to 0 = \overline{x \vee y}$$
   Par conséquent
$$\overline{x \vee y} = \bar{x} \wedge \bar{y}$$
   • Par définition
$$x \wedge (x \to 0) \leqslant 0$$
   donc
$$x \leqslant ((x \to 0) \to 0) = \bar{\bar{x}}$$
   • On vient de justifier que pour tout x, on a $x \leqslant \bar{\bar{x}}$. On en déduit d'une part, en remplaçant x par $\bar{x}$
$$\bar{x} \leqslant \bar{\bar{\bar{x}}}$$
   et d'autre part, par décroissance de la fonction pseudo-complément
$$\bar{\bar{\bar{x}}} \leqslant \bar{x}$$
   donc
$$\bar{\bar{\bar{x}}} = \bar{x}$$

Métathéorème 8.7.51 (Caractérisation des algèbres de Boole parmi les algèbres de Heyting)
Si $(E, \wedge, \vee, \to, 0, 1)$ est une algèbre de Heyting, alors les trois propriétés suivantes sont équivalentes :

1. $(E, \wedge, \vee, ^-, 0, 1)$ est une algèbre de Boole.
2. Pour tout x
$$x \vee \bar{x} = 1$$
3. Pour tout x
$$\bar{\bar{x}} = x$$

Preuve

- Prouvons que dans une algèbre de Heyting

$$(\forall x, x \vee \bar{x} = 1) \iff (\forall x, \bar{\bar{x}} = x)$$

— Si pour tout x, $x \vee \bar{x} = 1$ alors

$$\bar{\bar{x}} = 1 \wedge \bar{\bar{x}} = (x \vee \bar{x}) \wedge \bar{\bar{x}} = (x \wedge \bar{\bar{x}}) \vee (\bar{x} \wedge \bar{\bar{x}}) = (x \wedge \bar{\bar{x}}) \vee 0 = x \wedge \bar{\bar{x}} \leqslant x$$

Comme de plus on a toujours $x \leqslant \bar{\bar{x}}$ on en déduit

$$\bar{\bar{x}} = x$$

— Si pour tout x, $\bar{\bar{x}} = x$, alors

$$x \vee \bar{x} = \overline{\overline{x \vee \bar{x}}}$$

Or

$$\overline{x \vee \bar{x}} = \bar{x} \wedge \bar{\bar{x}} = 0$$

donc

$$x \vee \bar{x} = \overline{\overline{x \vee \bar{x}}} = \bar{0} = 1$$

- L'équivalence entre une algèbre de Boole et une algèbre de Heyting vérifiant les deux propriétés s'en déduit : nous savons déjà qu'une algèbre de Boole vérifie les deux propriétés. Réciproquement, prouvons qu'une algèbre de Heyting vérifiant ces propriétés est une algèbre de Boole. Puisqu'une algèbre de Heyting est aussi un treillis distributif et borné, il ne reste à vérifier que la propriété du complément, ce qui est immédiat : on a déjà par hypothèse

$$x \vee \bar{x} = 1$$

et dans toute algèbre de Heyting

$$x \wedge \bar{x} = 0$$

Remarque 8.7.52 : Les algèbres de Heyting sont à la logique intuitionniste des propositions ce que les algèbres de Boole sont à la logique classique des propositions. Je ne justifierai pas ce résultat, mais on peut noter que l'on retrouve dans le théorème précédent l'idée que l'on obtient la logique classique en ajoutant aux règles de la logique intuitionniste la double négation ($\bar{\bar{x}} = x$) ou de manière équivalente le principe du tiers exclu ($x \vee \bar{x} = 1$).

Chapitre 9

Théorie de l'arithmétique de Peano

9.1 Entiers de Peano

Axiome 9.1.1 (Axiomes de Peano-Dedekind [1])
On appelle *axiomes de Peano-Dedekind* les axiomes suivants, dans le langage du premier ordre de signature $\{0, S\}$, avec 0 une constante (zéro), et S une opération unaire (la fonction successeur) :

1. 0 n'est pas successeur : pour tout x
$$Sx \neq 0$$
2. S est injective : pour tout x et y
$$Sx = Sy \implies x = y$$
ce qui équivaut aussi, par contraposition, à
$$x \neq y \implies Sx \neq Sy$$
3. Schéma d'axiomes de récurrence du premier ordre. Soit $\mathscr{P}[x, \vec{a}]$ une formule. Pour tout $\vec{a}$
$$\text{si} \quad \begin{cases} \mathscr{P}(0) \\ \forall x, (\mathscr{P}(x) \implies \mathscr{P}(Sx)) \end{cases}$$
$$\text{alors} \quad \forall x \mathscr{P}(x)$$

Remarque 9.1.2 : Le troisième point est bien un schéma d'axiomes et pas un unique axiome, car il y a un axiome pour toute formule $\mathscr{P}$ écrite dans le langage. Mais on peut aussi par abus de langage le désigner comme un axiome. Par ailleurs, je l'écris sous la forme d'une règle d'inférence, mais nous avons vu que cela équivaut à la formule suivante

$$\begin{cases} \mathscr{P}(0) \\ \forall x, (\mathscr{P}(x) \implies \mathscr{P}(Sx)) \end{cases} \implies \forall x \mathscr{P}(x)$$

Remarque 9.1.3 : Je rappelle que j'indique « pour tout x » ou « pour tout x et y » pour signifier qu'on considère la clôture universelle des formules qui suivent, c'est-à-dire que devant chaque formule on ajoute un

1. De Giuseppe Peano (1858-1932), mathématicien et linguiste italien, et Richard Dedekind (1831-1916), mathématicien allemand. Une courte remarque historique précisera dans la section suivante leurs contributions.

quantificateur universel pour chaque variable libre. Autrement dit l'expression complète des trois axiomes, sous la forme de formules closes, est

$$\forall x, Sx \neq 0$$

$$\forall x\ y, (Sx = Sy \implies x = y)$$

$$\forall \vec{a}, \begin{cases} \mathscr{P}(0) \\ \forall x, (\mathscr{P}(x) \implies \mathscr{P}(Sx)) \end{cases} \implies \forall x \mathscr{P}(x)$$

Remarque 9.1.4 : Je rappelle aussi que $\vec{a}$ représente un nombre indéterminé de variables ; c'est un raccourci pour $a_1, \ldots, a_n$. Cela sert d'une certaine manière à indiquer des paramètres que peut avoir la formule $\mathscr{P}$, mais qui n'ont pas d'influence sur la récurrence. Cette formulation permet d'obtenir l'axiome sous la forme d'une formule close explicite. Une autre possibilité était d'indiquer que l'axiome est la clôture universelle de la formule

$$\begin{cases} \mathscr{P}(0) \\ \forall x, (\mathscr{P}(x) \implies \mathscr{P}(Sx)) \end{cases} \implies \forall x \mathscr{P}(x)$$

Remarque 9.1.5 : Ces axiomes ont pour vocation de formaliser l'ensemble $\mathbb{N}$ des nombres entiers naturels. $\mathbb{N}$ est en effet un modèle de ces axiomes, avec l'interprétation naturelle (0 est interprété par l'élément 0 de $\mathbb{N}$, et la fonction qui interprète S est l'opération $x \mapsto x + 1$). On peut ainsi se représenter les éléments de $\mathbb{N}$ de la façon suivante, où chaque flèche désigne l'application de la fonction successeur :

$$0 \longrightarrow 1 \longrightarrow 2 \longrightarrow 3 \longrightarrow \ldots$$

1. L'axiome 1 signifie que 0 n'est le successeur d'aucun nombre.
2. L'axiome 2 signifie que la fonction successeur est injective, c'est-à-dire que deux nombres différents ont des successeurs différents.
3. L'axiome 3 est le principe de récurrence. C'est ce qui permet de démontrer une formule $\mathscr{P}[x, \vec{a}]$ par récurrence sur x ($\vec{a}$, c'est-à-dire $a_1, \ldots, a_n$, est une liste de paramètres éventuels qui n'ont pas d'influence sur la récurrence), avec les deux étapes classiques :
   - On démontre que la formule est vérifiée pour 0, autrement dit on prouve $\mathscr{P}(0)$.
   - Pour x quelconque, on fait l'hypothèse de récurrence $\mathscr{P}(x)$, et on prouve que la formule est vérifiée pour le successeur de x, autrement dit on prouve $\mathscr{P}(Sx)$.

   On en déduit que la formule est vérifiée pour tout x, autrement dit on en déduit

   $$\forall x, \mathscr{P}(x)$$

Remarque 9.1.6 (Remarque historique) : L'historique du raisonnement par récurrence peut prêter à interprétation, et les historiens des mathématiques ne sont pas toujours d'accord, car on peut trouver des traces de ce principe, plus ou moins implicite, plus ou moins général, chez plusieurs mathématiciens. Parmi les noms cités on trouve le mathématicien grec Euclide (v. 300 AEC[2]), les mathématiciens perses Al-Karaji (v. 953-v. 1029) et Alhazen (v. 965-v. 1039), le mathématicien indien Bhaskara (1114-1185), le mathématicien, astronome, philosophe, théologien français Gersonide (1288-1344), le mathématicien et astronome italien Francesco Maurolico (1494-1575) dans son ouvrage *Arithmeticorum libri duo* (1575). Mais c'est le mathématicien, physicien, philosophe et théologien français Blaise Pascal (1623-1662) qui est considéré comme l'auteur de la première utilisation explicite du raisonnement par récurrence, dans son *Traité du triangle arithmétique* (écrit en 1654 et publié en 1665) où il donne plusieurs propriétés du triangle qui porte son nom.

2. Voir la note 4, p. 8.

On peut aussi citer le magistrat et mathématicien français Pierre de Fermat (1601/1608 [3]-1665) et le mathématicien et physicien suisse Jacques Bernoulli (1654-1705) qui ont utilisé le raisonnement par récurrence. On arrive enfin à la formalisation partielle du raisonnement par récurrence par le mathématicien allemand Hermann Gunther Grassmann (1809-1877) en 1861, puis sa formalisation complète par le mathématicien allemand Richard Dedekind (1831-1916) en 1888 et indépendamment par le mathématicien et linguiste italien Giuseppe Peano (1858-1932) en 1889.

Remarque 9.1.7 (Vocabulaire) : À la place de *récurrence*, on trouve également *induction*, qui est le terme anglais, mais peut s'utiliser en français, ce terme définissant aussi différents principes qui généralisent la récurrence sur les entiers (par exemple, le principe d'induction structurelle qui a été abordé dans la section 2.4, et sera étudié de façon plus formelle dans le volume 3).

Définition 9.1.8 (Prédécesseur)
On dit que y est *le prédécesseur* de x lorsque x est le successeur de y.

Remarque 9.1.9 : Le prédécesseur de x (s'il existe) est unique d'après l'axiome 2. En effet, si y et z sont des prédécesseurs de x, alors $x = Sy = Sz$, donc $y = z$.

Remarque 9.1.10 (Notations) : On pourra noter $x-1$ le prédécesseur de x. Il ne s'agit ici que d'une notation, aucune opération de soustraction n'ayant été définie pour l'instant.

Théorème 9.1.11 (Propriétés du successeur)

1. Deux termes sont égaux si et seulement si leurs successeurs sont égaux : pour tout x et y
$$x = y \iff Sx = Sy$$
2. Tout terme non nul est un successeur, c'est-à-dire qu'il admet un (unique) prédécesseur : pour tout x
$$x \neq 0 \implies \exists y, x = Sy$$
Ce qui équivaut aussi à
$$(x = 0) \text{ ou } (\exists y, x = Sy)$$
3. Aucun terme n'est égal à son successeur : pour tout x
$$x \neq Sx$$

Preuve

1. Si $x = y$, alors $Sx = Sy$ par définition de l'égalité, et réciproquement, d'après l'axiome 2, si $Sx = Sy$, alors $x = y$.
2. Démontrons par récurrence la formule
$$\mathscr{P}[x] :\equiv (x = 0) \text{ ou } (\exists y, x = Sy)$$
   - $\mathscr{P}(0)$ est trivial $(0 = 0)$.
   - On fait l'hypothèse de récurrence $\mathscr{P}(x)$. Alors on a $\mathscr{P}(Sx)$ par définition, puisqu'il existe y tel que $Sx = Sy$ (on choisit $y :\equiv x$).

   On en déduit par récurrence (c'est-à-dire à l'aide de l'axiome 3)
$$\forall x, ((x = 0) \text{ ou } (\exists y, x = Sy))$$

3. Voir la note 5, p. 349.

3. Démontrons par récurrence la formule

$$\mathscr{P}[x] :\equiv x \neq Sx$$

- $\mathscr{P}(0)$, puisque 0 n'est pas un successeur (axiome 1).
- On fait l'hypothèse de récurrence $\mathscr{P}(x)$. Si $Sx = SSx$, alors par injectivité du successeur (axiome 2), $x = Sx$. Or $x \neq Sx$ par hypothèse de récurrence. Donc par contraposition $Sx \neq SSx$.

On en déduit par récurrence (axiome 3)

$$\forall x, x \neq Sx$$

Remarque 9.1.12 : Le connecteur « ou » de la formule

$$x = 0 \text{ ou } \exists y, x = Sy$$

correspond en fait à un *ou exclusif*, puisqu'on ne peut pas avoir simultanément « $x = 0$ » et « $\exists y, x = Sy$ », d'après l'axiome 1 (0 n'est pas un successeur). On pouvait donc aussi écrire

$$\forall x, (x = 0 \oplus \exists y, x = Sy)$$

ou encore

$$\forall x, (x \neq 0 \iff \exists y, x = Sy)$$

Remarque 9.1.13 : Comme je l'ai déjà indiqué, une expression comme

$$\forall x, (x \neq 0 \implies \exists y, x = Sy)$$

signifie implicitement que cette formule se déduit des axiomes de Peano, ou que cette formule est vraie dans tout modèle de ces axiomes, ce qui peut s'écrire, en notant $\mathscr{T}$ l'ensemble des axiomes

$$\mathscr{T} \vdash \forall x, (x \neq 0 \implies \exists y, x = Sy)$$

ou

$$\mathscr{T} \vDash \forall x, (x \neq 0 \implies \exists y, x = Sy)$$

Mais, comme c'est en général l'usage dans un texte mathématique, ces formulations complètes seront implicites.

Définition 9.1.14 (Termes de la théorie associés aux entiers du métalangage)
On définit

$$\begin{aligned} \underline{0} &:\equiv 0 \\ \underline{1} &:\equiv S0 \\ \underline{2} &:\equiv SS0 \\ \underline{3} &:\equiv SSS0 \\ &\dots \end{aligned}$$

De manière générale, on définit $\underline{n}$ (terme de la théorie) par récurrence sur n (entier naturel du métalangage) par

$$\begin{cases} \underline{0} & = 0 \\ \underline{n+1} & = S\underline{n} \end{cases}$$

Remarque 9.1.15 : S'il n'y a pas d'ambiguïté, il pourra arriver que je note n à la place de $\underline{n}$. Ce sera en particulier le cas de $\underline{1}$ que je noterai le plus souvent 1. Par ailleurs, puisque 1 est ainsi défini comme étant le successeur de 0, et que 0 n'est pas un successeur, on peut remarquer que $0 \neq 1$.

Une limitation importante des axiomes est qu'ils ne permettent pas de caractériser l'ensemble des entiers naturels, c'est-à-dire qu'il existe des modèles de ces axiomes qui « ne ressemblent pas » à $\mathbb{N}$. Je vais donner deux justifications de ce résultat.

La première s'appuie sur le théorème de compacité de la logique des prédicats (voir la section 7.4). On ajoute à la signature du langage un symbole de constante c, et on ajoute aux axiomes le schéma d'axiomes suivant : pour tout entier (du métalangage) n

$$c \neq \underline{n}$$

On obtient un ensemble $\mathcal{T}$ d'axiomes, qui est tel que tout sous-ensemble fini $\mathcal{T}'$ de $\mathcal{T}$ admet $\mathbb{N}$ comme modèle puisqu'on peut interpréter c comme n'importe quel nombre strictement supérieur à tous les entiers n apparaissant dans les axiomes de la forme « $c \neq \underline{n}$ » qui sont dans $\mathcal{T}'$ (ce qui est possible puisque $\mathcal{T}'$ est un ensemble fini). Donc, d'après le théorème de compacité, $\mathcal{T}$ admet aussi un modèle, et ce modèle « ne ressemble pas » à $\mathbb{N}$: c est ce qu'on appelle un *entier non standard*, qui ne peut pas être obtenu par application successive de la fonction successeur à partir de 0. On peut donner une précision un peu plus formelle : si N est un tel modèle, démontrons qu'il n'existe pas d'isomorphisme[4] entre N et $\mathbb{N}$. Un tel isomorphisme serait une fonction f bijective (c'est-à-dire que pour tout y dans $\mathbb{N}$ il existe un unique x dans N tel que $y = f(x)$), qui conserve la structure de N et de $\mathbb{N}$ dans le sens suivant : l'image de l'élément qui interprète $\underline{0}$ dans N doit être l'entier 0 de $\mathbb{N}$, et pour tout x dans N, l'image par f du successeur (dans N) de x doit être le successeur (dans $\mathbb{N}$) de $f(x)$ (je le noterai $f(x)+1$). On a donc en particulier pour tout entier n dans $\mathbb{N}$ (dans ce qui suit, je note de la même façon un symbole x et son interprétation dans N)

$$\begin{cases} f(\underline{0}) & = 0 \\ f(\underline{n+1}) & = f(S\underline{n}) = f(\underline{n}) + 1 \end{cases}$$

d'où on déduit par récurrence que pour tout entier n dans $\mathbb{N}$

$$f(\underline{n}) = n$$

L'image de l'élément c (dans N) étant un élément de $\mathbb{N}$, il existe un entier n tel que

$$f(c) = n = f(\underline{n})$$

Or f est bijective, donc $c = \underline{n}$, ce qui est contradictoire avec les hypothèses sur c. Par conséquent, N et $\mathbb{N}$ ne sont pas isomorphes.

Nous allons voir dans une autre justification plus informelle, mais aussi plus *constructive*, comment « visualiser » un modèle des axiomes qui soit assez différent de $\mathbb{N}$. Résumons ce que l'on cherche : un modèle des axiomes doit être un ensemble muni d'un élément particulier nommé 0, d'une fonction qui à tout élément associe son successeur, et vérifiant les trois axiomes :

1. 0 n'est le successeur d'aucun élément.
2. Deux éléments différents ont des successeurs différents.
3. Schéma d'axiomes de récurrence : une propriété vérifiée par 0 et telle que, si elle est vérifiée par un élément, alors elle est vérifiée par son successeur, doit être vérifiée par tous les éléments.

4. Je rappelle que les commentaires peuvent faire appel à des principes qui n'ont pas encore été vus. La notion d'isomorphisme sera étudiée dans le volume 2.

C'est le cas de l'ensemble ℕ des entiers naturels (du métalangage)

$$0 \longrightarrow 1 \longrightarrow 2 \longrightarrow 3 \longrightarrow \dots$$

Il serait souhaitable que tout autre modèle soit « semblable » à ℕ, mais ce n'est pas le cas. Voyons à quoi peut ressembler un modèle des axiomes, en commençant par exclure certaines situations :

1. Par exemple, on peut exclure comme modèle un ensemble de la forme suivante :

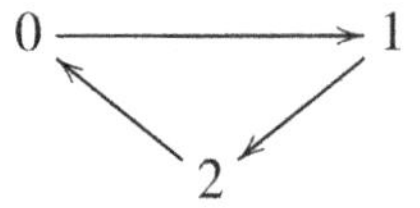

(qui est un ensemble muni d'un élément 0 et d'une fonction successeur injective), à l'aide du premier axiome (aucun élément n'a pour successeur 0).

2. On peut aussi exclure des modèles avec des boucles même si 0 n'est pas dans la boucle, à l'aide du deuxième axiome (deux éléments différents ont des successeurs différents). Par exemple

$$0 \longrightarrow 1 \longrightarrow 2 \longleftrightarrow 3$$

n'est pas possible puisque 2 est à la fois le successeur de 1 et de 3. Ou encore

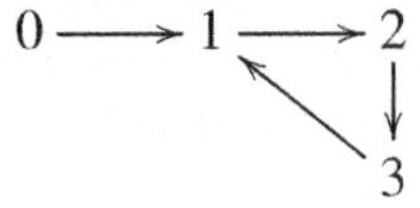

n'est pas possible puisque 1 est à la fois le successeur de 0 et de 3.

3. On peut exclure un ensemble formé de l'ensemble ℕ auquel on ajoute une boucle avec des éléments différents, par exemple

$$0 \longrightarrow 1 \longrightarrow 2 \longrightarrow 3 \longrightarrow \dots$$

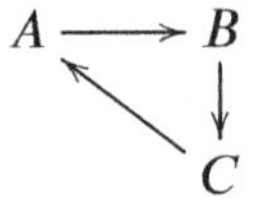

Cet ensemble vérifie bien les deux premiers axiomes, mais pas l'axiome de récurrence. Dans cet exemple, on constate que $A = SSSA$ (que je noterai S^3A). Or on peut démontrer par récurrence la formule

$$\mathscr{P}[x] :\equiv x \neq S^3 x$$

- $0 \neq S^3 0$, puisque 0 n'est pas un successeur.
- Si $x \neq S^3x$, alors Sx ne peut pas être égal à S^3Sx, car sinon, $Sx = SS^3x$, donc d'après l'axiome 2, $x = S^3x$, en contradiction avec l'hypothèse de récurrence.

Il n'est donc pas possible d'avoir $A = S^3A$. De manière générale, on peut généraliser cette démonstration pour exclure toute possibilité d'une boucle.

4. On peut aussi exclure un ensemble sans boucles, formé de deux versions de ℕ, l'une avec les nombres 0, 1, 2, ..., l'autre avec des éléments équivalents que je noterai $0^*, 1^*, 2^*, \dots$ [5]

$$0 \longrightarrow 1 \longrightarrow 2 \longrightarrow 3 \longrightarrow \dots$$

$$0^* \longrightarrow 1^* \longrightarrow 2^* \longrightarrow 3^* \longrightarrow \dots$$

Cette situation est impossible car nous avons vu que les axiomes prouvent que 0 est le seul élément qui n'a pas de prédécesseur, et ici 0^* n'a pas non plus de prédécesseur.

5. Formellement, cela revient à prendre la somme (ou union) disjointe de ℕ et ℕ.

5. On peut bien sûr exclure l'ensemble des entiers relatifs $\mathbb{Z}$

$$\dots \longrightarrow -3 \longrightarrow -2 \longrightarrow -1 \longrightarrow 0 \longrightarrow 1 \longrightarrow 2 \longrightarrow 3 \longrightarrow \dots$$

à l'aide du premier axiome puisque ici 0 est le successeur de -1.

Mais rien, dans les trois premiers axiomes, ne permet d'exclure comme modèle un ensemble formé de $\mathbb{N}$ et d'une « copie » de l'ensemble des entiers relatifs $\mathbb{Z}$ (avec des éléments différents de ceux qui sont dans $\mathbb{N}$)[6] :

$$0 \longrightarrow 1 \longrightarrow 2 \longrightarrow 3 \longrightarrow \dots$$

$$\dots \longrightarrow -3^* \longrightarrow -2^* \longrightarrow -1^* \longrightarrow 0^* \longrightarrow 1^* \longrightarrow 2^* \longrightarrow 3^* \longrightarrow \dots$$

La première partie (0, 1, 2, ...) est formée d'entiers dits standards, et la seconde partie $(\dots, -1^*, 0^*, 1^*, \dots)$ d'entiers dits non standards. Si un entier est standard, son successeur est standard, si un entier est non standard, son successeur est non standard, mais aucune formule dans le langage logique du premier ordre ne peut caractériser le fait qu'un entier soit standard ou non standard, donc aucune récurrence avec une propriété de la forme « x est un entier standard » n'est possible. Ainsi, nous avons ici un modèle des axiomes ne correspondant pas à l'idée que l'on peut se faire de l'ensemble des entiers naturels.

Pour lever cette indétermination, une approche possible est de modifier le troisième axiome, et de le remplacer par un axiome dit du second ordre :

Axiome 9.1.16 (Axiomes de Peano-Dedekind du second ordre)

1. 0 n'est pas successeur : pour tout x

$$Sx \neq 0$$

2. S est injective : pour tout x et y

$$Sx = Sy \implies x = y$$

3. Axiome de récurrence du second ordre. Le symbole $\mathscr{R}$ représentant un prédicat unaire :

$$\forall \mathscr{R} \begin{cases} \mathscr{R}(0) \\ \forall x, (\mathscr{R}(x) \implies \mathscr{R}(Sx)) \end{cases} \implies \forall x \mathscr{R}(x)$$

J'appellerai structure de Peano-Dedekind tout modèle $(N, 0, S)$ de ces axiomes.

Remarque 9.1.17 (Vocabulaire) : L'expression *structure de Peano-Dedekind* n'est pas standard.

Remarque 9.1.18 : L'axiome de récurrence n'est plus exprimé comme une formule de la logique des prédicats, mais est ici du second ordre[7] : le premier quantificateur ne s'applique pas aux objets étudiés (les éléments de N), comme c'est le cas en logique du premier ordre, mais s'applique à tout prédicat unaire. Cela revient à quantifier sur toutes les parties de N, puisque se donner une relation unaire $\mathscr{R}$ sur N équivaut à se donner une partie de N que je noterai R, la partie des éléments vérifiant la relation

$$\mathscr{R}(x) :\equiv x \in R$$

Remarque 9.1.19 : La différence essentielle avec l'axiome de récurrence du premier ordre, est que ici, la relation R est quelconque, tandis que dans le premier ordre, la formule $\mathscr{P}$ est construite à l'aide du langage

6. De manière un plus plus formelle, il s'agit de la somme disjointe de $\mathbb{N}$ et de $\mathbb{Z}$.

7. Une description un peu plus détaillée de la logique du second ordre sera donnée dans la section 10.2.

de signature $\{0, S\}$ (l'opération unaire S, les quantificateurs...), ce qui limite les formulations possibles. Par contre, l'axiome de récurrence du second ordre implique l'axiome de récurrence du premier ordre. Il suffit en effet, pour toute formule $\mathscr{P}[x, \vec{a}]$, d'appliquer l'axiome de récurrence du second ordre à la relation unaire $\mathscr{R}$ telle que

$$\mathscr{R}(x) :\equiv \mathscr{P}(x)$$

Ainsi, une structure vérifiant les trois axiomes précédents vérifie aussi les trois axiomes de Peano du premier ordre.

Remarque 9.1.20 : Cet axiome du second ordre permet d'exclure comme modèle des axiomes de Peano-Dedekind un ensemble avec des entiers standards et non standards, de la forme

$$0 \longrightarrow 1 \longrightarrow 2 \longrightarrow 3 \longrightarrow \ldots$$

$$\ldots \longrightarrow -3^* \longrightarrow -2^* \longrightarrow -1^* \longrightarrow 0^* \longrightarrow 1^* \longrightarrow 2^* \longrightarrow 3^* \longrightarrow \ldots$$

puisque les entiers standards forment une partie de cet ensemble, et en notant $\mathscr{R}$ la relation unaire « être un entier standard » (voir un peu plus loin la traduction en théorie des ensembles), on a

$$\begin{cases} \mathscr{R}(0) \\ \forall x, (\mathscr{R}(x) \implies \mathscr{R}(Sx)) \end{cases}$$

donc tous les entiers sont standards :

$$\forall x \mathscr{R}(x)$$

Cette structure modélise alors l'idée intuitive d'un nombre entier naturel (0, 1, 2, 3, 4, ...).

La modification d'une formule logique du premier ordre en une formule logique du second ordre ayant été utile, on pourrait alors se demander si une logique du second ordre ne serait pas plus adaptée pour les fondements des mathématiques. Mais le défaut principal de cette logique, qui fait que la situation n'est pas si simple, est que, contrairement à la logique du premier ordre, celle-ci n'est pas complète : il n'est pas possible (en logique du second ordre) d'avoir une sémantique et un système de déduction qui coïncident parfaitement (c'est-à-dire tels que $\mathscr{F}$ est vraie dans tout modèle de Γ si et seulement si on peut prouver $\mathscr{F}$ à partir de Γ).

Une autre approche, qui permet de garder la logique du premier ordre, est de se placer dans le cadre de la théorie des ensembles (voir le volume 2), qui s'exprime dans cette logique, mais dans laquelle on peut formuler le schéma d'axiomes de récurrence sous une forme à peu près équivalente à celle du second ordre. D'une certaine façon, on peut dire que cette formulation est du premier ordre du point de vue des ensembles, mais du second ordre du point de vue des entiers naturels.

L'axiome de récurrence du second ordre peut alors s'écrire :

$$\forall R \subseteq N, \left(\begin{cases} 0 \in R \\ \forall x \in N, (x \in R \implies Sx \in R) \end{cases} \implies R = N \right)$$

ou encore

$$\forall R \subseteq N, \left(\begin{cases} 0 \in R \\ \forall x \in R, Sx \in R \end{cases} \implies R = N \right)$$

Autrement dit : tout sous-ensemble R de N qui contient 0 et qui contient le successeur de tous ses éléments, est égal à N. Dans ce qui précède, la formule « $\forall x \mathscr{R}(x)$ » se traduit par $R = N$, car elle s'écrit

$$\forall x \in N, x \in R$$

ce qui signifie que N est inclus dans R, et puisque R est inclus dans N par définition, cela équivaut à $R = N$.

Remarque 9.1.21 : On retrouve la formulation du premier ordre avec une formule $\mathscr{P}$, en considérant la relation unaire

$$\mathscr{R}(x) :\equiv \mathscr{P}(x)$$

ce qui revient à considérer, du point de vue de la théorie des ensembles, le sous-ensemble

$$R :\equiv \{x \in N \mid \mathscr{P}(x)\}$$

À noter que dans ce cas, $\mathscr{P}$ n'est plus seulement une formule exprimée dans le langage de signature $\{0, S\}$, mais une formule quelconque dans le langage de la théorie des ensembles.

Remarque 9.1.22 : Un ensemble N formé de la réunion disjointe de deux ensembles, comme

$$0 \longrightarrow 1 \longrightarrow 2 \longrightarrow 3 \longrightarrow \dots$$

$$\dots \longrightarrow -3^* \longrightarrow -2^* \longrightarrow -1^* \longrightarrow 0^* \longrightarrow 1^* \longrightarrow 2^* \longrightarrow 3^* \longrightarrow \dots$$

ne peut plus être un modèle des axiomes (du second ordre) car l'ensemble contenant 0 est stable pour l'opération successeur, donc vérifie les hypothèses de l'axiome de récurrence, mais n'est pas égal à N.

Remarque 9.1.23 : Dans le cadre de la théorie des ensembles, nous verrons qu'il est possible de construire une structure de Peano-Dedekind (vérifiant les axiomes de Peano-Dedekind du « second ordre » [8]), et que ces axiomes sont caractéristiques, dans le sens où deux structures de Peano-Dedekind sont isomorphes, c'est-à-dire que l'on peut considérer, d'une certaine façon, qu'elles sont identiques (voir le volume 2 pour plus de détails). Il y a donc unicité, à un isomorphisme près, de ces structures, qui caractérisent alors ce que l'on appelle le modèle standard des entiers naturels, que l'on note $\mathbb{N}$. Un modèle des axiomes de Peano (du premier ordre) qui n'est pas une structure de Peano-Dedekind s'appelle un modèle non standard de $\mathbb{N}$.

Remarque 9.1.24 : On peut enfin noter que l'axiome de récurrence, exprimé dans le langage de la théorie des ensembles, n'est pas tout à fait équivalent à l'axiome du second ordre, puisqu'il ne caractérise que les parties de l'univers qui sont des ensembles, dans le sens donné par la théorie, et une partie de l'univers, dans le sens intuitif du terme, peut ne pas être un tel ensemble. Autrement dit les problèmes abordés précédemment peuvent revenir : on peut avoir des modèles *non standards* de la théorie des ensembles pour lesquels l'ensemble des entiers ne correspond pas exactement à celui attendu. Mais ce n'est pas nécessairement problématique. Quand on se place « à l'intérieur » d'un modèle de la théorie (ce qui est le cas de la pratique mathématique usuelle), les éventuels entiers supplémentaires non standards ne sont pas « accessibles », et les différents raisonnements peuvent s'effectuer comme si on utilisait les entiers intuitifs.

Ces différentes remarques faites, nous revenons dans la suite du chapitre à la logique du premier ordre, pour étudier l'arithmétique de Peano qui, aux axiomes précédents, en ajoute d'autres permettant de formaliser l'addition et la multiplication de nombres entiers. L'étude de l'ensemble des entiers naturels sera par ailleurs reprise dans le volume 2, dans le cadre de la théorie des ensembles..

9.2 Axiomes de l'arithmétique de Peano

Prérequis
La section 8.2 sur les monoïdes et les groupes.

8. Mais qui sont en fait exprimés par une formule du premier ordre de la théorie des ensembles.

La théorie de l'arithmétique de Peano du premier ordre, que l'on note PA, utilise le langage du premier ordre L_{PA}, de signature $\{0, S, +, \times\}$, avec S symbole d'opération unaire (opération *successeur*), et avec les axiomes suivants :

Axiome 9.2.1 (Axiomes de la théorie de l'arithmétique de Peano)

1. 0 n'est pas successeur : pour tout x
$$Sx \neq 0$$
2. S est injective : pour tout x et y
$$Sx = Sy \implies x = y$$
ce qui équivaut aussi, par contraposition, à
$$x \neq y \implies Sx \neq Sy$$
3. Schéma d'axiomes de récurrence du premier ordre. Soit $\mathscr{P}[x, \vec{a}]$ une formule. Pour tout $\vec{a}$
$$\text{si} \quad \begin{cases} \mathscr{P}(0) \\ \forall x, (\mathscr{P}(x) \implies \mathscr{P}(Sx)) \end{cases}$$
$$\text{alors} \quad \forall x \mathscr{P}(x)$$
4. Définition de l'addition (1) : pour tout x
$$x + 0 = x$$
5. Définition de l'addition (2) : pour tout x et y
$$x + Sy = S(x + y)$$
6. Définition de la multiplication (1) : pour tout x
$$x \times 0 = 0$$
7. Définition de la multiplication (2) : pour tout x et y
$$x \times Sy = (x \times y) + x$$

Remarque 9.2.2 (Notations) : La multiplication peut aussi se noter $x \cdot y$ à la place de $x \times y$, ou encore directement sans symbole (xy).

Remarque 9.2.3 (Notations) : Par convention, la multiplication est prioritaire sur l'addition. Par exemple,
$$x + y \times z \quad \text{signifie} \quad x + (y \times z)$$

Remarque 9.2.4 (Origine du vocabulaire) : *Arithmétique* vient du grec *arithmos* (nombre), qui a donné *arithmétiké* en grec et *arithmetica* en latin, la science du nombre. L'arithmétique désigne traditionnellement la branche des mathématiques qui consiste en l'étude des propriétés des opérations usuelles entre nombres (addition, soustraction, multiplication, division). Elle peut être considérée comme une partie élémentaire de la *théorie des nombres*, théorie qui consiste essentiellement en l'étude des nombres entiers (entiers naturels et entiers relatifs), comme par exemple l'étude des nombres premiers ou des équations diophantiennes. Les termes *arithmétique* et *théorie des nombres* sont parfois pris comme synonymes ; on trouve aussi l'adjectif *arithmétique*, pour des propriétés en rapport avec les nombres ou les opérations entre nombres. L'*arithmétique de Peano* est une théorie du premier ordre dont l'objectif est de formaliser l'arithmétique, par le moyen d'axiomes vérifiés par l'ensemble $\mathbb{N}$ des entiers naturels et par les opérations usuelles définies sur cet ensemble (addition et multiplication).

Remarque 9.2.5 (Remarque historique) : Ces axiomes sont proposés en 1889 par le mathématicien et linguiste italien Giuseppe Peano (1858-1932)[9]. Il s'appuie fortement sur les travaux du mathématicien allemand Hermann Grassmann (1809-1877), à qui l'on doit la définition par récurrence de l'addition et de la multiplication[10], et ceux du mathématicien allemand Richard Dedekind (1831-1916), qui a cherché à caractériser l'ensemble des entiers naturels par ce que j'ai appelé une structure de Peano-Dedekind, et qui a prouvé que deux structures de ce type étaient toujours isomorphes[11].

Nous avons vu précédemment que les trois premiers axiomes permettent de formaliser l'ensemble $\mathbb{N}$ des nombres entiers naturels. On notera que pour le schéma d'axiomes de récurrence, la formule $\mathscr{P}$, dans la section 9.1, représentait une formule quelconque dans le langage formé de 0 et S uniquement, tandis que maintenant le langage a été étendu avec les opérations $+$ et $\times$.

Les axiomes 4 et 5 définissent l'addition. Par exemple, on peut déduire de ces axiomes que le successeur de x est $x + 1$:

Théorème 9.2.6 (Successeur et addition)
Le successeur de x est $x + 1$: pour tout x

$$Sx = x + 1$$

Preuve
Pour tout x

$x + 1 = x + S0$	par définition du symbole 1
$= S(x + 0)$	d'après l'axiome 5, en prenant $y :\equiv 0$
$= Sx$	d'après l'axiome 4

Remarque 9.2.7 : De même, le successeur du successeur de x est $x + 2$

$$x + 2 = x + S1 = S(x + 1) = SSx$$

et ainsi de suite.

Les axiomes 6 et 7 définissent la multiplication. On peut par exemple déduire de ces axiomes (nous y reviendrons)

$x \times 1 = x \times S0$	par définition de 1
$= x \times 0 + x$	d'après l'axiome 7
$= 0 + x$	d'après l'axiome 6
$= x + 0$	par commutativité de l'addition ($x + y = y + x$)

9. Giuseppe PEANO. *Arithmetices principia, nova methodo exposita* [Les principes de l'arithmétique, nouvelle méthode d'exposition]. 1889.

10. Hermann GRASSMANN. *Lehrbuch der Arithmetik fur hohere Lehrenstalten* [Manuel d'arithmétique pour les établissements d'enseignement supérieur]. 1861.

11. Richard DEDEKIND. *Was sind und was sollen die Zahlen* [Ce que sont les nombres, et ce qu'ils devraient être]. 1888.

	qui sera démontrée plus loin
$x \times 1 = x$	d'après l'axiome 4

De même

$$x \times 2 = x \times S1 = x \times 1 + x = x + x$$
$$x \times 3 = x \times S2 = x \times 2 + x = (x + x) + x$$

Les axiomes de la théorie PA permettent de formaliser la structure formée par l'ensemble $\mathbb{N}$ muni de son addition et sa multiplication (cette structure est un modèle des axiomes). De ce fait, je pourrai, en plus du terme *élément* que j'ai déjà employé, désigner les objets sur lesquels porte la théorie comme des *nombres*, des *entiers naturels* ou des *entiers*. Il s'agit d'une simple facilité de langage qui n'implique pas que le seul modèle des axiomes soit l'ensemble $\mathbb{N}$ des entiers naturels. On peut en effet noter que l'argument de compacité permettant de justifier l'existence d'un modèle non standard (de la section précédente) reste valable : on ajoute aux axiomes le schéma d'axiomes suivant : pour tout entier (du métalangage) n

$$c \neq \underline{n}$$

On obtient un ensemble $\mathscr{T}$ d'axiomes, tel que tout sous-ensemble fini $\mathscr{T}'$ de $\mathscr{T}$ admet $\mathbb{N}$ comme modèle donc, d'après le théorème de compacité, $\mathscr{T}$ admet aussi un modèle, et dans ce modèle l'élément qui interprète c est un entier non standard, qui ne peut pas être obtenu par application successive de la fonction successeur à partir de 0.

Les définitions de l'addition et de la multiplication de x et y sont des définitions dites *par récurrence* (sur y, pour x quelconque), et correspondent aussi d'une certaine manière aux définitions récursives que nous avons vues en logique des propositions et logique des prédicats : elles sont définies

- d'une part sur la base, formée ici de l'unique élément 0 (on définit $x + 0$ et $x \times 0$) ;
- d'autre part pour tous les successeurs de y, à partir du résultat de l'opération pour y (on définit $x + Sy$ en fonction de $x + y$, et $x \times Sy$ en fonction de $x \times y$).

À partir de ces axiomes nous pouvons prouver les propriétés classiques de l'addition et de la multiplication de nombres entiers naturels :

Théorème 9.2.8 (Monoïde commutatif pour l'addition)
Tout modèle de l'arithmétique de Peano est un monoïde commutatif pour l'addition, d'élément neutre 0, autrement dit les propriétés suivantes sont vérifiées :

1. Associativité : pour tout x, y, z
$$(x + y) + z = x + (y + z)$$
2. 0 est élément neutre : pour tout x
$$x + 0 = 0 + x = x$$
3. Commutativité : pour tout x, y
$$x + y = y + x$$

Preuve
1. Associativité : on considère deux variables x et y quelconques. Vérifions par récurrence sur z la formule

$$\mathscr{P}[z, x, y] :\equiv (x + y) + z = x + (y + z)$$

- $\mathscr{P}(0)$, d'après l'axiome 4, puisque

$$\begin{cases} (x+y)+0 & = x+y \\ x+(y+0) & = x+y \end{cases}$$

- On fait l'hypothèse de récurrence $\mathscr{P}(z)$. On veut démontrer $\mathscr{P}(Sz)$.

$$\begin{aligned} (x+y)+Sz &= S((x+y)+z) && \text{d'après l'axiome 5} \\ &= S(x+(y+z)) && \text{par hypothèse de récurrence} \\ &= x+S(y+z) && \text{d'après l'axiome 5} \\ &= x+(y+Sz) && \text{d'après l'axiome 5} \end{aligned}$$

On en déduit par récurrence (axiome 3)

$$\forall z, (x+y)+z = x+(y+z)$$

Les éléments x et y étant quelconques, on a par généralisation

$$\forall x\ y\ z, (x+y)+z = x+(y+z)$$

2. Élément neutre : vérifions par récurrence la formule

$$\mathscr{P}[x] :\equiv\ x+0 = 0+x$$

- $\mathscr{P}(0)$ est immédiat $(0+0=0)$.
- On fait l'hypothèse de récurrence $\mathscr{P}(x)$. On veut démontrer $\mathscr{P}(Sx)$. D'après l'axiome 4

$$Sx+0 = Sx$$

De plus

$$\begin{aligned} 0+Sx &= S(0+x) && \text{d'après l'axiome 5} \\ &= S(x+0) && \text{par hypothèse de récurrence } (0+x=x+0) \\ &= Sx && \text{d'après l'axiome 4} \end{aligned}$$

donc

$$Sx+0 = 0+Sx$$

On en déduit par récurrence (axiome 3), et sachant que $x+0=x$ d'après l'axiome 4

$$\forall x, x+0 = 0+x = x$$

3. Commutativité : vérifions dans un premier temps que 1 et x commutent. On va démontrer par récurrence la formule

$$\mathscr{P}[x] :\equiv\ x+1 = 1+x$$

- $\mathscr{P}(0)$ d'après le résultat précédent $(1+0=0+1)$.
- On fait l'hypothèse de récurrence $\mathscr{P}(x)$. On veut démontrer $\mathscr{P}(Sx)$.

$$\begin{aligned} 1+Sx &= S(1+x) && \text{d'après l'axiome 5} \\ &= S(x+1) && \text{par hypothèse de récurrence} \\ &= S(Sx) && \text{car on a déjà vu que le successeur de } x \text{ est } x+1 \end{aligned}$$

De plus le successeur de Sx est $Sx+1$, autrement dit $Sx+1 = S(Sx)$, et par conséquent

$$1+Sx = Sx+1$$

On en déduit par récurrence (axiome 3)

$$\forall x, x+1 = 1+x$$

Nous pouvons maintenant prouver la commutativité. On considère une variable x quelconque. Vérifions par récurrence sur y la formule

$$\mathscr{P}[y,x] :\equiv\ x+y = y+x$$

- On a déjà vu que $x+0 = 0+x$, donc $\mathscr{P}(0)$.

- On fait l'hypothèse de récurrence $\mathscr{P}(y)$. On veut démontrer $\mathscr{P}(Sy)$.

$$\begin{aligned}
x + Sy &= S(x + y) && \text{d'après l'axiome 5} \\
&= (x + y) + 1 && \text{car le successeur de (x+y) est (x+y) + 1} \\
&= (y + x) + 1 && \text{par hypothèse de récurrence} \\
&= y + (x + 1) && \text{par associativité} \\
&= y + (1 + x) && \text{car nous avons vu que } x + 1 = 1 + x \\
&= (y + 1) + x && \text{par associativité} \\
&= Sy + x && \text{car } y + 1 \text{ est le successeur de } y
\end{aligned}$$

On en déduit par récurrence (axiome 3), et sachant que x est quelconque

$$\forall x\ y, x + y = y + x$$

4. Commutativité (deuxième démonstration ne faisant pas appel à l'associativité). On reprend la démonstration précédente, mais en prouvant d'abord par récurrence sur x la formule suivante (y étant une variable quelconque) :

$$\mathscr{P}[x, y] :\equiv S(y + x) = Sy + x$$

- $\mathscr{P}(0)$, puisque $S(y + 0) = Sy = Sy + 0$.
- On fait l'hypothèse de récurrence $\mathscr{P}(x)$. On veut démontrer $\mathscr{P}(Sx)$.

$$\begin{aligned}
S(y + Sx) &= SS(y + x) && \text{d'après l'axiome 5} \\
&= S(Sy + x) && \text{par hypothèse de récurrence} \\
&= Sy + Sx && \text{d'après l'axiome 5}
\end{aligned}$$

On en déduit par récurrence (et par généralisation pour la variable y)

$$\forall x\ y, S(y + x) = Sy + x \tag{9.1}$$

On reprend alors la démonstration par récurrence sur y de la formule

$$\mathscr{P}[y, x] :\equiv x + y = y + x$$

$$\begin{aligned}
x + Sy &= S(x + y) && \text{d'après l'axiome 5} \\
&= S(y + x) && \text{par hypothèse de récurrence} \\
&= Sy + x && \text{d'après la formule 9.1}
\end{aligned}$$

Remarque 9.2.9 : On notera que l'on a en particulier pour tout x

$$Sx = x + 1 = 1 + x$$

Théorème 9.2.10 (Autres propriétés de l'addition)

1. Régularité de l'addition : pour tout x, y, z

$$x + z = y + z \implies x = y$$

2. Une somme est nulle si et seulement si chaque terme est nul : pour tout x et y

$$x + y = 0 \iff (x = 0 \text{ et } y = 0)$$

ce qui équivaut aussi à : une somme est non nulle si et seulement si au moins un des termes est non nul :

$$x + y \neq 0 \iff (x \neq 0 \text{ ou } y \neq 0)$$

Preuve

1. Démontrons par récurrence sur z la formule

$$\mathscr{P}[z,x,y] :\equiv\ x+z=y+z \implies x=y$$

- $\mathscr{P}(0)$, puisque $x+0=x$ et $y+0=y$.
- On fait l'hypothèse de récurrence $\mathscr{P}(z)$. Si $x+Sz=y+Sz$, alors d'après l'axiome 5, $S(x+z)=S(y+z)$, donc par injectivité du successeur (axiome 2)

$$x+z=y+z$$

On en déduit, par hypothèse de récurrence,

$$x=y$$

Donc par récurrence (et généralisation, ce que je ne préciserai plus à chaque fois)

$$\forall x\ y\ z, (x+z=y+z \implies x=y)$$

2. L'un des sens de l'équivalence est immédiat (si $x=0$ et $y=0$, alors $x+y=0$). Réciproquement, soient x et y tels que $x+y=0$. On veut démontrer que $x=y=0$.
- On fait l'hypothèse $y\neq 0$. Nous avons vu que dans ce cas y admet un prédécesseur $y-1$, donc

$$0=x+y=x+S(y-1)=S(x+y-1)$$

Il y a contradiction avec l'axiome 1 (0 n'est pas un successeur).
- On en déduit par l'absurde que $y=0$, donc $x+0=0$, et par conséquent $x=0$.

Théorème 9.2.11 (Distributivité de la multiplication sur l'addition)
La multiplication est distributive sur l'addition : pour tout x, y, z

$$x\times(y+z)=x\times y+x\times z$$
$$(y+z)\times x=y\times x+z\times x$$

Preuve
Vérifions par récurrence sur z la formule

$$\mathscr{P}[z,x,y] :\equiv\ x\times(y+z)=x\times y+x\times z$$

- Prouvons $\mathscr{P}(0)$: d'après les axiomes 4 et 6

$$\begin{cases} x\times(y+0)=x\times y \\ x\times y+x\times 0=x\times y+0=x\times y \end{cases} \quad \text{donc} \quad x\times(y+0)=x\times y+x\times 0$$

- On fait l'hypothèse de récurrence $\mathscr{P}(z)$.

$$\begin{aligned} x\times(y+Sz) &= x\times S(y+z) && \text{d'après l'axiome 5} \\ &= x\times(y+z)+x && \text{d'après l'axiome 7} \\ &= (x\times y+x\times z)+x && \text{par hypothèse de récurrence} \\ &= x\times y+(x\times z+x) && \text{par associativité de l'addition} \\ &= x\times y+x\times Sz && \text{d'après l'axiome 7} \end{aligned}$$

On en déduit par récurrence

$$\forall x\ y\ z, x\times(y+z)=x\times y+x\times z$$

La commutativité de la multiplication n'étant pas encore prouvée, on doit aussi démontrer la distributivité à droite : vérifions par récurrence sur x la formule

$$\mathscr{P}[x,y,z] :\equiv\ (y+z)\times x=y\times x+z\times x$$

- Prouvons $\mathscr{P}(0)$: d'après les axiomes 4 et 6

$$\begin{cases}(y+z)\times 0 = 0 \\ y\times 0 + z\times 0 = 0+0 = 0\end{cases} \quad \text{donc} \quad (y+z)\times 0 = y\times 0 + z\times 0$$

- On fait l'hypothèse de récurrence $\mathscr{P}(x)$.

$$\begin{aligned}(y+z)\times Sx &= (y+z)\times x + (y+z) && \text{d'après l'axiome 7}\\ &= (y\times x + z\times x) + (y+z) && \text{par hypothèse de récurrence}\\ &= (y\times x + y) + (z\times x + z) && \text{par commutativité et associativité de l'addition}\\ &= y\times Sx + z\times Sx && \text{d'après l'axiome 7}\end{aligned}$$

On en déduit par récurrence

$$\forall x\ y\ z, (y+z)\times x = y\times x + z\times x$$

Théorème 9.2.12 (Monoïde commutatif pour la multiplication)
Tout modèle de l'arithmétique de Peano est un monoïde commutatif pour la multiplication, d'élément neutre 1, et tel que 0 soit élément absorbant, autrement dit les propriétés suivantes sont vérifiées :

1. Associativité : pour tout x, y, z

$$(x\times y)\times z = x\times(y\times z)$$

2. 1 est élément neutre : pour tout x

$$x\times 1 = 1\times x = x$$

3. 0 est élément absorbant : pour tout x

$$x\times 0 = 0\times x = 0$$

4. Commutativité : pour tout x, y

$$x\times y = y\times x$$

Preuve
1. Associativité : vérifions par récurrence sur z la formule

$$\mathscr{P}[z,x,y] :\equiv (x\times y)\times z = x\times(y\times z)$$

- Prouvons $\mathscr{P}(0)$: d'après l'axiome 6

$$\begin{cases}(x\times y)\times 0 &= 0 \\ x\times(y\times 0) &= x\times 0 = 0\end{cases} \quad \text{donc} \quad (x\times y)\times 0 = x\times(y\times 0)$$

- On fait l'hypothèse de récurrence $\mathscr{P}(z)$.

$$\begin{aligned}(x\times y)\times Sz &= (x\times y)\times z + x\times y && \text{d'après l'axiome 7}\\ &= x\times(y\times z) + x\times y && \text{par hypothèse de récurrence}\\ &= x\times((y\times z) + y) && \text{par distributivité de la multiplication sur l'addition}\\ &= x\times(y\times Sz) && \text{d'après l'axiome 7}\end{aligned}$$

On en déduit par récurrence

$$\forall x\ y\ z, (x\times y)\times z = x\times(y\times z)$$

2. Élément neutre :

$$x\times 1 = x\times S0 \qquad \text{par définition de 1}$$

$$
\begin{aligned}
&= x \times 0 + x && \text{d'après l'axiome 7}\\
&= 0 + x && \text{d'après l'axiome 6}\\
&= x && \text{car 0 est élément neutre de l'addition}
\end{aligned}
$$

Pour démontrer la deuxième partie de la formule sans utiliser la commutativité (qui n'a pas encore été justifiée), on va démontrer par récurrence la formule

$$\mathscr{P}[x] \;:\equiv\; 1 \times x = x$$

- $\mathscr{P}(0)$ est immédiat d'après l'axiome 6 ($1 \times 0 = 0$).
- On fait l'hypothèse de récurrence $\mathscr{P}(x)$.

$$
\begin{aligned}
1 \times Sx &= 1 \times x + 1 && \text{d'après l'axiome 7}\\
&= x + 1 && \text{par hypothèse de récurrence}\\
&= Sx && \text{puisque } x + 1 \text{ est le successeur de } x
\end{aligned}
$$

On en déduit par récurrence

$$\forall x, 1 \times x = x$$

3. Élément absorbant : d'après l'axiome 6, on a déjà $x \times 0 = 0$. Vérifions par récurrence la formule

$$\mathscr{P}[x] \;:\equiv\; 0 \times x = 0$$

- $\mathscr{P}(0)$ d'après l'axiome 6 ($0 \times 0 = 0$).
- On fait l'hypothèse de récurrence $\mathscr{P}(x)$.

$$
\begin{aligned}
0 \times Sx &= 0 \times x + 0 && \text{d'après l'axiome 7}\\
&= 0 + 0 && \text{par hypothèse de récurrence}\\
&= 0 && \text{d'après l'axiome 4}
\end{aligned}
$$

On en déduit par récurrence

$$\forall x, 0 \times x = 0$$

4. Commutativité (première démonstration) : vérifions par récurrence sur y la formule

$$\mathscr{P}[y, x] \;:\equiv\; x \times y = y \times x$$

- $\mathscr{P}(0)$, puisque 0 est élément absorbant de la multiplication ($x \times 0 = 0 \times x = 0$).
- On fait l'hypothèse de récurrence $\mathscr{P}(y)$.

$$
\begin{aligned}
x \times Sy &= x \times y + x && \text{d'après l'axiome 7}\\
&= y \times x + x && \text{par hypothèse de récurrence}\\
&= y \times x + 1 \times x && \text{car 1 est élément neutre de la multiplication}\\
&= (y + 1) \times x && \text{par distributivité}\\
&= Sy \times x && \text{car } y + 1 \text{ est le successeur de } y
\end{aligned}
$$

On en déduit par récurrence

$$\forall x\ y, x \times y = y \times x$$

5. Commutativité (deuxième démonstration ne faisant pas appel à la distributivité) : on va reprendre la démonstration précédente, sans utiliser la distributivité, mais en prouvant d'abord par récurrence sur x la formule suivante (qui est par ailleurs une conséquence de la distributivité) :

$$\mathscr{P}[x, y] \;:\equiv\; Sy \times x = y \times x + x$$

- Prouvons $\mathscr{P}(0)$:

$$
\begin{cases}
Sy \times 0 & = 0\\
y \times 0 + 0 & = 0 + 0 = 0
\end{cases}
$$

  donc

$$Sy \times 0 = y \times 0 + 0$$

- On fait l'hypothèse de récurrence $\mathscr{P}(x)$.

$$
\begin{aligned}
Sy \times Sx &= Sy \times x + Sy && \text{d'après l'axiome 7}\\
&= (y \times x + x) + (y + 1) && \text{par hypothèse de récurrence et car } Sy = y + 1\\
&= (y \times x + y) + (x + 1) && \text{par associativité et commutativité de l'addition}\\
&= y \times Sx + Sx && \text{d'après l'axiome 7, et car } Sx = x + 1
\end{aligned}
$$

On en déduit par récurrence

$$\forall x\ y, Sy \times x = y \times x + x \tag{9.2}$$

On reprend alors la démonstration précédente par récurrence sur y de la formule

$$\mathscr{P}[y, x] :\equiv x \times y = y \times x$$

$$
\begin{aligned}
x \times Sy &= x \times y + x && \text{d'après l'axiome 7}\\
&= y \times x + x && \text{par hypothèse de récurrence}\\
&= Sy \times x && \text{d'après la formule 9.2}
\end{aligned}
$$

Dans la suite du chapitre, les démonstrations seront un peu moins formelles, et je pourrai utiliser librement les différentes propriétés de l'addition et de la multiplication, sans revenir aux axiomes ; je noterai aussi le plus souvent la multiplication par simple juxtaposition des termes (xy pour $x \times y$), et le successeur de x sera noté indifféremment Sx ou $x + 1$ (ou $1 + x$).

Théorème 9.2.13 (Propriétés de la multiplication)

1. Un produit est nul si et seulement si l'un des facteurs est nul : pour tout x et y

$$xy = 0 \iff x = 0 \text{ ou } y = 0$$

ce qui équivaut aussi à : un produit est non nul si et seulement si tous ses facteurs sont non nuls : pour tout x et y

$$xy \neq 0 \iff x \neq 0 \text{ et } y \neq 0$$

2. Régularité des entiers non nuls pour la multiplication : pour tout x, y, z

$$\begin{cases} z \neq 0 \\ xz = yz \end{cases} \implies x = y$$

Preuve

1. L'un des sens de l'équivalence est immédiat : si $x = 0$ ou $y = 0$, alors $xy = 0$ puisque 0 est élément absorbant de la multiplication. Réciproquement, et par contraposition, on suppose que $x \neq 0$ et $y \neq 0$, et on veut prouver $xy \neq 0$. Puisque $y \neq 0$, y est un successeur (de $y - 1$), donc

$$x \cdot y = x \cdot (y - 1 + 1) = x \cdot (y - 1) + x$$

Or $x \neq 0$ donc

$$x \cdot (y - 1) + x \neq 0$$

2. Montrons par récurrence sur x la propriété

$$\mathscr{P}[x] :\equiv \forall y\ z, \begin{cases} z \neq 0 \\ xz = yz \end{cases} \implies x = y$$

- Prouvons $\mathscr{P}(0)$: on considère y et $z \neq 0$ tels que $0z = yz$, autrement dit $0 = yz$ (puisque 0 est élément absorbant de la multiplication). Or $z \neq 0$, donc d'après le résultat précédent $y = 0 (= x)$.

- On fait l'hypothèse de récurrence $\mathscr{P}(x)$, et on considère y et $z \neq 0$ tels que

$$(x+1)z = yz$$

On veut prouver $x + 1 = y$. Notons d'abord que $y \neq 0$, car sinon

$$(x+1)z = 0z = 0$$

et comme $z \neq 0$, on aurait alors $x + 1 = 0$, ce qui est impossible. On en déduit que y est non nul, donc c'est un successeur : il existe t tel que $y = t + 1$. On a donc

$$\begin{aligned} (x+1)z &= (t+1)z & \\ xz + z &= tz + z & \text{distributivité de la multiplication sur l'addition} \\ xz &= tz & \text{régularité de l'addition} \end{aligned}$$

On en déduit $x = t$ par hypothèse de récurrence, donc

$$x + 1 = t + 1 = y$$

Remarque 9.2.14 : Jusqu'à présent une preuve par récurrence d'une propriété de la forme

$$\forall x\ y\ z, \mathscr{P}$$

consistait à fixer deux des variables, par exemple y et z, et à appliquer le schéma d'axiomes de récurrence à la formule à trois variables libres $\mathscr{P}[x, y, z]$, pour démontrer

$$\forall x, \mathscr{P}(x, y, z)$$

d'où l'on déduit par généralisation

$$\forall x\ y\ z, \mathscr{P}(x, y, z)$$

Dans la preuve du deuxième point du théorème précédent, on applique le schéma d'axiomes à la formule à une seule variable libre

$$\forall y\ z, \mathscr{P}(x, y, z)$$

pour démontrer par récurrence

$$\forall x\ y\ z, \mathscr{P}(x, y, z)$$

L'intérêt de cette façon de faire (classique) est d'avoir une hypothèse de récurrence beaucoup plus « forte », puisqu'elle ne porte pas uniquement sur deux variables y et z données, mais est valable pour tout y et tout z. C'est ce qui a permis, dans la preuve précédente, d'appliquer l'hypothèse de récurrence à un terme t différent de la variable y.

On notera que les axiomes de Peano définissent l'addition et la multiplication, mais pas la puissance. Il est néanmoins possible de définir à partir de ces axiomes une formule $puis(x, y, z)$ exprimant l'idée que $x^y = z$, mais les techniques mises en œuvre sont plus sophistiquées que celles vues jusqu'à présent ou celles que nous verrons dans la suite de ce chapitre (comme par exemple la définition d'une relation d'ordre ou la justification de la division euclidienne). Ces techniques sont en rapport avec la théorie de la calculabilité, que j'aborderai dans le volume 3. Mais je pourrai dans le volume 2 définir la puissance d'un nombre entier et prouver les propriétés de cette opération, lors de l'étude de l'ensemble $\mathbb{N}$ dans le cadre de la théorie des ensembles (ce cadre permettant d'une certaine façon de lever certaines restrictions de l'arithmétique de Peano dues à l'utilisation de la logique du premier ordre).

Je vais toutefois reprendre la définition de la puissance 2 dans un monoïde, et définir ici uniquement le carré d'un nombre, comme raccourci utile pour le produit de deux variables identiques :

Définition 9.2.15 (Carré)
On note

$$x^2 \stackrel{\text{def}}{\equiv} x \times x$$

On dira que x^2 est le *carré* de x.

Remarque 9.2.16 : Le chiffre 2 qui apparaît dans cette définition est un symbole du métalangage, et pas l'objet de la théorie 2 (ou plus exactement $\underline{2}$) défini comme le successeur du successeur de 0.

9.3 Relation d'ordre

Prérequis
La section 8.1 sur les relations d'ordre et d'ordre strict, et la section 8.2 sur les monoïdes et les groupes.

Nous pouvons définir la relation d'ordre usuelle sur les nombres entiers à partir de l'addition :

Théorème 9.3.1 (Relation d'ordre)
La relation binaire $\leqslant$ définie par :

$$x \leqslant y \stackrel{\text{def}}{\equiv} \exists z, y = x + z$$

est une relation d'ordre, autrement dit elle vérifie les propriétés suivantes :

1. Réflexivité : pour tout x
$$x \leqslant x$$
2. Antisymétrie : pour tout x, y
$$(x \leqslant y \text{ et } y \leqslant x) \implies x = y$$
3. Transitivité : pour tout x, y, z
$$(x \leqslant y \text{ et } y \leqslant z) \implies x \leqslant z$$

Preuve
1. Réflexivité : $x = x + 0$, donc $x \leqslant x$.
2. Antisymétrie : si $x \leqslant y$ et $y \leqslant x$, alors il existe par définition z et t tels que $y = x + z$, et $x = y + t$, donc
$$y = y + t + z$$
$$0 + y = (t + z) + y$$
On en déduit, par régularité de l'addition, que $t + z = 0$. Donc $t = z = 0$, ce qui prouve que $x = y$.
3. Transitivité : si $x \leqslant y$ et $y \leqslant z$, alors il existe par définition t et u tels que
$$y = x + t$$
$$z = y + u$$
On en déduit que $z = x + (t + u)$, donc par définition
$$x \leqslant z$$

Remarque 9.3.2 : De manière informelle, la définition de $x \leqslant y$ signifie que l'on peut passer de x à y en ajoutant un nombre. Par exemple, $2 \leqslant 5$ puisque $2 + 3 = 5$.

Remarque 9.3.3 : Définir la relation d'ordre revient à ajouter à la signature du langage L_{PA} le symbole de prédicat binaire $\leqslant$, avec l'axiome

$$\forall x\ y, (x \leqslant y \iff \exists z, y = x + z)$$

On peut noter que par définition de l'ordre, 0 est le plus petit élément :

Théorème 9.3.4 (Plus petit élément)
0 est le plus petit élément : pour tout x

$$0 \leqslant x$$

Preuve
$x = 0 + x$, donc par définition $0 \leqslant x$.

Les résultats de la section 8.1 (sur les relations d'ordre) s'appliquent. En particulier, la relation $<$ définie par

$$x < y \overset{\text{def}}{\equiv} x \leqslant y \text{ et } x \neq y$$

est une relation d'ordre strict. Mais on peut aussi la définir d'une manière semblable à celle dont on a défini $\leqslant$:

Théorème 9.3.5 (Autres caractérisations de la relation d'ordre strict <)
Pour tout x et y

$$x < y \iff \exists z, (y = x + z \text{ et } z \neq 0)$$
$$x < y \iff \exists z, y = x + Sz$$

Preuve

1. • Si $x < y$, alors $x \leqslant y$, donc il existe z tel que $y = x + z$, et puisque $x \neq y$, on en déduit $z \neq 0$ (car sinon $x = y$).
   • Réciproquement, si $y = x + z$ et $z \neq 0$, alors $x \leqslant y$ par définition, et $x \neq y$ car sinon $x = x + z$, donc $z = 0$.
2. On sait que $z \neq 0$ si et seulement si z est un successeur, donc on déduit de la formule précédente, que pour tout x et y

$$x < y \iff \exists z, y = x + Sz$$

On peut noter que dans la définition

$$x \leqslant y \overset{\text{def}}{\equiv} \exists z, y = x + z$$

z est unique par régularité de l'addition (tous les éléments sont simplifiables) c'est-à-dire que par définition de la différence dans un monoïde commutatif

$$z = y - x$$

Ainsi, par définition de $\leqslant$, l'expression « $y - x$ » est définie si et seulement si $x \leqslant y$. On notera aussi que puisque $y = (y - x) + x$, on a aussi

$$y - x \leqslant y$$

On retrouve les propriétés de la différence vues dans la section consacrée aux monoïdes :

Théorème 9.3.6 (Propriétés de la différence)
1. Pour tout x
$$x - 0 = x$$
$$x - x = 0$$
2. Pour tout x, y, z tels que $x \leqslant y \leqslant z$
$$z - (y - x) = (z - y) + x$$
En particulier
$$y - (y - x) = x$$
3. Pour tout x, y, z tels que $x \leqslant y$
$$z + (y - x) = (z + y) - x$$
4. Pour tout x, y, z tels que $x \leqslant y$
$$(z + y) - (z + x) = y - x$$

Preuve
Ces propriétés ont déjà été démontrées dans la section sur les monoïdes (la condition d'existence d'une expression de la forme « $y - x$ » étant $x \leqslant y$).

Théorème 9.3.7 (Autres propriétés de la différence)
1. Pour tout $x \geqslant 1$, $x - 1$ est l'unique prédécesseur de x :
$$(x - 1) + 1 = x$$
2. Distributivité de la multiplication sur la différence : pour tout x et y tels que $x \leqslant y$ et tout z, on a
$$z(y - x) = zy - zx$$

Preuve
1. Par définition de la différence
$$x = 1 + (x - 1) = (x - 1) + 1$$
donc $x - 1$ est l'unique prédécesseur de x.
2. Distributivité de la multiplication sur la différence : Si $x \leqslant y$, on a
$$y = x + (y - x)$$
$$zy = zx + z(y - x)$$
On en déduit par définition
$$z(y - x) = zy - zx$$

Remarque 9.3.8 (Notations) : La notation « $x - 1$ » employée jusqu'à présent pour signifier le *prédécesseur de x* est donc compatible avec la notation de la différence.

Théorème 9.3.9 (Relation d'ordre et successeur)

1. Pour tout x et y

$$x \leqslant y \iff Sx \leqslant Sy$$
$$x < y \iff Sx < Sy$$

2. Pour tout x

$$x < Sx$$

Plus précisément :

- Sx est le plus petit des éléments strictement supérieurs à x : pour tout x et y

$$x < y \iff Sx \leqslant y$$

- x est le plus grand des éléments strictement inférieurs à Sx : pour tout x et y

$$y < Sx \iff y \leqslant x$$

Preuve

1.

- Si $x \leqslant y$, il existe z tel que $y = x + z$ donc

$$y + 1 = x + 1 + z$$
$$Sy = Sx + z$$
$$Sx \leqslant Sy$$

Réciproquement, si $Sx \leqslant Sy$, alors il existe z tel que

$$y + 1 = x + 1 + z$$

donc par régularité de l'addition,

$$y = x + z$$
$$x \leqslant y$$

- On a

$$x < y \equiv (x \leqslant y \text{ et } x \neq y) \equiv (Sx \leqslant Sy \text{ et } x \neq y)$$

Et puisque

$$x \neq y \iff Sx \neq Sy$$

On en déduit

$$x < y \iff Sx < Sy$$

2. Nous avons vu que

$$x < y \iff \exists z, (y = x + z \text{ et } z \neq 0)$$

donc $x < Sx$, puisque $Sx = x + 1$ et $1 \neq 0$.

- Si $Sx \leqslant y$, il existe z tel que

$$y = Sx + z = x + 1 + z = x + (z + 1)$$

avec $z + 1 \neq 0$, donc $x < y$. Réciproquement, si $x < y$, alors il existe z tel que

$$y = x + Sz = x + (z + 1) = (x + 1) + z = Sx + z$$

donc $Sx \leqslant y$.

- Si $y \leqslant x$ alors puisque $x < Sx$ on en déduit

$$y < Sx$$

Réciproquement, si $y < Sx$, il existe z tel que $Sx = y + Sz$, autrement dit

$$x + 1 = y + z + 1$$
$$x = y + z$$

On en déduit

$$y \leqslant x$$

Remarque 9.3.10 : En particulier, puisque 0 est le plus petit élément et que 1 est le successeur de 0, on en déduit pour tout x

$$\begin{cases} x < 1 \equiv y \leqslant 0 \equiv x = 0 \\ x \geqslant 1 \equiv x > 0 \equiv x \neq 0 \end{cases}$$

Remarque 9.3.11 : Je rappelle que pour tout x, on a $Sx = x + 1$. Avec cette notation, le théorème précédent s'écrit : pour tout x et y

$$x \leqslant y \iff x + 1 \leqslant y + 1$$
$$x < y \iff x + 1 < y + 1$$
$$x < y \iff x + 1 \leqslant y$$
$$y < x + 1 \iff y \leqslant x$$

Théorème 9.3.12 (Corollaire)
Il n'y a pas d'élément maximal (donc a fortiori pas de plus grand élément) :

$$\forall x \exists y, y > x$$

Preuve
Par définition, x n'est pas un élément maximal lorsqu'il existe un élément y tel que $y > x$. Le fait qu'il n'existe aucun élément maximal s'écrit donc formellement

$$\forall x \exists y, y > x$$

ce qui est une conséquence immédiate du théorème précédent, puisque pour tout x

$$Sx > x$$

Il n'existe donc aucun élément maximal, et a fortiori aucun plus grand élément (puisque le plus grand élément est aussi un élément maximal).

Théorème 9.3.13 (Ordre total)
L'ordre $\leqslant$ est total : pour tout x et y

$$x \leqslant y \text{ ou } y \leqslant x$$

Preuve
Montrons par récurrence sur y la formule

$$\mathscr{P}[y] :\equiv \forall x, (x \leqslant y \text{ ou } y \leqslant x)$$

- $\mathscr{P}(0)$ est immédiat puisque pour tout x, on a $0 \leqslant x$.
- On fait l'hypothèse de récurrence $\mathscr{P}(y)$, dont on déduit pour tout x que $x \leqslant y$ ou $y < x$:
  — Soit $x \leqslant y < y + 1$, donc $x < y + 1$ et a fortiori $x \leqslant y + 1$.
  — Soit $y < x$, et alors $y + 1 \leqslant x$.

On en déduit le résultat par récurrence.

Remarque 9.3.14 : Puisque l'ordre $\leqslant$ est total, on en déduit que pour tout x et tout y, une et une seule de ces formules est vérifiée (principe de trichotomie) :

$$x < y \qquad y < x \qquad x = y$$

Remarque 9.3.15 : Le principe de trichotomie pour un ordre total permet de donner une autre preuve de la régularité des entiers non nuls pour la multiplication, c'est-à-dire la formule, pour tout x, y, z,

$$\begin{cases} z \neq 0 \\ xz = yz \end{cases} \Longrightarrow x = y$$

Soient x, y, z tels que $z \neq 0$ et $xz = yz$. On fait l'hypothèse $x \neq y$. Alors, puisque l'ordre est total, $x < y$ ou $y < x$.

- On fait l'hypothèse $x < y$. Il existe donc $t \neq 0$ tel que $y = x + t$. On en déduit

$$xz = yz = (x+t)z = xz + tz$$

  Donc par régularité de l'addition, $tz = 0$. Or par hypothèse $t \neq 0$ et $z \neq 0$, ce qui est contradictoire puisque tz est nul si et seulement si $t = 0$ ou $z = 0$.
- Le raisonnement serait identique si $y < x$ (on permute x et y).

On obtient donc une contradiction, et on en déduit par l'absurde que $x = y$.

Théorème 9.3.16 (Relation d'ordre et opérations)

1. Compatibilité de la relation d'ordre avec l'addition : pour tout x, x', y, y', z

$$x \leqslant y \iff x + z \leqslant y + z$$
$$x < y \iff x + z < y + z$$
$$\begin{cases} x \leqslant y \\ x' \leqslant y' \end{cases} \Longrightarrow x + x' \leqslant y + y'$$
$$\begin{cases} x \leqslant y \\ x' < y' \end{cases} \Longrightarrow x + x' < y + y'$$
$$\begin{cases} x < y \\ x' < y' \end{cases} \Longrightarrow x + x' < y + y'$$

2. Compatibilité de la relation d'ordre avec la multiplication : pour tout x, x', y, y', z

$$x \leqslant y \Longrightarrow xz \leqslant yz$$
$$\begin{cases} x \leqslant y \\ x' \leqslant y' \end{cases} \Longrightarrow xx' \leqslant yy'$$

   et si $z \neq 0$

$$x < y \iff xz < yz$$

$$x \leqslant y \iff xz \leqslant yz$$

3. Conséquence de la compatibilité avec la multiplication : pour tout x, y

$$x \geqslant 1 \implies xy \geqslant y$$

$$\begin{cases} y \neq 0 \\ x > 1 \end{cases} \implies xy > y$$

$$xy = 1 \implies x = 1 \text{ et } y = 1$$

4. Propriété d'Archimède : pour tout x, y

$$y \neq 0 \implies \exists z, zy > x$$

Preuve

1. Compatibilité avec l'addition :
   - Si $x \leqslant y$, il existe t tel que $y = x + t$, donc
   $$y + z = x + z + t$$
   et par conséquent
   $$x + z \leqslant y + z$$
   Réciproquement, si $x + z \leqslant y + z$, il existe t tel que
   $$y + z = x + z + t$$
   donc par simplification $y = x + t$, et par conséquent
   $$x \leqslant y$$
   Pour la relation d'ordre strict $<$, il suffit de reprendre la démonstration précédente en ajoutant la condition $t \neq 0$.
   - On déduit de ce qui précède que si
   $$\begin{cases} x \leqslant y \\ x' \leqslant y' \end{cases}$$
   alors en ajoutant x' à la première inégalité et en ajoutant y à la deuxième, on a
   $$x + x' \leqslant y + x' \leqslant y + y'$$
   De même, si $x \leqslant y$ et $x' < y'$, on a
   $$x + x' \leqslant y + x' < y + y'$$
   et si $x < y$ et $x' < y'$, on a
   $$x + x' < y + x' < y + y'$$
   d'où l'on déduit (dans les deux cas)
   $$x + x' < y + y'$$
2. Compatibilité avec la multiplication :
   - si $x \leqslant y$, alors il existe t tel que $y = x + t$, donc
   $$yz = xz + tz$$
   et par conséquent
   $$xz \leqslant yz$$
   On en déduit que si
   $$\begin{cases} x \leqslant y \\ x' \leqslant y' \end{cases}$$
   alors en multipliant par x' la première inégalité et en multipliant par y la deuxième, on a
   $$xx' \leqslant yx' \leqslant yy'$$

- On fait l'hypothèse $z \neq 0$. Si $x < y$, alors on a aussi $x \leqslant y$ donc d'après ce qui précède

$$xz \leqslant yz$$

De plus z est non nul, donc si $xz = yz$ alors $x = y$ et par contraposition, puisque $x \neq y$, on en déduit $xz \neq yz$, donc

$$xz < yz$$

On déduit enfin de

$$\begin{cases} x \leqslant y & \Longrightarrow xz \leqslant yz \\ x < y & \Longrightarrow xz < yz \end{cases}$$

les deux autres implications permettant de justifier les deux équivalences :

— Si $x \geqslant y$, alors

$$xz \geqslant yz$$

donc par contraposition (et puisque l'ordre est total)

$$xz < yz \Longrightarrow x < y$$

— Si $x > y$, alors

$$xz > yz$$

donc par contraposition (et puisque l'ordre est total)

$$xz \leqslant yz \Longrightarrow x \leqslant y$$

3. Soient x et y.
   - Si $x \geqslant 1$, alors par compatibilité de l'ordre avec la multiplication, $xy \geqslant 1 \times y$, donc $xy \geqslant y$.
   - Si $y \neq 0$ et $x > 1$, alors $x \geqslant 1 + 1$, donc

$$xy \geqslant (1 + 1)y = y + y > y \quad (\text{car } y \neq 0)$$

   et par conséquent $xy > y$.
   - Si $xy = 1$, alors $x \neq 0$ et $y \neq 0$ (car sinon $xy = 0$). Si $x > 1$, alors d'après ce qui précède

$$xy > y \geqslant 1$$

   donc $xy > 1$ ce qui est contradictoire, et par conséquent $x = 1$. Le raisonnement est identique pour y.
4. Propriété d'Archimède : soient x et $y \neq 0$. Puisqu'il n'y a pas de plus grand élément, il existe z tel que $z > x$. Puisque $y \neq 0$, $y \geqslant 1$ donc

$$zy \geqslant z > x$$

Métathéorème 9.3.17 (Récurrence forte, induction bien fondée)
On a les deux propriétés équivalentes suivantes :

1. Récurrence forte : si une formule $\mathscr{P}[x, \vec{a}]$ est vérifiée par 0, et si le fait qu'elle est vérifiée par tout $y \leqslant x$ implique qu'elle soit vérifiée par Sx, alors la formule est vérifiée par tout x : pour tout $\vec{a}$

$$\text{si} \quad \begin{cases} \mathscr{P}(0) \\ \forall x, ((\forall y \leqslant x, \mathscr{P}(y)) \Longrightarrow \mathscr{P}(Sx)) \end{cases}$$
$$\text{alors} \quad \forall x \mathscr{P}(x)$$

2. Induction bien fondée : si le fait qu'une formule $\mathscr{P}[x, \vec{a}]$ est vérifiée par tout $y < x$ implique qu'elle soit vérifiée par x, alors la formule est vérifiée par tout x : pour tout $\vec{a}$

$$\text{si} \quad \forall x, ((\forall y < x, \mathscr{P}(y)) \Longrightarrow \mathscr{P}(x))$$
$$\text{alors} \quad \forall x \mathscr{P}(x)$$

Preuve

1. Prouvons la récurrence forte : on fait l'hypothèse

$$\begin{cases} \mathscr{P}(0) \\ \forall x, ((\forall y \leqslant x, \mathscr{P}(y)) \implies \mathscr{P}(Sx)) \end{cases}$$

Démontrons par récurrence la formule

$$\mathscr{Q}[x] :\equiv \forall y \leqslant x, \mathscr{P}(y)$$

- Puisque $y \leqslant 0$ si et seulement si $y = 0$, on a $\mathscr{Q}(0)$, qui équivaut à $\mathscr{P}(0)$.
- On fait l'hypothèse de récurrence $\mathscr{Q}(x)$, d'où l'on déduit que pour tout $y \leqslant x, \mathscr{P}(y)$. Donc par hypothèse (de l'implication à prouver) on a $\mathscr{P}(Sx)$. De plus, $y \leqslant Sx$ si et seulement si $y = Sx$ ou $y \leqslant x$, et par conséquent

$$\forall y \leqslant Sx, \mathscr{P}(y)$$

autrement dit $\mathscr{Q}(Sx)$.

On en déduit par récurrence

$$\forall x, \mathscr{Q}(x)$$

Or $\mathscr{Q}(x)$ implique $\mathscr{P}(x)$, donc

$$\forall x, \mathscr{P}(x)$$

2. Vérifions l'équivalence des deux propriétés :

- Puisque 0 est le plus petit élément,

$$\forall y < 0, \mathscr{P}(y)$$

est trivialement vrai (il n'existe aucun y strictement inférieur à 0), ce qui signifie que la formule

$$(\forall y < 0, \mathscr{P}(y)) \implies \mathscr{P}(0)$$

équivaut à $\mathscr{P}(0)$.

- De plus, si z est le successeur de x ($z = Sx$), la formule

$$(\forall y < z, \mathscr{P}(y)) \implies \mathscr{P}(z)$$

s'écrit

$$(\forall y < Sx, \mathscr{P}(y)) \implies \mathscr{P}(Sx)$$

ce qui équivaut à

$$(\forall y \leqslant x, \mathscr{P}(y)) \implies \mathscr{P}(Sx)$$

- Puisque tout entier est soit 0, soit un successeur, les formules

$$\forall z, ((\forall y < z, \mathscr{P}(y)) \implies \mathscr{P}(z))$$

et

$$\begin{cases} \mathscr{P}(0) \\ \forall x, ((\forall y \leqslant x, \mathscr{P}(y)) \implies \mathscr{P}(Sx)) \end{cases}$$

sont donc équivalentes.

9.4 Divisibilité et division euclidienne

Prérequis
La section 8.2 sur les monoïdes et les groupes.

Je rappelle que je peux désigner les objets de la théorie comme des *nombres*, ou des *entiers* (même si d'un point de vue syntaxique, cela n'a pas vraiment de sens, et même si d'un point de vue sémantique $\mathbb{N}$ n'est pas le seul modèle des axiomes), ce que je ferai fréquemment dans cette section.

Définition 9.4.1 (Diviseur, multiple)
On dit que x *divise* y (ou que x est un *diviseur de* y), ou que y est un *multiple* de x, ce que l'on note $x \mid y$, lorsque y est le produit de x par un autre nombre :

$$x \mid y \overset{\text{def}}{\equiv} \exists z, y = xz$$

Remarque 9.4.2 : On peut noter que tout entier divise 0 (car $x \cdot 0 = 0$), que 1 divise tout entier, et que tout entier se divise lui-même (car $x \cdot 1 = x$), c'est-à-dire que pour tout x

$$x \mid 0 \qquad 1 \mid x \qquad x \mid x$$

Remarque 9.4.3 : Si $x \mid y$ avec $y \neq 0$, alors $x \leqslant y$, puisque si $y = xz$, avec $y \neq 0$, alors $z \neq 0$, donc $xz \geqslant x$.

On peut noter la similarité entre la définition de la relation de divisibilité et celle de la relation d'ordre $\leqslant$:

$$x \leqslant y \overset{\text{def}}{\equiv} \exists z, y = x + z$$
$$x \mid y \overset{\text{def}}{\equiv} \exists z, y = xz$$

La similarité ne s'arrête pas là car $\mid$ est aussi une relation d'ordre :

Théorème 9.4.4
La relation de divisibilité est une relation d'ordre, autrement dit elle vérifie les propriétés suivantes :

1. Réflexivité : pour tout x
$$x \mid x$$
2. Antisymétrie : pour tout x et y
$$(x \mid y \text{ et } y \mid x) \implies x = y$$
3. Transitivité : pour tout x, y, z
$$(x \mid y) \text{ et } (y \mid z) \implies x \mid z$$

Preuve

- La réflexivité est immédiate ($x = x \times 1$).
- Antisymétrie : si $x \mid y$ et $y \mid x$, alors il existe z et z' tels que
$$\begin{cases} y = zx \\ x = z'y \end{cases}$$
On en déduit
$$y = zz'y$$
Si $y = 0$, alors $x = 0 = y$. Sinon, on peut simplifier par y :
$$zz' = 1$$
donc
$$z = z' = 1$$
et par conséquent $y = x$.
- Transitivité : si $x \mid y$ et $y \mid z$, alors il existe t et t' tels que
$$\begin{cases} y = tx \\ z = t'y \end{cases}$$

donc

$$z = t'tx$$

ce qui signifie que x divise z.

Remarque 9.4.5 : La relation de divisibilité n'est pas un ordre total, puisque par exemple 2 ne divise pas 3 et 3 ne divise pas 2. En effet, si $x \geqslant 2$

$$2x \geqslant 4 > 3$$

et comme 0×2 et 1×2 sont différents de 3, on en déduit qu'aucun multiple de 2 n'est égal à 3. De même, si $x \geqslant 1$

$$3x \geqslant 3 > 2$$

et comme $0 \times 3 \neq 2$, on en déduit qu'aucun multiple de 3 n'est égal à 2.

Remarque 9.4.6 : Pour la relation de divisibilité, 1 est le plus petit élément (car 1 divise tous les entiers), 0 le plus grand élément (car tout entier divise 0).

Comme pour la relation $\leqslant$, on peut noter que si $x \neq 0$, alors dans la définition

$$x \mid y \overset{\text{def}}{\equiv} \exists z, y = xz$$

z est unique par régularité de la multiplication pour les nombres non nuls (tous les entiers non nuls sont simplifiables) c'est-à-dire que par définition du quotient dans un monoïde commutatif

$$z = \frac{y}{x}$$

Ainsi, par définition de $\mid$, l'expression « $\frac{y}{x}$ » est définie si et seulement si $x \mid y$ (et $x \neq 0$). On notera aussi que puisque $y = \frac{y}{x}x$, on a aussi

$$\frac{y}{x} \mid y$$

On retrouve les propriétés du quotient vues dans la section consacrée aux monoïdes :

Théorème 9.4.7 (Propriétés du quotient)

1. Pour tout $x \neq 0$
$$\frac{x}{x} = 1$$
2. Pour tout x, y, z tels que $x \mid y$, $y \mid z$, $x \neq 0$, $y \neq 0$
$$\frac{z}{\frac{y}{x}} = \frac{z}{y}x$$
En particulier
$$\frac{y}{\frac{y}{x}} = x$$
3. Pour tout x, y, z tels que $x \mid y$ et $x \neq 0$
$$z\frac{y}{x} = \frac{zy}{x}$$

4. Pour tout x, y, z tels que $x \mid y$, $x \neq 0$, $z \neq 0$

$$\frac{zy}{zx} = \frac{y}{x}$$

Preuve
Ces propriétés ont déjà été démontrées dans la section sur les monoïdes (la condition d'existence d'une expression de la forme « $\frac{y}{x}$ » étant : $x \neq 0$ et $x \mid y$).

Théorème 9.4.8 (Propriétés de la relation de divisibilité)
Pour tout x, y, z

$$z \mid x \implies z \mid xy$$

$$\begin{cases} z \mid x \\ z \mid y \end{cases} \implies z \mid x + y$$

$$\begin{cases} z \mid x \\ z \mid y \\ x \geqslant y \end{cases} \implies z \mid x - y$$

Preuve
- Si $z \mid x$, il existe x' tel que $x = zx'$ donc $xy = z(x'y)$, ce qui signifie que z divise xy.
- On fait l'hypothèse supplémentaire $z \mid y$. Il existe donc y' tel que $y = zy'$. On en déduit

$$x + y = zx' + zy' = z(x' + y')$$

  ce qui signifie que z divise $x + y$.
- On fait l'hypothèse supplémentaire $x \geqslant y$. Si $z = 0$, on a aussi $x = y = x - y = 0$, et z divise $x - y$. Sinon, puisque $zx' \geqslant zy'$, on en déduit $x' \geqslant y'$. De plus, par définition

$$x = y + (x - y)$$

  donc

$$zx' = zy' + (x - y)$$

  On en déduit par unicité de la différence

$$x - y = zx' - zy' = z(x' - y')$$

  ce qui signifie que z divise $x - y$.

Définition 9.4.9 (Pair, impair)
1. On dit qu'un nombre est *pair* s'il est divisible par 2, et *impair* sinon. Autrement dit, x est pair lorsqu'il existe y tel que $x = 2y$, et impair dans le cas contraire.
2. On dit que deux nombres ont la même *parité* lorsqu'ils sont tous les deux pairs ou tous les deux impairs.

Remarque 9.4.10 : Par définition, tout entier est soit pair soit impair (les deux possibilités s'excluant l'une l'autre).

Théorème 9.4.11 (Caractérisation des nombres impairs)
Tout nombre est impair si et seulement si il est le successeur d'un nombre pair : pour tout x

$$x \text{ est impair} \iff \exists y, x = 2y + 1$$

Preuve

- On fait l'hypothèse que x est pair. Il existe y' tel que $x = 2y'$. Prouvons que x ne peut pas s'écrire sous la forme $2y + 1$. En effet, s'il existe y tel que

$$2y' = x = 2y + 1$$

  alors $2y' \geqslant 2y$ donc $y' \geqslant y$. Il existe donc z tel que $y' = y + z$ et on a

$$2y + 1 = 2y' = 2(y + z) = 2y + 2z$$

  donc $2z = 1$, ce qui est impossible. On en déduit par contraposition que s'il existe y tel que $x = 2y + 1$, alors x est impair.
- Réciproquement, démontrons par récurrence que si x est impair, alors x est le successeur d'un nombre pair.
  — La propriété est trivialement vérifiée pour 0 (puisque 0 est pair).
  — On fait l'hypothèse de récurrence au rang x. Si x est impair il existe y tel que $x = 2y + 1$ donc

$$x + 1 = (2y + 1) + 1 = 2y + 2 = 2(y + 1)$$

  donc $x + 1$ est pair. Par contraposition, si $x + 1$ est impair, alors x est pair, autrement dit $x + 1$ est le successeur d'un nombre pair.

Remarque 9.4.12 : On déduit du théorème que le successeur d'un nombre pair est un nombre impair, mais aussi que le successeur d'un nombre impair est un nombre pair, car si x est impair, il existe y tel que $x = 2y+1$, et

$$x + 1 = (2y + 1) + 1 = 2y + 2 = 2(y + 1)$$

Théorème 9.4.13 (Parité d'une somme, d'un produit, d'un carré)

1. La somme de deux nombres est paire si et seulement si ces nombres ont la même parité (donc la somme est impaire si et seulement si ces nombres ont une parité différente).
2. La différence $x - y$ de deux nombres x et y (avec $x \geqslant y$) est paire si et seulement si ces nombres ont la même parité (donc la différence est impaire si et seulement si ces nombres ont une parité différente).
3. Si x est pair, alors $x + y$ et $x - y$ ont la même parité que y, et si x est impair, alors $x + y$ et $x - y$ ont la parité contraire de y.
4. Le produit de deux nombres est impair si et seulement si ils sont tous les deux impairs (donc le produit est pair si et seulement si l'un au moins est pair).
5. Un nombre et son carré ont la même parité : pour tout x

$$x \text{ est pair} \iff x^2 \text{ est pair}$$
$$x \text{ est impair} \iff x^2 \text{ est impair}$$

Preuve

1. La somme de deux nombres pairs est paire, car elle est de la forme

$$2y + 2y' = 2(y + y')$$

La somme de deux nombres impairs est paire, car elle est de la forme

$$(2y+1)+(2y'+1) = 2y+2y'+2 = 2(y+y'+1)$$

La somme d'un nombre pair et d'un nombre impair est impaire, car elle est de la forme

$$2y+(2y'+1) = 2(y+y')+1$$

On en déduit que la somme de deux nombres est paire si et seulement si les nombres ont la même parité.

2. Puisque

$$x = y + (x-y)$$

on déduit du résultat précédent que

- si y est pair, alors $(x-y)$ est pair si et seulement si x est pair ;
- si y est impair, alors $(x-y)$ est pair si et seulement si x est impair.

Par conséquent $x-y$ est pair si et seulement si x et y ont la même parité.

3. On déduit de ce qui précède que si x est pair, alors $x+y$ et $x-y$ ont la même parité que y (puisque $x+y$ et $x-y$ sont alors pairs si et seulement si y est pair), et que si x est impair, alors $x+y$ et $x-y$ ont la parité contraire de y (puisque $x+y$ et $x-y$ sont alors pairs si et seulement si y est impair).
4. Si l'un (au moins) des nombres est pair, le produit des deux est un multiple d'un nombre pair, donc est pair. Si les deux nombres sont impairs, leur produit est de la forme

$$(2y+1)(2y'+1) = 4yy'+2y+2y'+1 = 2(2yy'+y+y')+1$$

donc c'est un nombre impair.

5. Le dernier point est une conséquence du point précédent (étude de la parité du produit de deux nombres), mais il est aussi possible de le redémontrer directement. Je reprends la preuve de l'exemple 5.5.83 (p. 258).

- Prouvons que si x est pair, alors x^2 est pair (donc on aura aussi par contraposition : si x^2 est impair, alors x est impair). Si x est pair, il existe par définition y tel que $x = 2y$ donc

$$x^2 = (2y)\times(2y) = 4y^2 = 2(2y^2)$$

ce qui signifie que x^2 est pair.

- Prouvons que si x est impair, alors x^2 est impair (donc on aura aussi par contraposition : si x^2 est pair, alors x est pair). Si x est impair, il existe y tel que $x = 2y+1$ donc

$$x^2 = (2y+1)^2 = 4y^2+4y+1 = 2(2y^2+2y)+1$$

ce qui signifie que x^2 est impair.

Théorème 9.4.14 (Division euclidienne)
Pour tout x et y

$$x \neq 0 \implies \exists!(q,r), \begin{cases} y = qx+r \\ r < x \end{cases}$$

q et r s'appellent respectivement le quotient et le reste de la division euclidienne de y par x, ce que je noterai respectivement $\mathrm{quo}(y,x)$ et $\mathrm{res}(y,x)$.

Preuve
On considère $x \neq 0$. Démontrons par récurrence sur y l'existence de q et r tels que

$$\begin{cases} y = qx+r \\ r < x \end{cases}$$

- Pour $y = 0$, on a $0 = 0\cdot x + 0$, avec $0 < x$.

- On fait l'hypothèse de récurrence pour y. On en déduit qu'il existe q et r tels que

$$\begin{cases} y = qx + r \\ r < x \end{cases}$$

Puisque $r < x$, on a $r + 1 \leqslant x$.

— Si $r + 1 < x$

$$y + 1 = qx + (r + 1)$$

avec $r + 1 < x$, ce qui prouve l'existence du quotient et du reste pour la division euclidienne de $y + 1$ par x.

— Si $r + 1 = x$

$$y + 1 = qx + r + 1 = qx + x = (q + 1)x + 0$$

avec $0 < x$, ce qui prouve l'existence du quotient et du reste pour la division euclidienne de $y + 1$ par x.

Enfin, vérifions l'unicité : on suppose

$$\begin{cases} y = qx + r \\ y = q'x + r' \end{cases} \quad \text{et} \quad \begin{cases} r < x \\ r' < x \end{cases}$$

- Si $q < q'$, alors $q + 1 \leqslant q'$, donc

$$q'x \geqslant (q + 1)x = qx + x > qx + r = y$$

ce qui est contradictoire avec

$$y = q'x + r' \geqslant q'x$$

- On en déduit $q \geqslant q'$. On peut reproduire ce raisonnement en permutant q et q', donc on a aussi $q' \geqslant q$, et on en déduit $q = q'$. Par conséquent

$$qx + r = qx + r'$$

et par simplification $r = r'$.

Remarque 9.4.15 : Pour tout $x \neq 0$ et pour tout y, x divise y si et seulement si le reste de la division euclidienne de y par x est 0. Et on a alors

$$\text{quo}(y, x) = \frac{y}{x}$$

La preuve donne une construction par récurrence des différents couples (q, r). Pour tout $p \neq 0$ et tout n, en notant la division euclidienne de n par p

$$n = q_n p + r_n$$

alors les couples (q_n, r_n) vérifient la relation de récurrence sur n suivante

$$\begin{cases} (q_0, r_0) & = (0, 0) \\ (q_{n+1}, r_{n+1}) & = \begin{cases} (q_n, r_n + 1) & \text{si } r_n + 1 < p \\ (q_n + 1, 0) & \text{si } r_n + 1 = p \end{cases} \end{cases}$$

Par exemple, en appliquant cet algorithme avec $p :\equiv 3$, on obtient les couples suivants :

$$(0,0) \quad (0,1) \quad (0,2) \quad (1,0) \quad (1,1) \quad (1,2) \quad (2,0) \quad (2,1)\ldots$$

Ce qui donne par exemple $(q_7, r_7) = (2, 1)$ donc la division euclidienne de 7 par 3 est

$$7 = 2 \times 3 + 1$$

Voici l'algorithme sous la forme d'un script python définissant la fonction qui à deux entiers n et p ($p \neq 0$) associe $(\text{quo}(n, p), \text{res}(n, p))$:

Algorithme 9.4.16 (Division euclidienne)
Entrée : deux entiers n et p (avec $p \neq 0$).
Sortie : $(\text{quo}(n, p), \text{res}(n, p))$.

```
def div_eucl(n,p):
    k = 0                       # k prend la valeur 0
    q,r = 0, 0                  # q et r prennent la valeur 0
    while (k < n):              # tant que k < n
        k +=1                       # k prend la valeur k+1
        if (r+1 < p):               # si r+1 < p
            r = r+1                     # r prend la valeur r+1
        else:                       # sinon
            q,r = q+1,0                 # q prend la valeur q+1
                                        # et r prend la valeur 0
    return [q,r]
```

J'arrêterai ici l'étude de l'arithmétique de Peano, qui sera reprise et prolongée dans le volume 2, dans le cadre de la théorie des ensembles.

9.5 Variantes de l'arithmétique de Peano (arithmétique de Robinson, arithmétique de Presburger)

Il est possible de définir d'autres théories arithmétiques, moins fortes que l'arithmétique de Peano PA (dans le sens où ce qui est prouvable dans ces théories est prouvable dans PA, mais que la réciproque n'est pas vraie), mais qui peuvent avoir un intérêt. C'est le cas de l'arithmétique de Robinson et de l'arithmétique de Presburger, que j'évoque brièvement dans cette section (sans preuve).

Arithmétique de Robinson

Définition 9.5.1 (Arithmétique de Robinson)
On appelle *arithmétique de Robinson*, que l'on note Q, la théorie dans le langage L_{PA}, de signature $\{0, S, +, \times\}$, avec les mêmes axiomes que PA, sauf le schéma d'axiomes 3 (principe de récurrence), qui est remplacé par l'axiome suivant :

$$\forall x, (x = 0 \text{ ou } \exists y, x = Sy)$$

Remarque 9.5.2 : Dans Q, tout entier non nul admet donc un unique prédécesseur. Nous avons vu que cet axiome était un théorème de la théorie PA, et comme les autres axiomes sont identiques, tout ce qui est prouvable dans Q est aussi prouvable dans PA.

Remarque 9.5.3 (Remarque historique) : Cette théorie a été proposée par le mathématicien américain Raphael M. Robinson (1911-1995) en 1950. Elle a la particularité d'avoir un nombre fini d'axiomes (contrairement à PA qui, à cause du schéma d'axiomes de récurrence, admet une infinité d'axiomes), mais satisfait les hypothèses du premier théorème d'incomplétude de Gödel (elle a été élaborée pour ça) et est donc incomplète. Cette théorie ne satisfait pas les hypothèses du deuxième théorème d'incomplétude de Gödel, mais vérifie, d'une certaine façon, sa conclusion, dans la mesure où des variantes du deuxième théorème d'incomplétude de Gödel montrent que cette théorie ne permet pas de prouver sa propre cohérence [12].

Remarque 9.5.4 : Dans l'arithmétique de Robinson, on peut par exemple démontrer que toutes les additions commutent (par exemple $2 + 3 = 3 + 2$), mais pas que l'addition est commutative en général :

$$Q \nvdash \forall x\ y, x + y = y + x$$

Arithmétique de Presburger

L'arithmétique de Presburger [13] est aussi une théorie de l'arithmétique moins forte que l'arithmétique de Peano.

> **Définition 9.5.5 (Arithmétique de Presburger)**
> On appelle *arithmétique de Presburger*, l'arithmétique de Peano sans la multiplication. Plus précisément, c'est la théorie, dans le langage de signature $\{0, S, +\}$ (même langage que PA mais sans le symbole de multiplication $\times$), avec les mêmes axiomes 1 à 5 que PA (tous sauf les axiomes 6 et 7 définissant la multiplication).

Remarque 9.5.6 : Cette théorie est complète et décidable. On en déduit en particulier que la multiplication, dans $\mathbb{N}$, ne peut pas s'exprimer sous la forme d'une formule du premier ordre dans le langage de signature $\{0, S, +\}$, car sinon l'arithmétique de Peano serait décidable, ce qui n'est pas le cas.

12. Résultats de Bezboruah and Sheperdson (1976), et de Pudlák (1985). Voir par exemple

- `http://www.math.wisc.edu//~lempp/conf/asl12/Slides/Willard.pdf.`
- `https://plato.stanford.edu/entries/goedel/notes.html#suppl-note1.`
- `https://en.wikipedia.org/wiki/Talk:Robinson_arithmetic.`

13. Mojzesz Presburger (1904-1943), mathématicien polonais.

Chapitre 10

Introduction à quelques extensions de la logique des prédicats

10.1 Logique des prédicats à plusieurs sortes d'objets

La *logique des prédicats à plusieurs sortes d'objets* (on trouve aussi les termes de *logique du premier ordre multisortée*, ou *multisorte*, ou *typée* [1]) est une variante de la logique des prédicats classique, permettant de contourner une difficulté de cette dernière, qui est de ne travailler que sur un seul type d'objets. Par exemple, si on souhaite axiomatiser la géométrie plane, on peut vouloir utiliser deux sortes d'objets, les points et les droites ; ou encore, si on souhaite axiomatiser un espace vectoriel, on peut aussi vouloir utiliser deux sortes d'objets, les scalaires et les vecteurs. Le principe de base de la logique des prédicats à plusieurs sortes d'objets, est donc que tous les objets étudiés peuvent avoir ce qu'on appelle une *sorte*, syntaxe et sémantique de cette logique ne faisant ensuite que généraliser celles de la logique classique (à une seule sorte).

Syntaxe

On se donne un ensemble dénombrable $\mathcal{S}$ (on peut donc indexer les éléments de $\mathcal{S}$ par $\mathbb{N}$ ou un sous-ensemble fini de $\mathbb{N}$), l'ensemble des sortes des objets, à partir duquel on déduira aussi les sortes des prédicats et des fonctions. Les symboles utilisés sont (outre les symboles de ponctuation)

- les symboles de connecteurs logiques

$$\neg \quad \wedge \quad \vee \quad \Longrightarrow \quad \Longleftrightarrow$$

- les symboles de quantificateurs

$$\forall \quad \exists$$

- les éléments de $\mathcal{S}$ (les sortes) ;
- un ensemble infini dénombrable de symboles de variables, pour chaque sorte s de l'ensemble $\mathcal{S}$. Par exemple, s'il y a trois sortes, on peut utiliser les variables $x_1^1, x_2^1, x_3^1, \ldots$ pour les variables de sorte 1, $x_1^2, x_2^2, x_3^2, \ldots$ pour les variables de sorte 2, $x_1^3, x_2^3, x_3^3, \ldots$ pour les variables de sorte 3 ;

ainsi que les symboles facultatifs formant la signature du langage :

- des symboles de constantes de sorte s (pour tout $s \in \mathcal{S}$) ;
- des symboles de prédicats, qui ont une sorte : si un prédicat d'arité n fait intervenir n objets de sortes respectives $s_1, \ldots, s_n$, sa sorte est le n-uplet $(s_1, \ldots, s_n)$; en particulier, l'égalité est définie pour chaque sorte s : $=_s$ est un prédicat binaire de sorte (s, s) ;

1. En anglais : *many-sorted first-order logic*, ou *typed first-order logic*.

- des symboles d'opération, qui ont une sorte : si une fonction d'arité n fait intervenir $n + 1$ objets (à un n-uplet de sortes $(s_1, \dots, s_n)$ correspond un objet de sorte s_{n+1}), sa sorte est le $(n + 1)$-uplet $(s_1, \dots, s_{n+1})$.

On définit ensuite par induction, comme pour un langage classique, les termes :

- Les constantes de sorte s et les variables de sortes s sont des termes de sorte s.
- Si $t_1, \dots, t_n$ sont des termes de sortes respectives $s_1, \dots, s_n$ et si f est un symbole d'opération d'arité n, de sorte $(s_1, \dots, s_n, s_{n+1})$, alors $f(t_1, \dots, t_n)$ est un terme de sorte s_{n+1}.

Je pourrai noter dans la suite

$$X : s$$

pour signifier que l'objet X est de sorte s (que X soit un terme, ou un symbole de prédicat ou d'opération).

Les formules atomiques sont de la forme $R(t_1, \dots, t_n)$, où $t_1, \dots, t_n$ sont des termes de sortes respectives $s_1, \dots, s_n$, et R un prédicat d'arité n, de sorte $(s_1, \dots, s_n)$.

Les formules sont définies de manière inductive de la même façon que pour la logique des prédicats : une formule est soit une formule atomique, soit une expression obtenue à partir des formules $\mathscr{F}$ et $\mathscr{G}$ de l'une des manières suivantes (aux parenthèses près) :

$$\neg\mathscr{F} \qquad \exists x\mathscr{F} \qquad \forall x\mathscr{F} \qquad \mathscr{F} \wedge \mathscr{G} \qquad \mathscr{F} \vee \mathscr{G} \qquad \mathscr{F} \Longrightarrow \mathscr{G} \qquad \mathscr{F} \Longleftrightarrow \mathscr{G}$$

Enfin, on peut utiliser le même système de déduction naturelle que pour la logique des prédicats classique, à la seule différence que pour des expressions de la forme $\mathscr{F}[t/x]$, le terme t doit avoir la même sorte que x.

Sémantique

En ce qui concerne la sémantique, on peut interpréter un langage du premier ordre à plusieurs sortes, à l'aide d'un univers Ω_s pour chaque sorte s de $\mathcal{S}$, et de la donnée

- d'un élément $c^{\mathcal{M}}$ de Ω_s pour chaque symbole de constante c de sorte s ;
- d'une fonction $f^{\mathcal{M}}$ de $\Omega_{s_1} \times \cdots \times \Omega_{s_n}$ dans $\Omega_{s_{n+1}}$ pour chaque symbole f d'opération d'arité n, de sorte $(s_1, \dots, s_n, s_{n+1})$;
- d'un sous-ensemble $R^{\mathcal{M}}$ de $\Omega_{s_1} \times \cdots \times \Omega_{s_n}$ pour chaque symbole R de prédicat, d'arité n, de sorte $(s_1, \dots, s_n)$.

Et on définit la valeur de vérité d'une formule de la même manière que pour un langage du premier ordre classique.

Exemple

Exemple 10.1.1

On peut exprimer la théorie des espaces vectoriels en considérant les deux sortes K (pour les scalaires) et V (pour les vecteurs), dans le langage formé

- des constantes suivantes :

$$0 : K$$
$$1 : K$$
$$0 : V$$

- des opérateurs suivants :

$$+ : (K, K, K)$$
$$\times : (K, K, K)$$

$$\begin{aligned} - &: (K, K) \\ ^{-1} &: (K, K) \\ + &: (V, V, V) \\ - &: (V, V) \\ \cdot &: (K, V, V) \end{aligned}$$

- avec l'égalité comme seul symbole de prédicat, donc

$$\begin{aligned} =&: (K, K) \\ =&: (V, V) \end{aligned}$$

On notera qu'on a utilisé plusieurs fois le même symbole, mais dans la pratique il n'y a en général pas d'ambiguïté. On peut si besoin préciser :

$$0_K \quad 0_V \quad +_K \quad +_V \quad -_K \quad -_V \quad =_K \quad =_V$$

Pour simplifier, je noterai les variables de sorte K par a, b, c et les variables de sorte V par x, y, z (je n'aurai pas besoin d'autres variables). Je garderai aussi les mêmes conventions que précédemment en prenant implicitement les clôtures universelles des formules : une expression de la forme « pour tout a, x »

$$\mathscr{F}$$

signifie

$$\forall a \forall x \mathscr{F}$$

Dans cet exemple, on quantifie sur la variable a (de sorte K) et la variable x (de sorte V). Les axiomes sont les suivants :

1. Les axiomes de corps pour $(K, +, \times, -, ^{-1}, 0, 1)$:
   - Associativité de l'addition et de la multiplication : pour tout a, b, c

$$\begin{aligned} (a + b) + c &= a + (b + c) \\ (a \times b) \times c &= a \times (b \times c) \end{aligned}$$

   - Commutativité de l'addition et la multiplication : pour tout a, b

$$\begin{aligned} a + b &= b + a \\ a \times b &= b \times a \end{aligned}$$

   - Distributivité de la multiplication sur l'addition : pour tout a, b, c

$$\begin{aligned} a \times (b + c) &- a \times b + a \times c \\ (b + c) \times a &= b \times a + c \times a \end{aligned}$$

   - Élément neutre pour l'addition et la multiplication : pour tout a

$$\begin{aligned} a + 0 &= 0 + a = a \\ a \times 1 &= 1 \times a = a \end{aligned}$$

- Tout élément a admet pour opposé $-a$: pour tout a

$$-a + a = a + (-a) = 0$$

- Tout élément non nul a admet pour inverse a^{-1} : pour tout a

$$a \neq 0 \implies a^{-1} \times a = a \times a^{-1} = 1$$

- Non trivialité :

$$0 \neq 1$$

2. Les axiomes de groupe commutatif pour $(V, +, -, 0)$:
   - Associativité : pour tout x, y, z

$$(x + y) + z = x + (y + z)$$

   - Commutativité : pour tout x, y

$$x + y = y + x$$

   - 0 est élément neutre : pour tout x

$$x + 0 = 0 + x = x$$

   - Tout élément x admet pour opposé $-x$: pour tout x

$$-x + x = x + (-x) = 0$$

3. Les axiomes pour la loi $\cdot$:
   - Distributivité à gauche de $\cdot$ sur $+_V$: pour tout a, x, y

$$a \cdot (x + y) = (a \cdot x) + (a \cdot y)$$

   - Distributivité à droite de $\cdot$ sur $+_K$: pour tout a, b, x

$$(a + b) \cdot x = (a \cdot x) + (b \cdot x)$$

   - Associativité mixte avec $\times$: pour tout a, b, x

$$(a \times b) \cdot x = a \cdot (b \cdot x)$$

   - 1 est élément neutre à gauche : pour tout x

$$1 \cdot x = x$$

Interprétation de la logique des prédicats à plusieurs sortes comme une logique des prédicats classique

Un langage du premier ordre à plusieurs sortes d'objets L peut se ramener à un langage du premier ordre classique L' : il suffit de reprendre les symboles du langage L et de les interpréter comme des symboles de L', en ajoutant uniquement un prédicat unaire D^s pour chaque sorte s de $\mathcal{S}$ (D^s signifiant donc : « être de la sorte s »). Les quantificateurs sont ensuite relativisés à D^s, autrement dit, si la variable x est de sorte s

- $\forall x \mathcal{F}$ se traduit par

$$\forall x, (D^s(x) \implies \mathcal{F})$$

- $\exists x \mathcal{F}$ se traduit par

$$\exists x, (D^s(x) \wedge \mathcal{F})$$

L'interprétation du langage se fait dans une structure qui regroupe tous les objets, c'est-à-dire que l'univers est la réunion des univers Ω_s (pour toutes les sortes s de $\mathcal{S}$).

La logique à plusieurs sortes d'objets est ainsi (je ne rentre pas dans le détail des justifications) équivalente à la logique des prédicats classique, et a donc ses propriétés (correction et complétude).

10.2 Logique du second ordre

La logique du second ordre est une extension de la logique des prédicats, dans laquelle les quantifications ($\forall$ et $\exists$) peuvent s'opérer non plus seulement sur les individus, mais aussi sur les prédicats et les fonctions. Pour cela, on ajoute aux variables d'individus, dites du premier ordre, des variables pour les prédicats portant sur ces individus et des variables pour les fonctions, dites variables du second ordre. Ces nouveaux symboles s'ajoutent donc à ceux représentant des constantes de relation ou de fonction (déjà présents en logique du premier ordre).

Remarque 10.2.1 : On peut éventuellement se dispenser de l'usage de symboles pour les variables de fonctions, car il est possible de ramener une fonction à un prédicat et une formule. Par exemple, la fonction $x \mapsto x + 1$ correspond au prédicat binaire

$$R(x, y) \stackrel{\text{def}}{\equiv} y = x + 1$$

auquel on ajoute la formule spécifiant que tout individu admet une unique image :

$$\forall x \exists ! y, R(x, y)$$

Pour définir (par induction) les termes de la logique du second ordre, on ajoute aux règles de celle du premier ordre (qui sont toujours valables) le principe suivant : si $t_1, \dots, t_n$ sont des termes, et F une variable de fonction d'arité n, alors $F(t_1 \dots t_n)$ est un terme.

Pour définir les formules atomiques, on ajoute aux règles de la logique du premier ordre le principe suivant : si $t_1, \dots, t_n$ sont des termes et R une variable de prédicat d'arité n, alors $R(t_1, \dots, t_n)$ est une formule atomique.

Pour définir (par induction) les formules, on ajoute aux règles de la logique du premier ordre le principe suivant : si $\mathcal{F}$ est une formule et X une variable (d'individu, de prédicat, ou de fonction), alors $\forall X \mathcal{F}$ et $\exists X \mathcal{F}$ sont des formules.

Pour simplifier l'utilisation des différentes variables, j'emploierai aussi dans la suite le langage de la théorie des types pour les désigner : je noterai

$$x : \Omega$$

pour signifier que x est une variable d'individu

$$R : \Omega^n \longrightarrow \mathbb{B}$$

pour signifier que R est une variable de prédicat d'arité n

$$F : \Omega^n \longrightarrow \Omega$$

pour signifier que F est une variable de fonction d'arité n. De manière informelle, Ω représente l'univers des individus, et $\mathbb{B}$ (pour booléen) un ensemble à deux éléments permettant de définir un prédicat n-aire par sa fonction indicatrice.

Exemple 10.2.2

- Principe de récurrence : avec S constante de fonction unaire

$$\forall \mathcal{R} : \Omega \longrightarrow \mathbb{B} \begin{cases} \mathcal{R}(0) \\ \forall x : \Omega, (\mathcal{R}(x) \implies \mathcal{R}(Sx)) \end{cases} \implies \forall x : \Omega, \mathcal{R}(x)$$

- La formule

$$\forall f : \Omega \longrightarrow \Omega, (\forall x\ y : \Omega, (f(x) = f(y) \implies x = y) \implies \forall y : \Omega, \exists x : \Omega, y = f(x))$$

signifie que toute opération unaire injective (d'un point de vue sémantique : toute fonction injective de l'univers dans lui-même) est surjective.

Il est inutile d'introduire le symbole = dans le langage, car l'égalité peut alors être définie :

Définition 10.2.3 (Égalité de Leibniz)
Pour tous les termes t et u

$$t = u \overset{\text{def}}{\equiv} \forall X : \Omega \longrightarrow \mathbb{B}, (X(t) \iff X(u))$$

Il existe principalement deux sémantiques pour la logique du second ordre :

1. La *sémantique standard*, ou *sémantique pleine*, correspond à l'idée intuitive que l'on peut se faire de la sémantique : une fois que l'on se donne le domaine des individus (l'univers), les quantificateurs portent sur tous les prédicats possibles sur les individus, ou, ce qui revient au même, sur tous les sous-ensembles possibles sur ces individus. Avec cette sémantique, la logique du second ordre a l'avantage d'un pouvoir expressif plus grand que la logique du premier ordre, et permet une caractérisation complète de certaines structures, c'est-à-dire qu'à certaines séries d'axiomes ne correspond qu'un seul modèle, ce qui n'est pas le cas en logique du premier ordre. L'inconvénient de cette logique est de perdre certaines des propriétés de la logique du premier ordre. En particulier, le théorème de compacité n'est plus valable, et on ne peut plus avoir de système de déduction en faisant une logique complète. En effet, le deuxième des exemples précédents est une formule $\mathcal{F}$ dont les modèles sont les ensembles E tels que toute fonction injective de E dans E est surjective. Cette propriété caractérise les ensembles finis (voir le volume 2). On peut maintenant reprendre l'argument de la section 7.4. Pour tout entier n, en notant $\mathcal{F}_n$ une formule exprimant la propriété « être une ensemble ayant au moins n éléments », la réunion de la formule $\mathcal{F}$ et des formules $\mathcal{F}_n$ n'a pas de modèle (un tel modèle devrait être un ensemble à la fois fini et infini), mais tout sous-ensemble fini de ces formules admet un modèle. De plus, si on pouvait trouver un système de déduction (du même genre que ceux que nous avons vus, dans lequel les démonstrations sont finies) tel que la logique soit complète, on pourrait en déduire le théorème de compacité (avec le même raisonnement que pour la logique du premier

ordre). Par conséquent la logique du second ordre (avec sémantique standard) ne peut pas être complète (mais elle peut être correcte, c'est-à-dire qu'il est possible d'avoir un système de déduction dans lequel les formules prouvées sont vraies).

2. La *sémantique de Henkin*, dans laquelle la quantification est limitée : chaque sorte de quantificateurs dispose d'un propre domaine de variation. Avec cette sémantique, la logique du second ordre peut se ramener à la logique du premier ordre à plusieurs sortes d'objets, donc à la logique du premier ordre. Elle peut alors avoir un système de déduction en faisant une logique correcte et complète. L'inconvénient est alors qu'on perd une partie de la puissance expressive obtenue avec la sémantique standard.

Liste des figures

Liste des tableaux

Liste des symboles

$=$	Égalité logique entre deux objets identiques, page 5
$\overset{\text{def}}{\equiv}$	Égalité par définition, page 5
$:\equiv$	Égalité par affectation, page 6
$\equiv$	Équivalence sémantique (logique des propositions), page 65
$\equiv_\Gamma$	Équivalence sémantique dans le contexte Γ (logique des propositions), page 77
$\equiv$	Équivalence sémantique (logique des prédicats), page 172
$\equiv_\Gamma$	Équivalence sémantique dans le contexte Γ (logique des prédicats), page 183
$\equiv$	Équivalence syntaxique, page 209
$\equiv_\Gamma$	Équivalence syntaxique dans le contexte Γ, page 209
$\neg$	Connecteur logique pour la négation, page 32
$\wedge$	Connecteur logique pour la conjonction (*et*), page 33
$\vee$	Connecteur logique pour la disjonction (*ou*), page 35
$\Longrightarrow$	Connecteur logique pour l'implication, page 37
$\Longleftrightarrow$	Connecteur logique pour l'équivalence, page 39
$\uparrow$	Connecteur logique NON-ET, ou NAND, négation du connecteur logique conjonction (et), page 40
$\downarrow$	Connecteur logique NON-OU, ou NOR, négation du connecteur disjonction (ou), page 41
$\oplus$	Connecteur logique ou exclusif (OUX, ou XOR), négation du connecteur logique équivalence, page 41
$>$	Connecteur logique non-implication (inhibition), négation du connecteur logique implication, page 41
$\bot$	Contradiction : proposition toujours fausse quelles que soient les valeurs de vérité prises par les propositions atomiques intervenant dans sa construction, page 62
$\top$	Tautologie : proposition toujours vraie quelles que soient les valeurs de vérité prises par les propositions atomiques intervenant dans sa construction, page 62
$\forall$	Quantificateur universel : quel que soit, page 134
$\exists$	Quantificateur existentiel : il existe, page 134
$\exists!x$	Il existe un unique x tel que …, page 312

$\models P$	P est une tautologie (logique des propositions), page 61
$\models \mathscr{F}$	$\mathscr{F}$ est une formule valide (logique des prédicats), page 166
$v \models \Gamma$	La valuation v est un modèle de Γ (logique des propositions), page 72
$\mathscr{M} \models \Gamma$	La L-structure $\mathscr{M}$ est un modèle de Γ (logique des prédicats), page 174
$\Gamma \models P$	P est une conséquence sémantique de Γ (logique des propositions), page 73
$\Gamma \models \mathscr{F}$	$\mathscr{F}$ est une conséquence sémantique de Γ (logique des prédicats), page 174
$\Gamma \vdash \mathscr{F}$	$\mathscr{F}$ est une conséquence syntaxique de Γ, Γ prouve $\mathscr{F}$ (logique des propositions et des prédicats), page 206
$\mathscr{F}(t/x)$	Formule $\mathscr{F}$ dans laquelle le terme t remplace la variable x, page 154
$\mathscr{F}[x_1, \dots, x_n]$	Formule $\mathscr{F}$ dont les variables libres sont à prendre parmi $x_1, \dots, x_n$, page 156
$\vec{x}$	Liste de variables $x_1, \dots, x_n$, pour un entier n indéterminé, page 135
$\mathbb{B}$	Ensemble à deux éléments : $\mathbb{B} = \{0, 1\}$, page 111
$\lvert x \rvert$	Valeur absolue de x (dans un anneau totalement ordonné) : $\lvert x \rvert \stackrel{\text{def}}{\equiv} \max(x, -x)$, page 448

Index des notions

Index des noms propres

Made in the USA
Monee, IL
08 November 2026

68027380R00306